高等院校化学化工教学改革新形态教材
“十二五”江苏省高等学校重点教材
（编号：2013-2-051）

化工原理

第二版

主　编　华　平　朱平华
主　审　钟　秦

配套电子资源

微信扫码
视频学习
拓展阅读
配套课件

南京大学出版社

高等院校化学化工教学改革规划教材

编委会

序

教材建设是高等学校教学改革的重要内容，也是衡量教学质量提高的关键指标。高校化学化工基础理论课教材在近几年教学改革中取得了丰硕成果，编写了不少有特色的教材或讲义，但就其内容而言基本上大同小异，在编写形式和介绍方法以及内容的取舍等方面不尽相同，充分体现了各校化学基础理论课的改革特色，但大多数限于本校自己使用，面不广、量不大。由于各校化学基础课教师相互交流、相互讨论、相互学习、相互取长补短的机会少，各校教材建设的特色得不到有效推广，不能实施优质资源共享；又由于近几年教学经验丰富的老师纷纷退休，年轻教师走上教学第一线，特别是江苏高校广大教师迫切希望联合编写有特色的化学化工理论课教材，同时希望在编写教材的过程中，实现教师之间相互教学探讨，既能实现优质资源共享，又能加快对年轻教师的培养。

为此，由南京大学化学化工学院姚天扬、孙尔康两位教授牵头，以地方院校为主，自愿参加为原则，组织了南京大学、南京理工大学、苏州大学、南京师范大学、南京工业大学、南京邮电大学、南通大学、江苏海洋大学、苏州科技学院、南京晓庄师院、淮阴师范学院、盐城工学院、盐城师范学院、常熟理工学院、淮阴工学院、江苏第二师范学院、南京大学金陵学院、南理工泰州科技学院等 18 所江苏省高等院校，同时吸收了解放军第二军医大学、湖北工业大学、华东交通大学、湖南文理学院、衡阳师范学院、九江学院等 6 所省外院校，共计 24 所高等学校的化学专业、应用化学专业、化工专业基础理论课一线主讲教师，共同联合编写"高等院校化学化工教学改革规划教材"一套，该系列教材包括《无机化学(上、下册)》、《无机化学简明教程》、《有机化学(上、下册)》、《有机化学简明教程》、《分析化学》、《物理化学(上、下册)》、《物理化学简明教程》、《化工原理》、《化工原理简明教程》、《仪器分析》、《无机及分析化学》、《大学化学(上、下册)》、《普通化学》、《高分子导论》、《化学与社会》、《化学教学论》、《生物化学简明教程》等 17 部。

该系列教材适合于不同层次院校的化学化工基础理论课教学任务需求，同时适应不同教学体系改革的需求。

该系列教材体现如下几个特点：

1. 系统介绍各门基础理论课的知识点，突出重点，突出应用，删除陈旧内容，增加学科前沿内容。

2. 该系列教材将基础理论、学科前沿、学科应用有机融合，体现教材的时代性、先进性、应用性和前瞻性。

3. 教材中充分吸取各校改革特色，实现教材优质资源共享。

4. 每门教材都引入近几年相关的文献资料，特别是有关应用方面的文献资料，便于学有余力的学生自主学习。

该系列教材的编写得到了江苏省教育厅高教处、江苏省高等教育学会、相关高校化学化工系以及南京大学出版社的大力支持和帮助，在此表示感谢！

该系列教材已被评为“十二五”江苏省高等学校重点教材。

该系列教材是由高校联合编写的分层次、多元化的化学化工基础理论课教材，是我们工作的一项尝试。尽管经过多次讨论，在编写形式、编写大纲、内容的取舍等方面提出了统一的要求，但参编教师众多，水平不一，在教材中难免会出现一些疏漏或错误，敬请读者和专家提出批评并指正，以便我们今后修改和订正。

编委会

第二版前言

化工原理是化工及其相关专业的重要技术基础课程。本书主要介绍了各化工单元操作的基本原理和典型设备的计算，注重理论联系实际，通过多种例题将理论与解决实际问题较好地关联，培养学生的工程实践能力，提升学生的工程素养。本书是省内多所院校多年教学实践的总结，并获得了“十二五”江苏省高等学校重点教材立项。

本次修订将第一版的上、下两册进行了合并，对教材结构略有调整，每章增加了工程案例，更新补充了一些化工前沿知识，同时增加了数字化资源，将复杂的公式推导、延伸阅读材料以及工程案例都放入二维码中，体现了立体化教材混合式教学的特点。由于本教材是面向普通本科院校，用于60～100学时化工原理课程教学，所以教材着重体现工程应用性，简略了一些理论性很强的内容以及复杂的推导过程。本教材适用于化工、应用化学、制药、高分子材料、生物工程、食品工程、环境工程、造纸、冶金等相关专业。对于学习化工原理课程的自考生、高职学生等也是一本有价值的参考书。

参与本书编写的有：南京大学周爱东，南京理工大学马卫华，南通大学华平、朱国华、喻红梅、姜国民、单佳慧，江苏海洋大学朱平华、赵一博、朱婧，南京晓庄学院张进，淮阴工学院胡涛、周伟，淮阴师范学院褚效中，盐城师范学院施卫忠、季宝华，南理工泰州科技学院帅菁、刘显明，中国石化集团淮安清江石化有限责任公司嵇岳明、姜航；最后由华平教授统编定稿。本书承蒙南京理工大学钟秦教授主审，一并致谢。

本书编写参考了国内出版的多个版本教材和已发表的文章，在此对作者表示感谢和敬意。由于我们水平有限，一定有许多不足和有争议的地方，恳请同行批评指正。

编　者

第二版前言

[illegible]

[illegible]

[illegible]

[illegible]

[illegible]

编　者

目　录

绪　论 …… 1

§0.1　化学工程学的学科范式 …… 1

§0.2　化工单元操作与化工生产实例 …… 2

0.2.1　化工单元操作 …… 2

0.2.2　典型化工产品生产实例 …… 2

§0.3　单位制度及单位换算 …… 3

0.3.1　单位制度 …… 3

0.3.2　单位换算 …… 4

§0.4　本课程的内容、方法及要求 …… 6

0.4.1　本课程研究内容 …… 6

0.4.2　本课程特点 …… 7

0.4.3　本课程研究方法 …… 7

0.4.4　本课程学习要求 …… 7

§0.5　化工过程计算的理论基础 …… 7

0.5.1　物料衡算 …… 8

0.5.2　能量衡算 …… 9

第1章　流体流动 …… 11

§1.1　流体的性质 …… 11

1.1.1　连续介质假定 …… 11

1.1.2　流体的密度 …… 12

1.1.3　流体的静压强 …… 12

1.1.4　流体的可压缩性与不可压缩流体 …… 14

§1.2　流体静力学 …… 14

1.2.1　流体静力学基本方程 …… 14

1.2.2　流体静力学基本方程的应用 …… 16

§1.3　流体流动 …… 20

1.3.1　基本概念 …… 20

1.3.2　物料衡算——连续性方程 …… 22

1.3.3　能量衡算方程式——伯努利方程式 …… 22

1.3.4　伯努利方程式的应用举例 …… 25

§1.4　流体流动现象 …… 30

1.4.1 牛顿黏性定律与流体的黏度 …… 30
1.4.2 非牛顿型流体 …… 32
1.4.3 流动类型与雷诺准数 …… 33
1.4.4 滞流与湍流区别 …… 35
1.4.5 边界层的概念 …… 37
§1.5 流体在管内的流动阻力 …… 39
1.5.1 流动阻力 …… 39
1.5.2 流体在直管中的流动阻力 …… 40
1.5.3 管路上的局部阻力 …… 46
1.5.4 管路系统中的总能量损失 …… 48
§1.6 管路计算 …… 50
1.6.1 概述 …… 50
1.6.2 简单管路计算 …… 51
1.6.3 并联管路计算 …… 52
1.6.4 分支管路计算 …… 52
§1.7 流量测量仪 …… 52
1.7.1 差压流量计 …… 52
1.7.2 变截面流量计——转子流量计 …… 56
1.7.3 涡轮流量计 …… 57
工程案例 输气管道减阻内涂层的应用 …… 61

第2章 流体输送设备 …… 64

§2.1 概述 …… 64
§2.2 离心泵 …… 65
2.2.1 离心泵的工作原理 …… 65
2.2.2 离心泵的构造 …… 66
2.2.3 离心泵的基本方程 …… 67
2.2.4 离心泵的主要性能参数与特性曲线 …… 70
2.2.5 离心泵的工作点与流量调节 …… 74
2.2.6 离心泵的安装高度 …… 79
2.2.7 离心泵的类型和选用 …… 82
§2.3 其他类型化工用泵 …… 85
2.3.1 往复泵 …… 85
2.3.2 转子泵 …… 87
§2.4 气体输送和压缩机械 …… 88
2.4.1 气体输送机械的分类 …… 88
2.4.2 通风机 …… 88
2.4.3 鼓风机 …… 89
2.4.4 往复式压缩机 …… 90

2.4.5 真空泵 …… 92
工程案例 催化裂化装置烟气轮机的工作原理及其技术改造 …… 94

第 3 章 非均相物系的分离和固体流态化 …… 97

§ 3.1 概述 …… 97
§ 3.2 颗粒及颗粒床层的特性 …… 98
3.2.1 颗粒的特性 …… 98
3.2.2 颗粒床层的特性及流体流过床层的压降 …… 99
§ 3.3 沉降分离 …… 101
3.3.1 重力沉降 …… 101
3.3.2 离心沉降 …… 107
§ 3.4 过滤 …… 113
3.4.1 过滤操作的基本概念 …… 113
3.4.2 过滤基本方程 …… 114
3.4.3 恒压过滤 …… 116
3.4.4 恒速过滤与先恒速后恒压过滤 …… 118
3.4.5 过滤常数的测定 …… 119
3.4.6 过滤设备 …… 120
3.4.7 滤饼洗涤 …… 123
3.4.8 过滤机的生产能力 …… 124
§ 3.5 固体流态化 …… 126
3.5.1 流态化的基本概念 …… 127
3.5.2 流化床的主要特征 …… 128
3.5.3 流化床的操作范围 …… 130
工程案例 催化裂化装置三级旋风分离器工况分析 …… 133

第 4 章 传热 …… 136

§ 4.1 概述 …… 136
4.1.1 化工生产中的传热 …… 136
4.1.2 传热过程 …… 137
§ 4.2 热传导 …… 138
4.2.1 傅立叶定律 …… 138
4.2.2 导热系数 …… 138
4.2.3 平壁热传导 …… 139
4.2.4 圆筒壁的热传导 …… 141
§ 4.3 对流传热 …… 143
4.3.1 对流传热分析 …… 143
4.3.2 牛顿冷却定律和对流传热系数 …… 144

4.3.3 对流传热的因次分析 …… 145
4.3.4 对流传热系数的经验关联式 …… 147
4.3.5 有相变对流传热 …… 153
§4.4 传热过程的计算 …… 157
4.4.1 热量衡算 …… 158
4.4.2 总传热速率微分方程 …… 158
4.4.3 总传热系数 …… 159
4.4.4 传热推动力和总传热速率方程 …… 161
4.4.5 稳态传热的计算 …… 165
§4.5 辐射传热 …… 171
4.5.1 基本概念和定律 …… 171
4.5.2 两固体间的辐射传热 …… 173
§4.6 换热器 …… 175
4.6.1 间壁式换热器的结构形式 …… 176
4.6.2 换热器传热过程的强化 …… 181
4.6.3 传热过程强化效果的评价 …… 183
4.6.4 管壳式换热器的设计和选型 …… 183
工程案例 高温取热炉爆管原因分析及解决措施 …… 192

第5章 蒸发 …… 196

§5.1 概述 …… 196
5.1.1 蒸发操作在工业中的应用 …… 196
5.1.2 蒸发操作的特点 …… 196
5.1.3 蒸发操作的分类 …… 197
§5.2 蒸发设备 …… 197
5.2.1 蒸发器的结构 …… 197
5.2.2 蒸发器的选型 …… 200
5.2.3 蒸发装置的附属设备和机械 …… 201
5.2.4 蒸发过程和设备的强化与展望 …… 202
§5.3 单效蒸发 …… 203
5.3.1 单效蒸发设计计算 …… 203
5.3.2 蒸发器的生产能力与生产强度 …… 207
§5.4 多效蒸发 …… 208
5.4.1 加热蒸气的经济性 …… 208
5.4.2 多效蒸发流程 …… 209
5.4.3 多效蒸发设计型计算 …… 210
5.4.4 多效蒸发和单效蒸发的比较 …… 216
工程案例 双效蒸发器处理炼油废水工程 …… 217

第6章 蒸馏……219
§6.1 概述……219
6.1.1 蒸馏过程的分类……219
6.1.2 蒸馏过程的特点……220
§6.2 两组分溶液的气液平衡……220
6.2.1 两组分理想物系的气液平衡……220
6.2.2 两组分非理想物系的气液平衡……224
§6.3 平衡蒸馏和简单蒸馏……225
6.3.1 平衡蒸馏……225
6.3.2 简单蒸馏……225
§6.4 精馏原理和流程……226
6.4.1 精馏过程……226
6.4.2 精馏操作流程……227
§6.5 两组分连续精馏的计算……228
6.5.1 理论板的概念及恒摩尔流假设……228
6.5.2 物料衡算和操作线方程……229
6.5.3 进料热状态对精馏过程的影响……231
6.5.4 理论板层数的计算……233
6.5.5 回流比的影响及其选择……237
6.5.6 简捷法求理论板层数……239
6.5.7 塔高和塔径的计算……240
6.5.8 精馏塔的操作和调节……243
§6.6 间歇精馏……244
6.6.1 回流比保持恒定的间歇精馏……244
6.6.2 馏出液组成恒定的间歇精馏……246
§6.7 特殊蒸馏过程简介……247
6.7.1 恒沸精馏……247
6.7.2 萃取精馏……248
6.7.3 分子蒸馏……249
§6.8 蒸馏塔设备……249
6.8.1 概述……249
6.8.2 塔板类型……250
6.8.3 板式塔的流体力学性能与操作特性……254
工程案例 石油的炼制……258
第7章 吸收……261
§7.1 概述……261
7.1.1 吸收过程及其应用……261
7.1.2 工业吸收过程……262

7.1.3 吸收过程的分类 …… 263
§7.2 气体吸收的相平衡关系 …… 263
7.2.1 气体的溶解度 …… 263
7.2.2 亨利定律 …… 264
7.2.3 吸收剂的选择 …… 267
7.2.4 相平衡关系在吸收过程中的应用 …… 268
§7.3 传质机理与吸收速率 …… 269
7.3.1 分子扩散与菲克定律 …… 270
7.3.2 气相中的稳态分子扩散 …… 271
7.3.3 液相中的稳态分子扩散 …… 275
7.3.4 扩散系数 …… 276
7.3.5 对流传质 …… 276
7.3.6 吸收过程的机理 …… 277
7.3.7 吸收速率方程式 …… 279
§7.4 吸收塔的计算 …… 285
7.4.1 吸收塔的物料衡算与操作线方程 …… 285
7.4.2 吸收剂用量的确定 …… 287
7.4.3 塔径的计算 …… 290
7.4.4 吸收塔填料高度的计算 …… 290
7.4.5 理论板层数的计算 …… 296
7.4.6 吸收塔的设计型计算 …… 297
7.4.7 吸收塔的操作型计算 …… 298
§7.5 吸收系数 …… 300
7.5.1 吸收系数的测定 …… 300
7.5.2 吸收系数的经验公式 …… 301
§7.6 其他条件的吸收和解吸 …… 302
7.6.1 高组成气体吸收 …… 302
7.6.2 非等温吸收 …… 304
7.6.3 多组分吸收 …… 304
7.6.4 化学吸收 …… 306
7.6.5 脱吸 …… 306
§7.7 吸收设备 …… 308
7.7.1 填料塔的结构与特点 …… 308
7.7.2 填料的类型 …… 309
7.7.3 填料塔的流体力学性能 …… 312
7.7.4 填料塔的计算 …… 314
7.7.5 填料塔的内件 …… 315
工程案例 脱丙烯干气带液的原因及对策 …… 320

第 8 章　萃取 …… 323
§ 8.1　概述 …… 323
8.1.1　萃取操作的基本原理及流程 …… 323
8.1.2　萃取操作的特点 …… 324
8.1.3　萃取操作的类型 …… 324
§ 8.2　三元体系的液液相平衡 …… 325
8.2.1　三角形相图 …… 325
8.2.2　部分互溶体系的三角形平衡相图 …… 327
8.2.3　在三角形相图上表示的萃取过程 …… 329
8.2.4　萃取剂的选择 …… 330
§ 8.3　萃取过程的计算 …… 333
8.3.1　单级萃取过程 …… 333
8.3.2　多级错流萃取过程 …… 336
8.3.3　多级逆流萃取 …… 340
§ 8.4　液-液萃取设备 …… 343
8.4.1　萃取设备 …… 343
8.4.2　萃取设备的选择 …… 345
工程案例　低浓度稀土溶液萃取回收稀土 …… 346

第 9 章　干燥 …… 348
§ 9.1　概述 …… 348
9.1.1　干燥操作的分类 …… 349
9.1.2　对流干燥的特点 …… 349
§ 9.2　湿空气的性质及湿度图 …… 350
9.2.1　湿空气的性质 …… 350
9.2.2　湿空气的湿度图 …… 355
§ 9.3　干燥系统的物料衡算和热量衡算 …… 357
9.3.1　湿物料含水量的表示方法 …… 357
9.3.2　干燥系统的物料衡算 …… 358
9.3.3　干燥过程的热量衡算及热效率 …… 359
9.3.4　空气通过干燥器时的状态变化 …… 361
§ 9.4　干燥速率和干燥时间 …… 364
9.4.1　湿物料中水分的性质 …… 364
9.4.2　干燥速率及干燥时间 …… 366
9.4.3　湿分在湿物料中的传递机理 …… 368
9.4.4　恒定干燥条件下干燥时间的计算 …… 369
§ 9.5　干燥器 …… 371
9.5.1　工业上常用的干燥器 …… 371
9.5.2　干燥器的选型 …… 375

工程案例　天然气脱水:用氯化钙代替乙二醇方法的可行性分析 …………………… 377

第 10 章　其他分离方法 ………………………………………………………………… 379

§10.1　结晶 ………………………………………………………………………………… 379
10.1.1　基本概念 ……………………………………………………………………… 379
10.1.2　相平衡与溶解度 ……………………………………………………………… 380
10.1.3　结晶过程的产量计算 ………………………………………………………… 385
10.1.4　结晶器 ………………………………………………………………………… 386
§10.2　吸附 ………………………………………………………………………………… 387
10.2.1　基本概念 ……………………………………………………………………… 388
10.2.2　吸附剂表征 …………………………………………………………………… 388
10.2.3　固定床吸附法分离效率的计算 ……………………………………………… 394
§10.3　膜分离 ……………………………………………………………………………… 397
10.3.1　膜的分类与膜组件 …………………………………………………………… 397
10.3.2　膜分离技术 …………………………………………………………………… 399
10.3.3　膜分离技术的应用及发展方向 ……………………………………………… 402
§10.4　短程蒸馏技术 ……………………………………………………………………… 404
§10.5　微波萃取技术 ……………………………………………………………………… 404
工程案例　乙烯回收中的膜分离技术应用 …………………………………………… 406

参考答案 ………………………………………………………………………………… 408

附　　录 ………………………………………………………………………………… 411

附录 1　常用物理量 SI 单位 …………………………………………………………… 411
附录 2　常用物理量单位换算表 ………………………………………………………… 412
附录 3　某些气体的重要物理性质 ……………………………………………………… 414
附录 4　某些液体的重要物理性质 ……………………………………………………… 415
附录 5　某些固体材料的重要物理性质 ………………………………………………… 416
附录 6　干空气的物理性质($p=1.01325\times10^5$ Pa) …………………………………… 417
附录 7　饱和水的物理性质 ……………………………………………………………… 418
附录 8　水在不同温度下的黏度 ………………………………………………………… 419
附录 9　液体黏度共线图 ………………………………………………………………… 420
附录 10　气体黏度共线图 ……………………………………………………………… 422
附录 11　液体比热容共线图 …………………………………………………………… 424
附录 12　气体比热容共线图 …………………………………………………………… 426
附录 13　液体汽化潜热共线图 ………………………………………………………… 428
附录 14　管子规格 ……………………………………………………………………… 430
附录 15　IS 型单级单吸离心泵规格(摘录) …………………………………………… 431
附录 16　列管式换热器 ………………………………………………………………… 432
附录 17　双组分溶液的气液相平衡数据 ……………………………………………… 436

绪　　论

§0.1　化学工程学的学科范式

学科范式决定着学科的价值观和内涵，关系到学科创新方向、新的生长点和交叉扩张，影响到学科的吸引力和生命力，关系到核心课程、辅助课程和延伸课程之间的配置，其内容深度、广度以及它们的内在联系等方面。

化学工程学范式的演变大致可分为三个阶段。

1. 单元操作

1915 年 A. D. Little 提出单元操作概念，将复杂的化工生产过程归纳为有限的单元操作，如粉碎、过滤、萃取、精馏等等，初步奠定了化学工程的科学基础。1921 年美国麻省理工学院组建世界第一个化工系，确立了"化工单元操作"课程的理论体系。从此化学知识向工程延伸得以完成，标志着化学工程学科的诞生。"单元操作"被公认为化学工程学范式的第一阶段。

2. 三传一反

1957 年反应工程形成独立学科及 1960 年 R. B. Bird 等编著的《传递现象》将化学工程学科发展引向第二阶段，即从分子水平来研究单元操作，由此形成了由多组分热力学与动力学、传递现象、单元操作、反应工程、设备设计与控制、工厂设计与系统工程组成的化学工程学科基本体系，其特征被归纳为"三传一反"，即动量传递、热量传递、质量传递和反应工程，可称为化学工程学范式的第二阶段。

3. 三传三转

20 世纪后期，化学工程发展进入第三阶段。由于人类工程实践所面临的资源、能源和环境挑战日趋严重，要求化学工业必须从不可再生的化石原料逐步过渡到可再生的生物质原料，同时实现过程节能、降耗、减排；信息技术的融入使多变量、强耦合的大系统分析在化工中大量使用，与此同时，生物、纳米和信息等科学技术的发展迫切需要建立与其产业化相适应的工程桥梁和平台，生物化工、生物医药、电子化学品等新兴产业相继诞生，在推进这些产业的形成和发展过程中，化工专业自身的内容也得到丰富和发展。

清华大学金涌团队根据化工的研究对象涉及"物质—能量—信息"三要素的相互作用，提出以"物质传递与转化""能量传递与转化"和"信息传递与转化"的"三传三转"为化学工程学新范式。物质传递包括分子扩散、湍流扩散及流体流动等过程，物质转化包括分子水平的化学反应、超分子间结构的构造与转化、生物分子的代谢与融合等过程。能量传递包括动能传递、热能传递及各种形式能量的引入与输出，能量转化包括不同能量形式之间的转化。信息传递包括化工操作中多变量的信息收集、筛选和剔除，信息转化包括各种物流参数的处理、优化、信息反馈等。信息传递与转化同物质和能量传递与转化的优化过程密切关联。以“物质—能量—信息”三要素相互作用为化学工程学科的基础，是化学工程学区别于其他工程学科的本质特征。

§0.2 化工单元操作与化工生产实例

化工生产由物理过程和化学过程两类过程构成。将前、后处理过程按其操作目的的不同划分为若干个单元，称之为单元操作。每一个单元操作完成一个特定的任务。化工生产过程是由若干个单元操作和化学反应过程构成的一个整体。

0.2.1 化工单元操作

1. 单元操作分类

各种单元操作根据不同的物理化学原理，采用相应的设备，达到各自的工艺目的。对于单元操作，可从不同角度加以分类。根据各单元操作所遵循的规律，将其划分为如下类型：

(1) 遵循流体动力学基本规律的单元操作，包括流体输送、沉降、过滤、物料混合(搅拌)。

(2) 遵循热量传递基本规律的单元操作，包括加热、冷却、冷凝、蒸发等。

(3) 遵循质量传递基本规律的单元操作，包括蒸馏、吸收、萃取、吸附、膜分离等。从工程目的来看，这些操作都可将混合物进行分离，故又称之为分离操作。

(4) 同时遵循热、质传递规律的单元操作，包括气体的增湿与减湿、结晶、干燥等。

另外，还有热力过程(制冷)、粉体工程(粉碎、颗粒分级、流态化)等单元操作。

2. 单元操作特点

(1) 物理过程。

(2) 同一单元操作在不同的化工生产中遵循相同的过程规律，但在操作条件及设备类型(或结构)方面会有很大差别。

(3) 对同样的工程目的，可采用不同的单元操作来实现。

3. 单元操作的发展趋势

随着新产品、新工艺的开发或为实现绿色化工生产，对物理过程提出了一些特殊要求，又不断地发展出新的单元操作或化工技术，如膜分离、参数泵分离、电磁分离、超临界技术等。同时，以节约能耗、提高效率或洁净无污染生产的集成化工艺(如反应精馏、反应膜分离、萃取精馏、多塔精馏系统的优化热集成等)将是未来的发展趋势。

0.2.2 典型化工产品生产实例

化工产品种类繁多，一般可分为无机、有机及生化产品。若按产品用途及性能来分，有染(颜)料化工、塑料橡胶化工、油脂化工、石油化工、食品化工、涂料化工、日用化工等。

不论化工产品的品种或规模有何差异,一个化工产品的生产过程总是由两大部分组成,即核心部分和辅助部分。核心部分为化学反应过程,辅助部分为前、后处理过程。为了保证化工生产过程经济合理并有效地进行,这就要求反应器内必须保持最适宜的(最佳的)反应条件,如适宜的压强、温度和物料的组成等。因此,原料必须经过一系列的前处理过程,以达到必要的纯度及温度和压强。得到的反应产物同样需要经过各种后处理过程加以精制,以得到最终产品(或中间产品)。

例如:聚氯乙烯塑料的生产(乙炔法)

化学方程式:

$$n\text{CH}\equiv\text{CH}+n\text{HCl}\xrightarrow{\text{加成}}n\text{CH}_2=\text{CHCl}\xrightarrow{\text{聚合,8 atm, 55℃}}\left[\!-\text{CH}_2-\text{CHCl}-\!\right]_n$$

$$\left.\begin{array}{l}\text{乙炔}\longrightarrow\text{提纯}\\\text{氯化氢}\longrightarrow\text{提纯}\end{array}\right\}\text{单体合成}\left\{\begin{array}{l}\text{反应热}\\\text{单体精制,压缩冷凝}\end{array}\right\}\text{聚合}\left\{\begin{array}{l}\text{反应热}\\\text{脱水干燥}\end{array}\right\}\text{产品}$$

此生产过程除单体合成、聚合反应过程外,原料和反应产物的提纯、精制等工序分别属前、后处理过程。前、后处理工序中所进行的过程多数是纯物理过程,但都是化工生产所不可缺少的。

又如:甲醇的生产

合成气(CO、H_2、CO_2)⟶输送⟶管式反应器⟶粗甲醇⟶冷却⟶精馏⟶精甲醇(99.85%~99.95%)

再如:苯的生产

原料油(甲苯、二甲苯)、H_2⟶输送⟶加热⟶反应器⟶减压蒸馏塔⟶精馏⟶苯(99.992%~99.999%)

可见,一个化工生产过程往往包含几个或几十个物理加工过程,即单元操作过程。即使在一个现代化的大型工厂中,反应器的数目并不多,绝大多数的设备中都是进行着各种前、后处理操作。前、后处理工序占着企业的大部分设备投资和操作费用。因此目前已不是单纯由反应过程的优化条件来决定必要的前、后处理过程,而必须总体地确定全系统的优化条件。由此可见,前、后处理过程在化工生产中的重要地位。

§0.3 单位制度及单位换算

任何物理量的大小都是由数字和单位联合来表达的,二者缺一不可。

0.3.1 单位制度

在工程和科学中,单位制度有不同的分类方法。

1. 基本单位和导出单位

一般选择几个独立的物理量(如质量、长度、时间、温度等),根据使用方便的原则规定出它们的单位，这些选择的物理量称为基本物理量，其单位称为基本单位。其他的物理量（如速度、加速度、密度等）的单位则根据其本身的物理意义，由有关基本单位组合而成。这种组合单位称为导出单位。

2. 绝对单位制度和重力单位（工程单位）制度

绝对单位制以长度、质量、时间为基本物理量，力是导出物理量，其单位为导出单位；重力单位制以长度、时间和力为基本物理量，质量是导出物理量，其单位为导出单位。力和质量的关系用牛顿第二运动定律相关联，即

$$F = ma \tag{0-1}$$

上述两种单位制度中又有米制单位与英制单位之分。两种单位制度中米制与英制的基本单位如表 0-1 所示。

表 0-1　两种单位制度中的米制与英制的基本单位

单位制度 \ 基本物理量		长度(l)	时间(t)	质量(m)	力或重力(F)
绝对单位制度	cgs 制	cm	s	g	—
	mks 制	m	s	kg	—
	英制	ft	s	lb	—
重力单位制度（工程单位制）	米制	m	s	—	kgf
	英制	ft	s	—	lb(f)

3. 国际单位制度（SI 制）

1960 年 10 月第十一届国际计量大会通过了一种新的单位制度，称为国际单位制度，其代号为 SI，它是 mks 制的引申。

由于 SI 制的“通用性”和“一贯性”的优点，在国际上迅速得到推广。

4.《中华人民共和国法定计量单位》（简称法定单位制）

中华人民共和国法定计量单位制度的内容见附录 1。

本套教材中采用法定单位制。在少数例题与习题中有意识地编入一些非法定单位，目的是让读者练习单位之间的换算。

0.3.2　单位换算

换算因子是指彼此相等而单位不同的两个同名物理量（包括单位在内）的比值。如 1 m 和 100 cm 的换算因子为 100 cm/m。

1. 物理量的单位换算

同一物理量，若采用不同的单位，则数值就不相同。例如最简单的一个物理量，圆形反应器的直径为 1 m，在物理单位制度中，单位为 cm，其值为 100；而在英制中，其单位为 ft，其值为 3.2808。它们之间的换算关系：反应器的直径 $D = 1\ \text{m} = 100\ \text{cm} = 3.2808\ \text{ft}$。

同理，重力加速度 g 在不同单位制之间的换算关系：重力加速度 $g = 9.81\ \text{m/s}^2 =$

981 cm/s² =32.18 ft/s²。

常用物理量的单位换算关系可查附录 2。

若查不到一个导出物理量的单位换算关系，则从该导出单位的基本单位换算入手，采用单位之间的换算因数与基本单位相乘或相除的方法，以消去原单位而引入新单位。具体换算过程见例 0-1。

例 0-1 质量速度的英制单位为 lb/(ft²·h)，试将其换算为 SI 制，即 kg/(m²·s)。

解 在本教材附录 2 中查不到质量速度不同单位制之间的换算关系，则只能从基本单位换算入手。从附录 2 查出基本物理量的换算关系为

$$1\ \mathrm{kg}=2.20462\ \mathrm{lb},\ 1\ \mathrm{m}=3.2808\ \mathrm{ft},\ 1\ \mathrm{h}=3600\ \mathrm{s}$$

采用"原单位消去法"便得到新的单位，即质量速度为

$$G=1\left(\frac{\mathrm{lb}}{\mathrm{ft^2\cdot h}}\right)=1\left(\frac{\mathrm{lb}}{\mathrm{ft^2\cdot h}}\right)\left(\frac{1\ \mathrm{kg}}{2.2046\ \mathrm{lb}}\right)\left(\frac{3.2803\ \mathrm{ft}}{1\ \mathrm{m}}\right)^2\left(\frac{1\ \mathrm{h}}{3600\ \mathrm{s}}\right)=1.356\times10^{-3}\ \frac{\mathrm{kg}}{\mathrm{m^2\cdot s}}$$

2. 经验公式(数字公式)的单位换算

化工计算中常遇到的公式有两类：物理方程和经验方程。

物理方程是根据物理规律建立起来的，如前述的式(0-1)。物理方程遵循单位或因次一致的原则。同一物理方程中绝不允许采用两种单位制度。

用一定单位制度的基本物理量来表示某一物理量，称为该物理量的因次。在 mks 单位制度中，基本物理量质量、长度、时间、热力学温度的因次分别用 M、L、T 与 θ 表示，力的因次为 MLT^{-2}；在重力单位制度中，力为基本量，其因次用 F 表示，质量的因次则变为 FT^2L^{-1}。因次一致的原则是因次分析方法的基础。

经验方程是根据实验数据而整理成的公式，式中各物理量的符号只代表指定单位制度的数据部分，因而经验公式又称数字公式。当所给物理量的单位与经验公式指定的单位制度不相同时，则需要进行单位换算。可采取两种方式进行单位换算：将诸物理量的数据换算成经验公式中指定的单位后，再分别代入经验公式进行计算；若经验公式需经常使用，对大量的数据进行单位换算很烦琐，则可将公式加以变换，使式中各符号都采用所希望的单位制度。换算方法见例 0-2。

例 0-2 乱堆 25 mm 拉西环的填料塔用于精馏操作时，等板高度可用下面经验公式计算，即

$$H_E=3.9A(2.78\times10^{-4}G)^B(12.01D)^C(0.3048Z_0)^{\frac{1}{3}}\frac{\alpha\mu}{\rho}$$

式中：H_E 为等板高度，ft；G 为气相质量速度，lb/(ft²·h)；D 为塔径，ft；Z_0 为每段(两层液体分布板之间)填料层高度，ft；α 为相对挥发度，无因次；μ 为液相黏度，cP；ρ 为液相密度，lb/ft³；A、B、C 为常数，对 25 mm 的拉西环，其数值分别为 0.57、−0.1、1.24。

试将上面经验公式中各物理量的单位均换算为 SI 制。

解 上面经验公式是混合单位制度，液体黏度为物理单位制，而其余诸物理量均为

英制。

经验公式单位换算的基本要点：找出式中每个物理量新旧单位之间的换算关系，导出物理量“数字”的表达式，然后代入经验公式并整理，便使式中各符号都变为所希望的单位。具体换算过程如下：

(1) 从附录2查出或计算出经验公式有关物理量新旧单位之间的关系：

$1\ \text{ft}=0.3049\ \text{m}$，$1\ \text{lb/(ft}^2\cdot\text{h)}=1.356\times10^{-3}\ \text{kg/(m}^2\cdot\text{s)}$（见例0-1），$\alpha$ 无因次，不必换算，$1\ \text{cP}=1\times10^{-3}\ \text{Pa}\cdot\text{s}$

$$1\frac{\text{lb}}{\text{ft}^3}=1\left(\frac{\text{lb}}{\text{ft}^3}\right)\left(\frac{1\ \text{kg}}{2.2046\ \text{lb}}\right)\left(\frac{3.2803\ \text{ft}}{1\ \text{m}}\right)^3=16.01\frac{\text{kg}}{\text{m}^3}$$

(2) 将原符号加上标“′”以代表新单位的符号，导出原符号的表达式。下面以 H_E 为例：

$$H_E\ \text{ft}=H'_E\text{m}$$

则 $$H_E=H'_E\frac{\text{m}}{\text{ft}}=H'_E\frac{\text{m}}{0.3049\ \text{m}}=3.2803H'_E$$

同理 $G=G'/1.356\times10^{-3}=737.5\,G'$，$D=3.2803D'$，$Z_0=3.2803Z'_0$，$\mu=\mu'/1\times10^{-3}=1000\mu'$，$\rho=\rho'/16.01=0.06246\rho'$

(3) 将以上关系式代入原经验公式，得

$$3.2803H'_E=3.9\times0.57\times(2.78\times10^{-4}\times737.5G')^{-0.1}(12.01\times3.2803D')^{1.24}(0.3048\times3.2803Z'_0)^{1/3}\left(\alpha\frac{1000\mu'}{0.0624\rho'}\right)$$

整理上式便得到换算后的经验公式，即

$$H'_E=1.084\times10^4(0.205G')^{-0.1}(39.4D')^{1.24}Z'_0{}^{1/3}\frac{\alpha\mu'}{\rho'}$$

应予指出，经验公式中物理量的指数是表明该物理量对过程的影响程度，与单位制度无关，因而经过单位换算后，经验公式中各物理量的指数均不发生变化。

§0.4 本课程的内容、方法及要求

0.4.1 本课程研究内容

本课程不是教学生如何合成得到新物质，如何提取新物质，如何表征新物质，这是化学家的事。化工原理是研究除化学反应以外的诸物理操作步骤原理和所用设备的课程。化工原理是化工类、轻工、医药类专业学生的技术基础课，是一门应用性学科。其主要内容是研究各化工单元操作的基本原理、典型设备的构造及工艺尺寸的计算或造型，并能用以分析和解决工程技术中的一般问题。计算包括设计型计算和操作型计算两种。设计型计算是指对给定的任务计算出设备的工艺尺寸；操作型计算是指对已有的设备进行

查定计算。

本课程教学将化工单元操作按过程共性归类，以“三传”为主线开展教学。即以动量传递为基础，阐述流体流动及输送、非均相系的分离；以热量传递为基础，阐述传热操作；以质量传递的原理说明吸收、蒸馏等传质单元操作；最后阐述热量、质量同时传递的特点并介绍干燥操作。

本课程理论性、工程性均很强，既有众多的严格理论推证，又有许多对复杂对象的工程简化处理。

0.4.2 本课程特点

该课程是化工类及相近专业一门重要的技术基础课，兼有“科学”与“技术”的特点，它是综合运用数学、物理、化学等基础知识，分析和解决化工生产中各种物理过程的工程学科。在化工类专门人才培养中，它承担着工程科学与工程技术的双重教育任务。本课程强调工程观点、定量运算、实验技能及设计能力的培养，强调理论联系实际。

作为一门综合性技术学科的一个重要组成部分，本课程主要研究各单元操作的基本原理，所用的典型设备结构、工艺尺寸设计和设备选型的共性问题，是一门重要的专业基础课。

0.4.3 本课程研究方法

本课程是一门实践性很强的工程学科，在长期的发展过程中，形成了两种基本研究方法，即

1. 实验研究方法(经验法)

该方法一般以因次分析和相似论为指导，依靠实验来确定过程变量之间的关系，通过无因次数群(或称准数)构成的关系式来表达。它是一种工程上通用的基本方法。

2. 数学模型法(半经验半理论方法)

该方法是在对实际过程的机理深入分析的基础上，在抓住过程本质的前提下，做出某种合理简化，建立物理模型，进行数学描述，得出数学模型。它通过实验确定模型参数。

如果一个物理过程的影响因素较少，各参数之间的关系比较简单，能够建立数学方程并能直接求解，则称为解析法。

研究工程问题的方法论是联系各单元操作的另一条主线。

0.4.4 本课程学习要求

学习本课程中，应注意以下几个方面能力的培养：

(1) 单元操作和设备选择的能力。

(2) 工程设计能力。

(3) 操作和调节生产过程的能力。

(4) 过程开发或科学研究能力。

将可能变成现实，实现工程目的，这是综合创造能力的体现。

§0.5 化工过程计算的理论基础

化工过程计算可分为设计型计算和操作型计算两类，其在不同计算中的处理方法各有特点，但是不管何种计算都是以质量守恒、能量守恒、平衡关系和速率关系为基础的。

在研究各类单元操作时，为了搞清过程始末和过程之中各段物料的数量、组成之间的关系以及过程中各股物料带进、带出的能量及其与环境交换的能量，必须进行物料衡算和能量衡算。物料衡算及能量衡算也是本课程解决问题时的常用手段之一。

0.5.1 物料衡算

根据质量守恒定律，在任何一个化工生产过程中，向该过程输入的物料质量之和等于从该过程输出的物料质量与积累在该过程中的物料质量之和，即

$$\sum w_{\mathrm{I}} = \sum w_{\mathrm{O}} + w_{\mathrm{A}} \tag{0-2}$$

输入物料质量总和(kg)＝输出物料质量总和(kg)＋积累在该过程中的物料质量(kg)

(1) 无化学变化，总物料或其中某一组成均符合此式，例：盐水蒸发；有化学变化，各元素仍符合此式

(2) 间歇操作、连续操作 均符合此式

此式适用于任何指定的空间范围，可对总物料或其中某一组成列出物料衡算式来进行求解。

衡算方法：

(1) 确定衡算范围（或系统），列出穿越范围边界的各股物料

(2) 确定衡算对象（总物料或某一组成）

(3) 确定衡算基准：间歇过程：常以一批操作量作为基准；连续过程：常以单位时间为基准

上式中每项对时间求导数，则

$$\sum \frac{\mathrm{d}w_{\mathrm{I}}}{\mathrm{d}\theta} = \sum \frac{\mathrm{d}w_{\mathrm{O}}}{\mathrm{d}\theta} + \frac{\mathrm{d}w_{\mathrm{A}}}{\mathrm{d}\theta} \tag{0-3}$$

令 $w_{\mathrm{I}} = \mathrm{d}w_{\mathrm{I}}/\mathrm{d}\theta$，$w_{\mathrm{O}} = \mathrm{d}w_{\mathrm{O}}/\mathrm{d}\theta$，则

$$\sum w_{\mathrm{I}} = \sum w_{\mathrm{O}} + \frac{\mathrm{d}w_{\mathrm{A}}}{\mathrm{d}\theta} \tag{0-4}$$

输入物料质量流量总和(kg/s)＝输出物料质量流量总和(kg/s)＋质量积累速率(kg/s)

若为连续稳定过程，则

$$\frac{\mathrm{d}w_A}{\mathrm{d}\theta}=0, \sum w_I=\sum w_O \tag{0-5}$$

上式所描述的过程属于定态过程，一般连续不断的流水作业(连续操作)为定态过程，其特点是在设备的各个不同位置上，物料的流速、浓度、温度、压强等参数可各自不相同，但在同一位置上这些参数都不随时间而改变。若过程中有物料累积，则属于非定态过程，一般间歇操作(分批操作)属于非定态过程，在设备的同一位置上诸参数随时间而改变。

式(0-2)中各股物料数量可用质量或物质的量衡量。对于液体及处于恒温、恒压下的理想气体，还可用体积来衡量。常用质量分数表示溶液或固体混合物的组成，对理想混合气体还可以用体积分数(或摩尔分数)表示组成。

0.5.2 能量衡算

机械能、热量、电能、磁能、化学能、原子能等统称为能量，各种能量间可以相互转换。化工计算中遇到的往往不是能量间的转换问题，而是总能量衡算，有时甚至可以简化为热能或热量衡算。本教材以热量衡算作为讨论能量衡算的重点。

能量衡算的依据是能量守恒定律，对热量衡算可以写成

$$\sum Q_I=\sum Q_O+Q_L \tag{0-6}$$

式中：$\sum Q_I$ 为随物料进入系统的总热量，kJ 或 kW；$\sum Q_O$ 为随物料离开系统的总热量，kJ 或 kW；Q_L 为向系统周围散失的热量，kJ 或 kW。

式(0-6)也可以写成

$$\sum (wH)_I=\sum (wH)_O+Q_L \tag{0-7}$$

式中：w 为物料的质量，kg 或 kg/s；H 为物料的焓，kJ/kg。

式(0-6)和式(0-7)既适用于间歇过程(此时 Q 的单位为 kJ，w 的单位为 kg)，也适用于连续过程(此时 Q 的单位为 kW、w 的单位为 kg/s)。

与物料衡算一样，热量衡算也要规定出衡算基准和范围。此外，由于焓是相对值，与从哪一个温度算起有关，所以进行热量衡算时还要指明基准温度(简称基温)。习惯上选 0℃为基温，并规定 0℃时的焓为零，这一点在计算中可以不指明。有时为了方便，要以其他温度作基准，这时应加以说明。

习题

1. 含水分 52%的木材共 120 kg，经日光照晒，木材含水分降至 25%，问：共失去水分多少千克？以上含水分均指质量百分数。

2. 用两个串联的蒸发器对 NaOH 水溶液予以浓缩，流程及各符号意义如本题附图所示，F、G、E 皆为 NaOH 水溶液的质量流量，x 表示溶液中含 NaOH 的质量分数，w 表示各蒸发器产生水蒸气的质量流量。若 $F=6.2\,\mathrm{kg/s}$，$x_0=0.105$，$x_2=0.30$，$w_1:w_2=1:1.15$，问：w_1、w_2、E、x_1 各为多少？

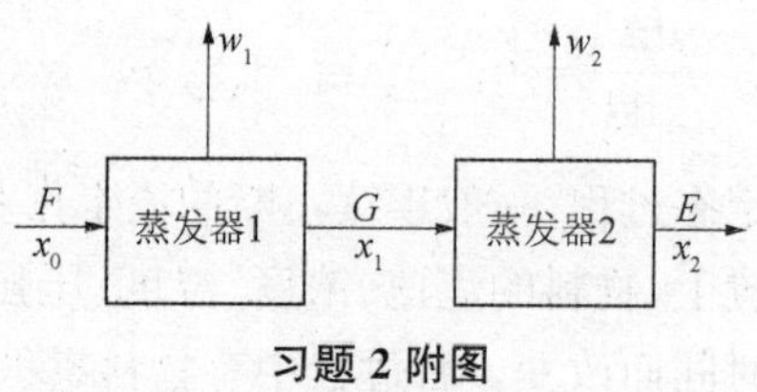

习题 2 附图

3. 某连续操作的精馏塔分离苯与甲苯。原料液含苯 0.45(摩尔分率,下同),塔顶产品含苯 0.94。已知塔顶产品含苯量占原料液中含苯量的 95%。问:塔底产品中苯的浓度是多少?按摩尔分率计。

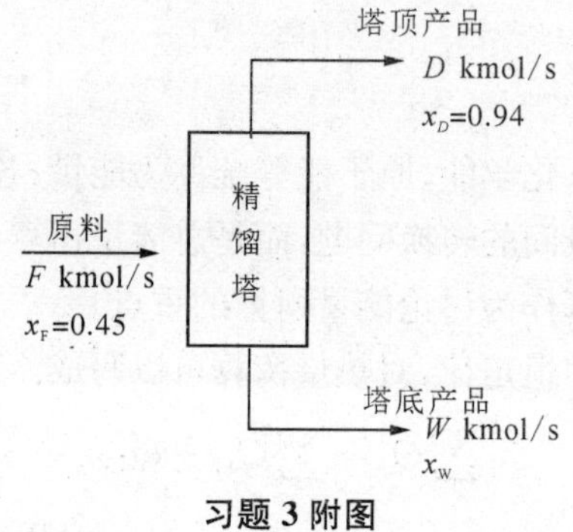

习题 3 附图

4. 导热系数的 SI 单位是 W/(m・℃),工程制单位是 kcal/(m・h・℃)。试问 1 kcal/(m・h・℃)相当于多少 W/(m・℃)?并写出其因次式。

5. 已知理想气体通用常数 $R=0.08205$ atm・l/(mol・K),试求采用 J/(kmol・K)时 R 的数值。

6. 水蒸气在空气中的扩散系数可用如下经验公式计算:

$$D=\frac{1.46\times10^{-4}}{p}\times\frac{T^{2.5}}{T+441}$$

式中:D 为扩散系数,ft^2/h;p 为压强,atm;T 为绝对温度,℉。

试将上式改换成采用 SI 单位的形式。各物理量采用的单位如下:D, m^2/s;p, Pa;T, K。

7. 在冷凝器中蒸气与冷却水间换热,当管子是洁净的,计算总传热系数的经验式为

$$\frac{1}{K}=0.00040+\frac{1}{268u^{0.8}}$$

式中:K 为总传热系数,Btu/(ft^2・h・℉);u 为水流速,ft/s。

试将上式改换成采用 SI 单位的形式。各物理量采用的单位如下:K, W/(m^2・℃);u, m/s。

第1章　流体流动

学习目的：

通过本章的学习，应掌握流体在管内流动过程的基本原理和规律，并运用这些原理和规律分析和计算流体流动过程中的有关问题。

重点掌握的内容：

静力学基本方程的应用；连续性方程、伯努利方程的物理意义、适用条件，以及应用伯努利方程解题的要点；管路系统总能量损失方程。

熟悉的内容：

两种流型（层流和湍流）的本质区别，处理两种流型的工程方法（解析法和实验研究方法）；流量测量；管路计算。

一般了解的内容：

边界层的基本概念（边界层的形成和发展，边界层分离）；牛顿型流体和非牛顿型流体。

在工业生产中，流体的流动是经常遇到的，因为化工生产用的原料或加工所得的成品或半成品多为液体和气体。按照生产工艺的要求，依次输送到如换热设备、塔设备或反应器等设备中，以制得产品。在一般情况下要把流体从一个设备送到另一个设备中，或从一地输送到另一地，需要借助于管道和输送设备（如：泵和风机）才能完成。

在化工厂中，流体输送管道纵横密布，到处可见。据有关化工厂统计，除仪表不计外，流体流动所用设备的台数占所用各种类型设备总台数的一半以上。因此，流体流动在化工生产中起着重要的作用。

此外，化工生产中的各个单元操作（如传热、传质、多相混合物的分离等）大多是在流体流动的情况下进行的。流体流动状态直接影响着这些过程。因此，流体的流动过程是化工生产的一个基本过程。

§1.1　流体的性质

1.1.1　连续介质假定

流体是液体和气体的总称。流体具有三个特点：① 流动性，即没有抗拉强度（黏弹性流体除外）；② 无固定形状，随容器的形状而变化；③ 在外力作用下流体内部发生相对运动。

流体由大量彼此之间有一定间隙的分子所组成，各个分子都做着无序的随机运动，因而流体的物理量在空间和时间上的分布是不连续的。在工程技术领域,人们关心的是流体的宏观特性,即大量分子的统计平均特性,因此引入流体的连续介质模型。

连续介质假定流体是由连续分布的流体微团或质点所组成。所谓流体微团或质点是由大量分子组成,宏观上其体积几何尺寸很小,但包含足够多分子;微观上其尺度远大于分子的平均自由程,在此体积中,流体的宏观特性即其中的分子统计平均特性。

因此,连续介质假定的目的是为了摆脱复杂的分子运动,而从宏观的角度来研究流体的流动规律,这时流体的物理性质及运动参数在空间连续分布,从而可用连续函数加以描述。

1.1.2 流体的密度

单位体积流体所具有的流体质量称为密度,以 ρ 表示,单位为 kg/m^3。

$$\rho=\frac{\Delta m}{\Delta V} \tag{1-1}$$

式中:ρ 为流体的密度,kg/m^3;m 为流体的质量,kg;V 为流体的体积,m^3。

当 $\Delta V\to 0$ 时,$\Delta m/\Delta V$ 的极限值称为流体内部的某点密度。

液体的密度基本上不随压强而变化,随温度略有改变。

常见纯液体的密度值可查教材附录(注意所指温度)。

混合液体的密度,在忽略混合体积变化条件下,可用下式估算(以 1 kg 混合液为基准),即

$$\frac{1}{\rho_m}=\frac{a_1}{\rho_1}+\frac{a_2}{\rho_2}+\cdots+\frac{a_n}{\rho_n} \tag{1-2}$$

式中:$\rho_1,\rho_2,\cdots,\rho_n$ 为各纯组分的密度,kg/m^3;$a_1,a_2,\cdots,a_n$ 为各纯组分的质量分率。

气体的密度随温度和压强而变。当作理想气体处理时,可用下式计算,即

$$\rho=\rho_0\frac{pT_0}{p_0T} \tag{1-3}$$

或

$$\rho=\frac{pM}{RT} \tag{1-3a}$$

式中:p 为气体的绝对压强,kPa;T 为热力学温度,K;M 为气体的摩尔质量,kg/kmol;R 为气体通用常数,其值为 8.315 kJ/(kmol・K);下标 0 表示标准状态。

对于混合气体,可用平均摩尔质量 M_m 代替 M,即

$$M_m=M_1y_1+M_2y_2+\cdots+M_ny_n \tag{1-4}$$

式中:$y_1,y_2,\cdots,y_n$ 为各组分的摩尔分率(体积分率或压强分率);$M_1,M_2,\cdots,M_n$ 为气体混合物中各组分的摩尔质量。

1.1.3 流体的静压强

垂直作用于流体单位面积上的压力称为流体的压强,以 p 表示,单位为 Pa。俗称压力,表示静压力强度。

$$p = \frac{dF}{dA} \tag{1-5}$$

流体作用面上的压强各处相等时，则有

$$p = \frac{F}{A} \tag{1-5a}$$

式中：p 为流体的静压强，Pa；F 为垂直作用于流体表面上的压力，N；A 为作用面的面积，m^2。

在连续静止的流体内部，压强为位置的连续函数，任一点的压强与作用面垂直，且在各个方向都有相同的数值。

1. 压强的单位换算

工程上常间接地用液柱高度 h 表示压强，但必须注明液体种类，其关系式为

$$p = h\rho g \tag{1-6}$$

式中：h 为液柱的高度，m；g 为重力加速度，m/s^2。

不同单位之间的换算关系为

$$1\ \text{atm} = 10.33\ \text{m}\ H_2O = 760\ \text{mm Hg} = 1.0133\ \text{bar} = 1.0133 \times 10^5\ \text{Pa}$$

2. 压强的表示方法

以绝对真空为基准——绝对压强，是流体的真实压强。

以大气压强为基准：
- 表压强(压力表度量)＝绝对压强－大气压强
- 真空度(真空表度量)＝大气压强－绝对压强

绝对压强，表压强，真空度之间的关系可用图1-1表示。

大气压强随温度、湿度和当地海拔高度而变。为了防止混淆，对表压强、真空度应加以标注。

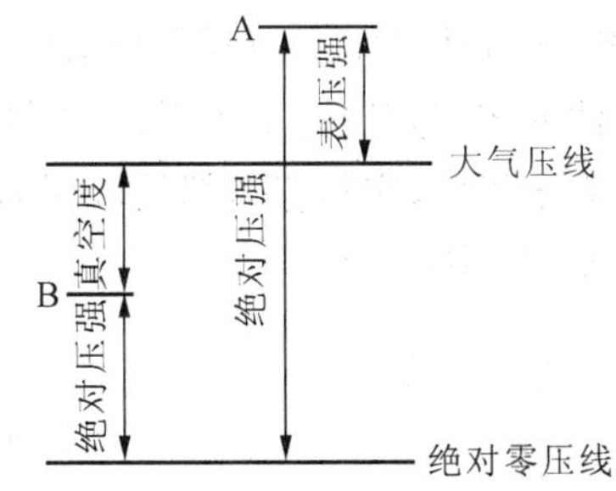

图1-1 大气压强和绝对压强、表压强(或真空度)之间的关系

例1-1 在兰州操作的苯乙烯真空蒸馏塔顶的真空表读数为 80×10^3 Pa。在天津操作时，若要求塔内维持相同的绝对压强，真空表的读数为多少？兰州地区的平均大气压强为 85.3×10^3 Pa，天津地区的平均大气压强为 101.33×10^3 Pa。

解 根据兰州地区的大气压强条件，可求得操作时塔顶的绝对压强为

$$\text{绝对压强} = \text{大气压强} - \text{真空度} = 85300\ \text{Pa} - 80000\ \text{Pa} = 5300\ \text{Pa}$$

在天津操作时，要求塔内维持相同的绝对压强，由于大气压强与兰州的不同，塔顶的真空度也不相同，其值为

$$\text{真空度} = \text{大气压强} - \text{绝对压强} = 101330\ \text{Pa} - 5300\ \text{Pa} = 96030\ \text{Pa}$$

1.1.4 流体的可压缩性与不可压缩流体

1. 流体的可压缩性

在外力作用下,流体的体积将发生变化。当作用在流体上的外力增加时,流体的体积将减小,这种特性称为流体的可压缩性。

流体的可压缩性通常用体积压缩系数 β 来表示,其意义为在一定温度下,外力每增加一个单位时,流体体积的相对缩小量

$$\beta = -\frac{1}{v}\frac{\mathrm{d}v}{\mathrm{d}p} \tag{1-7}$$

式中:v 为单位质量流体的体积,即流体的比容(m^3/kg);负号表示压力增加时,体积缩小。

由于 $\rho v \equiv 1$,故有 $\rho \mathrm{d}v + v\mathrm{d}\rho = 0$。据此,式(1-7)又可以写成

$$\beta = \frac{1}{\rho}\frac{\mathrm{d}\rho}{\mathrm{d}p} \tag{1-7a}$$

2. 不可压缩流体

由以上讨论可知,β 值越大,流体越容易被压缩。通常液体的压缩系数都很小,某些液体的 β 值甚至接近于零,因而其可压缩性可忽略。通常称 $\beta \neq 0$ 的流体为可压缩流体,压缩性可忽略 $(\beta \approx 0)$ 的流体为不可压缩流体。

由式(1-7a)可知,对于不可压缩流体,$\frac{\mathrm{d}\rho}{\mathrm{d}p}=0$,即流体的密度不随外力改变,换言之,密度为常数的流体为不可压缩流体。

由于气体的密度随压力和温度变化较大,因此气体在一般情况下是可压缩流体;而大多数液体的密度随压力变化不大,可视为不可压缩流体。

需要指出,实际流体都是可压缩的,不可压缩流体只是为便于处理某些密度变化较小的流体所作的假设而已。

§1.2 流体静力学

本节重点讨论流体在重力场中的平衡规律(静止流体内部压力的变化规律)及其工程应用。

1.2.1 流体静力学基本方程

由于流体本身的重力及外加压力的存在,在静止流体内部各点都受着这些力的作用。流体静力学是研究流体在这些力作用下达到平衡或静止时的规律。如图 1-2 所示,在盛有静止液体的容器中,任取一段垂直液柱,此液柱的底面积为A(m^2),液体的密度为 ρ(kg/m^3)。任选定一水平面为基准面(此例以容器底部为基准面),液柱上下两面与基准面的垂直距离分

别为 Z_1 及 Z_2(m)。此液柱的受力分析情况如下：

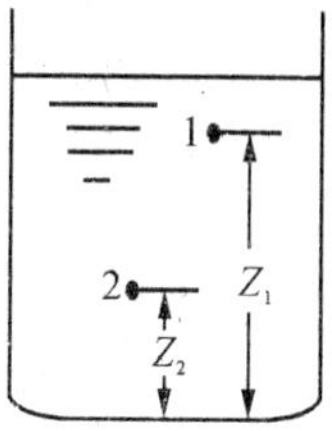

作用于液柱上面的压力：$F_1 = p_1 A$

液柱自身的重力：$G = \rho g A(Z_1 - Z_2)$

作用于液柱底面的压力：$F_2 = p_2 A$

液柱侧面受压平衡：$\sum F_{侧} = 0$

当液柱处于平衡状态时：$\sum FA = 0$

图 1-2　静止液体内的压强分布

即

$$G + F_1 - F_2 = 0$$

$$\rho g A(Z_1 - Z_2) + p_1 A - p_2 A = 0$$

两边同乘以 $1/\rho A$ 并移项得

$$\frac{p_1}{\rho} + gZ_1 = \frac{p_2}{\rho} + gZ_2 \tag{1-8}$$

或

$$p_2 = p_1 + \rho g(Z_1 - Z_2) \tag{1-8a}$$

若将图 1-2 中的点 1 移至液面上，设液面上方的压力为 p_0，距液面 h 处的点 2 压强为 p，则式(1-8a)变为

$$p = p_0 + \rho g h \tag{1-8b}$$

式(1-8)、式(1-8a)和式(1-8b)统称为流体静力学基本方程式，其适用条件为重力场中静止的连续的同一种不可压缩流体。

由上式可见：

(1) 在静止液体内，任一点的压力的大小与该点距液面的深度有关，h 越大，其压力越大。

(2) 在静止连续的同一液体内，同一水平面上的各点压力相等，此压力相等的水平面称为等压面。

(3) 当液体上方的压力 p_0 有变化时，必将引起液体内部各点发生同样大小的变化。

注意：适用于所有流体，但流体必须是连续的、相同种类、静止的。

例 1-2　如图 1-3 所示的开口容器内盛有油和水。油层高度 $h_1 = 0.7$ m，密度 $\rho_1 = 800\ \text{kg/m}^3$，水层高度 $h_2 = 0.6$ m，密度 $\rho_2 = 1000\ \text{kg/m}^3$。(1) 判断下列两关系是否成立：$p_A = p'_A$，$p_B = p'_B$；(2) 计算水在玻璃管内的高度 h。

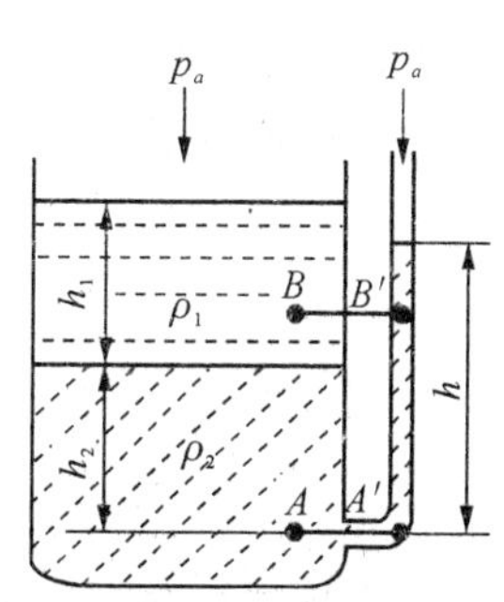

图 1-3　例 1-2 附图

解　(1) 判断题给两关系式是否成立

$p_A = p'_A$ 的关系成立。因为 A 及 A' 两点在静止的连通着的同一种流体内，并在同一水平面上，所以截面 $A—A'$ 是等压面。

$p_B = p'_B$ 的关系不能成立。因为 B 及 B' 两点虽在静止流体的同一水平面上，但不是连通着的同一种流体内，所以截面 $B—B'$ 不是等压面。

(2) 计算玻璃管内水的高度 h

由上面讨论知，$p_A = p'_A$，而 p_A 与 p'_A 都可以用流体静力学基本方程式计算，即

$$p_A = p_a + \rho_1 g h_1 + \rho_2 g h_2,\ p'_A = p_a + \rho_2 g h$$

于是 $p_a + \rho_1 g h_1 + \rho_2 g h_2 = p_a + \rho_2 g h$

简化上式并将已知值代入，得

$$800\times0.7 + 1000\times0.6 = 1000h$$

解得 $h = 1.16$ m。

1.2.2 流体静力学基本方程的应用

流体静力学原理的应用很广泛，它是连通器和液柱压差计工作原理的基础，还用于容器内液位的测量、液封装置、不互溶液体的重力分离(倾析器)等。关键是正确确定等压面。

1. 压强与压强差的测量

以流体平衡规律为依据的液柱压差计，常见的有以下几种。

(1) U 管压差计

U 管压差计是一根 U 形玻璃管，内装有液体作为指示液。如图 1-4 所示的 U 管压差计，U 形管内装有液体指示剂。

① 指示液的选择依据

指示液要与被测流体不互溶，不起化学反应，且其密度应大于被测流体的密度。

② 压强差 $(p_1 - p_2)$ 与压差计读数 R 的关系

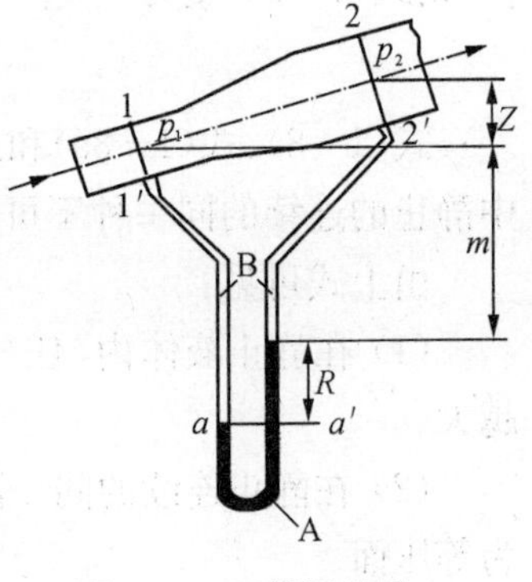

图 1-4 U 管压差计

图 1-4 所示的 U 管底部装有指示液 A，其密度为 ρ_A，U 管两侧臂上部及连接管内均充满待测流体 B，其密度为 ρ_B。当测量管道中 1—1′与 2—2′两截面处流体的压强差时，可将 U 形管的两端分别与 1—1′与 2—2′两截面相连通。若两截面的中心点处的压强分别为 p_1、p_2，则可根据流体静力学基本方程式推导 $(p_1 - p_2)$ 与 R 的关系式。

推导的第一步是确定等压面。图中 a，a' 两点都是在连通着的同一种静止流体内，并且在同一水平面上，所以这两点的静压强相等，即 $p_a = p_{a'}$。

根据流体静力学基本方程式可得

$$p_a = p_1 + \rho_B g(m + R)$$

$$p_{a'} = p_2 + \rho_B g(Z + m) + \rho_A g R$$

整理上式，得压强差 $(p_1 - p_2)$ 的计算式为

$$p_1 - p_2 = (\rho_A - \rho_B) g R + \rho_B g Z \tag{1-9}$$

当被测管段水平放置时，$Z=0$，则上式可简化为

$$p_1 - p_2 = (\rho_A - \rho_B) g R \tag{1-9a}$$

③ 绝对压强的测量

若U管一端与设备或管道某一截面连接，另一端与大气相通，如图1-5所示，这时读数R所反映的是管道中某截面处的绝对压强与大气压强之差，即表压强或真空度，从而可求得该截面的绝压。根据静力学方程推导得

$$p_1 - p_a = p_1(\text{表}) = R\rho g \tag{1-9b}$$

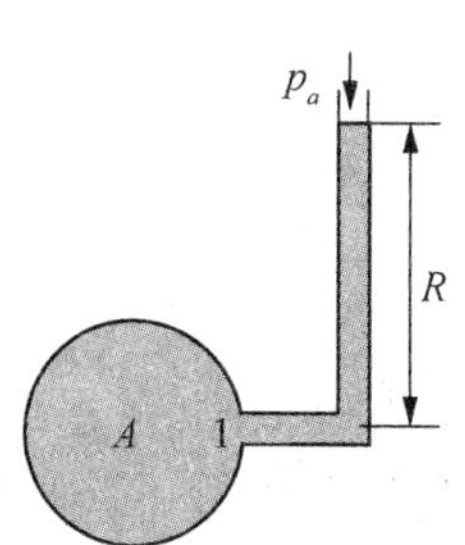

图1-5 单管压力计

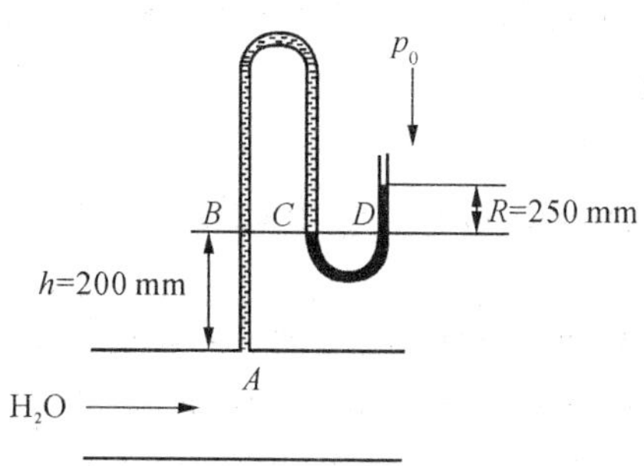

图1-6 例1-3附图

例1-3 水在如图1-6所示的水平管内流动，在管壁A处连接一U管玻璃压差计，指示液为水银，其读数如图所示，试求A处的压强。当地压强为1 atm，$g = 9.81\ \mathrm{m/s^2}$，$\rho_{\mathrm{Hg}} = 13600\ \mathrm{kg/m^3}$。

解 作水平线BCD，则$p_B = p_C = p_D$。

由静力学基本方程式得

$$p_B = p_C = p_D = \rho_{\mathrm{Hg}} gR + p_0 = 101325\ \mathrm{Pa} + 13600 \times 9.81 \times 0.25\ \mathrm{Pa}$$
$$= 134679\ \mathrm{Pa} \approx 135\ \mathrm{kPa}(\text{绝对压强})$$

故 $p_A = p_B + \rho_{\mathrm{H_2O}} gh = 134700\ \mathrm{Pa} + 1000 \times 9.81 \times 0.2\ \mathrm{Pa} = 136662\ \mathrm{Pa} \approx 137\ \mathrm{kPa}$

(2) 微压差计

① 当被测压强差很小时，为把读数R放大，除了在选用指示液时尽可能地使其密度ρ_{A}与被测流体的密度ρ_{B}相接近外，还可采用微差压差计，其特点如下：

(a) 压差计内装有两种密度相近且不互溶、不起化学作用的指示液A和C，而指示液C与被测流体B亦不互溶。

(b) 为了读数方便，使U管的两侧臂顶端各装有扩大室，俗称为“水库”。扩大室的截面积要比U管的截面积大得多，一般$D_{\text{扩大室}}/d_{\text{U管}} \geqslant 10$。

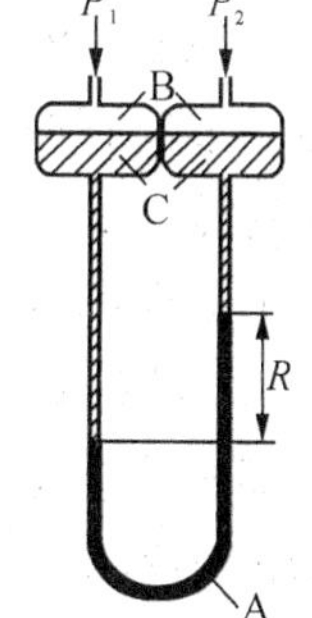

图1-7 微压差计

如图1-7所示，当$p_1 \neq p_2$时，A指示液的两液面出现高度差R，扩大室中指示液C也出现高度差R'。此时压差和读数的关系为

$$p_1 - p_2 = (\rho_{\mathrm{A}} - \rho_{\mathrm{C}})Rg + (\rho_{\mathrm{C}} + \rho_{\mathrm{B}})R'g \tag{1-10}$$

若工作介质为气体，且R'甚小时，式(1-10)可简化为

$$p_1 - p_2 = (\rho_{\mathrm{A}} - \rho_{\mathrm{C}})Rg \tag{1-10a}$$

② 如图 1-8 所示的倾斜液柱压差计也可使 U 形管压差计的读数 R 放大一定程度，即

$$R_L = \frac{R}{\sin\alpha} \tag{1-11}$$

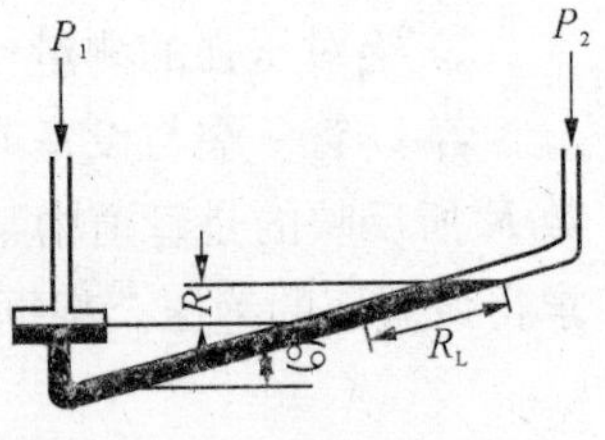

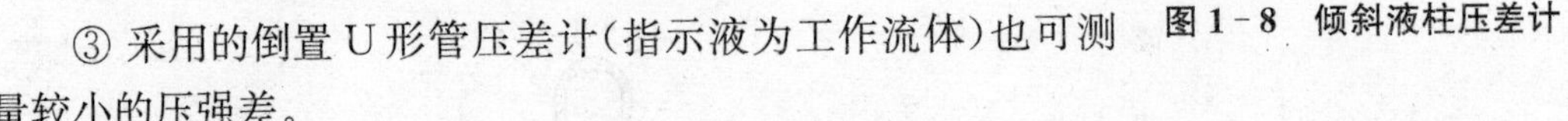

图 1-8 倾斜液柱压差计

式中：α 为倾斜角，其值越小，R_L 越大。

③ 采用的倒置 U 形管压差计（指示液为工作流体）也可测量较小的压强差。

(3) 复式压差计

当被测压强差较大时，可采用如图 1-9 所示的串联 U 形管复式压差计。

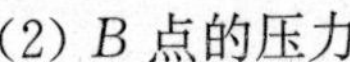

例 1-4 如图 1-9 所示，流化床反应器上装有两个 U 管压差计。读数分别为 $R_1=500$ mm，$R_2=80$ mm，指示液为水银。为防止水银蒸气向空间扩散，于右侧的 U 管与大气连通的玻璃管内灌入一段水，其高度 $R_3=100$ mm。试求 A、B 两点的表压力。

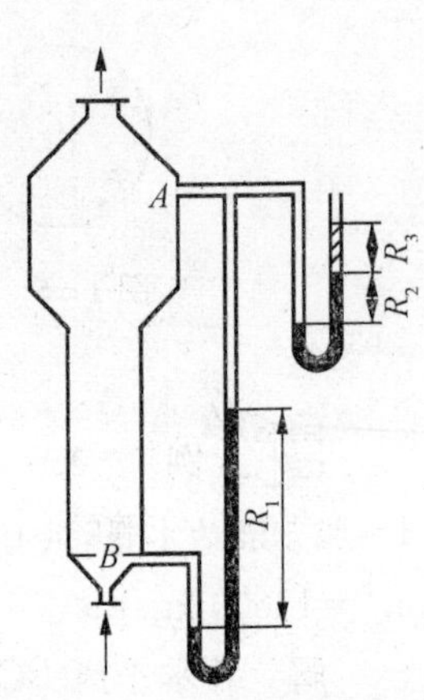

图 1-9 例 1-4 附图

解 (1) A 点的压力

$$p_A = \rho_{水} gR_3 + \rho_{汞} gR_2$$
$$= (1000 \times 9.81 \times 0.1 + 13600 \times 9.81 \times 0.08)\ \text{Pa}$$
$$= 1.165 \times 10^4\ \text{Pa}(表)$$

(2) B 点的压力

$$p_B = p_A + \rho_{汞} gR_1 = (1.165 \times 10^4 + 13600 \times 9.81 \times 0.5)\ \text{Pa}$$
$$= 7.836 \times 10^4\ \text{Pa}(表)$$

2. 液位的测量

化工厂中经常要了解容器里物料的贮存量，或要控制设备里的液面，因此要进行液位的测量。大多数液位计的作用原理均遵循静止液体内部压强变化的规律。

最原始的液位计是于容器底部器壁及液面上方器壁处各开一小孔，用玻璃管将两孔相连接。玻璃管内所示的液面高度即容器内的液面高度。但玻璃管易于破损，而且不便于远距离观测。

下面介绍两种测量液位的方法。

(1) 液柱式压差计

如图 1-10 所示，容器或设备 1 外边设一个称为平衡器的小室 2，用一装有指示液 A 的 U 管压差计 3 将容器与平衡器连通起来，小室内装的液体与容器内的相同，其液面的高度维持在容器液面允许到达的最大高度处。

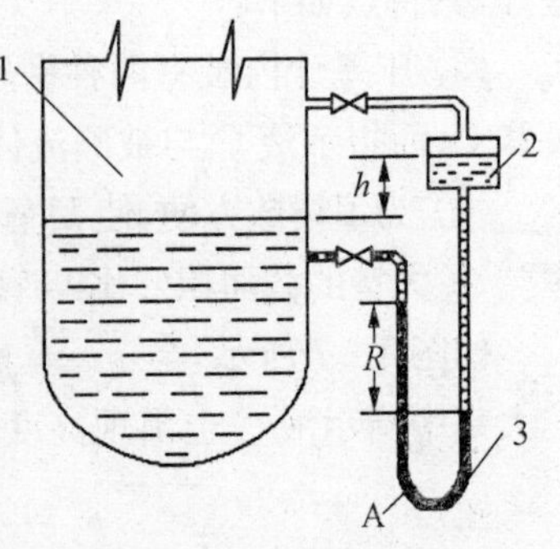

1—容器；2—平衡器的小室；3—U 管压差计

图 1-10 压差法测量液位

根据流体静力学基本方程式，可知液面高度与压差计读数的关系为

$$h=\frac{\rho_A-\rho}{\rho}R \tag{1-12}$$

容器里的液面达到最大高度时，压差计读数为零；液面愈低，压差计的读数愈大。

(2) 鼓泡式液柱测量装置

若容器离操作室较远或埋在地面以下，要测量其液位可采用如图1-11所示装置。

例1-5　为了测量某地下储罐内油品的液位，采用如图1-11所示的装置。压缩空气经调节阀1调节后进入鼓泡观察器2。管路中空气的流速控制得很小，使鼓泡观察器2内能观察到有气泡缓慢溢出即可，故气体通过吹气管4的流动阻力可以忽略不计。吹气管某截面处的压力用U管压差计3来计量。压差计读数R的大小，即反应储罐5内液面的高度。

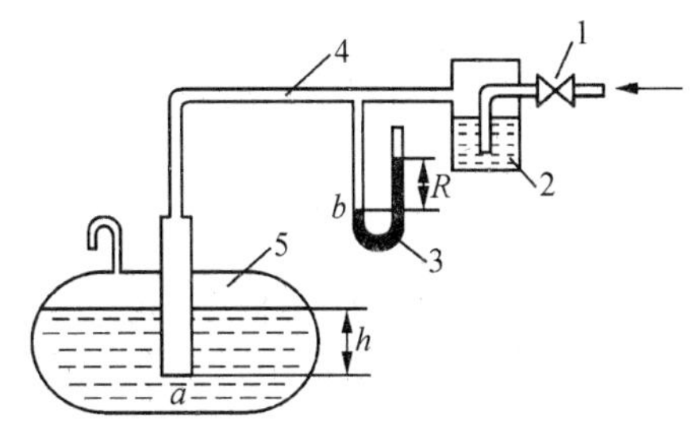

图1-11　例1-5附图

已知U管压差计的指示液为水银，其读数$R=100$ mm，罐内液体的密度$\rho=900\ \text{kg/m}^3$，储罐上方与大气相通。试求储罐中液面离吹气管出口的距离h。

解　吹气管内空气流速很低，可近似当作静止流体来处理，且空气的密度很小，故吹气管出口a处与U管压差计b处的压力近似相等，即$p_a\approx p_b$。

若p_a与p_b均以表压力表示，根据流体静力学平衡方程，得

$$p_a=\rho gh,\ p_b=\rho_{\text{Hg}}gR$$

故

$$h=\rho_{\text{Hg}}R/\rho=13600\times0.10/900\ \text{m}=1.51\ \text{m}$$

3. 液封高度的计算

设备的液封也是过程工业中经常遇到的问题，设备内操作条件不同，采用液封的目的也就不同。流体静力学原理可用于确定设备的液封高度。具体见例1-6。

例1-6　真空蒸发操作中产生的水蒸气，通常送入如图1-12所示的混合冷凝器中与冷水直接接触而冷凝。为了维持操作的真空度，在冷凝器上方接有真空泵，以抽走其内的不凝气(空气)。同时，为防止外界空气由气压管漏入，将此气压管插入液封槽中，水即在管内上升一定的高度h，这种方法称为液封。若真空表的读数为70×10^3 Pa，试求气压管中水上升的高度h。

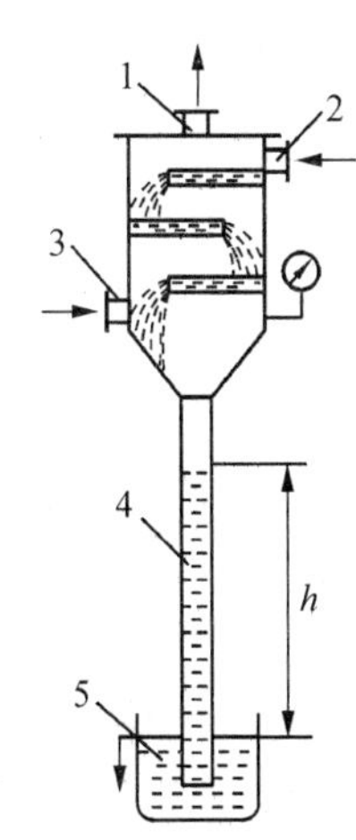

1—与真空泵相通的不凝气出口；2—冷水进口；3—水蒸气进口；4—气压管；5—液封槽

图1-12　例1-6附图

解　设气压管内水面上方的绝对压力为p，作用于液封槽内水面的压力为大气压力p_a，则

$$p_a=p+\rho gh$$

于是
$$h=\frac{p_a-p}{\rho g}$$

式中
$$p_a-p=70\times10^3\ \text{Pa}(\text{真空度})$$

故
$$h=\frac{70\times10^3}{1000\times9.81}\ \text{m}=7.14\ \text{m}$$

§1.3 流体流动

前面一节讲了流体的静力学，着重讨论了流体静力学基本方程。流体流动时的规律要比静止时复杂得多。本节首先介绍与流体流动有关的概念。

1.3.1 基本概念

1. 流量和流速

(1) 流量

单位时间内流过管道任一截面的流体量，称为流量。流量用两种方法表示：体积流量——以 V_s 表示，单位为 m^3/s；质量流量——以 w_s 表示，单位为 kg/s。

体积流量与质量流量的关系为

$$w_s=V_s\rho \tag{1-13}$$

(2) 流速

流体质点单位时间内在流动方向上所流过的距离，称为流速，以 u 表示，其单位为m/s。但是，由于流体具有黏性，流体流经管道任一截面上各点速度沿管径而变化，在管中心处最大，随管径加大而变小，在管壁面上流速为零。工程计算中为方便起见，取整个管截面上的平均流速——单位流通面积上流体的体积流量，即

$$u=\frac{V_s}{A} \tag{1-14}$$

式中：A 为与流动方向相垂直的管道截面积，m^2。于是

$$w_s=uA\rho \tag{1-15}$$

(3) 质量流速

单位时间内流体流过管道单位截面积的质量，称为质量流速或质量通量，以 G 表示，其单位为 $kg/(m^2\cdot s)$，其表达式为

$$G=\frac{w_s}{A}=u\rho \tag{1-16}$$

由于气体的体积随温度和压强而变化，在管截面积不变的情况下，气体的流速也要发生变化，采用质量流速为计算带来方便。

(4) 管径、体积流量和流速之间的关系

对于圆形管道,以 d 表示其内径,则有 $V_s = uA = u\left(\frac{\pi}{4}d^2\right)$，于是

$$d = \sqrt{\frac{4V_s}{\pi u}} \tag{1-17}$$

式中 V_s 一般由生产任务规定,而适宜流速则通过操作费和基建费之间的经济权衡来确定。

大流量长距离管道内某些流体的常用流速范围见表 1 - 1。

表 1 - 1　某些流体在管道中的常用流速范围

流体及其流动类别	流速范围(m/s)	流体及其流动类别	流速范围(m/s)
自来水(3×10^5 Pa)	1～1.5	高压空气	15～25
水及低黏度液体 (1×10^5 Pa～1×10^6 Pa)	1.5～3.0	一般气体(常压)	10～20
高黏度液体	0.5～1.0	鼓风机吸入管	10～20
工业供水(8×10^5 Pa 以下)	1.5～3.0	鼓风机排出管	15～20
锅炉供水(8×10^5 Pa 以下)	>3.0	离心泵吸入管(水类液体)	1.5～2.0
饱和蒸气	20～40	离心泵排出管(水类液体)	2.5～3.0
过热蒸气	30～50	往复泵吸入管(水类液体)	0.75～1.0
蛇管、螺旋管内的冷却水	<1.0	往复泵排出管(水类液体)	1.0～2.0
低压空气	12～15	液体自流速度(冷凝水等)	0.5
真空操作下气体流速	<50		

适宜流速的大小与流体性质及操作条件有关。如悬浮液不宜低速,高黏度、高密度及易燃易爆流体不宜高流速。

2. 定态流动与非定态流动

(1) 定态流动

各截面上流体的有关参数(如流速、物性、压强)仅随位置而变化,不随时间而变,流动系统如图1 - 13(a)所示。

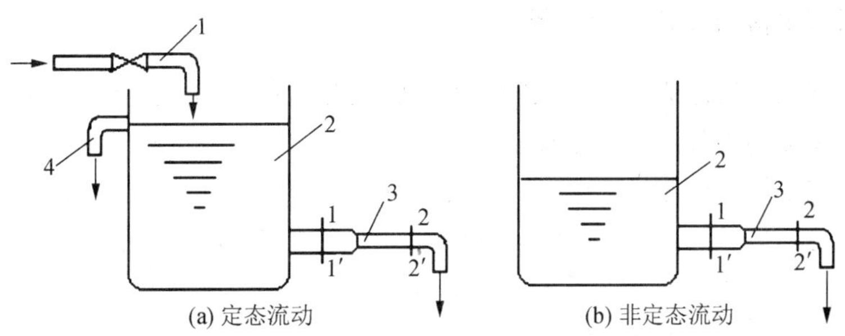

1—进水管;2—容器;3—排水管;4—溢流管

图 1 - 13　流动情况示意图

(2) 非定态流动

流体流动有关物理量随位置和时间均发生变化，流动系统如图 1-13(b)所示。

化工生产中多属连续定态过程。

1.3.2 物料衡算——连续性方程

如图 1-14 所示，选择一段管路或容器作为所研究的控制体，该控制体的控制面为管或容器的内壁面、截面 1—1′与 2—2′组成的封闭表面。流体在管道中做定态流动时，其间既无物料累积也无物料漏损时，根据质量守恒原理可得

$$w_1 = w_2$$

因为 $w_s = uA\rho$，则上式可写为

$$w_s = u_1A_1\rho_1 = u_2A_2\rho_2 \qquad (1-18)$$

推广之

$$w_s = u_1A_1\rho_1 = u_2A_2\rho_2 = \cdots = uA\rho = 常数 \qquad (1-18a)$$

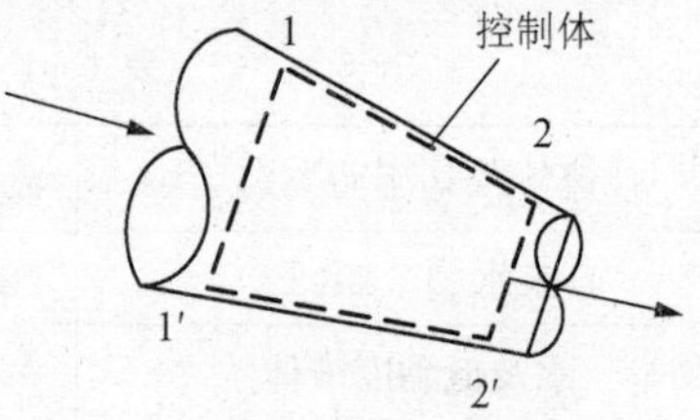

图 1-14 管路系统的总质量衡算

对于不可压缩流体(ρ=常数)，可得到

$$V_s = u_1A_1 = u_2A_2 = \cdots = uA = 常数 \qquad (1-18b)$$

式(1-18)~式(1-18b)统称为管内定态流动时的连续性方程式。

连续性方程式反映了一定流量下，管路各截面上流速的变化规律。对于圆形管道内不可压缩流体的定态流动，可得到

$$\frac{u_2}{u_1} = \left(\frac{d_1}{d_2}\right)^2$$

例 1-7 设图 1-14 所示的系统中输送的是水。已知吸入管道 1 的直径为 $\phi 108\times 4$ mm，系统排出管道 2 的直径为 $\phi 76\times 2.5$ mm。水在吸入管内的流速为 1.5 m/s，求水在排出管中的流速(水为不可压缩流体)。

解 $$u_2 = u_1\left(\frac{d_1}{d_2}\right)^2 = 1.5\times\left(\frac{0.108-0.004\times 2}{0.076-0.0025\times 2}\right)^2 \text{ m/s} = 2.98 \text{ m/s}$$

1.3.3 能量衡算方程式——伯努利方程式

伯努利方程式是流体流动中机械能守恒和转化原理的体现，它描述了流入和流出系统的流体量及有关流动参数间的定量关系。

伯努利方程推导的思路：从解决流体流动问题的实际需要出发，采用逐步简化的方法，即流动系统的总能量衡算(包括内能和热能)⟶流动系统的机械能衡算⟶不可压缩流体定态流动的机械能衡算。

1. 流动系统的总能量衡算

衡算范围：1—1′与 2—2′两截面及内壁面。

衡算基准：1 kg 流体。

基准水平面：0—0′平面。

(1) 流动流体所具有的能量

设 u_1、u_2 分别为流体在截面 1—1′及 2—2′处的流速，m/s；p_1、p_2 分别为流体在截面 1—1′及 2—2′处的压强，Pa；Z_1、Z_2 为垂直距离，m；A_1、A_2 分别为 1—1′及 2—2′处的截面积，m^2；v_1、v_2 分别为流体在截面 1—1′及 2—2′处的比容，m^3/kg。

① 1 kg 流体进出系统时输出和输入能量有下列各项：

内能：物体内部能量的总和。设 1 kg 流体输入、输出的内能分别为 U_1、U_2，单位 J/kg。

位能：由重力场计起的位能，即物体反对重力而做的功。位能 $= mgZ$，单位为 $kg \cdot m^2/s^2 = N \cdot m = J$，所以 1 kg 流体输入、输出的位能分别为 gZ_1、gZ_2[J/kg]。

动能：由物理学中知道，质量为 m，速度为 u 的物体具有的动能 $=\frac{1}{2}mu^2$，单位为 $kg \cdot m^2/s^2 = J$，所以 1 kg 流体输入、输出的动能分别为 $\frac{1}{2}u_1^2$ 及 $\frac{1}{2}u_2^2$[J/kg]。

静压能(压强能)：静止的流体内都有一定的静压强存在，流动着的流体内部的任何位置也都有一定的静压强存在，流体克服这个静压强所做的功就是流体的静压能，或者叫作流动功。

设质量为 m、体积为 V_1 的流体，通过截面 1—1′，设流体推进此截面所需的作用力为 p_1A_1，而流体通过此截面所走的距离为 V_1/A_1，则流体带入系统的静压能为

$$\text{输入静压能} = p_1A_1V_1/A_1 = p_1V_1$$

对于 1 kg 流体，输入静压能 $= p_1V_1/m = p_1v_1$；同理，1 kg 流体输出静压能：p_2v_2，其单位为 J/kg。

在上述各能量中，位能、动能、静压能又称为机械能，三者之和称为总机械能或总能量。

② 此外在如图 1-15 所示衡算范围内还接有换热器及泵，则进出系统的能量还包括：

热：换热器向系统或从系统移走的热量。设换热器移走或提供单位质量流体的热量为 Q_e[J/kg]。

外功(净功)：流体经过泵或其他输送设备所获得的能量。设单位质量的流体经过输送设备所获得的能量为 W_e[J/kg]。

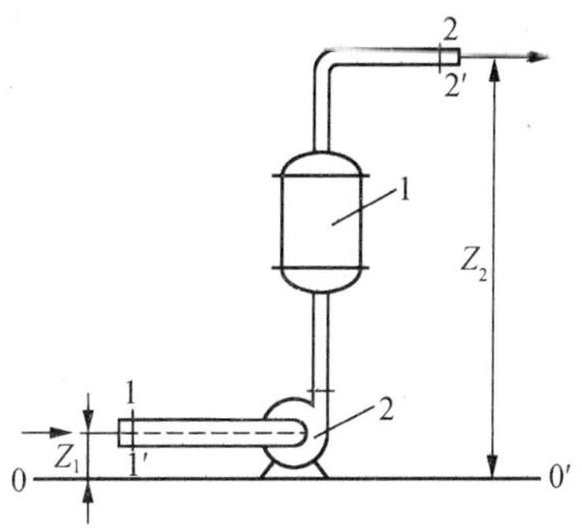

1—换热器；2—流体输送机械

图 1-15 流动系统的总能量衡算

综上所述，1 kg 流动流体所具有的能量如表 1-2 所示。

表 1-2 流动流体具有的能量

	内能	位能	动能	静压能	加入热量	加入功
进入系统	U_1	Z_1g	$u_1^2/2$	p_1v_1	Q_e	W_e
离开系统	U_2	Z_2g	$u_2^2/2$	p_2v_2		

(2) 能量守恒定律

根据热力学第一定律，1 kg 流体为基准的连续定态流动系统的能量衡算式为

$$U_1+gZ_1+\frac{u_1^2}{2}+p_1v_1+Q_e+W_e=U_2+gZ_2+\frac{u_2^2}{2}+p_2v_2 \tag{1-19}$$

或

$$\Delta U+g\Delta Z+\Delta\frac{u^2}{2}+\Delta(pv)=Q_e+W_e \tag{1-19a}$$

式(1-19)与式(1-19a)即定态流动过程的总能量衡算式，也是流动系统热力学第一定律表达式。

2. 流动系统的机械能衡算

(1) 流体定态流动的机械能衡算式

由热力学第一定律知，1 kg 流体从 1—1′截面流至 2—2′截面时，内能的增量等于其所获得的热能减去因流体被加热而引起体积膨胀所消耗的功，即

$$\Delta U=Q'_e-\int_{v1}^{v2}p\,\mathrm{d}v \tag{1-20}$$

式中：$\int_{v1}^{v2}p\,\mathrm{d}v$ 为 1 kg 流体流经两截面间因被加热而引起体积膨胀所做的功，J/kg；Q'_e 为 1 kg 流体在两截面间所获得的热量，J/kg。

实际上，Q'_e 由换热器加入的热量 Q_e 及能量损失 $\sum h_f$ 两部分组成，即

$$Q'_e=Q_e+\sum h_f$$

式中：$\sum h_f$ 为 1 kg 流体流经两截面间的沿程能量损失(转化为内能)，J/kg。

由数学知

$$\Delta(pv)=\int_{v1}^{v2}p\,\mathrm{d}v+\int_{p1}^{p2}v\,\mathrm{d}p \tag{1-21}$$

将如上三式代入式(1-19)，得到

$$W_e=g\Delta Z+\Delta\frac{u^2}{2}+\int_{p1}^{p2}v\,\mathrm{d}p+\sum h_f \tag{1-22}$$

此式即流体定态流动的机械能衡算式，适用于可压缩和不可压缩流体。

(2) 伯努利方程式——不可压缩流体定态流动的机械能衡算式

对于不可压缩流体，$v=\frac{1}{\rho}=$常数，因而将式(1-22)中的 $\int_{p1}^{p2}v\,\mathrm{d}p$ 项积分后可得

$$W_e=g\Delta Z+\Delta\frac{u^2}{2}+\frac{\Delta p}{\rho}+\sum h_f \tag{1-23}$$

或

$$gZ_1+\frac{u_1^2}{2}+\frac{p_1}{\rho}+W_e=gZ_2+\frac{u_2^2}{2}+\frac{p_2}{\rho}+\sum h_f \tag{1-23a}$$

对于理想流体，$\sum h_f=0$，再若无外功加入，则有

$$gZ_1+\frac{u_1^2}{2}+\frac{p_1}{\rho}=gZ_2+\frac{u_2^2}{2}+\frac{p_2}{\rho} \tag{1-24}$$

式(1-24)称为伯努利方程式，式(1-23)及式(1-23a)是伯努利方程式的引申，习惯上也称伯努利方程式。

从上面推导过程可看出，伯努利方程适用于不可压缩流体连续的定态流动。

3. 伯努利方程的讨论

(1) 理想流体伯努利方程式的物理意义：1 kg 理想流体在管道内做定态流动而又没有外功加入时，其总机械能 $\left(E=gZ+\frac{u^2}{2}+\frac{p}{\rho}\right)$ 是守恒的，但不同形式的机械能可以互相转换。

(2) 式(1-23a)中各项单位均为 J/kg，但应区别各项能量所表示的不同意义：gZ、$u^2/2$、p/ρ 指某截面上流体本身所具有的能量；$\sum h_f$ 为两截面间沿程的能量消耗，具有不可逆性；W_e 为 1 kg 流体在两截面间获得的能量，即输送机械对 1 kg 流体所做的有效功，是输送机械的重要参数之一。单位时间内输送机械所做的有效功称为有效功率，用 N_e 表示，其单位为 W，即

$$N_e=W_e w_s \tag{1-25}$$

(3) 压头和压头损失以 1 N 流体为基准，则黏性流体的伯努利方程式变为

$$H_e=\Delta Z+\frac{\Delta u^2}{2g}+\frac{\Delta p}{\rho g}+H_f \tag{1-23b}$$

式中各项单位为 J/N 或 m，其中 ΔZ、$\frac{\Delta u^2}{2g}$、$\frac{\Delta p}{\rho g}$ 分别为位压头、动压头和静压头；H_e 为输送机械的有效压头；H_f 则为压头损失。

(4) 流体静力学基本方程式是伯努利方程式的特例。当系统中的流体处于静止状态时，则式(1-23a)变为

$$gZ_1+\frac{p_1}{\rho}=gZ_2+\frac{p_2}{\rho}$$

(5) 伯努利方程式的推广

① 对于可压缩流体的流动，当 $\frac{p_1-p_2}{p_1}$(绝压) <0.2 时，仍可用式(1-23a)计算，但式中的 ρ 要用两截面间的平均密度 ρ_m 代替。

② 非定态流动的任一瞬间，伯努利方程式仍成立。

1.3.4　伯努利方程式的应用举例

伯努利方程式与连续性方程式的联合应用，可解决流体输送中的各种有关问题，其中还包括进行管路计算及根据流体力学原理进行流速或流量的测量等。

1. 伯努利方程式解题要点

(1) 作图与确定衡算范围

根据题意画出流动系统的示意图，并指明流体的流动方向。定出上、下游截面，以明确流动系统的衡算范围。

(2) 截面的选取

两截面均应与流动方向相垂直，并且在两截面间的流体必须是连续的。所求的未知量应在截面上或在两截面之间，且截面上的 Z、u、p 等有关物理量，除所需求取的未知量外，都应该是已知的或能通过其他关系计算出来。

两截面上的 u、p、Z 与两截面间的 $\sum h_f$ 都应相互对应一致。

(3) 基准水平面的选取

基准水平面可以任意选取，但必须与地面平行。如衡量系统为水平管道，则基准水平面通过管道的中心线，$\Delta Z=0$。

(4) 两截面上的压强

两截面的压强除要求单位一致外，还要求基准一致。

(5) 单位必须一致

在用伯努利方程式解题前，应把有关物理量换算成一致的单位，然后进行计算。

2. 应用举例

(1) 确定管道中流体的流量

例 1-8 20℃的空气在直径为 80 mm 的水平管流过。现于管路中接一文丘里管，如图 1-16 所示。文丘里管的上游接一水银 U 管压差计，在直径为 20 mm 的喉颈处接一细管，其下部插入水槽中。空气流过文丘里管的能量损失可忽略不计。当 U 管压差计读数 $R=25$ mm、$h=0.5$ m 时，试求此时空气的流量。大气压强为 101.33×10^3 Pa。

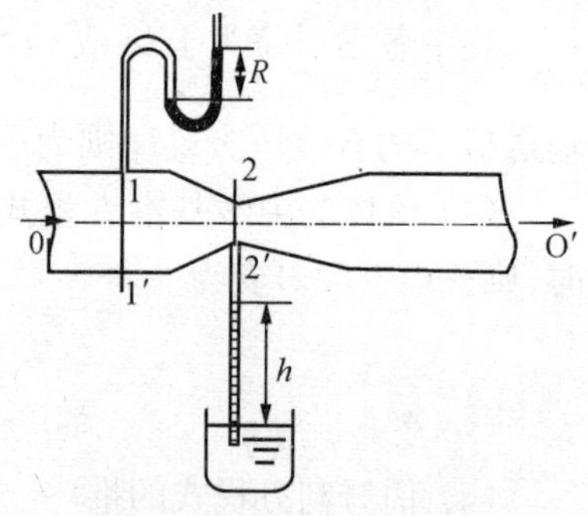

图 1-16 例 1-8 附图

解 该题有两项简化，即

当理想流体处理，$\sum h_f=0$；

可压缩流体当不可压缩流体对待，取平均密度 ρ_m。

计算的基本过程：

根据题意，绘制流程图，选取截面和基准水平面，确定衡算范围，见图 1-16。

核算两截面间绝压变化是否小于 20%

$$p_1=R\rho_{Hg}g=0.025\times13600\times9.81\ \text{Pa}=3335\ \text{Pa(表压)}$$

$$p_2=-h\rho_{H_2O}g=-0.5\times1000\times9.81\ \text{Pa}=-4905\ \text{Pa(表压)}$$

$$\frac{p_1-p_2}{p_0+p_1}=\frac{3335+4905}{101330+3335}=0.079=7.9\%<20\%$$

则：
$$\rho_m=\frac{M}{22.4}\frac{T_0}{T}\frac{p_m}{p_0}=\frac{29}{22.4}\times\frac{273}{293}\times\frac{101330+\frac{1}{2}(3335-4905)}{101330}\ \text{kg/m}^3$$
$$=1.20\ \text{kg/m}^3$$

在两截面间列伯努利方程式，并化简得

$$\frac{u_1^2}{2}+\frac{p_1}{\rho_m}=\frac{u_2^2}{2}+\frac{p_2}{\rho_m}$$

将ρ_m代入上式并整理，可得

$$u_2^2-u_1^2=13730 \tag{a}$$

用连续性方程式确定u_1与u_2之间关系，即

$$u_2=u_1\left(\frac{80}{20}\right)^2=16u_1 \tag{b}$$

联立式(a)及式(b)解得$u_1=7.34$ m/s，于是

$$V_k=3600A_1u_1$$

$$=3600\times\frac{\pi}{4}\times0.08^2\times7.34\ \mathrm{m^3/h}=132.8\ \mathrm{m^3/h}$$

(2) 确定设备间的相对位置

例1-9 有一输水系统，如图1-17所示，水箱内水面维持恒定，输水管直径为$\phi60\times3$ mm，输水量为18.3 m^3/h，水流经全部管道（不包括排出口）的能量损失可按$\sum h_f=15u^2$公式计算，式中u为管道内水的流速(m/s)。

(1) 求水箱中水面必须高于排出口的高度；

(2) 若输水量增加5%，管路的直径及其布置不变，管路的能量损失仍可按上述公式计算，则水箱内的水面将升高多少米？

解 该题是计算伯努利方程中的位能项（两截面间的位差）。解题的要点是根据题给条件对伯努利方程作合理简化。

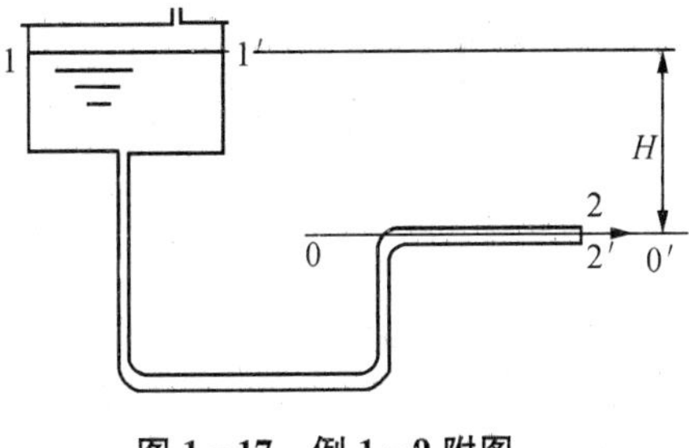

图1-17 例1-9附图

解题步骤：绘出流程图，确定上、下游截面及基准水平面，如图1-17所示；在两截面间列伯努利方程式并化简($W_e=0$，$p_1=p_2$，$Z_2=0$，由于$A_1\geqslant A_2$，$u_1\approx0$)可得到

$$gz_1=\frac{u_2^2}{2}+\sum h_f \tag{a}$$

(1) 设水箱中水面高于排出口的高度为H，将有关数据代入式(a)便可求得$Z_1(H)$，即

$$u_2=\frac{V_2}{A_2}=\frac{18.3}{3600\times\frac{\pi}{4}\times(0.06-0.003\times2)^2}\ \mathrm{m/s}=2.22\ \mathrm{m/s}$$

$$\sum h_f=15u_2^2=15\times2.22^2\ \mathrm{J/kg}=73.93\ \mathrm{J/kg}$$

于是 $$Z_1=H=\frac{\frac{2.22^2}{2}+73.93}{9.81}\ \text{m}=7.79\ \text{m}$$

(2) 输水量增加5%后，u_2 及 $\sum h_f$ 分别变为

$$u'_2=1.05u_2=1.05\times 2.22\ \text{m/s}=2.33\ \text{m/s}$$

$$\sum h'_f=15u'^2_2=15\times 2.33^2\ \text{J/kg}=81.43\ \text{J/kg}$$

$$Z'_1=H'=\frac{\frac{2.33^2}{2}+81.43}{9.81}\ \text{m}=8.58\ \text{m}$$

于是，水箱内的水面将升高

$$\Delta H=8.58\ \text{m}-7.79\ \text{m}=0.79\ \text{m}$$

(3) 确定输送设备的有效功率

例 1-10 用泵将贮液池中常温下的水送至吸收塔顶部，贮液池水面维持恒定，各部分的相对位置如图1-18所示。输水管的直径为 76×3 mm，排水管出口喷头连接处的压强为 6.15×10^4 Pa(表压)，送水量为 34.5 m^3/h，水流经全部管道(不包括喷头)的能量损失为 160 J/kg，试求泵的有效功率。

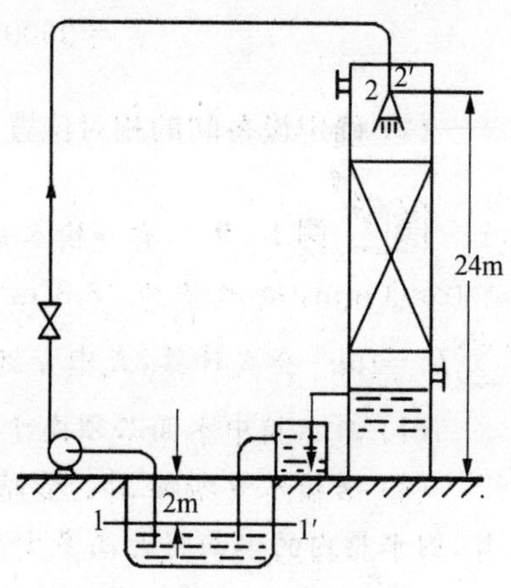

图 1-18 例 1-10 附图

解 泵的有效功率用式(1-25)计算，即

$$N_e=W_e w_s \tag{a}$$

式中 w_s 为规定值，W_e 则需用伯努利方程式计算，即

$$W_e=g\Delta Z+\frac{\Delta u^2}{2}+\frac{\Delta p}{\rho}+\sum h_f \tag{b}$$

截面、基准水平面的选取如图 1-18 所示。但要注意 2—2′截面必须选在排水管口与喷头的连接处，以保证水的连续性。

式(b)中：$\Delta p=6.15\times 10^4$ Pa，$u_1\approx 0$，$\sum h_f=160$ J/kg。

$$\Delta Z=24\ \text{m}+2\ \text{m}=26\ \text{m}$$

$$u_2=\frac{34.5}{3600\times\frac{\pi}{4}\times 0.07^2}\ \text{m/s}=2.49\ \text{m/s}$$

$$\Delta u^2\approx u_2^2=2.49^2\ \text{m}^2/\text{s}^2$$

于是

$$W_e=\left(9.81\times 26+\frac{6.15\times 10^4}{1000}+\frac{2.49^2}{2}+160\right)\ \text{J/kg}=479.7\ \text{J/kg}$$

$$w_s = V_s\rho = \frac{34.5}{3600} \times 1000 \text{ kg/s} = 9.58 \text{ kg/s}$$

$$N_e = 479.7 \times 9.58 \text{ W} = 4596 \text{ W} \approx 4.6 \text{ kW}$$

若泵的效率为0.75，则泵的轴功率为

$$N = N_e/\eta = 4.6/0.75 \text{ kW} = 6.13 \text{ kW}$$

(4) 确定管路中流体的压强

例1-11　水在如图1-19所示的虹吸管内做定态流动，管路直径没有变化，水流经管路的能量损失可以忽略不计，试计算管内截面2—2′、3—3′、4—4′、5—5′处的压强。大气压强为1.0133×10^5 Pa，图中所标注的尺寸均以mm计。

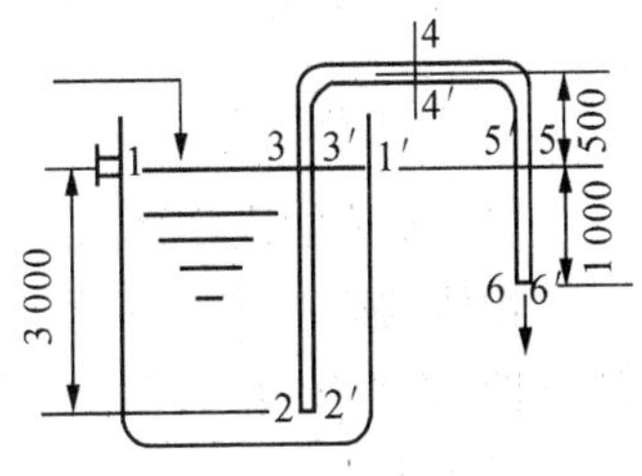

图1-19　例1-11附图

解　为计算管内各截面的压强，应首先计算管内水的流速。先在贮槽水面1—1′及管子出口内侧截面6—6′间列伯努利方程式，并以截面6—6′为基准水平面。

$$gZ_1 + \frac{u_1^2}{2} + \frac{p_1}{\rho} = gZ_6 + \frac{u_6^2}{2} + \frac{p_6}{\rho}$$

在本题条件下，作两点简化假定，即$\sum h_f = 0$及$u_1 \approx 0$，且由题给条件，$Z_6 = 0$，$p_1 = p_6 = 0$(表压)，$Z_1 = 1$ m，于是伯努利方程简化为

$$gZ_1 = \frac{u_6^2}{2}$$

对于均匀管径，各截面积相等，流速不变，动能为常数，即

$$\frac{u_6^2}{2} = 9.81 \text{ J/kg} \times 1 \text{ m}$$

$$u_6 = 4.43 \text{ m/s}$$

理想流体各截面上总机械能为常数，即

$$E = gZ_1 + \frac{u^2}{2} + \frac{p}{\rho}$$

以2—2′为基准水平面，则贮水面1—1′处的总机械能为

$$E = 9.81 \times 3 \text{ J/kg} + \frac{101330}{1000} \text{ J/kg} = 130.8 \text{ J/kg}$$

仍以2—2′为基准水平面，则各截面的压强计算通式为

$$p_i = \left(E - \frac{u_i^2}{2} - gZ_i\right)\rho$$

则
$$p_2 = (130.8 - 9.81 - 0) \times 1000 \text{ Pa} = 120990 \text{ Pa}$$

$$p_3 = (130.8 - 9.81 - 9.81 \times 3) \times 1000 \text{ Pa} = 91560 \text{ Pa}$$

$$p_4 = (130.8 - 9.81 - 9.81 \times 3.5) \times 1000\ \text{Pa} = 86660\ \text{Pa}$$

$$p_5 = (130.8 - 9.81 - 9.81 \times 3) \times 1000\ \text{Pa} = 91560\ \text{Pa}$$

由上面计算数据可看出：对于等径管路，各截面上动能相等(连续性方程式)。理想流体在等径管路中流动，同一水平面上各处的压强相等(总机械能守恒)。

§1.4 流体流动现象

本知识点通过简要分析在微观尺度上流体流动的内部结构，为管截面上流动的速度分布及流动阻力的计算打下基础。

1.4.1 牛顿黏性定律与流体的黏度

1. 牛顿黏性定律

(1) 流体的内摩擦力

物体的内摩擦力和流动性形成对立，在运动状态下，流体还有一种抗拒内在的向前运动的特性，称为黏性。流体不管在静止还是在流动状态下，都具有黏性，但只有在流体流动时才能显示出来。

由于黏性存在，流体在管内流动时，管截面不同半径处的速度并不相同，而是形成某种速度分布。管中心处的速度最大，愈靠近管壁速度愈小，在管壁处速度为零。如图1-20所示，当流体在圆管内以较低的平均速度流动时，实际上是被分割成无数极薄的圆筒层，各层以不同的速度向前运动。这种运动着的流体内部相邻两流体间产生相互作用力，称为流体的内摩擦力。它是流体黏性的表现，又称为黏滞力或黏性摩擦力。流体流动时的内摩擦是流动阻力产生的依据。

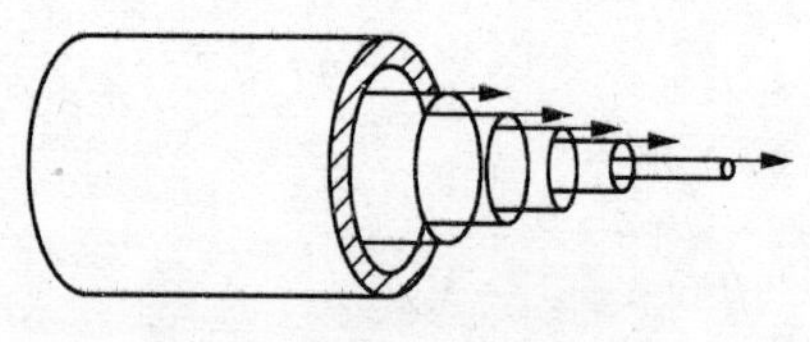

图1-20 流体在圆管内分层流动示意图

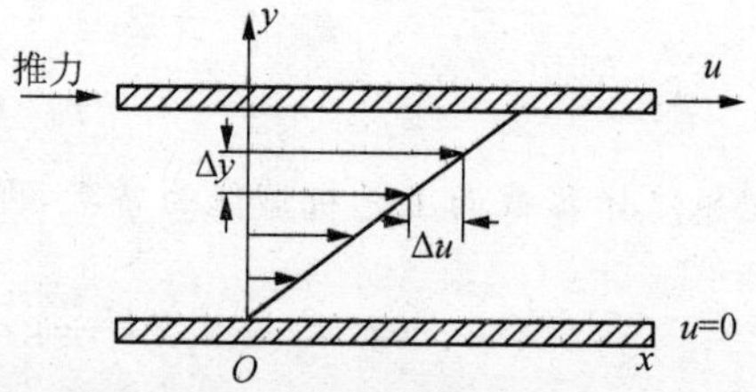

图1-21 平板间液体速度分布图

同样，设有上下两块平行放置且面积很大而相距很近的平板，板间充满了某种液体，如图1-21所示。若将下板固定，对上板施加一个恒定的外力，上板就以较低的恒定速度 u 沿 x 方向运动。此时，两板间的液体就会分成无数平行的薄层而运动，黏附在上板底面的一薄层液体也以速度 u 随上板运动，其下各层液体的速度依次降低，黏附在下板表面的液体速度为零，形成线性的速度分布。相邻两流体层产生黏性摩擦力。

(2) 牛顿黏性定律

流体流动时的内摩擦力大小与哪些因素有关？实验证明，对于一定的液体，内摩擦力与两流体层的速度差成正比；与两层之间的垂直距离成反比；与两层间的接触面积成正比。

对于平板间的线性速度分布可写出：

$$F \propto \frac{\Delta u}{\Delta y} S$$

若把上式写成等式，就需引进一个比例系数，即

$$F = \mu \frac{\Delta u}{\Delta y} S$$

内摩擦力与作用面平行。单位面积上的内摩擦力称为内摩擦应力或剪应力，以 τ 表示，于是上式可写成

$$\tau = \frac{F}{S} = \mu \frac{\Delta u}{\Delta y} \tag{1-26}$$

当流体在圆管内以较低速度流动时，径向速度变化是非线性的，而是形成曲线关系，如图 1－22 所示，此时式（1－26）应改写为

$$\tau = \mu \frac{\mathrm{d}u}{\mathrm{d}y} \tag{1-26a}$$

式中：$\frac{\mathrm{d}u}{\mathrm{d}y}$ 为速度梯度，即在与流动方向垂直的方向上的速度的变化率；μ 为比例系数，其值随流体的不同而异，流体黏性越大，其值愈大。所以称为黏滞系数或动力黏度，简称为黏度。

式（1－26）及式（1－26a）所表示的关系，称为牛顿黏性定律。

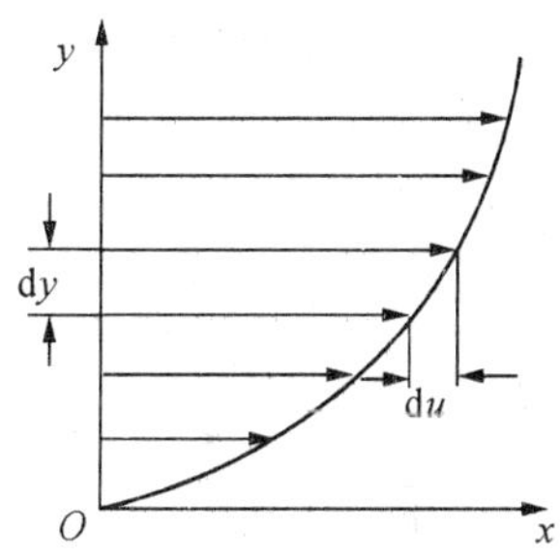

图 1－22　圆管内速度分布示意图

2. 流体的黏度

（1） 动力黏度（简称黏度）

式（1－26a）可表示成动力黏度的定义式，即

$$\mu = \tau \bigg/ \frac{\mathrm{d}u}{\mathrm{d}y} \tag{1-27}$$

① 黏度的物理意义是促使流体流动时产生单位速度梯度的剪应力。黏度总是和速度梯度相联系，只有在流体运动时才显示出来。在讨论流体静力学时就不考虑黏度这个因素。

② 黏度的单位

法定单位制中，黏度的单位为 Pa · s；物理单位制中，黏度的单位为 g/(cm · s)，称为 P（泊）。

不同单位之间的换算关系：1 cP＝0.01 P＝0.001 Pa · s。手册中黏度的单位常用 cP（厘泊）表示。

③ 黏度数据的获得

常用流体的黏度可从有关手册和附录查得。

常压混合气体的黏度可用下式估算，即

$$\mu_m = \sum y_i \mu_i M_i^{\frac{1}{2}} \Big/ \sum y_i M_i^{\frac{1}{2}} \tag{1-28}$$

式中：μ_m 为常压下混合气体的黏度；y_i 为混合气体中组分的摩尔分数；μ_i 为组分的黏度；M_i 为组分的摩尔质量。

不缔合液体混合物的黏度可用下式估算，即

$$\lg \mu_m = \sum x_i \lg \mu_i \tag{1-29}$$

式中：μ_m 为混合液体的黏度；x_i 为混合液体中组分的摩尔分数；μ_i 为与液体混合物同温度下组分的黏度；下标 i 表示组分的序号。

④ 影响黏度值的因素

黏度为物性常数之一，随物质种类和状态而变。同一物质，液态黏度比气态黏度大得多。如常温下的液态苯和苯蒸气的黏度分别为 0.74×10^{-3} Pa·s 及 0.72×10^{-5} Pa·s。

液体的黏度是内聚力的体现，其值随温度升高而减小，气体的黏度是分子热运动时互相碰撞的表现，其值随温度升高而增大。

工程中一般忽略压强对黏度的影响。

(2) 运动黏度

工程中流体的黏度还可用 μ/ρ 来表示，这个比值称为运动黏度，用 υ 表示，即

$$\upsilon = \frac{\mu}{\rho} \tag{1-30}$$

法定单位制中其单位为 m^2/s；物理制中为 cm^2/s，称为斯托克斯，简称沲，以 St 表示。换算关系为

$$1\ \text{St} = 100\ \text{cSt} = 10^{-4}\ m^2/s$$

注意：理想流体的黏度为零，不存在内摩擦力。实际上自然界中并不存在理想流体，真实流体运动时都会表现出黏性。引入理想流体的概念，对于研究实际流体起着很重要的作用。因为影响黏度的因素很多，给实际流体运动规律的描述及处理带来很大困难，故为化简问题，往往先将其视为理想流体，找出规律后，再考虑黏度的影响，对理想流体的分析结果加以修正后应用于实际流体。另外，在某些场合下，黏性不起主导作用，可将实际流体按理想流体来处理。

1.4.2 非牛顿型流体

根据流变特性，流体分为牛顿型与非牛顿型两类。

服从牛顿黏性定律的流体称为牛顿型流体，如气体和大多数液体，其流变方程式为

$$\tau = \mu\frac{du}{dy} = \mu\frac{dx/dy}{d\theta} = \mu\dot{\gamma} \tag{1-26b}$$

式中：dx/dy 表示剪切程度大小；$\dfrac{dx/dy}{d\theta}$ 为剪切速率，以 $\dot{\gamma}$ 表示。

表示 τ-$\dot{\gamma}$ 关系曲线的图称为流变图。牛顿型流体的流变图为通过原点的直线。

凡不遵循牛顿黏性定律的流体，称为非牛顿型流体。根据流变方程式或流变图，非牛顿型流体分类如下：

- 非牛顿流体
  - 黏性流体
    - 与时间无关
      - 无屈服应力
        - 假塑性流体
        - 涨塑性流体
      - 有屈服应力——宾汉塑性流体
    - 与时间有关
      - 触变性流体
      - 流凝性流体
  - 黏弹性流体

这里简要介绍与时间无关的黏性流体，如图 1-23 中的 b、c、d 线所示。

与时间无关的黏性流体，在 τ-$\dot{\gamma}$ 关系曲线上的任一点上也有一定的斜率。在一定剪切速率下，有一个表现黏度值，即

$$\mu_a = \tau / \dot{\gamma} \tag{1-31}$$

μ_a 只随剪切速率而变，和剪切力作用持续的时间无关。与时间无关黏性流体的有关特性列于表 1-3 中。

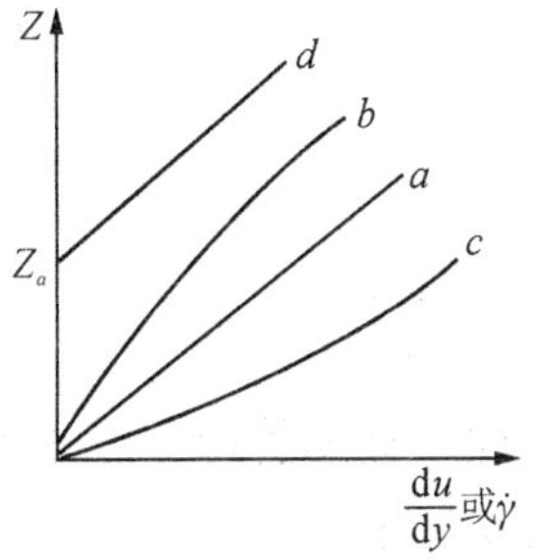

a—牛顿型流体；b—假塑性流体；c—涨塑性流体；d—宾汉性流体

图 1-23 流体的流变图

表 1-3 与时间无关黏性流体的特性

	假塑性流体	涨塑性流体	宾汉塑性流体
流变方程	$\tau = -K\left(\frac{du}{dy}\right)^n$		$\tau = \tau_0 + \eta_0 \frac{du}{dy}$
流变指数	$n < 1$	$n > 1$	屈服应力 τ_0/Pa
流变图	向下弯的曲线 图 1-23 中的 b 线	向上弯的曲线 图 1-23 中的 c 线	不通过原点的直线 图 1-23 中的 d 线
稠度系数	K，单位 Pa·s^n		刚性系数 η_0，单位 Pa·s
流体举例	聚合物溶液或熔融体、油漆、淀粉悬浮液、油脂、蛋黄浆等	玉米粉、糖溶液、湿沙、高浓度的粉末悬浮液等	纸浆、牙膏和肥皂等
特点	表观黏度（$\mu_a = \tau / \dot{\gamma}$）随 $\dot{\gamma}$ 加大而减小	μ_a 随 $\dot{\gamma}$ 的加大而增加	剪应力超过屈服应力才开始流动

1.4.3 流动类型与雷诺准数

1. 雷诺试验

为了研究流体流动时内部质点的运动情况及其影响因素，1883 年雷诺（Osborne Reynolds）设计了“雷诺实验装置”，如图 1-24 所示。

在水箱内装有溢流装置，以维持水位恒定。箱的底部接一段直径相同的水平玻璃管，管出口处有阀门以调节流量。水箱上方有装有带颜色液体的小瓶，有色液体可经过

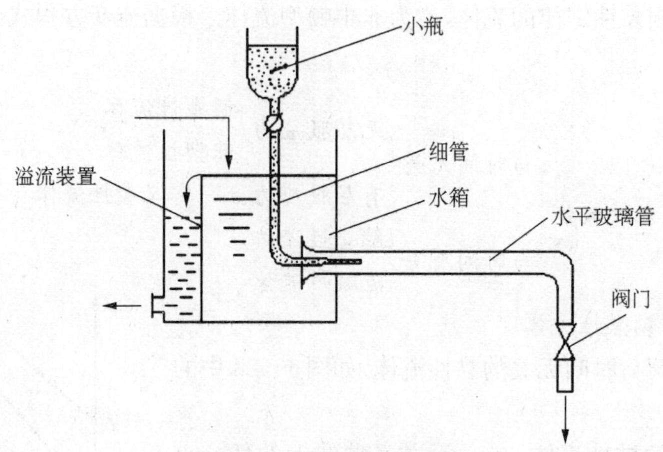

图 1-24　雷诺实验装置

细管注入玻璃管内。在水流经玻璃管过程中，同时把有色液体送到玻璃管入口以后的管中心位置上。

如图 1-25 所示，实验观察到随流体质点运动速度的变化显示出两种基本类型，其中(a)称为滞流或层流(laminar flow)，(b)称为湍流或紊流(turbulent flow or turbulence)。

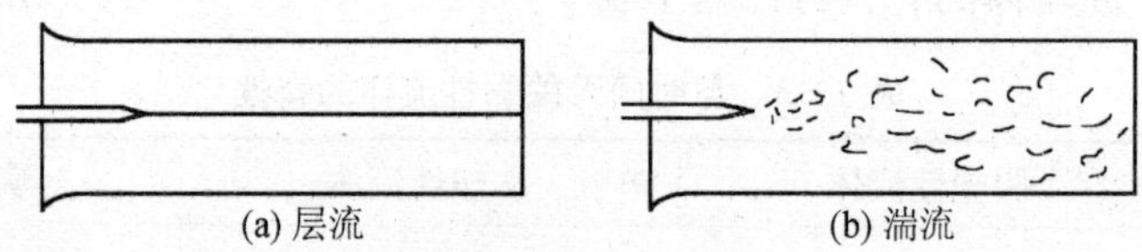

图 1-25　两种流动形态

层流时，玻璃管内水的质点沿着与管轴平行的方向做直线运动，不产生径向运动，从细管引到水流中心的有色液体成一条直线平稳地流过整个玻璃管。若逐渐提高水的流速，有色液体的细线出现波浪。速度再高，有色细线完全消失，与水完全混为一体，此时即为湍流。显然，湍流时，水的质点除了沿管道向前运动外，还做不规则的杂乱运动，且彼此相互碰撞与混合。质点速度的大小和方向随时间而发生变化。

影响流体质点运动情况的因素有三个方面，即流体的性质(主要为 ρ 和 μ)、设备情况(主要为 d)及操作参数(主要为流速 u)。对一定的流体和设备，可变参数即 u。

2. 雷诺准数 Re

凡是由几个内在联系的物理量按无因次条件组合起来的数群，称为准数或无因次数群。准数既反映各物理量的内在联系，又能说明某一现象或过程的某些本质。如 Re 准数便可反映流体质点的湍流程度，并用作流体流动类型的判据。

雷诺综合上述诸因素整理出一个无因次数群——雷诺准数。

$$Re=\frac{du\rho}{\mu}=\frac{dG}{\mu}=\frac{du}{\nu} \tag{1-32}$$

Re 准数是一个无因次数群，无论采用何种单位制，只要数群中各物理量单位一致，所算出的 Re 数值必相等。

根据经验，对于流体在直管内的流动，当 $Re \leqslant 2000$ 时，属于层流；当 $Re > 4000$ 时(生产条件下 $Re > 3000$)，属湍流；当 $Re = 2000 \sim 4000$ 之间时，属不稳定的过渡区。

1.4.4 滞流与湍流区别

主要分析流体质点在滞流与湍流两种流型下的本质区别。

1. 流体内部质点的运动方式

流体在管内做滞流流动时，其质点沿管轴做有规则的平行运动，各质点互不碰撞，互不混合。

流体在管内做湍流流动时，其质点做不规则的杂乱运动，并互相碰撞混合，产生大大小小的旋涡。管道截面上某被考察的质点 i 在沿管轴向前运动的同时，还有径向运动。即在湍流中，流体质点的不规则运动，构成质点在主运动之外还有附加的脉动。质点的脉动(fluctuation)是湍流运动的最基本特点。同样，点 i 的流体质点的压强也是脉动的，可见湍流实际上是一种非定态的流动。

尽管在湍流中，流体质点的速度和压强是脉动的，但由实验发现，管截面上任一点的速度和压强始终是围绕着某一个"平均值"上下变动，如图 1-26 所示。平均值 $\overline{u}_i$ 为在某一段时间 θ 内，流体质点经过点 i 的瞬间速度的平均值，称为时均速度，即

$$\overline{u} \approx \frac{1}{\theta}\int_{\theta_1}^{\theta_2} u_i \mathrm{d}\theta \tag{1-33}$$

而

$$u_i = \overline{u}_i + u_i' \tag{1-34}$$

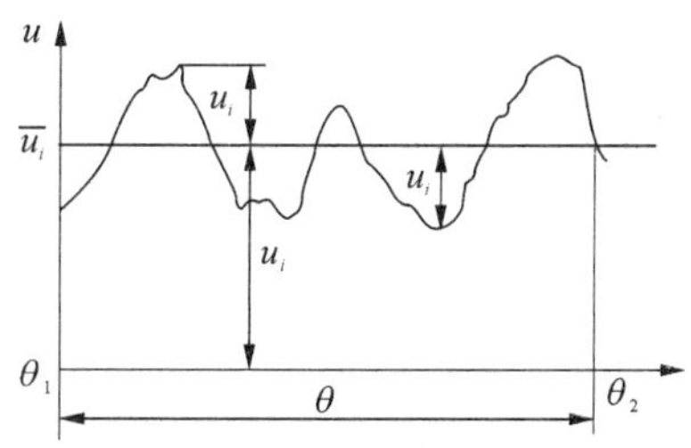

图 1-26 点 i 的流体质点的速度脉动曲线示意图

式中：u_i 为瞬时速度，表示在某时刻，管道截面上任一点 i 的真实速度，m/s；u_i' 为脉动速度，表示在同一时刻，管道截面上任一点 i 的瞬时速度与时均速度的差值，m/s。

在定态系统中，流体做湍流流动时，管道截面上任一点的时均速度不随时间而改变。

在湍流运动中，因质点碰撞而产生的附加阻力的计算是很复杂的，但引入脉动与时均值(time averages)的概念，可以简化复杂的湍流运动，为研究带来一定的方便。

2. 流体在圆管内的速度分布

无论是滞流或湍流，在管道任意截面上，流体质点的速度沿管径而变化，管壁处速度为零，离开管壁以后速度渐增，到管中心处速度最大，如图 1-27 所示。速度在管道截面上的分布规律因流型而异。

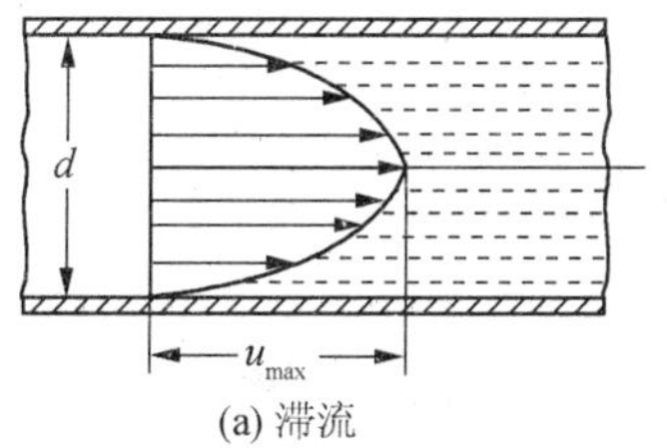

(a) 滞流

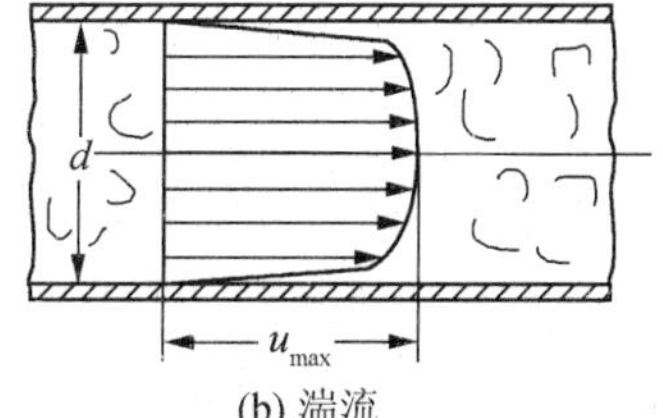

(b) 湍流

滞流速度分布

图 1-27 圆管内速度分布

理论分析和实验都已证明，滞流时的速度沿管径按抛物线的规律分布，截面上各点速度的平均值 u 等于管中心处最大速度 u_{max} 的 0.5 倍。滞流时速度分布相关推导见二维码资源。

湍流时，由于流体质点的强烈分离与混合，使截面上靠管中心部分各点速度彼此扯平，速度分布比较均匀，所以速度分布曲线不再是严格的抛物线。

实验证明，当 Re 值愈大时，曲线顶部的区域就愈广阔平坦，但靠管壁处质点的速度骤然下降，曲线较陡。u 与 u_{max} 的比值随 Re 准数而变化，通常取 $u=0.8u_{max}$。为精确起见，可借助 $\bar{u}/u_{max}$ 与 Re、Re_{max} 的关系曲线进行计算。

图 1-28 中的 Re 与 Re_{max} 是分别以平均速度 $\bar{u}$ 及管中心处最大速度 u_{max} 计算的雷诺准数。

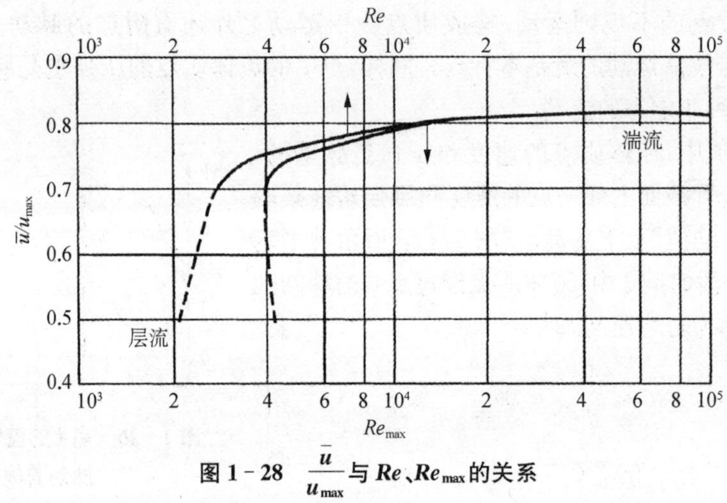

图 1-28　$\dfrac{\bar{u}}{u_{max}}$ 与 Re、Re_{max} 的关系

流体做湍流流动时，质点发生脉动现象，所以湍流的速度分布曲线应根据截面上各点的时均速度来标绘。

既然湍流时管壁处的速度也等于零，则靠近管壁的流体仍做滞流流动，这一做滞流流动的流体薄层，称为滞流内层或滞流底层(laminar sub-layer)。自滞流内层往管中心推移，速度逐渐增大，出现了既非滞流流动亦非完全湍流流动的区域，这区域称为缓冲层或过渡层。再往中心才是湍流主体。滞流内层的厚度随 Re 值的增加而减小。滞流内层的存在，对传热与传质过程都有重大影响，这方面的问题，将在后面有关章节中讨论。

3. 流体在直管内的流动阻力

流体在直管内流动时，由于流型不同，流动阻力所遵循的规律亦不相同。滞流时，流动阻力来自流体本身所具有的黏性而引起的内摩擦。对牛顿型流体，内摩擦应力的大小服从牛顿黏性定律。而湍流时，流动阻力除来自于流体的黏性而引起的内摩擦外，还有由于流体内部大大小小的旋涡所引起的附加阻力。这种附加阻力又称为湍流切应力，简称为湍流应力。所以湍流中的总摩擦应力等于黏性摩擦应力与湍流应力之和。总的摩擦应力不服从牛顿黏性定律，但可以仿照牛顿黏性定律写出类似的形式，即

$$\tau=(\mu+e)\frac{du}{dy} \tag{1-35}$$

式中的 e 称为涡流黏度(Eddy viscosity),其单位与黏度 μ 的单位一致。

涡流黏度不是流体的物理性质,而是与流体流动状况有关的系数。

综合滞流和湍流的本质区别附于表1-4中。

表1-4　两种流型的比较

流　型	滞　流(层流)	湍　流(紊流)
判据	$Re \leqslant 2000$	$Re > 4000$(工程上取3000)
流体内部质点运动情况	沿管的轴向做直线运动,不存在径向混合和质点的碰撞	不规则杂乱运动,质点碰撞和混合,流动参数($u.p$)产生脉动。脉动是湍流的基本特点(见图1-26)
管截面上速度分布	抛物线方程为 $u_r = \frac{\Delta p_f}{4\mu l}(R^2 - r^2)$,管壁处 $u_w = 0$,管中心 u_{max}, $u = \frac{1}{2}u_{max}$	碰撞和混合使速度平均化,管壁处 $u_w = 0$,管中心 u_{max}, $u \approx 0.8u_{max}$
流体在直管中的流动阻力	分子热运动产生动量交换(内摩擦力)牛顿黏性定律 $\tau = \mu \frac{du}{dy}$	黏性应力+湍流应力仿牛顿黏性定律 $\tau = (\mu + e)\frac{du}{dy}$;$e$ 为涡流黏度,不是物性,与运动状况有关

1.4.5　边界层的概念

由于流体具有黏性,当流体沿着固体壁面运动时,便出现了复杂的现象。1904年普兰特提出边界层概念后,对流固界面所发生现象的研究逐步深入。边界层的存在,对流体流动、传热和传质过程都有重大影响。

1. 流体在平板上流动边界层的形成和发展

当流体以 u_s 的流速流经平板表面时,由于流体具有黏性,在垂直于流体流动方向上便产生了速度梯度。在壁面附近存在着较大速度梯度的流体层,称为流动边界层,简称边界层,如图1-29中虚线所示。边界层以外,黏性不起作用,即速度梯度可视为零的区域,称为流体的外流区或主流区。主流区的流速应与未受壁面影响的流速相等,所以主流区的流速仍用 u_s 表示。δ 为边界层的厚度,等于由壁面至速度达到主流速度99%的点之间的距离。应指出,边界层的厚度 δ 与从平板前缘算起的距离 x 相比是很小的。

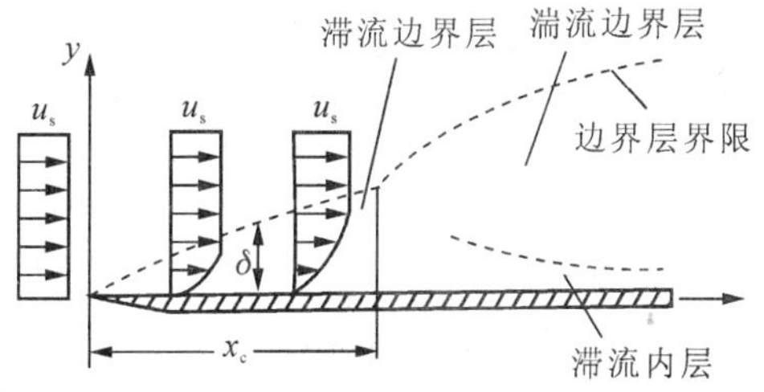

图1-29　平板上的流动边界层

由于边界层的形成,把沿壁面的流动简化成两个区域,即边界层区与主流区。在边界层区内,垂直于流动方向上存在着显著的速度梯度 $\frac{du}{dy}$,即使黏度 μ 很小,摩擦应力 $\tau = \mu\frac{du}{dy}$ 仍然相当大,不可忽视。在主流区内,摩擦应力可忽略不计,此区域流体可视为理想流体。

随着流体的向前运动,黏性对外流区流体持续作用,促使更多的流体层速度减慢,从而使边界层的厚度 δ 随自平板前缘的距离 x 的增长而逐渐变厚,此过程即边界层的发展。在边界层的发展过程中，边界层内流体的流型可能是滞流，也可能由滞流变为湍流。在距平板前缘某临界距离 x_c 之前，称为层流(滞流)边界层；在距平板前缘 x_c 处，边界层内的流动由滞流变为湍流；此后的边界层称为湍流边界层。在湍流边界层内，又划分为滞流内层(层流底层)、缓冲层(过渡层)及湍流层三个区域。

边界层厚度(边界层外缘 $u=0.99u_s$ 与壁面间的垂直距离)用下式估算，即

层流边界层： $$\frac{\delta}{X}=\frac{4.64}{Re_x^{0.5}} \qquad Re_x \leqslant 2\times10^5 \tag{1-36}$$

湍流边界层： $$\frac{\delta}{X}=\frac{0.376}{Re_x^{0.2}} \qquad Re_x \geqslant 3\times10^6 \tag{1-37}$$

2. 流体在圆形直管进口段内的流动

在进口段内，边界层的形成类似于沿平板的流动。在距管入口处 x_0 的地方，边界层在管的中心线上汇合，边界层占据整个圆管的截面，边界层厚度等于管子半径，即 $\delta=R$，以后进入完全发展了的流动。x_0 称为进口段长度或稳定段长度。在进口段以后，各截面的速度曲线不随 x 而变，如图 1-30 所示。

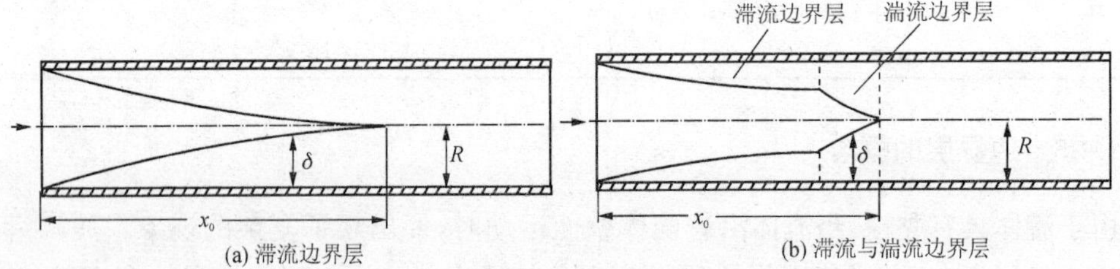

图 1-30 圆管进口流动边界层厚度的变化

对于滞流流动，x_0 可按下式估算(通常取 $x_0=50\sim100\text{d}$)

$$\frac{x_0}{d}=0.0575\,Re \tag{1-38}$$

式中：$Re=du\rho/\mu$。

当边界层在管中心汇合时，若边界层内为滞流，则管内流动为滞流；若边界层内为湍流，则管内流动仍保持为湍流。

边界层外缘的速度即管中心的 $u_{\max}$(滞流、湍流均如此)。和平板上湍流边界层一样，圆管湍流边界层内仍存在滞流内层、缓冲层及湍流区。流体在光滑圆管内做湍流流动时，滞流内层的厚度可用下式估算：

$$\frac{\delta_b}{d}=\frac{61.5}{Re^{7/8}} \tag{1-39}$$

由此可见，Re 值愈大，δ_b 愈薄。

3. 讨论边界层的意义

(1) 流体沿壁面流动可简化为边界层区和主流区。

边界层内由于 $\mathrm{d}u/\mathrm{d}y$ 值较大，黏性应力不可忽视。在主流区内，$\mathrm{d}u/\mathrm{d}y\approx0$，可忽略黏性应力，此区流体可视为理想流体。

(2) 流体在圆管内流动时,测量仪表应安装在进口段以后。

(3) 边界层概念的提出对传热与传质的研究具有重要意义。

4. 边界层的分离

流动流体遇到障碍物时,在一定条件下会产生边界层与固体表面脱离的现象,并在脱离处形成旋涡,加大流体流动的能量损失。这部分能量损耗是由于固体表面形状而造成边界层分离所引起的,称为形体阻力。

黏性流体绕过固体表面(包括流经管件、阀门、管子进出口、流量计等)的阻力为黏性摩擦阻力与形体阻力之和。两者之和称为局部阻力。

如图 1-31 所示,以圆柱体上半部为例,黏性流体绕过曲面时,边界层分离过程如下:

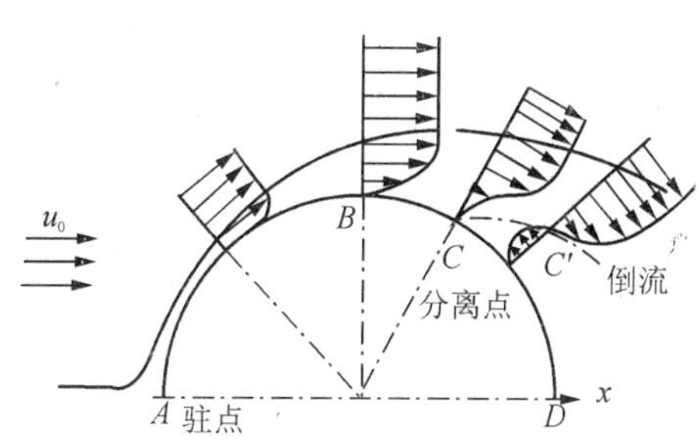

图 1-31　流体流过圆柱体表面的边界分离

液体以均匀的流速垂直对圆柱体绕流。由于液体具有黏性,在壁面上形成边界层,其厚度随流过的距离而增加。流体的流速和压强沿圆柱体周边而变化。当液体达到点 A 时,受到壁面阻滞,流速为零,液体的压强最大。点 A 称为停滞点或驻点。在点 A 流体绕圆柱表面而流动。在 A、B 两点之间,液体处在加速减压的情况,在点 B 处速度最大压强最低。过点 B 之后,液体又处于升压减速的情况,达到点 C 时液体的动能消耗殆尽,速度为零而压力最大,形成新的驻点,后继而来的液体在高压作用下被迫离开壁面,点 C 称为分离点。这种现象称为边界层分离。从点 C 以后,由于形成流体空白区,因此在逆压强梯度作用下,必有倒流的流体来补充。这些流体当然不能靠近处于高压下的 D 点而被迫退回,产生漩涡。在主流与回流两区之间,存在一个分界面,称为分离面(图中的 CC' 曲面)。

由上述讨论可知:① 逆流道扩大时,必造成压强梯度;② 逆压强梯度易造成边界层的分离;③ 边界层分离造成大量漩涡,大大增加机械能损耗。

§ 1.5　流体在管内的流动阻力

实际上理想流体是不存在的。流体在流动过程中需要消耗能量来克服流动阻力,本节讨论流体流动阻力的产生、影响因素及其计算,以解决流体在管截面上的速度分布及伯努利方程式中流动阻力 $\sum h_f$ 的计算问题。

1.5.1　流动阻力

流动阻力产生的原因与影响因素可以归纳如下:流体具有黏性,流动时存在着内摩擦,它是流动阻力产生的根源;固定的管壁或其他形状固体壁面促使流动的流体内部发生相对运动,为流动阻力的产生提供了条件。流动阻力的大小与流体本身的物理性质、流动状况及壁面的形状等因素有关。

流体在管路中流动时的阻力有两种：

(1) 直管阻力——流体流经一定管径的直管时，因流体内摩擦而产生的阻力 h_f。

(2) 局部阻力——流体流经管路中的管件、阀门及管截面的突然扩大或缩小等局部地方所产生的阻力 h'_f。

$$\sum h_f = h_f + h'_f \tag{1-40}$$

1.5.2 流体在直管中的流动阻力

1. 计算圆形直管阻力的通式——范宁公式

推导计算圆形直管阻力通式的基础，是流体做定态流动时的受力平衡。

流体以一定速度在圆管内流动时，受到方向相反的两个力的作用：一个是推动力，其方向与流动方向一致；另一个是摩擦阻力，其方向与流动方向相反。当这两个力达到平衡时，流体做定态流动。

现分析不可压缩流体以速度 u 在一段水平直管内做定态流动的情况，如图 1-32 所示。

在图中 1—1′与 2—2′两截面之间(以管中心线为基础水平面)列伯努利方程式并化简，得到

$$p_1 - p_2 = \rho h_f \tag{1-41}$$

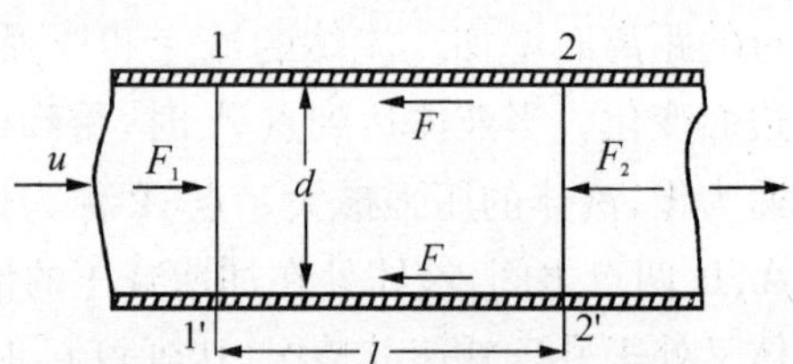

图 1-32 直管阻力通式的推导

流体在直径为 d，长度为 l 的水平管内受力情况如下：

促使流体向前流动的推动力 $F_1 - F_2 = \frac{(p_1 - p_2)\pi d^2}{4}$

平行作用于流体柱表面上的摩擦力 $F = \tau S = \tau \pi d l$

定态流动时，以上两力应大小相等方向相反，则得

$$(p_1 - p_2)\frac{\pi}{4}d^2 = \tau \pi d l$$

即

$$p_1 - p_2 = 4l\frac{\tau}{d}$$

由式(1-41)得

$$h_f = \frac{p_1 - p_2}{\rho} = 4l\frac{\tau}{\rho d} \tag{1-42}$$

为了便于工程计算并突出影响流动阻力各因素，将式(1-42)进行变换，得到

$$h_f = \frac{8\tau}{\rho u^2}\frac{l}{d}\frac{u^2}{2}$$

令 $\lambda = 8\tau/\rho u^2$，则得

$$h_f = \lambda\frac{l}{d}\frac{u^2}{2} \tag{1-43}$$

或
$$\Delta p_f = \rho h_f = \lambda \frac{l}{d} \frac{\rho u^2}{2} \tag{1-43a}$$

式(1-43)与式(1-43a)是计算圆形直管阻力所引起能量损失的通式,称为范宁公式。此式对湍流和滞流均适用,式中 λ 为摩擦系数,无因次,其值随流型而变,湍流时还受管壁粗糙度的影响,但不受管路铺设情况(水平、垂直、倾斜)所限制。

2. 管壁粗糙度对 λ 的影响

按材料性质和加工情况,将管道分为两类,即水力光滑管,如玻璃管、黄铜管、塑料管等;粗糙管,如钢管、铸铁管、水泥管等。其粗糙度可用绝对粗糙度 ε 和相对粗糙度 ε/d 表示。

某些工业管道的粗糙度范围列于表1-5中。

表1-5 某些工业管道的绝对粗糙度

工业管道	管道类别	绝对粗糙度/mm
金属管	无缝黄铜管、钢管及铝管	0.01~0.05
	新的无缝铜管或镀锌铁管	0.1~0.2
	新的铸铁管	0.3
	具有轻度腐蚀的无缝钢管	0.2~0.3
	具有显著腐蚀的无缝钢管	0.5以上
	旧的铸铁管	0.85以上
非金属管	干净玻璃管	0.0015~0.01
	橡皮软管	0.01~0.03
	木管道	0.25~1.25
	陶土排水管	0.45~6.0
	很好整平的水泥管	0.33
	石棉水泥管	0.03~0.8

当流体做滞流流动时,管壁上凹凸不平的地方都被有规则的流体层所覆盖,流体质点对管壁凸出部分不会有碰撞作用。所以,在滞流时,摩擦系数与管壁粗糙度无关,λ 仅为 Re 的函数。

当流体做湍流流动时,靠管壁处总存在着一层滞流层,如图1-33(a)所示,如果滞流内层的厚度 δ_b 大于壁面的绝对粗糙度,即 $\delta_b > \varepsilon$,此时管壁粗糙度对摩擦系数的影响与滞流

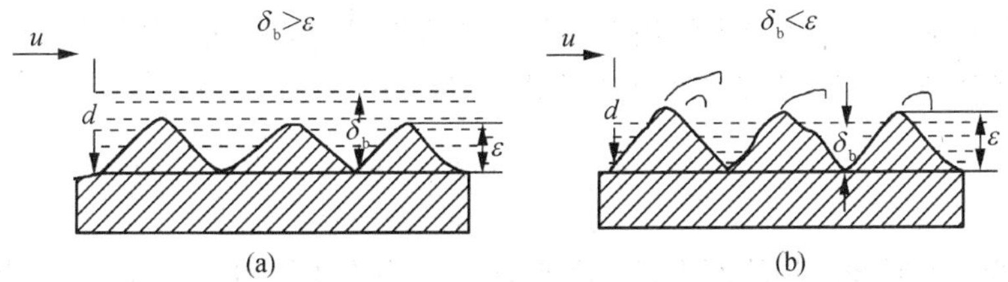

图1-33 流体流过管壁面的情况

相近。随着 Re 数的增加，如图 1-33(b)所示，滞流内层的厚度逐渐变薄，当 $\delta_b < \varepsilon$ 时，壁面凸出部分便伸入湍流区内与流体质点发生碰撞，使湍流加剧，此时壁面粗糙度对摩擦系数的影响便成为重要的因素。Re 值愈大，滞流内层愈薄，这种影响愈显著。

3. 滞流时的摩擦系数

仍以如图 1-32 所示的水平圆管内的定态流动为例讨论。设为等径水平管稳流，则

$$h_f = (p_1 - p_2)/\rho$$

$$\bar{u} = \frac{p_1 - p_2}{8\mu l} \cdot R^2 = \frac{p_1 - p_2}{32\mu l} \cdot d^2$$

$$h_f = (p_1 - p_2)/\rho = \frac{32\mu l u}{d^2}/\rho = \frac{32\mu l u}{\rho d^2}$$

$$\Delta p_f = \rho h_f = \frac{32\mu l u}{d^2}$$

故滞流时的直管阻力 h_f 与 μ、l、u 成正比，与 ρ、d^2 成反比。

比较式
$$h_f = \lambda \cdot \frac{l}{d} \cdot \frac{u^2}{2}$$

和
$$h_f = 32\mu l u/\rho d^2 = \frac{64}{Re} \cdot \frac{l}{d} \cdot \frac{u^2}{2}$$

所以滞流时
$$\lambda = 64/Re \tag{1-44}$$

式中：$Re = \dfrac{du\rho}{\mu}$ 为管内流动的雷诺数。

4. 湍流时的摩擦系数(因次分析规划实验法)

(1) 问题的提出

湍流时内摩擦应力可仿牛顿黏性定律写出

$$\tau = (\mu + e)\frac{\mathrm{d}u}{\mathrm{d}y} \tag{1-44a}$$

由于湍流时影响因素的复杂性，难以通过数学方程式直接求解，须通过实验建立经验关联式。借助因次分析方法规则组织试验，以减少试验工作量，并将试验结果整理成便于推广应用的经验关联式。

(2) 因次分析的基础——因次一致原则和 Π 定理

① 因次一致的原则

凡是根据基本物理规律导出的物理方程中各项的因次必相同。如以等加速度 a 运动的物体，在 θ 时间内所走过的距离 l 可用下式表示，即

$$l = u_0\theta + \frac{1}{2}a\theta^2 \tag{1-45}$$

式中：l 为在 θ 时间内物体所走过的距离，m；u_0 为物体的初速度，m/s；a 为物体的加速度，m/s^2。

各项均为长度因次

$$L=(L\theta^{-1})\theta+(L\theta^{-2})\theta^2 \tag{1-46}$$

② 白金汉 Π 定理

任何因次一致的物理方程均可表达成一组无因次数群的零函数，即

$$\frac{u_0\theta}{l}+\frac{a\theta^2}{2l}-1=0 \text{ 或 } f\left(\frac{u_0\theta}{l},\ \frac{a\theta^2}{2l}\right)=0 \tag{1-47}$$

无因次数群的数目 i，等于影响该现象物理量数目 n 减去用以表示这些物理量的基本因次数目 m，即

$$i=n-m \tag{1-48}$$

由于式(1-48)中的物理量数目 $n=4$，即 l、u、a、θ，基本因次数 $m=2$，即 L、θ，所以无因次数群数目 $i=4-2=2$，即 $\frac{u_0\theta}{l}$ 及 $\frac{a\theta^2}{2l}$。

(3) 实验研究的基本步骤

若过程比较复杂，仅知道影响某一过程的物理量，而不能列出该过程的微分方程，则常采用雷莱指数法，将影响该过程的因素组成为无因次数群。下面以湍流时流动阻力问题为例说明雷莱指数法的用法和步骤。

① 析因试验——寻找影响过程的主要因素

对所研究的过程进行初步试验的综合分析，尽可能准确地列出主要影响因素。

如对湍流阻力所引起的压强降 Δp_f 的影响因素包括：流体性质：ρ、μ；设备几何尺寸：d、l、ε；流动条件：主要为流速 u。

待求的一般不定函数关系式为

$$\Delta p_f=\phi(d,\ l,\ u,\ \rho,\ \mu,\ \varepsilon) \tag{1-49}$$

也可用幂函数来表示，即

$$\Delta p_f=Kd^a l^b u^c \rho^j \mu^k \varepsilon^q \tag{1-49a}$$

② 因次分析法规划实验——减少实验工作量

式(1-49a)中的 k、a、b 等均为待定值，各物理量的因次分别为

$[p]=M\theta^{-2}L^{-1}$，$[d]=[l]=[\varepsilon]=L$，$[\rho]=ML^{-3}$，$[u]=L\theta^{-1}$，$[\mu]=ML^{-1}\theta^{-1}$

把各物理量的因次代入式(1-49a)并整理得到

$$M\theta^{-2}L^{-1}=M^{j+k}\theta^{-c-k}L^{a+b+c-3j-k+q}$$

根据因次一致原则，两侧各基本量因次的指数应相等，即对于因次 M，$1=j+k$；对于因次 θ，$-2=-c-k$；对于因次 L，$-1=a+b+c-3j-k+q$。

将 a、c、j 表示为 b、k 及 q 的函数，则可解得

$$a=-b-k-q,\ c=2-k,\ j=1-k$$

于是(1-49a)变为

$$\Delta p_f = K d^{-b-k-q} l^b \mu^{2-k} \rho^{1-k} \mu^k \varepsilon^q$$

把指数相同的物理量合并在一起，便得到无因次数群的关系式，即

$$\frac{\Delta p_f}{\rho u^2} = K\left(\frac{du\rho}{\mu}\right)^{-k}\left(\frac{l}{d}\right)^b\left(\frac{\varepsilon}{d}\right)^q \tag{1-50}$$

式中：$\dfrac{\Delta p_f}{\rho u^2}$ 称为欧拉准数，以 E_u 表示；$\dfrac{du\rho}{\mu}$ 即 Re 准数；$\dfrac{\varepsilon}{d}$ 为相对粗糙度。

③ 实验数据处理与待定数的确定

变换式(1-50)，得到

$$h_f = \frac{\Delta p_f}{\rho} = 2K\left(\frac{du\rho}{\mu}\right)^{-k}\left(\frac{\varepsilon}{d}\right)^q\left(\frac{l}{d}\right)^b\frac{u^2}{2}$$

与式(1-43)相比较，可得

$$b = 1$$

$$\lambda = 2K\left(\frac{du\rho}{\mu}\right)^{-k}\left(\frac{\varepsilon}{d}\right)^q \quad 即\ \lambda = f\left(Re,\ \frac{\varepsilon}{d}\right)$$

(a) 湍流 λ 经验关联式

湍流下 λ 的经验公式很多，在此仅举三例。

光滑管

$$\lambda = \frac{0.3164}{Re^{0.25}} \quad (柏拉修斯公式) \tag{1-51}$$

上式适用的范围为 $Re = 3\times10^3 \sim 1\times10^5$。

粗糙管

$$\frac{1}{\sqrt{\lambda}} = 2\lg\frac{d}{\varepsilon} + 1.14 \quad (尼库拉则与卡门公式) \tag{1-52}$$

上式适用于 $\dfrac{d/\varepsilon}{Re\sqrt{\lambda}} > 0.005$。

$$\lambda = 0.01227 + \frac{0.7543}{Re^{0.38}} \quad (顾毓珍公式) \tag{1-53}$$

上式适用于 $Re = 3\times10^3 \sim 3\times10^6$。

(b) 湍流 λ 关联图

在过程计算中，为使用方便，一般将实验数据进行综合整理，以 $\dfrac{\varepsilon}{d}$ 为参数，标绘 λ-Re 关系曲线，如图 1-34 所示，由 Re 及 $\dfrac{\varepsilon}{d}$ 值便可查得 λ 值。

图中可划分为四个区域，各区域的影响因素如表 1-6 所示。

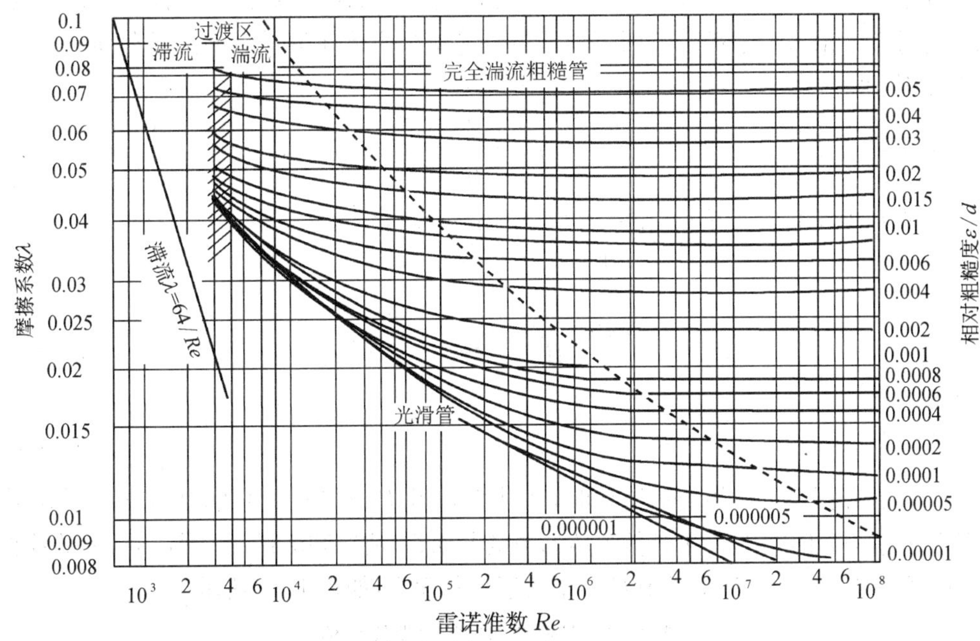

图 1-34　摩擦系数 λ 与雷诺准数 *Re* 及相对粗糙度 $\frac{\varepsilon}{d}$ 的关系

表 1-6　不同区域 λ 的影响因素

四个区域 / 影响因素	滞流区	过渡区	湍流区	阻力平方区（完全湍流区）
Re	$\leqslant 2000$	$2000\sim4000$	$\geqslant 4000$	图中虚线以上区
h_f	$\frac{32lu\mu}{d^2\rho}$	$h_f=\lambda\frac{l}{d}\frac{u^2}{2}$		
λ 值	$64/Re$	查 λ-Re（ε/d 为参数）曲线		
λ 影响因素	Re	$\frac{\varepsilon}{d}$，Re		$\frac{\varepsilon}{d}$
h_f-u 关系	$\propto u$	$\propto u^{1.75}\sim u^2$		$\propto u^2$

由图看出，在湍流区，当 $\frac{\varepsilon}{d}$ 一定时，λ 随 Re 值增大而下降；当 Re 值一定时，λ 随 $\frac{\varepsilon}{d}$ 的增加而增大。

在过渡区计算流动阻力时，为安全起见，一般将湍流时的曲线延伸，以查取 λ 值。

④ 因次分析方法的评价

优点：用数群代替物理量试验，可减少试验工作量，试验易于进行；结果便于推广；可不要微分方程式。

缺点：确定物理量及整理数群的任意性，不能代替试验。

5. 圆管内实验结果的推广——非圆形管的当量直径

一般说来，截面形状对速度分布及流动阻力的大小都会有影响。实验表明，对于非圆形截面的通道，可以用一个与圆形管直径 d 相当的"直径"来代替，称作当量直径，用 d_e 表示。当量直径等于 4 倍水力半径 r_H。水力半径 r_H 定义为流体在流道里的流通截面 A 与润湿周边 Π 之比，即

水力半径
$$r_H=\frac{A}{\Pi}$$

对于直径为 d 的圆形管子，由水力半径的定义可知

$$r_H=\frac{A}{\Pi}=\frac{\frac{\pi}{4}d^2}{\pi d}=\frac{d}{4}$$

当量直径

$$d_e=4r_H \tag{1-54}$$

当流体在非圆形管内做湍流流动时，在计算 h_f 及 Re 的有关表达式中，均可用 d_e 代替 d。但需注意：① 不能用 d_e 来计算流体通道的截面积，流速和流量；② 滞流时，λ 的计算式(1-44)须修正，$\lambda=C/Re$，式中 C 值随流通形状而变，如表 1-7 所示。

表 1-7 某些非圆形管的常数 C 值

非圆形管的截面形状	正方形	等边三角形	环形	长方形 长：宽＝2：1	长方形 长：宽＝4：1
常数 C	57	53	96	62	73

在化工中经常遇到的套管换热器环隙间及矩形截面的当量直径可分别表示如下：

套管换热器环隙当量直径为

$$d_e=d_1-d_2$$

式中：d_1 为套管换热器外管内径，m；d_2 为套管换热器的内管外径，m。

矩形截面的当量直径为

$$d_e=\frac{2ab}{a+b}$$

式中：a、b 分别代表矩形的两个边长，m。

1.5.3 管路上的局部阻力

当流体的流速大小或方向发生变化时，均产生局部阻力。局部阻力造成的能量损失有两种计算方法。

1. 局部阻力系数法

克服局部阻力所引起的能量损失，可表示成动能 $\frac{u^2}{2}$ 的某个倍数，即

$$h_f'=\zeta\frac{u^2}{2} \quad 或 \quad \Delta p_f=\zeta\frac{\rho u^2}{2} \tag{1-55}$$

入口 $\zeta_c=0.5$，出口 $\zeta_e=1$。突然扩大或缩小的 ζ 值可查图 1－35。管件阀门的 ζ 值可查表1－8。

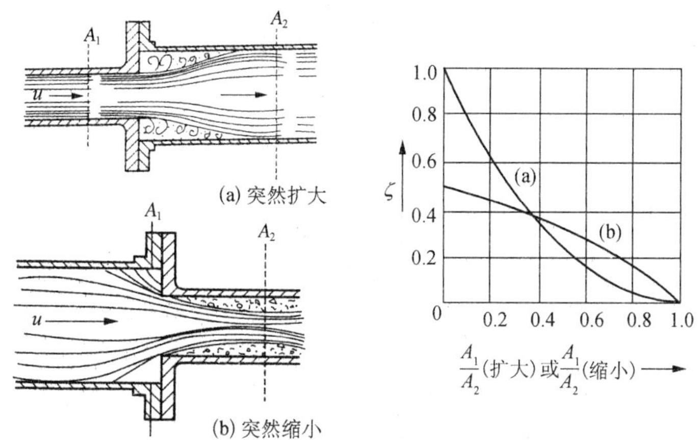

图 1－35　突然扩大和突然缩小的局部阻力系数

表 1－8　常见管件与阀门的阻力系数

名称	阻力系数 ζ	名称		阻力系数 ζ
弯头，45°	0.35	闸阀	全开	0.17
弯头，90°	0.75		半开	4.5
三通	1	标准阀	全开	6.4
回弯头	1.5		半开	9.5
管接头	0.04	止逆阀	球式	70.0
活接头	0.04		摇板式	2.0
角阀，全开	2.0		水表，盘式	7.0

2. 当量长度法

把局部阻力折算成相应长度的直管阻力，即

$$h'_f=\lambda\frac{l_e}{d}\frac{u^2}{2}\quad 或\quad \Delta p'_f=\lambda\frac{l_e}{d}\frac{\rho u^2}{2}\tag{1-56}$$

式中：l_e 称为局部阻力的当量长度，m。表示流体流过某一管件或阀门的局部阻力，相当于流过一段与其具有相同直径、长度为 l_e 的直管阻力。实际上是为了便于计算，把局部阻力折算成一定的直管阻力。可由图 1－36 管件与阀门的当量长度共线图查出。由左边管件或阀门对应的点与右侧管内径相应点的连线与中间标尺的交点读取 l_e 值。

必须指出：用阻力系数法及当量直径法所求得的结果并不一定相同，它们只是一种近似的估算法。注意以下两点：

(1) 管路出口上动能和能量的损失只能取一项。当截面选在出口内侧时，取动能；选在出口外侧时，取能量损失 ($\xi_e=1$)。

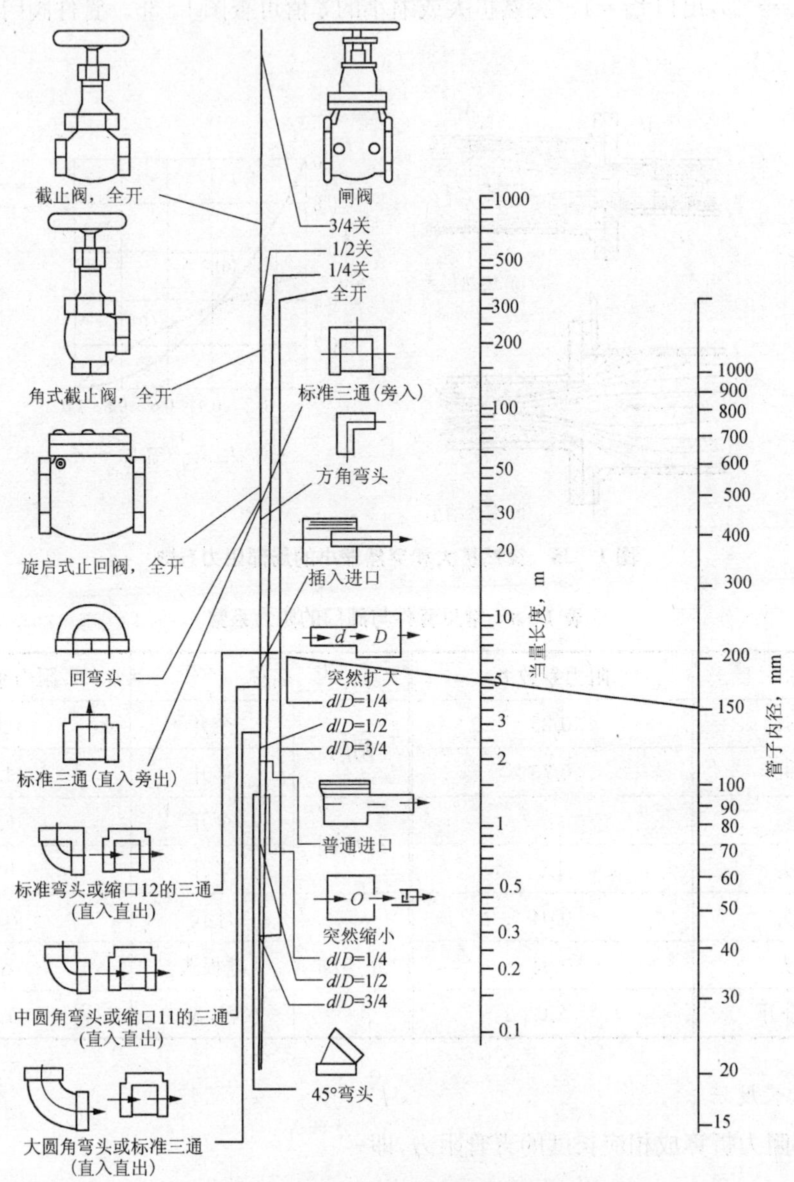

图 1-36　管件与阀门的当量长度共线图

(2) 不管突然扩大还是缩小，u 均取小管中的流速。

1.5.4　管路系统中的总能量损失

管路系统的总能量损失(总阻力损失)是管路上全部直管阻力和局部阻力之和。当流体流经直径不变的管路时，可写出

$$\sum h_f = h_f + h'_f = \left(\lambda \frac{l}{d} + \sum \zeta\right)\frac{u^2}{2} \tag{1-57}$$

式中：$\sum h_f$ 为管路系统总能量损失，J/kg；$\sum \zeta$ 为管路中局部阻力系数之和；l 为各段

直管总长度，m。

$$\sum h_f = \lambda \frac{l + \sum l_e}{d} \frac{u^2}{2} \tag{1-58}$$

式中：$\sum l_e$ 为管路中局部阻力当量长度之和，m。

应该注意，上式仅适用于直径相同的管段或管路系统的计算。当管路系统中存在若干不同直径的管段时，管路的总阻力应逐段计算，然后相加。

根据上述可知，欲降低 $\sum h_f$，可采取如下的措施：

(1) 合理布局，尽量减少管长，少装不必要的管件阀门。

(2) 适当加大管径并尽量选用光滑管。

(3) 在允许的条件下，将气体压缩或液化后输送。

(4) 高黏度液体长距离输送时，可用加热方法(蒸气伴管)或强磁场处理，以降低黏度。

(5) 允许的话，在被输送液体中加入减阻剂。

(6) 管壁上进行预处理——低表面能涂层或小尺度肋条结构。

但是有时为了某工程目的，需人为地造成局部阻力或加大流体湍动(如液体搅拌，传热传质过程的强化)。

例 1-12 如图 1-37 所示，将敞口高位槽 A 中密度 870 kg·m^{-3}、黏度 0.8 mPa·s的溶液自流送入设备 B 中。p_B=10 kPa，阀门前、后的输送管道分别为 ϕ38 mm×2.5 mm 和 ϕ32 mm×2.5 mm 的无缝钢管，阀门前、后直管段部分总长分别为 10 m 和 8 m，管路上有一个 90°弯头、一个标准阀(全开)。为使溶液能以 4 m^3·h^{-1} 的流量流入设备 B 中，问 z 为多少米？

解 在面 1—1′与 2—2′间列机械能衡算式

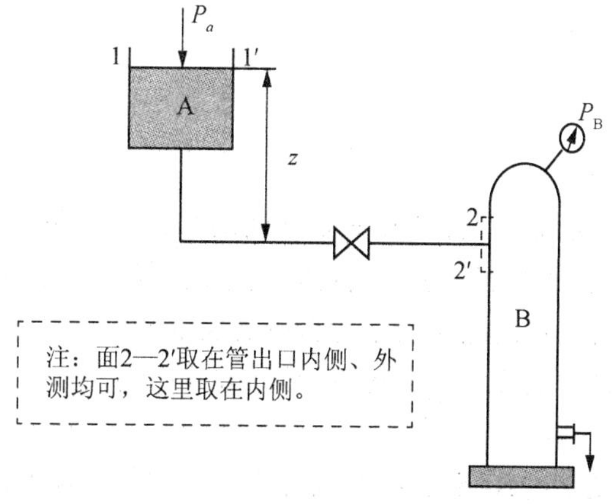

图 1-37 例 1-12 附图

$$gz_1 + \frac{u_1^2}{2} + \frac{p_1}{\rho} = gz_2 + \frac{u_2^2}{2} + \frac{p_2}{\rho} + h_{f阀前} + h_{f阀后}$$

$$u_1=\frac{V_s}{\pi d_1^2/4}=\frac{4/3600}{\pi\times0.033^2/4}\ \text{m}\cdot\text{s}^{-1}=1.30\ \text{m}\cdot\text{s}^{-1}$$

$$Re_1=\frac{d_1u_1\rho}{\mu}=\frac{0.033\times1.30\times870}{0.8\times10^{-3}}=4.67\times10^4>4000$$

查表1-5取管壁绝对糙度 $\varepsilon=0.2$ mm，则

$$\varepsilon/d_1=0.00606,\ \lambda_1=0.032$$

$$gz_1=\frac{u_2^2}{2}+\frac{10\times10^3}{870}+\sum\left(\lambda\frac{l}{d}+\zeta\right)_1\frac{u_1^2}{2}+\sum\left(\lambda\frac{l}{d}+\zeta\right)_2\frac{u_2^2}{2}$$

突然缩小 $\zeta_1=0.5$，查表1-7知 90° 弯头 $\zeta_2=0.75$，则

$$u_2=\frac{V_s}{\pi d_2^2/4}=\frac{4/3600}{\pi\times0.027^2/4}\ \text{m}\cdot\text{s}^{-1}=1.94\ \text{m}\cdot\text{s}^{-1}$$

$$Re_2=\frac{d_2u_2\rho}{\mu}=\frac{0.027\times1.94\times870}{0.8\times10^{-3}}=5.70\times10^4>4000$$

$$\varepsilon/d_2=0.2/27=0.0074,\ \lambda_2=0.033$$

$$\begin{aligned}gz_1=&\frac{u_2^2}{2}+\frac{10\times10^3}{870}\ \text{m}+\left(0.032\times\frac{10}{0.033}+0.5+0.75\right)\times\\&\frac{1.30^2}{2}\ \text{m}+\left(0.033\times\frac{8}{0.027}+6.4\right)\times\frac{1.94^2}{2}\ \text{m}\\=&5.4\ \text{m}\end{aligned}$$

§1.6 管路计算

1.6.1 概述

1. 管路计算内容和基本关系式

管路计算的目的是确定流量、管径和能量之间的关系。管路计算包括两种类型：设计型计算是给定输送任务，设计经济合理的输送管路系统，其核心是管径；操作型计算是对一定的管路系统求流量或对规定的输送流量计算所需能量。

管路计算的基本关系式是连续性方程、伯努利方程(包括静力学方程)及能量损失计算式(含 λ 的确定)。

由于某些变量间较复杂的非线性关系，除能量计算外，一般需试差计算或用迭代方法求解。

2. 管路分类

(1) 按管路布局可分为简单管路与复杂管路(包括并联管路和分支管路)的计算。

(2) 按计算目的有三种命题：

① 对于已有管路系统，规定流量，求能量损失或 W_e；

② 对于已有管路系统，规定允许的能量损失或推动力，求流体的输送量；

③ 规定输送任务和推动力，选择适宜的管径。

前两类命题属操作型计算，第三类命题属设计型计算。除求能量损失或 W_e 外，一般需进行试差计算。试差计算方法随题给条件差异而不同。复杂管路系统中任一参数的改变，都会引起其他参数的变化及流量的重新分配。

1.6.2 简单管路计算

由等径或异径管段串联而成的管路系统称为简单管路。流体通过各串联管段的流量相等，总阻力损失等于各管段损失之和。

1. 简单管路操作型计算

对一定的流体输送管路系统，核算在给定条件下的输送量或能量损失。

2. 简单管路设计型计算

对于规定流量和推动力求管径的设计型计算，仍需试差法。试差起点一般是先选流速 u，然后计算 d 和 W_e。由于不同的 u 对应一组 d 与 W_e，需要选择一组最经济合理的数据来优化设计。

例 1-13 水从高位槽 A 流向低位槽 B，管路为 ϕ108 mm×4 mm 钢管，管长 150 m，管路上有 1 个 90°弯头，一个标准阀(全开)。两槽液面维持恒定，高差为 12 m。试问水温 20℃时，此管路的输水量为多少 m^3/h？已知摩擦因数 $\lambda=0.03$。若在管路装一台泵，将水以相同的流量从槽 B 输送到槽 A，则泵的有效轴功率为多少 kW？

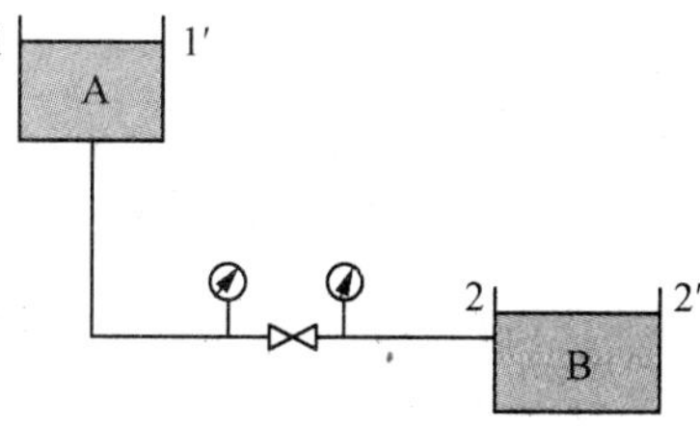

图 1-38 例 1-13 附图

解 在 1—1′面与 2—2′面间进行机械能衡算

$$gZ_1+\frac{u_1^2}{2}+\frac{p_1}{\rho}+W_e=gz_2+\frac{u_2^2}{2}+\frac{p_2}{\rho}+\sum h_f$$

$$Z_1g+0+0+0=0+0+0+\left(\lambda\frac{l}{d}+\sum\zeta\right)\frac{u^2}{2}$$

$$12g=\left(0.03\times\frac{150}{0.1}+0.75+6.0+0.5+1\right)\frac{u^2}{2}$$

$$u=2.1\ \text{m/s}$$

$$V_{s,h}=\frac{1}{4}\pi d^2u\times3600\ \text{m}^3/\text{h}=59.35\ \text{m}^3/\text{h}$$

(2) 若在管路装一台泵，将水以相同的流量从槽 B 输送到槽 A，进行机械能衡算。

$$gZ_2+\frac{u_2^2}{2}+\frac{p_2}{\rho}+W_e=gZ_1+\frac{u_1^2}{2}+\frac{p_1}{\rho}+\sum h_f$$

$$0+0+0+W_e=Z_1g+0+0+\left(\lambda\frac{l}{d}+\sum\zeta\right)\frac{u^2}{2}$$

$$W_e=12g+12g=235.44\ \text{J/kg}$$

$$N_e=w_sW_e=\rho V_sW_e=1000\times59.35/3600\times235.44\ \text{kW}=3.88\ \text{kW}$$

1.6.3 并联管路计算

流体流经图 1-39 所示的并联管路系统时，遵循如下原则：

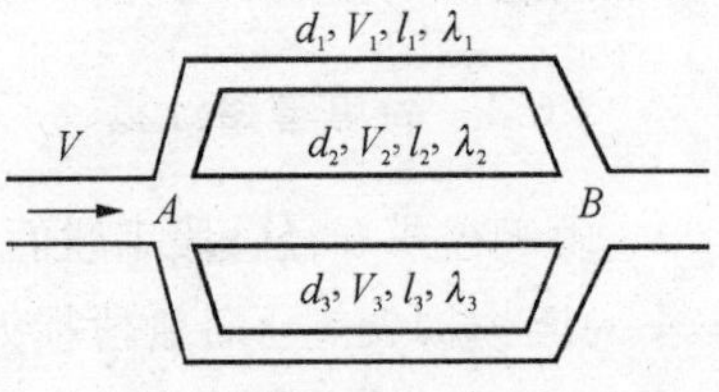

图 1-39 并联管路

(1) 主管总流量等于各并联管段之和，即

$$V=V_1+V_2+V_3 \tag{1-59}$$

(2) 各并联管段的压强降相等，即

$$\sum\Delta p_{f,1}=\sum\Delta p_{f,2}=\sum\Delta p_{f,3} \tag{1-60}$$

或

$$\sum h_{f,1}=\sum h_{f,2}=\sum h_{f,3} \tag{1-60a}$$

(3) 各并联管路中流量分配按等压降原则计算，即

$$V_1:V_2:V_3=\sqrt{\frac{d_1^5}{\lambda_1(l+l_e)_1}}:\sqrt{\frac{d_2^5}{\lambda_2(l+l_e)_2}}:\sqrt{\frac{d_3^5}{\lambda_3(l+l_e)_3}} \tag{1-61}$$

1.6.4 分支管路计算

流体经图 1-40 所示的分支管路系统时，遵如下原则：

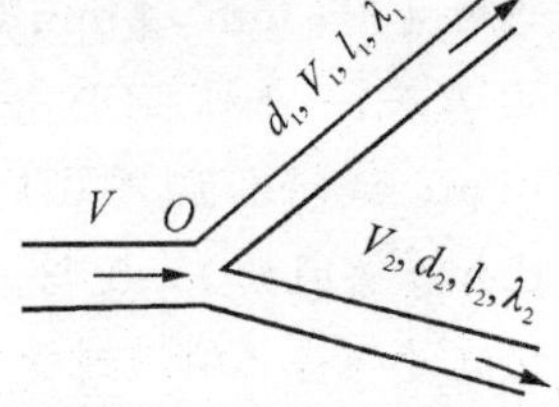

图 1-40 分支管路

(1) 主管总流量等于各支管流量之和，即

$$V=V_1+V_2 \tag{1-62}$$

(2) 单位质量流体在各支管流动终了时的总机械能与能量损失之和相等，即

$$gZ_1+\frac{u_1^2}{2}+\frac{p_1}{p}+\sum h_{f0-1}=gZ_2+\frac{u_2^2}{2}+\frac{p_2}{p}+\sum h_{f0-2} \tag{1-63}$$

流体流经各支管的流量或流速必须服从上述两式。

§1.7 流量测量仪

1.7.1 差压流量计

差压流量计又称定截面流量计，其特点是节流元件提供流体流动的截面积是恒定的，而其上下游的压强差随着流量（流速）而变化。利用测量压强差的方法来测定流体的流量（流速）。

1. 测速管

测速管又称皮托(Pitot)管，这是一种测量点速度的装置，如图1-41所示。它由两根弯成直角的同心套管所组成，外管的管口是封闭的，在外管前端壁面四周开有若干测压小孔，为了减小误差，测速管的前端经常做成半球形以减少涡流。测量时，测速管可以放在管截面的任一位置上，并使其管口正对着管道中流体的流动方向，外管与内管的末端分别与液柱压差计的两臂相连接。

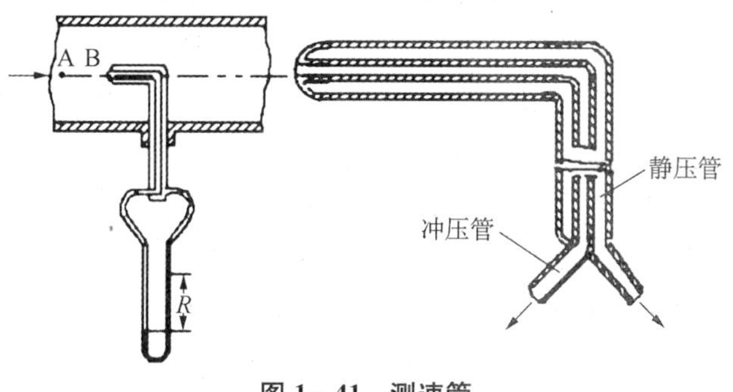

图1-41 测速管

当流体流近测速管前端时，流体的动能全部转化为驻点静压能，故测速管内管测得的为管口位置的冲压能(动能与静压能之和)，即

$$h_A=\frac{u_r^2}{2}+\frac{p}{\rho}$$

测速管外管前端壁面四周的测压孔口测得的是该位置上的静压能，即

$$h_B=\frac{p}{\rho}$$

如果U形管压差计的读数为R，指示液与工作流体的密度分别为ρ_A与ρ，R就与测量点处的冲压能之差$\Delta h\left(\frac{u_r^2}{2}\right)$相对应，于是可推得

$$u_r=C\sqrt{2\Delta h}=C\sqrt{\frac{2gR(\rho_A-\rho)}{\rho}} \tag{1-64}$$

式中：C为流量系数，其值为0.98～1.00，常可取作“1”。

若将测速管口放在管中心线上，测得u_{max}，由Re_{max}可借助图1-27确定管内的平均流速$\bar{u}$。

应用注意：测量时管口正对流向；测速管外径不大于管内径的1/50；测量点应在进口段以后的平稳地段。

测速管的优点是流动阻力小，可测速度分布，适宜大管道中气速测量；其缺点是不能测平均速度，需配微压差计，工作流体应不含固粒。

2. 孔板流量计

孔板流量计是一种应用很广泛的节流式流量计。在管道里插入一片与管轴垂直并带有通常为圆孔的金属板，孔的中心位于管道中心线上，如图 1-42 所示。这样构成的装置，称为孔板流量计。孔板称为节流元件。

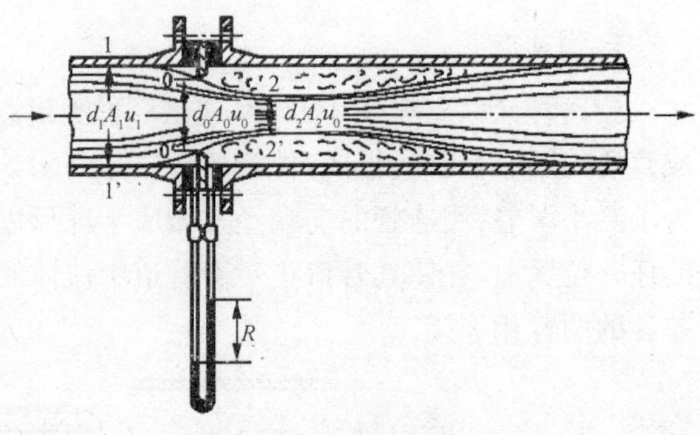

图 1-42 孔板流量计

当流体流过小孔以后，由于惯性作用，流动截面并不立即扩大到与管截面相等，而是继续收缩一定距离后才逐渐扩大到整个管截面。流动截面最小处(图中截面 2—2′)称为缩脉。流体在缩脉处的流速最高，即动能最大，而相应的静压强就最低。当流体以一定的流量流经小孔时，就产生一定的压强差，流量愈大，所产生的压强差也就愈大，所以根据测量压强差的大小来度量流体流量。

假设管内流动的为不可压缩流体。由于缩脉位置及截面积难以确定(随流量而变)，故在上游未收缩处的 1—1′截面与孔板处下游截面 0—0′间列伯努利方程式(暂略去能量损失)，得

$$gZ_1+\frac{u_1^2}{2}+\frac{p_1}{\rho}=gZ_0+\frac{u_0^2}{2}+\frac{p_0}{\rho}$$

对于水平管，$Z_1=Z_0$，简化上式并整理后得

$$\sqrt{u_0^2-u_1^2}=\sqrt{\frac{2(p_1-p_0)}{\rho}} \tag{1-65}$$

流体流经孔板的能量损失不能忽略，故式(1-65)应引进一校正系数 C_1，用来校正因忽略能量损失所引起的误差，即

$$\sqrt{u_0^2-u_1^2}=C_1\sqrt{\frac{2(p_1-p_0)}{\rho}} \tag{1-65a}$$

工程上采用角接取压法测取孔板前后的压强差 (p_a-p_b) 代替 (p_1-p_0)，再引进一校正系数 C_2，用来校正测压孔的位置，则

$$\sqrt{u_0^2-u_1^2}=C_1C_2\sqrt{\frac{2(p_a-p_b)}{\rho}} \tag{1-65b}$$

由连续方程式：$u_1^2=u_0^2\left(\frac{A_0}{A_1}\right)^2$ 及静力学方程式：$p_a-p_b=R(\rho_A-\rho)g$，则得

$$u_0=C_0\sqrt{\frac{2gR(\rho_A-\rho)g}{\rho}} \tag{1-66}$$

式(1-66)就是用孔板前后压强的变化来计算孔板小孔流速 u_0 的公式。若以体积或质量流量表达，则为

$$V_0=A_0u_0=C_0A_0\sqrt{\frac{2(p_a-p_b)}{\rho}}=C_0A_0\sqrt{\frac{2gR(\rho_A-\rho)}{\rho}} \tag{1-67}$$

$$w_0=A_0u_0\rho=C_0A_0\sqrt{2\rho(p_a-p_b)}=C_0A_0\sqrt{2gR\rho(\rho_A-\rho)} \tag{1-68}$$

各式中的 C_0 为流量系数或孔流系数,无因次。由以上各式的推导过程中可以看出:

(1) C_0 与 C_1 有关,故 C_0 与流体流经孔板的能量损失有关,即与 Re 准数有关;

(2) 不同的取压法得出不同的 C_2,所以 C_0 与取压法有关;

(3) C_0 与面积比 A_0/A_1 有关。

C_0 与这些变量间的关系由实验测定。用角接取压法安装的孔板流量计,其 C_0 与 Re,A_0/A_1 的关系如图1-43所示。图中的 Re 准数为 $\frac{d_1u_1\rho}{\mu}$,其中 d_1 与 u_1 是管道内径和流体在管道内的平均流速。流量计所测的流量范围,最好是落在 C_0 为定值的区域里。设计合适的孔板流量计,其 C_0 值为 0.6~0.7。

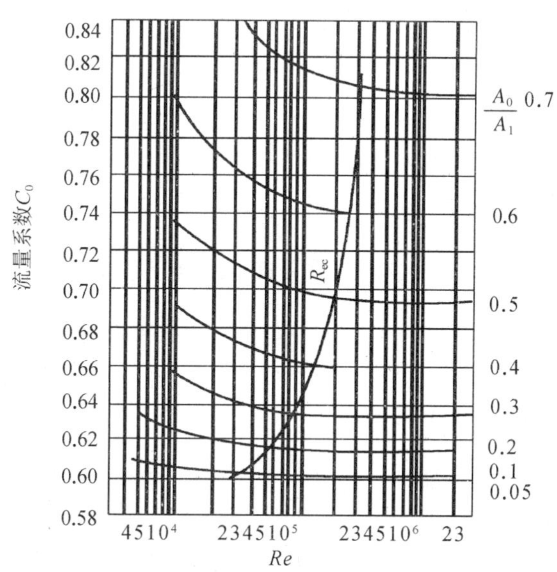

图 1-43 孔板流量计的 C_0 与 Re,A_0/A_1 的关系

用式(1-67)与式(1-68)计算流体的流量时,必须先确定流量系数 C_0 的数值,但是 C_0 与 Re 有关,而管道中的流体流速 u_1 又为未知,故无法计算 Re 值。在这种情况,可采用试差法。

对于操作型计算,试差过程如下:先假设 Re 大于 Re_c(Re_c 为极限允许值或限度值),由 A_0/A 从图 1-43 中查得 C_0(常数区),用式(1-66)计算 u_0,求出 u,并核算 Re 是否大于 Re_c,若 $Re \geqslant Re_c$,计算结果可接受。

对于设计型计算,先在 $C_0=0.6\sim0.7$ 的范围内取值,并且根据 $Re \geqslant Re_c$ 及 C_0 直接读出 A_0/A_1,求得 d_0,再进行校核。

安装孔板流量计时,通常要求上游直管长度 $50d$,下游直管长度 $10d$。

孔板流量计是一种容易制造的简单装置。当流量有较大变化时,为了调整测量条件,调换孔板亦很方便。它的主要缺点是流体经过孔板后能量损失较大,并随 A_0/A_1 的减小而增大,而且孔口边缘容易腐蚀和磨损,所以流量计应定期进行校正。

孔板流量计的能量损失(或称永久损失)可按下式估算:

$$h'_f=\frac{\Delta p'_f}{\rho}=\frac{p_a-p_b}{\rho}\left(1-1.1\frac{A_0}{A_1}\right) \qquad (1-69)$$

3. 文丘里流量计

为了减少流体流经节流元件时的能量损失,可以用一段渐缩、渐扩管代替孔板,这样构成的流量计称为文丘里流量计或文氏流量计,如图 1-44 所示。

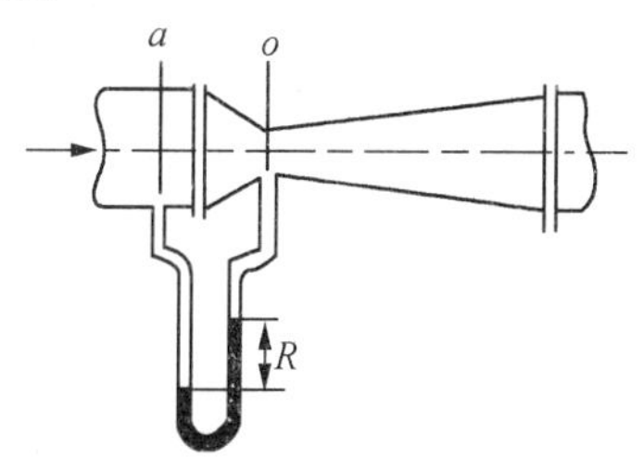

图 1-44 文丘里流量计

文丘里流量计上游的测压口(截面 a 处)距离管径开始收缩处的距离至少应为二分之一管径,下游测压口设在最小流通截面 o 处(称为文氏喉)。由于有渐缩段和渐扩段,流体在其内的流速改变平缓,涡流较少,所以能量损失就比孔板大大减少。

文丘里流量计的流量计算式与孔板流量计相类似，即

$$V_s = C_V A_o \sqrt{\frac{2(p_a - p_o)}{\rho}} = C_V A_o \sqrt{\frac{2gR(\rho_A - \rho)}{\rho}} \tag{1-70}$$

式中：C_V 为流量系数，无因次，其值可由实验测定或从仪表手册中查得，一般取 0.98～1.00；$p_a - p_o$ 为截面 a 与截面 o 间的压强差，单位为 Pa，其值大小由压差计读数 R 来确定；A_o 为喉管的截面积，m^2；ρ 为被测流体的密度，kg/m^3。

文丘里流量计的优点是能量损失小，但各部分尺寸要求严格，需要精细加工，所以造价也就较高。

1.7.2 变截面流量计——转子流量计

如图 1-45 所示，转子流量计的构造是在一根截面积自下而上逐渐扩大的垂直锥形玻璃管 1 内，装有一个能够旋转自如的由金属或其他材质制成的转子 2(或称浮子)。被测流体从玻璃管底部进入，从顶部流出。

当流体自下而上流过垂直的锥形管时，转子受到两个力的作用：一是垂直向上的推动力，它等于流体流经转子与锥管间的环形截面所产生的压力差；另一是垂直向下的净重力，它等于转子所受的重力减去流体对转子的浮力。当流量加大使压力差大于转子的净重力时，转子就上升；当压力差与转子的净重力相等时，转子处于平衡状态，即停留在一定位置上。在玻璃管外表面上刻有读数，根据转子的停留位置，即可读出被测流体的流量。

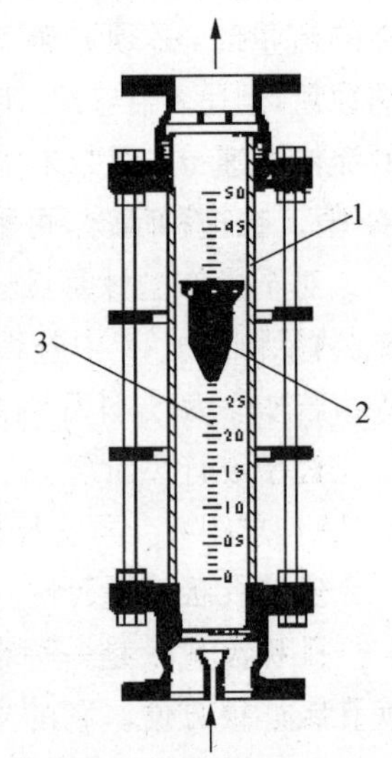

1—锥形玻璃管；2—转子；3—刻度

图 1-45 转子流量计

转子流量计是变截面定压差流量计。作用在浮子上下游的压力差为定值，而浮子与锥管间环形截面积随流量而变。浮子在锥形管中的位置高低即反映流量的大小。

设 V_f 为转子的体积，A_f 为转子最大部分的截面积，ρ_f 为转子材质的密度，ρ 为被测流体的密度。若上游环形截面为 1—1′，下游环形截面为 2—2′，则流体流经环形截面所产生的压强差为($p_1 - p_2$)。当转子在流体中处于平衡状态时，即

转子承受的压力＝转子所受的重力－流体对转子的浮力

于是 $(p_1 - p_2)A_f = V_f \rho_f g - V_f \rho g$，所以

$$p_1 - p_2 = \frac{V_f g(\rho_f - \rho)}{A_f} \tag{1-71}$$

从上式可以看出，当用固定的转子流量计测量某流体的流量时，式中的 V_f、A_f、ρ_f、ρ 均为定值，所以($p_1 - p_2$)亦为恒定，与流量无关。

仿照孔板流量计的流量公式可写出转子流量计的流量公式，即

$$V_s = C_R A_R \sqrt{\frac{2(p_1 - p_2)}{\rho}} = C_R A_R \sqrt{\frac{2gV_f(\rho_f - \rho)}{A_f \rho}} \tag{1-72}$$

式中：A_R为转子与玻璃管的环形截面积，m^2；C_R为转子流量计的流量系数、无因次，与 Re 值及转子形状有关，由实验测定或从有关仪表手册中查得。当环隙间 $Re>10^4$ 时，C_R可取 0.98。

由上式可知，对某一转子流量计，如果在所测量的流量范围内，流量系数 C_R为常数时，则流量只随环形截面积 A_R而变。由于玻璃管是上大下小的锥体，所以环形截面积的大小随转子所处的位置而变，因而可用转子所处位置的高低来反映流量的大小。

转子流量计的刻度与被测流体的密度有关。通常流量计在出厂之前，先用水和空气分别作为标定流量计刻度的介质。当应用于测量其他流体时，需要对原有的刻度加以校正。

假定出厂标定时所用液体与实际工作时的液体的流量系数 C_R相等，并忽略黏度变化的影响，根据式(1-72)，在同一刻度下，两种液体的流量关系为

$$\frac{V_{s,2}}{V_{s,1}}=\sqrt{\frac{\rho_1(\rho_f-\rho_2)}{\rho_2(\rho_f-\rho_1)}} \tag{1-73}$$

式中：下标 1 表示出厂标定时所用的液体；下标 2 表示实际工作时的液体。

同理，对用于气体的流量计，在同一刻度下，两种气体的流量关系为

$$\frac{V_{s,g2}}{V_{s,g1}}=\sqrt{\frac{\rho_{g1}(\rho_f-\rho_{g2})}{\rho_{g2}(\rho_f-\rho_{g1})}}$$

因转子材质的密度比任何气体的密度 ρ_g要大得多，故上式可简化为

$$\frac{V_{s,g2}}{V_{s,g1}}=\sqrt{\frac{\rho_{g1}}{\rho_{g2}}} \tag{1-74}$$

式中：下标 g_1 表示出厂标定时所用的气体；下标 g_2 表示实际工作时的气体。

转子流量计读取流量方便，能量损失很小，测量范围也宽，能用于腐蚀性流体的测量。但因流量计管壁大多为玻璃制品，故不能经受高温和高压，在安装使用过程中也容易破碎，且要求安装时必须保持垂直。

1.7.3　涡轮流量计

涡轮流量计是一种典型的速度式流量计，具有测量精度高、反应快以及耐高压等特点，在工业生产中应用日益广泛。

涡轮流量计由涡轮、轴承、前置放大器、显示仪表等组成，其内部结构如图 1-46 所示，实物如图 1-47 所示。在管道中心安放一个涡轮，两端由轴承支撑。当流体通过管道时，冲击涡轮叶片，对涡轮产生驱动力矩，使涡轮克服摩擦力矩和流体阻力矩而产生旋转。在一定的流量范围内，对一定黏度的流体介质，涡轮旋转角速度与流体流速成正比。由此，流体流速可通过涡轮旋转角速度得到，从而可以计算得到通过管道的流体流量。

涡轮的转速通过装在机壳外的传感线圈来检测。涡轮叶片周期性地切割由壳体内磁钢产生的磁力线，将引起传感线圈中的磁通量变化。传感线圈将检测到的磁通周期变化信号送入前置放大器，对信号进行放大、整形，产生与流速成正比的脉冲信号，经前置放大器放大后，送入显示仪表进行计数，根据单位时间内的脉冲数和累计脉冲数即可求出瞬时流量值和累积流量值，并在显示仪表显示瞬时流量值和累积流量值。

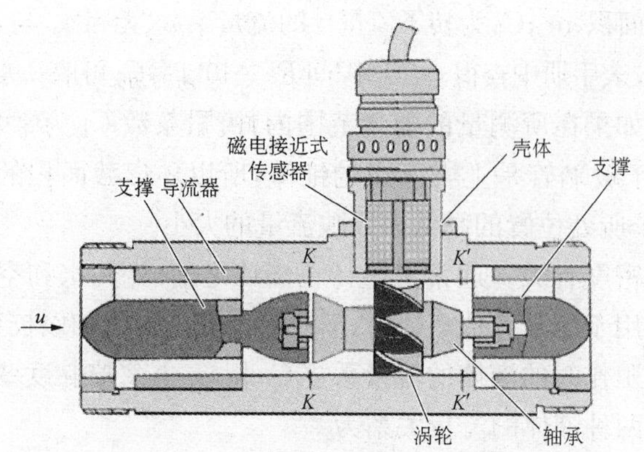

图 1-46 涡轮流量计内部结构图

图 1-47 涡轮流量计实物图

涡轮是涡轮流量计的主要部件，由导磁不锈钢材料制成，装有螺旋状叶片。叶片数量根据直径变化而不同，2～24 片不等。为了使涡轮对流速有很好的响应，要求质量尽可能小。对涡轮叶片结构参数的一般要求为：叶片倾角 10°～15°（气体），30°～45°（液体）；叶片重叠度为 1～1.2；叶片与内壳间的间隙为 0.5～1mm。

涡轮流量计特点及安装

习题

1. 某设备上真空表的读数为 13.3×10^3 Pa，试计算设备内的绝对压强与表压强。已知该地区大气压强为 98.7×10^3 Pa。

2. 某气柜的容积为 6000 m^3，若气柜内的表压强为 5.5 kPa，温度为 40℃。已知各组分气体的体积分数为 H_2 40%、N_2 20%、CO 32%、CO_2 7%、CH_4 1%，大气压强为101.3 kPa，试计算气柜满载时各组分的质量。

3. 若将密度为 830 kg/m^3 的油与密度为 710 kg/m^3 的油各 60 kg 混在一起，试求混合油的密度。设混合油为理想溶液。

4. 某流化床反应器上装有两个 U 管压差计，如本题附图所示。测得 $R_1=400$ mm，$R_2=50$ mm，指示液为水银。为防止水银蒸气向空间扩散，于右侧的 U 管与大气连通的玻璃管内灌入一段水，其高度 $R_3=50$ mm，试求 A、B 两处的表压强。

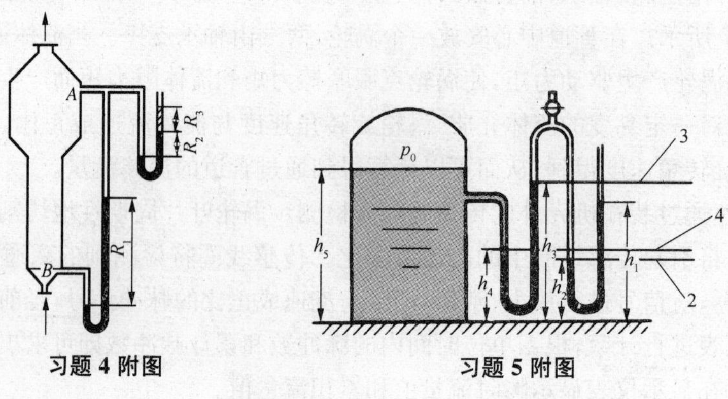

习题 4 附图　　习题 5 附图

5. 用本题附图中串联 U 管压差计测量蒸气锅炉水面上方的蒸气压，U 管压差计的指示液为水银，两 U 管间的连接管内充满水。已知水银面与基准面的垂直距离分别为 $h_1 = 2.3$ m、$h_2 = 1.2$ m、$h_3 = 2.5$ m、$h_4 = 1.4$ m，锅中水面与基准面间的垂直距离 $h_5 = 3$ m，大气压强 $p_a = 99.3 \times 10^3$ Pa，求锅炉上方水蒸气的压强 p（分别以 Pa 和 kgf/cm^2 来计量）。

6. 根据本题附图所示的微差压差计的读数，计算管路中气体的表压强 p。压差计中以油和水为指示液，其密度分别为 920 kg/m^3 及 998 kg/m^3，U 管中油、水交界面高度差 $R=$ 300 mm。两扩大室的内径 D 均为 60 mm，U 管内径 d 为 6 mm。当管路内气体压强等于大气压时，两扩大室液面平齐。

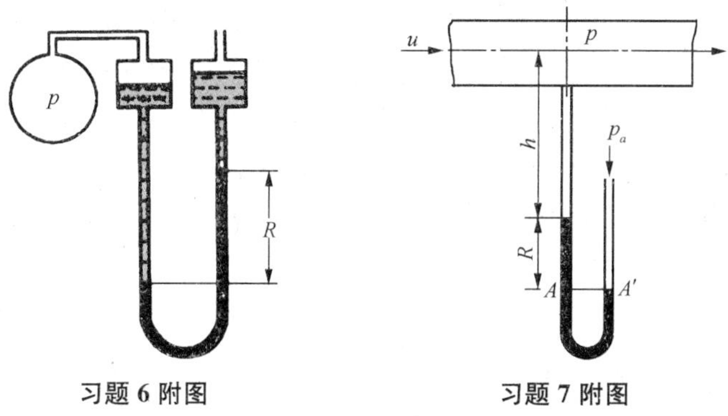

习题 6 附图　　习题 7 附图

7. 如本题附图所示，水在管道内流动。为测量流体压力，在管道某截面处连接 U 管压差计，指示液为水银，读数 $R=100$ mm，$h=800$ mm。为防止水银扩散至空气中，在水银面上方充入少量水，其高度可以忽略不计。已知当地大气压强为 101.3 kPa，试求管路中心处流体的压力。

8. 密度为 1800 kg/m^3 的某液体经一内径为 60 mm 的管道输送到某处，若其平均流速为 0.8 m/s，求该液体的体积流量（m^3/h）、质量流量（kg/s）和质量通量[kg/(m^2 · s)]。

9. 列管换热器的管束由 121 根 $\phi 25$ mm × 2.5 mm 的铜管组成。空气以 9 m/s 速度在列管内流动，空气在管内的平均温度为 50℃，压强为 196×10^3 Pa（表压），当地大气压为 98.7×10^3 Pa。试求：(1) 空气的质量流量；(2) 操作条件下空气的体积流量；(3) 将(2)的计算结果换算为标准状况下空气的体积流量。

10. 如本题附图所示，高位槽内的水位高于地面 7 m，水从 $\phi 108$ mm×4 mm 的管道中流出，管路出口高于地面 1.5 m。已知水流经系统的能量损失可按 $\sum h_f = 5.5u^2$（不包括出口阻力损失）计算，其中 u 为水在管内的平均流速（m/s）。设流动为稳态，求：(1) A—A' 截面处水的平均流速；(2) 水的流量（m^3/h）。

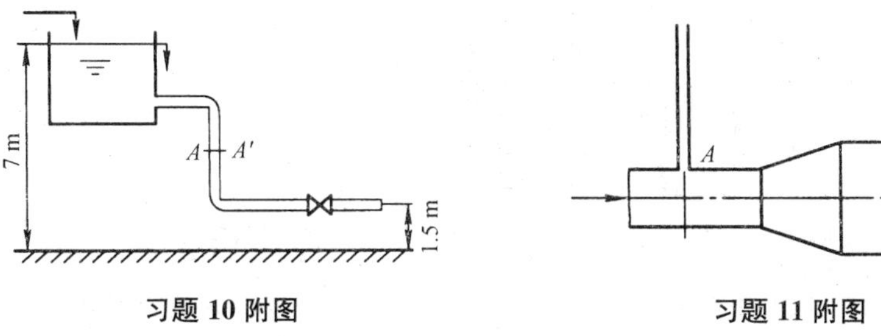

习题 10 附图　　习题 11 附图

11. 20℃的水以 2.5 m/s 的平均流速流经 ϕ38 mm×2.5 mm 的水平管，此管以锥形管与另一 ϕ53 mm × 3 mm 的水平管相连。如本题附图所示，在锥形管两侧 A、B 处各插入一垂直玻璃管以观察两截面的压力。若水流经 A、B 两截面间的能量损失为 1.5 J/kg，求两玻璃管的水面差（以 mm 计），并在本题附图中画出两玻璃管中水面的相对位置。

12. 本题附图所示为冷冻盐水循环系统。盐水的密度为 1100 kg/m³，循环量为 36 m³/h。管路的直径相同，盐水由 A 流经两个换热器而至 B 的能量损失为 98.1 J/kg，由 B 流至 A 的能量损失为 49 J/kg。(1) 若泵的效率为 70%时，泵的轴功率为多少 kW？(2) 若 A 处的压强表读数为 245.2×10^3 Pa 时，B 处的压强表读数为多少？

13. 如本题附图所示，在两座尺寸相同的吸收塔内，各填充不同的填料，并以相同的管路并联组合。每条支管上均装有闸阀，两支路的管长均为 5 m（包括除了闸阀以外的管件局部阻力的当量长度），管内径为 200 mm。通过填料层的能量损失可分别折算为 $5u_1^2$ 与 $4u_2^2$，式中 u 为气体在管内的流速，m/s。气体在支管内流动的摩擦系数 $\lambda=0.02$，管路的气体总流量为 0.3 m³/s。试求：(1) 当两阀全开时，两塔的通气量；(2) 附图中 AB 的能量损失。

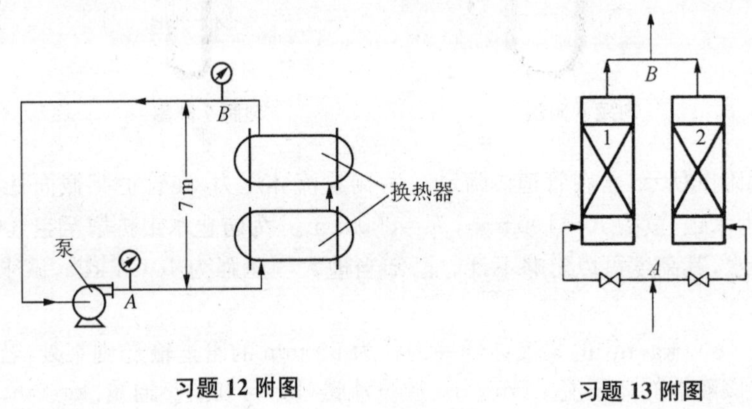

习题 12 附图　　习题 13 附图

14. 如本题附图所示，用泵将水由低位槽打到高位槽（均敞口，且液面保持不变）。已知两槽液面距离为 20 m，管路全部阻力损失为 5 m 水柱（包括管路进出口局部阻力损失），泵出口管路内径为 50 mm，其上装有 U 管压强计，AB 长为 6 m，压强计读数，R 为 40 mmHg，R'为 1200 mmHg，H 为 1 mmH_2O，设摩擦系数为 0.02。求：(1) 泵所需的外加功（J/kg）；(2) 管路流速（m/s）；(3) 泵的有效功率（kW）；(4) A 截面压强（Pa，以表压计）。

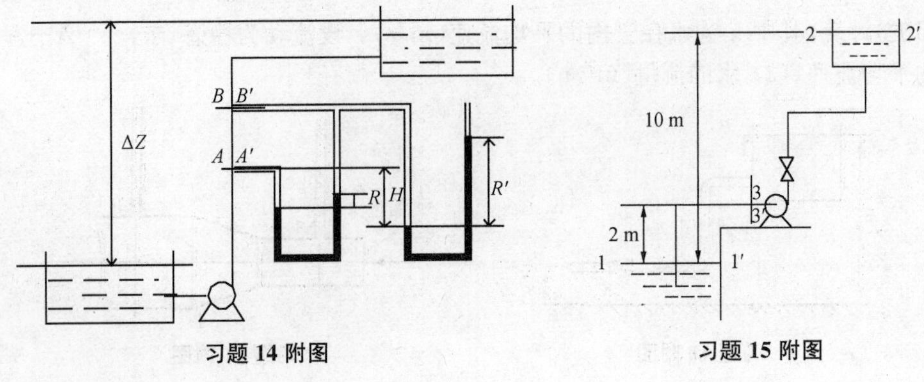

习题 14 附图　　习题 15 附图

15. 如本题附图所示，在管路系统中装有离心泵。吸入管路为 $\phi 89\ mm \times 4.5\ mm$，压出管路为 $\phi 68\ mm \times 4\ mm$，吸入管直管长度为 6 m，压出管直管长度为 13 m，两段管路的摩擦系数均为 $\lambda = 0.03$，吸入管路中装有 90°标准弯头 1 个（$\zeta = 0.75$），压出管路装有阀门 1 个（$\zeta = 6.4$），90°标准弯头 2 个，管路两端水面高度差为 10 m，泵进口高于水面 2 m，管内流量为 0.012 m^3/s。试求：(1) 泵的扬程；(2) 泵进口处断面的压力；(3) 如果高位槽中的水沿同样管路流回，不计泵内阻力，是否可流过同样的流量？

思考题

1. 流体连续介质模型假设的基本要点是什么？连续介质模型假设对研究流动有何作用？

2. 滞流与湍流的主要区别是什么？

3. 在应用机械能衡算方程解题时，注意事项有哪些？

4. 雷诺数的物理意义是什么？

5. 如图安装的压差计，当拷克缓慢打开时，压差计中的汞面将如何变化？

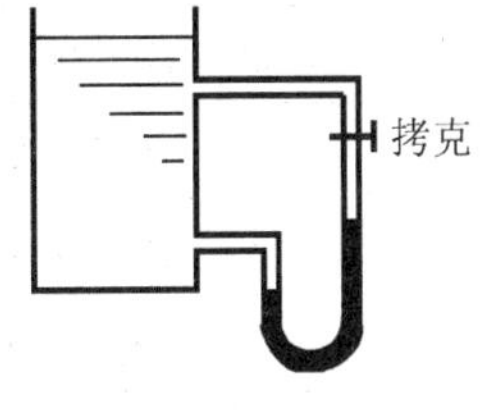

思考题 5 附图

6. 有人希望使管壁光滑些，于是在管道内壁上涂上一层石蜡，倘若输送任务不变，且流体呈层流流动，流动的阻力将如何变化？

7. 沿程阻力损失：水在一段圆形直管内作层流流动，若其他条件不变，现流量及管径均减小为原来的二分之一，则此时因流动阻力产生的压力损失为原来的________。

(A) 2 倍　　(B) 4 倍　　(C) 8 倍　　(D) 16 倍

8. 液体在两截面间的管道内流动时，其流动方向是________。

(A) 从位能大的截面流向位能小的截面

(B) 从静压能大的截面流向静压能小的截面

(C) 从动能大的截面流向动能小的截面

(D) 从总能量大的截面流向总能量小的截面

9. 水在内径一定的圆管中稳定流动，若水的质量流量保持恒定，当水温升高时，Re 值如何变化？

工程案例

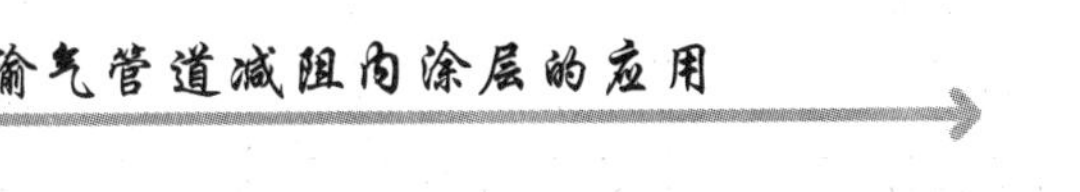

内容请见二维码

本章符号说明

英文字母	物理意义	单位	英文字母	物理意义	单位
a	加速度	m/s^2	N_e	输送设备的有效功率	kW
A	截面积	m^2	p	压强	Pa
C	系数		Δp_f	1 m^3 流体流动时损失的机械能,或因克服流动阻力而引起的压强降	Pa
C_0,C_v	流量系数		r_H	水力半径	m
d	管道直径	m	R	气体常数	J/(kmol・K)
d_e	当量直径	m	R	液柱压差计读数	m
d_o	孔径	m	S	两流体层间的接触面积	m^2
e	涡流黏度	Pa・s	T	热力学温度	K
E	1 kg 流体所具有的总机械能	J/kg	u	流速	m/s
f	范宁摩擦系数		u'	脉动速度	m/s
F	流体的内摩擦力	N	$\bar{u}$	时均速度	m/s
g	重力加速度	m/s^2	u_{max}	流动截面上的最大速度	m/s
G	质量流速	kg/(m^2・s)	u_r	流动截面上某点的局部速度	m/s
h	高度	m	U	1 kg 流体的内能	J/kg
h_f	1 kg 流体流动时为克服流动阻力而损失的能量,简称能量损失	J/kg	v	比容	m^3/kg
h_f'	局部损失能量	J/kg	V	体积	m^3
H_e	输送设备对 1N 液体提供的有效压头	m	V_h	体积流量	m^3/h
H_f	压头损失	m	V_s	体积流量	m^3/s
K	系数		W_s	质量流量	kg/s
l	长度	m	W_e	1 kg 流体通过输送设备获得的能量,或输送设备对 1 kg 流体所做的有效功	J/kg
l_e	当量长度	m	x_0	稳定段长度	M
m	质量	kg	x_V	体积分数	
M	摩尔质量	kg/mol	x_w	质量分数	
n	指数		Z	1 kg 流体具有的位能	
N	输送设备的轴功率	kW	y	气相摩尔分数	

希腊字母	物理意义	单位	希腊字母	物理意义	单位
α	倾斜角		Π	润湿周边	m
δ	流动边界层厚度	m	η	效率	
δ_b	滞留内层厚度	m	ρ	密度	kg/m³
μ	黏度	Pa·s 或 cP	η_0	刚性系数	Pa·s
ε	绝对粗糙度	mm	τ	内摩擦应力	Pa
ε_k	体积膨胀系数		κ	绝热指数	
μ_a	表观黏度	Pa·s	τ_0	屈服应力	Pa
v	运动黏度	m²/s 或 cSt	λ	摩擦系数	
ξ	阻力系数				

参考文献

[1] 夏清，贾绍义主编.化工原理：上册.2 版.天津：天津大学出版社，2005.

[2] 柴诚敬主编.化工原理课程学习指导.3 版.天津：天津大学出版社，2007.

[3] 蒋维钧，戴猷元，顾惠君主编.化工原理：上册.2 版.北京：清华大学出版社，2003.

[4] 时钧主编.化学工程手册：上卷.北京：化学工业出版社，1996.

[5] 谭天恩，麦本熙，丁惠华编著.化工原理：上册.2 版.北京：化学工业出版社，2001.

[6] Geankoplis, C.J. Transport Processes and Unit Operations. 3rd ed. New York: Prentice Hall PTR, 1993.

[7] Coulson, J. M., Richardson, J. F. Chemical Engineering Vol 2 (Partical Technology & Separation Processes). 4th ed. Beijing: Beijing World Publishing Corporation, 2000.

[8] McCabe, W. L., Smith, J. C. Unit Operations of Chemical Engineering. 6th ed. New York: McGraw Hill Inc, 2003.

[9] Kundu, P. K. Fluid Mechanics. San Diego, Calif: Academic Press Inc., 1990.

[10] Perry, R. H., Green, D. W. Perry's Chemical Engineers' Handbook. 7th ed. New York: McGraw-Hill, Inc., 2001.

[11] 钟秦，陈迁乔等编著.化工原理.3 版.北京：国防工业出版社，2013.

第 2 章　流体输送设备

学习目的：

通过本章学习，掌握化工中常用流体输送机械的基本结构、工作原理和操作特性，能够根据生产工艺要求和流体特性，合理地选择和正确操作流体输送机械，并使之在高效下安全可靠运行。

重点掌握的内容：

离心泵的工作原理、特性参数及影响这些参数的主要因素；离心泵的特性曲线及工作点的确定；离心泵的型号和选用、操作和调节；离心通风机的性能和选用。

熟悉的内容：

离心泵的基本方程；往复泵的主要构造和工作原理；往复泵的主要性能和多级压缩。

一般了解的内容：

离心式鼓风机、旋转鼓风机、旋转压缩机、真空泵等的工作原理、构造和型号；其他类型泵及其比较。

如果要将流体从一个地方输送到另一个地方或者将流体从低位能向高位能处输送，就必须采用为流体提供能量的输送设备。本章主要介绍常用输送设备的工作原理和特性，以便恰当地选择和使用这些流体输送设备。

§ 2.1　概　述

在化工过程中，广泛应用着各种流体输送机械，它们通过向流体（气体和液体）提供机械能的方法，将流体从一处输向另一处。通常把输送液体的机械称为“液泵”或简称为“泵”；把输送气体的机械称为“风机”或“压缩机”；将某封闭空间的气体抽去，从而使该空间产生负压或真空的机械，称为“真空泵”，一些场合也称为“抽气机”。

上述这些机械可以分成两大类，即“速度式”和“容积式”。速度式流体输送机械主要是通过高速旋转的叶轮或高速喷射的工作流体传递能量，它可分为离心式、轴流式和喷射式三种；容积式流体输送机械则依靠改变容积来压送与吸取流体，按其结构的不同可分为往复活塞式和回转活塞式，表 2－1 是流体输送机械的分类。

表 2-1 流体输送机械的分类

工作原理		液体输送机械	气体输送机械
速度式	离心式	离心泵、旋涡泵	离心风机、离心压缩机
	轴流式	轴流泵	轴流式通风机
	喷射式	喷射泵	
容积式	往复式	往复泵、隔膜泵、计量泵	往复式压缩机
	回转式	齿轮泵 、螺杆泵	罗茨风机、液环压缩机

1. 速度式流体输送机械的特点

(1) 由于速度式流体输送机械的转动惯量小,摩擦损失小,适合高速旋转,所以速度式流体输送机械转速高、流量大、功率大。

(2) 运转平稳可靠,排气稳定、均匀,一般可连续运转 1～3 年而不需要停机检修。

(3) 速度式流体输送机械的零部件少,结构紧凑。

(4) 由于单级压力比不高,故不适合在太小的流量或较高的压力(>70 MPa)下工作。

2. 容积式流体输送机械的特点

(1) 运动机构的尺寸确定后,工作腔的容积变化规律也就确定了,因此机械转速改变对工作腔容积变化规律不发生直接的影响,故机械工作的稳定性较好。

(2) 流体的吸入和排出是靠工作腔容积变化,与流体性质关系不大,故容易达到较高的压力。

(3) 容积式机械结构复杂,易于损坏的零件多,而且往复质量的惯性力限制了机械转速的提高。此外,流体吸入和排出是间歇的,容易引起液柱及管道的振动。

鉴于各种机械的特点,决定了它们有自己的使用范围。本章将重点讨论典型速度式流体输送机械——离心泵的基本结构、工作原理、性能参数以及选用和调节方法,然后将容积式流体输送机械——往复泵与离心泵进行比较。

§2.2 离心泵

离心泵是化工厂最常用的液体输送机械。离心泵的流量、压头较大,适用范围广,并具有结构简单、体积小、重量轻、操作平稳、维修方便等优点。

2.2.1 离心泵的工作原理

如图 2-1 所示,离心泵体内的叶轮 1 固定在泵轴 3 上,叶轮上有若干弯曲的叶片,泵轴在外力带动下旋转,叶轮同时旋转,泵壳中央的吸入口 4 与吸入管 5 相连接,侧旁的排出口 8 和排出管路 9 相连接。在排出管路上还要安置调节流量的截止阀 10。在外界动力(如电机)的驱动下,泵轴带动叶轮作高速旋转,液体通过吸入管由吸入室沿轴向垂直地导入叶轮中央,通过离心力的作用被抛向叶轮外周,并以很高的速度(15～25 m/s)流入泵壳 2,将大部分动能转化为压力能,然后沿切线进入排出管,输送至所需的场所。

离心泵的工作原理是利用高速旋转的叶轮使叶片间的液体通过离心力的作用获得能量。当液体由叶轮中心甩向外周时,吸入室内形成了低压,这样使被输送液体的液面和吸入室之间形成了一个压差。在该压差的作用下,液体经吸入管源源不断地进入泵内,以补充被排出的液体。只要叶轮不停地转动,液体便不断地被吸入和排出。

需特别注意,离心泵无自吸力,在启动之前,必须向泵内灌满被输送的流体。不灌液,则泵体内存有空气,由于空气密度小于液体密度,所产生的离心力很小,叶轮中心处所形成的低压就不足以将贮槽内的液体吸入泵内,因此,虽启动离心泵也不能输送液体,此现象称为"气缚"。因此,通常在吸入管路的进口处装有一单向底阀,以截留灌入泵体内的液体。另外,在单向阀下面装有滤网,其作用是拦阻液体中的固体物质被吸入而堵塞管道和泵壳。

1—叶轮;2—泵壳;3—泵轴;4—吸入口;
5—吸入管;6—单向底阀;7—滤网;
8—排出口;9—排出管;10—调节阀

图 2-1 离心泵装置简图

2.2.2 离心泵的构造

离心泵的主要部件包括供能和转能两部分。

1. 叶轮

叶轮是离心泵的核心部件。叶轮通过高速旋转,将原动机的机械能传送给液体,使液体获得压力能和动能。因此它是离心泵的供能装置,具有不同的结构形式。设计时要求叶轮在流动损失最小的情况下使液体获得较多的能量。

叶轮按机械结构通常分为开式、半开式和闭式三种。如图 2-2(a)所示,闭式叶轮由轮毂、叶片(一般 6~8 片)、前盖板和后盖板组成,液体流经叶片之间的通道并从中获得能量;如图 2-2(b)所示,半开式叶轮由于没有前盖板,叶片间的通道不易堵塞,适用于输送含固体颗粒的悬浮液,但液体在叶片间流动时易发生倒流,其效率较闭式叶轮低;如图 2-2(c)所示,开式叶轮两侧均不设盖板,不容易堵塞,但效率太低,很少采用。闭式叶轮适用于输送清洁的液体,其效率较高,应用最广,离心泵中多采用这种叶轮。

(a) 闭式

(b) 半开式

(c) 开式

图 2-2 离心泵的叶轮

按液体吸入方式不同可将叶轮分为单吸式与双吸式两种。如图 2－3(a)所示，单吸式叶轮是液体从叶轮的一面进入，结构简单；如图 2－3(b)所示，双吸式叶轮是液体从叶轮两面进入，它具有较大的吸液能力，而且基本上消除了轴向推力。

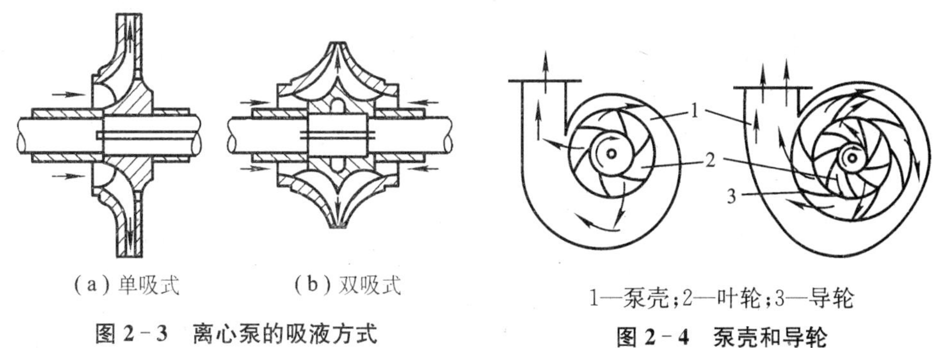

图 2－3　离心泵的吸液方式

图 2－4　泵壳和导轮

2. 泵壳和导轮

泵壳也叫压出室。如图 2－4 所示，泵壳位于叶轮出口之后，它是一个由叶轮四周形成的截面逐步扩大的蜗牛形通道，因此又称蜗壳，其主要作用：① 收集液体，把叶轮内流出的液体收集起来，将它们按一定要求送入下级叶轮或进入排出管；② 能量转化，逐渐扩大的蜗牛形通道能使流过的液体速度降低，将流体部分动能转化为静压能。设计时要求液体在该通道内流动时阻力损失最小。

为了减少离开叶轮的液体直接进入泵壳时因冲击而引起的能量损失，有时会在叶轮与泵壳之间装置一个固定不动而带有叶轮的导轮。导轮中的叶片使进入泵壳的液体逐渐转向而且流道连续扩大，使部分动能有效地转化为静压能。多级离心泵通常均安装导轮。

蜗牛形的泵壳、叶轮上的后弯叶片及导轮均能提高动能向静压能的转化率，故均可视作转能部件。

3. 轴封装置

泵轴与泵壳之间的密封称为轴封，其作用是防止高压液体从泵壳内沿轴的四周面漏出，或者外界空气以相反方向漏入泵壳内。常用的轴封装置有填料轴封和机械轴封两大类，前者用于普通离心泵，后者适用于密封要求较高的场合，如输入易燃易爆、有毒的液体。由于 70％泵的故障是由轴承和轴封引起的，应予以足够重视。

2.2.3　离心泵的基本方程

离心泵的基本方程又称能量方程，是描述在理想情况下离心泵可能达到的最大压头(扬程)与泵的结构、尺寸、转速及液体流量诸因素之间关系的表达式。由于液体在叶轮中的运动情况十分复杂，很难提出一个定量表达上述各因素之间关系的方程。工程上采用数学模型法来研究此类问题。

1. 离心泵基本方程的表达式

离心式流体输送机械的基本方程的推导基于三个假设：① 叶片的数目无限多，叶片无

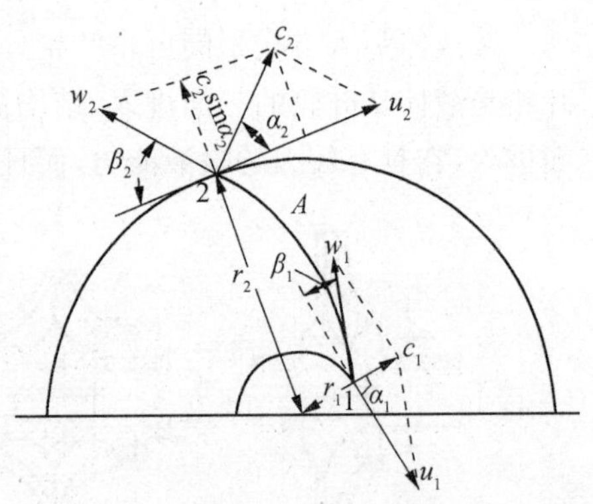

图 2-5 流体进入与离开叶轮时的速度

限薄，流动的每条流线都具有与叶片相同的形状；② 流动是轴对称的相对定常流动，即在同一半径的圆柱面上，各运动参数均相同，而且不随时间变化；③ 流经叶轮的是理想流体，黏度为零，因此无流动阻力损失产生。图 2-5 是流体经过离心式机械的速度三角形。w 是流体具有的与叶片相切的相对速度，u 是随叶轮一起转动的圆周速度，两者的合成速度为绝对速度 c。

单位重量流体通过无限多叶片的旋转叶轮所获得的能量，称为理论压头 $H_{T,\infty}$。根据伯努利方程，单位重量流体从点 1 到点 2 获得的能量为

$$H_{T,\infty}=H_P+H_C=\frac{p_2-p_1}{\rho g}+\frac{c_2^2-c_1^2}{2g} \tag{2-1}$$

式中：H_P 为流体经叶轮增加的静压能；H_C为流体经叶轮后增加的动能。

静压能增加项 H_P由两部分构成：

(1) 离心力做功产生的压头为

$$\int_{r1}^{r2}F\mathrm{d}r/g=\int_{r1}^{r2}r\omega^2\mathrm{d}r/g=\frac{\omega^2}{2g}(r_2^2-r_1^2)=\frac{u_2^2-u_1^2}{2g} \tag{2-2}$$

式中：ω 为旋转的角速度。

(2) 液体通过逐渐扩大的流道时将有部分动压能转化为静压能，即

$$相对速度转化=\frac{w_1^2-w_2^2}{2g} \tag{2-3}$$

将式(2-2)和式(2-3)代入式(2-1)，有

$$H_{T,\infty}=\frac{u_2^2-u_1^2}{2g}+\frac{w_1^2-w_2^2}{2g}+\frac{c_2^2-c_1^2}{2g} \tag{2-4}$$

根据图 2-5 的速度三角形，利用余弦定理，可得

$$w_1^2=c_1^2+u_1^2-2c_1u_1\cos\alpha_1 \tag{2-5}$$

$$w_2^2=c_2^2+u_2^2-2c_2u_2\cos\alpha_2 \tag{2-5a}$$

将式(2-5)和式(2-5a)代入式(2-4)，经过化简，得

$$H_{T,\infty}=(c_2u_2\cos\alpha_2-c_1u_1\cos\alpha_1)/g \tag{2-6}$$

式(2-6)为离心泵的基本方程式。一般离心泵为提高 $H_{T,\infty}$，使 $\alpha_1=90°$，即 $\cos\alpha_1=0$，则

$$H_{T,\infty}=c_2u_2\cos\alpha_2/g \tag{2-6a}$$

离心泵的流量可表示为

$$Q_T=2\pi r_2b_2c_2\sin\alpha_2 \tag{2-7}$$

式中：r_2 为叶轮出口半径；b_2 为叶轮出口处叶轮的宽度。其他参数见图 2-5，于是

$$H_{T,\infty}=\frac{u_2^2}{g}-\frac{u_2\cot\beta_2 Q_T}{g\pi D_2 b_2} \tag{2-8}$$

2. 离心泵理论压头的影响因素

(1) $H_{T,\infty}$ 与转速 n 和叶轮直径 D_2 的关系

当理论流量 Q_T 和叶片几何尺寸(b_2、β_2)一定时，$H_{T,\infty}$ 随 D_2 和 n 的增大而增大，即加大叶轮直径和提高转速均可提高泵的压头。这是后面将要介绍的离心泵的切割定律和比例定律的理论依据。

(2) $H_{T,\infty}$ 与叶片几何形状的关系

根据流动角 β_2 的大小，叶片形状可分为后弯、径向、前弯三种，如图 2-6 所示。

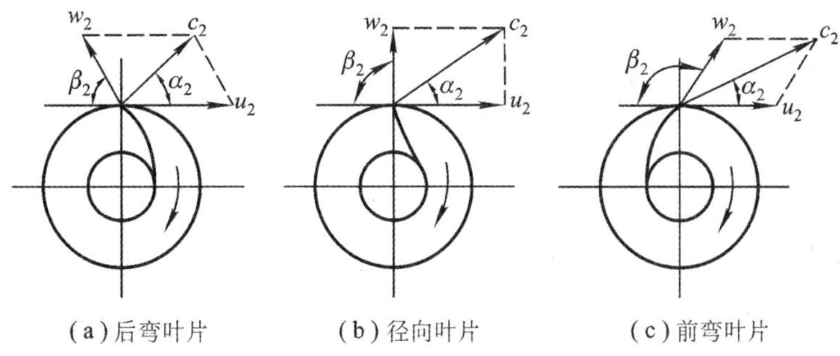

图 2-6 叶片形状及出口速度三角形

由式(2-8)可知，其他条件不变时，$H_{T,\infty}$ 与叶片的形状(β_2)有关。

① 后弯叶片(叶片弯曲方向与叶轮旋转方向相反)

$$\beta_2<90°,\ \cot\beta_2>0,\ H_{T,\infty}<\frac{u_2^2}{2g}$$

② 径向叶片

$$\beta_2=90°,\ \cot\beta_2=0,\ H_{T,\infty}=\frac{u_2^2}{2g}$$

③ 前弯叶片

$$\beta_2>90°,\ \cot\beta_2<0,\ H_{T,\infty}>\frac{u_2^2}{2g}$$

由此可见，前弯叶片所产生的 $H_{T,\infty}$ 最大，似乎前弯叶片最为有利，但实际并不如此。

离心泵的理论压头 $H_{T,\infty}$ 由静压头 H_P和动压头 H_C 两部分组成。对于离心泵，希望获得的是 H_P，而不是 H_C。虽有一部分 H_C 会在蜗壳中转换为静压头，但此过程中会因液体质点流速过大导致较大的能量损失。实测结果表明，对于前弯叶片，动压头的提高大于静压头的提高；对于后弯叶片，静压头的提高大于动压头的提高，其净结果是获得较高的有效压头。因此为获得较高的能量利用率，提高离心泵的经济指标，应采用后弯叶片。

(3) $H_{T,\infty}$ 与理论流量 $Q_{T,\infty}$ 的关系

式(2-8)表达了一定转速下指定离心泵(b_2、D_2、β_2 及转速 n 一定)的理论压头与理论

流量的关系，这个关系是离心泵的主要特性。$H_{T,\infty}-Q_T$ 的关系曲线称为离心泵的理论特性曲线，如图 2-7 所示。该线的截距 $A=u^2/g$，斜率 $B=u_2\cot\beta_2/g\pi D_2b_2$。于是式(2-8)可表示为式(2-9)。

$$H_{T,\infty}=A-BQ_T \tag{2-9}$$

式中：$A=u_2^2/g$；$B=u_2\cot\beta_2/g\pi D_2b_2$。

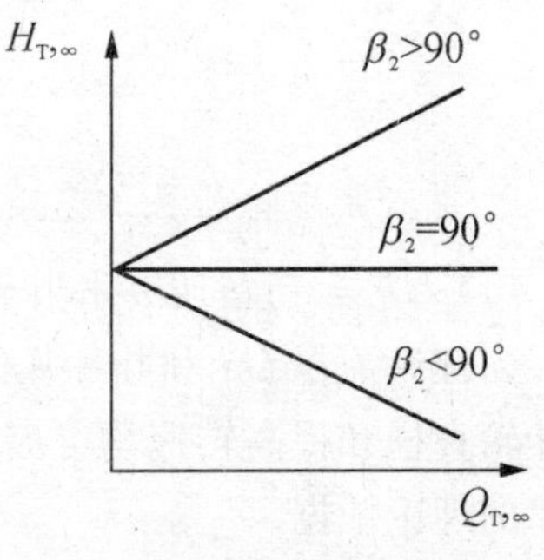

图 2-7 理论压头与流量的关系

(4) 液体密度

在式(2-8)中并未出现液体密度这样一个重要参数，这表明离心泵的理论压头与液体密度无关。因此，同一台离心泵，只要转速恒定，不论输送何种液体，都可提供相同的理论压头。但是，在同一压头下，离心泵进、出口的压力差却与液体密度成正比。

3. 离心泵的实际压头、流量关系曲线的实验测定

实际上，由于输送的液体是黏性液体，并非理想液体，叶轮的叶片数目也是有限的，因而必然引起液体能量损失(包括环流损失、冲击损失与摩擦损失)和在叶轮内的泄漏，致使泵的实际压头和流量小于理论值。所以泵的实际压头与流量的关系曲线应在离心泵理论特性曲线的下方，如图 2-8 所示。离心泵的 $H-Q$ 关系曲线通常是在一定条件下由实验测定的。

根据实验测定可知，离心泵的实际 $H-Q$ 关系可表达为

$$H=A-GQ^2 \tag{2-10}$$

式(2-10)称为离心泵的特性方程。

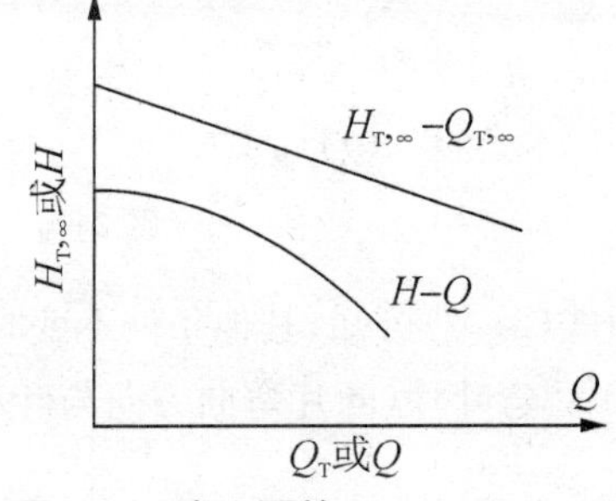

图 2-8 离心泵的 $H_{T,\infty}-Q_T$、$H-Q$ 关系曲线

2.2.4 离心泵的主要性能参数与特性曲线

泵的性能参数及相互之间的关系是选泵和进行流量调节的依据。离心泵的主要性能参数有流量、压头、效率、轴功率等。它们之间的关系常用特性曲线来表示。特性曲线是在一定转速下，用 20℃清水在常压下实验测得的。

1. 泵的性能参数

(1) 流量

流量是单位时间内输送出去的流体量。通常用 Q 来表示体积流量，单位 m^3/s。离心泵的流量与泵的结构、尺寸和转速有关。

(2) 压头(扬程)

离心泵的压头是指流体通过离心泵后所获得的有效能量。一般离心泵的压头 H 是单位重量液体通过泵获得的有效能量，通常用 H 来表示压头，单位 m。

(3) 效率

效率反映了泵中能量的损失程度。它一般分为三种：容积效率 η_V、水力效率 η_H 和机械效率 η_m。

① 容积损失即泄漏造成的损失。

② 水力损失是由于液体流经叶片、蜗壳的沿程阻力，流道面积和方向变化的局部阻力，以及叶轮通道中的环流和旋涡等因素造成的能量损失。

③ 机械效率是由于高速旋转的叶轮表面与液体之间摩擦，泵轴在轴承、轴封等处的机械摩擦造成的能量损失。

离心泵的总效率为

$$\eta=\eta_V\cdot\eta_H\cdot\eta_m \tag{2-11}$$

一般来讲，在设计流量下泵的效率最高。离心泵效率的大致范围：小型水泵的总效率为50%～70%，大型泵的效率可达 90%；油泵、耐腐蚀泵的效率比水泵低，杂质泵的效率更低。

(4) 功率

功率分为有效功率和轴功率。流体经过泵或风机后获得的实际功率称为泵或风机的有效功率，用 N_e 表示，单位是 W 或 kW。对于离心泵

$$N_e=\rho gQH \tag{2-12}$$

式中：N_e 为离心泵的有效功率，W；Q 为泵的实际流量，单位 m^3/s；H 为离心泵的压头，m；ρ 为液体的密度，kg/m^3。

泵的轴功率通常指输入功率，即原动机传到泵轴上的功率，用 N 表示，单位是 W 或 kW。有效功率和轴功率的关系可以用下式表达

$$N=\frac{N_e}{\eta} \tag{2-13}$$

因此，离心泵的轴功率为

$$N=\frac{HQ\rho g}{\eta} \tag{2-14}$$

式中：N 为轴功率，kW。

2. 离心泵的特性曲线

离心泵与通风机的特性曲线是压头、轴功率、效率和流量之间的关系曲线，如图 2-9 所示。通常特性曲线图附在泵或风机的样本或产品说明书中。特性曲线由实验获得，离心泵的特性曲线是用 20℃的清水作为工质在某恒定转速下测得。

(1) 压头-流量曲线($H-Q$)

它是判断离心泵或风机是否满足管路使用要求的重要依据。大多数离心泵随流量的增加压头下降。但有的曲线比较平坦，适用于流量变化较大而压头变化不大的场合；而比较陡降的则适合流量变化不大而压头变化较大的场合。

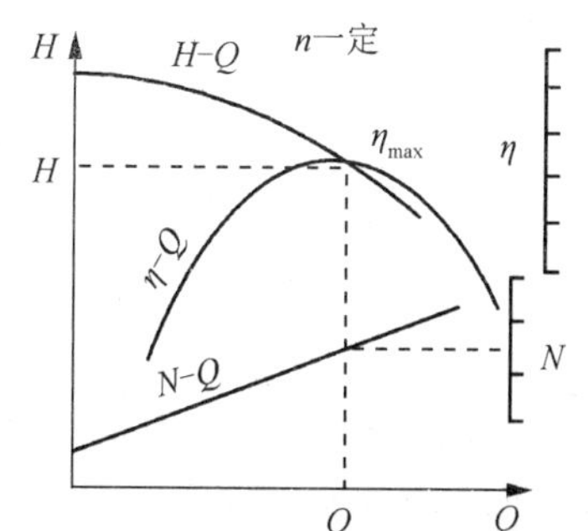

图 2-9 20℃清水作为工质时的性能曲线

(2) 轴功率曲线($N-Q$)

轴功率一般随流量的增大而增大，当流量为零时，功率最小，因此离心泵应在出口阀关闭下启动，以防止电机过载。

(3) 效率曲线($\eta-Q$)

效率曲线有一最高点，称为设计点。离心泵铭牌

上标明的参数就是最佳工况参数。因为离心泵在最高效率点工作时最经济,所以其所对应的流量、压头、轴功率为最佳工况参数。由于管路输送条件不同,离心泵或风机不可能正好在最佳工况点运行。一般选用离心泵时,其工作区应处于最高效率点的92%范围内。

例 2-1 在某次实验中,用水测定离心泵的性能得:流量为 26 m^3/h,泵出口处的压强表读数为 150 kPa,泵入口处的真空表读数为 25 kPa,轴功率为 2.45 kW。若压强表和真空表两测压口间的垂直距离忽略不计,泵的吸入与排出管路具有相同的管径。试求该泵在输送条件下的压头、有效功率及效率,并列出该泵的主要性能参数(此实验是在泵转速为 2900 r/min 下测定的)。

解

$$Z_1+\frac{u_1^2}{2g}+\frac{p_1}{\rho g}+H_e=Z_2+\frac{u_2^2}{2g}+\frac{p_2}{\rho g}+H_f$$

其中:p_1(表)$=-2.5\times10^4$ Pa; p_2(表)$=1.5\times10^5$ Pa; $Z_2-Z_1=0$ m;$u_1=u_2$;$H_f=0$。

所以

$$H_e=Z_2-Z_1+\frac{p_2-p_1}{\rho g}=Z_2-Z_1+\frac{p_2(\text{表})+p_1(\text{表})}{\rho g}$$

$$=(1.5\times10^5+2.5\times10^4)/(1000\times9.81)\text{ m}=17.8\text{ m}$$

$$N_e=H_eQ\rho g=17.8\times1000\times9.81\times26/3600\text{ kW}=1.26\text{ kW}$$

$$\eta=\frac{N_e}{N}\times100\%=1.26/2.45\times100\%=51.5\%$$

主要性能参数:流量,26 m^3/h;压头,17.8 m;轴功率,2.45 kW;效率,51.5%。

3. 离心泵的性能的影响因素与性能换算

泵的生产厂家所提供的离心泵特性曲线一般都是在一定转速和常压下以20℃的清水作为工质做实验的。若被输液的ρ、μ不同,或改变泵的n,叶轮直径D,则性能发生变化。

(1) 流体物性对特性曲线的影响

离心泵特性曲线是在一定实验条件下得出的,若输送流体的物性与其实验条件有较大差异,就会引起泵特性曲线的改变,必须对特性曲线加以修正,以便确定其操作参数。

① 流体密度的影响

由式(2-6)和式(2-8)可知,离心泵的压头和流量与被输送流体的密度无关。泵的效率一般和流体的密度无关,但是泵的轴功率随流体密度变化而变化[见式(2-14)],可按下式校正

$$\frac{N'}{N}=\frac{\rho'}{\rho} \tag{2-15}$$

② 流体黏度的影响

对于离心泵,如果实际流体的黏度大于常温清水的黏度,由于叶轮、泵壳内流动阻力的增大,其$H-Q$曲线将随Q的增大而下降幅度更快。与输送清水比较,最高效率点的流量、压头和效率都减小,而轴功率则增大。通常,当被输送液体的运动黏度小于20 cSt(厘斯)时,泵的特性曲线变化很小,可不作修正;当输送液体的运动黏度大于20 cSt时,泵的特性曲线变化较大,必须修正。常用的方法是在原来泵的特性曲线下,对每一点利用换算系数进行换算。

当 $v>20\ \mathrm{cSt}$，则 $Q'=c_QQ,\ H'=c_HH,\ \eta'=c_\eta\eta$

$c_Q,\ c_H,\ c_\eta$ 查有关曲线图，亦得

$$Q'=c_QQ,\ H'=c_HH,\ \eta'=c_\eta\eta \tag{2-16}$$

式中：c_Q、c_H、c_η 分别为离心泵输送清水时的流量、压头和效率的校正系数，其值从图 2－10、图 2－11 查得；Q、H、η 分别为离心泵输送清水时的流量、压头和效率；Q'、H'、η' 为分别为离心泵输送高黏度液体时的流量、压头和效率。

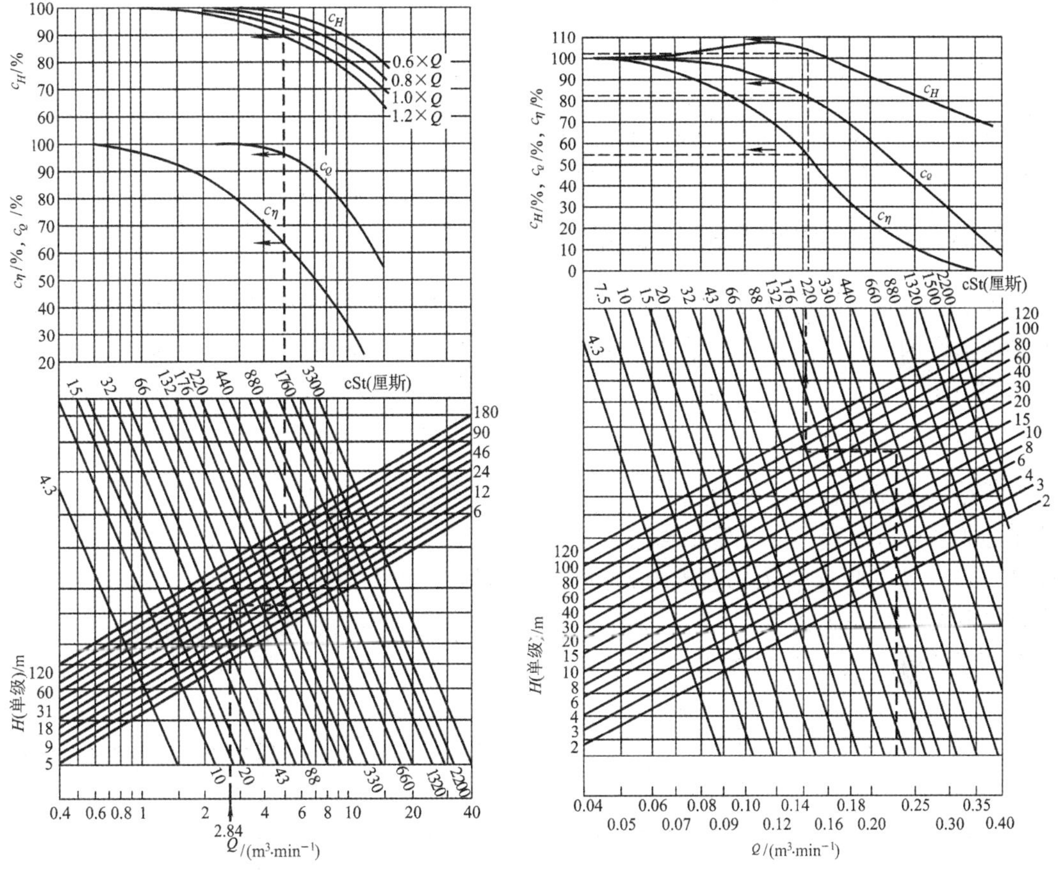

图 2－10　大流量离心泵的黏度换算系数　　图 2－11　小流量离心泵的黏度换算系数

黏度换算系数图是在单级离心泵上进行多次实验的平均值绘制出来的，用于多级离心泵时，应采用每一级的压头。两图均适用于牛顿流体，且只能在刻度范围内使用，不得外推。

(2) 叶轮尺寸与转速对离心泵特性曲线的影响

① 叶轮外径的影响

由离心泵基本方程式(2－8)可知，当泵的转速一定，压头、流量均和叶轮外径有关。工业上对某一型号的泵，可通过切削叶轮的外径，并维持其余尺寸(叶轮出口截面)不变，来改变泵的特性曲线。当叶轮的外径变化不超过 5%，可近似认为叶轮出口的速度三角形、泵的效率等基本不变。此时，可得到

$$\frac{Q'}{Q}=\frac{D'}{D},\ \frac{H'}{H}=\left(\frac{D'}{D}\right)^2,\ \frac{N'}{N}=\left(\frac{D'}{D}\right)^3 \tag{2-17}$$

式中：Q'、H'、N'为叶轮外径为D'时泵的性能参数；Q 、H 、N 为叶轮外径为D时泵的性能参数。

式(2-17)称为泵的切削定律。利用这一关系，可作出叶轮切削后泵的特性曲线。

② 转速的影响

类似地，对同一台离心泵或风机，若叶轮尺寸不变，仅转速变化，其特性曲线也将发生变化。在转速变化小于20%时，也可近似认为叶轮出口的速度三角形、泵的效率等基本不变，故可得

$$\frac{Q'}{Q}=\frac{n'}{n},\ \frac{H'}{H}=\left(\frac{n'}{n}\right)^2,\ \frac{N'}{N}=\left(\frac{n'}{n}\right)^3 \tag{2-18}$$

式中：Q'、H'、N'为叶轮外径为n'时泵的性能；Q 、H 、N 为叶轮外径为n时泵的性能。式(2-18)称为泵的比例定律。

2.2.5 离心泵的工作点与流量调节

安装在管路中的离心泵，其输液量应为管路中流体的流量，所提供的压头应正好是流体流动所需要的压头。因此，离心泵的实际工作情况应由离心泵的特性曲线和管路本身的特性共同决定。

1. 管路特性曲线

管路特性曲线表示流体通过某一特定管路所需要的压头与流量的关系。假定利用一台离心泵把水池的水抽到水塔上去(见图2-12)。水从吸水池流到上水池的过程中，若液面皆维持恒定，在图中截面1—1′和2—2′之间列伯努利方程式，则流体流过管路所需要的压头(泵提供的压头)为

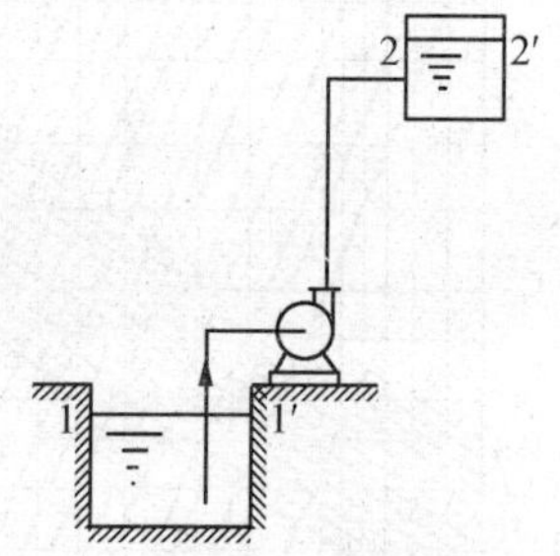

图2-12 输送系统示意图

$$H_e=\Delta Z+\frac{\Delta p}{\rho g}+H_f \tag{2-19}$$

$$H_f=\lambda\frac{l+\sum l_e}{d}\frac{u^2}{2g}=\frac{8\lambda}{\pi^2 g}\frac{l+\sum l_e}{d^5}Q^2=BQ^2 \tag{2-20}$$

式中 $\sum l_e$ 表示管路中所有局部阻力的当量长度之和。

令 $A=\Delta Z+\dfrac{\Delta p}{\rho g}$，$B=\dfrac{8\lambda}{\pi^2 g}\dfrac{l+\sum l_e}{d^5}$，则式(2-20)可写成

$$H_e=A+BQ^2 \tag{2-21}$$

式(2-21)就是管路特性方程。对于特定的管路，式(2-21)中A是固定不变的，当阀门开度一定且流动为完全湍流时，B也可看作常数。

将式(2-21)绘于图2-13得曲线Ⅰ，此曲线被称为管路特性曲线。管路特性曲线只表明生产上的具体要求，而与离心泵的性能无关。

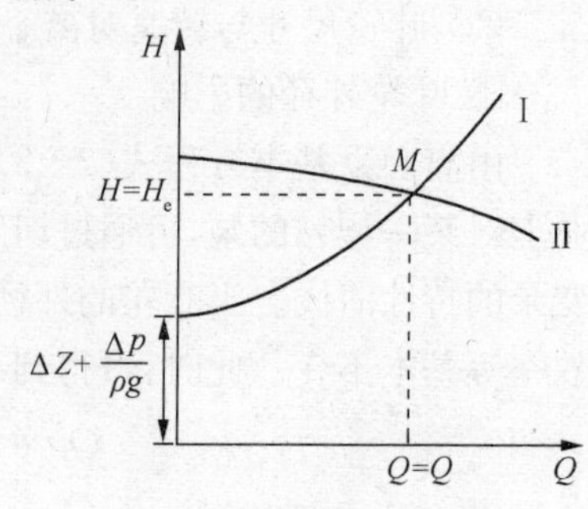

图2-13 离心泵工作点

例 2-2　某离心泵工作转数为 $n=2900$ 转/分，其特性曲线可用 $H=30-0.01Q^2$(m) 表示，用该泵输送水($\rho=1000\ \mathrm{kg/m^3}$)，当泵的出口阀全开时，管路的特性曲线可用 $H_e=10+0.04Q^2$(m) 表示，上述公式中 Q 的单位均为 $\mathrm{m^3/h}$，若泵的效率 $\eta=0.6$，求：

(1) 阀门全开时输水量为多少 $\mathrm{m^3/h}$? 此时泵的轴功率为多少 kW?

(2) 要求所需供水量为上述供水量的 75%时：

① 若采用出口阀节流调节，则节流损失的压头为多少 m 水柱?

② 若采用变速调节，泵的转速应为多少?（提示：用比例定律重新求泵的特性曲线方程。）

解　(1) 由泵特性曲线 $H=30-0.01Q^2$ 和管路的特性曲线 $H_e=10+0.04Q^2$ 联立求解 ($H=H_e$) 可得

$$Q=20\ \mathrm{m^3/h},\ H_e=26\ \mathrm{m}$$

泵的轴功率

$$N=\rho g H_e Q/\eta=1000\times 9.81\times 26\times 20/(1000\times 3600\times 0.6)\ \mathrm{kW}=2.36\ \mathrm{kW}$$

(2) ① 采用调节出口阀门的方法

$$Q'=20\times 75\%\ \mathrm{m^3/h}=15\ \mathrm{m^3/h}$$

$$H'=30-0.01Q'^2=30\ \mathrm{m}-0.01\times 15^2\ \mathrm{m}=27.75\ \mathrm{m}$$

$$H'_e=10\ \mathrm{m}+0.04\times 15^2\ \mathrm{m}=19\ \mathrm{m}$$

节流损失 $=27.75\ \mathrm{m}-19\ \mathrm{m}=8.75\ \mathrm{m}$

② 采用调节转速的方法

$$Q'=15\ \mathrm{m^3/h},\ H'_e=10\ \mathrm{m}+0.04\times 15^2\ \mathrm{m}=19\ \mathrm{m}$$

新转速下泵的特性曲线方程为 $\left(\frac{n}{n'}\right)^2 H'=30-0.01\left(\frac{n}{n'}\right)^2 Q'^2$，代入数据得

$$19=30\left(\frac{n'}{2900}\right)^2-0.01\times 15^2$$

解得 $n'=2441$ r.p.m.

注意：因为新旧工作点为非等效率点，故不能使用下式计算：

$$n'=\frac{Q'}{Q}n=0.75\times 2900\ \text{r.p.m}=2175\ \text{r.p.m}$$

2. 离心泵工作点

当离心泵安装在一定的管路上时，其所提供的压头 H 与流量 Q 必须与管路所需要的压头 H_e 和流量 Q 一致，因此，离心泵的实际工作情况由泵的特性和管路特性共同决定。将离心泵的 $H-Q$ 与管路特性曲线 H_e-Q_e 绘在一张图上，如图 2-13 所示，则两曲线的交点 M 就是离心泵的工作点。此时，离心泵的流量和压头才和管路所需要的流量和压头相等。而与此相对应的 H_M 和 N_M 可分别从泵的 $H-Q$ 和 $N-Q$ 曲线上查出。

作为一个合理的设计，工作点 M 应该在离心泵的高效率区域内。

例 2-3 在一管路系统中，用一台离心泵将密度为 1000 kg/m³ 的清水从敞口地面水池输送到高位密封贮槽(表压为 1 kgf/cm²)，两端液面的位差 $\Delta z=10$ m，管路总长 $l=50$ m(包括所有局部阻力的当量长度)，管内径均为 40 mm，摩擦系数 $\lambda=0.02$。

(1) 求该管路的特性曲线方程；

(2) 若离心泵的特性曲线方程为 $H=40-200Q^2$(H 为压头，m；Q 为流量，m³/min)，则该管路的输送量为多少 m³/min？扬程为多少？若此时泵的效率为 0.6，泵的轴功率为多少？

解 (1) $u=(Q/60)/0.785d^2=13.27Q$ (Q：m³/min；u：m/s)

在敞口地面水池和高位密封贮槽间列伯努利方程，得管路的特性曲线方程：

$$H_e=\Delta Z+\frac{\Delta p}{\rho g}+\frac{\Delta u^2}{2g}+\lambda\frac{l+\sum l_e}{d}\frac{u^2}{2g}=10+10+0+0.02\times\frac{50}{0.04}\times\frac{u^2}{2g}=20+224.37Q^2$$

(2) 联立管路特性曲线方程和泵的特性曲线方程：$H=40-200Q^2$，解出

$$Q=0.217\ \text{m}^3/\text{min},\ H=30.58\ \text{m}$$

$$N=\frac{N_e}{\eta}\times100\%=\frac{\rho gHQ}{\eta}=\frac{1000\times9.81\times30.58\times0.217/60}{0.6}\ \text{W}=1808\ \text{W}$$

3. 离心泵的流量调节

通常，所选择离心泵的流量和压头可能会和管路中要求的不完全一致，或生产任务发生变化，此时都需要对泵进行流量调节，实质上是改变泵的工作点。由于工作点是由泵及管路特性共同决定的，因此，改变任一条特性曲线均可达到流量调节的目的。

(1) 改变管路的特性曲线

管路特性曲线的改变一般通过调节管路阀门的开度实现，通过改变出口阀开度，便可改变管路特性方程(2-21)中的 B 值，从而使管路特性曲线发生变化。如图 2-14 所示，阀门关小，B 值变大，管路特性曲线变陡，工作点由 M 变为 M' 点，流量减小；反之，情况相反。采用阀门调节流量方法简单，流量可以连续变化，但能量损失较大，泵的效率下降，不够经济。

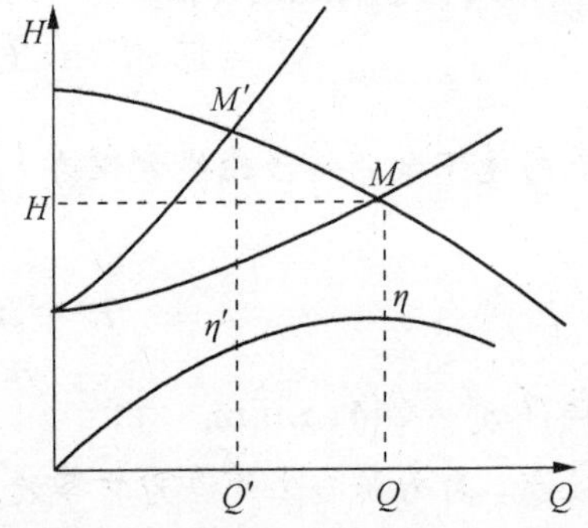

图 2-14 改变泵出口阀开度时工作点的变化

(2) 改变离心泵的特性曲线

改变离心泵的转速或叶轮外缘尺寸均可改变泵的特性。如图 2-15 所示，切削叶轮直径会使泵的特性曲线向下方移动，工作点 M 向左下方移动变为 M'点，流量减小。

如图 2-16 所示，当转速降低时，则泵的特性曲线下移，工作点向左下方移动，流量下降；当转速增加时，泵的特性曲线上移，工作点向右上方移动，流量增加，但是转速的提高受到叶片强度及其机械性能的限制，功率消耗更是急剧增加。因而用提高转速来调节流量只是小范围的。

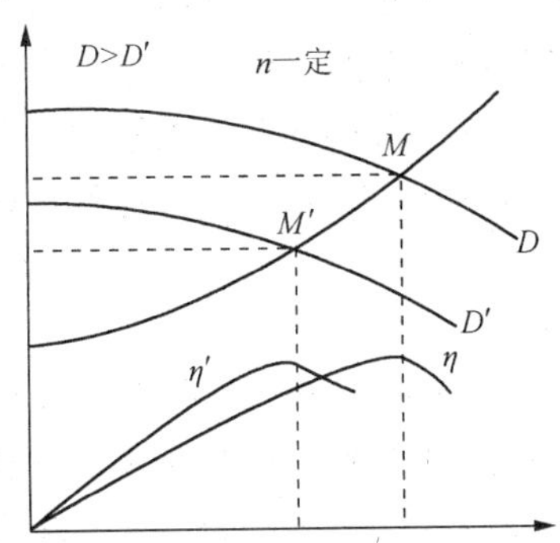

图2-15 改变泵的直径时工作点的变化

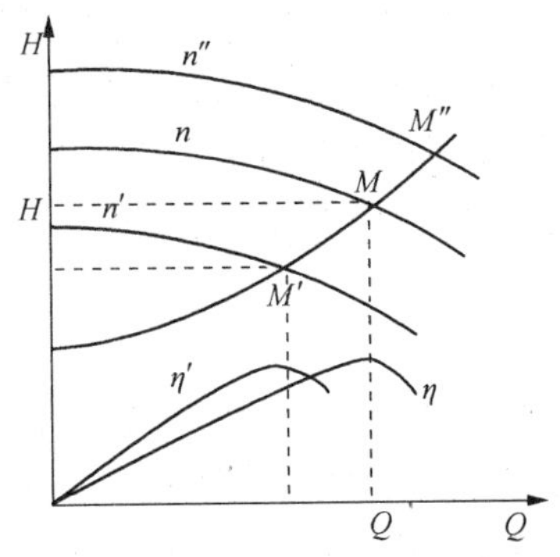

图2-16 改变泵的转速时工作点的变化

由图2-15和图2-16可知，采用改变转速或叶轮直径的方法改变泵特性曲线，从而改变工作点，该方法不额外增加流动阻力，变化前后泵效率几乎不变，能量利用经济。近年来随着高频技术的快速发展，变频电动机在工业上的应用日益广泛。研究表明，使用变频电动机较普通电动机可以节电20%以上，变频电动力的推广应用为泵的转速的连续调节提供了可能，并可达到节能的目的。

(3) 离心泵的组合操作

当单台离心泵不能满足管路对流量或压头的要求时，可以采用泵的组合操作。如图2-17(a)所示，曲线 B 是两台相同型号的离心泵串联后的特性曲线，其特点是，在相同流量下，压头是单台泵的2倍。显然串联组合泵的实际流量和实际压头由工作点 a 决定。总效率应该是在 $Q_{串}$ 条件下单泵的效率，即图2-17(a)中 b 点对应的单泵效率。

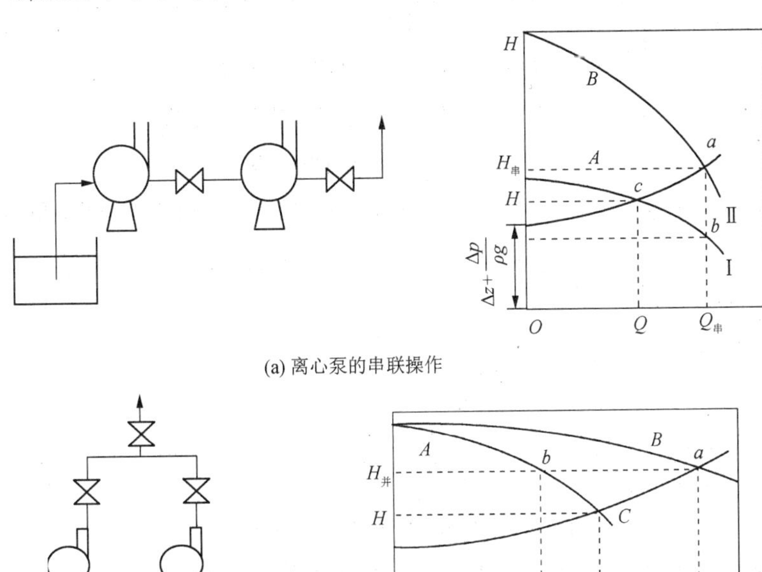

图2-17 离心泵串、并联操作

如图 2-17(b)所示，曲线 B 是两台相同型号的离心泵并联后的特性曲线，其特点是，并联泵若各自有相同的吸入管路，则在相同压头下，流量是单台泵的 2 倍。并联组合泵的实际流量和实际压头也由工作点 a 决定。总效率应该是在 $0.5Q_{并}$ 条件下单泵的效率，即图2-17(b)中 b 点对应的单泵效率。可以看出，由于管路阻力的增加，并联组合泵的实际总流量小于单泵输液量的 2 倍。

例 2-4 某离心泵工作转速为 $n=2900$ r.p.m.(转/min)，其特性曲线方程为 $H=40-0.1Q^2$，式中 Q 的单位为 m^3/h，H 的单位为 m。用此泵将常温水从敞口槽输送至表压为 100 kPa 的反应器中，输送管路为 $\phi48$ mm × 4 mm 钢管，管长 50 m，管路上有 3 个 90°弯头，一个标准阀(半开)，摩擦因数 0.03，输送高度为 10 m。求：

(1) 泵的输水量为多少？

(2) 阀全开时，泵的输水量又为多少？

(3) 要求所需供水量为阀半开时供水量的 75%时，若采用出口阀调节，则节流损失的压头为多少 m 水柱？

解 (1) 管路特性曲线方程：

$$H_e=\Delta Z+\frac{\Delta p}{\rho g}+\frac{\Delta u^2}{2g}+\sum H_f$$

$$H_e=\Delta Z+\frac{\Delta p}{\rho g}+\left(\lambda\frac{l}{d}+\sum\zeta\right)\frac{u^2}{2g}=\Delta Z+\frac{\Delta p}{\rho g}+\left(\lambda\frac{l}{d}+\sum\zeta\right)\frac{8\,Q^2}{\pi^2d^4g}$$

$$=10+\frac{100\times1000}{1000\times9.81}+\left(0.03\times\frac{50}{0.04}+0.5+1+3\times0.75+9.5\right)\frac{8\,Q^2}{\pi^2\times0.04^4\times9.81}$$

$$H_e=20.19+1.6397\times10^6Q^2$$

式中 Q 的单位为 m^3/s，换算 Q 的单位为 m^3/h，则上式变为

$$H_e=20.19+0.1265\,Q^2$$

泵特性曲线方程为 $H=40-0.1Q^2$，Q 的单位为 m^3/h，由 $H=H_e$，解得

$$Q=9.35\ m^3/h\ ,\ H_e=31.25\ m$$

(2) 管路特性曲线方程：

$$H_e=\Delta Z+\frac{\Delta p}{\rho g}+\left(\lambda\frac{l}{d}+\sum\xi\right)\frac{8\,Q^2}{\pi^2d^4g}$$

$$=10+\frac{100\times1000}{1000\times9.81}+\left(0.03\times\frac{50}{0.04}+0.5+1+3\times0.75+6.0\right)\frac{8\,Q^2}{\pi^2\times0.04^4\times9.81}$$

$H_e=20.19+0.1178\times10^6Q^2$，式中 Q 的单位为 m^3/s。

泵特性曲线方程为 $H=40-0.1Q^2$，式中 Q 的单位为 m^3/h。

由 $H=H_e$ 解得

$$Q=9.53\ m^3/h,\ H_e=30.9\ m$$

(3) 阀半开时，管路特性曲线方程：

$$H_e=20.19+0.1265\,Q^2$$

$$Q' = 9.35 \times 75\%\ \mathrm{m^3/h} = 7.0125\ \mathrm{m^3/h}$$

$$H'_e = 20.19\ \mathrm{m} + 0.1265 \times 7.0125^2\ \mathrm{m} = 26.41\ \mathrm{m}$$

$$H' = 40 - 0.1Q'^2 = 40\ \mathrm{m} - 0.1 \times 7.0125^2\ \mathrm{m} = 35.05\ \mathrm{m}$$

$$\text{节流损失} = 35.08\ \mathrm{m} - 26.41\ \mathrm{m} = 8.67\ \mathrm{m}$$

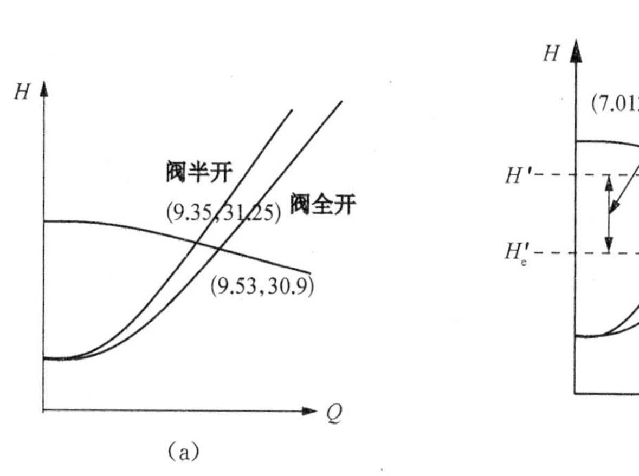

图 2-18　例 2-4 附图

2.2.6　离心泵的安装高度

一定型号的离心泵安装在一定管路系统中，其运行参数不仅取决于泵本身的性能，而且受管路特性所制约。

1. 离心泵的汽蚀余量

如图 2-19 所示，由于处于常压或大气压的液面 0—0′与其上部泵的进口截面 1—1′之间无外加能量，离心泵能吸上液体是靠大气压与泵进口处真空度的压差作用。当所输送液体液面与泵吸入口之间的垂直距离即泵的安装高度过高时，则泵进口处的压力可能降至所输送液体同温下的饱和蒸气压，使液体汽化，产生气泡。气泡随液体进入高压区后又立即凝结消失，从而产生很高频率、很大冲击压力的水击，不断地冲击叶轮的表面使其疲劳和破坏；此外气泡通常含有从液体释放出来的活泼气体（如氧气），将会对金属叶轮的表面起化学腐蚀作用。该现象叫作离心泵的“汽蚀”。“汽蚀”是离心泵操作时的不正常现象，表现为泵内噪音与振动加剧，输送量明显减少，严重时吸不上液体。“汽蚀”会缩短泵的寿命，操作时应严格避免，其方法是使泵的安装高度不超过某一定值。

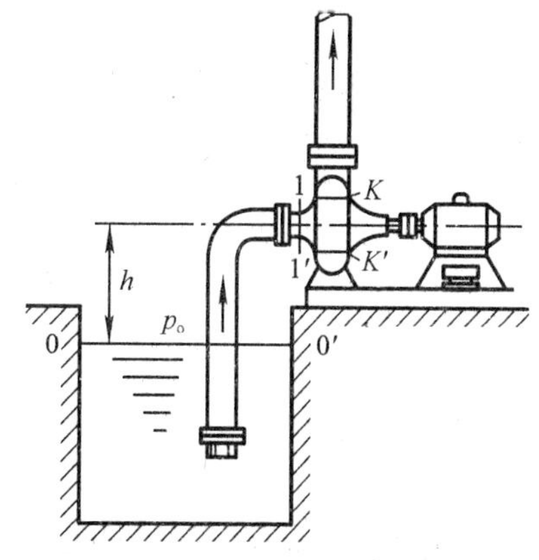

图 2-19　离心泵吸液示意图

如图 2-19 所示，液面 0—0′与泵吸入口截面 1—1′之间的垂直距离为离心泵的安装高度。泵内最低压力点通常位于叶轮叶片进口稍后的 K 点附近，为防止汽蚀，K 处对应的压

力 p_K 应高于操作温度下液体的饱和蒸气压 p_v。

对泵的进口截面 1—1′与叶轮内压力最低处截面 K—K'处列伯努利方程：

$$\frac{p_1}{\rho g}+\frac{u_1^2}{2g}=\frac{p_K}{\rho g}+\frac{u_K^2}{2g}+\sum h_{f(1-K)}$$

当泵刚发生汽蚀时，p_K 等于所输送液体的饱和蒸气压 p_v，相应地 p_1 也将达到某一最小值 p_{1min}，此时

$$\frac{p_{1min}}{\rho g}+\frac{u_1^2}{2g}=\frac{p_v}{\rho g}+\frac{u_K^2}{2g}+\sum h_{f(1-K)} \tag{2-22}$$

或

$$\frac{p_{1min}}{\rho g}+\frac{u_1^2}{2g}-\frac{p_v}{\rho g}=\frac{u_K^2}{2g}+\sum h_{f(1-K)} \tag{2-23}$$

式(2-23)表明：在泵刚发生汽蚀条件下，泵进口处液体的总压头 $\left(\frac{p_{1min}}{\rho g}+\frac{u_1^2}{2g}\right)$ 比液体的饱和蒸气压对应的静压头 $\frac{p_v}{\rho g}$ 高出某一定值，常将这一差值称为泵的最小汽蚀余量，单位 m，即

$$\Delta h_{min}=\frac{p_{1min}}{\rho g}+\frac{u_1^2}{2g}-\frac{p_v}{\rho g}=\frac{u_K^2}{2g}+\sum h_{f(1-K)} \tag{2-24}$$

最小汽蚀余量由泵制造厂通过实验测定，通常以泵的扬程较正常值下降 3%为准。为确保泵正常工作不发生汽蚀，根据有关规定，将 $(\Delta h_{min}+0.3)$作为允许值，称为允许汽蚀余量 $[\Delta h]$，此值列入泵的样本，由离心泵厂向用户提供。$[\Delta h]$ 又称为净正吸上压头，也用 NPSH(Net Positive Suction Head)表示。

2. 安装高度

为避免汽蚀现象的发生，保证泵的正常工作，离心泵的安装高度 Z 必须小于某值，该值称为泵的最大安装高度 Z_{max}。

对图 2-19 的液面 0—0′和叶轮内压力最低处 K—K'截面列能量方程，可求得最大安装高度为

$$\begin{aligned}Z_{max}&=\frac{p_a}{\rho g}-\frac{p_v}{\rho g}-\sum h_{f(0-1)}-\left[\frac{u_K^2}{2g}+\sum h_{f(1-K)}\right]\\&=\frac{p_a}{\rho g}-\frac{p_v}{\rho g}-\sum h_{f(0-1)}-\Delta h_{min}\end{aligned} \tag{2-25}$$

为防止汽蚀，相应地将最大安装高度减去 0.3 m 作为安全量，称为允许安装高度$[Z]$。允许安装高度$[Z]$可根据允许汽蚀余量由下式计算：

$$[Z]=\frac{p_a}{\rho g}-\frac{p_v}{\rho g}-\sum h_{f(0-1)}-[\Delta h] \tag{2-26}$$

显然，为防止汽蚀现象，泵的实际安装高度 Z 应小于允许安装高度$[Z]$(通常比允许值小 0.5 m)。

例 2-5 离心泵安装高度的影响因素：用某种型号的离心泵从敞口容器中输

送液体，离心泵的吸入管长度为 12 m，直径为 62 mm。假定吸入管内流体流动已进入阻力平方区，直管摩擦阻力系数为 0.028，总局部阻力系数 $\sum\zeta=2.1$，当地的大气压为 1.013×10^5 Pa。从泵的样本查得，该泵在流量为 25 m³/h，允许汽蚀余量为 2.0 m。试求此泵在以下各种情况下允许安装高度为多少？

(1) 输送流量为 25 m³/h、温度为 20℃的水；

(2) 输送流量为 25 m³/h、温度为 60℃的水；

(3) 输送流量为 25 m³/h、温度为 20℃的油(饱和蒸气压 2.67×10^4 Pa，密度 740 kg/m³)；

(4) 输送流量为 30 m³/h、温度为 20℃的水；

(5) 输送流量为 25 m³/h 的沸腾水。

解　(1) 吸入管内流速：$u_1=\dfrac{4Q}{\pi d^2}=\dfrac{4\times25}{3.14\times0.062^2\times3600}$ m/s$=2.30$ m/s

吸入管路阻力损失：

$$\sum H_f=\left(\lambda\frac{l}{d}+\sum\zeta\right)\frac{u^2}{2g}=\left(0.03\times\frac{10}{0.062}+2.1\right)\times\frac{2.3^2}{2\times9.81}\ \text{m}=1.87\ \text{m}$$

20℃水的饱和蒸气压为 2.33 kPa，此时泵的允许安装高度为

$$[Z]=\frac{p_0}{\rho g}-\frac{p_v}{\rho g}-\Delta h-\sum H_f=\left(\frac{1.01\times10^5}{1000\times9.81}-\frac{2330}{1000\times9.81}-2.0-1.87\right)\ \text{m}=6.22\ \text{m}$$

(2) 60℃水的饱和蒸气压为 19.93 kPa，代入上式解得

$$[Z]=\frac{p_0}{\rho g}-\frac{p_v}{\rho g}-\Delta h-\sum H_f=\left(\frac{1.01\times10^5}{1000\times9.81}-\frac{19930}{1000\times9.81}-2.0-1.87\right)\ \text{m}=4.42\ \text{m}$$

(3) 20℃油饱和蒸气压为 2.67×10^4 Pa，将相关数据代入上式得

$$[Z]=\frac{p_0}{\rho g}-\frac{p_v}{\rho g}-\Delta h-\sum H_f=\left(\frac{1.01\times10^5}{740\times9.81}-\frac{26700}{740\times9.81}-2.0-1.87\right)\ \text{m}=6.41\ \text{m}$$

(4) 流量变化，则吸入管路阻力也要变化，此时为

$$u_1=\frac{4q_V}{\pi d^2}=\frac{4\times30}{3.14\times0.062^2\times3600}\ \text{m/s}=2.76\ \text{m/s}$$

$$\sum H_f=\left(\lambda\frac{l}{d}+\sum\zeta\right)\frac{u^2}{2g}=\left(0.03\times\frac{10}{0.062}+2.1\right)\times\frac{2.76^2}{2\times9.81}\ \text{m}=2.69\ \text{m}$$

最大允许安装高度：

$$[Z]=\frac{p_0}{\rho g}-\frac{p_v}{\rho g}-\Delta h-\sum H_f=\left(\frac{1.01\times10^5}{1000\times9.81}-\frac{2330}{1000\times9.81}-2.0-2.69\right)\ \text{m}=5.4\ \text{m}$$

(5) 液体沸腾时，$p_v=p_0$，则

$$Z_{\max}=-\Delta h-\sum H_f=-2.0\ \text{m}-1.87\ \text{m}=-3.87\ \text{m}$$

影响离心泵最大允许安装高度的因素可以概括为以下几个方面：

(1) 流体的种类，一般来说，蒸气压越大，最大允许安装高度越低。

(2) 流体的温度，温度越高，最大允许安装高度越低。

(3) 流体流量,流量越大,吸入管路阻力越大,最大允许安装高度越低。

(4) 储槽压力和吸入管路配置情况。

(5) 当被输送液体沸腾时,最大允许安装高度与流体的种类无关,主要取决于流体的流量和吸入管路的阻力。

可见,生产中流体温度和流量的上浮都可能导致原本正常工作的泵发生汽蚀。因此,计算泵的最大允许安装高度时,应以可能的最高操作温度和流量来计算。

2.2.7 离心泵的类型和选用

离心泵的选用是根据生产要求,在泵的定型产品中选择合适的离心泵。一般先根据被输送流体的性质和操作条件确定离心泵的类型,然后根据管路所要求的流量和压头确定离心泵的规格。

1. 离心泵的类型

由于化工生产及石油工业中被输送液体的性质相差悬殊,对流量和扬程的要求千变万化,因而设计和制造出种类繁多的离心泵。离心泵有多种分类方法:① 按叶轮数目分为单级泵和多级泵;② 按吸液方式分为单吸泵和双吸泵;③ 按泵送液体性质和使用条件分为水泵、油泵、耐腐蚀泵、杂质泵、高温泵、高温高压泵、低温泵、液下泵、磁力泵等。

综合如上分类,工业上应用广泛的几类离心泵如下所示:

离心泵
- 水泵(输送清水及理化性质类似于水的液体)
  - IS 型(单级单吸)
  - Sh 型(双吸泵)
  - D 型(多级泵)
- 油泵(Y 型)——输送石油产品,良好密封性能
- 耐腐蚀泵(F 型)——输送酸、碱等腐蚀性液体,耐腐材料制造
- 杂质泵(P 型)——输送悬浮液及稠厚的浆液,开式或半闭式叶轮
- 屏蔽泵(无密封泵)——输送易燃、易爆、剧毒及放射性液体
- 磁力泵(C 型)——高效节能,输送易燃、易爆、腐蚀性液体

各种类型的离心泵按照其结构特点各自成为一个系列,并以一个或几个字母作为系列代号。各类型系列泵可从泵标本或机械产品目录手册查到。现对常用离心泵的类型作简单介绍。

(1) 水泵(IS 型、D 型、Sh 型)

IS 型水泵——单级单吸离心泵,结构如图 2-20 所示。全系列扬程范围 8~98 m,流量范围为 4.5~360 m^3/h。一般生产厂家提供 IS 型水泵的系列特性曲线(或称选择曲线),如图 2-21 所示,以便于泵的选用。曲线上的点代表

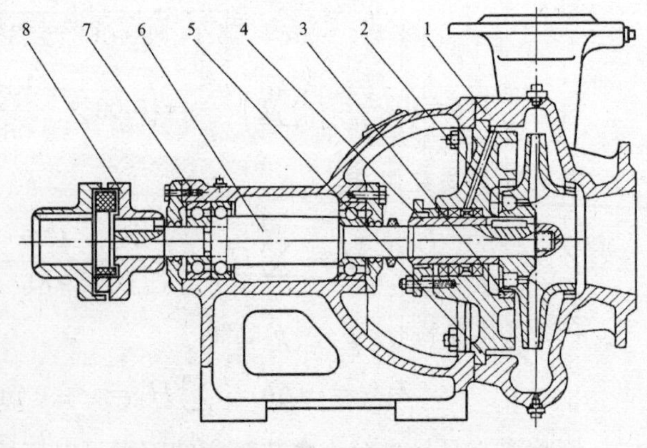

1—泵体;2—叶轮;3—密封环;4—护轴套;5—后盖;6—泵轴;7—机架;8—联轴器部件

图 2-20 IS 型水泵的结构图

额定参数。IS 型系列泵标号如：IS50－32－125，其中.50 表示吸入口直径，32 表示出口直径，125 表示叶轮外径。

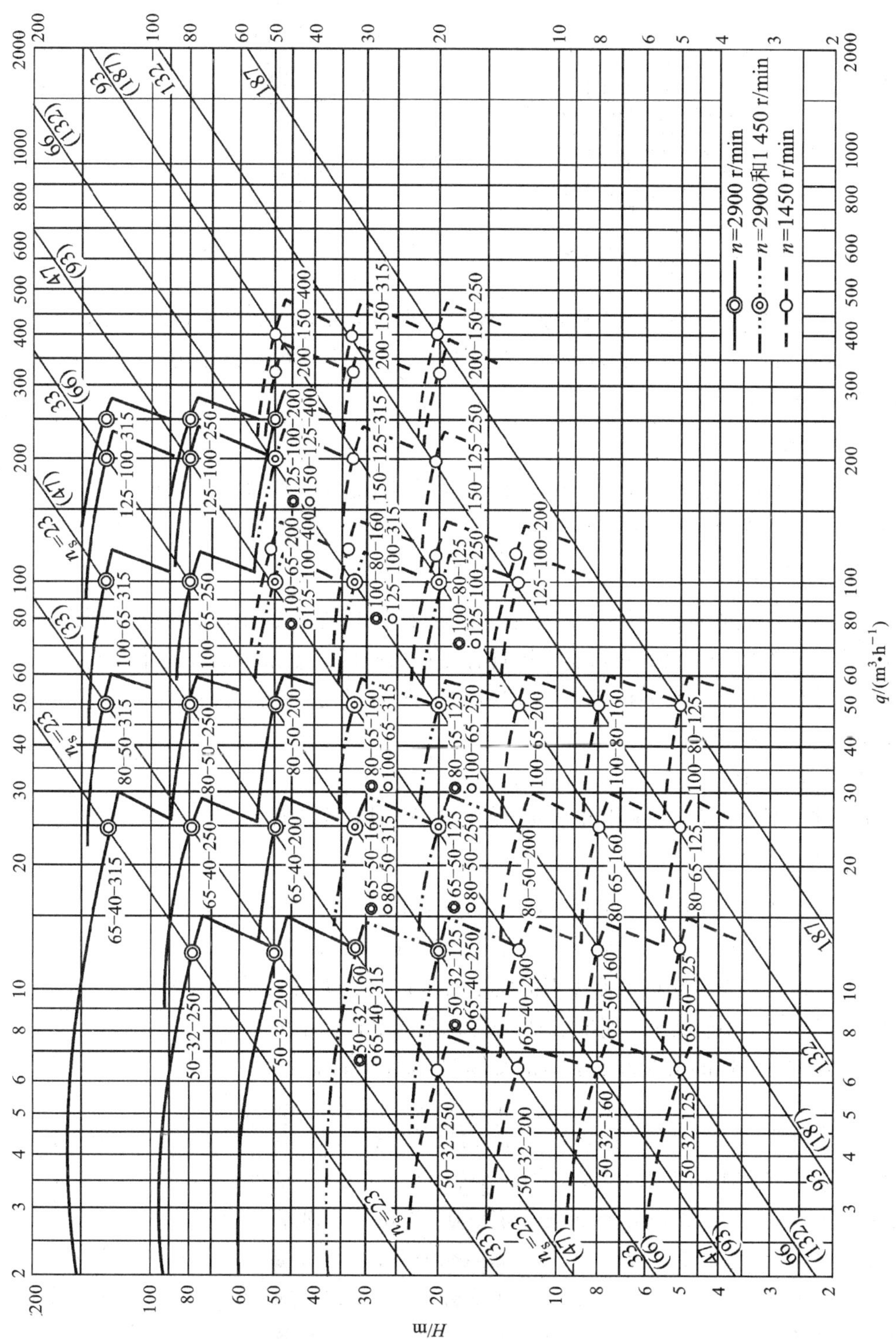

图 2－21　IS 型水泵系列特性曲线

D 型——多级离心泵，在同一根轴上串联多个叶轮，结构如图 2 - 22 所示。主要用于压头要求较高而流量不太大时。全系列扬程范围为 14～351 m，流量范围为 10.8～850 m^3/h。

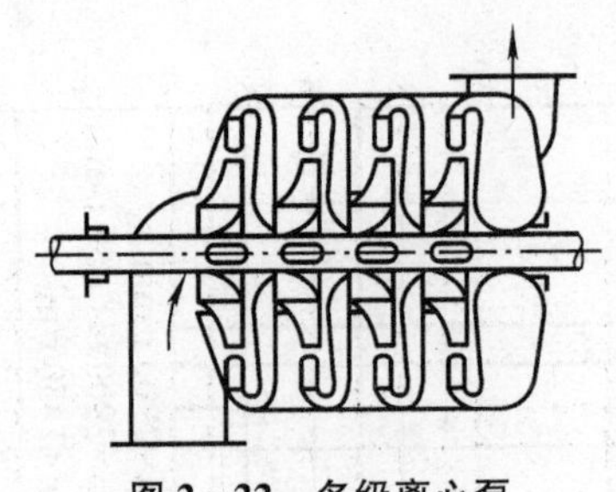

图 2 - 22 多级离心泵

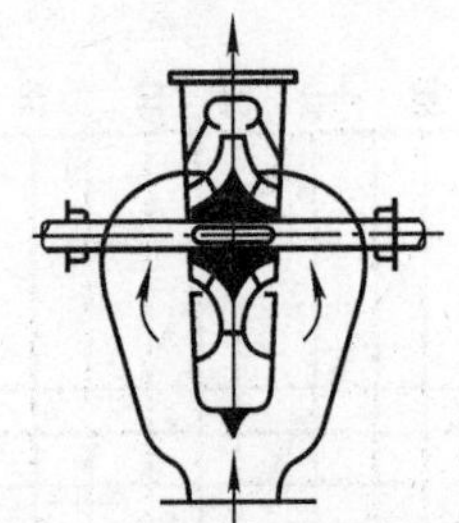

图 2 - 23 双吸泵示意图

Sh 型——双吸泵，在同一泵壳内有背靠背的两个叶轮，从两侧同时吸液，由同一管道流出。双吸泵可自动消除轴向推力，如图 2 - 23 所示。全系列扬程范围为 9～140 m，流量范围为 120～12500 m^3/h。

2. 耐腐蚀泵(F 型)

输送酸、碱及浓氨水等腐蚀性液体时，需要用耐腐蚀泵。F 型泵全系列扬程范围为15～105 m，流量范围为 2～400 m^3/h。

3. 油泵(Y 型)

输送石油产品的泵称为油泵。因为油品易燃易爆，所以要求油泵有良好的密封性能。当输送高温油品(200℃以上)时，需采用具有冷却措施的高温泵。油泵有单吸与双吸、单级与多级之分。国产油泵系列代号为 Y，双吸式为 YS。全系列扬程范围为 60～603 m，流量范围为 6.25～500 m^3/h。

(4) 杂质泵(P 型)

用于输送悬浮液，一般采用开式或半闭式叶轮，其效率较低。

2. 离心泵的选择

离心泵种类齐全，能适应各种不同用途，选泵时应注意以下几点：

(1) 根据被输送液体的性质和操作条件，确定适宜的类型。

(2) 根据管路系统在最大流量下的流量 Q_e 和压头 H_e 确定泵的型号。

(3) 当单台泵不能满足管路要求时，要考虑泵的串联和并联。

(4) 若输送液体的密度大于水的密度，则要核算泵的轴功率。

例 2 - 6 水从高位槽 A 流向低位槽 B，管路为 ϕ108 mm×4 mm钢管，管长150 m，管路上有 1 个 90°弯头，一个标准阀(全开)。两槽液面维持恒定，高差为 12 m。试问水温 20℃时，此管路的输水量为若干 m^3/h？已知摩擦因数 $\lambda=0.03$。

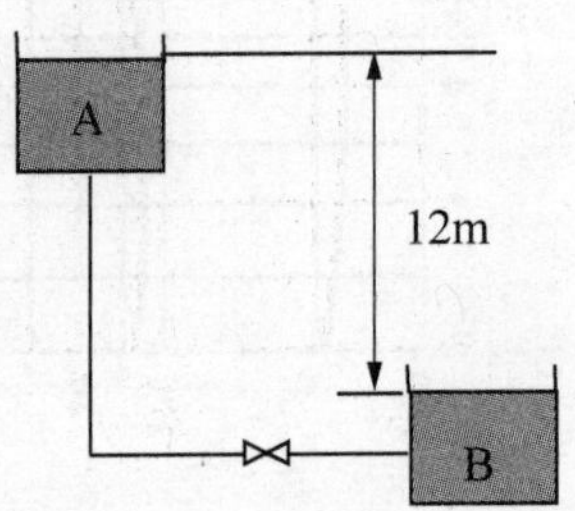

图 2 - 24 例 2 - 6 附图

若在管路装一台泵，将水以相同的流量从槽 B 输送到槽 A，则泵所需的有效功率为多少？下面的三台离心泵，应选哪台泵较合适？

离心泵	流量，m^3/h	扬程，mH_2O 水柱
1#	61	20
2#	61	25
3#	65	27

解　(1) 在 1—1′面与 2—2′面间机械能衡算

$$Z_1 g + 0 + 0 = 0 + 0 + 0 + \left(\lambda \frac{l}{d} + \sum \zeta\right)\frac{u^2}{2}$$

$$u = 2.1 \text{ m/s}$$

$$Q = \frac{1}{4}\pi d^2 u \times 3600 = 59.35 \text{ m}^3/\text{h}$$

(2)

$$0 + 0 + 0 + W_e = Z_1 g + 0 + 0 + \left(\lambda \frac{l}{d} + \sum \zeta\right)\frac{u^2}{2}$$

所以 $W_e = 2Z_1 g$，$H_e = 2Z_1 = 24$ m。

根据 Q、H_e 的大小，裕量控制在 10%左右，故应选 3# 泵。

§2.3　其他类型化工用泵

在全面掌握离心泵的基础上，通过对比，掌握其他类型液体输送机械的结构特点和操作特性，最后能根据介质特性和工艺要求，经济合理地选择和操作液体输送机械。

2.3.1　往复泵

往复泵主要适用于输送流量较小、压力较高的各种流体，尤其是当流量小于 100 m^3/h、排出压力大于 10 MPa 时，更显示出其较高的效率和良好的运行性能。目前，往复泵在石油开采、石油化工、动力机械、机械制造等工业部门得到广泛的应用。往复泵还可用作计量泵，精确、可调节地输送各种流体。

1. 往复泵的结构和工作原理

往复泵通常由两部分组成。一部分是直接输送液体，把机械能转换为液体压力能的液力端，另一部分是将原动机的能量传给液力端的传动端。液力端主要有液缸体、活塞（柱塞）、吸入阀和排出阀等部件。传动端主要有曲柄、连杆、十字头等部件。如图 2-25 所示，在液缸中有活塞杆和活塞，液缸体上装有吸入阀和排出阀。液缸体中活塞与阀之间的空间称为工作室，它通过吸入阀和排出阀分别与吸入管路和排出管相连。

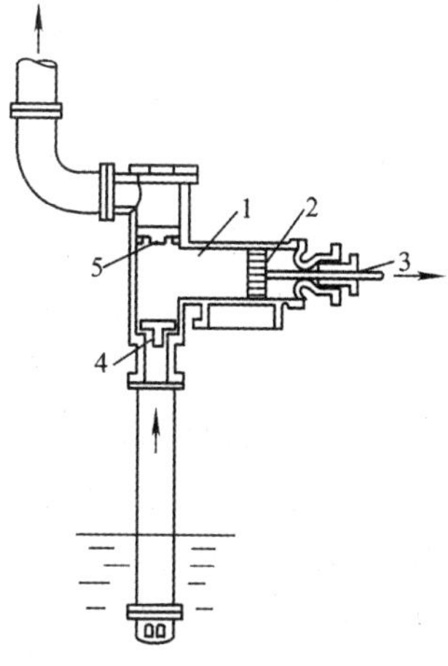

1—泵缸；2—活塞；3—活塞杆；4—吸入阀；5—排出阀

图 2-25　往复泵工作示意图

往复泵的工作原理是活塞自左向右移动时,泵缸内形成负压,则贮槽内液体经吸入电动往复泵阀进入泵缸内。当活塞自右向左移动时,缸内液体受挤压,压力增大,由排出阀排出。活塞往复一次,各吸入和排出一次液体,称为一个工作循环,这种泵称为单动泵;若活塞往返一次,各吸入和排出两次液体,称为双动泵。活塞由一端移至另一端,称为一个冲程。

2. 往复泵的工作点和流量调节

任何类型泵的工作点都是由管路特性曲线和泵的特性曲线共同决定的,往复泵也不例外。往复泵的输液能力只取决于活塞的位移而与管路情况无关,泵的压头仅随输送系统要求而定,这种性质称为正位移特性,具有这种特性的泵称为正位移(定排量)泵。往复泵的流量与压头的关系曲线,即泵的特性曲线,如图 2-26(a)所示。由于往复泵的正位移特性,工作点只能沿 Q=常数的垂直线上移动,如图 2-26(b)所示。

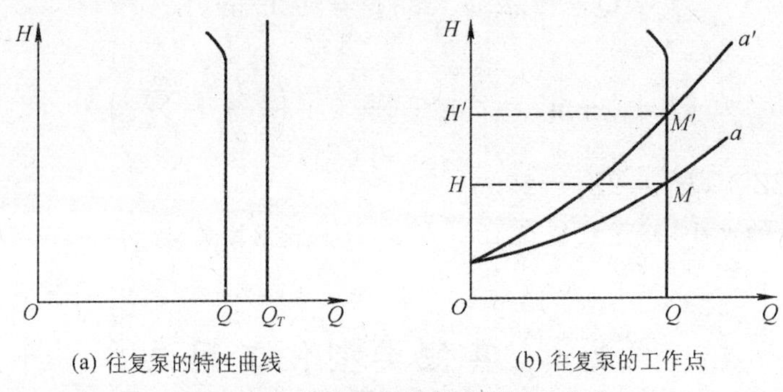

(a) 往复泵的特性曲线　　(b) 往复泵的工作点

图 2-26　往复泵的特性曲线及工作点

从往复泵的工作特点可知,往复泵不能用阀来调节流量。往复泵的流量调节通常采用改变往复泵的往复频率、改变活塞行程或旁路调节等方法来实现。旁路调节如图 2-27 所示。部分流体经过旁路分流,从而改变了主管路中的流量,但会造成一定的能量损失。它适用于流量变化不太大的经常性调节。改变往复泵的往复频率、改变活塞行程均可达到改变流量的目的,而且能量的利用合理,但不宜经常性流量调节。

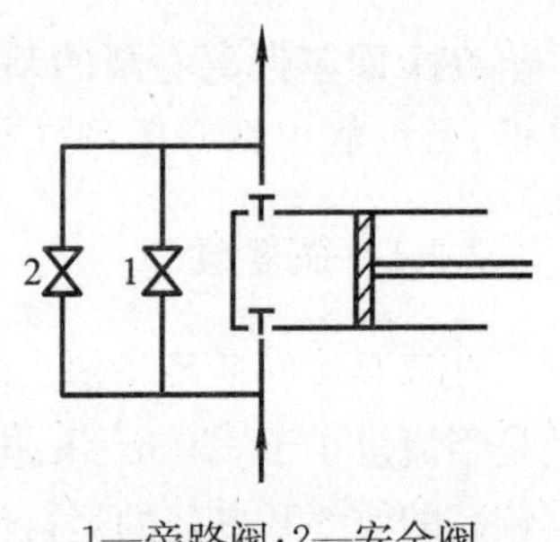

1—旁路阀;2—安全阀

图 2-27　往复泵旁路调节

3. 往复泵的特点和分类

往复泵具有以下特点:

(1) 往复泵的流量仅与往复泵活塞的直径、行程、转速及液缸数有关,与管路的情况、所输送流体的温度、黏度无关。

(2) 往复泵的压头取决于往复泵在其中工作的管路特性。只要管路有足够的承压能力,原动机也有足够的功率以及相应的密封能力,活塞就可以把液体排出。因此,同一台往复泵在不同管路中产生的压头也不同。

(3) 往复泵不能像离心泵那样在关死点运转,否则要损坏往复泵,故往复泵装置中必须安装有安全阀或其他安全装置。

(4) 往复泵有很好的自吸能力,即泵在一定的安装高度下,不需要灌泵就可以在规定的时间内启动并达到正常工作状态。

(5) 往复泵的效率较高。

(6) 往复泵的流量较小，且流量不均匀，结构比较复杂，适用于高压头、小流量的场合，但不宜输送腐蚀性液体及含有固体颗粒的悬浮液。

往复泵的种类很多，按与输送介质接触的工作机构分活塞泵、柱塞泵和隔膜泵；按往复泵的作用特点分单作用泵、双作用泵和差动泵；根据动力分机动泵(包括电动机驱动的泵和内燃机驱动的泵)、直接作用泵(包括蒸气、气、液压直接驱动的泵)和手动泵等。

2.3.2　转子泵

转子泵属于正位移泵，其工作原理是依靠泵内一个或多个转子的旋转来吸液和排液的。化工中常用的有螺杆泵和齿轮泵。

1. 螺杆泵

螺杆泵由泵壳和一根或多根螺杆所构成，如图 2－28 所示为双螺杆泵。当螺杆泵工作时，液体被吸入后就进入螺纹与泵壳所围成的密封空间；当螺杆旋转时，密封容积在螺齿的挤压下提高其压力，并沿轴向移动。由于螺杆是等速旋转的，所以液体出流流量也是均匀的。

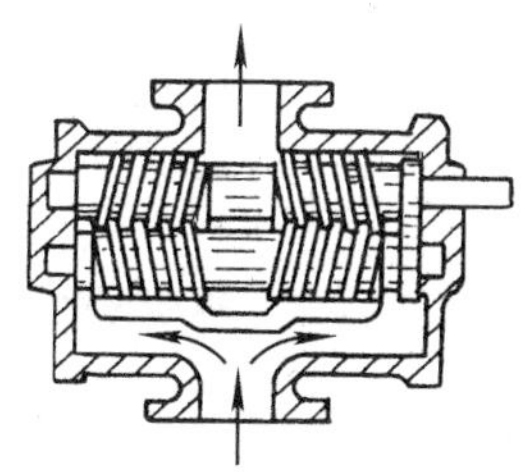

图 2－28　双螺杆泵

螺杆泵的特点是转速高，流量和压力均匀；机组结构紧凑、传动平稳经久耐用，工作安全可靠；无噪音、效率高。螺杆泵常用于输送各种油类及高分子聚合物，还可作为计量泵，但由于其加工工艺复杂，成本高，不能输送含有固体颗粒的液体。

2. 齿轮泵

齿轮泵是由一对相互啮合的齿轮，安装在泵壳内，两个齿轮分别用键固定在各自的轴上，其中一个为主动轮，与原动机相连，另一个是从动齿轮。当主动轮旋转带动从动齿轮旋转时，液体受到齿轮的拨动，从吸入管分两路沿着齿槽与泵壳体内壁围成的空间，流到压出管，当两齿啮合时，齿槽内的液体就被挤出。齿轮的啮合处把吸入腔的低压区与压出腔的高压区隔开，使液体不能倒流，起着密封的作用。齿轮顶部与壳体的间隙很小，约为 0.1 mm，能够阻止液体从高压区漏向低压区。由于齿轮高速旋转，每转过一个齿，就有一部分液体排出，所以排量是均匀的。

齿轮泵分为外齿轮泵[图 2－29(a)]和内齿轮泵[图 2－29(b)]。

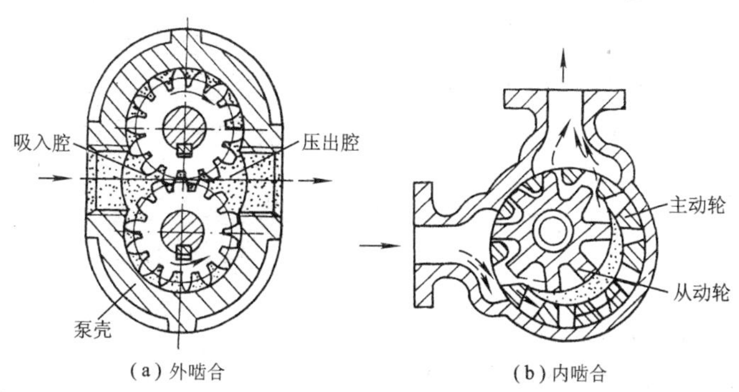

(a) 外啮合　　(b) 内啮合

图 2－29　齿轮泵

齿轮泵的特点是流量均匀，尺寸小而轻便，结构简单紧凑，坚固耐用，维修保养方便，流量小、压力高，适合输送黏性较大的液体，但不宜输送含有固体颗粒的液体。此外，齿轮泵的加工工艺要求高，不易获得精确的配合。

§2.4 气体输送和压缩机械

气体输送机械应用广泛，类型也较多，就工作原理而言，它与液体输送机械大体相同，都是通过类似的方式向流体做功使流体获得机械能量。但气体与液体物性有很大的不同，因而气体输送机械有自己的特点。

(1) 由于气体密度很小，对输送一定质量流量的气体时，其体积流量大，因而气体输送机械的体积大，进出口管中的流速也大。

(2) 由于气体的可压缩性，当气体压强变化时，其体积和温度也将随之发生变化。这对气体输送机械的结构和形状有较大影响。

2.4.1 气体输送机械的分类

根据用途分类如下：通风机、鼓风机、压缩机、真空泵。

(1) 通风机：出口风压(表压)低于 14.7×10^3 Pa，压缩比为 1～1.15，常见的有离心通风机(结构、原理与离心泵同)。

(2) 鼓风机：出口风压(表压)在 14.7×10^3 Pa～2.94×10^5 Pa，压缩比小于 4，如罗茨鼓风机(工作原理与齿轮泵相同)、离心鼓风机等。

(3) 压缩机：出口风压(表压)在 2.94×10^5 Pa 以上，压缩比大于 4，如往复压缩机(结构原理与往复泵同)、离心压缩机、液环压缩机等。

(4) 真空泵：用于减压操作，出口压力为 1.013×10^5 Pa，如水环真空泵、往复真空泵、蒸气喷射真空泵等。

2.4.2 通风机

工业生产中常用的通风机有轴流式和离心式两种。

(1) 轴流式通风机：轴流式通风机与轴流泵类似，风量大，风压小，多用于通风换气。

(2) 离心式通风机：结构特点和工作原理与离心泵相同，结构也大同小异。如图 2-30 所示，叶片的数目较多且长度较短，低压的叶片是平直的，与轴心成辐射状安装，中、高压的叶片是弯曲的。

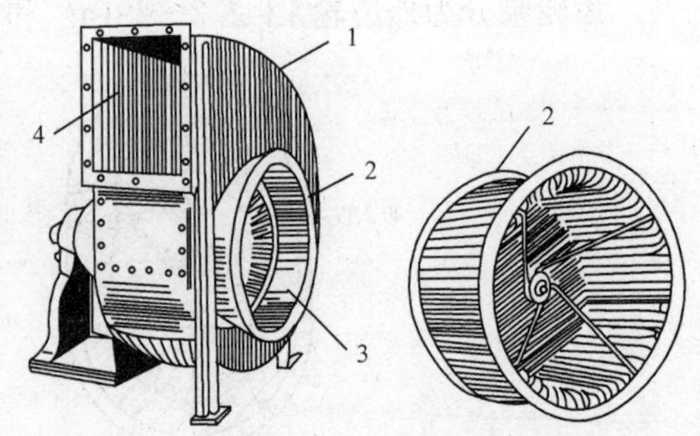

1—机壳；2—叶轮；3—吸入口；4—排出口

图 2-30 低压离心通风机

1. 离心式通风机的性能参数和特性曲线

和离心泵相对应，离心式通风机的性能参

数有风量、风压、轴功率、效率。

(1) 风量 Q：按入口状态计的单位时间内的排气体积，m^3/s，m^3/h。

(2) 全风压 p_T：单位体积气体通过风机时获得的能量，J/m^3，Pa。

在风机进、出口之间列伯努利方程(单位体积计)：

$$p_T = \rho g(z_2 - z_1) + (p_2 - p_1) + \frac{\rho(u_2^2 - u_1^2)}{2} + \sum \Delta p_f \tag{2-27}$$

因为气体密度小，风机尺寸有限，故位能变化可以忽略；当气体直接由大气进入风机时，$u_1 = 0$，再忽略入口到出口的能量损失，则上式变为

$$p_T = (p_2 - p_1) + \frac{\rho u_2^2}{2} = p_S + p_K \tag{2-28}$$

从该式可以看出，通风机的全风压由两部分组成：一部分是进出口的压强差，习惯上称为静风压 p_S；另一部分为进出口的动压头差，习惯上称为动风压 p_K。在离心泵中，泵进出口处的动能差很小，可以忽略。但对离心通风机而言，其气体出口速度很高，动风压不仅不能忽略，且由于风机的压缩比很低，动风压在全压中所占比例较高。

风机的性能表上所列的性能参数，一般都是在 1 atm、20℃的条件下测定的。

(3) 轴功率 N 与效率 η

离心通风机的轴功率为

$$N = \frac{p_T Q}{1000\eta} \tag{2-29}$$

式中：N 为轴功率，kW；Q 为风量，m^3/s；p_T 为全风压，Pa；η 为全压效率。

注意，用式(2-29)计算功率时，p_T 与 Q 必须是同一状态下的数值。

2. 离心式通风机的选型

(1) 据气体种类和风压范围，确定风机的类型。

(2) 确定所求的风量和全风压 p_T。风量根据生产任务来定；全风压 p_T 按伯努利方程来求，再换算成标准状况值，即

$$p_{T0} = p_T \frac{1.2}{\rho} \tag{2-30}$$

(3) 根据按入口状态计的风量和换算后的全风压 p_{T0} 在产品系列表中查找合适的型号。

2.4.3　鼓风机

1. 离心式鼓风机

离心式鼓风机的外形与离心泵相近，内部结构也有许多相同之处。如图 2-31 为五级离心鼓风机示意图。离心式鼓风机的蜗壳形通道亦为圆形；但外壳直径与厚度之比较大；叶轮上叶片数目较多；转速较高；叶轮外周都装有导轮。

单级鼓风机出口表压多在 30 kPa 以内；多级可达 0.3 MPa。

离心式鼓风机的选型方法与离心式通风机相同。

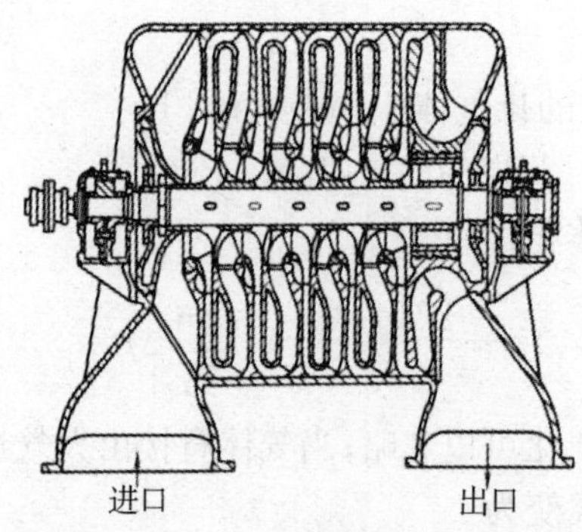

图 2-31　五级离心鼓风机示意图

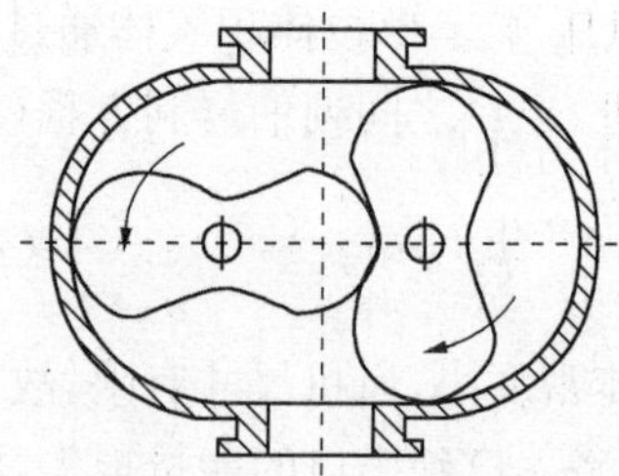

图 2-32　罗茨鼓风机

2. 旋转式鼓风机

旋转式鼓风机风量正比于转速，与风压无关。罗茨鼓风机是此类设备的代表。罗茨鼓风机的工作原理与齿轮泵类似。如图 2-32 所示，机壳内有两个渐开摆线形的转子，两转子的旋转方向相反，可使气体从机壳一侧吸，从另一侧排出。转子与转子、转子与机壳之间的缝隙很小，使转子能自由运动而无过多泄漏。属于正位移型的罗茨风机风量与转速成正比，与出口压强无关。该风机的风量范围为 2～500 m^3/min，出口表压可达 80 kPa，在 40 kPa 左右效率最高。

该风机出口应装稳压罐，并设安全阀。流量调节采用旁路，出口阀不可完全关闭。操作时，气体温度不能超过 85℃，否则转子会因受热膨胀而卡住。

2.4.4　往复式压缩机

1. 理想压缩循环

单动压缩机主要部件：吸入阀、排出阀、活塞和气缸。其结构和工作原理与往复泵类似。

理想压缩循环过程：

(1) 吸气阶段：活塞从最左端向右运动，缸内气体体积由 0 到 V_1，压力保持不变。此过程吸气阀打开，排气阀关闭，如图 2-33 中点 1 所示。

(2) 压缩阶段：活塞由最右向左运动，由于排气阀所在管线有一定压力，所以此过程排气阀是关闭的，吸气阀受压也关闭。因此，在这段时间，气缸内气体体积下降而压力上升。直到压力上升到 p_2，排气阀被顶开为止。此时的缸内气体状态如点 2 所示。

(3) 排气阶段：排气阀被顶开后，活塞继续向左运动，缸内气体被排出。这一阶段缸内气体压力不变，体积不断减小，直到气体完全排出体积减至零。这一阶段属恒压排气阶段。此时状态为点 3 所示。

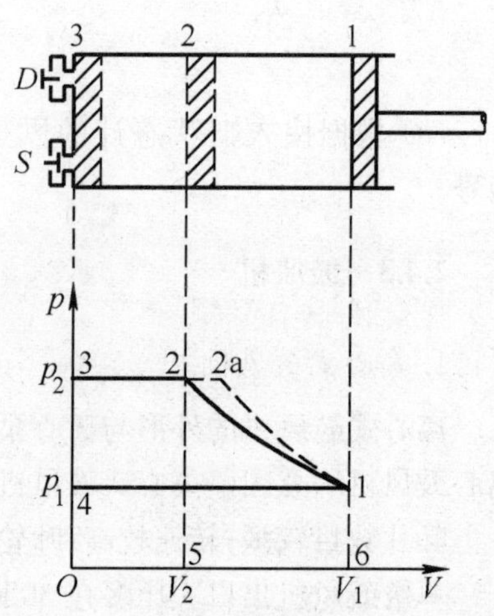

图 2-33　理想压缩循环的 $p-V$ 图

(4) 复位：活塞位于最左端，缸内气体体积为 0，压力从 p_2 降到 p_1，准备开始下次循环。

2. 压缩类型

根据气体与外界换热情况，压缩过程可分为等温压缩，绝热压缩，多变压缩。等温压缩是指压缩阶段产生的热量随时从气体中完全取出，气体的温度保持不变。绝热压缩是另一种极端情况，即压缩产生的热量完全不取出。实际的压缩过程既不是等温的，也不是绝热的，而是介于两者之间，称为多变压缩。

3. 余隙的影响

上述压缩循环之所以称为理想的，除了假定过程皆属可逆之外，还假定了压缩阶段终了缸内气体一点不剩地排尽。实际上此时活塞与气缸盖之间必须留有一定的空隙，以免活塞杆受热膨胀后使活塞与气缸相撞。这个空隙就称为余隙。

余隙系数 ε 表示余隙体积与活塞推进一次扫过的体积之比；容积系数 λ_0 表示实际吸气体积与活塞推进一次扫过的体积之比。根据上述定义：

$$\varepsilon = \frac{V_3}{V_1 - V_3}$$

$$\lambda_0 = \frac{V_1 - V_4}{V_1 - V_3}$$

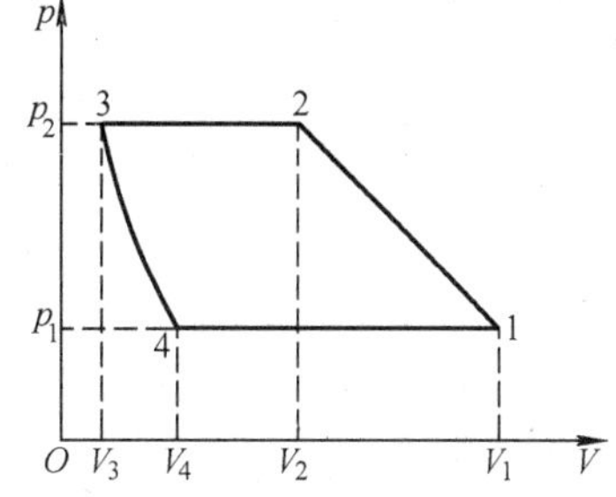

图 2-34　实际压缩循环的 $p-V$ 图

如图 2-34 所示，余隙的存在使一个工作循环的吸、排气量减小，这不仅是因为活塞推进一次扫过的体积减小了，还因为活塞开始由左向右运动时不是马上有气体吸入，而是缸内剩余气体的减压膨胀，即从 3 至 4，待压力减至 p_1，容积增至 V_4 时，才开始吸气。即在有余隙的工作循环中，在气体排出阶段和吸入阶段之间又多了一个余隙气体膨胀阶段，使得每一循环中吸入的气体量比理想循环为少。

余隙系数与容积系数的关系：

$$\lambda_0 = 1 - \varepsilon\left[\left(\frac{p_2}{p_1}\right)^{1/k} - 1\right] \tag{2-31}$$

由该式可以看出，余隙系数和压缩比越大，容积系数越小，实际吸气量越小。有一种极限情况：容积系数为零，$V_1 = V_4$，此时余隙气体膨胀将充满整个气缸，实际吸气量为零。

4. 往复压缩机的选用与调节

首先根据输送气体的性质选择压缩机的种类，然后根据使用条件选择压缩机的结构型式及级数，最后根据生产能力选定压缩机的规格。

如同往复泵一样，往复压缩机的排气也是脉动的，因此为使送气均匀，压缩机安有储气罐。压缩机的进口常安装滤清器，以防止气体中的灰尘或杂质进入气缸。为了把气体中的油滴和水除去，在各级冷却器之后还设置液气分离器。

压缩机气量调节的常用方式有转速调节和管路调节两类。其中管路调节可采取节流进气调节，即在压缩机进气管路上安装节流阀以得到连续的排气量；还可以采用旁路调节，即由旁路和阀门将排气管与进气管相连接的调节流量方式。

2.4.5 真空泵

真空泵就是从设备或管路系统中抽气，一般在大气压下排气的输送机械。若将前述任何一种气体输送机械的进口与设备接通，即成为从设备抽气的真空泵。然而，专门为产生真空用的设备却有其特殊之处：

(1) 由于吸入气体的密度很低，要求真空泵的体积必须足够大。

(2) 压缩比很高，所以余隙的影响很大。

1. 离心泵工作点的确定：用离心泵敞口水池中的水送往一敞口高位槽，高位槽液面高出水池液面 5 m，管径为 50 mm。当泵出口管路中阀门全开（$\zeta=0.17$）时，泵入口管中真空表读数为 52.6 kPa，泵出口管中压力表读数为 155.9 kPa。已知该泵的特性曲线方程 $H_e=23.1-1.43\times10^5Q^2$（$H_e$的单位为 m；$Q$ 的单位为 m^3/s）。

(1) 求阀门全开时泵的有效功率；

(2) 当阀门关小（$\zeta=80$）时，其他条件不变，流动状态均处在阻力平方区，则泵的流量为多少？

2. 用离心泵将水库中的清水送至灌溉渠，两液面维持恒差 8.8 m，管内流动在阻力平方区，管路特性方程为 $H_e=8.8+5.2\times10^5Q_e^2$（$Q_e$ 的单位为 m^3/s）；单台泵的特性方程为 $H=28-4.2\times10^5Q^2$（Q 的单位为 m^3/s）。试求泵的流量、压头和有效功率。

3. 如图所示，用离心泵将池中常温水送至一敞口高位槽中。泵的特性曲线方程为 $H=25.7-7.36\times10^{-4}Q^2$（$H$ 的单位为 m，Q 的单位为 m^3/h），管出口距池中水面高度为 13 m，直管长 90 m，管路上有若干个 90°弯头（总当量长度为 5.3 m），1 个全开的闸阀（当量长度为 0.6 m），1 个底阀（当量长度为 28.3），管子采用 $\phi114$ mm × 4 mm 的钢管，估计摩擦因数为 0.03。求：

(1) 闸阀全开时，管路中实际流量为多少 m^3/h？

(2) 为使流量达到 60 m^3/h，现采用调节闸阀开度方法，如何调节才行？此时，闸阀的当量长度、泵的有效功率为多少？

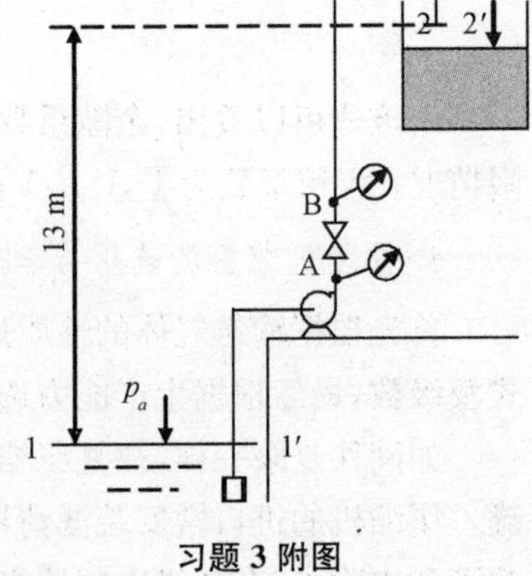

习题 3 附图

4. 有一离心泵，其特性曲线为 $H=125-4.0\times10^{-3}Q^2$（$Q$ 的单位：m^3/h），转速为 2900 转/分，如图所示，现拟用该泵将水库中的水送到高度为 58.5 m 的常压高位水槽，输送管路的管内径均为 150 mm，当泵出口阀门全开时，管路总长（包括所有局部阻力当量长度）为 900 m。已知水的密度 $\rho=1000$ kg/m³，摩擦系数为 0.025。

(1) 若该泵的实际安装高度为 1.5 m，吸入管总长（包括所有局部阻力当量长度）为

60 m，则系统流量在 80 m^3/h 时泵入口处的真空度为多少(kPa)？

(2) 求出口阀全开时管路的特性曲线方程。

(3) 求该泵在出口阀门全开时的工作点，若泵的效率为 70%，求泵的轴功率。

(4) 若用出口阀将流量调至 80 m^3/h，则由于流量调节损失在阀门上的压头是多少 m？

(5) 若通过降低泵的转速，将流量调至 80 m^3/h(泵出口阀门全开)，求在新的转速下泵的特性曲线方程，并图示说明在泵出口阀门全开的条件下，泵的流量、扬程变化情况。

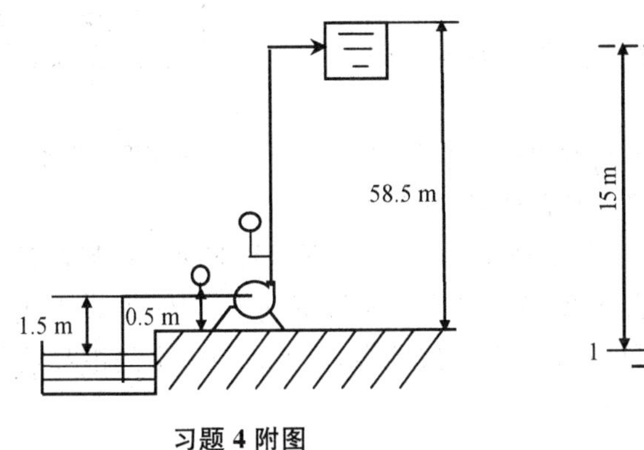

习题 4 附图

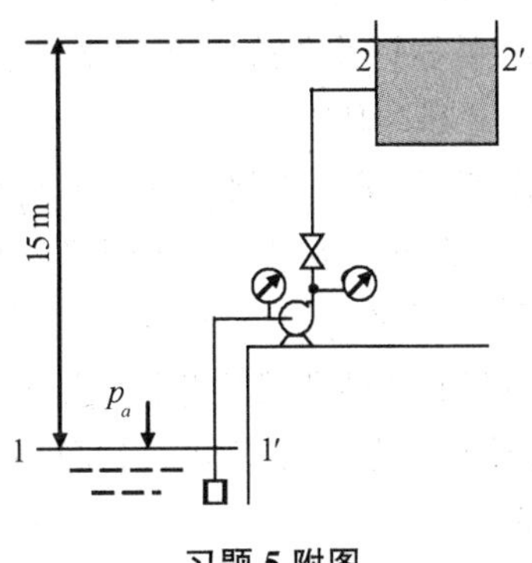

习题 5 附图

5. 如图所示，拟用离心泵将池中常温水送至一敞口高位槽。送水量要求达到 70 m^3/h，敞口高位槽水面距池中水面高度差为 15 m，直管长 80 m，管路上有 3 个 $\zeta_1=0.75$ 的 90°弯头，1 个 $\zeta_2=0.17$ 的全开闸阀，1 个 $\zeta_3=8$ 的底阀，管子采用 ϕ114 mm×4 mm 的钢管，估计摩擦因数为 0.03。(提示：此时流动处在阻力平方区。)

(1) 试求离心泵的有效轴功率，kW；

(2) 现将闸阀开度减小，使流量减小为原来的 80%，测得此时泵的进口 e 处真空表读数为 10.0 kPa，泵的出口 o 处压力表读数为 235.0 kPa，试求泵的特性曲线方程。

(3) 试定性分析，若高位槽水面下降，则泵的进口处真空表读数 p_e 如何变化？写出分析过程。

6. 用离心泵(转速为 2900 r/min)将 20℃的清水以 60 m^3/h 的流量送至敞口容器。此流量下吸入管路的压头损失和动压头分别为 2.4 m 和 0.61 m。规定泵入口的真空度不能大于 64 kPa。泵的必需气蚀余量为 3.5 m。(1) 试求泵的安装高度(当地大气压为100 kPa)；(2) 若改送 55 ℃的清水，泵的安装高度是否合适？

7. 用离心泵将真空精馏塔的釜残液送至常压贮罐。塔底液面上的绝对压力为32.5 kPa(即输送温度下溶液的饱和蒸气压)。已知：吸入管路压头损失为 1.46 m，泵的必需气蚀余量为 2.3 m，该泵安装在塔内液面下 3.0 m 处。试核算该泵能否正常操作。

1. 离心泵的主要部件有哪些？各有什么作用？

2. 离心泵发生气缚与汽蚀现象的原因是什么？有何危害？应如何消除？

3. 离心泵启动时，为什么要把出口阀门关闭？

4. 采用离心泵从地下贮槽中抽送原料液体，原本操作正常的离心泵本身完好，但无法泵送液体，试分析导致故障的可能原因。

5. 如图所示，通过一高位槽将液体沿等径管输送至某一车间，高位槽内液面保持恒定。现将阀门开度减小，试定性分析以下各流动参数：管内流量、阀门前后压力表读数 p_A、p_B的变化。

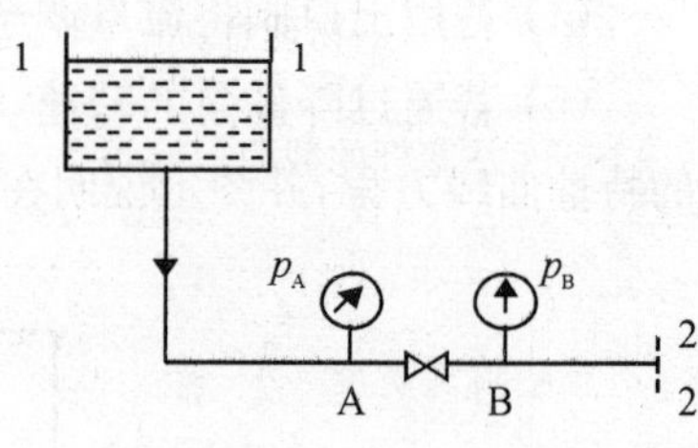

思考题 5 附图

6. 离心泵的特性曲线与管路的特性曲线有何不同？二者的交点意味着什么？

7. 如图所示，某厂为保证全厂的淡水供应，挖了一口 10 m 深的井，在井边安装了一台水泵，但启动后，却怎么也打不上水，后来挖了一个台阶，把泵往下放了 5 m，泵顺利运转起来。前后两种情况管路特性曲线和泵的特性曲线均相同，为什么（A）安装方式打不上水，（B）安装方式能正常运转，请通过计算分析一下原因。已知该泵的必需汽蚀余量为 2.5 m，水的饱和蒸气压头为 0.24 m 水柱。

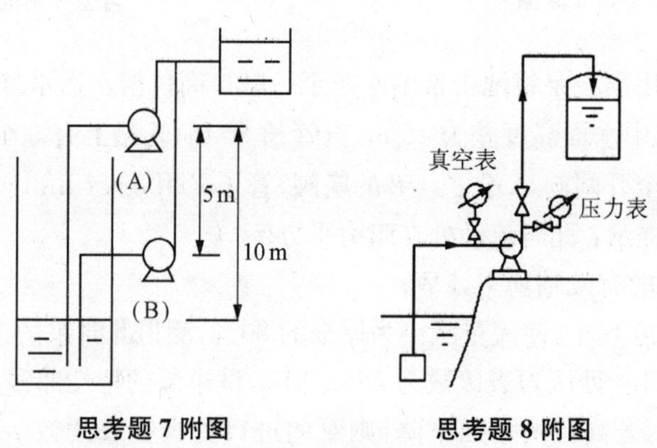

思考题 7 附图　　思考题 8 附图

8. 离心泵工作点的变化与流量调节。如图所示，用离心泵将 20℃的水从水池送入高压高位槽，泵的进、出口处分别装有真空表及压力表。在一定转速下测得离心泵的流量 Q 扬程 H_e、泵出口压力 $p_{表}$、泵入口真空度 $p_{真}$ 以及泵的轴功率 N。现改变以下各条件之一而其他条件不变，问上述离心泵各参数将如何变化？(1) 出口阀门开度增大；(2) 液体密度改为 1500 kg/m^3；(3) 泵叶轮直径减小 5%；(4) 转速提高 5%。

9. 往复泵有无“汽蚀”和“气缚”现象？为什么？

工程案例

催化裂化装置烟气轮机的工作原理及其技术改造

内容请见二维码

本章符号说明

英文字母	物理意义	单位	英文字母	物理意义	单位
a	活塞杆的截面积	m^2	n_r	活塞的往复次数	1/min
A	活塞的截面积	m^2	N	泵或压缩机的轴功率	W 或 kW
b	叶轮宽度	m	N_a	按绝对压缩考虑的压缩机的理论功率	kW
c	离心泵轮内液体质点运动的绝对速度	m/s	N_e	泵的有效功率	kW
C_H,C_Q,C_η	压头、流量、效率的黏度换算系数		NPSH	离心泵的汽蚀余量	m
d	管子直径	m	p	压强	Pa
D	叶轮或活塞直径	m	p_a	当地大气压	Pa
g	重力加速度	m/s^2	p_v	液体的饱和蒸气压	Pa
Δh	离心油泵的汽蚀余量	m	Q	泵或风机的流量	m^3/s 或 m^3/h
H	泵的压头	m	Q_e	管路系统要求的流量	m^3/s 或 m^3/h
H_c	离心泵的动压头	m	Q_s	泵的额定流量	m^3/s 或 m^3/h
H_e	管路系统所需的压头	m	Q_T	泵的理论流量	m^3/s 或 m^3/h
H_f	管路系统的压头损失	m	R	叶轮半径	m
$[Z]$	离心泵的允许安装高度	m	R'	气体常数	kJ/(kmol·K)
H_p	离心泵的静压头	m	S	活塞的冲程	m
H_s'	离心泵的允许吸上真空度	m 液柱	t	摄氏温度	℃
H_{sp}	离心通风机的静风压	Pa 或 mmH_2O	T	热力学温度	K
$H_{T,\infty}$	离心泵的理论压头	m	u	流速或离心泵叶轮内液体质点运动的圆周速度	m/s
i	压缩机的级数		V	体积	m^3
l	长度	m	V_{min}	往复压缩机的排气量	m^3/min
l_e	管路当量长度	m	w	离心泵叶轮内液体质点运动的相对速度	m/s
m	多变指数		W	往复压缩机的理论功	J
n	离心泵的转速	r/min	Z	位压头	m

希腊字母	物理意义	单位	希腊字母	物理意义	单位
α	绝对速度与圆周速度的夹角		λ	摩擦系数	
β	相对速度与圆周速度反方向延长线的夹角		λ_d	排气系数	
ε	余隙系数		λ_0	容积系数	
ζ	阻力系数		μ	黏度	Pa·s或cP
η	效率		ν	运动黏度	m^2/s或cSt
θ	时间	s	ρ	密度	kg/m^3
κ	绝对指数		ω	叶轮旋转角速度	rad/s

参考文献

[1] 姚玉英主编.化工原理:上册.天津：天津大学出版社,1999.

[2] 夏清,贾绍义主编.化工原理：上册.修订版.天津：天津大学出版社,2005.

[3] 柴诚敬等编.化工原理课程学习指导.3版.天津：天津大学出版社,2007.

[4] 蒋维钧,戴猷元,顾惠君主编.化工原理：上册.2版.北京：清华大学出版社,2003.

[5] 陈敏恒,丛德滋等编.化工原理：上册.2版.北京：化学工业出版社,1999.

[6] 谭天恩,麦本熙,丁惠华编著.化工原理：上册.2版.北京：化学工业出版社,2001.

[7] 时钧等主编.化学工程手册：上卷.北京：化学工业出版社,1996.

[8] McCabe, W. L., Smith, J. C. Unit Operations of Chemical Engineering. 6th ed. New York: McGraw Hill Inc, 2003.

[9] Perry, R. H., Green, D. W. Perry's Chemical Engineers' Handbook. 7th ed. New York: McGraw-Hill, Inc., 2001.

第3章　非均相物系的分离和固体流态化

学习目的：

通过本章学习，要求学生掌握流体与颗粒相对运动的基本规律，典型沉降和过滤设备的特点、原理及有关计算方法。

重点掌握的内容：

沉降速度的意义及基本计算方法；降尘室的结构特点、工作原理及计算；恒压过滤的基本方程式及计算；板框压滤机和转鼓真空过滤机的结构特点、操作方法及计算。

熟悉的内容：

重力沉降与离心沉降的基本原理；旋风分离器、旋液分离器的结构及工作原理；恒速过滤的基本方程式及计算。

了解的内容：

过滤的两种方式及过滤介质和助滤剂的作用；固体流态化的基本概念及流化床的特征。

§3.1　概　述

许多化工生产过程中，要求分离非均相物系。非均相物系是物系内部有明显的相界面存在，而且界面两侧物料的性质截然不同的混合物系。在非均相物系中，处于分散状态的物质称为分散物质或分散相，如分散于流体中的固体颗粒、液滴或气泡；包围分散物质且处于连续状态的物质称为分散介质或连续相，如液态非均相物系中的连续液体、气态非均相物系中的气体。

由于非均相物系中连续相与分散相之间具有不同的物理性质，受到外力作用时运动状态就不同，因而可采用机械方法达到两相分离的目的。机械分离主要有沉降和过滤两种操作方式。

非均相混合物分离的目的主要有三点：

(1) 回收分散物质。例如收集从固定床催化反应器出来的气体中夹带的催化剂颗粒以循环使用。

(2) 净化分散介质。例如除去含尘气体中的尘粒。

(3) 劳动保护和环境可持续发展的需要。例如工厂的“三废”在排放前必须除去其中的有毒有害物和粉尘，以防止对大气、水体等造成环境污染。

流态化技术是一种强化流体(气体或液体)与固体颗粒间相互作用的操作，可以实现某些化学反应、物理加工乃至颗粒的输送,因此本章最后就固体流态化技术进行了简要阐述。

§3.2 颗粒及颗粒床层的特性

颗粒与流体之间的相对运动特性与颗粒本身的特性密切相关,因而首先介绍颗粒的有关性能。

3.2.1 颗粒的特性

表述颗粒特性的主要参数为颗粒的形状、大小(体积)和表面积。下面按照单一颗粒及颗粒群分别进行介绍。

1. 单一颗粒

(1) 球形颗粒

球形颗粒通常用直径 d 表示其大小。球形颗粒的各有关特性均可用直径表示。例如:

$$V=\frac{\pi}{6}d^3 \tag{3-1}$$

$$S=\pi d^2 \tag{3-2}$$

$$a=6/d \tag{3-3}$$

式中:d 为颗粒的直径,m;V 为球形颗粒的体积,m^3;S 为球形颗粒的表面积,m^2;a 为比表面积(单位体积颗粒具有的表面积),m^2/m^3。

(2) 非球形颗粒

非球形颗粒可用当量直径及形状系数来表示其特性。

非球形颗粒的大小可用当量直径表示。工程上,体积当量直径应用比较多。

① 体积当量直径 d_e:与实际颗粒体积 V_p 相等的球形颗粒的直径定义为非球形颗粒的当量直径,即

$$d_e=\sqrt[3]{\frac{6V_p}{\pi}} \tag{3-4}$$

式中:d_e为体积当量直径,m;V_p为非球形颗粒的实际体积,m^3。

② 形状系数:又称球形度,表征颗粒的形状与球形的差异程度,其定义式为

$$\Phi_s=\frac{\text{与颗粒等体积的球形颗粒的表面积}}{\text{颗粒的表面积}}=\frac{S}{S_p} \tag{3-5}$$

式中:Φ_s为颗粒的形状系数或球形度,量纲为1;S_p为颗粒的表面积,m^2;S 为与颗粒体积相等的球形颗粒的表面积,m^2。

由于体积相同时球形颗粒的表面积最小,因此,任何非球形颗粒的形状系数皆小于1。对于球形颗粒,$\Phi_s=1$。颗粒形状与球形差别愈大,Φ_s值愈低。

根据式(3-3)、式(3-4)、式(3-5),可知非球形颗粒的比表面积为

$$a_p=6/(\Phi_s d_e) \tag{3-6}$$

2. 颗粒群的特性

化工生产中常遇到流体通过大小不等的混合颗粒群的流动，而颗粒群的特性可通过粒度分布及平均直径来描述。研究颗粒群的特性时，忽略形状的差异，只考虑大小不同。

(1) 粒度分布

不同粒径范围内所含粒子的个数或质量，称为粒度分布。对于粒径大于 70 μm 的颗粒，通常采用一套标准筛进行测量。这种方法称为筛分分析。

标准筛有不同的系列，其中泰勒(Tyler)标准筛较为常用。泰勒标准筛是一种筛孔呈正方形的金属丝网，其筛孔的大小以每英寸(in)长度筛网上所具有的筛孔数目表示，称为目。例如 100 目的筛子是指长度为 1 英寸的筛网上有 100 个筛孔。1 英寸长有筛孔 100 个，它的筛网的金属丝直径规定为 0.0042 in，故筛孔的净宽度为 (1/100－0.0042) in＝0.0058 in＝0.147 mm，因而筛号愈大，筛孔愈小。当使用某一号筛子时，通过筛孔的颗粒量称为过筛量，截留于筛面上的颗粒量则称为筛余量。称取各号筛面上的颗粒筛余量即得筛分分析的基本数据。本书附录可以查阅泰勒标准筛的目数与对应的孔径值。

(2) 平均直径

颗粒平均直径的计算方法很多，其中最常用的是平均比表面积直径。设有一批大小不等的球形颗粒，其总质量为 m，经筛分分析得到相邻两号之间的颗粒质量为 m_i，筛分直径(两筛号筛孔的算术平均值)为 d_i。根据比表面积相等原则，颗粒群的平均比表面积直径可写为

$$\frac{1}{d_{\mathrm{m}}}=\sum\frac{1}{d_{\mathrm{i}}}\frac{m_i}{m}=\sum\frac{x_i}{d_{\mathrm{i}}} \tag{3-7}$$

或

$$d_{\mathrm{m}}=1/\sum\frac{x_i}{d_{\mathrm{i}}} \tag{3-7a}$$

式中：d_{m} 为平均比表面积直径，m；d_i 为筛分直径，m；x_i 为 d_i 粒径段内颗粒的质量分数。

3.2.2 颗粒床层的特性及流体流过床层的压降

众多固体颗粒堆积而成的静止的颗粒层称为固定床。在化工生产过程中，许多操作都与流体通过固定床的流动有关。流体通过颗粒层的流动与普通管内流动相仿，都属于固体边界内部的流动问题。

1. 颗粒床层的特性

(1) 床层空隙率 ε

由颗粒群堆积成的床层疏密程度可用空隙率表示，其定义如下：

$$\varepsilon=\frac{\text{床层体积}-\text{颗粒所占的体积}}{\text{床层体积}}$$

颗粒的大小、形状、粒度分布都影响空隙率 ε 的大小。实验证明，当单分散球形颗粒作最松排列时，空隙率为 0.48，作最紧密排列时，则为 0.26；乱堆的非球形颗粒床层空隙率往往大于球形，一般乱堆床层的空隙率大致在 0.47～0.70 之间。

(2) 床层的比表面积 a_b

单位床层体积具有的颗粒表面积称为床层的比表面积 a_b。若忽略颗粒之间的接触面积的影响，则

$$a_b = (1-\varepsilon)a \tag{3-8}$$

式中：a_b为床层比表面积，m^2/m^3；a 为颗粒的比表面积，m^2/m^3；ε 为床层空隙率。

(3) 床层的自由截面积

床层截面上未被颗粒占据的、流体可以自由通过的面积为床层的自由截面积。

工业上，小颗粒的床层用乱堆方法堆成，而非球形颗粒的定向是随机的，因而可以认为床层是各向同性。各向同性床层的一个重要特点是，床层截面上可供流体通过的自由截面(即空隙截面)与床层截面之比在数值上等于空隙率 ε。

2. 流体通过床层流动的压降

固定床层颗粒间的空隙率形成可供流体通过的细小、曲折、互相交联的复杂通道。本节采用简化模型来推算流体通过如此复杂通道时的流动阻力(压降)。

(1) 床层的简化模型

简化模型是将床层中不规则的通道假设成长度为 L、当量直径为 d_{eb} 的一组平行细管，并且作了两个规定：① 细管的全部流动空间等于颗粒床层的空隙容积；② 细管的内表面积等于颗粒床层的全部表面积。

在上述简化条件下，以 1 m^3 床层体积为基准，细管的当量直径可表示为床层空隙率 ε 及比表面积 a_b的函数，即

$$d_{eb} = \frac{4 \times \text{床层流动空间}}{\text{细管的全部内表面积}} = \frac{4\varepsilon}{a_b} = \frac{4\varepsilon}{(1-\varepsilon)a} \tag{3-9}$$

(2) 流体通过床层的压降

细小而密集的固体颗粒床层具有很大的比表面积，流体通过这样床层的流动多为滞流，流动阻力基本上为黏性摩擦阻力。因此，流体通过床层的压降为

$$\Delta p_f = \lambda \frac{L}{d_{eb}} \frac{u_1^2}{2} \rho \tag{3-10}$$

式中：Δp_f为流体通过床层的压降，Pa；L 为床层高度，m；d_{eb}为床层流道的当量直径，m；u_1 为流体在床层内的实际流速，m/s。u_1 可取为实际填充床中颗粒空隙间的流速，它与空床流速 u 的关系为

$$u_1 = \frac{u}{\varepsilon} \tag{3-11}$$

将式(3-9)与式(3-11)代入式(3-10)，得到

$$\frac{\Delta p_f}{L} = \lambda' \frac{(1-\varepsilon)a}{\varepsilon^3} \rho u^2 \tag{3-12}$$

式(3-12)为流体通过固定床压降的数学模型，式中的λ'为流体通过床层流道的摩擦系数，称为模型参数。

在流速较低、雷诺数 $Re'<2$ 的层流情况下，康采尼(Kozeny)通过实验发现，模型参数 λ'符合下式：

$$\lambda'=\frac{K'}{Re'} \tag{3-13}$$

式中：K' 称为康采尼常数，其值为 5.0；Re'为床层雷诺数，定义如下：

$$Re'=\frac{d_{eb}u_1\rho}{4\mu}=\frac{\rho u}{a(1-\varepsilon)\mu} \tag{3-14}$$

其中 μ 为流体的黏度，Pa・s。

将式(3-13)与式(3-14)代入式(3-12)，即得到康采尼方程

$$\frac{\Delta p_f}{L}=5\frac{(1-\varepsilon)^2a^2u\mu}{\varepsilon^3} \tag{3-15}$$

欧根(Eugen)在较宽的 Re'范围内($Re'=0.17\sim330$)研究了 λ'与Re'的关系，得到下式：

$$\lambda'=\frac{4.17}{Re'}+0.29 \tag{3-16}$$

由此获得欧根方程：

$$\frac{\Delta p_f}{L}=150\frac{(1-\varepsilon)^2u\mu}{\varepsilon^3(\Phi_s d_e)^2}+1.74\frac{(1-\varepsilon)\rho u^2}{\varepsilon^3\Phi_s d_e} \tag{3-17}$$

当 $Re'<20$ 时，流动方式一般为层流，式(3-17)中等号右边第二项可以忽略。当$Re'>100$ 时，式(3-17)中等号右边第一项可以忽略。

§3.3　沉降分离

在外力场作用下，利用分散相和连续相之间的密度差，使之发生相对运动而实现非均相混合物分离的操作称为沉降分离。根据外力场的不同，沉降分离分为重力沉降和离心沉降。

3.3.1　重力沉降

在重力场中进行的沉降过程称为重力沉降。

1. 沉降速度

(1) 球形颗粒的自由沉降

单个颗粒在无限大流体(容器直径大于颗粒直径的 100 倍以上)中的降落过程，称为自由沉降。

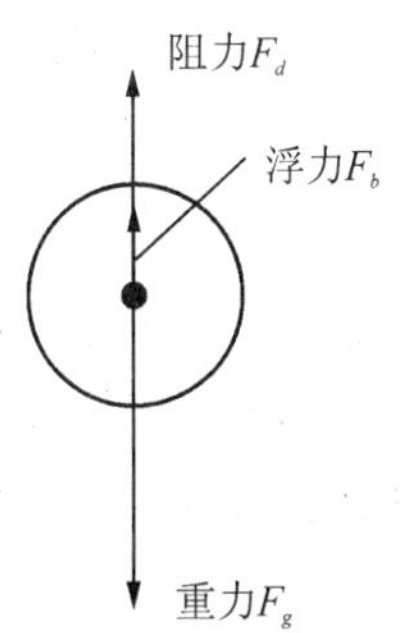

图 3-1　沉降颗粒的受力情况

将表面光滑的刚性球形颗粒放在静止的流体中，如果颗粒的密度 ρ_s大于流体的密度 ρ，则颗粒将在重力作用下做沉降运动。设颗粒的初速度为零，则颗粒最初只受重力与浮力

的作用。重力向下，浮力向上。沉降颗粒的受力情况见图 3－1。当颗粒直径为 d 时，有

重力 $$F_g=\frac{\pi}{6}d^3\rho_s g$$

浮力 $$F_b=\frac{\pi}{6}d^3\rho g$$

当颗粒开始下沉时，受到流体向上作用的阻力 F_d。令 u 为颗粒相对于流体的降落速度，则

阻力 $$F_d=\zeta A\frac{\rho u^2}{2}$$

式中：ζ 为阻力系数，量纲为 1；A 为颗粒在垂直于其运动方向的平面上的投影面积，$A=\frac{\pi}{4}d^2$，m^2。

对于一定的流体和颗粒，重力与浮力是恒定的，而阻力却随颗粒的降落速度而变。根据牛顿第二运动定律可知，上面 3 个力的合力应等于颗粒的质量 m 与加速度 a 的乘积，即

$$F_g-F_b-F_d=ma$$

或 $$\frac{\pi}{6}d^3(\rho_s-\rho)g-\zeta\frac{\pi}{4}d^2\left(\frac{\rho u^2}{2}\right)=\frac{\pi}{6}d^3\rho_s\frac{du}{d\theta} \tag{3-18}$$

静止流体中颗粒的沉降过程可分为两个阶段，起初为加速阶段，而后为匀速阶段。由于小颗粒经历加速阶段的时间很短，工程计算时可以忽略不计，当作只有匀速阶段。在匀速阶段中，颗粒相对于流体的运动速度 u_t 称为沉降速度。由于这个速度是加速阶段终了时颗粒相对于流体的速度，故又称为“终端速度”。对式(3－18)，当 $du/d\theta=0$ 时，令 $u=u_t$，则

$$u_t=\sqrt{\frac{4gd(\rho_s-\rho)}{3\zeta\rho}} \tag{3-19}$$

式中：u_t 为沉降速度，m/s；d 为颗粒直径，m；ρ_s、ρ 分别为颗粒和流体的密度，kg/m^3；g 为重力加速度，m/s^2。

(2) 阻力系数 ζ

阻力系数 ζ 是颗粒与流体相对运动时雷诺数 Re_t 的函数，由实验测得的结果示于图 3－2中。图中雷诺数 Re_t 的定义为

$$Re_t=\frac{du_t\rho}{\mu} \tag{3-20}$$

如图 3－2 所示，球形颗粒($\Phi_s=1$)的曲线按 Re_t 值大致分为 3 个区，各区内的曲线对应的关系式表示如下，即

层流区或斯托克斯(Stokes)定律区($10^{-4}<Re_t<1$)：

$$\zeta=\frac{24}{Re_t} \tag{3-21}$$

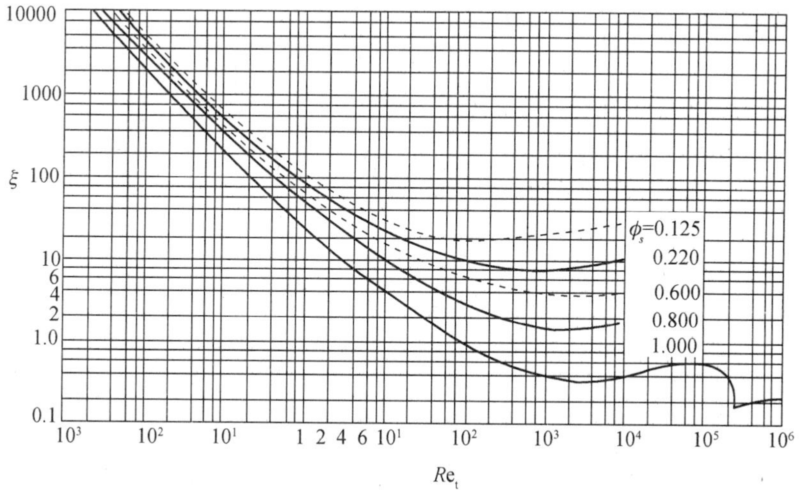

图 3-2　ζ-Re_t关系曲线

过渡区或艾伦(Allen)定律区 ($1 < Re_t < 10^3$)：

$$\zeta = \frac{18.5}{Re_t^{0.6}} \tag{3-22}$$

湍流区或牛顿(Newton)定律区 ($10^3 < Re_t < 2 \times 10^5$)：

$$\zeta = 0.44 \tag{3-23}$$

由此，可得到颗粒在各区相应的沉降速度公式，即

层流区

$$u_t = \frac{d^2(\rho_s - \rho)g}{18\mu} \tag{3-24}$$

过渡区

$$u_t = 0.27\sqrt{\frac{d(\rho_s - \rho)g}{\rho}Re_t^{0.6}} \tag{3-25}$$

湍流区

$$u_t = 1.74\sqrt{\frac{d(\rho_s - \rho)g}{\rho}} \tag{3-26}$$

式(3-24)、式(3-25)及式(3-26)分别称为斯托克斯公式、艾伦公式及牛顿公式。

(3) 影响沉降速度的因素

上面的讨论都是针对表面光滑的刚性球形颗粒在流体中做自由沉降的简单情况。实际沉降操作中影响沉降速度的因素很多，主要有颗粒形状、壁效应及干扰沉降。

① 颗粒形状

同一种固体物质，球形或近球形颗粒比同体积非球形颗粒的沉降要快一些。非球形颗粒的形状及其投影面积 A 均影响沉降速度。几种 Φ_s值下的阻力系数 ζ 与雷诺数 Re_t 的关系曲线，已根据实验结果标绘在图 3-2 中。对于非球形颗粒，雷诺数 Re_t 中的直径 d 要用颗粒的当量直径 d_e代替。

② 壁效应

容器的壁面和底面均增加颗粒沉降时的曳力，使颗粒的实际沉降速度较自由沉降速度

小。当容器尺寸远远大于颗粒尺寸时(例如在100倍以上),器壁效应可忽略;否则,需加以考虑。

③ 干扰沉降

当颗粒体积分数较高时,由于颗粒间相互作用明显,便发生干扰沉降。干扰沉降速度比自由沉降的小。

需要指出,自由沉降速度的公式不适用于非常微细颗粒(如 $d<0.5\ \mu m$)的沉降计算,这是由于流体分子热运动使得颗粒发生布朗运动。当 $Re_t>10^{-4}$ 时,布朗运动的影响可以忽略。

(4) 沉降速度的计算

计算在给定介质中球形颗粒的沉降速度,可采用以下方法:

① 试差法

根据式(3-24)、式(3-25)及式(3-26)计算沉降速度 u_t 时,需要预先知道沉降雷诺数 Re_t 值才能选用相应的计算式。但是,u_t 为待求,Re_t 值也就为未知。所以,沉降速度 u_t 的计算需要用试差法,即先假设沉降属于某一流型(譬如层流区),则可直接选用与该流型相应的沉降速度计算公式求取 u_t,然后按 u_t 检验 Re_t 值是否在原先假设的流型范围内。如果与假设一致,则求得的 u_t 有效;否则,按算出的 Re_t 值另选流型,并改用相应的公式求 u_t,直到按求得 u_t 算出的 Re_t 值恰与所选用公式的 Re_t 值范围相符为止。

② 用量纲为1的数群 K 值判断流型

令

$$K=d\sqrt[3]{\frac{\rho(\rho_s-\rho)g}{\mu^2}} \tag{3-27}$$

将式(3-24)代入雷诺数的定义式,得

$$Re_t=\frac{d^3(\rho_s-\rho)\rho g}{18\mu^2}=\frac{K^3}{18}$$

当 $Re_t=1$ 时,$K=2.62$,此值为斯托克斯定律区的上限。同理,将式(3-25)代入 Re_t 的定义式,可得牛顿定律区的下限 K 值为60.1,即

层流区	$K\leqslant 2.62$	采用斯托克斯公式
过渡区	$2.62<K\leqslant 60.1$	采用艾伦公式
湍流区	$60.1<K\leqslant 2364$	采用牛顿公式

这样,计算已知直径的球形颗粒的沉降速度时,可根据 K 值选用相应的公式计算 u_t,从而避免采用试差法。但是,该法需要已知颗粒直径。

通常遇到的颗粒沉降一般属于层流区。

例3-1 常压下,分别求直径为 $20\ \mu m$ 及 $2\ mm$ 的固体颗粒(密度为 $2500\ kg/m^3$)在30℃的空气中的自由沉降速度。

解 (1) 直径为 $20\ \mu m$ 固体颗粒在空气中的自由沉降速度

先假设颗粒在层流区内沉降,沉降速度可用式(3-24)计算,即

$$u_t = \frac{d^2(\rho_s - \rho)g}{18\mu}$$

由附录查得，30℃时空气的密度为 1.165 kg/m³，黏度为 1.86×10^{-5} Pa·s。

$$u_t = \frac{(20 \times 10^{-6})^2(2500 - 1.165) \times 9.81}{18 \times 1.86 \times 10^{-5}} \text{ m/s} = 0.0293 \text{ m/s}$$

核算流型

$$Re_t = \frac{du_t\rho}{\mu} = \frac{20 \times 10^{-6} \times 0.0293 \times 1.165}{1.86 \times 10^{-5}} = 0.037 < 1$$

原设层流区正确，求得的沉降速度有效。

(2) 直径为 2 mm 固体颗粒在空气中的自由沉降速度

根据量纲为 1 的数群 K 值判别颗粒沉降的流型。将已知数值代入式(3-27)，得

$$K = d\sqrt[3]{\frac{\rho(\rho_s - \rho)g}{\mu^2}} = (2 \times 10^{-3})\sqrt[3]{\frac{1.165(2500 - 1.165) \times 9.81}{(1.86 \times 10^{-5})^2}} = 87.08$$

由于 K 值介于 60.1 和 2364 之间，所以沉降在湍流区，可用牛顿公式计算沉降速度，即

$$u_t = 1.74\sqrt{\frac{d(\rho_s - \rho)g}{\rho}} = 1.74\sqrt{\frac{0.002 \times (2500 - 1.165) \times 9.81}{1.165}} \text{ m/s} = 11.29 \text{ m/s}$$

2. 重力沉降设备

(1) 降尘室

利用重力沉降从气流中分离出尘粒的设备称为降尘室，如图 3-3 所示。含尘气体进入降尘室后，因流道截面积扩大而速度减慢，只要气体通过降尘室经历的时间大于或等于其中的尘粒沉降到室底所需的时间，尘粒便可以分离出来。

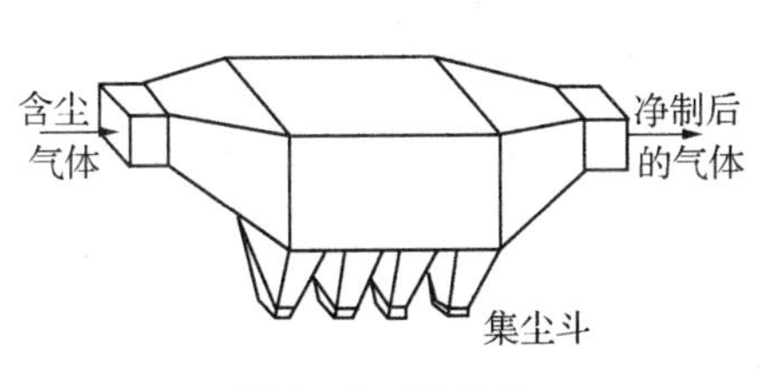

图 3-3　降尘室

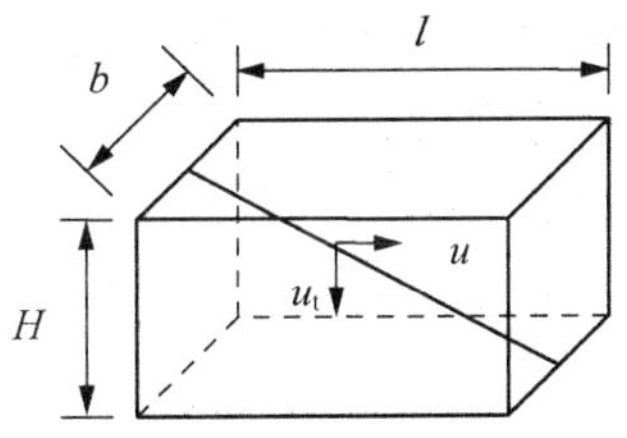

图 3-4　降尘室的计算

如图 3-4 所示，l 为沿气流方向的降尘室的长度，H 为降尘室的高度，b 为降尘室的宽度，如果颗粒运动的水平分速度与气体的流速 u 相同，则颗粒在降尘室的停留时间为 l/u；若颗粒的沉降速度为 u_t，则位于降尘室最高点的颗粒沉降至室底所需要的时间为 H/u_t。颗粒在降尘室中分离出来的条件是停留时间≥沉降时间，即

$$\theta \geqslant \theta_t \quad \text{或} \quad \frac{l}{u} \geqslant \frac{H}{u_t} \tag{3-28}$$

气体在降尘室内的水平通过速度为

$$u=\frac{V_s}{Hb} \tag{3-29}$$

式中：V_s为降尘室的生产能力（即含尘气通过降尘室的体积流量），m^3/s。

将式(3-29)代入式(3-28)并整理，得降尘室的生产能力为

$$V_s \leqslant blu_t \tag{3-29a}$$

由式(3-29)可知，降尘室的生产能力只与其底面积 bl 及颗粒的沉降速度 u_t有关，与降尘室高度 H 无关，因此降尘室应设计成扁平形的。为了提高含尘气体的处理量，可将降尘室做成多层，即在室内均匀设置多层水平隔板，构成多层降尘室，如图 3-5 所示。

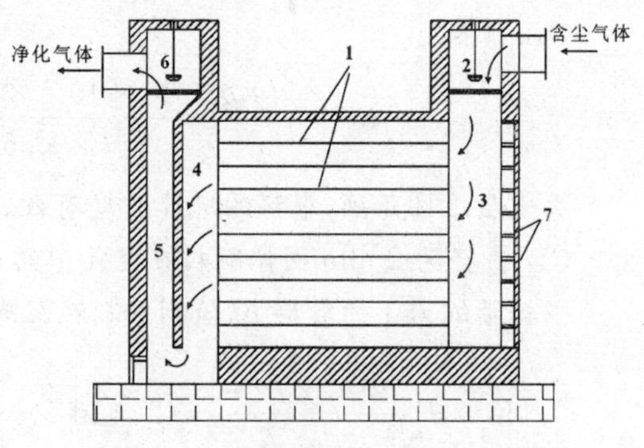

1—隔板；2、6—调节闸阀；3—气体分配道；4—气体积聚道；5—气道；7—清灰口

图 3-5　多层降尘室

若降尘室设置 n 层水平隔板，则多层降尘室的生产能力为

$$V_s \leqslant (n+1)blu_t \tag{3-30}$$

其中，隔板间距 $h=\dfrac{H}{n+1}$。

降尘室结构简单，流动阻力小，但体积庞大，分离效率低，通常只适用于分离粒度大于 75 μm 的粗颗粒，或作为预分离的设备。多层降尘室虽能分离较细的颗粒且节省地面，但清灰比较麻烦。此外，气体在降尘室内的速度不应过高，一般应保证气体流动的雷诺数处于层流区，以免干扰颗粒的沉降或把已沉降下来的颗粒重新扬起。

例 3-2　某降尘室长 2.0 m，宽 1.5 m，高 1.5 m，在常压、80℃下处理 2700 m^3/h 含尘气体。设固体颗粒为球形，并已知固体颗粒密度为 2400 kg/m^3，气体密度为 0.960 kg/m^3、黏度为 2.19×10^{-5} Pa·s。求：

(1) 可被完全除去的最小颗粒直径；

(2) 直径为 40 μm 的颗粒被除去的百分数。（假设进气中不同直径的尘粒分布均匀）

解　(1) 在降尘室中能够完全被分离出来的最小颗粒的沉降速度为

$$u_t=\frac{V_s}{bl}=\frac{2700}{2\times1.5\times3600}\ \text{m/s}=0.25\ \text{m/s}$$

因粒径为待求参数，沉降雷诺数 Re_t 和判断因子 K 都无法计算，故需采用试差法。假设沉降在斯托克斯区，即

$$d_{\min}=\sqrt{\frac{18\mu u_t}{(\rho_s-\rho)g}}=\sqrt{\frac{18\times2.19\times10^{-5}\times0.25}{(2400-0.960)\times9.81}}\ \text{m}=6.47\times10^{-5}\ \text{m}$$

核算该沉降流型

$$Re=\frac{d_{\min}\rho u_t}{\mu}=\frac{6.47\times10^{-5}\times0.960\times0.25}{2.19\times10^{-5}}=0.71<1$$

假设正确，求得的最小粒径有效，即可被完全除去的最小颗粒直径为 64.7 μm。

(2) 直径为 40 μm 的颗粒必在斯托克斯区沉降。设直径为 40 μm 的颗粒刚好被除去时的沉降高度为 h，由于进气中不同直径的尘粒分布均匀，则直径为 40 μm 的颗粒被除去的百分数 $=h/H$（H 为沉降室高度）。再根据式(3-28)可知，在 l、u 一定时，$h \propto u_t$，于是

$$\frac{h}{H}=\frac{u'_t}{u_t}=\frac{d_p^2}{d_{min}^2}=\left(\frac{40}{64.7}\right)^2=38.2\%$$

即直径为 40 μm 的颗粒被除去的百分数为 38.2%。

(2) 沉降槽

利用重力沉降从悬浮液中分离固相的设备称为沉降槽，它可从悬浮液中分出清液而得到稠厚的沉渣。沉降槽又称增稠器，可间歇操作，也可连续操作。

生产中处理大量悬浮液时多用连续沉降槽，如图 3-6 所示。沉降槽是一个底部稍带锥形的大直径圆筒形槽。待分离的悬浮液(料浆)经中央下料筒送至液面以下 0.3～1.0 m 处，在尽可能减小扰动的条件下，迅速分散到整个横截面上，液体向上流动，清液经由槽顶端四周的溢流堰连续流出，称为溢流；固体颗粒下沉至底部，缓慢旋转的耙机(或刮板)将槽底的沉渣逐渐聚拢到底部中央的排渣口连续排出，排出的稠浆称为底流。耙机的缓慢转动是为了促进底流的压缩而又不至于一起搅动。料液连续加入，溢流及底流则连续排出。

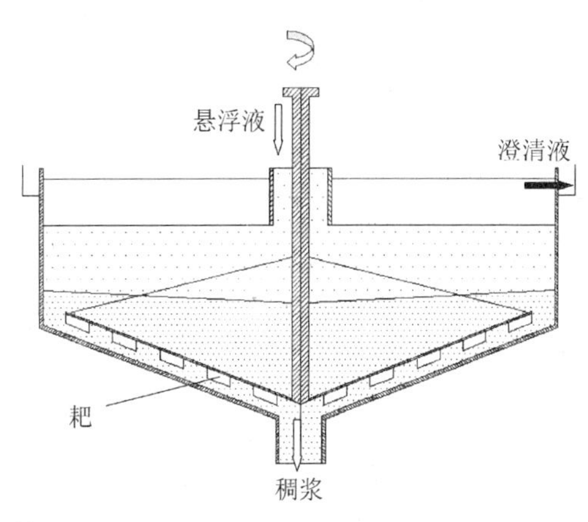

图 3-6　连续沉降槽

连续沉降槽的直径可以大到数百米，高度为 2.5～4 m。经过这种设备处理后的沉渣中还含有约 50%的液体。有时为了节省沉降面积，而把沉降槽做成多层式的。

为了使给定尺寸的沉降槽获得最大可能的生产能力，应尽可能提高沉降速度。向悬浮液中添加少量电解质，可使细小颗粒“凝聚”或“絮凝”成较大颗粒以增大沉降速度。常用的电解质有明矾、聚合氯化铝、聚丙烯酰胺等。

3.3.2　离心沉降

离心沉降是利用沉降设备使流体和颗粒一起做旋转运动，在离心力的作用下，由于颗粒密度大于流体密度，将使颗粒沿径向与流体产生相对运动，从而实现分离。在高速旋转的过程中，颗粒受到的离心力比重力大得多，且可根据需要进行调整，因而其分离效果好于重力沉降。对于两相密度差较小、颗粒粒度较细的非均相物系，用重力沉降很难进行分离，甚至完全不能分离时，改用离心沉降则可大大提高沉降速度，并能缩小设备尺寸。

1. 惯性离心力作用下的沉降速度

当流体围绕某一中心轴做圆周运动时，便形成了惯性离心力场。当流体带着颗粒旋转

时，如果颗粒的密度大于流体的密度，则惯性离心力将会使颗粒在径向上与流体发生相对运动而飞离中心。如果球形颗粒的直径为 d，密度为 ρ_s，流体密度为 ρ，颗粒与中心轴的距离为 R，切向速度为 u_T，则颗粒在径向上相对于流体的运动速度 u_r 便是它在此位置上的离心沉降速度，即

$$u_r=\sqrt{\frac{4d(\rho_s-\rho)u_T^2}{3\rho\zeta R}} \tag{3-31}$$

比较式(3-31)与式(3-19)可以看出，颗粒的离心沉降速度 u_r 与重力沉降速度 u_t 具有相似的关系式，若将重力加速度 g 改为离心加速度 $\frac{u_T^2}{R}$，则式(3-19)改变为式(3-31)。但在一定的条件下，重力沉降速度 u_t 是一定的；而离心沉降速度 u_r 则随颗粒在离心力场中的位置(R)变化而变化。

离心沉降所处理的非均相物系中固体颗粒直径通常很小，沉降一般在层流区进行，则阻力系数 $\zeta=24/Re$，代入式(3-31)，得

$$u_r=\frac{d^2(\rho_s-\rho)u_T^2}{18\mu R} \tag{3-32}$$

比较式(3-32)与式(3-24)可知，同一颗粒在相同介质中的离心沉降速度与重力沉降速度的比值为

$$\frac{u_r}{u_t}=\frac{u_T^2}{gR}=K_c \tag{3-33}$$

比值 K_c 是离心加速度与重力加速度之比，称为分离因数。分离因数是离心分离设备的重要指标。对某些高速离心机，分离因数 K_c 值可高达数十万。例如，当旋转半径 $R=0.3$ m、切向速度 $u_T=20$ m/s 时，分离因数为

$$K_c=\frac{20^2}{9.81\times0.3}=136$$

上式表明颗粒在上述条件下的离心沉降速度是重力沉降速度的 136 倍，由此可见离心沉降设备的分离效果远高于重力沉降设备的。

2. 旋风分离器

旋风分离器是利用惯性离心力的作用从气流中分离出尘粒的设备。如图 3-7 所示是具有代表性的结构类型，称为标准旋风分离器。图中旋风分离器各部件的尺寸按比例标注，主要结构参数为筒体直径 D，其他尺寸以 D 为标准。

含尘气体由圆筒上部的进气管切向进入，受器壁的约束向下做螺旋运动。在惯性离心力的作用下，颗粒被抛向器壁而与气流分离，再沿壁面落至锥底的排灰口。净化后的气体在中心轴附近由下而上做螺旋运动，最后由顶部排气管排出。图 3-8 描绘了气体在器内的运动情况。通常，把下行的螺旋形气流称为外旋流，上行的螺旋形气流称为内旋流(又称气芯)。内、外旋流气体的旋转方向相同。外旋流的上部是主要除尘区。

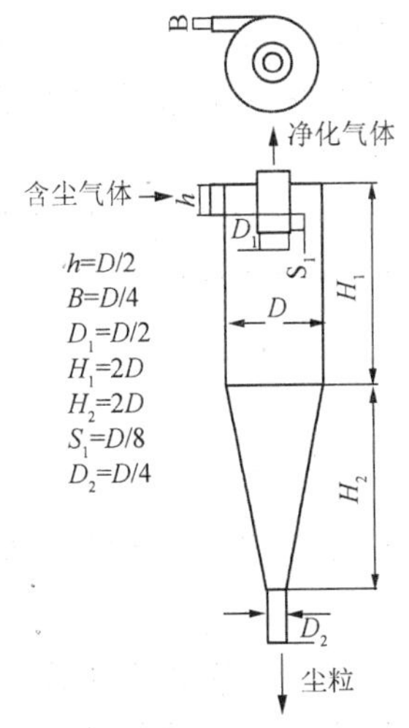

图3-7　标准旋风分离器

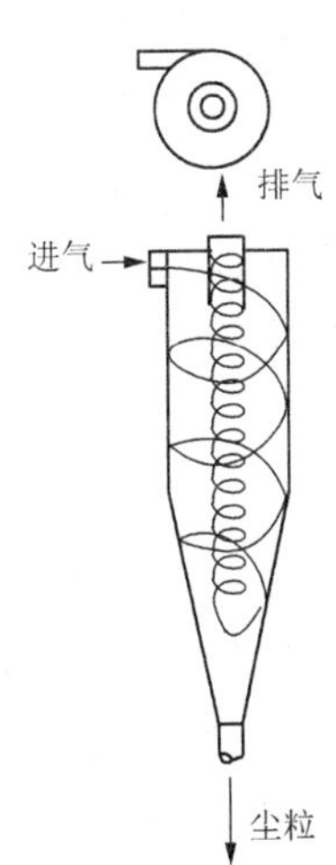

图3-8　气体在旋风分离器内的运动情况

旋风分离器结构简单，造价低廉，没有活动部件，操作条件范围广，分离效率较高，所以至今仍是化工、采矿、冶金、机械、轻工等工业部门里最常见的一种除尘、分离设备。视设备大小及操作条件不同，旋风分离器的离心分离因数为5～2500，一般可分离气体中5～75 μm直径的粒子。对于直径5 μm以下的颗粒，除尘效率很低，需采用袋滤器或湿法捕集。

3. 旋风分离器的性能

评价旋风分离器性能的主要指标是尘粒从气流中的分离效果及气体经过旋风分离器的压力降。

(1) 临界粒径

临界粒径是理论上在旋风分离器中能够100%除去的最小颗粒直径。临界粒径是判断旋风分离器分离效率高低的重要依据。假设以下三点：

① 气体在旋风分离器中有规则地旋转N_e圈，旋转的平均半径为R_m，切向速度恒等于进口气速u_i；

② 颗粒向器壁沉降时，要穿过厚度等于整个进气宽度B的气流层，方能达到壁面而被分离；

③ 颗粒的沉降运动服从斯托克斯定律，且$\rho \ll \rho_s$。

以d_c代表临界粒径，则

$$d_c = 3\sqrt{\frac{\mu B}{\pi N_e \rho_s u_i}} \tag{3-34}$$

N_e的数值一般为0.5～3.0，对标准旋风分离器，可取$N_e=5$。

(2) 分离效率

旋风分离器的分离效率有两种表示法：一是总效率，以η_o表示；一是分效率，又称粒级效率，以η_p表示。

总效率是指进入旋风分离器的全部颗粒中被分离下来的质量分数，即

$$\eta_o = \frac{C_{进} - C_{出}}{C_{进}} \tag{3-35}$$

式中：$C_{进}$、$C_{出}$分别为旋风分离器进口、出口气体含尘浓度，g/m³。

总效率是最易于测定的分离效率，在工程中最常用。这种表示方法的缺点是不能表明旋风分离器对各种尺寸粒子的不同分离效果。

按各种粒度分别表明其被分离下来的质量分数，称为粒级效率。通常把气流中所含颗粒的尺寸范围等分成 n 个小段，在第 i 个小段的范围内的颗粒（平均粒径为 d_i）的粒级效率定义为

$$\eta_{p,i}=\frac{C_{进,i}-C_{出,i}}{C_{进,i}} \tag{3-36}$$

式中：$C_{进,i}$、$C_{出,i}$分别为旋风分离器进口、出口气体中粒径在第 i 小段范围内的颗粒的浓度，g/m³。

粒级效率 η_p与颗粒直径 d_i 的对应关系可用曲线表示，称为粒级效率曲线。这种曲线可通过实测旋风分离器进、出气流中所含尘粒的浓度以及粒度分布而获得。如果已知粒级效率曲线，并且已知气体含尘的粒度分布数据，则可按下式估算总效率，即

$$\eta_o=\sum_{i=1}^{n}x_i\eta_{pi} \tag{3-37}$$

式中：x_i 为粒径在第 i 小段范围内的颗粒占全部颗粒的质量分数。

(3) 旋风分离器的压力降

旋风分离器的压降大小是评价其性能好坏的重要指标。气体通过旋风分离器的压力降可表示成气体入口动能的某一倍数

$$\Delta p=\zeta\frac{\rho u_i^2}{2} \tag{3-38}$$

式中的 ζ 为比例系数，亦即阻力系数。对于同一结构形式及尺寸比例的旋风分离器，ζ 为常数，不因尺寸大小而变。标准型 ζ 为 8。旋风分离器的压力降一般为 500～2000 Pa。

各种旋风分离器的尺寸系列可查阅相关手册，一般可按气体处理量选用。

例 3-3　温度为 40℃、压力为 0.101 MPa、流量为 900 m³/h 的含尘气体采用图 3-7 所示的标准旋风分离器进行除尘。已知尘粒的密度为 2100 kg/m³；气体密度为 0.68 kg/m³，黏度为 3.4×10^{-5} Pa·s。若分离器直径为 400 mm，气体在器内的旋转圈数取 5，试求临界直径 d_c。

解　已知：$\mu=3.4\times10^{-5}$ Pa·s，

$$B=\frac{D}{4}=100\ \text{mm}=0.1\ \text{m}，取\ N_e=5$$

$$h=\frac{D}{2}=0.2\ \text{m},\ u_i=\frac{V_s}{hB}=\frac{900}{0.2\times0.1\times3600}=12.5\ \text{m/s}$$

则代入式(3-34)，得

$$d_c=3\sqrt{\frac{\mu B}{\pi N_e\rho_s u_i}}=3\sqrt{\frac{3.4\times10^{-5}\times0.1}{3.14\times5\times2100\times12.5}}\ \text{m}\approx8.62\times10^{-6}\ \text{m}=8.62\ \mu\text{m}$$

核算：

$$R_m=\frac{D}{2}-\frac{B}{2}=\frac{3}{8}D=\frac{3}{8}\times 0.4\ \text{m}=0.15\ \text{m}$$

$$u_r=\frac{d_c^2\rho_s u_i^2}{18\mu R_m}=\frac{(8.62\times 10^{-6})^2\times 2100\times 12.5^2}{18\times 3.4\times 10^{-5}\times 0.15}\ \text{m/s}=0.27\ \text{m/s}$$

$$Re=\frac{d_c u_r\rho}{\mu}=\frac{8.62\times 10^{-6}\times 0.27\times 0.68}{3.4\times 10^{-5}}=0.046<1$$

颗粒沉降服从斯托克斯公式，因此上述计算有效。

4. 旋液分离器

旋液分离器又称水力旋流器，是利用离心沉降原理从悬浮液中分离固体颗粒的设备。它的结构与操作原理和旋风分离器基本上相同。旋液分离器的结构如图 3－9 所示，悬浮液经入口管沿切向进入圆筒，向下做螺旋形运动，液流中的固体颗粒受惯性离心力作用被甩向器壁，并随液流下降到锥底的出口，由底部排出，此处的增浓液称为底流；清液或含有微细颗粒的液体则成为上升的内旋流，从顶部的中心管排出，此液称为溢流。

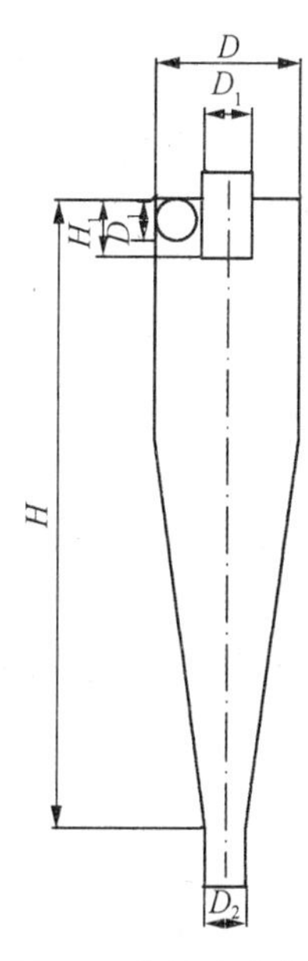

图 3－9 旋液分离器

与旋风分离器相比，旋液分离器的特点包括：① 形状细长，直径小，圆锥部分长，以利于颗粒的分离；② 中心经常有一个处于负压的气柱，有利于提高分离效果。

5. 沉降式离心机

沉降式离心机是利用惯性离心力分离液态非均相混合物的机械。它与旋液分离器的主要区别在于，离心力是由设备(转鼓)本身旋转而产生的。由于离心机可产生很大的离心力，故可用来分离用一般方法难于分离的悬浮液或乳浊液。

(1) 转鼓式离心机

如图 3－10 为转鼓式离心机的转鼓结构示意图。利用高速旋转的转鼓所产生的离心力，可将悬浮液中的固体颗粒沉降或过滤而除去。悬浮液从转鼓底部被引入，使其在鼓内自

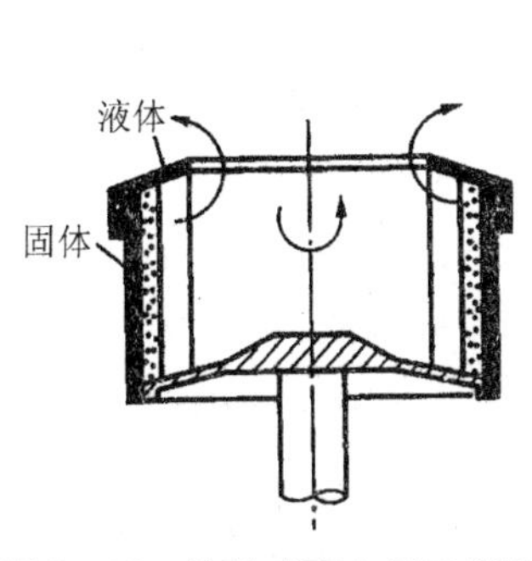

图 3－10 转鼓式离心机示意图

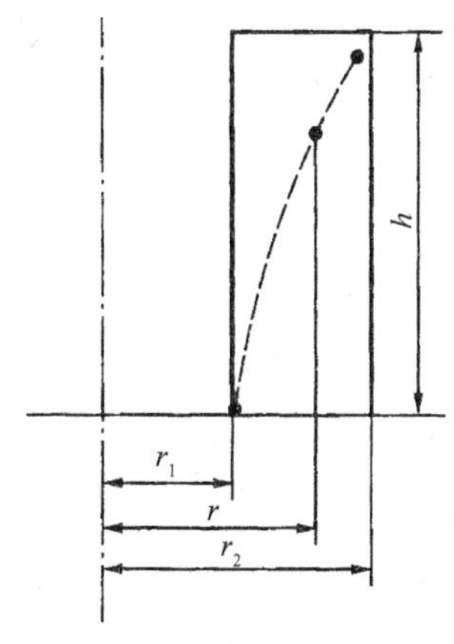

图 3－11 颗粒在离心机内的沉降

下而上流动。颗粒在被液体带动自下而上流动的过程中，又受到转鼓旋转以一径向速度趋向鼓壁，其实际的运动轨迹如图 3-11 所示。若悬浮液中某一颗粒沉降到达鼓内壁所需的时间小于它从底部上升到转鼓顶部所需的时间（即颗粒在管内的停留时间），则此颗粒便能从液体中分离出来；否则，仍随液体流出。

转鼓式离心机的转速大多在 450～4500 r/min 的范围内，主要用于泥浆脱水和从废液中回收固体。

(2) 碟式离心机

碟式离心机是立式离心机的一种，转鼓装在立轴上端，通过传动装置由电动机驱动而高速旋转。如图 3-12 为碟式分离机的工作原理图。转鼓内有一组（50～100 片）互相套叠在一起的倒锥形零件——碟片，碟片与碟片之间留有很小的间隙。悬浮液（或乳浊液）由位于转鼓中心的进料管加入转鼓。转鼓以 4500～8500 r/min 的转速旋转，当悬浮液（或乳浊液）流过碟片之间的间隙时，固体颗粒（或液滴）在离心力作用下沉降到碟片上形成沉渣（或液层）。沉渣沿碟片表面滑动而脱离碟片并积聚在转鼓内直径最大的部位，分离后的液体从出液口排出转鼓。碟片的作用是缩短固体颗粒（或液滴）的沉降距离，扩大转鼓的沉降面积，转鼓中由于安装了碟片而大大提高了分离机的生产能力。碟式分离机的分离因数可达4000～10000，可用于澄清悬浮液中少量粒径小于 0.5 μm 的细微颗粒以获得清净的液体，也可用于乳浊液中轻、重两相的分离，例如油料脱水、牛乳脱脂等。

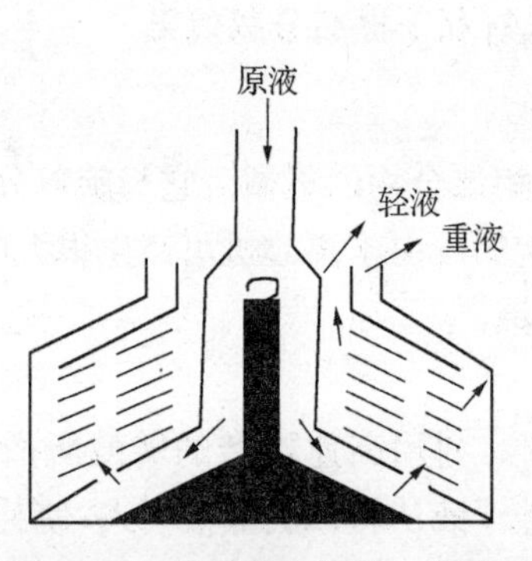

图 3-12 碟式离心机的工作原理

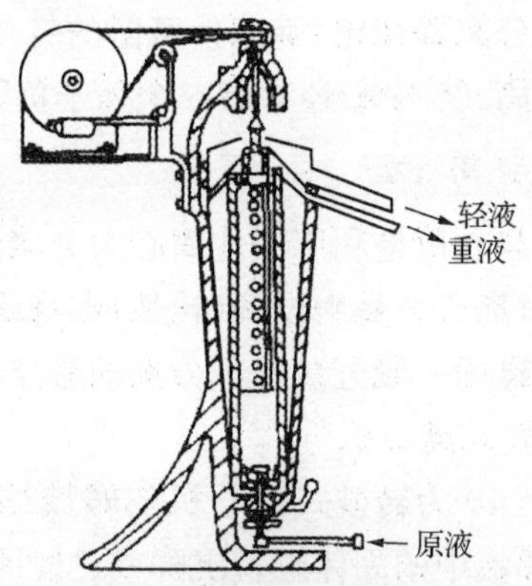

图 3-13 管式高速离心机

(3) 管式高速离心机

管式高速离心机是一种能产生高强度离心力场的离心机，转鼓的转速可达 15000 r/min 以上，分离因数高达 15000～60000。为了减小转鼓所受的应力，转鼓设计成细长形，其直径一般为 100～200 mm，高为 0.75～1.5 m，如图 3-13 所示。

乳浊液或悬浮液由底部进料管送入转鼓，在管内自下而上运行的过程中，在离心力作用下，依密度不同分成内、外两层，外层走重液，内层走轻液，分别从顶部的溢流口流出。

管式高速离心机主要用于发酵液菌体分离、植物中药提取液、保健食品、饮料、生物化工产品后提取等的液固分离，是目前离心法进行分离的理想设备。最小分离颗粒为 1 μm，特别对一些液固相比重差异小，固体粒径细、含量低，介质腐蚀性强等物料的分离提取、浓缩、澄清较为适用。

§3.4　过　滤

过滤是分离悬浮液最普遍和最有效的单元操作之一。与沉降相比，过滤可使悬浮液的分离更迅速更彻底，特别是对于粒径很小，很难分离的悬浮液，沉降方法均难实现，这时需采用过滤操作。在某些场合下，过滤是沉降的后续操作。

3.4.1　过滤操作的基本概念

过滤是以多孔物质为介质，在外力作用下，使悬浮液中的液体通过介质的孔道，而固体颗粒被截留在介质上，从而实现固、液分离的单元操作。过滤操作采用的多孔物质称为过滤介质，所处理的悬浮液称为滤浆或料浆，通过多孔通道的液体称为滤液，被截留的固体物质称为滤饼或滤渣。图 3－14 是过滤操作的示意图。实现过滤操作的外力有重力、压强差或惯性离心力，在化工生产中应用最多的是过滤介质上、下游两侧的压强差。

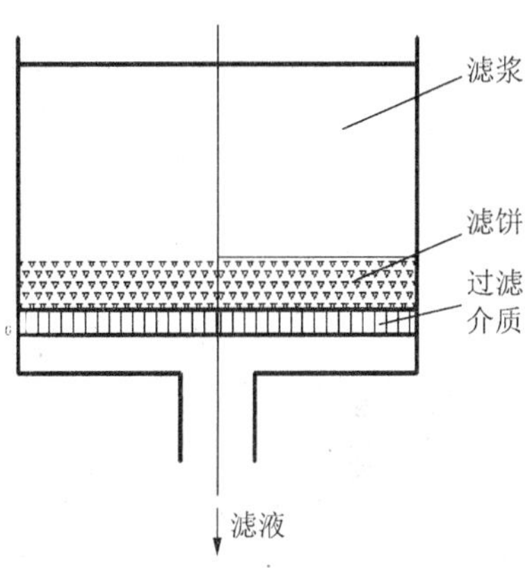

图 3－14　过滤操作的示意图

1. 过滤方式

(1) 深层过滤

当悬浮液中所含颗粒很小，而且含量很少(固相体积分数<0.1%)时，可用较厚的粒状床层做成的过滤介质进行过滤。由于悬浮液中的颗粒尺寸小于床层孔道直径，当颗粒随流体在床层内的曲折孔道中流过时，靠静电力及分子力的作用便附着在孔道壁上。过滤介质床层上面没有滤饼形成。因此，这种过滤称为深层过滤。用砂滤法过滤饮用水是深层过滤的实例。

(2) 滤饼过滤

滤饼过滤是使用织物、多孔材料或膜作为过滤介质，过滤介质只是起着支撑滤饼的作用，过滤介质的孔径不一定要小于最小颗粒的粒径。过滤开始时，部分细小颗粒可以进入甚至穿过介质的小孔而使滤液浑浊，但是颗粒会在孔道中迅速地发生“架桥”现象(见图 3－15)，使小于孔道直径的细小颗粒也能被拦截，故当滤饼开始形成，滤液即变清，此后过滤才能有效地进行。真正起过滤介质作用的是滤饼本身，因此称为滤饼过滤。滤饼过滤适用于处理固体含量较高(固相体积分数在 1%以上)的悬浮液。

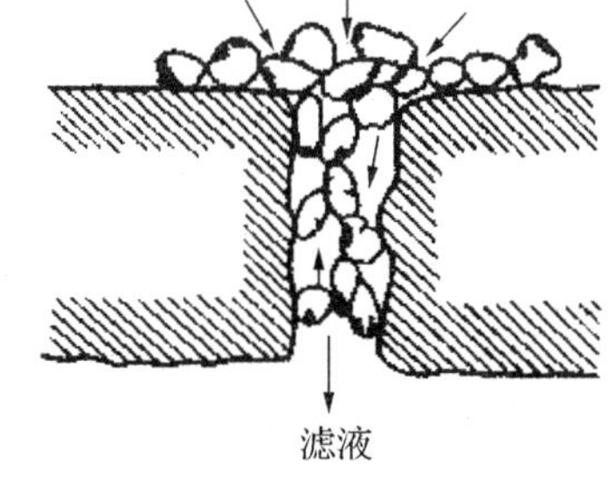

图 3－15　架桥现象

化工中所处理的悬浮液固相浓度一般较高，故本节只讨论滤饼过滤。

2. 过滤介质

过滤介质是过滤操作中用以拦截流体所含固体颗粒并对滤饼起支撑作用的各种多孔性材料。工业上常用的过滤介质包括：

(1) 编织材料，由天然或合成纤维、金属丝等编织而成的滤布和滤网，是工业生产中最常用的过滤介质。此类材料价格便宜，可截留的最小颗粒视网孔大小而定，一般在几到几十微米的范围。用聚酰胺、聚酯或聚丙烯等纤维制成的单缕滤网，质地均匀、耐腐蚀、耐疲劳，正在逐步取代其他织物滤布。

(2) 多孔性固体，包括素瓷、烧结金属或玻璃等。此类材料可截留的最小粒径为 1～3 μm，常用于处理含有少量微小颗粒的悬浮液。

(3) 堆积介质，如砂、砾石、木炭和硅藻土等颗粒状物料，或玻璃棉等非编织纤维的堆积层。一般用于处理固体含量很少的悬浮液，如城市给水等。

近年来，随着微孔滤膜、超滤膜等的研制，能应用于更微小的颗粒的过滤，以获得高度澄清的液体。微孔滤膜和超滤膜已经广泛应用于医药、食品和精细化学品等工业，该部分内容可参见第十章。

3. 滤饼的压缩性和助滤剂

当滤饼两侧的压力差增大时，如果颗粒的形状和颗粒间的空隙都不发生明显变化，单位厚度床层的流动阻力可视为恒定，这类滤饼称为不可压缩滤饼；反之，则称为可压缩滤饼。滤饼的压缩性用压缩性指数 s 衡量，其值在 0～1 之间。

在过滤操作中，为了降低滤饼的流动阻力，增加过滤速率或得到高度澄清的滤液所加入的一种辅助性的粉粒状物质，称为助滤剂。

对助滤剂的基本要求：① 应能形成多孔饼层的刚性颗粒，使滤饼有良好的渗透性及较小的流动阻力；② 应具有化学稳定性，不与悬浮液发生化学反应，也不溶于液相中。常用的助滤剂有硅藻土、珍珠岩、石棉、石墨粉、氧化镁、石膏、活性炭、酸性白土等。其中，硅藻土是应用最广泛的助滤剂。

必须指出，当滤饼是产品时，不能使用助滤剂。

3.4.2 过滤基本方程

过滤过程中，滤饼厚度不断增加，流动阻力逐渐加大，因而过滤过程属于不稳定的流动过程。过滤基本方程描述了过滤速度与其影响因素之间的关系。

1. 过滤速率和过滤速度

单位时间获得的滤液体积称为过滤速率，单位为 m^3/s。过滤速度是单位过滤面积上的过滤速率，单位为 m/s。设过滤面积为 A，过滤时间为 $d\theta$，滤液体积为 dV，则过滤速率应为 $dV/d\theta$，而过滤速度为 $dV/Ad\theta$。

过滤速度实际上是滤液通过滤饼层的流速。考虑到过滤时滤饼层内有很多细微孔道，滤液流过孔道的流速很小，其流动一般属于滞流状态，因此可用式(3-15)的康采尼方程来描述滤液通过滤饼层的流动，即

$$u=\frac{dV}{A d\theta}=\frac{\varepsilon^3}{5a^2(1-\varepsilon)^2}\frac{\Delta p_c}{\mu L} \tag{3-39}$$

式中：V 为滤液体积，m^3；θ 为过滤时间，s；A 为过滤面积，m^2。

2. 滤饼的阻力

对于不可压缩滤饼，滤饼层中的空隙率 ε 可视为常数，颗粒的形状、尺寸也不改变，而比表面 a 亦为常数。式(3-39)中的 $\dfrac{\varepsilon^3}{5a^2(1-\varepsilon)^2}$ 反映了颗粒的特性，其值随物料而不同。若以 r 代表其倒数，则式(3-39)可写成

$$\frac{\mathrm{d}V}{A\mathrm{d}\theta}=\frac{\Delta p_c}{\mu rL}=\frac{\Delta p_c}{\mu R_c} \tag{3-40}$$

$$R_c=rL \tag{3-40a}$$

式中：r 为滤饼的比阻，$1/\mathrm{m}^2$；R_c 为滤饼的阻力，$1/\mathrm{m}$。

式(3-40)中，Δp_c 代表过滤推动力，而 μrL 及 μR 则代表过滤阻力。这是因为，滤液的黏度 μ 越大、滤饼的厚度 L 越厚、滤饼的比阻 r 越大(即滤饼空隙率 ε 越小或比表面积 a 越大)，过滤越困难，阻力越大。由此，式(3-40)可以写为

$$u=\frac{\mathrm{d}V}{A\mathrm{d}\theta}=\frac{\text{过滤推动力}}{\text{过滤阻力}}$$

3. 过滤介质的阻力

以上推导过程仅考虑了滤饼层对过滤的影响，而未考虑过滤介质阻力。为了计算方便，可以把过滤介质阻力折合成厚度为 L_e 的滤饼阻力，即

$$rL_e=R_m \tag{3-41}$$

式中：L_e 为过滤介质的当量滤饼厚度，或称虚拟滤饼厚度，m；R_m 为过滤介质阻力，$1/\mathrm{m}$。

若令过滤介质两侧的压力差为 Δp_m，则仿照式(3-40)可以写出滤液穿过过滤介质层的速度关系式：

$$\frac{\mathrm{d}V}{A\mathrm{d}\theta}=\frac{\Delta p_m}{\mu R_m} \tag{3-42}$$

由于很难划定过滤介质与滤饼之间的分界面，更难测定分界面处的压力，所以过滤操作中总是把过滤介质与滤饼联合起来考虑。

通常，滤饼与滤布的面积相同，所以两层中的过滤速度应相等，则

$$\frac{\mathrm{d}V}{A\mathrm{d}\theta}=\frac{\Delta p_c+\Delta p_m}{\mu(R_c+R_m)}=\frac{\Delta p}{\mu(R_c+R_m)} \tag{3-43}$$

或

$$\frac{\mathrm{d}V}{A\mathrm{d}\theta}=\frac{\Delta p}{\mu(rL+rL_e)}=\frac{\Delta p}{\mu r(L+L_e)} \tag{3-43a}$$

式中：$\Delta p=\Delta p_c+\Delta p_m$，代表滤液通过滤饼层及过滤介质的总压力降即过滤的推动力。并用滤饼阻力与过滤介质阻力之和来表示总阻力。

4. 过滤基本方程式

设每获得单位体积滤液时，被截留在过滤介质上的滤饼体积为 v，则任一瞬间的滤饼的

厚度 L 与当时已经获得的滤液体积 V 之间的关系应为

$$LA=vV$$

则
$$L=\frac{vV}{A} \tag{3-44}$$

式中：v 为滤饼体积与相应的滤液体积之比，量纲为 1，或 m^3 滤饼/m^3 滤液。

同理，如生成厚度为 L_e的滤饼所应获得的滤液体积 V_e表示，则

$$L_e=\frac{vV_e}{A} \tag{3-45}$$

式中：V_e为过滤介质的当量滤液体积，或称虚拟滤液体积，m^3。

于是，式(3-43a)可以写成

$$\frac{dV}{A\,d\theta}=\frac{\Delta p}{\mu r v\left(\dfrac{V+V_e}{A}\right)} \tag{3-46}$$

或
$$\frac{dV}{d\theta}=\frac{A^2\Delta p}{\mu r v(V+V_e)} \tag{3-46a}$$

若需要考虑到滤饼的可压缩性，应计入比阻 r 随过滤压力的变化。通常可借用下面的经验公式来粗略估算压力差增大时比阻的变化，即

$$r=r'(\Delta p)^s \tag{3-47}$$

式中：r'为单位压力差下滤饼的比阻，$1/m^2$；Δp 为过滤压力差，Pa；s 为滤饼的压缩性指数，量纲为 1。可压缩滤饼的 s 为 0.2～0.8；对于不可压缩滤饼，$s=0$。

将式(3-47)代入式(3-46a)，得到

$$\frac{dV}{d\theta}=\frac{A^2\Delta p^{1-s}}{\mu r' v(V+V_e)} \tag{3-48}$$

式(3-48)称为过滤基本方程式，表示过滤进程中任一瞬间的过滤速率与各有关因素间的关系，是过滤计算及强化过滤操作的基本依据。

要想用过滤速率方程式(3-48)求出过滤时间 θ 与滤液量 V 之间的关系式，还需要依据具体操作情况进行积分运算。

3.4.3 恒压过滤

若过滤操作是在恒定压力差下进行的，则称为恒压过滤。恒压过滤是最常见的过滤方式。恒压过滤时滤饼不断变厚，致使阻力逐渐增大，但推动力 Δp 恒定，因而过滤速率逐渐变小。

对于一定的悬浮液，若 μ、r'及 v 皆可视为常数，令

$$k=\frac{1}{\mu r' v} \tag{3-49}$$

式中：k 为表征过滤物料特性的常数，$m^2/(Pa\cdot s)$。

将式(3-49)代入式(3-48)，得

$$\frac{\mathrm{d}V}{\mathrm{d}\theta}=\frac{kA^2\Delta p^{1-s}}{V+V_e} \tag{3-50}$$

恒压过滤时，压力差 Δp 不变，k、A、s 都是常数。再令

$$K=2k\Delta p^{1-s} \tag{3-51}$$

则式(3-51)变为

$$\frac{\mathrm{d}V}{\mathrm{d}\theta}=\frac{KA^2}{2(V+V_e)} \tag{3-52}$$

对式(3-52)积分，可以得到 V 与 θ 的关系，即

$$\int_0^V (V+V_e)\mathrm{d}V=\frac{1}{2}KA^2\int_0^\theta \mathrm{d}\theta$$

得到

$$V^2+2V_eV=KA^2\theta \tag{3-53}$$

式(3-53)称为恒压过滤方程式，它表明恒压过滤时滤液体积 V 与过滤时间 θ 的关系。

以单位过滤面积为基准，即 $q=\dfrac{V}{A}$，$q_e=\dfrac{V_e}{A}$，得

$$q^2+2q_eq=K\theta \tag{3-53a}$$

式中：q 为单位过滤面积获得的滤液体积，m^3/m^2；θ 为过滤时间，s；q_e为过滤常数，为单位过滤面积获得的虚拟滤液体积（与过滤介质阻力对应），m^3/m^2；K 为过滤常数，m^2/s。

当过滤介质阻力可以忽略时，$V_e=0$，$q_e=0$，则式(3-53)简化为

$$V^2=KA^2\theta \tag{3-54}$$

$$q^2=K\theta \tag{3-54a}$$

式(3-53a)、式(3-54)和式(3-54a)也称为恒压过滤方程式。

恒压过滤方程式中的 K、V_e与 q_e总称过滤常数，其值由实验测定。

例 3-4　某间歇过滤机在恒压下过滤某悬浮液，30 min 后获滤液 5.20 m^3，过滤介质阻力可忽略。(1) 当过滤进行到 1 h 时，可获得多少滤液？(2) 该瞬间的过滤速率为多少？

解　(1) 由恒压过滤基本方程：

$$V^2+2V_eV=KA^2\theta$$

如果忽略过滤介质阻力，$V_e=0$，上述方程变为

$$V^2=KA^2\theta$$

代入数据可得：$5.2^2=KA^2\times 30$

解得：$KA^2=0.901\ m^6/min=0.0150\ m^6/s$

当过滤进行到 1 h 时，可获得滤液体积：$V=\sqrt{KA^2\theta}=\sqrt{\dfrac{5.2^2}{30}\times 60}\ m^3=7.35\ m^3$

(2) 对 $V^2=KA^2\theta$ 微分：

$$2V\mathrm{d}V=KA^2\mathrm{d}\theta$$

该瞬间的过滤速率 $\frac{dV}{d\theta}=\frac{KA^2}{2V}=\frac{0.0150}{2\times 7.35}\ m^3/s=0.00102\ m^3/s$

3.4.4 恒速过滤与先恒速后恒压过滤

1. 恒速过滤

若过滤时保持过滤速度不变，则过滤过程为恒速过程。由过滤特点可知，随着过滤的进行，滤饼越来越厚即阻力越来越大，要保持过滤速度恒定，必须不断地提高过滤压力。

恒速过滤时的过滤速度为

$$\frac{dV}{A\,d\theta}=\frac{V}{A\theta}=\text{常数} \tag{3-55}$$

代入式(3-52)中得

$$V^2+VV_e=\frac{K}{2}A^2\theta \tag{3-56}$$

或

$$q^2+qq_e=\frac{K}{2}\theta \tag{3-56a}$$

若过滤介质阻力可忽略不计，则式(3-56)和(3-56a)分别简化为

$$V^2=\frac{K}{2}A^2\theta \tag{3-57}$$

$$q^2=\frac{K}{2}\theta \tag{3-57a}$$

2. 先恒速后恒压过滤

工业上，对不可压缩滤饼进行恒速过滤时，其操作压力差随过滤时间呈直线增高，所以实际上很少采用将恒速过滤进行到底的操作方法，而采用先恒速后恒压的复合式操作方法。

如果在恒速阶段结束时获得滤液量为 V_R，相应的过滤时间为 θ_R，此后在恒定压差 Δp 下开始进行恒压过滤，若恒压过滤一段时间后得到的累积总滤液量为 V，累积操作总过滤时间为 θ，则对于恒压阶段的 V-θ 关系，仍可以用过滤基本方程式(3-50)求得，即

$$\frac{dV}{d\theta}=\frac{kA^2\Delta p^{1-s}}{V+V_e}$$

或

$$(V+V_e)dV=kA^2\Delta p^{1-s}d\theta$$

时间从 θ_R 到 θ，滤液量从 V_R 到 V 积分，得

$$\int_{V_R}^{V}(V+V_e)dV=kA^2\Delta p^{1-s}\int_{\theta_R}^{\theta}d\theta$$

将式(3-51)代入，得

$$(V^2-V_R^2)+2V_e(V-V_R)=KA^2(\theta-\theta_R) \tag{3-58}$$

式(3-58)为恒压阶段的过滤方程，式中 $V-V_R$、$\theta-\theta_R$ 分别代表转入恒压操作后所获得的滤液体积及所经历的过滤时间。

3.4.5　过滤常数的测定

在某指定的压力差下对一定料浆进行恒压过滤时，式(3－53)中的过滤常数 K、$V_e(q_e)$ 可通过恒压过滤实验测定。

将恒压过滤方程式(3－53a)变换为

$$\frac{\theta}{q}=\frac{1}{K}q+\frac{2}{K}q_e \tag{3-59}$$

上式表明$\frac{\theta}{q}$与q 呈直线关系，直线的斜率为 $\frac{1}{K}$，截距为$\frac{2}{K}q_e$。实验中记录下不同过滤时间 θ 内的单位面积滤液量 q，在直角坐标系中绘 $\frac{\theta}{q}$ 与 q 间的函数关系，可得一条直线，由其斜率 $\left(\frac{1}{K}\right)$ 及截距 $\left(\frac{2}{K}q_e\right)$ 的数值即可求得 K 与 q_e。

在过滤实验条件比较困难的情况下，只要能够获得指定条件下的过滤时间与滤液量的两组对应数据，也可计算出 3 个过滤常数，因为

$$q^2+2q_eq=K\theta$$

此式中只有 K、q_e两个未知量。将已知的两组 $q-\theta$ 对应数据代入该式，便可解出 q_e及 K。但是，如此求得的过滤常数，可靠程度不高。

用上述方法还可测出不同恒压差 Δp 下的 K 值，再根据 K 与 Δp 的关系式(3－51)，有

$$\lg K=(1-s)\lg(\Delta p)+\lg(2k) \tag{3-60}$$

因 $k=\frac{1}{\mu r'v}$＝常数，故 $\lg K$ 与 $\lg \Delta p$ 呈直线关系，由直线的斜率可求出压缩性指数 s。

例 3－5　某悬浮液在恒定压差 120 kPa 及 20℃ 下进行过滤，过滤面积为 0.05 m^2。实验数据列于表 3－1 中，求此压差下的过滤常数 K 和 q_e。

表 3－1　恒压过滤实验中的 $V-\theta$ 数据

过滤时间 θ/s	5.8	15.2	28.6	44.7	65.3	89.5
滤液体积 V/L	0.5	1.0	1.5	2.0	2.5	3.0

解　利用 $q=V/A$，将表 3－1 中数据整理成表 3－2 如下：

表 3－2　$(\theta/q)-q$ 数据

θ/s	5.8	15.2	28.6	44.7	65.3	89.5
$q/(m^3/m^2)$	0.01	0.02	0.03	0.04	0.05	0.06
$(\theta/q)/(s/m)$	580.0	760.0	953.0	1117.5	1306.0	1491.7

将 θ/q 与 q 关系利用 Origin 软件绘图见 3－16，得一直线，其回归方程为 $y=398.6+$

18174.3x，得

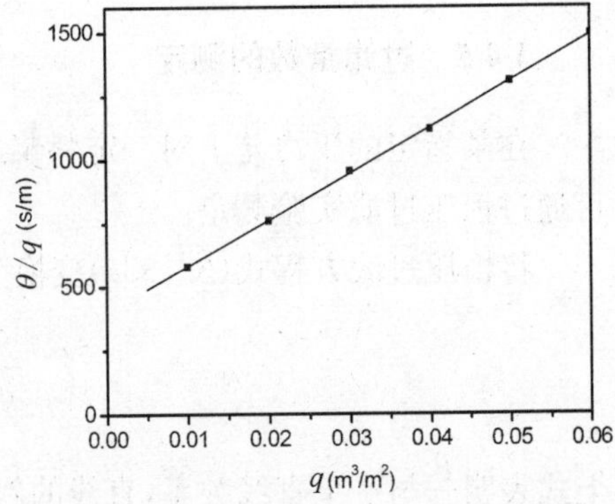

图 3-16　例 3-5 附图

$$\text{斜率}\frac{1}{K}=18174.3$$

$$\text{截距}\frac{2q_e}{K}=398.6$$

因此，$K=5.50\times10^{-5}\ \mathrm{m^2/s}$

$$q_e=\frac{K}{2}\times398.6=0.011\mathrm{m^3/m^2}。$$

3.4.6　过滤设备

工业上应用最广泛的过滤设备是以压差为推动力的过滤机，典型的有压滤机、叶滤机（两者均为间歇式）和转筒真空过滤机（为连续式）。

1. 板框压滤机

板框压滤机历史悠久，至今仍沿用不衰。如图 3-17 所示，它由多块带凹凸纹路的滤板和滤框交替排列组装于机架上而构成。滤板和滤框一般为正方形，如图 3-18 所示，板和框的角端均开有圆孔，装合、压紧后即构成供滤浆、滤液或洗涤液流动的通道。框的两侧覆以四角开孔的滤布，空框与滤布围成了容纳滤浆及滤饼的空间。滤板又分为洗涤板与过滤板两种，为了便于区别，常在板、框外侧铸有小钮或其他标志，通常，过滤板为一钮，框为二钮，洗涤板为三钮。装合时即按钮数以 1—2—3—2—1—2……的顺序排列板与框。压紧装置的驱动可用手动、电动或液压传动等方式。

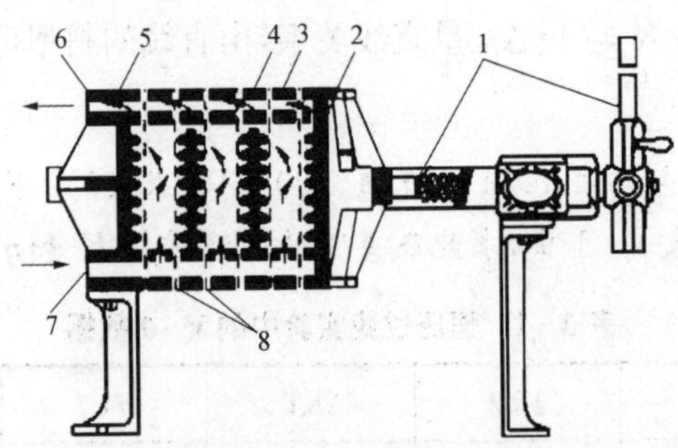

1—压紧装置；2—可动头；3—滤框；4—滤板；5—固定头；6—滤液出口；7—滤浆进口；8—滤布

图 3-17　卧式板框压滤机

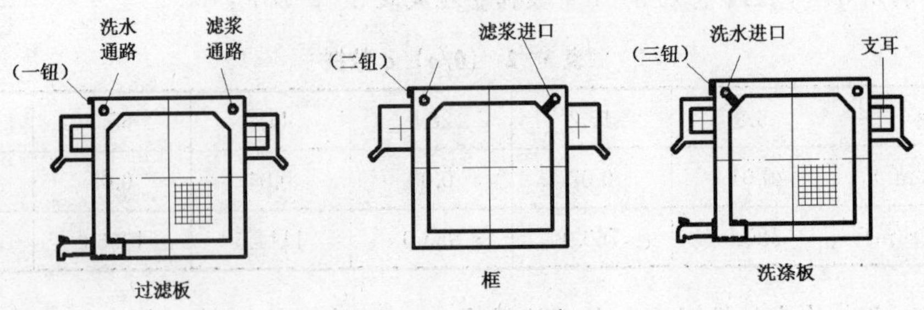

图 3-18　滤板和滤框

过滤时，悬浮液在指定的压力下经滤浆通道由滤框角端的暗孔进入框内，滤液分别穿过两侧滤布，再经邻板板面流至滤液出口排走，固体则被截留于框内，如图 3－19(a)所示，待滤饼充满滤框后，即停止过滤。滤液的排出方式有明流和暗流之分。若滤液经由每块滤板底部侧管直接排出(图 3－19)，则称明流；若滤液不宜暴露于空气中，则需将各板流出的滤液汇集于总管后送走(图 3－17)，称为暗流。

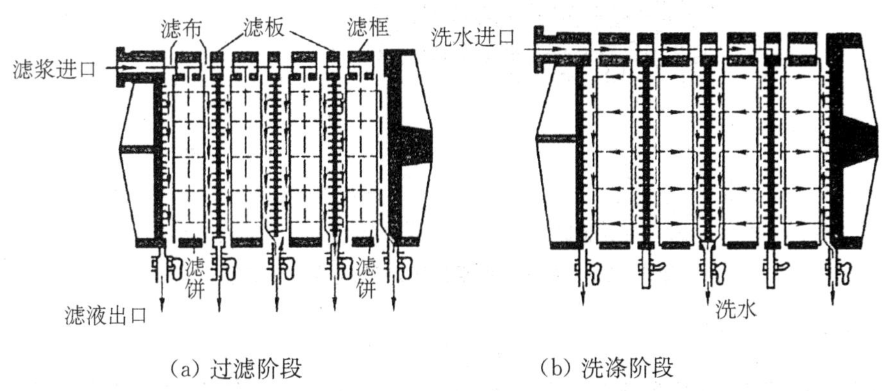

(a) 过滤阶段　　(b) 洗涤阶段

图 3－19　板框压滤机内液体流动路径

如果滤饼需要洗涤(采用横穿洗涤法)，可将洗水压入洗水通道，经洗涤板角端的暗孔进入板面与滤布之间。此时，应关闭洗涤板下部的滤液出口，洗水便在压强差推动下穿过一层滤布及整个厚度的滤饼，然后再横穿另一层滤布，最后由过滤板下部的滤液出口排出，如图 3－19(b)所示。在此阶段中，洗涤板下角的滤液出口阀门关闭。洗涤阶段结束后，拉开板框，卸出滤饼，清洗滤布及板、框，然后重新装合，进入下一个操作循环。

板框压滤机的操作表压一般在 $3\times10^5 \sim 15\times10^5$ Pa 的范围内。

板框压滤机结构简单，价格低廉，占地面积较小，过滤面积较大，并可根据需要增减滤板的数量，因而应用广泛。它对物料的适应能力较强，由于操作压力高，对颗粒细小而液体黏度较大的料浆也能适用。它的主要缺点是间歇操作，生产效率低，劳动强度大，只适用于小规模生产。近来，各种自动操作板框压滤机的出现，使上述缺点在一定程度上得到改善。

2. 加压叶滤机

叶滤机也是间歇操作设备。图 3－20 所示的加压叶滤机是由许多不同宽度的长方形滤叶装合而成。滤叶由金属多孔板或金属网制造，内部具有空间，外罩滤布。过滤时滤叶安装在能承受内压的密闭机壳内。滤浆用泵压送到机壳内，滤液穿过滤布进入叶内，汇集至总管后排出机外，颗粒则积于滤布外侧形成滤饼。滤饼的厚度通常为 5～35 mm，根据滤浆性质及操作情况而定。

若滤饼需要洗涤，则于过滤完毕后通过洗水，洗水的路径与滤液相同，这种洗涤方法称为置换洗涤法。洗涤过后打开机壳上盖，拔出滤叶卸除滤饼。

加压叶滤机的优点是密闭操作，改善了操作条件；过滤速度大，洗涤效果好。缺点是造价高，更换滤布比较麻烦。

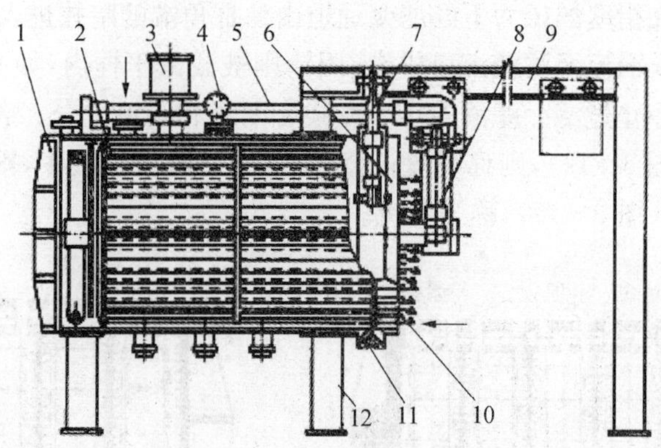

1—滤筒；2—滤叶；3—阻液排气阀；4—压力表；5—拉出油缸；6—头盖；
7—锁紧油缸；8—倒渣油缸；9—支架；10—试镜阀；11—快开机构；12—底座

图 3-20　快开式水平加压叶滤机结构示意图

3. 转筒真空过滤机

转筒真空过滤机(又称奥氏过滤机)是工业上应用较广的连续操作的过滤机械。设备的主体是转筒，转速约为 0.1～3 r/min。转筒表面有一层金属网，网上覆盖滤布，筒的下部浸入滤浆中，如图 3-21 所示。沿着转筒的周边分布有若干个(一般为 12、14、16)小过滤室，每个室分别于转筒端面圆盘上的一个孔用细管连通。此圆盘随着转筒旋转，因此称为转动盘。转动盘与安装在支架上的固定盘之间的接触面通过弹簧力紧密配合，保持密封。固定盘表面上有 3 个长短不同的圆弧凹槽，分别与滤液排出管(真空管)、洗水排出管(真空管)及空气吸进管相通。转动盘与固定盘(合称为分配头)配合能使过滤机转筒的各个小过滤室分配到固定盘上的 3 个凹槽上。由于分配头的作用，转筒旋转时，各小过滤室依次分别与滤液排出管、洗水排出管及空气吸进管相通。因而在回转一周的过程中，每个小过滤室可依次进行过滤、洗涤、吸干、吹松、卸饼等项操作。如此连续运转，整个转筒表面便构成了连续的过滤操作。

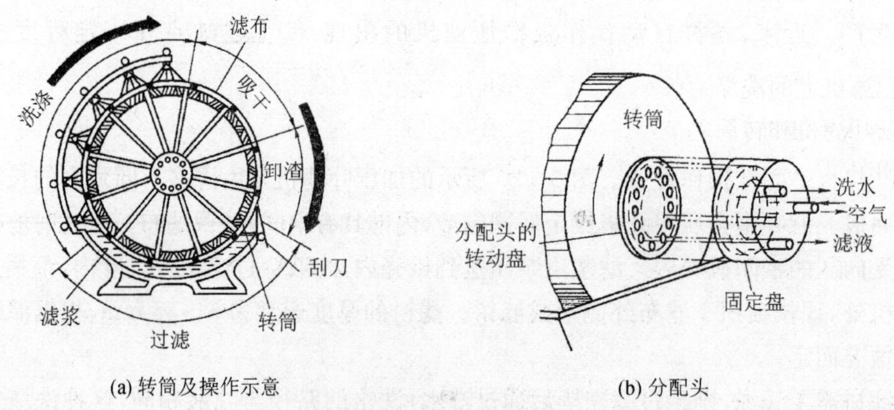

(a) 转筒及操作示意　　(b) 分配头

图 3-21　转筒真空过滤机操作示意图

转筒真空过滤机能连续自动操作，节省人力，生产能力大，特别适宜于处理量大而容易过滤的料浆，对难于过滤的胶体物系或细微颗粒的悬浮物，若采用预涂助滤剂措施也比较方便。但由于在真空下操作，过滤推动力有限，尤其不能过滤温度较高（饱和蒸气压高）的滤浆，滤饼的洗涤也不充分。

近年来，过滤设备和新过滤技术不断涌现，有些已经在大型生产中获得很好的效益，读者可参阅有关专著。

3.4.7　滤饼洗涤

滤饼洗涤时，因为洗涤液（通常是水）里不含固相，洗涤过程中滤饼厚度不变，所以洗涤时的流动阻力不变，在恒定的压强差推动下，洗涤速率基本为常数。

单位时间内消耗的洗水体积称为洗涤速率，以 $\left(\frac{dV}{d\theta}\right)_w$ 表示。若每次过滤终了以体积为 V_w 的洗水洗涤滤饼，则所需洗涤时间为

$$\theta_w = \frac{V_w}{\left(\frac{dV}{d\theta}\right)_w} \tag{3-61}$$

式中：V_w 为洗水用量，m^3；θ_w 为洗涤时间，s。

当洗涤推动力与过滤终了时的压力差相同，并假设洗水黏度与滤液黏度相近，则洗涤速率 $\left(\frac{dV}{d\theta}\right)_w$ 与过滤终了时的过滤速率 $\left(\frac{dV}{d\theta}\right)_E$ 有一定关系，这个关系取决于过滤设备采用的洗涤方式。

对于板框压滤机，采用的是横穿洗涤法，洗涤液所穿过的滤饼厚度是最终过滤时滤液所通过的厚度的两倍，而供洗涤液流通的面积却只有过滤面积的一半，即

$$(L+L_e)_w = 2(L+L_e)_E,\ A_w = \frac{1}{2}A$$

将以上关系代入过滤基本方程式（式中下标 E 表示过滤终了时刻），可得

$$\left(\frac{dV}{d\theta}\right)_w = \frac{1}{4}\left(\frac{dV}{d\theta}\right)_E = \frac{KA^2}{8(V+V_e)} \tag{3-62}$$

即板框压滤机上的洗涤速率约为过滤终了时过滤速率的四分之一。

对于叶滤机和转筒真空过滤机，所采用的是置换洗涤法，洗水与过滤终了时的滤液流过的路径相同，故

$$(L+L_e)_w = (L+L_e)_E$$

而且洗涤面积与过滤面积也相同，故洗涤速率等于过滤终了时的过滤速率，即

$$\left(\frac{dV}{d\theta}\right)_w = \left(\frac{dV}{d\theta}\right)_E = \frac{KA^2}{2(V+V_e)} \tag{3-63}$$

式中：V 为过滤终了时所得滤液体积，m^3。

例 3-6　某板框过滤机在恒压下操作，过滤阶段的时间为 2 h，已知第 1 h 过滤得8 m^3 滤液，滤饼不可压缩，滤布阻力可忽略。

(1) 第 2 h 可得多少过滤液？

(2) 过滤 2 h 后用 2 m^3 清水(黏度与滤液相近)，在同样压力下对滤饼进行横穿洗涤，求洗涤时间。

解 (1) 将 $V_1=8\ m^3$，$\theta_1=1\ h$ 代入 $V^2=KA^2\theta$，得 $KA^2=64$

所以 $\Delta V=V_2-V_1=\sqrt{KA^2\theta_2}-8\ m^3=\sqrt{64\times2}\ m^3-8\ m^3=3.31\ m^3$

(2) 将 $V_e=0$，$V_2=8\ m^3+3.31\ m^3=11.31\ m^3$ 代入过滤基本方程 $\dfrac{dV}{d\theta}=\dfrac{KA^2}{2(V+V_e)}$，得

$$\left(\frac{dV}{d\theta}\right)_E=\frac{KA^2}{2V_2}=\frac{64}{2\times11.31}\ m^3/h=2.83\ m^3/h$$

所以
$$\left(\frac{dV}{d\theta}\right)_w=\frac{1}{4}\left(\frac{dV}{d\theta}\right)_E=\frac{2.83}{4}\ m^3/h=0.71\ m^3/h$$

故
$$\theta_w=\frac{V_w}{\left(\dfrac{dV}{d\theta}\right)_w}=\frac{2}{0.71}\ h=2.83\ h$$

3.4.8 过滤机的生产能力

过滤机的生产能力通常是指单位时间获得的滤液体积，少数情况下也有按滤饼的产量来计算的。

1. 间歇过滤机的生产能力

间歇过滤机的一个操作周期包括过滤时间 θ、洗涤时间 θ_w、卸渣、清理、装合等辅助时间 θ_D，即

$$T=\theta+\theta_w+\theta_D$$

式中：T 为一个操作循环的时间，即操作周期，s。

生产能力的计算式为

$$Q=\frac{V}{T}=\frac{V}{\theta+\theta_w+\theta_D} \tag{3-64}$$

式中：V 为一个操作循环内所获得的滤液体积，m^3；Q 为生产能力，m^3/s。

例 3-7 板框过滤机的滤框长、宽、厚分别为 800 mm、800 mm 和 250 mm，总框数为 30 个，用此板框过滤机恒压过滤某水悬浮液，过滤 3 h 后滤饼充满滤框，共获得滤液体积 3 m^3，滤饼洗涤时间和卸渣整理等辅助时间之和为 1 h。假设介质阻力忽略不计，滤饼不可压缩。求：

(1) 过滤常数 K 为多少 m^2/s？

(2) 该过滤机生产能力为多少(m^3 滤液/h)？

(3) 过滤压差增大一倍，当滤饼充满滤框时，其他条件(物性、洗涤及辅助时间之和)不变，求此时过滤机的生产能力为多少(m^3 滤液/h)？

解 (1) 过滤面积 $A=0.8\times0.8\times2\times30\ m^2=38.4\ m^2$

介质阻力可忽略不计，则 $V_e=0$，$q_e=0$，于是有

$$V^2=KA^2\theta$$

代入数据可得 $3^2=K\times38.4^2\times3\times3600$，解得

$$K=5.65\times10^{-7}\ m^2/s$$

(2) 生产能力：

$$Q=\frac{V}{T}=\frac{V}{\theta+\theta_w+\theta_D}=\frac{3}{3+1}\ m^3/h=0.75\ m^3/h$$

(3) 过滤压差增加一倍，则

$$\Delta p'=2\Delta p$$

由于 $K=2k\Delta p^{1-s}$，即 $K\propto\Delta p^{1-s}$，$s=0$(不可压缩)

可得 $K\propto\Delta p$，$K'=K\left(\frac{\Delta p'}{\Delta p}\right)=2K$

因为在原板框过滤机过滤，悬浮液浓度未变，当 $n=30$ 板框充满滤饼时，所得滤液量不变仍为 $V=3\ m^3$，所以有 $V^2=K'A^2\theta'$，$V^2=KA^2\theta$，则

$$\frac{\theta'}{\theta}=\frac{K}{K'}=\frac{K}{2K}=\frac{1}{2}$$

$$\theta'=\frac{1}{2}\theta=1.5\ h$$

于是 $Q'=\frac{V}{T}=\frac{V}{\theta+\theta_w+\theta_D}=\frac{3}{1.5+1}\ m^3/h=1.2\ m^3/h$

2. 连续过滤机的生产能力

以转筒真空过滤机为例，连续过滤机的特点是过滤、洗涤、卸饼等操作在转筒表面的不同区域内同时进行。转筒表面浸入滤浆中的分数称为浸没度，以 ψ 表示，即

$$\psi=\frac{\text{浸没角度}}{360°} \tag{3-65}$$

因转筒以匀速运转，其操作周期就是转筒旋转一周所经历的时间。设转筒的转数为每分钟 n 次，则操作周期为

$$T=60/n$$

在此时间内，整个转筒表面上任何一小块过滤面积所经历的过滤时间 θ 为转筒回转一周所用时间 T 与浸没度 ψ 的乘积，即

$$\theta=\psi T=\frac{60\psi}{n} \tag{3-66}$$

从过程效果看，转筒回转一周即相当于间歇过滤机的一个操作周期。由恒压过滤方程可知，转筒每转一周所得的滤液体积为

$$V=\sqrt{KA^2\theta+V_e^2}-V_e=\sqrt{KA^2\frac{60\psi}{n}+V_e^2}-V_e \tag{3-67}$$

则每小时所得滤液体积，即生产能力为

$$Q=\frac{V}{T}=60nV=60\left(\sqrt{60KA^2\psi n+V_e^2n^2}-V_en\right) \tag{3-68}$$

当滤布阻力可以忽略时，$\theta_e=0$，$V_e=0$，则上式简化为

$$Q=60n\sqrt{KA^2\frac{60\psi}{n}}=465A\sqrt{Kn\psi} \tag{3-68a}$$

可见，连续过滤机的转速愈高，生产能力也愈大。但若旋转过快，每一周期中的过滤时间便缩至很短，使滤饼太薄，难于卸除，且功率消耗增大。合适的转速需经实验决定。

例 3-8 常温下用一小型压滤机以一定的操作压力对某悬浮液进行过滤实验，测得物料特性常数 $k=2.55\times10^{-9}\ \mathrm{m^2/(s\cdot Pa)}$。现采用一台直径和长度都为 1 m 的转筒真空过滤机进行常温生产，转筒每 2 min 转一周，浸没度为 0.3，操作真空度为 80 kPa，已知滤饼不可压缩，介质阻力可忽略。试求：

(1) 生产条件下的过滤常数 K；

(2) 转筒过滤机的生产能力($\mathrm{m^3}$ 滤液/h)。

解 (1) 因为 $s=0$，$\Delta p=80$ kPa

所以 $K=2k\Delta p^{1-s}=2\times2.55\times10^{-9}\times80\times10^3=4\times10^{-4}\ \mathrm{m^2/s}$

(2) $A=\pi dl=3.14\times1\times1\ \mathrm{m^2}=3.14\ \mathrm{m^2}$

转筒旋转一周其全部面积浸入液槽中的时间，即过滤时间 θ 与操作周期、浸没度有以下关系：

$$\theta=\frac{60\psi}{n}=\frac{60\times0.3}{0.5}\ \mathrm{s}=36\ \mathrm{s}$$

介质阻力忽略不计，故转筒旋转一周所得的滤液量

$$V=A\sqrt{K\theta}=3.14\sqrt{4\times10^{-4}\times36}\ \mathrm{m^3}=0.377\ \mathrm{m^3}$$

$$Q=60nV=60\times0.5\times0.377\ \mathrm{m^3/h}=11.31\ \mathrm{m^3/h}$$

§ 3.5 固体流态化

固体流态化，又称假液化，它是利用流动流体的作用，将固体颗粒群悬浮起来，从而使固体颗粒具有某些流体表观特征，这种状态称为固体物料的流态化。固体流态化可以强化流体和固体之间的相互作用，或使固体颗粒像流体一样用管道输送。化学工业中经常使用固体流态化技术实现某些化学反应、物理加工乃至颗粒的输送等过程。

3.5.1 流态化的基本概念

1. 流态化现象

当流体自下而上流过颗粒床层时，随着流速的加大，会出现三种不同的情况。

(1) 固定床阶段

若床层空隙中流体的实际速度 u 小于颗粒的沉降速度 u_t，则颗粒基本上静止不动，颗粒层为固定床，如图 3-22(a)所示。

(2) 流化床阶段

当流体的速度增大至一定程度时，颗粒开始松动，颗粒位置也在一定的区间内进行调整，床层略有膨胀，但颗粒仍不能自由运动，这时床层处于起始或临界流化状态。如果流体的流速升高到使全部颗粒刚好悬浮于向上流动的流体中而能做随机运动，此时流体与颗粒之间的摩擦阻力恰好与其净重力相平衡。此后，床层高度 L 将随流速提高而升高，这种床层称为流化床。流化床阶段，每一个空塔速度对应一个相应的床层空隙率，流体的流速增加，空隙率也增大，但流体的实际流速总是保持颗粒的沉降速度 u_t 不变，且原则上流化床有一个明显的上界面，如图 3-22(b)所示。

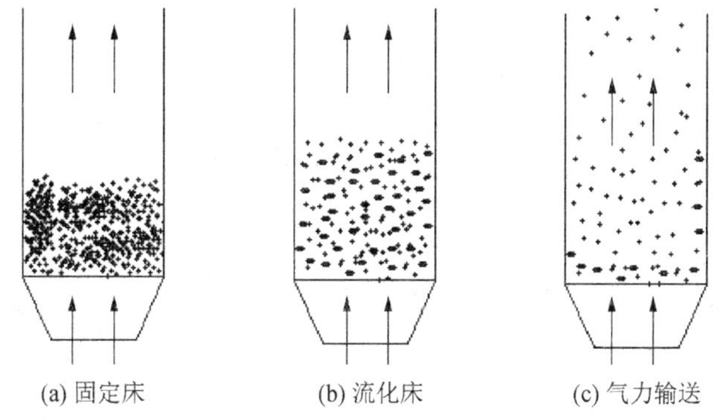

图 3-22 流态化过程的几个阶段

(3) 颗粒输送阶段

当流体在床层中的实际流速超过颗粒的沉降速度 u_t 时，流化床的上界面消失，颗粒将悬浮在流体中并被带出器外，如图 3-22(c)所示。此时，实现了固体颗粒的气力或液力输送，相应的床层称为稀相输送床层。

2. 两种不同的流化形式

(1) 散式流化(亦称均匀流化)

在流化过程中，流化床内固体颗粒均匀分布在流动流体中，并在各个方向上做随机运动，床层中各部分密度几乎相等，床层上界面平稳而清晰，这种现象被称为散式流化。通常两相密度差小的体系易形成散式流化，以液体为流化介质流化固体散料的液固流化系统多为"散式流化"。

(2) 聚式流化

颗粒在床层的分布不均匀，床层呈现两相结构：一相是颗粒浓度与空隙率分布较为均匀且接近初始流态化状态的连续相，称为乳化相；另一相则是以气泡形式夹带少量颗粒穿过床层向上运动的不连续的气泡相。聚式流化出现在流-固密度差较大的体系，如气-固流化床。在聚式流化中，超过流化所需最小气量的那部分气体以气泡形式通过颗粒层，上升至床层上界面时即行破裂，这不仅造成床层界面的较大起伏、压降的波动；更大的不利是以气泡的形式快速通过床层的气体与颗粒接触甚少，而乳化相中的气体因流速低，与颗粒接触时间太长，由此造成了气-固接触不均匀。

聚式流化流化床中有以下两种不正常现象：

① 腾涌现象

如果床层高度与直径的比值过大，气速过高时，就会发生气泡合并成为大气泡的现象。当气泡直径大到与床径相等，将床层分为几段，变成一段气泡和一段颗粒的相互间隔状态。此时颗粒层被气泡像活塞一样向上推动，达到一定高度后气泡破裂，引起部分颗粒的分散下落。腾涌发生时，床层的均匀性被破坏，使气-固之间接触不良，并使床层受到冲击，发生震动，损坏内部的构件，加剧颗粒的磨损与带出。

在床层过高时，可以增设挡板以破坏气泡的长大，避免腾涌发生。

② 沟流现象

在大直径床层中，由于颗粒堆积不匀或气体初始分布不良，可在床层内局部地方形成沟流。此时，大量气体通过局部地区的通道上升，而床层的其余部分则处于固定床状态而未被流化(死床)。发生沟流现象后，床层密度不均匀且气、固相接触不良，不利于气、固两相间的传热、传质和化学反应。

沟流现象产生的原因主要与颗粒特性和气体分布板的结构有关。下列情况容易产生沟流：颗粒的粒度很细(粒径小于 40 μm)、密度大且气速很低时；潮湿的物料和易于黏结的物料；气体分布板设计不好，布气不均，如孔太少或各个风帽阻力大小差别较大。

对物料预先进行干燥并适当加大气速，合理设计分布板等措施对消除沟流都是有效的。

3.5.2 流化床的主要特征

1. 类似液体的特点

在流化床阶段，床层有一明显的上界面，气-固系统的密相流化床，看起来很像沸腾着的液体，并且在很多方面都是呈现类似液体的性质。例如，当容器倾斜，床层上表面保持水平，如图 3－23(a)所示；两床层连通，它们的床面能自行调整至同一水平面，如图 3－23(b)所示；床层中任意两点压差可以用液柱压差计测量，如图 3－23(c)所示；流化床层也像液体一样具有流动性，如容器壁面开孔，颗粒将从孔口喷出，并可像液体一样由一个容器流入到另一个容器中，如图 3－23(d)所示，这一性质使流化床在操作中能够实现固体的连续加料和卸料。

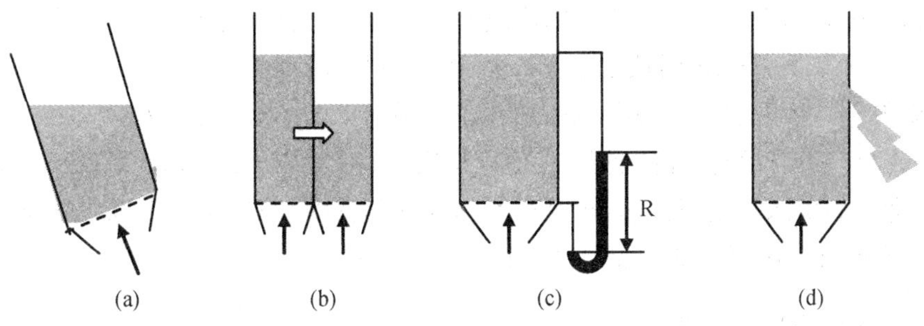

图 3-23　流化床类似于液体的特性

2. 流化床中的两相流动

流化床内流体与颗粒的运动比较复杂。以圆柱形流化管为例，一般在同一截面各处的流体速度不完全相同，流速大的流体将颗粒托举上升，然后在重力胜过升举力的地方颗粒下降。就总体趋势而言，颗粒总是这样上下做往复循环运动。同时，颗粒还有杂乱无章的不规则运动。这两种运动造成颗粒的轴向混合，特别是床高与床径之比较小时，循环运动和混合现象更为激烈。随着颗粒的循环，部分流体也有相应的循环和混合现象。床层内的轴向混合，使得床内各处温度或浓度均匀一致，避免局部过热，促进反应顺利进行。

3. 恒定的压力降

床层一旦流化，全部颗粒处于悬浮状态。对床层作受力分析并应用动量守恒定律，不难求出流化床的床层压降为

$$\Delta p_f = \frac{m}{A\rho_s}(\rho_s - \rho)g \qquad (3-69)$$

式中：A 为空床截面积，m^2；m 为床层颗粒的总质量，kg；ρ_s、ρ 分别为颗粒与流体的密度，kg/m^3。

由式(3-69)可知，流化床的压力降等于单位面积床层净重力（即重量－浮力），它与气速无关而始终保持定值，在图 3-24 中可用一水平线表示，如 BC 段所示。BC 线近水平而右端略为向上倾斜，这是由于流体与器壁及分布板之间的摩擦阻力随气速增大而造成的。

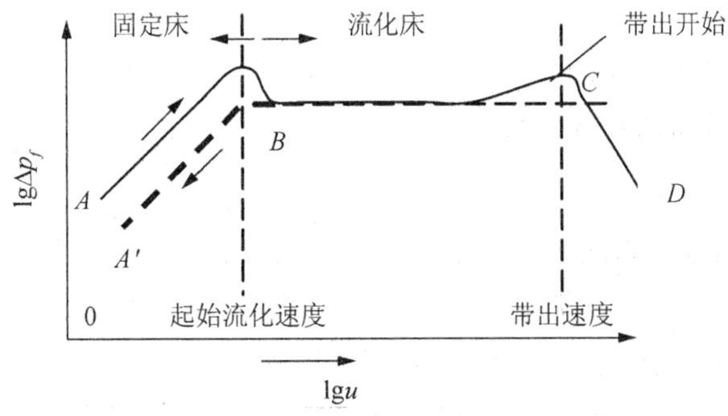

图 3-24　流化床压降与气速的关系

图中 AB 段为固定床阶段，由于流体在此阶段流速较低，通常处于层流状态，压降与表观流速成正比，AB 段应是斜率为 1 的直线。$A'B$ 段表示从流体床回复到固定床时的压降

变化关系，因颗粒由上升气流中落下所形成的床层较人工装填的疏松一些，因而压降也低一些，所以 $A'B$ 线段位于 AB 线段之下。CD 段向下倾斜，表示此时颗粒开始为上升气流所带走，床内颗粒量减少，因而平衡颗粒重力所需的压降不断下降，直至颗粒全部被带走。

根据流化床具有恒定压降的特点，在流化床操作时可以通过测量床层压降来判断床层流化的优劣。如果床内出现腾涌，压降有大幅度的起伏波动；如果床内发生沟流，存在局部未流化的死床，则压降较正常时低。

3.5.3 流化床的操作范围

要使固体颗粒床层在流化状态下操作，必须使气速高于临界流速 u_{mf}，而最大气速又不得超过颗粒的沉降速度，以免颗粒被气流带走。

1. 临界流化速度 u_{mf}

$$u_{mf}=\frac{(\Phi_s d_e)^2(\rho_s-\rho)g}{150\mu}\frac{\varepsilon_{mf}^3}{1-\varepsilon_{mf}} \tag{3-70}$$

式中：d_e 为颗粒的等体积当量直径，m；ε_{mf} 为床层的起始流化空隙率；Φ_s 为颗粒的球形度。

但是，ε_{mf} 和 Φ_s 的可靠数据很难获得，实验发现，对工业常见颗粒 $\frac{1-\varepsilon_{mf}}{\Phi_s^2\varepsilon_{mf}^3}\approx 11$，于是

$$u_{mf}=\frac{d_e^2(\rho_s-\rho)g}{1650\mu} \tag{3-71}$$

对非均匀颗粒群，式中 d_e 为平均直径，其值按式(3-7)计算。

上述简单的处理方法只适用于粒度分布较为均匀的混合颗粒床层，而不能用于固体粒度差异很大的混合物。

2. 带出速度

颗粒带出速度即颗粒的沉降速度 u_t，其计算通式参见表达式(3-19)。对于球形颗粒，在不同的 Re_t 范围内，ζ 有不同的表达式，各种情况下的沉降速度公式见式(3-24)、式(3-25)及式(3-26)。

值得注意的是，计算 u_{mf} 时要用实际存在于床层中不同粒度颗粒的平均直径，而计算 u_t 时则必须用相当数量的最小颗粒的直径。

3. 流化床的操作范围

流化床的操作范围为空塔速度的上下极限，可用 u_t/u_{mf} 比值的大小来衡量，u_t/u_{mf} 称为流化数。对于细颗粒，由式(3-71)和式(3-19)可得 $u_t/u_{mf}=91.7$。对于大颗粒，$u_t/u_{mf}=8.62$。研究表明，u_t/u_{mf} 比值常在 10～90 之间。

为充分发挥流化床内固体颗粒混合均匀的优点，流化床的实际操作速度通常为起始流化速度的若干倍，其具体数值应结合工艺要求和操作经验予以确定。

例 3-9 流化床中的颗粒密度为 1200 kg/m³，等体积当量直径为 0.10 mm，球

形度为 0.8。以常压、30℃的空气进行流化，在最小流化状态时的空隙率为 0.4。床层直径为 0.5 m，固体颗粒质量为 250 kg。试计算：最小流化状态时的床层阻力、流化床层的最小高度和最小流化速度。

解　常压、30℃空气的物性如下：$\rho=1.165\ \mathrm{kg/m^3}$；$\mu=1.86\times10^{-5}\ \mathrm{Pa\cdot s}$。

(1) 床层阻力等于单位截面床层上颗粒的质量

$$\Delta p_f=\frac{m}{A\rho_s}(\rho_s-\rho)g=\frac{250}{\frac{\pi}{4}\times0.5^2\times1200}\times(1200-1.165)\times9.81\ \mathrm{Pa}=1.25\times10^4\ \mathrm{Pa}$$

(2) 最小床层高度

$$L_{mf}=\frac{\Delta p_f}{(1-\varepsilon_{mf})(\rho_s-\rho)g}=\frac{1.25\times10^4}{(1-0.4)\times(1200-1.165)\times9.81}\ \mathrm{m}=1.77\ \mathrm{m}$$

(3) 最小流化速度

$$u_{mf}=\frac{(\phi_s d_e)^2(\rho_s-\rho)g}{150\mu}\frac{\varepsilon_{mf}^3}{1-\varepsilon_{mf}}$$

$$=\frac{(0.8\times0.0001)^2\times(1200-1.165)\times9.81\times0.4^3}{150\times1.86\times10^{-5}\times(1-0.4)}\ \mathrm{m/s}=0.00288\ \mathrm{m/s}$$

校核雷诺数：

$$Re_p=\frac{d_e u_{mf}\rho}{\mu}=\frac{0.1\times10^{-3}\times0.00288\times1.165}{1.865\times10^{-5}}=0.018<20$$

原设成立。

固体流态化技术是化学工程领域的一个重要分支。流化床具有非常高的传热、传质效率和大量处理颗粒的能力，因而在化工、能源、石油加工、环境保护、食品加工、药品生产等领域得到了非常广泛的应用。新的科研成果和理论不断涌现，具体可参阅相关专著。

习题

1. 试计算直径为 15 μm、密度为 1020 kg/m³ 的固体颗粒在 20℃的水中的自由沉降速度。

2. 试求密度为 2650 kg/m³ 的石英粒子在 20℃空气中自由沉降时服从斯托克斯定律的最大粒径及服从牛顿定律的最小粒径，设粒子为表面光滑的球形颗粒。

3. 拟采用降尘室回收常压炉气中所含的球形固体颗粒。降尘室底面积 10 m²，宽和高均为 2 m。在操作条件下，气体的密度为 0.75 kg/m³，黏度为 $2.6\times10^{-5}\ \mathrm{Pa\cdot s}$；固体的密度为 3000 kg/m³；降尘室的生产能力为 3 m³/s。试求：

(1) 理论上能完全捕集下来的最小颗粒直径；

(2) 粒径为 50 μm 的颗粒的回收百分率。

4. 现有一底面积为 4 m² 的降尘室，用来处理 20℃的常压含尘空气。尘粒密度为

1800 kg/m³。现需将直径为 25 μm 以上的颗粒全部除去。

(1) 求该降尘室的含尘气体处理能力(m³/s)。

(2) 若在该降尘室中均匀设置 20 层水平隔板,则含尘气体处理能力为多少 m³/s?

5. 常压下,温度为 70℃、流量为 1200 m³/h 的含尘空气采用图 3-7 所示的标准旋风分离器进行除尘。已知尘粒的密度为 1500 kg/m³,若分离器直径为 400 mm,气体在器内的旋转圈数取为 5,试求能分离出尘粒的最小直径。

6. 在一板框过滤机上过滤某种悬浮液。在 1 atm 表压下,20 min 在每 1 m² 过滤面积上得到 0.197 m³ 的滤液,再过滤 20 min 又得滤液 0.09 m³。问共过滤 1 h 可得总滤液量为多少?

7. 在 100 kPa 的恒压下过滤某悬浮液,温度 30℃,过滤面积为 40 m²,并已知滤渣的比阻为 $1\times10^{14}\,m^{-2}$,v 值为 0.05。过滤介质的阻力忽略不计,滤渣为不可压缩。

(1) 要获得 10 m³ 滤液,需要多少过滤时间?

(2) 若仅将过滤时间延长一倍,又可以再获得多少 m³ 滤液?

(3) 若仅将过滤压差增加一倍,同样获得 10 m³ 滤液时又需要多少过滤时间?

8. 板框过滤机框长,宽,厚为 250 mm×250 mm×30 mm,总框数为 8,用此板框过滤机恒压过滤某水悬浮液。已知过滤常数 $K=5\times10^{-5}\,m^2/s$,$q_e=0.015\,m^3/m^2$,滤饼体积与滤液体积比为 $v=0.075\,m^3/m^3$。试求过滤至滤框充满滤饼时所需过滤时间。

9. 某叶滤机过滤面积为 5 m²,恒压下过滤某悬浮液,4 h 后获滤液 100 m³,过滤介质阻力可忽略。

(1) 同样操作条件下,仅过滤面积增大 1 倍,过滤 4 h 后可得多少滤液?

(2) 在原操作条件下,过滤 4 h 后,用 10 m³ 与滤液物性相近的洗涤液在同样压差下进行洗涤,洗涤时间为多少?

10. 有一板框过滤机,恒压下过滤某种悬浮液,过滤 1 h 后,得滤液 60 m³,然后用 5 m³ 的清水(物性与滤液相近)进行洗涤,拆装时间为 20 min,已测得 $V_e=4\,m^3$。

(1) 该机生产能力为多少 m³ 滤液/h?

(2) 若将每个框的厚度减半,而框数加倍,拆装时间相应增到 40 min,其他条件不变,生产能力将变为多少 m³ 滤液/h?

11. 用板框过滤机恒压下过滤某悬浮液,一个操作周期得滤液 6 m³,其中过滤需时 30 min,洗涤及拆装等共用去 40 min,设滤饼不可压缩,介质阻力忽略不计。

(1) 该机的生产能力为多少 m³ 滤液/h?

(2) 若改用转筒真空过滤机,该机旋转一周可得 0.0428 m³ 滤液,该机转速为多少方能维持与(1)相同的生产能力?

12. 欲使颗粒群直径范围为 50～175 μm、平均粒径 $\overline{d}_p$ 为 98 μm 的固体颗粒床层流化,同时必须避免颗粒的带出,求允许空塔气速的最小值和最大值。已知条件如下:固体密度为 1000 kg/m³,颗粒的球形度为 1,起始流化时床层的空隙率为 0.4,流化空气温度为 20℃,流化床在常压下操作。

思考题

1. 固体颗粒在流体中沉降，其沉降速度在层流区和湍流区与颗粒直径的关系有何不同？

2. 球形颗粒于静止流体中在重力作用下做自由沉降，其沉降速度受哪些因素的影响？

3. 利用降尘室分离含尘气体中的尘粒，其分离的条件是什么？

4. 若降尘室的高度增加，则沉降时间、气流速度、生产能力分别如何变化？

5. 离心机与旋液分离器的主要区别在哪里？

6. 何谓离心分离因数？如何有效提高离心分离因数？

7. 评价旋风分离器性能的主要指标有哪些？如何求算旋风分离器的临界直径？

8. 恒压过滤时，如果滤浆温度降低，则对过滤速率的影响如何？

9. 恒压过滤的过滤常数 K 与哪些因素有关？

10. 当颗粒层处于流化阶段时，床层的压降如何求算？

11. 对板框式过滤机，洗涤速率和终了时的过滤速率的定量关系如何？为什么？

12. 为了除去液体中混杂的固体颗粒，在化工生产中可以采用哪些方法？

13. 何谓流态化技术？流化床有哪些主要特征？

工程案例

催化裂化装置三级旋风分离器工况分析

本章符号说明

英文字母	意　义	单位	英文字母	意　义	单位
A	截面积	m^2	D	颗粒直径	m
a	颗粒的比表面积	m^2/m^3	d_c	旋风分离器的临界粒径	m
a	加速度	m/s^2	d_e	当量直径	m
b	降尘室宽度	m	d_o	孔径	m
B	旋风分离器的进口宽度	m	D	设备直径	m
C	悬浮物系中的分散相浓度	kg/m^3	F	作用力	N
C_d	孔流系数	——	g	重力加速度	m/s^2

英文字母	意　义	单位	英文字母	意　义	单位
h	旋风分离器的进口高度	m	s	滤饼的压缩性指数	——
H	设备高度	m	S	表面积	m^2
k	滤浆的特性常数	$m^4/(N\cdot s)$	T	操作周期或回转周期	s
K	过滤常数	m^2/s	u	流速或过滤速度	m/s
K_c	分离因数	——	u_h	颗粒的水平沉积速度	m/s
l	降尘室长度	m	u_i	旋风分离器的进口气速	m/s
L	滤饼厚度或床层高度	m	u_r	离心沉降速度或径向速度	m/s
L_o	固定床层高度	m	u_R	恒速阶段的过滤速度	m/s
n	转速	r/min	u_t	沉降速度或带出速度	m/s
N_e	旋风分离器内气体的有效回转圈数	——	u_T	切向速度	m/s
Δp	压力降或过滤推动力	Pa	v	滤饼体积与滤液体积之比	——
Δp_b	床层压力降	Pa	V	滤饼体积或每个操作周期所得滤液体积	m^3
Δp_w	洗涤推动力	Pa	V	球形颗粒的体积	m^3
q	单位过滤面积获得的滤液体积	m^3/m^2	V_e	过滤介质的当量滤液体积	m^3
q_e	单位过滤面积上的当量滤液体积	m^3/m^2	V_p	颗粒体积	m^3
Q	过滤机的生产能力	m^3/h	V_s	体积流量	m^3/s
r	滤饼的比阻	$1/m^2$	w	悬浮物系中分散相的质量流量	kg/s
r'	单位压力差下滤饼的比阻	$1/m^2$	W	重力	N
R	滤饼阻力	1/m	W	单位体积床层的颗粒量	kg/m^3
R	固气比	kg固/kg气	x	悬浮物系中分散相的质量分数	——
R_m	过滤介质阻力	1/m			

希腊字母	意　义	单位	希腊字母	意　义	单位
A	转筒过滤机的浸没角度数		θ	通过时间或过滤时间	s
θ_t	沉降时间	s	ρ	流体密度	kg/m^3
ε	床层空隙率		θ_D	辅助操作时间	s
θ_w	洗涤时间	s	ρ_b	固相或分散相密度	kg/m^3
ζ	阻力系数		θ_e	过滤介质的当量过滤时间	s
μ	流体黏度或滤液黏度	Pa・s	Φ_s	形状系数或颗粒球形度	
η	分离效率		Ψ	转筒过滤机的浸没度	
μ_w	洗水黏度	Pa・s			

参考文献

[1]　夏清，贾绍义主编.化工原理：上册.2 版.天津：天津大学出版社，2005.
[2]　何潮洪，冯霄主编.化工原理：上册.2 版.北京：科学出版社，2007.
[3]　陈敏恒，丛德滋等编.化工原理：上册.3 版.北京：化学工业出版社，2006.
[4]　谭天恩，窦梅，周明华编著.化工原理：上册.3 版.北京：化学工业出版社，2006.
[5]　陈甘棠主编.化学反应工程.2 版.北京：化学工业出版社，2007.
[6]　王志魁，刘丽英，刘伟编.化工原理.4 版.北京：化学工业出版社，2010.
[7]　大连理工大学编.化工原理：上册.2 版.北京：高等教育出版社，2009.
[8]　柴诚敬，张国亮主编.化工流体流动与传热.北京：化学工业出版社，2000.
[9]　祁存谦，胡振瑗主编.简明化工原理实验.武汉：华中师范大学出版社，1991.

第4章 传 热

学习目的：

通过本章学习，掌握传热的基本原理和规律，能运用这些知识去分析和计算传热过程的有关问题。

重点掌握的内容：

平壁和圆筒壁热传导速率方程及其应用；换热器的热量衡算，总传热速率方程和总传热系数的计算。

熟悉的内容：

对流传热系数的影响因素及量纲分析法；换热器的结构型式和强化途径。

一般了解的内容：

辐射传热速率方程及其应用；一般传热设计的规范、相关计算和设备选型等问题。

§4.1 概 述

传热是物质在温度差作用下所发生的热量传递过程。无论在物体内部或者物体之间，只要存在着温度差，热量就将以某一种或同时以某几种方式自发地从高温处传向低温处。因此传热是自然界和工程技术领域中极普遍的一种传递现象。在几乎所有的工业部门，如化工、能源、冶金、机械、建筑等都涉及许多传热相关问题。

4.1.1 化工生产中的传热

在化工生产过程中，存在着大量与传热相关的工艺过程。因为绝大多数的化学反应和物理过程均要在一定的温度条件下进行，这就要求向系统输入或输出热量。因此，传热是化学工业中最常见的单元操作之一，传热设备在化工厂设备投资中通常都占有很大比例，有些可达30%以上。

在化工生产中，传热的应用主要有以下两个方面：

1. 强化传热

为了使物料满足所要求的操作温度进行的加热或冷却，希望热量以所期望的速率进行传递，如各种换热器设备中的传热。

2. 削弱传热

为了使物料或设备减少热量散失，而对管道或设备进行的保温或保冷。

化学工业能耗高，仅次于冶金工业，因此，应合理利用能源、节约能源。同时，热能合理利用对降低产品成本和环境保护都有重要意义。

在化工生产中，通常采用以下三种方式进行冷、热流体之间的热交换：① 冷热流体直接混合交换热量；② 将冷、热流体交替通过蓄热体实现热量交换；③ 间壁换热，即冷、热流体通过管壁或器壁等固体壁面进行换热。化工生产中大多采用间壁换热的方式来进行热交换。

4.1.2 传热过程

1. 传热速率和热通量

换热器中的两流体间传递的热量，通常由传热任务所规定。热传递的快慢用传热速率表示。传热速率是指单位时间内热流体通过整个换热器的传热面传递给冷流体的热量，用 Q 表示，其单位为 W。热通量是指单位时间内通过单位传热面积所传递的热量，用 q 表示，其单位为 W/m^2。

2. 稳态传热和不稳态传热

若传热系统中各点的温度仅随位置变化而不随时间变化，则这种传热过程称为稳态传热，其特点是通过传热面的传热速率为常量，连续生产过程多为稳态传热。

若传热系统中各点的温度不仅随位置发生变化，而且也随时间变化，则这种传热过程称为不稳态传热，连续生产的开、停车及间歇生产过程为不稳态传热过程。

3. 传热机理

任何热量的传递只能通过传导、对流和辐射三种方式进行。

(1) 热传导

热传导又称导热。物体各部分之间不发生相对位移时，依靠分子、原子或电子等微观粒子的热运动而产生的热量传递称为热传导。气体、液体和固体的热传导机理是不同的。在气体中，热传导是气体分子不规则热运动时相互碰撞的结果。温度较高的气体分子具有较大的运动动能，不同能量水平的分子相互碰撞使热量从高温处迁移到低温处。在大部分液体和不良导体的固体中，热传导是由分子的动量传递所致。在金属固体中，自由电子的运动对热量传导起着重要作用。

(2) 对流

对流仅发生于流体中，它是指由于流体的宏观运动使流体各部分之间发生相对位移而导致的热量传递过程。由于流体间各部分是相互接触的，除了流体的整体运动所带来的热对流之外，还有由于流体的微观粒子运动造成的热传导。在工程上将流体流经固体表面时的热量传递过程，称之为对流传热。

(3) 热辐射

辐射是一种通过电磁波传递能量的过程。物体因热的原因发出辐射能的现象称为热辐射。自然界中各个物体都不停地向其周围空间发出热辐射，同时又不断地吸收其他物体发出的辐射能。辐射与吸收过程的综合结果就造成了以辐射方式进行物体间的热量传递，即辐射传热。与热传导和热对流不同，辐射传热无须借助中间介质的存在来传递热量，可以在真空中传递，而且辐射传热的进行不仅产生能量的转移，而且伴随着能量形式的转换，即发射时由内能转换为辐射能，吸收时又从辐射能转换为内能。虽然物体能够以热辐射的方式进行热量传递，但一般只有在物体温度较高，物体间温差较大时，辐射传热才作为主要传热方式。

实际传热过程往往是两种或三种传热方式的组合。如对于间壁换热过程，热量传递同时包含了热传导和热对流。

§4.2 热传导

4.2.1 傅立叶定律

热传导的宏观规律可用傅立叶定律加以描述，其表达式为

$$\frac{dQ}{dS}=-\lambda\frac{\partial t}{\partial n} \tag{4-1}$$

式中：dQ 为微分热传导速率，W；dS 为与热传导方向垂直的微分传热面面积，m^2；$\partial t/\partial n$ 为温度梯度，℃/m；λ 为比例系数，称为导热系数，W/(m·℃)。

方程中由于 $\partial t/\partial n$ 指向温度增加的方向，负号表示导热方向与 $\partial t/\partial n$ 方向相反。

4.2.2 导热系数

傅立叶定律即导热系数的定义式。导热系数在数值上等于单位温度梯度下的热通量。导热系数是表征物质导热性能的一个物性参数，其值越大，导热越快。物体的导热系数与材料的组成、结构、温度、湿度、压强以及聚集状态等许多因素有关，其值一般通过实验测定。气体导热系数为0.006～0.6 W/(m·℃)；液体为0.07～0.7 W/(m·℃)；非导固体为0.2～3.0 W/(m·℃)；金属为15～420 W/(m·℃)。

1. 固体的导热系数

固体材料的导热系数随温度而变，绝大多数质地均匀的固体，导热系数与温度呈线性关系，可用下式表示：

$$\lambda=\lambda_0(1+a't) \tag{4-2}$$

式中：λ 为固体在 t℃时的导热系数，W/(m·℃)；λ_0 为固体在0℃时的导热系数，W/(m·℃)；a' 为温度系数，1/℃。

对大多数金属材料(汞除外)，$a'<0$；对大多数非金属材料，$a'>0$。若金属材料的纯度不纯，会使导热系数大大降低。

2. 液体的导热系数

除水和甘油等少量液体物质外，绝大多数液体的导热系数随温度的升高略有减小。在非金属液体中，水的导热系数最大。一般来说，纯液体的导热系数大于溶液导热系数。

3. 气体的导热系数

气体的导热系数比液体更小，约为液体的 1/10，对导热不利，但有利于绝热和保温。固体绝缘材料的导热系数之所以很小，就是因为空隙率大，含有大量空气的缘故。气体的导热系数随温度升高而增大。在相当大的压力范围内，压力对气体的导热系数无明显的影响。

4.2.3 平壁热传导

1. 单层平壁的热传导

如图 4-1 所示，设有一宽度和高度均很大的平壁，壁边缘处的热损失可以忽略；平壁内的温度只沿垂直于壁面的 x 方向变化，而且温度分布不随时间而变化；平壁材料均匀，导热系数 λ 可视为常数(或取平均值)。对于此种稳定的一维平壁热传导，导热速率 Q 和传热面积 S 都为常量，则

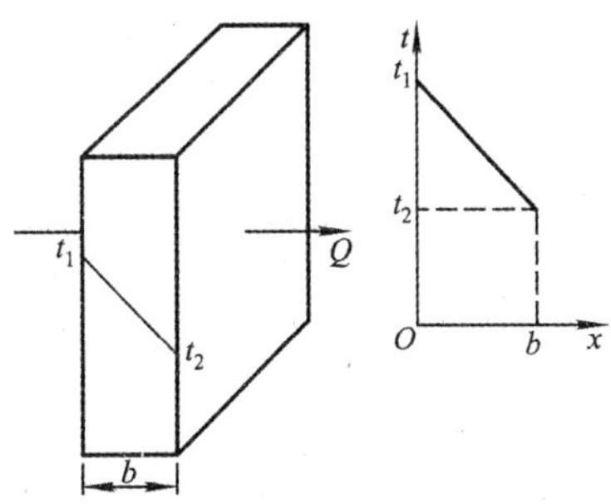

图 4-1 单层平壁一维稳态传热

$$Q=-\lambda S\frac{\mathrm{d}t}{\mathrm{d}x} \tag{4-3}$$

当 $x=0$ 时，$t=t_1$；当 $x=b$ 时，$t=t_2$；且 $t_1>t_2$。将上式积分后整理得

$$Q=\frac{\lambda S}{b}(t_1-t_2) \tag{4-4}$$

或

$$Q=\frac{t_1-t_2}{\dfrac{b}{\lambda S}}=\frac{\Delta t}{R} \tag{4-5}$$

式中：b 为平壁厚度，m；Δt 为温度差，起导热推动力作用，℃；R 为导热热阻，℃/W。

当导热系数 λ 为常量时，平壁内温度分布为直线；当导热系数 λ 随温度变化时，平壁内温度分布为曲线。

由此可归纳为自然界中传递过程的普遍关系式，即

$$过程传递速率=\frac{过程的推动力}{过程的阻力}$$

必须强调指出，应用热阻的概念，对传热过程的分析和计算都是十分有用的，可以利用电学中的欧姆定律来相比。

例 4-1 某平壁厚度 $b=0.50$ m，内表面温度 $t_1=1650$℃，外表面温度 $t_2=300$℃，平壁材料导热系数 $\lambda=0.815+0.00076t$，W/(m·℃)。若将导热系数分别按常量(取平均导热系数)和变量计算，试求平壁的导热热通量。

解 (1) 导热系数按常量计算

平壁的平均温度 $t_m=\dfrac{t_1+t_2}{2}=\dfrac{1650+300}{2}℃=975℃$

平壁材料的平均导热系数为

$$\lambda_m = 0.815\text{W/(m·℃)} + 0.00076 \times 975\text{W/(m·℃)} = 1.556\ \text{W/(m·℃)}$$

导热热通量为

$$q = \frac{\lambda}{b}(t_1 - t_2) = \frac{1.556}{0.50}(1650 - 300)\ \text{W/m}^2 = 4201.2\ \text{W/m}^2$$

(2) 导热系数按变量计算

$$q = -\lambda\frac{dt}{dx} = -(\lambda_0 + a't)\frac{dt}{dx} = -(0.815 + 0.00076t)\frac{dt}{dx}$$

积分

$$-q\int_0^b dx = \int_{t1}^{t2}(0.815 + 0.00076t)dt$$

得

$$-qb = 0.815(t_2 - t_1) + \frac{0.00076}{2}(t_2^2 - t_1^2) \tag{a}$$

$$q = \frac{0.815}{0.50}(1650 - 300)\text{W/m}^2 + \frac{0.00076}{2 \times 0.50}(1650^2 - 300^2)\text{W/m}^2 = 4201.2\ \text{W/m}^2$$

上式即当 λ 随 t 呈线性变化时单层平壁的温度分布关系式，此时温度分布为曲线。

计算结果表明，将导热系数按常量或变量计算时，所得的导热通量是相同的，而温度分布则不同，前者为直线，后者为曲线。

2. 多层平壁的热传导

以三层平壁为例，如图 4-2 所示。各层的壁厚分别为 b_1、b_2 和 b_3，导热系数分别为 λ_1、λ_2 和 λ_3。假设层与层之间接触良好，即相接触的两表面温度相同。各表面温度分别为 t_1、t_2、t_3 和 t_4，且 $t_1 > t_2 > t_3 > t_4$。

在稳态传热时，通过各层的导热速率必相等，即 $Q = Q_1 = Q_2 = Q_3$。

$$Q = \frac{\lambda_1 S(t_1 - t_2)}{b_1} = \frac{\lambda_2 S(t_2 - t_3)}{b_2} = \frac{\lambda_3 S(t_3 - t_4)}{b_3}$$

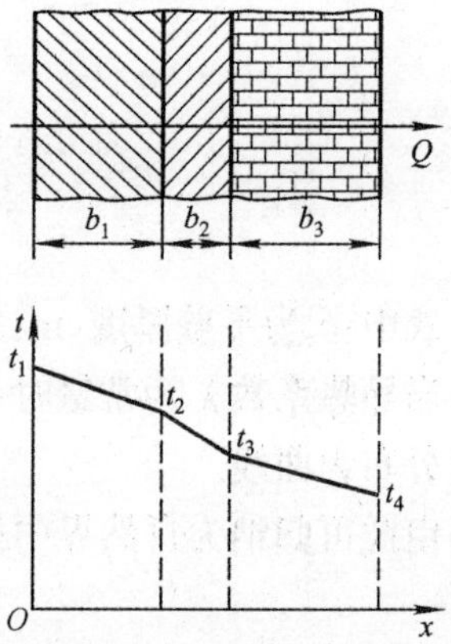

图 4-2 三层平壁的热传导

由上式可得

$$\Delta t_1 = t_1 - t_2 = Q\frac{b_1}{\lambda_1 S} \tag{4-6}$$

$$\Delta t_2 = t_2 - t_3 = Q\frac{b_2}{\lambda_2 S} \tag{4-7}$$

$$\Delta t_3 = t_3 - t_4 = Q\frac{b_3}{\lambda_3 S} \tag{4-8}$$

$$\Delta t_1 : \Delta t_2 : \Delta t_3 = \frac{b_1}{\lambda_1 S} : \frac{b_2}{\lambda_2 S} : \frac{b_3}{\lambda_3 S} = R_1 : R_2 : R_3 \tag{4-9}$$

可见，各层的温差与热阻成正比。

将上式相加，并整理得

$$Q=\frac{\Delta t_1+\Delta t_2+\Delta t_3}{\frac{b_1}{\lambda_1 S}+\frac{b_2}{\lambda_2 S}+\frac{b_3}{\lambda_3 S}}=\frac{t_1-t_4}{\frac{b_1}{\lambda_1 S}+\frac{b_2}{\lambda_2 S}+\frac{b_3}{\lambda_3 S}} \tag{4-10}$$

上式即三层平壁的热传导速率方程式。

对 n 层平壁，热传导速率方程式为

$$Q=\frac{t_1-t_{n+1}}{\sum_{i=1}^{n}\frac{b_i}{\lambda_i S}}=\frac{\sum\Delta t}{\sum R}=\frac{\text{总推动力}}{\text{总热阻}} \tag{4-11}$$

可见，多层平壁热传导的总推动力为各层温度差之和，即总温度差，总热阻为各层热阻之和。

例 4-2　某平壁燃烧炉是由一层耐火砖与一层普通砖砌成，两层的厚度均为 100 mm，其导热系数分别为 0.9 W/(m·℃)及 0.7 W/(m·℃)。待操作稳定后，测得炉膛的内表面温度为 700℃，外表面温度为 130℃。为了减少燃烧炉的热损失，在普通砖外表面增加一层厚度为 40 mm、导热系数为 0.06 W/(m·℃)的保温材料。操作稳定后，又测得炉内表面温度为 740℃，外表面温度为 90℃。设两层砖的导热系数不变，试计算加保温层后炉壁的热损失比原来的减少的百分数。

解　加保温层前单位面积炉壁的热损失为 $(Q/S)_1=q_1$，此时为双层平壁的热传导，其导热速率方程为

$$q_1=\frac{t_1-t_3}{\frac{b_1}{\lambda_1}+\frac{b_2}{\lambda_2}}=\frac{700-130}{\frac{0.1}{0.9}+\frac{0.1}{0.7}}\ \text{W/m}^2=2244\ \text{W/m}^2$$

加保温层后单位面积炉壁的热损失为 q_2，此时为三层平壁的热传导，其导热速率方程为

$$q_2=\frac{t_1-t_4}{\frac{b_1}{\lambda_1}+\frac{b_2}{\lambda_2}+\frac{b_3}{\lambda_3}}=\frac{740-90}{\frac{0.1}{0.9}+\frac{0.1}{0.7}+\frac{0.04}{0.06}}\ \text{W/m}^2=706\ \text{W/m}^2$$

故加保温层后热损失比原来减少的百分数为

$$\frac{q_1-q_2}{q_1}\times100\%=\frac{2244-706}{2244}\times100\%=68.5\%$$

4.2.4 圆筒壁的热传导

化工生产中通过圆筒壁的导热十分普遍，如圆筒形容器、管道和设备的热传导。它与平壁热传导的不同之处在于，圆筒壁的传热面积随半径而变，温度也随半径而变。

1. 单层圆筒壁的热传导

如图 4-3 所示，设圆筒的内、外半径分别为 r_1 和 r_2，内外表面分别维持恒定的温度 t_1

和 t_2，管长 L 足够长，则圆筒壁内的传热属一维稳态传热。若在半径 r 处沿半径方向取一厚度为 $\mathrm{d}r$ 的薄壁圆筒，则其传热面积可视为定值，即 $2\pi rL$。根据傅立叶定律：

$$Q=-\lambda S\frac{\mathrm{d}t}{\mathrm{d}r}=-\lambda(2\pi rL)\frac{\mathrm{d}t}{\mathrm{d}r} \tag{4-12}$$

图 4-3　单层圆筒壁的热传导图

分离变量后积分，整理可得

$$Q=\frac{2\pi L\lambda(t_1-t_2)}{\ln r_2/r_1} \tag{4-13}$$

或

$$Q=\frac{2\pi L\lambda(t_1-t_2)\cdot(r_2-r_1)}{\ln(r_2/r_1)\cdot(r_2-r_1)}=\frac{2\pi L\lambda r_{\mathrm{m}}(t_1-t_2)}{b}$$

$$=\frac{\lambda S_{\mathrm{m}}(t_1-t_2)}{b}=\frac{t_1-t_2}{b/\lambda S_{\mathrm{m}}}=\frac{t_1-t_2}{R} \tag{4-14}$$

式中：$b=r_2-r_1$ 为圆筒壁厚度，m；$r_{\mathrm{m}}=\dfrac{r_2-r_1}{\ln r_2/r_1}$ 为对数平均半径，m；$S_{\mathrm{m}}=2\pi Lr_{\mathrm{m}}$ 为圆筒壁的对数平均面积，m^2。

当 $\dfrac{r_2}{r_1}<2$ 时，可采用算术平均值 $r_{\mathrm{m}}=\dfrac{r_1+r_2}{2}$ 代替对数平均值进行计算。

2. 多层圆筒壁的热传导

对层与层之间接触良好的多层圆筒壁，如图 4-4 所示（以三层为例）。假设各层的导热系数分别为 λ_1、λ_2 和 λ_3，厚度分别为 b_1、b_2 和 b_3。仿照多层平壁的热传导公式，则三层圆筒壁的导热速率方程为

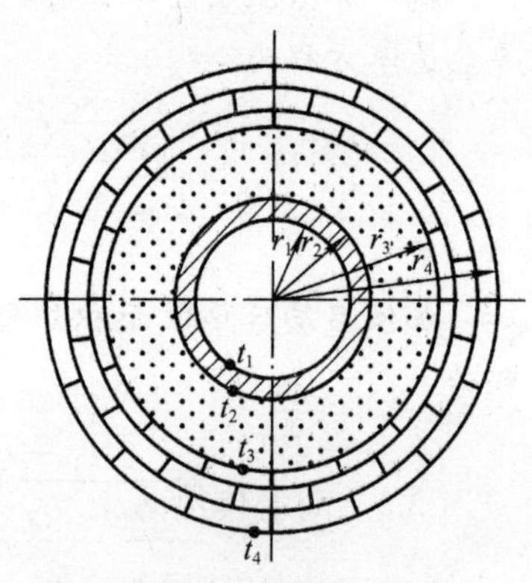

图 4-4　多层圆筒壁热传导

$$Q=\frac{t_1-t_4}{\dfrac{b_1}{\lambda_1 S_{\mathrm{m1}}}+\dfrac{b_2}{\lambda_2 S_{\mathrm{m2}}}+\dfrac{b_3}{\lambda_3 S_{\mathrm{m3}}}}=\frac{t_1-t_4}{R_1+R_2+R_3}$$

$$=\frac{t_1-t_4}{\dfrac{1}{2\pi L\lambda_1}\ln\dfrac{r_2}{r_1}+\dfrac{1}{2\pi L\lambda_2}\ln\dfrac{r_3}{r_2}+\dfrac{1}{2\pi L\lambda_3}\ln\dfrac{r_4}{r_3}}$$

由此可得 n 层圆筒壁导热速率方程为

$$Q=\frac{t_1-t_{n+1}}{\sum\limits_{i=1}^{n}\dfrac{1}{2\pi L\lambda_i}\ln\dfrac{r_{i+1}}{r_i}} \tag{4-15}$$

应当注意，在多层圆筒壁导热速率计算式中，计算各层热阻所用的传热面积不相等，应采用各自的对数平均面积。在稳态传热时，通过各层的导热速率相同，但热通量却并不相等。

例 4-3 在外径为 140 mm 的蒸气管道外包扎保温材料，以减少热损失。蒸气管外壁温度为 390℃，保温层外表面温度不大于 40℃。保温材料的 λ 与 t 的关系为 $\lambda = 0.1 + 0.0002t$（t 的单位为℃，λ 的单位为 W/(m·℃)）。若要求每米管长的热损失 Q/L 不大于 450 W/m，试求保温层的厚度以及保温层中温度分布。

解 此题为圆筒壁热传导问题，已知：$r_2 = 0.07$ m，$t_2 = 390$℃，$t_3 = 40$℃。

先求保温层在平均温度下的导热系数，即

$$\lambda = \left[0.1 + 0.0002\left(\frac{390+40}{2}\right)\right] \text{W/(m·℃)} = 0.143 \text{ W/(m·℃)}$$

(1) 由公式 $\ln\dfrac{r_3}{r_2} = \dfrac{2\pi\lambda(t_2 - t_3)}{Q/L}$，得

$$\ln r_3 = \frac{2\pi \times 0.143(390-40)}{450} + \ln 0.07$$

$$r_3 = 0.141 \text{ m}$$

故保温层厚度为 $b = r_3 - r_2 = 0.141 \text{ m} - 0.07 \text{ m} = 0.071 \text{ m} = 71 \text{ mm}$。

(2) 设保温层半径 r 处的温度为 t，可得

$$\frac{2\pi \times 0.143(390-t)}{\ln\dfrac{r}{0.07}} = 450$$

解得

$$t = -501\ln r - 942$$

计算结果表明，即使导热系数为常数，圆筒壁内的温度分布不是直线，而是曲线。

§4.3 对流传热

4.3.1 对流传热分析

通常，对流传热是指流体与固体壁面间的传热过程。对流传热是流体的对流与热传导共同作用的结果，与流体的状态及流动状况密切相关。根据流体状态，对流传热可分为两类：无相变的对流传热和有相变的对流传热。

对流传热时，流体和壁面间将进行换热，引起壁面法向方向上温度分布的变化，形成一定的温度梯度，近壁处，流体温度发生显著变化的区域，称为热边界层或温度边界层。

由于对流是依靠流体内部质点发生位移来进行热量传递，因此对流传热的快慢与流体流动的状况有关。流体在换热器内的流动大多数情况下为湍流。流体做湍流流动时，靠近壁面处流体流动分别为层流底层、缓冲层、湍流核心。

(1) 层流底层：流体质点只沿流动方向上做一维运动，在传热方向上无质点的混合，温度变化大，传热主要以热传导的方式进行。导热为主，热阻大，温差大。

(2) 湍流核心：在远离壁面的湍流中心，流体质点充分混合，温度趋于一致(热阻小)，传热主要以对流方式进行。质点相互混合交换热量，温差小。

(3) 缓冲区域：温度分布不像湍流主体那么均匀，也不像层流底层变化明显，传热以热传导和对流两种方式共同进行。质点混合与分子运动共同作用，温度变化平缓。

湍流传热机理如图 4－5 所示。

根据在热传导中的分析，温差大，热阻就大，所以流体做湍流流动时，热阻主要集中在层流底层中。如果要加强传热，必须采取措施来减少层流底层的厚度。

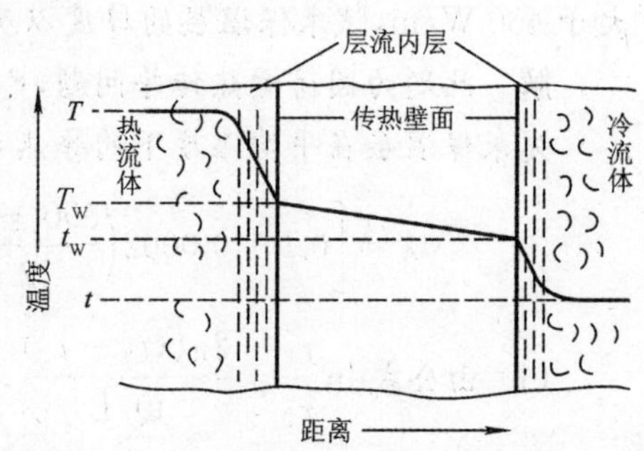

图 4－5 对流传热的温度分布情况

4.3.2 牛顿冷却定律和对流传热系数

对流传热可以用热传导的方式处理。若热流体向冷壁作一维稳态传热，则传热速率方程可写为

$$Q=-\lambda S\frac{\mathrm{d}t}{\mathrm{d}x}$$

积分后得

$$Q=\frac{\lambda}{\delta_t}S(T-T_W) \tag{4-16}$$

或

$$Q=\alpha S(T-T_W) \tag{4-17}$$

式中：T、T_W 分别为热流体和冷壁温度，℃；$\alpha=\lambda/\delta_t$ 为对流传热系数，W/(m^2·℃)，表示单位传热面积、单位传热温度差时，壁面与流体对流传热量的大小；δ_t为虚拟膜厚度，m。

同理对于热壁向冷流体传热，有

$$Q=\alpha S(t_W-t) \tag{4-18}$$

式中：t_W、t 分别为热壁和冷流体温度，℃。

对流传热过程按牛顿冷却定律处理，并不改变问题的复杂性。因为 δ_t是虚拟厚度，所以 α 尚不能从理论上求得。一般通过实验测定不同情况下流体的对流传热系数，并将其关联成经验表达式，以供设计计算时使用。

影响对流传热效果的因素都反映在对对流传热系数的影响中，这些因素主要表现在以下几个方面：

(1) 流体的种类和相变化的情况

液体、气体和蒸气的对流传热系数各不相同，牛顿型流体和非牛顿型流体也有区别。本书只限于讨论牛顿型流体的对流传热系数。发生相变时，汽化或冷凝的潜热远大于温度变化的显热。一般情况下，有相变化时对流传热系数较大。

(2) 流体性质

不同流体的性质不同，对对流传热系数影响较大的是流体的比热容、导热系数、密度和黏度等。要注意流体性质不仅随流体种类变化，还和温度、压强有关。

(3) 流体流动状态

当流体为湍流流动时，湍流主体中流体质点呈混杂运动，热量传递充分，随着 Re 的增大，靠近固体壁面处的层流底层厚度变薄，传热速率提高，即 α 增大。当流体为层流流动时，流体中无混杂的质点运动，所以其 α 值较湍流时的小。

(4) 流体对流起因

流体流动有强制对流和自然对流两种。强制对流是流体在泵、风机等外力作用下产生的流动，其流速 u 的改变对 α 有较大影响；自然对流是流体内部冷(温度 t_1)、热(温度 t_2) 各部分的密度 ρ 不同所引起的流动。因为 $t_2 > t_1$，所以 $\rho_2 < \rho_1$。若流体的体积膨胀系数为 β，则 ρ_1 与 ρ_2 的关系为 $\rho_1 = \rho_2(1+\beta\Delta t)$，$\Delta t = t_2 - t_1$。于是在重力场内，单位体积流体由于密度不同所产生的浮升力为 $(\rho_1 - \rho_2)g = \rho_2 g\beta\Delta t$。通常，强制对流的流速比自然对流的高，因而 α 也高。

(5) 传热面的形状、相对位置与尺寸

不同的壁面形状、尺寸影响流型，会造成边界层分离，产生旋涡，增加湍动，使 α 增大。传热面形状，比如管、板、管束等；传热面大小，比如管径和管长等；传热面位置，比如管子的排列方式(如管束有正四方形和三角形排列)；管或板是垂直放置还是水平放置，都直接影响对流传热系数。

4.3.3 对流传热的因次分析

对流传热是流体在具有一定形状及尺寸的设备中流动时发生的热流体到壁面或壁面到冷流体的热量传递过程。影响对流传热系数 α 的因素很多，为减少实验工作量，实验前可根据 π 定理，将众多因素组成 N 个无因次数群，通过实验确定无因次数群之间的关系。

1. 无相变强制对流传热过程

根据理论分析和实验研究，影响该对流传热过程的因素包括：

(1) 液体的物理性质 ρ、μ、c_p、λ；

(2) 传热表面的特征尺寸 l；

(3) 强制对流的流速 u。

于是对流传热系数可表示为

$$\alpha = f(l, \rho, \mu, c_p, \lambda, u) \tag{4-19}$$

这7个物理量涉及4个基本因次，即长度 L、质量 M、时间 θ 和温度 T。按 π 定理，过程的无因次数群的数目 N 等于变量数 n 与基本因次数目 m 之差，即 $N = n - m = 7 - 4 = 3$。若用 π_1、π_2 和 π_3 表示这三个数群，则上式便成了数群间的函数关系式：

$$f(\pi_1, \pi_2, \pi_3) = 0 \tag{4-20}$$

需按下面的方法确定数群的形式。

(1) 列出各物理量的因次

α——对流传热系数，$M\theta^{-3}T^{-1}$；l——传热面的特征尺寸，L；ρ——流体的密度，ML^{-3}；μ——流体的黏度，$ML^{-1}\theta^{-1}$；c_p——流体的定压比热容，$L^2\theta^{-2}T^{-1}$；λ——流体的导热系数，$ML\theta^{-3}T^{-1}$；u——流体的流速，$L\theta^{-1}$。

(2) 按下列条件选择 m 个(本例为4个)物理量作为 N 个(本例为3个)无因次数群的共同物理量

① 不能包括待求的物理量(如本例中的 α)；

② 不能同时选用因次相同的物理量；

③ 选择的共同物理量中应包括该过程的所有基本因次，而它们本身又不能组成无因次数群。本例选用 l、λ、μ 和 u 为无因次数群 π_1、π_2 和 π_3 的共同物理量。

(3) 将剩下的物理量 α、ρ 和 c_p 分别与共同物理量组成无因次数群，则得

$$\pi_1 = l^a \lambda^b \mu^c u^d \alpha \tag{4-21}$$

$$\pi_2 = l^e \lambda^f \mu^g u^h \rho \tag{4-22}$$

$$\pi_3 = l^i \lambda^j \mu^k u^m c_p \tag{4-23}$$

根据因次一致性原理，π_1 的实际因次应为

$$M^0 L^0 \theta^0 T^0 = L^a M^b L^b \theta^{-3b} T^{-b} M^c L^{-c} \theta^{-c} L^d \theta^{-d} M \theta^{-3} T^{-1}$$

求得质量 M：$$b + c + 1 = 0$$

长度 L：$$a + b - c + d = 0$$

时间 θ：$$-3b - c - d - 3 = 0$$

温度 T：$$-b - 1 = 0$$

联解求得

$$b = -1,\ c = 0,\ d = 0,\ a = 1$$

代入式(4-21)得

$$\pi_1 = l\lambda^{-1}\alpha = \frac{\alpha l}{\lambda} = Nu \text{（努塞尔数）}$$

按同样的方法可求得：

$$\pi_2 = \frac{lu\rho}{\mu} = Re \text{（雷诺数）}$$

$$\pi_3 = \frac{c_p \mu}{\lambda} = Pr \text{（普朗特数）}$$

这时式(4-20)可表示为

$$f(Nu, Re, Pr) = 0 \tag{4-24}$$

此式即无相变时强制对流准数关系式。

2. 无相变自然对流传热过程

自然对流产生的原因是单位体积流体的升力 $\beta \rho g \Delta t$，也是直接影响 α 的因素，于是对流传热系数可表示为

$$\alpha = f(\rho、l、\mu、\lambda、c_p、\beta \rho g \Delta t) \tag{4-25}$$

式中 7 个物理量涉及 4 个基本因次，所以有 3 个无因次准数，其准数关系式应为

$$f(\pi_1, \pi_2, \pi_3) = 0 \tag{4-26}$$

按上面方法可得

$$\pi_1=\frac{\alpha l}{\lambda}=Nu \quad \pi_2=\frac{c_p\mu}{\lambda}=Pr$$

$$\pi_3=\frac{l^3\rho^2 g\beta\Delta t}{\mu^2}=Gr\text{（格拉晓夫数）}$$

因此自然对流传热的准数关系式为：

$$f(Nu,Pr,Gr)=0 \tag{4-27}$$

3. 对流传热过程准数方程中各符号意义

(1) 各无因次数群的物理意义见表4-1。

表4-1 准数的符号及意义

准数名称	符号	意义
努塞尔数 (Nusselt number)	$Nu=\frac{\alpha l}{\lambda}$	表示和纯导热相比，对流使传热系数增大的倍数
雷诺数 (Reynolds number)	$Re=\frac{lu\rho}{\mu}$	流体所受惯性力和黏性力之比，表征流体的流动状态和湍动程度对对流传热的影响
普兰特数 (Prandtl number)	$Pr=\frac{c_p\mu}{\lambda}$	表示流体物性对对流传热的影响
格拉晓夫数 (Grashof number)	$Gr=\frac{\beta g\Delta t l^3\rho^2}{\mu^2}$	表示由温度差引起的浮力与黏性力之比

(2) 定性温度与特征尺寸

① 定性温度：在传热过程中，流体的温度各处不同，流体的物性也必随之而变。因此，在计算上述各数群数值时，存在一个定性温度的确定问题，即以什么温度为基准查取所需的物性数据。

定性温度的选择，本质上是对物性取平均值的问题。流体的各种物性随温度变化的规律各不相同，选一个各种物性皆适合的定性温度，实际上是不可能的。一般工程上采用流体的平均温度作为定性温度来确定物性数据。所以在使用经验公式时，必须注意实际测定和关联时所选用的定性温度。

② 特征尺寸：指对流传热过程产生直接影响的传热面的几何尺寸。圆管的特征尺寸取管径 d；非圆形管，通常取当量直径 d_e 为特征尺寸；对大空间内自然对流，取加热(或冷却)表面的垂直高度为特征尺寸。

4.3.4 对流传热系数的经验关联式

各种对流传热的情况差别很大，它们各自可通过实验建立相应的对流传热系数经验式。化工生产中常见的对流传热大致有如下四类：

$$\text{流体无相变对流传热}\begin{cases}\text{强制对流传热}\\ \text{自然对流传数}\end{cases}$$

$$\text{流体有相变对流传热}\begin{cases}\text{蒸气冷凝传热}\\ \text{液体沸腾传热}\end{cases}$$

本节只讨论无相变对流传热系数的经验关联式。

1. 无相变时流体在管内强制对流

(1) 流体在圆型直管内做强制湍流

此时自然对流的影响不计，准数关系式可表示为

$$Nu = CRe^m Pr^n \tag{4-28}$$

许多研究者对不同的流体在光滑管内传热进行大量的实验，发现在下列条件下：

① $Re > 10000$，即流动是充分湍流的；

② $0.7 < Pr < 160$；

③ 流体黏度较低(不大于水的黏度的 2 倍)；

④ $L/d > 60$，即进口段只占总长的一小部分，管内流动是充分发展的。

式(4-28)中的系数 C 为 0.023，指数 m 为 0.8，即

$$Nu = 0.023Re^{0.8} Pr^n \tag{4-29}$$

或
$$\alpha = 0.023 \frac{\lambda}{d_i} \left(\frac{d_i u\rho}{\mu}\right)^{0.8} \left(\frac{c_p \mu}{\lambda}\right)^n \tag{4-30}$$

上式的定性温度为流体主体温度在进、出口的算术平均值，特征尺寸为管内径 d_i。

n 取不同数值，是为了校正热流方向的影响。由于热流方向的不同，层流底层的厚度及温度也各不相同。液体被加热时，层流底层的温度比液体平均温度高，因液体黏度随温度升高而降低，所以层流底层减薄，从而使对流传热系数增大；液体被冷却时，则情况相反。对大多数液体，$Pr > 1$，故液体被加热时 n 取 0.4，冷却时 n 取 0.3。当气体被加热时，由于气体的黏度随温度升高而增大，所以层流底层因黏度升高而加厚，使对流传热系数减小；气体被冷却时，情况相反。对大多数气体，因 $Pr < 1$，所以加热气体时 n 仍取 0.4，而冷却时 n 仍取 0.3。因此，利用 n 取值不同使 α 计算值与实际值保持一致。

如上述条件得不到满足，则对计算所得的结果，应适当加以修正。

① 对于高黏度液体，因黏度 μ 的绝对值较大，固体表面与流体之间的温度差对黏度的影响更为显著。此时利用指数 n 取值不同加以修正的方法已得不到满意的关联式，需引入无因次的黏度比加以修正，可应用西德尔(Sieder)-泰特(Tate)关联式，即

$$\alpha = 0.027 Re^{0.8} Pr^{1/3} \left(\frac{\mu}{\mu_W}\right)^{0.14} \tag{4-31}$$

式中：μ 为液体在主体平均温度下的黏度；μ_W 为液体在壁温下的黏度。

一般说，壁温是未知的，近似取 $\left(\frac{\mu}{\mu_W}\right)^{0.14}$ 为以下数值能满足工程要求：

液体被加热时，$\left(\frac{\mu}{\mu_W}\right)^{0.14} = 1.05$；液体被冷却时，$\left(\frac{\mu}{\mu_W}\right)^{0.14} = 0.95$。

式(4-31)适用于 $Re > 10^4$、$Pr = 0.5 \sim 100$ 的各种液体，但不适用于液体金属。

② 对于 $l/d_i<60$ 的短管，因管内流动尚未充分发展，层流底层较薄，热阻小。因此，将式(4-30)计算得的 α 再乘以大于1的系数$[1+(d_i/l)^{0.7}]$加以校正。

(2) 流体在圆形直管中做过渡流

对 $Re=2000\sim4000$ 的过渡流，因湍流不充分，层流底层较厚，热阻大而 α 小。此时需将式(4-30)计算得的 α 乘以小于1的系数 f：

$$f=1-6\times10^5\,Re^{-1.8} \tag{4-32}$$

(3) 流体在圆型弯管内做强制湍流

式(4-30)只适用于圆型直管。流体在弯管内流动时，由于离心力的作用扰动加剧，使对流传热系数增加。实验结果表明，弯管中的 α 可将计算结果乘以大于1的修正系数 f'：

$$f'=1+1.77\frac{d_i}{R} \tag{4-33}$$

式中：d_i 为管内径，m；R 为弯管的曲率半径，m。

(4) 流体在非圆型管中做强制湍流

非圆型管中对流传热系数的计算有两个途径：一是沿用圆型管的各相应计算公式，而将定性尺寸代之以当量直径 d_e，该方法较简单，但结果的准确性欠佳；另一种是对一些常用的非圆型管路，直接根据实验关联计算对流传热系数的经验公式。例如，对套管的环隙，用空气和水做实验，在雷诺数 $Re=1.2\times10^4\sim2.2\times10^5$，外、内管径比 $d_2/d_1=1.65\sim17.0$的范围内，关联得如下经验式：

$$\alpha=0.02\frac{\lambda}{d_e}Re^{0.8}\,Pr^{0.33}\left(\frac{d_2}{d_1}\right)^{0.53} \tag{4-34}$$

此式亦可用于其他流体。

任何准数关系式都可加以变换，使每个变量在方程式中单独出现。如将式(4-30)去括号，可得(取 $n=0.4$)

$$\alpha=0.023\frac{\rho^{0.8}c_p^{0.4}\lambda^{0.6}}{\mu^{0.4}}\cdot\frac{u^{0.8}}{d_i^{0.2}} \tag{4-35}$$

由上式可知，当流体的种类(即物性)和管径一定时，α 与 $u^{0.8}$成正比。

例4-4 有一列管式换热器，由38根 $\phi25$ mm×2.5 mm 的无缝钢管组成。苯在管内流动，由20℃被加热至80℃，苯的流量为8.32 kg/s。外壳中通入水蒸气进行加热。试求管壁对苯的传热系数；当苯的流量提高一倍，传热系数有何变化？

解 苯在平均温度 $t_m=\frac{1}{2}(20+80)$℃$=50$℃ 下的物性可由附录查得，即

密度 $\rho=860$ kg/m^3；比热容 $c_p=1.80$ kJ/(kg·℃)；黏度 $\mu=0.45$ MPa·s；导热系数 $\lambda=0.14$ W/(m·℃)。

加热管内苯的流速为

$$u=\frac{q_V}{\frac{\pi}{4}d_i^2 n}=\frac{\frac{8.32}{860}}{0.785\times0.02^2\times38}\ \text{m/s}=0.81\ \text{m/s}$$

$$Re=\frac{d_i u\rho}{\mu}=\frac{0.02\times0.81\times860}{0.45\times10^{-3}}=30960$$

$$Pr=\frac{c_p\mu}{\lambda}=\frac{(1.8\times10^3)\times0.45\times10^{-3}}{0.14}=5.79$$

以上计算表明本题的流动情况符合式(4-30)的实验条件，故

$$\alpha=0.023\frac{\lambda}{d_i}Re^{0.8}Pr^{0.4}=0.023\times\frac{0.14}{0.02}\times(30960)^{0.8}\times(5.79)^{0.4}\ \text{W/(m}^2\cdot℃)$$
$$=1272\ \text{W/(m}^2\cdot℃)$$

若忽略定性温度的变化，当苯的流量增加一倍时，传热系数 α' 为

$$\alpha'=\alpha\left(\frac{u'}{u}\right)^{0.8}=1272\times2^{0.8}\ \text{W/(m}^2\cdot℃)$$
$$=2215\ \text{W/(m}^2\cdot℃)$$

(5) 流体在圆型直管内做强制层流

流体做强制层流流动时，一般应考虑自然对流对传热的影响。只有当管径、流体与壁面间的温度差较小时，自然对流对对流传热系数的影响可以忽略，这种情况的经验关联式为

$$Nu=1.86Re^{1/3}Pr^{1/3}\left(\frac{d_i}{L}\right)^{1/3}\left(\frac{\mu}{\mu_W}\right)^{0.14} \quad (4-36)$$

上式的应用范围如下：

① $Re<2300$，$0.6<Pr<6700$，$RePr\frac{d_i}{L}>100$；

② 特征尺寸：管内径 d_i；

③ 定性温度：除 μ_W 取壁温外，均取流体进、出口温度的算术平均值。

应指出，通常在换热器的设计中，为了提高总传热系数，流体多呈湍流流动。

2. 无相变时流体在管外强制对流

(1) 流体垂直管束流动

管子的排列方式分为直列和错列两种。错列中又有正方形和正三角形两种，如图 4-6 所示。

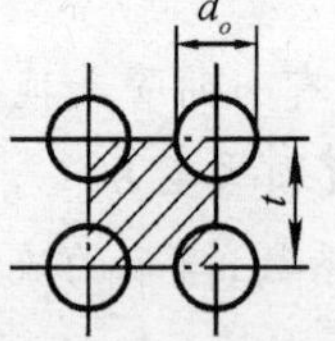

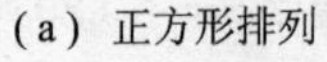
(a) 正方形排列

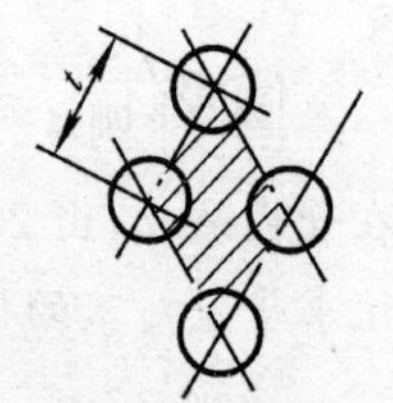

(b) 正三角形排列

图 4-6 管子的排列

流体在错列管束外流过时，平均对流传热系数可用下式计算，即

$$Nu=0.33Re^{0.6}Pr^{0.33} \quad (4-37)$$

流体在直列管束外流过时，平均对流传热系数可用下式计算，即

$$Nu=0.26Re^{0.6}Pr^{0.33} \quad (4-38)$$

上式的应用范围如下：

① $Re>3000$。

② 特征尺寸：管外径 d_o，流速取流体通过每排管子中最狭窄通道处的速度。其中错列管距最狭处的距离应在(x_1-d_o)和 $2(t-d_o)$中取小者。

(2) 流体在换热器管间流动

常用的列管式换热器外壳是圆筒，管束中的各列管子数目不同，一般都装有折流挡板，流体在管间流动时，流向和流速均不断变化，因而在 $Re>100$ 时即可达到湍流，所以对流传热系数较大。折流挡板的形式很多，其中以圆缺形挡板最为常用，如图 4-7 所示。

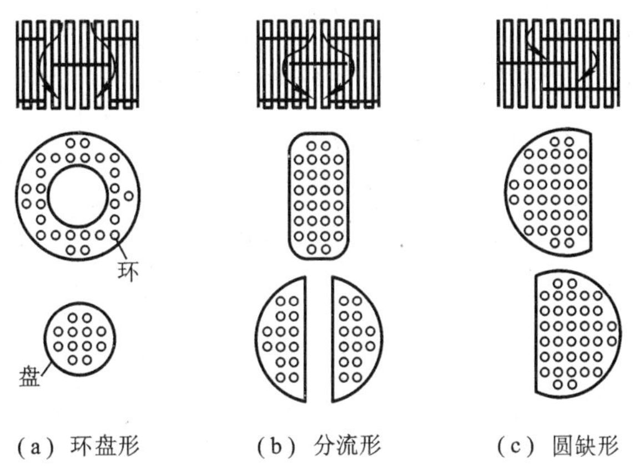

图 4-7 换热器折流挡板

在管束间安装挡板后，虽然对流传热系数增大，但是流动阻力也增大。有时因挡板与壳体、挡板与管束之间的间隙过大而产生旁流，反而使对流传热系数减小。

换热器内装有圆缺形挡板(缺口面积为 25%的壳体内截面积)时，壳内流体的对流传热系数的关联式为

$$Nu=0.36Re^{0.55}Pr^{1/3} \tag{4-39}$$

或

$$\alpha=0.36\left(\frac{\lambda}{d_e}\right)\left(\frac{d_e u\rho}{\mu}\right)^{0.55}Pr^{1/3}\left(\frac{\mu}{\mu_W}\right)^{0.14} \tag{4-40}$$

上式的应用范如下：

① $Re=2\times10^3\sim1\times10^6$。

② 定性温度：除 μ_W 取壁温外，均取流体进、出口温度的算术平均值。

③ 特征尺寸：当量直径 d_e。d_e 可根据图 4-6 所示的管子排列的情况分别用不同的式子进行计算：

若管子为正方形排列，则
$$d_e=\frac{4\left(t^2-\frac{\pi}{4}d_o^2\right)}{\pi d_o} \tag{4-41}$$

若管子为正三角形排列，则
$$d_e=\frac{4\left(\frac{\sqrt{3}}{2}t^2-\frac{\pi}{4}d_o^2\right)}{\pi d_o} \tag{4-42}$$

式中：t 为相邻两管的中心距，m；d_o为管外径，m。

④ 流速 u：根据流体流过管间的最大截面积 A 计算，即

$$A = hD\left(1-\frac{d_o}{t}\right) \tag{4-43}$$

式中：h 为两挡板间的距离，m；D 为换热器外壳内径，m。

⑤ $(\mu/\mu_W)^{0.14}$，气体可取为 1.0；液体被加热时取 1.05，被冷却时取 0.95。

3. 无相变时大空间自然对流

大空间自然对流是指传热壁面放置在很大的空间内，由于壁面温度与周围流体的温度不同而引起的自然对流。例如，管道或设备表面与周围大气之间的传热。

大空间自然对流时的对流传热系数仅与反映流体自然对流状况的 Gr 准数以及 Pr 准数有关，其准数关系式为

$$Nu = c(GrPr)^n \tag{4-44}$$

式中的定性温度取膜的平均温度，即壁面温度和流体平均温度的算术平均值，c 与 n 由实验测定，列于表 4-2 中。

表 4-2 c 和 n 值

加热表面形状	特征尺寸	$(GrPr)$范围	c	n
水平圆管	外径 d_o	$10^4 \sim 10^9$	0.53	1/4
		$10^9 \sim 10^{12}$	0.13	1/3
垂直管或板	高度 L	$10^4 \sim 10^9$	0.59	1/4
		$10^9 \sim 10^{12}$	0.10	1/3

例 4-5 在一室温为 20℃ 的大房间中，安有直径为 0.1 m、水平部分长度为 10 m、垂直部分高度为 1.0 m 的蒸气管道，若管道外壁平均温度为 120℃，试求该管道因自然对流的散热量。

解 大空间自然对流的 α 可由式(4-44)计算，即 $\alpha = \frac{\lambda}{l}c\ (GrPr)^n$。

定性温度为$\frac{120+20}{2}=70$℃，该温度下空气的有关物性由附录查得，即

$\lambda \approx 0.0296\ \text{W/(m·℃)}$，$\mu = 2.06\times10^{-5}\ \text{Pa·s}$，$\rho = 1.029\ \text{kg/m}^3$，$Pr = 0.694$。

(1) 设水平管道的散热量为 Q_1，则

$$Gr = \frac{\beta g \Delta t\, l^3}{v^2}$$

其中

$$l = d_o = 0.1\ \text{m}$$

$$v = \frac{\mu}{\rho} = \frac{2.06\times10^{-5}}{1.029}\ \text{m}^2/\text{s} \approx 2\times10^{-5}\ \text{m}^2/\text{s}$$

$$\beta = \frac{1}{T} = \frac{1}{70+273} = 2.92 \times 10^{-3}\ 1/℃$$

所以　　$$Gr = \frac{2.92 \times 10^{-3} \times 9.81 \times (120-20) \times (0.1)^3}{(2 \times 10^{-5})^2} = 7.16 \times 10^6$$

$$GrPr = 7.16 \times 10^6 \times 0.694 = 4.97 \times 10^6$$

由表 4-2 查得 $c=0.53$，$n=1/4$，所以

$$\alpha = 0.53 \times \frac{0.0296}{0.1} \times (4.97 \times 10^6)^{1/4}\ \text{W/(m}^2 \cdot ℃) = 7.41\ \text{W/(m}^2 \cdot ℃)$$

$$Q_1 = \alpha(\pi d_i L)\Delta t = 7.41 \times \pi \times 0.1 \times 10(120-20)\ \text{W} = 2330\ \text{W}$$

(2) 设垂直管道的散热量为 Q_2，则

$$Gr = \frac{\beta g \Delta t L^3}{v^2} = \frac{2.92 \times 10^{-3} \times 9.81 \times (120-20) \times 1^3}{(2 \times 10^{-5})^2} = 7.16 \times 10^9$$

$$GrPr = 7.16 \times 10^9 \times 0.694 = 4.97 \times 10^9$$

由表 4-2 查得 $c=0.1$，$n=1/3$，所以

$$\alpha = 0.1 \times \frac{0.0296}{1} \times (4.97 \times 10^9)^{1/3}\ \text{W/(m}^2 \cdot ℃) = 5.05\ \text{W/(m}^2 \cdot ℃)$$

$$Q_2 = 5.05 \times \pi \times 0.1 \times 1 \times (120-20)\ \text{W} \approx 160\ \text{W}$$

蒸气管道总散热量为

$$Q = Q_1 + Q_2 = 2330\ \text{W} + 160\ \text{W} \approx 2500\ \text{W}$$

4.3.5　有相变对流传热

蒸气冷凝和液体沸腾都是伴有相变化的对流传热过程。这类传热过程的特点是，相变流体要放出或吸收大量的潜热，对流传热系数较无相变时更大，例如水的沸腾或水蒸气冷凝。本节只讨论纯流体的沸腾和冷凝传热。

1. 蒸气冷凝传热

(1) 蒸气冷凝方式

当饱和蒸气与低于饱和温度的壁面接触时，蒸气放出潜热，并在壁面上冷凝成液体。蒸气冷凝有膜状冷凝和滴状冷凝两种方式。

① 膜状冷凝

若冷凝液能够润湿壁面，则在壁面上形成一层完整的液膜，称为膜状冷凝，如图 4-8(a)所示。一旦在壁面上形成液膜后，蒸气的冷凝只能在液膜的表面上进行，即蒸气冷凝时放出的潜热，必须通过液膜后才能传给冷壁面。由于蒸气冷凝时有相的变化，一般热阻很小，因此这层冷凝液膜往往成为膜状冷凝的主要热阻。若冷凝液膜在重力作用下沿壁面向下流动，则

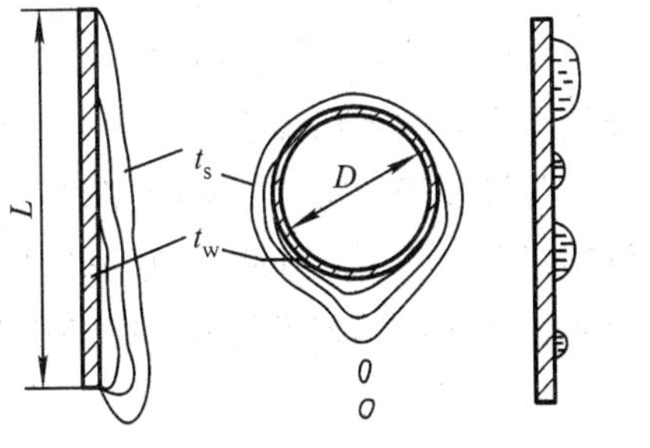

(a) 膜状冷凝　　(b) 滴状冷凝

图 4-8　蒸气冷凝方式

所形成的液膜愈往下愈厚，故壁面愈高或水平放置的管径愈大，整个壁面的平均对流传热系数也就愈小。

② 滴状冷凝

若冷凝液不能润湿壁面，由于表面张力的作用，冷凝液在壁面上形成许多液滴，并沿壁面落下，此种冷凝称为滴状冷凝，如图 4-8(b)所示。

在滴状冷凝时，壁面大部分的面积直接暴露在蒸气中，可供蒸气冷凝。由于没有大面积的液膜阻碍热流，因此滴状冷凝传热系数比膜状冷凝可高几倍甚至十几倍。

工业上遇到的大多是膜状冷凝，因此冷凝器的设计总是按膜状冷凝来处理。下面仅介绍纯组分的饱和蒸气膜状冷凝传热系数的计算方法。

(2) 膜状冷凝对流传热系数

① 蒸气在垂直管或板外冷凝

如图 4-9 所示，当蒸气在垂直管或板上冷凝时，液膜以层流状态从顶端沿壁面向下流动，同时由于蒸气不断在液膜表面冷凝，新的冷凝液不断加入，形成一个流量逐渐增加的液膜流，局部对流传热系数 α 减小；当板或管足够高时，液膜厚度逐渐增加，当高度达到一定值时，则壁面的下部冷凝液膜将转化为湍流流动，此时局部对流传热系数 α 反而将增大。

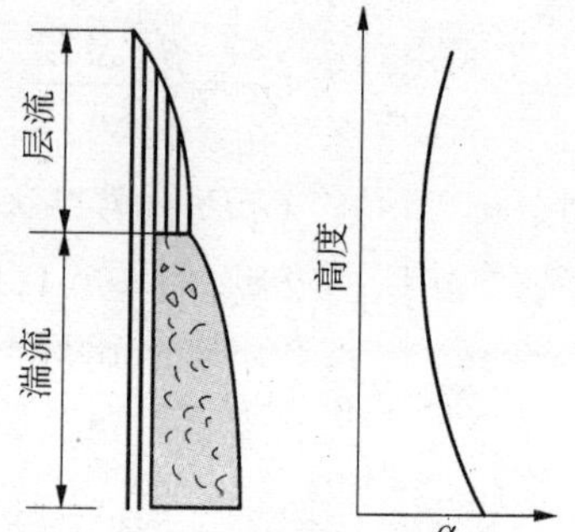

图 4-9　蒸气在垂直管外(或板上)的冷凝

膜状冷凝对流传热系数理论公式的推导中作以下假定：

(a) 冷凝液膜呈层流流动，传热方式为通过液膜的热传导($Re<1800$)。

(b) 蒸气静止不动，对液膜无摩擦阻力。

(c) 蒸气冷凝成液体时所释放的热量仅为冷凝潜热，蒸气温度和壁面温度保持不变。

(d) 冷凝液的物性可按平均液膜温度取值，且为常数。

根据上述假定，对于蒸气在垂直管外或垂直平板侧的冷凝，可得到如下理论公式：

$$\alpha=0.943\left(\frac{r\rho^2 g\lambda^3}{\mu L\Delta t}\right)^{1/4} \tag{4-45}$$

式中：L 为垂直管或板的高度，m；λ 为冷凝液的导热系数，W/(m·℃)；ρ 为冷凝液的密度，kg/m^3；μ 为冷凝液的黏度，kg/(m·s)；r 为饱和蒸气的冷凝潜热，kJ/kg；Δt 为蒸气的饱和温度 t_s 和壁面温度 t_W 之差，℃。

特征尺寸，取垂直管或板的高度。定性温度，蒸气冷凝潜热 r 取饱和温度 t_s 下的值，其余物性取液膜平均温度 $t_m=(t_w+t_s)/2$ 下的值。

蒸气冷凝时传热系数的计算式可整理成准数形式：设 b 为液膜润湿周边长度；W 为单位时间在 b 上的冷凝液量，则单位长度润湿周边上单位时间的冷凝液量 $M=W/b$，其单位为 kg/(m·s)。若膜状流动时的横截面积(流通面积)为 A，则当量直径 $d_e=4A/b$，则

$$Re=\frac{d_e u\rho}{\mu}=\frac{4\frac{A}{b}\cdot\frac{W}{A}}{\mu}=\frac{4M}{\mu} \tag{4-46}$$

将对流传热方程改为

$$\alpha=\frac{Q}{A\Delta t}=\frac{Wr}{bL\Delta t}=\frac{Mr}{L\Delta t} \tag{4-47}$$

将式(4-47)代入式(4-45),有

$$\alpha\left(\frac{\mu^2}{\lambda^3\rho^2 g}\right)^{1/3}=1.47\left(\frac{4M}{\mu}\right)^{-1/3} \tag{4-48}$$

式中 $\alpha\left(\frac{\mu^2}{\lambda^3\rho^2 g}\right)^{1/3}$ 称为无因次冷凝传热系数,常以 α^* 表示,则

$$\alpha^*=1.47\ Re^{-1/3} \tag{4-49}$$

由于在推导理论公式时所做的假定不能完全成立,例如蒸气速度不为零,蒸气和液膜间有摩擦阻力等,大多数实验结果较理论值约大20%,故得修正公式为

$$\alpha=1.13\left(\frac{r\rho^2 g\lambda^3}{\mu L\Delta t}\right)^{1/4} \tag{4-50}$$

若用无因次冷凝传热系数来表示,可得

$$\alpha^*=1.76\ Re^{-1/3} \tag{4-51}$$

若膜层为湍流($Re>1800$),则

$$\alpha=0.0077\left(\frac{\rho^2 g\lambda^3}{\mu^2}\right)^{1/3} Re^{0.4} \tag{4-52}$$

② 蒸气在水平管外冷凝

若蒸气在单根水平管外冷凝,因管径较小,膜层通常呈层流流动。应指出,对水平单管,实验结果和由理论公式求得的结果相近,即

$$\alpha=0.725\left(\frac{\lambda^3\rho^2 gr}{\mu d_o\Delta t}\right)^{1/4} \tag{4-53}$$

若蒸气在水平管束外冷凝,则

$$\alpha=0.725\left(\frac{\lambda^3\rho^2 gr}{n^{\frac{2}{3}}d_o\mu\Delta t}\right)^{1/4} \tag{4-54}$$

式中:n 为水平管束在垂直列上的管数。

(3) 影响冷凝传热的因素

饱和蒸气冷凝时,热阻集中在冷凝液膜内,因此,液膜的厚度及其流动状况是影响冷凝传热的关键因素。

① 冷凝液膜两侧的温度差 Δt

当液膜呈层流流动时,若 Δt 加大,则蒸气冷凝速率增加,因而膜层厚度增厚,使冷凝传热系数降低。

② 流体物性

由膜状冷凝传热系数计算式可知,液膜的密度、黏度及导热系数,蒸气的冷凝潜热,都影响冷凝传热系数。

③ 蒸气的流速和流向

蒸气以一定的速度运动时，和液膜间产生一定的摩擦力，若蒸气和液膜同向流动，则摩擦力将使液膜加速，厚度减薄，使 α 增大；若逆向流动，则 α 减小。但这种力若超过液膜重力，液膜会被蒸气吹离壁面，此时随蒸气流速的增加，α 急剧增大。

④ 蒸气中不凝性气体的影响

若蒸气中含有空气或其他不凝性气体，则壁面可能被气体(导热系数很小)层所遮盖，增加了一层附加热阻，使 α 急剧下降。

⑤ 冷凝壁面的影响

若沿冷凝液流动方向积存的液体增多，则液膜增厚，使传热系数下降。例如，对于管束，为了减薄下面管排上液膜的厚度，一般需减少垂直列管的数目或把管子的排列旋转一定的角度，使冷凝液沿下一根管子的切向流过。

此外，冷凝壁面粗糙不平或有氧化层，则会使膜层加厚，增加膜层阻力，因而 α 降低。

2. 液体的沸腾传热

在液体的对流传热过程中，伴有由液相变为气相，即在液相内部产生气泡或气膜的过程，称为液体沸腾(又称沸腾传热)。工业上液体沸腾的方法有两种：一种是将加热壁面浸没在无强制对流的液体中，液体受热沸腾，称为大容积沸腾；另一种是液体在管内流动时受热沸腾，称为管内沸腾。后者沸腾机理更为复杂，下面主要讨论大容积沸腾。

(1) 液体沸腾曲线

实验表明，大容器内饱和液体沸腾的情况随温度差 Δt(即 $t_w - t_s$)而变，出现不同的沸腾状态。下面以常压下水在大容器中沸腾传热为例，分析沸腾温度差 Δt 对沸腾传热系数 α 和热通量 q 的影响。如图 4-10 所示，当温度差 Δt 较小($\Delta t \leqslant 5$℃)时，加热表面上的液体轻微过热，使液体内部产生自然对流，但没有气泡从液体中逸出液面，而仅在液体表面发生蒸发，此阶段 α 和 q 都较低，如图中 AB 段所示。

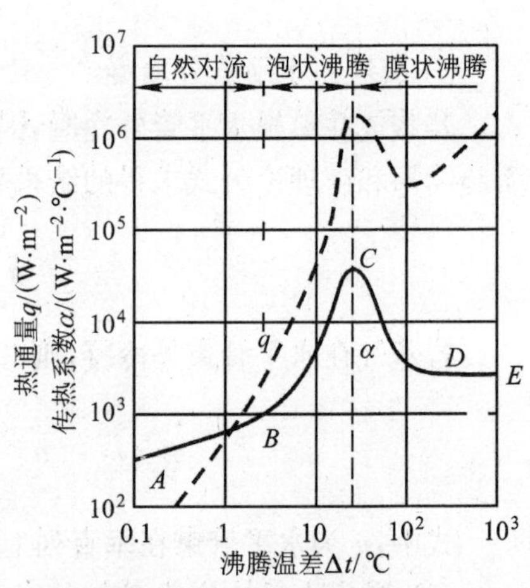

图 4-10 水的沸腾曲线

当 Δt 逐渐升高($\Delta t = 5 \sim 25$℃)时，在加热表面的局部位置上产生气泡，该局部位置称为汽化核心。气泡产生的速度随 Δt 上升而增加，且不断地离开壁面上升至蒸气空间。由于气泡的生成、脱离和上升，液体受到剧烈的扰动，因此 α 和 q 都急剧增大，如图中 BC 段所示，此段称为泡核沸腾或泡状沸腾。

当 Δt 再增大($\Delta t > 25$℃)时，加热面上产生的气泡也大大增多，且气泡产生的速度大于脱离表面的速度。气泡在脱离表面之前连接起来，形成一层不稳定的蒸气膜，使液体不能和加热表面直接接触。由于蒸气的导热性能差，气膜的附加热阻使 α 和 q 都急剧下降。气膜开始形成时是不稳定的，有可能形成大气泡脱离表面，此阶段称为不稳定的膜状沸腾或部分泡状沸腾，如图中 CD 段所示。由泡核沸腾向膜状沸腾过渡的转折点 C 称为临界点。临界点上的温度差、传热系数和热通量分别称为临界温度差 Δt_c、临界沸腾传热系数 α_c 和临界热通量 q_c。当达到 D 点时，传热面几乎全部为气膜所覆盖，开始形成稳定的气膜。以后随着 Δt 的增加，α 基本上不变，q 又上升，这是由于壁温升高，辐射传热的影响显著增加所致，如图中 DE 段所示。习惯上一般将 CDE 段称为膜状沸腾。

其他液体在一定压强下的沸腾曲线与水的有类似的形状，仅临界点的数值不同而已。

应予指出，由于泡核沸腾传热系数较膜状沸腾的大，工业生产中一般总是设法控制在泡核沸腾下操作，因此确定不同液体在临界点下的有关参数具有实际意义。

(2) 沸腾传热系数的计算

关于沸腾传热至今还没有可靠的经验关联式，但可按以下函数形式进行关联：

$$\alpha = C\Delta t^{2.5}B^{t_s} \tag{4-55}$$

式中：t_s 为蒸气的饱和温度，℃；C 和 B 为通过实验测定的两个参数。

(3) 影响沸腾传热的因素

① 液体的性质

液体的导热系数、密度、黏度和表面张力等均对沸腾传热有重要的影响。一般情况下，α 随 λ、ρ 的增加而增大，而随 μ 及 σ 的增加而减小。

② 温度差 Δt

温度差 $(t_w - t_s)$ 是控制沸腾传热过程的重要参数。曾经有人在特定的实验条件(沸腾压强、壁面形状等)下，对多种液体进行泡核沸腾时传热系数的测定，整理得到下面形式的经验式：

$$\alpha = k(\Delta t)^n \tag{4-56}$$

式中 k 和 n 是随液体种类和沸腾条件而异的常数，其值由实验测定。

③ 操作压强

提高沸腾压强相当于提高液体的饱和温度，使液体的表面张力和黏度均降低，有利于气泡的生成和脱离，强化了沸腾传热。在相同的 Δt 下，α 和 q 都更高。

④ 加热壁面

加热壁面的材料和粗糙度对沸腾传热有重要的影响。一般新的或清洁的加热面，α 较高。当壁面被油脂沾污后，α 会急剧下降。壁面愈粗糙，气泡核心愈多，有利于沸腾传热。此外，加热面的布置情况，对沸腾传热也有明显的影响。

§4.4 传热过程的计算

化工生产中多采用间壁式换热器进行热量传递，其过程是由固体壁的导热和壁两侧流体的对流传热所构成，导热和对流传热的规律在前面章节已述，本节在此基础上进一步探讨传热的相关计算问题。

化工原理中换热器所涉及的传热过程计算主要有两类：一类是设计型计算，即根据生产要求的热负荷，确定换热器的传热面积；另一类是校核型计算，即计算给定换热器的传热量、流体的流量或温度等。两者都是以换热器的热量衡算和传热速率方程为计算基础。

4.4.1 热量衡算

在不考虑热损失的情况下，流体在间壁两侧进行稳态传热时，单位时间热流体放出的热量应等于冷流体吸收的热量，即

$$Q=Q_c=Q_h \tag{4-57}$$

式中：Q 为换热器的热负荷，即单位时间热流体向冷流体传递的热量，W；Q_h 为单位时间热流体放出热量，W；Q_c 为单位时间冷流体吸收热量，W。

若换热器间壁两侧流体无相变化，且流体的比热容不随温度而变或可取平均温度下的比热容时，上式可表示为

$$Q=W_h c_{ph}(T_1-T_2)=W_c c_{pc}(t_2-t_1) \tag{4-58}$$

式中：c_p 为流体的平均比热容，J/(kg・℃)；t 为冷流体的温度，℃；T 为热流体的温度，℃；W 为流体的质量流量，kg/s。

若换热器中的热流体有相变化，例如饱和蒸气冷凝，则

$$Q=W_h r=W_c c_{pc}(t_2-t_1) \tag{4-59}$$

式中：W_h 为饱和蒸气（热流体）的冷凝速率，kg/s；r 为饱和蒸气的冷凝潜热，J/kg。

上式的应用条件是冷凝液在饱和温度下离开换热器。若冷凝液的温度低于饱和温度时，则变为

$$Q=W_h[r+c_{ph}(T_s-T_2)]=W_c c_{pc}(t_2-t_1) \tag{4-60}$$

式中：c_{ph} 为冷凝液的比热容，J/(kg・℃)；T_s 为冷凝液的饱和温度，℃。

4.4.2 总传热速率微分方程

如在套管换热器微元管段 dL 内、外表面积及平均传热面积分别为 dS_i、dS_o 和 dS_m。热流依次经过热流体、管壁和冷流体这三个环节，在稳态传热的情况下，通过各环节的传热速率应相等，即

$$dQ=\frac{T-T_W}{\dfrac{1}{\alpha_i dS_i}}=\frac{T_W-t_W}{\dfrac{b}{\lambda dS_m}}=\frac{t_W-t}{\dfrac{1}{\alpha_o dS_o}} \tag{4-61}$$

式中：t_W、T_W 分别为冷热流体侧的壁温，℃；α_i、α_o 分别为传热管壁内、外侧流体的对流传热系数，W/(m²・℃)；λ 为管壁材料的导热系数，W/(m・℃)；b 为管壁厚度，m；S_i、S_o、S_m 分别为换热器管内表面积、外表面积和内、外表面平均面积，m²。

上式可改写为

$$dQ=\frac{T-t}{\dfrac{1}{\alpha_i dS_i}+\dfrac{b}{\lambda dS_m}+\dfrac{1}{\alpha_o dS_o}} \tag{4-62}$$

式中：$\dfrac{1}{\alpha_i dS_i}$、$\dfrac{1}{\lambda dS_m}$、$\dfrac{1}{\alpha_o dS_o}$ 分别为各传热环节的热阻，℃/W。

由上式可知，串联过程的推动力与阻力具有加和性。

令
$$\frac{1}{K\mathrm{d}S}=\frac{1}{\alpha_i\mathrm{d}S_i}+\frac{b}{\lambda\mathrm{d}S_m}+\frac{1}{\alpha_o\mathrm{d}S_o} \tag{4-63}$$

则总传热速率方程可化为

$$\mathrm{d}Q=K\mathrm{d}S(T-t) \tag{4-64}$$

式中：$\mathrm{d}S$ 为微元管段的传热面积，m^2；K 为定义在 $\mathrm{d}S$ 上的总传热系数，$W/(m^2\cdot℃)$。

式(4-64)为总传热速率方程的微分表达式，表明总传热系数在数值上等于单位温度差下的总传热通量，它表示了冷、热流体进行传热的一种能力，总传热系数的倒数 $1/K$ 代表间壁两侧流体传热的总热阻。

4.4.3 总传热系数

1. 总传热系数 K 的计算表达式

总传热系数必须和所选择的传热面积相对应，选择的传热面积不同，总传热系数的数值也不同。

(1) 传热面为平壁

此时，$\mathrm{d}S_o=\mathrm{d}S_i=\mathrm{d}S_m$，则间壁两侧流体传热的总热阻为

$$\frac{1}{K}=\frac{1}{\alpha_i}+\frac{b}{\lambda}+\frac{1}{\alpha_o} \tag{4-65}$$

(2) 传热面为圆筒壁

此时，$\mathrm{d}S_o$与 $\mathrm{d}S_i$ 及 $\mathrm{d}S_m$三者不相等，间壁两侧流体传热的总热阻为

$$\frac{1}{K}=\frac{\mathrm{d}S}{\alpha_i\mathrm{d}S_i}+\frac{b\mathrm{d}S}{\lambda\mathrm{d}S_m}+\frac{\mathrm{d}S}{\alpha_o\mathrm{d}S_o} \tag{4-66}$$

显然，K 的大小与 $\mathrm{d}S$ 取值有关，$\mathrm{d}S$ 值一般取外表面积 $\mathrm{d}S_o$值，则 K 值称为以外表面积为基准的总传热系数。上式可化为

$$\frac{1}{K_o}=\frac{\mathrm{d}S_o}{\alpha_i\mathrm{d}S_i}+\frac{b\mathrm{d}S_o}{\lambda\mathrm{d}S_m}+\frac{1}{\alpha_o} \tag{4-67}$$

或
$$\frac{1}{K_o}=\frac{d_o}{\alpha_i d_i}+\frac{bd_o}{\lambda d_m}+\frac{1}{\alpha_o} \tag{4-68}$$

式中：d_i、d_o、d_m分别为管内径、管外径和管内、外径的平均直径，m。

同理可得

$$\frac{1}{K_i}=\frac{1}{\alpha_i}+\frac{bd_i}{\lambda d_m}+\frac{d_i}{\alpha_o d_o} \tag{4-68a}$$

$$\frac{1}{K_m}=\frac{d_m}{\alpha_i d_i}+\frac{b}{\lambda}+\frac{d_m}{\alpha_o d_o} \tag{4-68b}$$

式中：K_i、K_m分别为基于管内表面积和管平均表面积的总传热系数。

(3) 污垢热阻(又称污垢系数)

换热器的实际操作中，传热表面上常有污垢积存，对传热产生附加热阻，使总传热系数

降低。由于污垢层的厚度及其导热系数难以测量，因此通常选用污垢热阻的经验值作为计算 K 值的依据。若管壁内、外侧表面上的污垢热阻分别用 R_{si} 及 R_{so} 表示，则以外表面积为基准的间壁两侧流体传热的总热阻为

$$\frac{1}{K_o}=\frac{d_o}{\alpha_i d_i}+R_{si}\frac{d_o}{d_i}+\frac{bd_o}{\lambda d_m}+R_{so}+\frac{1}{\alpha_o} \tag{4-69}$$

式中：R_{si}、R_{so} 分别为管内和管外的污垢热阻，又称污垢系数，$m^2\cdot℃/W$。

2. 总传热系数 K 的范围

在设计换热器时，常需预知总传热系数 K 值，此时往往先要作一估计。总传热系数 K 值主要受流体的性质、传热的操作条件及换热器类型的影响。K 的变化范围较大。表 4-3 中列有几种常见换热情况下的总传热系数。

表 4-3 常见列管换热器传热情况下的总传热系数 K

冷流体	热流体	$K/(W\cdot m^{-2}\cdot ℃^{-1})$	冷流体	热流体	$K/(W\cdot m^{-2}\cdot ℃^{-1})$
水	水	850～1700	水	水蒸气冷凝	1420～4250
水	气体	17～280	气体	水蒸气冷凝	30～300
水	有机溶剂	280～850	水	低沸点烃类冷凝	455～1140
水	轻油	340～910	水沸腾	水蒸气冷凝	2000～4250
水	重油	60～280	轻油沸腾	水蒸气冷凝	455～1020
有机溶剂	有机溶剂	115～340			

3. 提高总传热系数的途径

传热过程的总热阻是由各串联环节的热阻叠加而成，原则上减小任何环节的热阻都可提高传热系数。但是，当各环节的热阻相差较大时，总热阻的数值将主要由其中的最大热阻所决定。此时强化传热的关键在于提高该环节的传热系数。例如，当管壁热阻和污垢热阻均可忽略时，间壁两侧流体传热的总热阻可简化为

$$\frac{1}{K}=\frac{1}{\alpha_i}+\frac{1}{\alpha_o}$$

若 $\alpha_i \gg \alpha_o$，则 $\frac{1}{K}\approx\frac{1}{\alpha_o}$，欲要提高 K 值，关键在于提高对流传热系数较小一侧的 α_o。若污垢热阻为控制因素，则必须设法减慢污垢形成速率或及时清除污垢。

例 4-6 热空气在冷却管管外流过，$\alpha_o=90\ W/(m^2\cdot℃)$，冷却水在管内流过，$\alpha_i=1000\ W/(m^2\cdot℃)$。冷却管外径 $d_o=16$ mm，壁厚 $b=1.5$ mm，管壁的 $\lambda=40\ W/(m\cdot℃)$。求：

(1) 总传热系数 K_o；

(2) 若管外对流传热系数 α_o 增加一倍，则总传热系数有何变化？

(3) 若管内对流传热系数 α_i 增加一倍，则总传热系数有何变化？

解 (1) 由间壁两侧流体传热的总热阻公式可知

$$K_o=\frac{1}{\frac{1}{\alpha_i}\cdot\frac{d_o}{d_i}+\frac{b}{\lambda}\cdot\frac{d_o}{d_m}+\frac{1}{\alpha_o}}$$

$$=\frac{1}{\frac{1}{1000}\times\frac{16}{13}+\frac{0.0015}{40}\times\frac{16}{14.5}+\frac{1}{90}}\ \mathrm{W/(m^2\cdot ^\circ C)}$$

$$=80.8\ \mathrm{W/(m^2\cdot ^\circ C)}$$

可见管壁热阻很小,通常可以忽略不计。

(2) $$K'_o=\frac{1}{0.00123+\frac{1}{2\times 90}}\ \mathrm{W/(m^2\cdot ^\circ C)}=147.4\ \mathrm{W/(m^2\cdot ^\circ C)}$$

$$\frac{K'_o-K_o}{K_o}=\frac{147.4-80.8}{80.8}\times 100\%=82.4\%$$

传热系数增加了 82.4%。

(3) $$K''_o=\frac{1}{\frac{1}{2\times 1000}\times\frac{16}{13}+0.01111}=85.3\ \mathrm{W/(m^2\cdot ^\circ C)}$$

$$\frac{K''_o-K_o}{K_o}=\frac{85.3-80.8}{80.8}\times 100\%=5.6\%$$

传热系数只增加了 5.6%,说明要提高 K 值,应提高较小的 α 值。

4.4.4 传热推动力和总传热速率方程

随着传热过程的进行,换热器各截面上冷热流体的温差($T-t$)是不同的,若以 Δt 表示整个传热面积的平均推动力,且 K 为常量,则总传热速率微分方程式积分为

$$Q=KS\Delta t \tag{4-70}$$

上式称为总传热速率方程。下面讨论不同情况下传热平均推动力的计算和总传热速率方程的表达式。

恒温传热,换热器的间壁两侧流体均有相变化时,例如蒸发器中饱和蒸气和沸腾液体间的传热就是恒温传热,此时,冷、热流体的温度均不沿管长变化,即 $\Delta t=T-t$,流体的流动方向对 Δt 也无影响。总传热速率方程为

$$Q=KS\Delta t=KS(T-t) \tag{4-71}$$

变温传热,若两流体的相互流向不同,则对温度差的影响也不相同,故应予以分别讨论。

1. 逆流和并流

如图 4-11 所示,在换热器中,两流体若以相反的方向流动,称为逆流;若以相同的方向流动,称为并流。由图可见,温度差沿管长发生变化,故需求出平均温度差。以逆流为例,推导计算平均温度差的通式,由换热器的热量衡算微分式知

$$dQ=-W_h c_{ph}dT=W_c c_{pc}dt \tag{4-72}$$

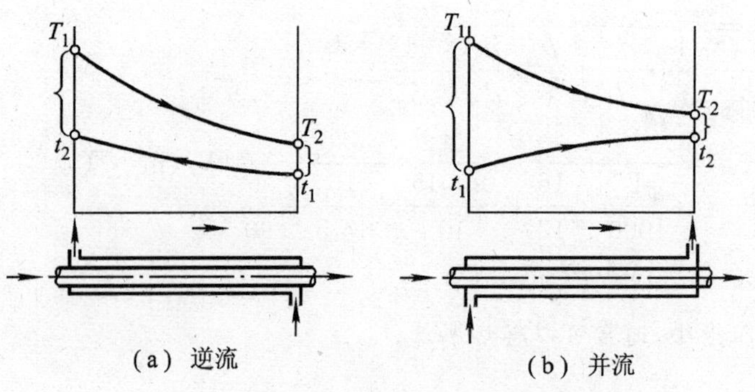

(a) 逆流　　(b) 并流

图 4-11　变温传热时的温度差变化

在稳态连续传热情况下，W_h、W_c 为常量，且认为 c_{ph}、c_{pc} 是常数，则

$$dT=\frac{dQ}{W_h c_{ph}},\ dt=\frac{dQ}{W_c c_{pc}}$$

显然 $Q-T$ 和 $Q-t$ 都是直线关系，因此 $T-t=\Delta t$ 与 Q 也呈直线关系，如图 4-12 所示。

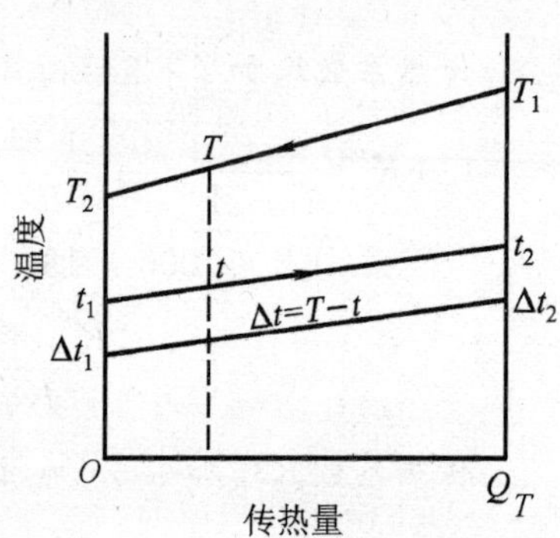

图 4-12　逆流时平均温度差的推导

由图可以看出，$Q-\Delta t$ 的直线斜率为

$$\frac{d(\Delta t)}{dQ}=\frac{\Delta t_2-\Delta t_1}{Q}$$

总传热速率微分方程代入上式可得

$$\frac{d(\Delta t)}{KdS\Delta t}=\frac{\Delta t_2-\Delta t_1}{Q}$$

式中 K 为常量，积分上式，有

$$\frac{1}{K}\int_{\Delta t_1}^{\Delta t_2}\frac{d(\Delta t)}{\Delta t}=\frac{\Delta t_2-\Delta t_1}{Q}\int_0^S dS$$

得

$$\frac{1}{K}\ln\frac{\Delta t_2}{\Delta t_1}=\frac{\Delta t_2-\Delta t_1}{Q}S$$

$$Q=KS\frac{\Delta t_2-\Delta t_1}{\ln\frac{\Delta t_2}{\Delta t_1}}=KS\Delta t_m \tag{4-73}$$

该式是传热计算的基本方程式。Δt_m 称为对数平均温度差，即

$$\Delta t_m=\frac{\Delta t_2-\Delta t_1}{\ln\frac{\Delta t_2}{\Delta t_1}} \tag{4-74}$$

对并流情况，也可导出同样公式。

在工程计算中，一般取 Δt 大者为 Δt_2，小者为 Δt_1。当 $\Delta t_2/\Delta t_1<2$ 时，可用算术平均温

度差$(\Delta t_2+\Delta t_1)/2$代替$\Delta t_m$。

在换热器中，只有一种流体有温度变化时，其并流和逆流时的平均温度差是相同的。

在工业生产中，一般采用逆流操作，因为在换热器的传热速率Q及总传热系数K相同的条件下，逆流时的Δt_m大于并流时的Δt_m，采用逆流操作可节省传热面积。

例如，热流体的进、出口温度分别为90℃和70℃，冷流体进、出口温度分别为20℃和60℃，则逆流和并流的Δt_m分别为

$$\Delta t_m=\frac{(90-60)-(70-20)}{\ln\dfrac{90-60}{70-20}}℃=39.2℃$$

$$\Delta t_m=\frac{(90-20)-(70-60)}{\ln\dfrac{90-20}{70-60}}℃=30.8℃$$

一般只有对加热或冷却的流体有特定的温度限制时，才采用并流。

2. 错流和折流

在大多数列管换热器中，两流体并非只做简单的并流和逆流，而是做比较复杂的多程流动，或是互相垂直的交叉流动，如图4-13所示。

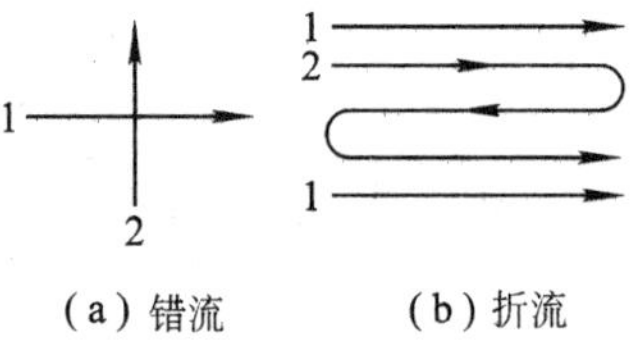

图4-13 错流和折流示意图

在图4-13(a)中，两流体的流向互相垂直，称为错流；在图4-13(b)中，一流体只沿一个方向流动，而另一流体反复折流，称为简单折流。若两流体均做折流，或既有折流又有错流，则称为复杂折流。

对于错流和折流时的平均温度差，先按逆流操作计算对数平均温度差，再乘以考虑流动方向的校正因素，即

$$\Delta t_m=\varphi_{\Delta t}\Delta t'_m \tag{4-75}$$

式中：$\Delta t'_m$为按逆流计算的对数平均温度差，℃；$\varphi_{\Delta t}$为温度差校正系数，无因次。

温度差校正系数$\varphi_{\Delta t}$与冷、热流体的温度变化有关，是P和R两因数的函数，即

$$\varphi_{\Delta t}=f(P,R)$$

式中

$$P=\frac{t_2-t_1}{T_1-t_1}=\frac{冷流体的温升}{两流体的最初温度差}$$

$$R=\frac{T_1-T_2}{t_2-t_1}=\frac{热流体的温降}{冷流体的温升}$$

温度差校正系数$\varphi_{\Delta t}$值可根据P和R两因数从图4-14中相应的小图中查得。图中(a)、(b)、(c)及(d)分别适用于一、二、三及四壳程，每个单壳程内的管程可以是2、4、6或8程。图(e)适用于错流换热器。对于其他流向的$\varphi_{\Delta t}$值，可通过手册或其他传热书籍查得。

由图可见，$\varphi_{\Delta t}$值恒小于1，这是由于各种复杂流动中同时存在逆流和并流。因此它们的Δt_m比纯逆流时小。通常在换热器的设计中规定$\varphi_{\Delta t}$值不应小于0.8，否则经济上不合理，而且操作温度略有变化就会使$\varphi_{\Delta t}$急剧下降，从而影响换热器操作的稳定性。

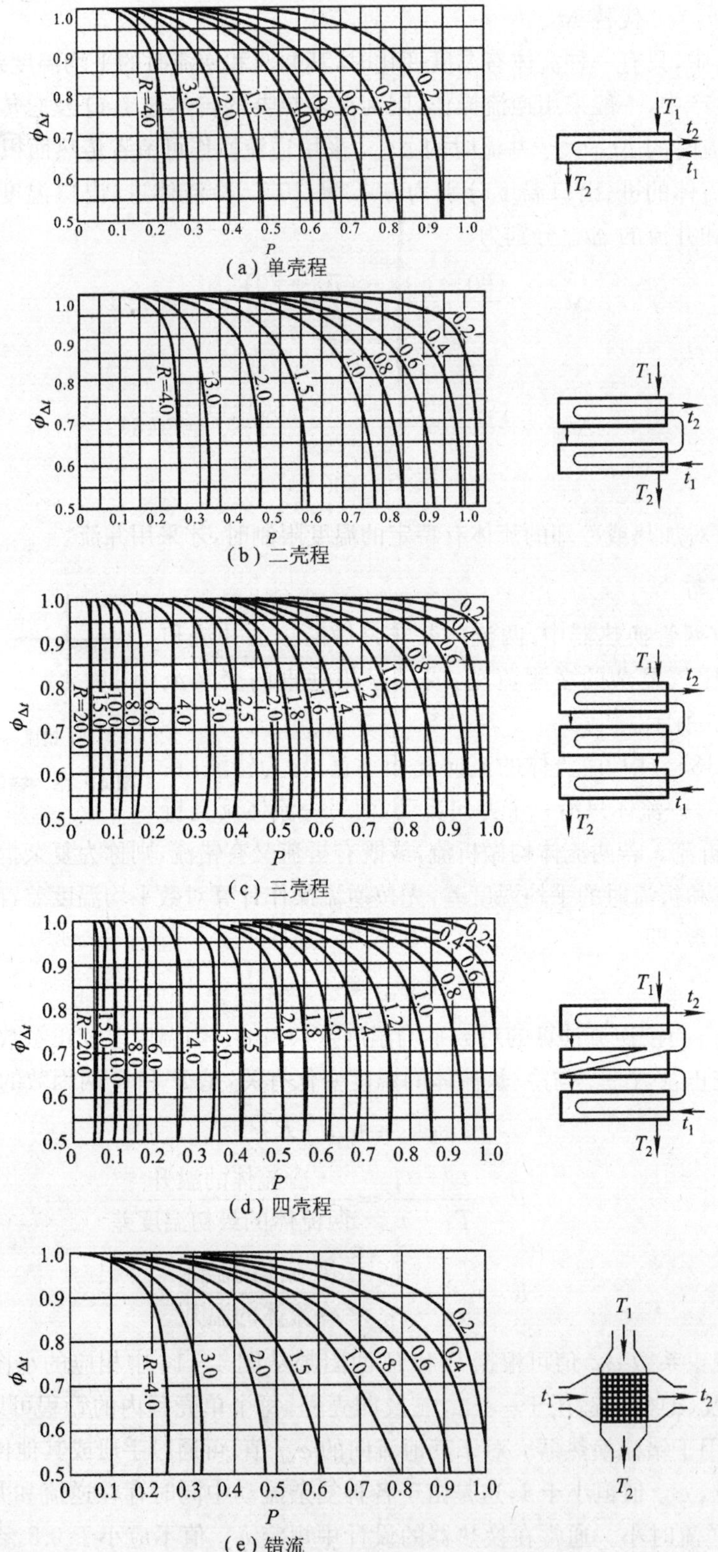

(a) 单壳程

(b) 二壳程

(c) 三壳程

(d) 四壳程

(e) 错流

图 4-14 对数平均温度差校正系数 $\varphi_{\Delta t}$ 值

4.4.5 稳态传热的计算

稳态传热计算的基本公式：

热量衡算方程：$Q=W_{h}c_{ph}(T_{1}-T_{2})=W_{c}c_{pc}(t_{2}-t_{1})$；

总传热速率方程：$Q=KS\Delta t_{m}$。

传热计算可分为设计型计算和操作型计算两种。

1. 设计型计算

以热流体的冷却为例。

(1) 设计任务

需要将一定流量 W_{h} 的热流体由给定的温度 T_{1} 冷却至 T_{2}，已知冷流体进口温度 t_{1}，计算传热面积及换热器其他尺寸。

(2) 计算方法

① 计算换热器的热负荷(传热速率)Q：

$$Q=W_{h}c_{ph}(T_{1}-T_{2})$$

② 选择流动方向和冷却介质出口温度 t_{2}，计算 Δt_{m}；

③ 计算总传热系数 K 和选定污垢热阻的大小；

④ 由总传热速率方程 $Q=KS\Delta t_{m}$ 计算传热面积。

2. 操作型计算

(1) 操作型计算的类型

① 已知换热器的传热面积和有关尺寸，冷热流体的物理性质、流量、进口温度及流体流动方式，求冷热流体的出口温度。

② 已知换热器的传热面积和有关尺寸，冷热流体的物理性质，热流体的流量和进出口温度，冷流体的进口温度和流体流动方式，求冷流体的流量和出口温度。

(2) 计算方法

总传热速率方程：

$$Q=KS\Delta t_{m}=W_{h}c_{ph}(T_{1}-T_{2})$$

热量衡算方程：

$$W_{h}c_{ph}(T_{1}-T_{2})=W_{c}c_{pc}(t_{2}-t_{1})$$

联立上式求解即可求得 W_{c} 和 t_{2}。

类型①可直接通过解方程求得，类型②则需通过试差或迭代法逐次逼近，或采用传热效率—传热单元数法进行计算。

3. 传热效率-传热单元数法(ε-NTU)

(1) 传热效率

$$\varepsilon=\frac{Q}{Q_{max}}$$

若流体无相变化，且不考虑热损失，则实际传热量为

$$Q=W_{c}c_{pc}(t_{2}-t_{1})=W_{h}c_{ph}(T_{1}-T_{2})$$

不论在哪种换热器中，理论上热流体能被冷却到的最低温度为冷流体的进口温度 t_1，而冷流体最高出口温度为热流体的进口温度 T_1，因此理论上两种流体可能达到的最大温差为 (T_1-t_1)。根据热量衡算式，只有 Wc_p 值较小的流体才可能达到 (T_1-t_1)，因此

$$Q_{\max}=(Wc_p)_{\min}(T_1-t_1) \tag{4-76}$$

式中：Wc_p 称为流体的热容量流率。若冷流体热容量流率较小，则

$$\varepsilon_c=\frac{W_c c_{pc}(t_2-t_1)}{W_c c_{pc}(T_1-t_1)}=\frac{t_2-t_1}{T_1-t_1} \tag{4-77}$$

若热流体的热容量流率较小，则

$$\varepsilon_h=\frac{W_h c_{ph}(T_1-T_2)}{W_h c_{ph}(T_1-t_1)}=\frac{T_1-T_2}{T_1-t_1} \tag{4-78}$$

(2) 传热单元数

换热器的热量衡算和传热速率方程的微分式为

$$dQ=-W_h c_{ph}dT=W_c c_{pc}dt=K(T-t)dS$$

上式可改写为

$$\frac{dt}{T-t}=\frac{KdS}{W_c c_{pc}},\ \frac{dT}{T-t}=\frac{KdS}{W_h c_{ph}}$$

上两式的积分式分别称为基于冷流体的传热单元数和基于热流体的传热单元数，分别用 $(NTU)_c$ 和 $(NTU)_h$ 表示，则

$$(NTU)_c=\int_{t1}^{t2}\frac{dt}{T-t}=\int_0^S\frac{KdS}{W_c c_{pc}}=\frac{KS}{W_c c_{pc}} \tag{4-79}$$

$$(NTU)_h=\int_{T1}^{T2}\frac{dt}{T-t}=\int_0^S\frac{KdS}{W_h c_{ph}}=\frac{KS}{W_h c_{ph}} \tag{4-80}$$

(3) 传热效率和传热单元数的关系

以单程并流换热器为例，传热效率和传热单元数的关系可以推导如下：

根据传热速率方程，有

$$Q=KS\Delta t_m=KS\frac{(T_1-t_1)-(T_2-t_2)}{\ln\dfrac{T_1-t_1}{T_2-t_2}}$$

整理，得

$$\frac{T_2-t_2}{T_1-t_1}=\exp\left[-KS\left(\frac{T_1-T_2}{Q}+\frac{t_2-t_1}{Q}\right)\right] \tag{4-81}$$

将 $Q=W_h c_{ph}(T_1-T_2)=W_c c_{pc}(t_2-t_1)$ 代入上式，得

$$\frac{T_2-t_2}{T_1-t_1}=\exp\left[-\frac{KS}{W_c c_{pc}}\left(1+\frac{W_c c_{pc}}{W_h c_{ph}}\right)\right] \tag{4-82}$$

若冷流体热容量流率小，并令 $C_{\min}=W_c c_{pc}$，$C_{\max}=W_h c_{ph}$，则

$$(NTU)_{\min}=\frac{KS}{C_{\min}}$$

于是，上式可写为

$$\frac{T_2-t_2}{T_1-t_1}=\exp\left[-(\mathrm{NTU})_{\min}\left(1+\frac{C_{\min}}{C_{\max}}\right)\right] \tag{4-82a}$$

因为

$$T_2=T_1-\frac{W_c c_{pc}}{W_h c_{ph}}(t_2-t_1)=T_1-\frac{C_{\min}}{C_{\max}}(t_2-t_1)$$

所以

$$\frac{T_2-t_2}{T_1-t_1}=\frac{T_1-\frac{C_{\min}}{C_{\max}}(t_2-t_1)-t_2}{T_1-t_1}=\frac{(T_1-t_1)-\frac{C_{\min}}{C_{\max}}(t_2-t_1)-(t_2-t_1)}{T_1-t_1}$$

$$=1-\left(1+\frac{C_{\min}}{C_{\max}}\right)\left(\frac{t_2-t_1}{T_1-t_1}\right)=1-\varepsilon\left(1+\frac{C_{\min}}{C_{\max}}\right)$$

将上式代入式(4-82a)得

$$\varepsilon=\frac{1-\exp\left[-(\mathrm{NTU})_{\min}\left(1+\frac{C_{\min}}{C_{\max}}\right)\right]}{1+\frac{C_{\min}}{C_{\max}}} \tag{4-83}$$

若热流体为最小热容量流率流体，只要令

$$(NTU)_{\min}=\frac{KS}{W_h c_{ph}},\ C_{\min}=W_h c_{ph},\ C_{\max}=W_c c_{pc}$$

则可推导出与上式相同的结果。

同理，可推导得到逆流时传热效率和传热单元数的关系为

$$\varepsilon=\frac{1-\exp\left[-(\mathrm{NTU})_{\min}\left(1+\frac{C_{\min}}{C_{\max}}\right)\right]}{1-\frac{C_{\min}}{C_{\max}}\exp\left[-(\mathrm{NTU})_{\min}\left(1-\frac{C_{\min}}{C_{\max}}\right)\right]} \tag{4-84}$$

针对各种传热情况，其传热效率和传热单元数均有相应的公式，并绘制成图，图 4-15～图 4-17分别为并流、逆流和折流时的 ε-NTU 关系图，可供设计时直接使用。

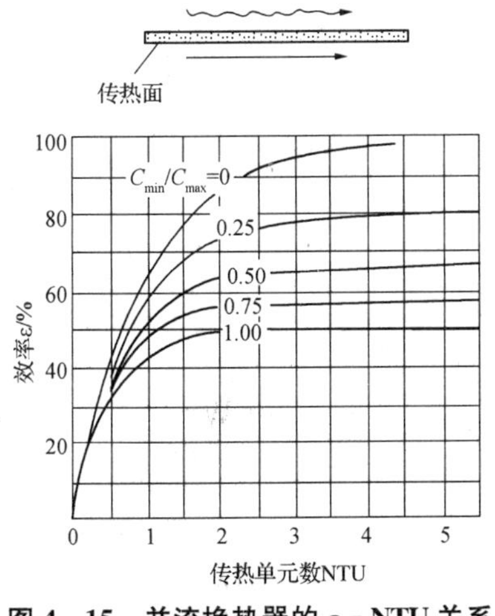

图 4-15　并流换热器的 ε-NTU 关系

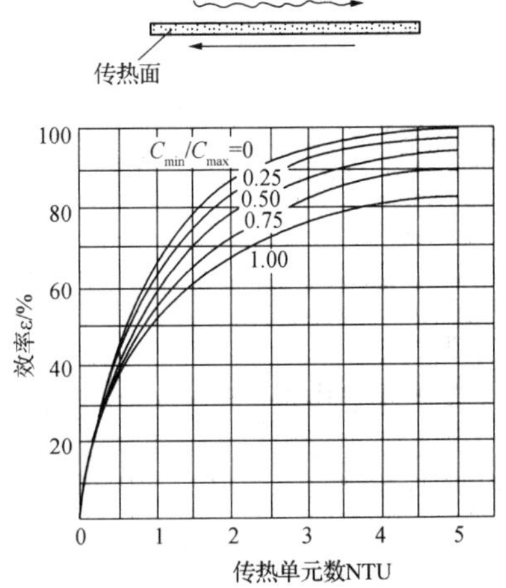

图 4-16　逆流换热器的 ε-NTU 关系

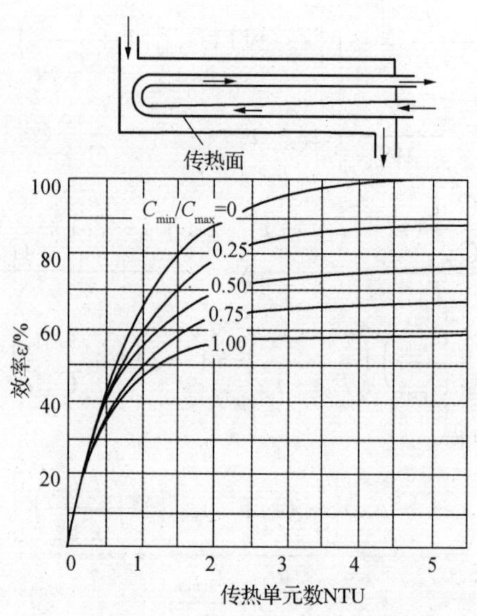

图 4-17　折流换热器的 ε-NTU 关系(单壳程,2、4、6 管程)

当两流体之一有相变化时,$(Wc_p)_{max}$ 趋于无穷大,故式(4-83)和式(4-84)可简化为

$$\varepsilon = 1 - \exp[-(\text{NTU})_{min}] \tag{4-85}$$

当两流体的 Wc_p 相等时,式(4-84)和式(4-85)可分别简化为

$$\varepsilon = \frac{1 - \exp[-2(\text{NTU})]}{2} \tag{4-86}$$

及

$$\varepsilon = \frac{\text{NTU}}{1 + \text{NTU}} \tag{4-86a}$$

例 4-7　有一碳钢制造的套管换热器,内管直径为 ϕ89 mm×3.5 mm,流量为 2000 kg/h 的苯在内管中从 80℃冷却到 50℃。冷却水在环隙从 15℃升到 35℃。苯的对流传热系数 $\alpha_h = 230\ \text{W/(m}^2\cdot\text{K)}$,水的对流传热系数 $\alpha_c = 290\ \text{W/(m}^2\cdot\text{K)}$。忽略污垢热阻。(1) 求冷却水消耗量;(2) 求并流和逆流操作时所需传热面积;(3) 如果逆流操作时所采用的传热面积与并流时的相同,计算冷却水出口温度与消耗量,假设总传热系数随温度的变化忽略不计。

解　(1) 苯的平均温度 $T = \frac{80 + 50}{2}\ ℃ = 65\ ℃$,比热容 $c_{ph} = 1.86 \times 10^3\ \text{J/(kg}\cdot\text{K)}$

苯的流量 $W_h = 2000$ kg/h,水的平均温度 $t = \frac{15 + 35}{2}\ ℃ = 25\ ℃$

比热容 $c_{pc} = 4.178 \times 10^3\ \text{J/(kg}\cdot\text{K)}$

热量衡算式　　$Q = W_h c_{ph}(T_1 - T_2) = W_c c_{pc}(t_2 - t_1)$　　(忽略热损失)

热负荷　　$Q = \frac{2000}{3600} \times 1.86 \times 10^3 \times (80 - 50)\ \text{W} = 3.1 \times 10^4\ \text{W}$

冷却水消耗量 $W_c=\dfrac{Q}{c_{pc}(t_2-t_1)}=\dfrac{3.1\times10^4\times3600}{4.178\times10^3\times(35-15)}\text{ kg/h}=1335\text{ kg/h}$

(2) 以内表面积 S_i 为基准的总传热系数为 K_i，碳钢的导热系数 $\lambda=45\text{ W/(m}\cdot\text{K)}$。

$$\frac{1}{K_i}=\frac{1}{\alpha_h}+\frac{bd_i}{\lambda d_m}+\frac{d_i}{\alpha_c d_o}=\left(\frac{1}{230}+\frac{0.0035\times0.082}{45\times0.0855}+\frac{0.082}{290\times0.089}\right)\text{ m}^2\cdot\text{K/W}$$
$$=(4.35\times10^{-3}+7.46\times10^{-5}+3.18\times10^{-3})\text{ m}^2\cdot\text{K/W}$$
$$=7.54\times10^{-3}\text{ m}^2\cdot\text{K/W}$$

故 $K_i=133\text{ W/(m}^2\cdot\text{K)}$，本题管壁热阻与其他传热阻力相比很小，可忽略不计。

并流操作　　热流体温度　$T/℃$　　$80\longrightarrow50$

　　　　　　冷流体温度　$T/℃$　　$15\longrightarrow35$

　　　　　　　　　　　　$\Delta T/℃$　　$65\longrightarrow15$

$$\Delta t_{m并}=\frac{65-15}{\ln\dfrac{65}{15}}℃=34.2℃$$

传热面积　　$S_{i并}=\dfrac{Q}{K_i\Delta t_{m并}}=\dfrac{3.1\times10^4}{133\times34.2}\text{ m}^2=6.81\text{ m}^2$

逆流操作　　热流体温度　$T/℃$　　$80\longrightarrow50$

　　　　　　冷流体温度　$T/℃$　　$35\longleftarrow15$

　　　　　　　　　　　　$\Delta T/℃$　　$45\longrightarrow35$

$$\Delta t_{m逆}=\frac{45+35}{2}℃=40℃$$

传热面积　　$S_{i逆}=\dfrac{Q}{K_i\Delta t_{m逆}}=\dfrac{3.1\times10^4}{133\times40}\text{ m}^2=5.83\text{ m}^2$

因 $\Delta t_{m并}<\Delta t_{m逆}$，故 $S_{i并}>S_{i逆}$，且 $\dfrac{S_{i并}}{S_{i逆}}=\dfrac{\Delta t_{m逆}}{\Delta t_{m并}}=1.17$。

(3) 逆流操作时，$S_i=6.81\text{ m}^2$，$\Delta t_m=\dfrac{Q}{K_iS_i}=\dfrac{3.1\times10^4}{133\times6.81}℃=34.2℃$

设冷却水出口温度为 t_2'，则

热流体温度　$T/℃$　$80\longrightarrow50$

冷流体温度　$T/℃$　$t_2'\longrightarrow15$

　　　　　　$\Delta T/℃$　$\Delta t'\longrightarrow35$

$$\Delta t_m=\frac{\Delta t'+35}{2}=34.2℃\quad\Delta t'=33.4℃$$

$$t_2'=80℃-33.4℃=46.6℃$$

水的平均温度 $t'=(15+46.6)/2\ ℃=30.8℃$，$c_{pc}'=4.174\times10^3\text{ J(kg}\cdot℃)$

冷却水消耗量 $W_c=\dfrac{Q}{c_{pc}'(t_2'-t_1)}=\dfrac{3.1\times10^4\times3600}{4.174\times10^3\times(46.6-15)}\text{ kg/h}=846\text{ kg/h}$

逆流操作比并流操作可节省冷却水：$\dfrac{1335-846}{1335}\times 100\%=36.6\%$

若使逆流与并流操作时的传热面积相同，则逆流时冷却水出口温度由原来的35℃变为46.6℃，在热负荷相同条件下，冷却水消耗量减少了36.6%。

例4-8 在一运转中的单程逆流列管式换热器，热空气在管程由120℃降至80℃，其对流传热系数 $\alpha_i=50\ \text{W/(m}^2\cdot\text{K)}$。壳程的冷却水从15℃升至90℃，其对流传热系数 $\alpha_o=2000\ \text{W/(m}^2\cdot\text{K)}$，管壁热阻及污垢热阻皆可不计。当冷却水量增加一倍时，试求：(1) 水和空气的出口温度 t'_2 和 T'_2，忽略流体物性参数随温度的变化；(2) 传热速率 Q' 比原来增加的百分比。

解 (1) 水量增加前，$T_1=120\ ℃$，$T_2=80\ ℃$，$t_1=15\ ℃$，$t_2=90\ ℃$，$\alpha_1=50\ \text{W/(m}^2\cdot\text{K)}$，$\alpha_2=2000\ \text{W/(m}^2\cdot\text{K)}$

$$K=\frac{1}{\dfrac{1}{\alpha_1}+\dfrac{1}{\alpha_2}}=\frac{1}{\dfrac{1}{50}+\dfrac{1}{2000}}\ \text{W/(m}^2\cdot\text{K)}=48.8\ \text{W/(m}^2\cdot\text{K)}$$

$$\Delta t_{\text{m}}=\frac{(T_1-t_2)-(T_2-t_1)}{\ln\dfrac{T_1-t_2}{T_2-t_1}}=\frac{(120-90)-(80-15)}{\ln\dfrac{120-90}{80-15}}\ ℃=45.3\ ℃$$

$$Q=W_{\text{h}}c_{ph}(T_1-T_2)=W_{\text{c}}c_{pc}(t_2-t_1)=KS\Delta t_{\text{m}}$$

$$40W_{\text{h}}c_{ph}=75W_{\text{c}}c_{pc}=48.8\times 45.3S \tag{a}$$

水量增加后，$\alpha'_2=2^{0.8}\alpha_2$

$$K'=\frac{1}{\dfrac{1}{\alpha_1}+\dfrac{1}{2^{0.8}\alpha_2}}=\frac{1}{\dfrac{1}{50}+\dfrac{1}{2^{0.8}\times 2000}}\ \text{W/(m}^2\cdot\text{K)}=49.3\ \text{W/(m}^2\cdot\text{K)}$$

$$\Delta t'_{\text{m}}=\frac{(T_1-t'_2)-(T'_2-t_1)}{\ln\dfrac{T_1-t'_2}{T'_2-t_1}}=\frac{(120-t'_2)-(T'_2-15)}{\ln\dfrac{120-t'_2}{T'_2-15}}$$

$$Q=W_{\text{h}}c_{ph}(T_1-T'_2)=2W_{\text{c}}c_{pc}(t'_2-t_1)=K'S\Delta t'_{\text{m}}$$

$$W_{\text{h}}c_{ph}(120-T'_2)=2W_{\text{c}}c_{pc}(t'_2-15)=49.3S\cdot\frac{120-t'_2-T'_2-15}{\ln\dfrac{120-t'_2}{T'_2-15}} \tag{b}$$

$$\frac{40}{120-T'_2}=\frac{75}{2(t'_2-15)}\ \text{或}\ t'_2-15=\frac{75}{80}(120-T'_2) \tag{c}$$

$$\frac{40}{120-T'_2}=\frac{48.8\times 45.3}{49.3\times\dfrac{120-T'_2-(t'_2-15)}{\ln\dfrac{120-t'_2}{T'_2-15}}} \tag{d}$$

式(c)代入式(d),得 $\ln\dfrac{120-t_2'}{T_2'-15}=0.0558$ 或 $\ln\dfrac{120-t_2'}{T_2'-15}=1.057$ (e)

由式(c)与式(e)得 $t_2'=61.9℃$, $T_2'=69.9℃$。

(2) $\dfrac{Q'}{Q}=\dfrac{T_1-T_2'}{T_1-T_2}=\dfrac{120-69.9}{120-80}=1.25$,即传热速率增加了 25%。

§4.5 辐射传热

4.5.1 基本概念和定律

1. 基本概念

物体以电磁波的形式传递能量的过程称为辐射,被传递的能量称为辐射能。物体因热的原因而引起电磁波的辐射即称热辐射。电磁波的波长范围很广,但能被物体吸收转变成热能的辐射线主要是可见光线和红外光线,即波长在 0.4～20 μm 的部分,此部分称为热射线。波长在 0.4～0.8 μm 的可见光线的辐射能仅占很小一部分,对热辐射起决定作用的是红外光线。

与可见光线一样,热射线服从反射和折射定律,能在均一介质中直线传播。在真空中和绝大多数气体中,热射线可完全透过,但不能透过工业上常见的大多数液体和固体。

如图 4-18 所示,投射在某一物体表面上的总辐射能为 Q,其中有一部分能量 Q_A 被吸收,一部分能量 Q_R 被反射,余下的能量 Q_D 透过物体。根据能量守恒定律得

$$Q_A+Q_R+Q_D=Q$$

即

$$\frac{Q_A}{Q}+\frac{Q_R}{Q}+\frac{Q_D}{Q}=1 \tag{4-87}$$

或

$$A+R+D=1$$

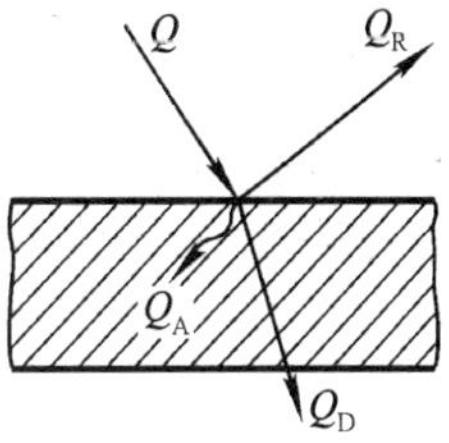

图 4-18 辐射能的吸收、反射和透过

式中:$A=Q_A/Q$ 为物体的吸收率;$R=Q_R/Q$ 为物体的反射率;$D=Q_D/Q$ 为物体的透过率,三者均为无因次量。

当 $A=1$ 时,称为黑体或绝对黑体,表示物体能全部吸收辐射能。

当 $R=1$ 时,称为镜体或绝对白体,表示物体能全部反射辐射能。

当 $D=1$ 时,称为透射体,表示物体能全部透过辐射能。

实际上绝对黑体和绝对白体并不存在,只能是接近于黑体或镜体。吸收率 A、反射率 R 和透过率 D 的大小取决于物体的性质、表面状况及辐射的波长等。能以相同的吸收率且部分地吸收由 0 到∞所有波长范围的辐射能的物体定义为灰体,灰体也是理想物体,但大多数工业上常见的固体材料可视为灰体。

2. 斯蒂芬-波尔兹曼定律

理论研究表明,黑体的辐射能流率为单位时间单位黑体表面向外界辐射的全部波长的

总能量，服从斯蒂芬-波尔兹曼定律：

$$E_b = \sigma_0 T^4 \tag{4-88}$$

式中：E_b 为黑体的辐射能流率，W/m^2；T 为黑体的绝对温度，K；σ_0 为黑体的辐射常数，其值为 5.67×10^{-8} W/(m^2·K^4)。

通常将上式写成

$$E_b = c_0\left(\frac{T}{100}\right)^4 \tag{4-88a}$$

式中：c_0 为黑体的辐射系数，其值为 5.67 W/(m^2·K^4)。

由此看出，辐射传热与对流传热及热传导不同，并且辐射传热对温度特别敏感。对灰体，其辐射能流率也可表示为

$$E = c\left(\frac{T}{100}\right)^4 \tag{4-88b}$$

式中：c 为灰体的辐射系数，不同物体的 c 值不同，并且和物质的性质、表面情况及温度有关，其值小于 c_0。因此，在同一温度下灰体的辐射能流率总是小于黑体的辐射能流率，其比值称为黑度，用 ε 表示，所以有

$$\varepsilon = \frac{E}{E_b} \tag{4-89}$$

由此可计算灰体的辐射能力：

$$E = \varepsilon E_b = \varepsilon c_0\left(\frac{T}{100}\right)^4 \tag{4-90}$$

物体的黑度只与辐射物体本身情况有关，它是物体的一种性质，而和外界无关。

3. 克希霍夫定律

此定律揭示了物体的辐射能 E 与吸收率 A 之间的关系。设有彼此非常接近的两平行平板，一块板上的辐射能可以全部投射到另一块板上，如图4-19 所示。若板 1 为灰体，板 2 为黑体。设 E_1、A_1、T_1 和 $E_2(E_2=E_b)$、A_2、T_2 分别表示板 1、2 的辐射能、吸收率和表面温度，且 $T_1>T_2$。讨论两块板之间的热量平衡情况：以单位时间单位面积为基准。由于是黑体，板 1 辐射出的 E_1 能被板 2 全部吸收，而板 2 辐射的 E_b 被板 1 吸收了 A_1E_1，余下的 $(1-A_1)E_b$ 被反射回板 2，并被全部吸收。对板 1 来说，辐射传热的结果是

$$Q/S = E_1 - A_1E_b$$

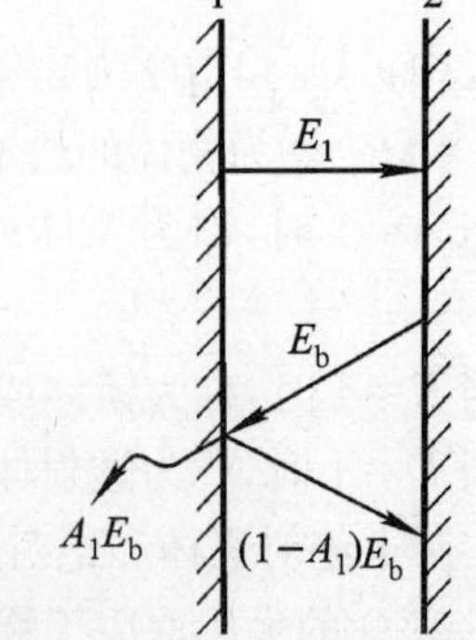

图 4-19 平行平板间辐射传热

式中：Q/S 为两板间辐射传热的热通量，W/m^2。

当两板达到热平衡，即 $T_1=T_2$ 时，$Q/S=0$，即 $E_1=A_1E_b$，表明板 1 辐射和吸收的能量相等。即

$$E_1/A_1 = E_2 = E_b \tag{4-91}$$

若用任何板代替板1，则可写成下式：

$$\frac{E_1}{A_1}=\frac{E_2}{A_2}=\cdots=\frac{E}{A}=E_b=f(T) \tag{4-92}$$

此式为克希霍夫定律。它说明任何物体的辐射能流率和吸收率的比值均相等，并且等于黑体的辐射能流率，和物体的绝对温度有关。

将式(4-88a)代入此式得

$$E=AC_0\left(\frac{T}{100}\right)^4=C\left(\frac{T}{100}\right)^4 \tag{4-93}$$

式中 $C=AC_0$ 为灰体的辐射系数。

对于实际物体，$A<1$，所以 $C<C_0$。

由此可以看出，在同一温度下，物体的吸收率和黑度在数值上相等，但物理意义不同。

4.5.2 两固体间的辐射传热

工业上遇到的两固体间的辐射传热多在灰体中进行。两灰体间的辐射能相互进行着多次的吸收和反射过程，因此在计算传热时，要考虑到它们的吸收率、反射率、形状和大小以及两者间的距离及相互位置。

如图4-20所示为两面积很大的相互平行的两灰体，两板间的介质为透热体。因两板很大又很近，故认为从板发射出的辐射能可全部投到另一板上，并且 $D=0$，$A+R=1$。

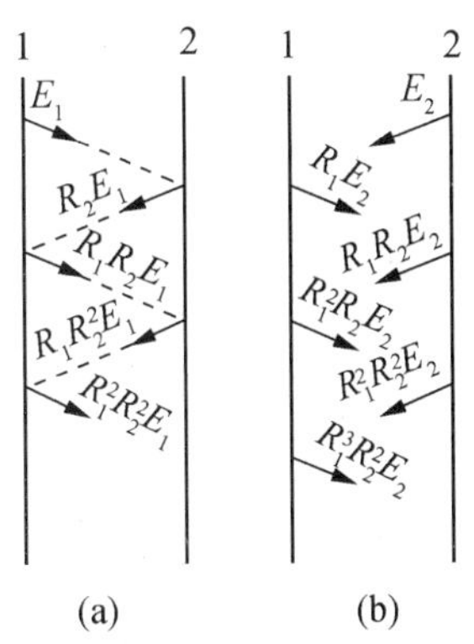

图4-20　平行灰体平板间的辐射过程

从板1发射的辐射能 E_1，被板2吸收了 A_2E_1，被板2反射回 R_2E_1，这部分又被板1吸收和反射……如此进行到 E_1 被完全吸收为止。从板2发射的辐射能 E_2 也有类同的吸收和反射过程。

两平行板间单位时间内，单位面积上净的辐射传热量即两板间辐射能的总能量差为

$$(Q/S)_{1-2}=E_1A_2(1+R_1R_2+R_1^2R_2^2+\cdots)-E_2A_1(1+R_1R_2+R_1^2R_2^2+\cdots)$$

等号右边中的 $(1+R_1R_2+R_1^2R_2^1+\cdots)$ 为无穷级数，它等于 $1/(1-R_1R_2)$，代入上式得

$$\begin{aligned}(Q/S)_{1-2}&=\frac{E_1A_2}{1-R_1R_2}-\frac{E_2A_1}{1-R_1R_2}=\frac{E_1A_2-E_2A_1}{1-R_1R_2}\\&=\frac{E_1A_2-E_2A_1}{1-(1-A_1)(1-A_2)}=\frac{E_1A_2-E_2A_1}{A_1+A_2-A_1A_2}\end{aligned} \tag{4-94}$$

以 $E_1=\varepsilon_1C_0(T_1/100)^4$，$E_2=\varepsilon_2C_2(T_2/100)^4$ 及 $A_1=\varepsilon_1$，$A_2=\varepsilon_2$，代入整理得

$$(Q/S)_{1-2}=\frac{C_0}{\frac{1}{\varepsilon_1}+\frac{1}{\varepsilon_2}-1}\left[\left(\frac{T_1}{100}\right)^4-\left(\frac{T_2}{100}\right)^4\right] \tag{4-94a}$$

或

$$(Q/S)_{1-2}=C_{1-2}\left[\left(\frac{T_1}{100}\right)^4-\left(\frac{T_2}{100}\right)^4\right] \tag{4-94b}$$

式中 C_{1-2} 为总辐射系数，并且有

$$C_{1-2}=\frac{C_0}{\dfrac{1}{\varepsilon_1}+\dfrac{1}{\varepsilon_2}-1}=\frac{1}{\dfrac{1}{C_1}+\dfrac{1}{C_2}-\dfrac{1}{C_0}} \tag{4-95}$$

若两平行板的面积均为 S，则

$$Q_{1-2}=C_{1-2}S\left[\left(\frac{T_1}{100}\right)^4-\left(\frac{T_2}{100}\right)^4\right] \tag{4-96}$$

当两板间的大小与其距离之比不够大时，一个板面发射的辐射能流率只有一部分到达另一面，用角系数 φ 表示，为此得普遍式为

$$Q_{1-2}=C_{1-2}S\varphi\left[\left(\frac{T_1}{100}\right)^4-\left(\frac{T_2}{100}\right)^4\right] \tag{4-97}$$

角系数的大小不仅和两物体的几何排列有关，还要和选定的辐射面积 S 相对应。几种简单情况的 φ 值见表 4-4。

表 4-4 φ 值与 C_{1-2} 的计算式

序号	辐射情况	面积 S	角系数 φ	总辐射系数 C_{1-2}
1	极大的两平行面	S_1 或 S_2	1	$C_0/(1/\varepsilon_1+1/\varepsilon_2-1)$
2	很大的物体 2 包住物体 1	S_1	1	$\varepsilon_1 C_0$
3	物体 2 恰好包住物体 1，$S_1\approx S_2$	S_1	1	$C_0/(1/\varepsilon_1+1/\varepsilon_2-1)$
4	在 2、3 两种情况之间	S_1	1	$C_0/[1/\varepsilon_1+(1/\varepsilon_2-1)S_1/S_2]$

例 4-9 车间内有一高和宽各为 3 m 的铸铁铁炉门，温度为 227℃，室内温度为 27℃。为了减少热损失，在炉门前 50 mm 处放置一块尺寸和炉门相同而黑度为 0.11 的铝板，试求放置铝板前、后因辐射而损失的热量。

解 (1) 放置铝板前因辐射损失的热量：

$$Q_{1-2}=C_{1-2}\varphi S\left[\left(\frac{T_1}{100}\right)^4-\left(\frac{T_2}{100}\right)^4\right]$$

取铸铁的黑度 $\varepsilon_1=0.78$，本题为很大物体 2 包住物体 1 的情况，故

$$\varphi=1$$

$$S=S_1=3\times 3\ \text{m}^2=9\ \text{m}^2$$

$$C_{1-2}=C_0\varepsilon_1=5.67\times 0.78\ \text{W/(m}^2\cdot\text{k}^4)=4.423\ \text{W/(m}^2\cdot\text{K}^4)$$

所以

$$Q_{1-2}=4.423\times 1\times 9\times\left[\left(\frac{227+273}{100}\right)^4-\left(\frac{27+273}{100}\right)^4\right]\text{W}$$

$$=2.166\times 10^4\ \text{W}$$

(2) 以下标 1、2 和 i 分别表示炉门、房间和铝板。假定铝板的温度为 T_i，则铝板向房间辐射的热量为

$$Q_{i-2}=AC_{i-2}\varphi\left[\left(\frac{T_i}{100}\right)^4-\left(\frac{T_2}{100}\right)^4\right]$$

式中 $S_i=3\times3=9\ \mathrm{m}^2$，$C_{i-2}=\varepsilon_iC_0=0.11\times5.67\ \mathrm{W/(m^2\cdot k^4)}=0.624\ \mathrm{W/(m^2\cdot K^4)}$

所以

$$Q_{i-2}=0.624\times9\times\left[\left(\frac{T_i}{100}\right)^4-81\right] \tag{a}$$

炉门对铝板的辐射传热可视为两无限大平板之间的传热，故放置铝板后因辐射损失的热量为

$$Q_{i-1}=C_{1-i}\varphi S_1\left[\left(\frac{T_1}{100}\right)^4-\left(\frac{T_i}{100}\right)^4\right]$$

式中

$$\varphi=1,C_{1-i}=\frac{C_0}{\dfrac{1}{\varepsilon_1}+\dfrac{1}{\varepsilon_2}-1}=\frac{5.67}{\dfrac{1}{0.78}+\dfrac{1}{0.11}-1}\ \mathrm{W/(m^2\cdot K^4)}=0.605\ \mathrm{W/(m^2\cdot K^4)}$$

所以

$$Q_{1-i}=0.605\times1\times9\times\left[625-\left(\frac{T_i}{100}\right)^4\right] \tag{b}$$

当传热到达稳定时，$Q_{1-i}=Q_{i-2}$，即

$$0.605\times9\times\left[625-\left(\frac{T_i}{100}\right)^4\right]=0.624\times9\times\left[\left(\frac{T_i}{100}\right)^4-81\right]$$

解得

$$T_i=432\ \mathrm{K}$$

将 T_i 值代入式(b)得

$$Q_{1-i}=0.605\times9\times\left[625-\left(\frac{432}{100}\right)^4\right]\mathrm{W}=1510\ \mathrm{W}$$

放置铝板后辐射热损失减少的百分率为

$$\frac{Q_{1-2}-Q_{1-i}}{Q_{1-2}}\times100\%=\frac{21650-1510}{21650}\times100\%=93\%$$

由以上结果可知，设置隔热挡板是减少辐射散热的有效方法，而且挡板材料的黑度越低，挡板的层数越多，热损失越少。

§4.6 换热器

换热器是化工、石油、动力、食品及其他许多工业部门的通用设备，在生产中占有重要地位。根据冷、热流体热量交换的原理和方式，换热器基本上可分为三大类，即间壁式、混合式和蓄热式。其中间壁式换热器应用最多，以下仅讨论此类换热器。

4.6.1 间壁式换热器的结构形式

传统的间壁式换热器以夹套式和管式换热器为主，管式换热器结构不紧凑；单位换热容积所提供的传热面积小。随着工业的发展，出现了一些高效紧凑的换热器，如板式和强化管式换热器。

1. 管式换热器

(1) 蛇管换热器

蛇管换热器分为两种，一种是沉浸式，另一种是喷淋式。

① 沉浸式蛇管换热器

这种换热器是将金属管弯绕成各种与容器相适应的形状，如图 4-21 所示，并沉浸在容器内的液体中。蛇管换热器的优点是结构简单，能承受高压，可用耐腐蚀材料制造；其缺点是容器内液体湍动程度低，管外对流传热系数小。为提高总传热系数，容器内可安装搅拌器。

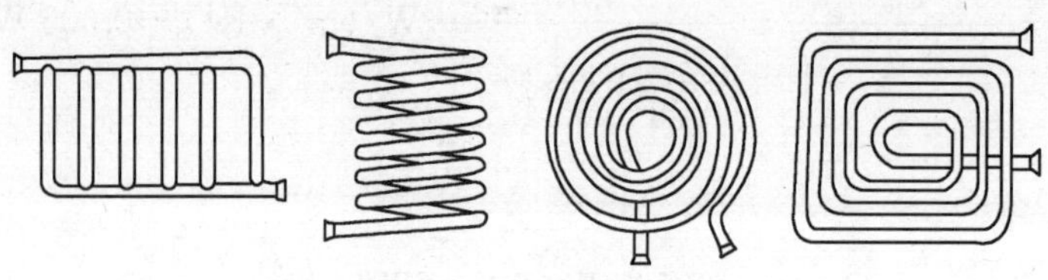

图 4-21 蛇管的形状

② 喷淋式蛇管换热器

这种换热器是将换热管成排地固定在钢架上，热流体在管内流动，冷却水从上方喷淋装置均匀淋下，故也称喷淋式冷却器。喷淋式换热器的管外是一层湍动程度较高的液膜，管外对流传热系数较沉浸式增大很多。另外，这种换热器大多放置在空气流通之处，冷却水的蒸发亦可带走一部分热量，可起到降低冷却水温度、增大传热推动力的作用。因此，和沉浸式相比，喷淋式换热器的传热效果大为改善。

(2) 套管式换热器

套管式换热器系用管件将两种尺寸不同的标准管连接成为同心圆的套管，然后用 180°的回弯管将多段套管串联而成，如图 4-22 所示。每一段套管称为一程，程数可根据传热要求而增减。每程的有效长度为 4～6 m，若管子太长，管中间会向下弯曲，使环形中的流体分布不均匀。

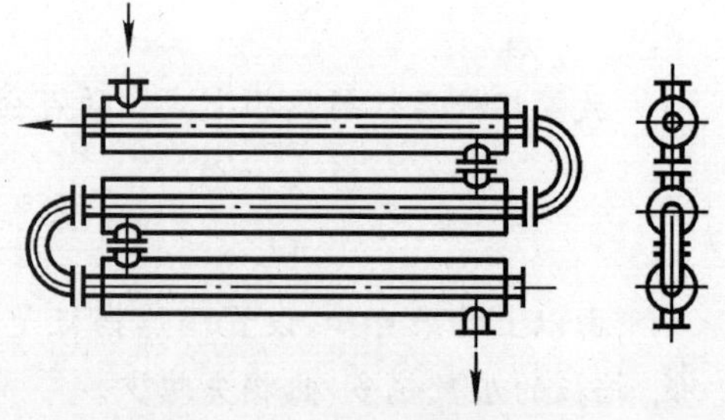

图 4-22 套管式换热器

套管换热器结构简单，能承受高压，应用方便(可根据需要增减管段数目)。特别是由于套管换热器同时具备总传热系数大、传热推动力大及能够承受高压强的优点，在超高压生产过程(例如操作压力为 300 MPa 的高压聚乙烯生产过程)中所用的换热器几乎全部是套管式。

(3) 列管式换热器

列管式(又称管壳式)换热器是最典型的间壁式换热器，它在工业上的应用有着悠久的历史，而且至今仍在所有换热器中占据主导地位。

列管式换热器主要由壳体、管束、管板和封头等部分组成，流体在管内每通过管束一次称为一个管程，每通过壳体一次称为一个壳程。为提高管外流体对流传热系数，通常在壳体内安装一定数量的横向折流挡板。折流挡板不仅可防止流体短路、使流体速度增加，还迫使流体按规定路径多次错流通过管束，使湍动程度大为增加。

列管式换热器中，由于两流体的温度不同，使管束和壳体的温度也不相同，因此它们的热膨胀程度也有差别。若两流体的温度差较大(50℃以上)，就可能由于热应力而引起设备的变形，甚至弯曲或破裂，因此必须考虑这种热膨胀的影响。根据热补偿方法的不同，列管换热器有下面几种型式：

① 固定管板式

固定管板式换热器如图 4-23 所示。所谓固定管板式即两端管板和壳体连接成一体，因此它具有结构简单和造价低廉的优点。但是由于壳程不易检修和清洗，壳方流体应是较洁净且不易结垢的物料。当两流体的温度差较大时，应考虑热补偿。如具有补偿圈(或称膨胀节)的固定板式换热器，即在外壳的适当部位焊上一个补偿圈，当外壳和管束热膨胀不同时，补偿圈发生弹性变形(拉伸或压缩)，以适应外壳和管束的不同的热膨胀程度。这种热补偿方法简单，但不宜用于两流体的温度差太大(不大于 70℃)和壳方流体压强过高(一般不高于 600 kPa)的场合。

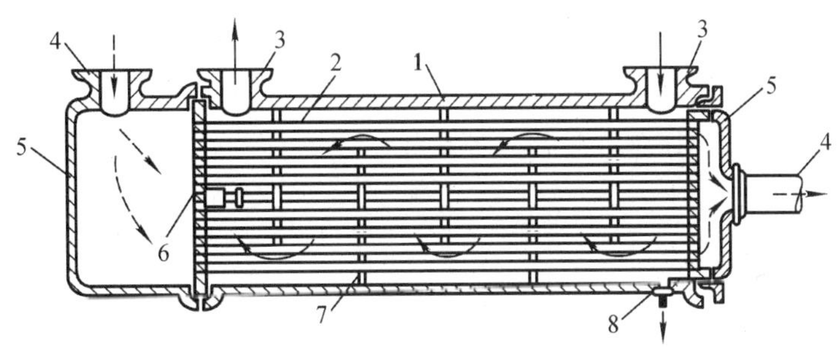

1—外壳；2—管束；3、4—接管；5—封头；6—管板；7—挡板；8—泄水管

图 4-23 固定管板式换热器

② U 型管换热器

U 型管换热器如图 4-24 所示。其每根换热管都弯成 U 型，进出口分别安装在同一管板的两侧，每根管子皆可自由伸缩，而与外壳及其他管子无关。

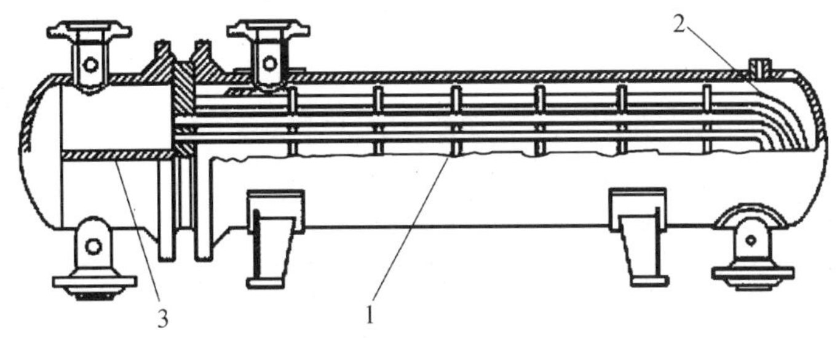

1—壳程隔板；2—U 型管；3—管程隔板

图 4-24 U 型管换热器

这种型式的换热器的结构比较简单，重量轻，适用于高温和高压的场合。其主要缺点是管内清洗比较困难，因此管内流体必须洁净；且因管子需一定的弯曲半径，故管板的利用率较差。

③ 浮头式换热器

浮头式换热器如图 4－25 所示，两端管板之一不与外壳固定连接，该端称为浮头。当管子受热(或受冷)时，管束连同浮头可以自由伸缩，而与外壳的膨胀无关。浮头式换热器不但可以补偿热膨胀，而且由于固定端的管板是以法兰与壳体相连接的，管束可从壳体中抽出，便于清洗和检修，故浮头式换热器应用较为普遍。但该种热换器结构较复杂，金属耗量较多，造价也较高。

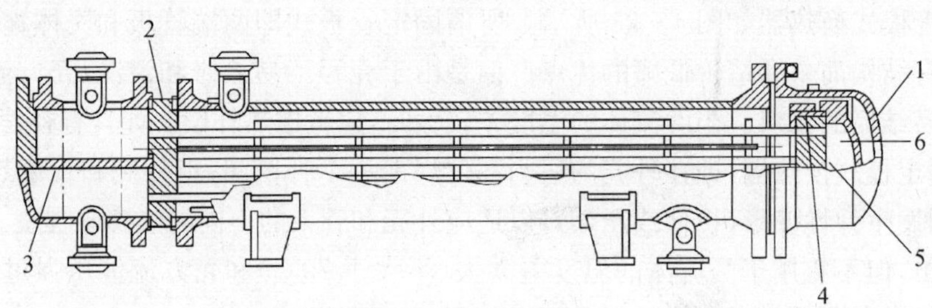

1—壳盖；2—固定管板；3—隔板；4—浮头钩圈法兰；5—浮动管板；6—浮头盖

图 4－25　浮头式换热器

以上几种类型的列管式换热器都有系列标准，可供选用。规格型号中通常标明型式、壳体直径、传热面积、承受的压强和管程数等。

2. 板式换热器

(1) 夹套式换热器

这种换热器是在容器外壁安装夹套制成，结构简单，但其加热面受容器壁面限制，总传热系数也不高，为提高总传热系数且使釜内液体受热均匀，可在釜内安装搅拌器。当夹套中通入冷却水或无相变的加热剂时，亦可在夹套中设置螺旋板或其他增加湍动的措施，以提高夹套一侧的对流传热系数。为补充传热面的不足，也可在釜内部安装蛇管。夹套式换热器广泛用于反应过程的加热和冷却。

(2) 板式换热器

最初用于食品工业，20 世纪 50 年代逐渐推广到化工等其他工业部门，现已发展成为高效紧凑的换热设备。

板式换热器是由一组金属薄板、相邻薄板之间衬以垫片并用框架夹紧组装而成。如图 4－26 所示为矩形板片，其四角开有圆孔，形成流体通道。冷热流体交替地在板片两侧流过，通过板片进行换热。板片厚度为 0.5～3 mm，通常压制成各种波纹形状，既增加刚度，又使流体分布均匀，加强湍动，提高总传热系数。

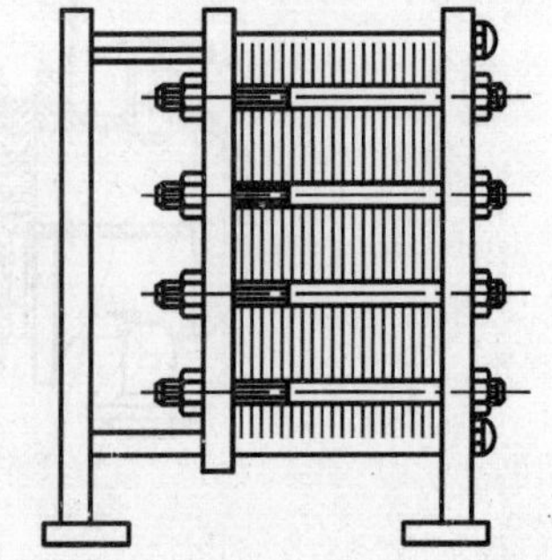

图 4－26　板式换热器示意图

板式换热器的主要优点：

① 由于流体在板片间流动湍动程度高，而且板片又

薄，故总传热系数 K 大。例如，在板式换热器内，水对水的总传热系数可达 1500～4700 W/(m^2 · ℃)。

② 板片间隙小(一般为 4～6 mm)，结构紧凑，单位容积所提供的传热面为 250～1000 m^2/m^3，而列管式换热器只有 40～150 m^2/m^3。板式换热器的金属耗量可减少一半以上。

③ 具有可拆结构，可根据需要调整板片数目以增减传热面积。操作灵活性大，检修清洗也方便。

板式换热器的主要缺点是允许的操作压强和温度比较低。通常操作压强不超过 2 MPa，压强过高容易渗漏。操作温度受垫片材料的耐热性限制，一般不超过 250℃。

(3) 螺旋板式换热器

如图 4-27 所示，螺旋板式换热器是由两块薄金属板焊接在一块分隔挡板(图中心的短板)上并卷成螺旋形而制成的。两块薄金属板在器内形成两条螺旋形通道，在顶、底部上分别焊有盖板或封头。进行换热时，冷、热流体分别进入两条通道，在器内做严格的逆流流动。

因用途不同，螺旋板式换热器的流道布置和封盖形式，有下面几种型式：

①“Ⅰ”型结构

两个螺旋流道的两侧完全为焊接密封的“Ⅰ”型结构，是不可拆结构，如图 4-27(a)所示。两流体均做螺旋流动，通常冷流体由外周流向中心，热流体从中心流向外周，即完全逆流流动。这种型式主要应用于液体与液体间传热。

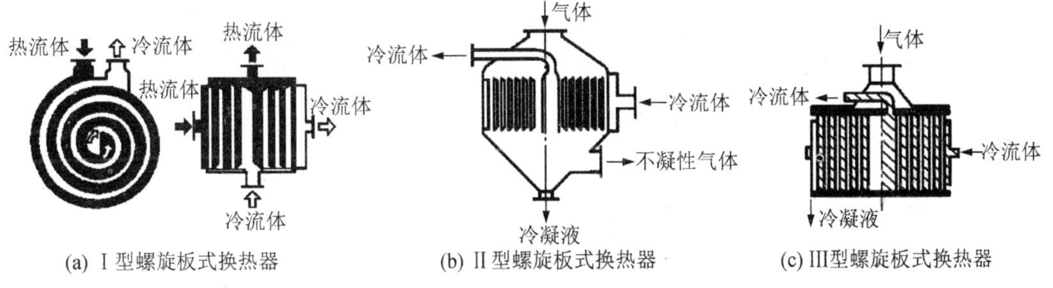

(a) Ⅰ型螺旋板式换热器　(b) Ⅱ型螺旋板式换热器　(c) Ⅲ型螺旋板式换热器

图 4-27 螺旋板式换热器

②“Ⅱ”型结构

Ⅱ型结构如图 4-27(b)所示。一个螺旋流道的两侧为焊接密封，另一流道的两侧是敞开的，因而一流体在螺旋流道中做螺旋流动，另一流体则在另一流道中做轴向运动。这种型式适用于两流体流量差别很大的场合，常用作冷凝器、气体冷却器等。

③“Ⅲ”型结构

“Ⅲ”型结构如图 4-27(c)所示。一种流体做螺旋流动，另一流体是轴向流动和螺旋流动的组合。适用于蒸气的冷凝冷却。

螺旋板换热器的直径一般在 1.6 m 以内，板宽 200～1200 mm，板厚 2～4 mm，两板间的距离为 5～25 mm。常用材料为碳钢和不锈钢。

螺旋板换热器的优点：

① 总传热系数高。由于流体在螺旋通道中流动，在较低的雷诺值(一般 Re＝1400～

1800,有时低到 500)下即可达到湍流,并且可选用较高的流速(对液体为 2 m/s,气体为 20 m/s),故总传热系数较大。

② 不易堵塞。由于流体的流速较高,流体中悬浮物不易沉积下来,并且任何沉积物将减小单流道的横断面,因而使速度增大,对堵塞区域又起到冲刷作用,故螺旋板换热器不易被堵塞。

③ 能利用低温热源和精密控制温度。这是由于流体流动的流道长及两流体完全逆流的缘故。

④ 结构紧凑。单位体积的传热面积为列管式换热器的 3 倍。

螺旋板换热器的缺点:

① 操作压强和温度不宜太高,目前最高操作压强为 2000 kPa,温度约在 400℃以下。

② 不易检修。因整个换热器为卷制而成,一旦发生泄漏,修理内部很困难。

3. 翅片式换热器

(1) 翅片管换热器

翅片管式换热器的构造特点是在管子表面上装有径向或轴向翅片。常见的翅片如图 4-28 所示。

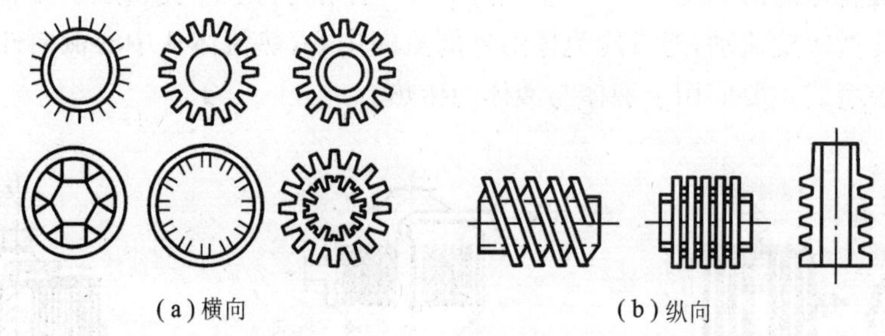

图 4-28 常见的翅片形式

当两种流体的对流传热系数相差很大时,例如用水蒸气加热空气,此传热过程的热阻主要在气体一侧。若气体在管外流动,则在管外装置翅片,既可扩大传热面积,又可增加流体的湍动程度,从而提高换热器的传热效果。一般来说,当两种流体的对流传热系数之比为 3∶1 或更大时,宜采用翅片式换热器。

翅片的种类很多,按翅片高度的不同,可分为高翅片和低翅片两种,低翅片一般为螺纹管。高翅片适用于管内、对外流传热系数相差较大的场合,现已广泛地应用于空气冷却器上。低翅片适用于两流体的对流传热系数相差不太大的场合,如对黏度较大液体的加热或冷却等。

(2) 板翅式换热器

板翅式换热器的结构形式很多,但其基本结构元件相同,即在两块平行的薄金属板(平隔板)间,夹入波纹状的金属翅片,两边以侧条密封,组成一个单元体。将各单元体进行不同的叠积和适当地排列,再用钎焊给予固定,即可得到常用的逆、并流和错流的板翅式换热器的组装件,称为芯部或板束。将带有流体进、出口的集流箱焊到板束上,就成为板翅式换热器。目前常用的翅片形式有光直型翅片、锯齿形翅片和多孔型翅片,如图 4-29 所示。

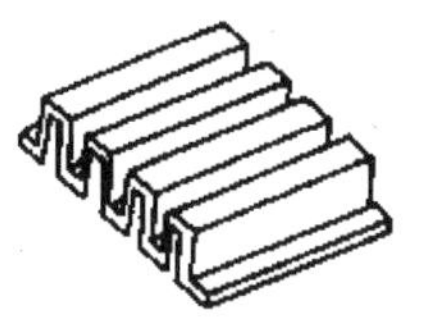

(a) 光直翅片

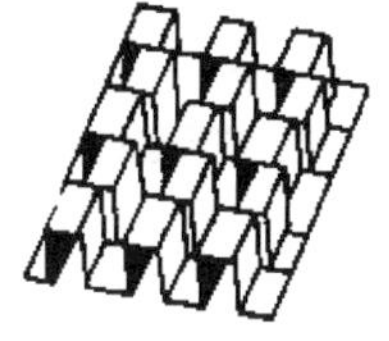

(b) 锯齿翅片

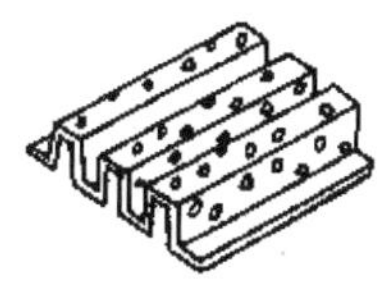

(c) 多孔翅片

图 4-29 板翅式换热器的翅片形式

板翅式换热器的主要优点：

① 总传热系数高，传热效果好。由于翅片在不同程度上促进了流体的湍动程度，故总传热系数高。同时冷、热流体间换热不仅以平隔板为传热面，而且大部分热量通过翅片传递，因此提高了传热效果。

② 结构紧凑。单位体积设备提供的传热面积一般能达到 2500 m^2，最高可达 4300 m^2，而列管式换热器一般仅有 160 m^2。

③ 轻巧牢固。因结构紧凑，一般用铝合金制造，故重量轻。在相同的传热面积下，其质量约为列管式换热器的 1/10。波纹形翅片不仅是传热面的支撑，而且是两板间的支撑，故其强度很高。

④ 适应性强、操作范围广。由于铝合金的导热系数高，且在零度以下操作时，其延性和抗拉强度都可提高，故操作范围广，可在热力学零度至 200℃ 的范围内使用，适用于低温和超低温的场合。适应性也较强，既可用于各种情况下的热交换，也可用于蒸发或冷凝。操作方式可以是逆流、并流、错流或错逆流同时并进等。此外，还可用于多种不同介质在同一设备内进行换热。

板翅式换热器的缺点：

① 由于设备流道很小，故易堵塞，压降增加；换热器一旦结垢，清洗和检修很困难，所以处理的物料应较洁净或预先进行净制。

② 由于隔板和翅片都由薄铝片制成，故要求介质对铝不发生腐蚀。

4.6.2 换热器传热过程的强化

所谓强化传热过程，是指提高冷、热流体间的传热速率。从传热速率方程 $Q=KS\Delta t_m$ 不难看出，增大总传热系数 K、传热面积 S 和平均温度差 Δt_m 都可提高传热速率 Q。在换热器的设计和生产操作中，或换热器的改进中，大多从这三方面来考虑强化传热过程。

1. 增大传热平均温度差 Δt_m

(1) 两侧变温情况下，尽量采用逆流流动。

(2) 提高加热剂 T_1 的温度(如用蒸气加热，可提高蒸气的压力来达到提高其饱和温度的目的)；降低冷却剂 t_1 的温度。

通过增大传热平均温度差 Δt_m 来强化传热是有限的。

2. 增大总传热系数 K

$$\frac{1}{K}=\left(\frac{1}{\alpha_o}+R_{so}\right)+\frac{b}{\lambda}\frac{d_o}{d_m}+\left(\frac{1}{\alpha_i}+R_{si}\right)\frac{d_o}{d_i}$$

(1) 尽可能利用有相变的热载体(α 大)。

(2) 用 λ 大的热载体,如液体金属 Na 等。

(3) 减小金属壁、污垢及两侧流体热阻中较大者的热阻。

(4) 提高 α 较小一侧有效。

提高 α 的主要方法有:

① 增大流速;② 管内加扰流元件;③ 改变传热面形状和增加粗糙度。

3. 增大单位体积的传热面积 S

(1) 直接接触传热:可增大 S 和湍动程度,提高传热速率 Q。

(2) 采用高效新型换热器

在传统的间壁式换热器中,除夹套式外,其他都为管式换热器。管式的共同缺点是结构不紧凑,单位换热面积所提供的传热面小,金属消耗量大。随工业的发展,陆续出现了不少的高效紧凑的换热器,并逐渐趋于完善。这些换热器基本可分为两类:一类是在管式换热器的基础上加以改进,另一类是采用各种板状换热表面。

由前所知,$Q=KS\Delta t_m$,要增大热流量 Q,可通过提高 K,增加 S,增大 Δt_m,从而实现强化传热的目的。在管式换热器的基础上,采取某些强化措施,提高传热效果。如管外加翅片,增大 A、管外的 α;管内安装内插物,增大 A、管内的 α,从而增大 K。

4. 特殊形式换热器

(1) 热管换热器

热管是一种新型传热元件,如图 4-30 所示,它是在一根装有毛细吸芯金属管内充以定量的某种工作液体,抽除不凝性气体后封闭。当热管的一端受热时,引发热管内部工质汽化相变,相变产生的气体迅速扩散到冷凝端冷凝成液体,并释放出能量,冷凝后的液体在热管内壁吸液芯的毛细力作用重新回到蒸发端。如此过程反复循环,依靠内部工质不断地在热管的蒸发端、冷凝端进行相变传热,从而使热量源源不断地从热管的蒸发端转移至冷却端。工质的选择主要取决于工质自身的导热性、比热容、相变点、腐蚀性等特性,根据热管使用温度范围不同,可以选择水、液氨、有机液体、液态金属作为内部工质。

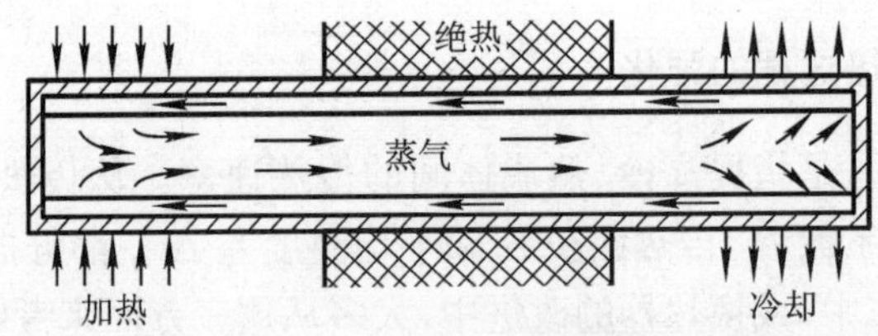

图 4-30 热管示意图

在热管内部,热量的传递是通过沸腾冷凝过程。由于沸腾和冷凝表面传热系数皆很大,蒸气流动产生的阻力损失很小,因此管壁温度相当均匀。这种新型的换热器具有传热能力大,结构简单等优点。热管最早用于航空航天和电子工业领域,随着科学技术水平的不断进步,热管研究和应用的领域也将不断拓宽。

(2) 流化床换热器

通过在流体中加固体颗粒,当管程内的流体由下往上流动,使众多的固体颗粒保持稳定的流化状态,对换热器管壁起到冲刷、洗垢作用。同时,使流体在较低流速下也能保持湍流,大大强化了传热速率。

4.6.3 传热过程强化效果的评价

通过上面章节的介绍可知，通过提高 K，增加 S，增大 Δt_m 都能使传热过程得以强化，但这样做的同时，有可能使流体的流动阻力增大，其他方面的能耗相应增加，所以要综合考虑，采用更经济合理的方法来强化传热效果。

评价强化传热效果的方法，通常是在消耗相同功率的前提下，比较传热系数的变化，即

$$(K/K_0)_p = f(Re, Pr, \text{强化方法})$$

式中：K_0、K 分别为采用强化方法前、后的传热系数；下标 p 表示在消耗功率相等的条件下进行比较。

当 $K/K_0 > 1$，说明传热强化取得了一定效果。

需要说明的是，K/K_0 是一个重要的评价指标，但不是唯一的标准。由于在换热器的使用过程中，往往会有其他不同的要求，因此强化传热过程不能只片面追求过高的传热强度，而应该根据实际情况综合考虑。

4.6.4 管壳式换热器的设计和选型

选用列管换热器时，流体的处理量和物性是已知的，其进、出口温度给定或由工艺要求确定。然而，冷、热两流体的流动路径，以及管径、管长和管子根数等尚待确定，而这些因素又直接影响对流传热系数、总传热系数和平均推动力的数值，所以设计时总是根据生产实际情况，选定一些参数，通过试算初步确定换热器的大致尺寸，然后再进一步校核计算，直到符合工艺要求。最后参考相应系列化标准，尽可能选用已有的定型产品。

1. 列管换热器选用时应考虑的问题

(1) 冷、热流体流径选择

在列管式换热器内，冷、热流体流径可根据以下原则进行选择：

① 不洁净和易结垢的液体宜走管程，因管内清洗方便；

② 腐蚀性流体宜走管程，以免管束和壳体同时受腐蚀；

③ 有毒或易污染的流体宜走管程，以减少泄露造成的危害；

④ 压强高的流体宜走管程，以免壳体承受压力；

⑤ 饱和蒸气宜走壳程，因饱和蒸气比较清净，而且冷凝液容易排出；

⑥ 被冷却的流体宜走壳程，便于散热；

⑦ 流量小而黏度大的流体一般以走壳程为宜，因在壳程 $Re>100$ 即可达到湍流；

⑧ 若两流体温差较大，宜将对流传热系数大的流体通入壳程，可减少温差应力。

以上各点很难同时满足，有时会产生矛盾，因此需要结合工程经验，根据具体工艺情况作出相应的选择。

(2) 流体进出口温度的确定

如果换热器以冷却为目的，热流体的进、出口温度已由工艺条件确定，而冷却介质的出口温度需要选择。若选择较高的出口温度，可选小换热器，但冷却介质的流量要加大；反之，

若选择低的出口温度，冷却介质流量减小了，但要选大的换热器。因此，冷却介质出口温度要权衡操作费用与投资费用后，以总费用最低的原则来确定。

(3) 换热器内管规格和排列的选择

换热管直径越小，换热器单位容积的传热面积越大。因此，对于洁净的流体，管径可取得小些。但对于不洁净及易结垢的流体，管径应取得大些，以免堵塞。考虑到制造和维修的方便，加热管的规格不宜过多。目前我国试行的系列标准规定采用 $\phi 25\ mm\times 2.5\ mm$ 和 $\phi 19\ mm\times 2\ mm$ 两种规格。管长的选择是以清洗方便和合理使用管材为准。我国生产的钢管长多为 6 m，故系列标准中管长有 1.5 m、2 m、3 m 和 6 m 四种。

管子的排列方式有直列和错列两种，而错列又有正三角形和正方形两种。正三角形错列比较紧凑，管外流体湍流程度高，对流传热系数大。直列比较松散，传热效果也较差，但管外清洗方便，对易结垢的流体更为适用。正方形错列则介于两者之间。

(4) 管、壳程流体流速的选择

增加流速不但可加大对流传热系数，而且能降低污垢热阻，从而使总传热系数加大。但增加流速后，流体流动阻力增大，动力消耗增多，此外还要从结构上考虑对传热的影响。列管换热器中常用的流速范围在表 4-5～表 4-7 中列出。

表 4-5 列管换热器中常用的流速范围

流体种类		一般液体	易结垢液体	气体
流速/$m\cdot s^{-1}$	管程	0.5～3.0	>1	5.0～30.0
	壳程	0.2～1.5	>0.5	3～15

表 4-6 列管换热器中易燃、易爆液体的安全允许速度

液体名称	乙醚、二氧化碳、苯	甲醇、乙醇、汽油	丙酮
安全允许速度/$m\cdot s^{-1}$	<1	<2～3	<10

表 4-7 列管换热器中不同黏度液体的常用流速

液体黏度/Pa·s	>1.5	1.5～0.5	0.5～0.1	0.1～0.035	0.035～0.001	<0.001
最大流速/$m\cdot s^{-1}$	0.6	0.75	1.1	1.5	1.8	2.4

(5) 管程与壳程数的确定

为提高流速可采用多管程。但这样会增大流动阻力，降低流体的平均温度差，采用多程时，每程管数应大致相等。管程数 N 按下式计算：

$$N=\frac{u}{u'}$$

式中：u 为管程内流体的适宜流速，m/s；u' 为管程内流体的实际流速，m/s。

当温度差校正系数 $\varphi_{\Delta t}$ 低于 0.8 时，应采用多程，即将两个单程换热器串联。

(6) 折流挡板的选择

安装折流挡板是为了提高管外对流传热系数，为取得良好效果，挡板的形状和间距必须适当。对圆缺形挡板而言，弓形缺口的大小对壳程流体的流动情况有重要影响。由图4-31

可以看出，弓形缺口太大或太小都会产生“死区”，既不利于传热，又增加流体流动阻力。一般说来，弓形缺口的高度可取为壳体内径的 10%～40%，最常见的是 20%和 25%两种。

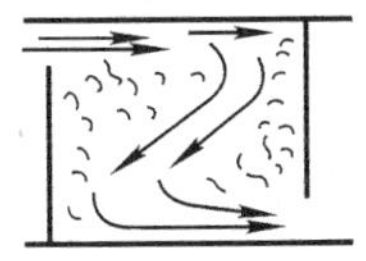

(a) 缺口高度过小，板间距过大

(b) 高度适当

(c) 缺口高度过大，板间距过小

图 4-31　挡板缺口高度及板距离的影响

挡板的间距对壳程流体的流动亦有重要的影响。间距太大，不能保证流体垂直流过管束，使管外对流传热系数下降；间距太小，不便于制造和检修，阻力损失亦大。一般取挡板间距为壳体内径的 0.2～1.0。我国系列标准中采用的挡板间距：固定管板式有 150 mm、300 mm、600 mm 三种；浮头式有 150 mm、200 mm、300 mm、480 mm、600 mm 五种。

(7) 壳径的确定

壳体的内径应等于或稍大于管板的直径。可按计算的实际管数、管径、管中心距及管子的排列方法用作图法确定内径。此外，在初步设计中可按下式计算：

$$D=t(n_c-1)+2b' \tag{4-98}$$

式中：t 为管中心距，m；n_c 为横过管束中心线的管数；b' 为管束中心线上最外壳管的中心至壳体内壁的距离，一般 $b'=(1-1.5)d_{o,m}$。

① 管子按正三角形排列，　　$n_c=1.1\sqrt{n}$；

② 管子按正方形排列，　　$n_c=1.19\sqrt{n}$。

式中：n 为换热器的总管数。

2. 列管式换热器的选用步骤

已知条件：热流体流量 W_h，进口温度 T_1、出口温度 T_2，冷却介质进口温度 t_1，按下列步骤选用列管式换热器。

(1) 计算传热量和对数平均温度差推动力

① 由已知 W_h、T_1、T_2，按 $Q=W_hc_{ph}(T_1-T_2)$ 计算传热量 Q；

② 按总费用最低的原则，选择冷却介质出口温度 t_2；

③ 按冷、热流体为纯逆流计算 $\Delta t_{m逆}$；

④ 初步选择换热器内流体的流动方式，由热、冷流体进、出口温度计算流体流动方向上的温度校正系数 $\varphi_{\Delta t}$，一般应大于 0.8，否则需要改变流动方式，重新计算；

⑤ 按 $\Delta t_m=\varphi_{\Delta t}\Delta t_{m逆}$ 计算此时的对数平均温度差推动力。

(2) 初选换热器的尺寸规格及型号

① 选定换热器型式；

② 确定冷、热流体的流动通道；

③ 选择冷、热流体的合适流速；

④ 根据流速，确定管、壳程数和折流挡板间距；

⑤ 根据经验或相关数据估计总传热系数 $K_{估}$，按 $Q=KS\Delta t_m$ 计算传热面积 $S_{估}$。

⑥ 根据 $S_{估}$ 的数值，参照系列标准选定换热管的直径、长度、排列，进而选择适当的换热器型号。

(3) 计算管程的压降和对流传热系数

① 管程阻力可按一般摩擦阻力公式求得。对于多程换热器，其总阻力 $\sum\Delta p_i$ 等于各程直管阻力、回弯阻力及进、出口阻力之和。一般进、出口阻力可忽略不计，故管程总阻力的计算式为

$$\sum\Delta p_i=(\Delta p_1+\Delta p_2)F_t N_s N_p \tag{4-99}$$

式中：Δp_1、Δp_2 分别为直管及回弯管中因摩擦阻力引起的压强降，Pa；F_t 为结垢校正因数，无因次，对 ϕ25 mm×2.5 mm的管子，取1.4；对 ϕ19 mm×2 mm的管子，取1.5；N_p 为管程数；N_s 为串联的壳程数。

上式中直管压强降 Δp_1 可按第一章中介绍的公式计算；回弯管的压强降 Δp_2 由下面的经验公式估算，即

$$\Delta p_2=3\left(\frac{\rho u^2}{2}\right) \tag{4-100}$$

② 比较 Δp_i 与允许压降 $\Delta p_{i允}$，若 $\Delta p_i>\Delta p_{i允}$，必须调整管程数目，重新计算至 $\Delta p_i<\Delta p_{i允}$。

③ 计算管内对流传热系数 α_1。

④ 比较 α_1 与 $K_{估}$，若 $\alpha_1<K_{估}$，则应改变管程数重新计算；若改变管程数不能同时满足 $\Delta p_i<\Delta p_{i允}$、$\alpha_1>K_{估}$ 的要求，则应重新估计 $K_{估}$ 值，另选一换热器型号进行试算，直至满足要求。

(4) 计算壳程压降和对流传热系数

① 现已提出的壳程流动阻力的计算公式虽然较多，但是由于流体的流动状况比较复杂，因此使计算得到的结果相差很多。下面介绍埃索法计算壳程压强降 Δp_o 的公式，即

$$\sum\Delta p_o=(\Delta p'_1+\Delta p'_2)F_s N_s \tag{4-101}$$

式中：$\Delta p'_1$ 为流体横过管束的压强降，Pa；$\Delta p'_2$ 为流体通过折流板缺口的压强降，Pa；F_s 为壳程压强降的结垢校正因数，无因次。液体可取1.15，气体可取1.0。

$$\Delta p'_1=Ff_o n_c(N_B+1)\frac{\rho u_o^2}{2} \tag{4-102}$$

$$\Delta p'_2=N_B\left(3.5-\frac{2h}{D}\right)\frac{\rho u_o^2}{2} \tag{4-103}$$

式中：F 为管子排列方法对压强降的校正因数，对正三角形排列为0.5，对正方形斜转45°排列为0.4，正方形排列为0.3；f_o 为壳程流体的摩擦系数，当 $Re_o>500$ 时，$f_o=5.0Re_o^{-0.228}$；n_c 为横过管束中心线的管子数；N_B 为折流挡板数；h 为折流挡板间距；u_o 为按壳程流通截面积 S_o 计算的流速，m/s，$S_o=h(D-n_c d_o)$。

② 比较 Δp_o 与 $\Delta p_{o允}$，若 $\Delta p_o>\Delta p_{o允}$，可增大挡板间距。

③ 计算壳程对流传热系数 α_2，如 α_2 太小，则可减小挡板间距。

(5) 计算总传热系数、校核传热面积

① 根据流体的性质选择适当的污垢热阻 R_S，由 R_S 和对流传热系数 α_1、α_2，计算总传热系数 $K_{计}$。

② 由传热速率基本方程式计算所需传热面积 $S_{计}$。

③ 比较 $S_{计}$ 与实际换热器所具有的传热面积 $S_{实}$，若 $S_{计}<S_{实}$，原则上上述的选用及计算均可行；否则需重新估计一个 $K_{估}$，依次重新计算和选用。考虑到计算及选用的准确性和其他未预料到的因素，一般应使换热器的传热面积比需要的传热面积 $S_{计}$ 大 10%～25%。

例 4-10 欲用井水将 15000 kg/h 的煤油从 140℃冷却到 40℃，冷水进、出口温度分别为 30℃和 40℃。若要求换热器的管程和壳程压强降不大于 30 kPa，试选择合适型号的列管式换热器。假设管壁热阻和热损失可以忽略。

定性温度下流体物性如表 4-8 所示。

表 4-8 定性温度下流体特性

	密度(kg/m³)	比热容[kJ/(kg·℃)]	黏度(Pa·s)	导热系数[W/(m·℃)]
煤　油	810	2.3	0.91×10^{-3}	0.13
水	994	4.187	0.727×10^{-3}	0.626

解 本题为两流体均不发生相变的传热过程，根据两流体的情况，因水的对流传热系数一般较大，且易结垢，故选择冷却水走换热器的管程，煤油走壳程。

(1) 试算和初选换热器的规格

① 计算热负荷和冷却水流量

$$Q=W_h c_{ph}(T_1-T_2)=15000\times2.3\times10^3(140-40)/360\ \text{W}=958300\ \text{W}$$

$$W_c=\frac{Q}{c_{pc}(t_2-t_1)}=\frac{958300\times3600}{4.187\times10^3(40-30)}\ \text{kg/h}=82400\ \text{kg/h}$$

② 计算两流体的平均温度差

暂按单壳程、多管程进行计算，逆流时平均温度差为

$$\Delta t'_m=\frac{\Delta t_2-\Delta t_1}{\ln\dfrac{\Delta t_2}{\Delta t_1}}=\frac{(140-40)-(40-30)}{\ln\dfrac{140-40}{40-30}}\ ℃=39.1\ ℃$$

而

$$P=\frac{t_2-t_1}{T_1-t_1}=\frac{40-30}{140-30}=0.09$$

$$R=\frac{T_1-T_2}{t_2-t_1}=\frac{140-40}{40-30}=10$$

由对数平均温度差校正系数 $\phi_{\Delta t}$ 图查得 $\phi_{\Delta t}=0.85$，则

$$\Delta t_m=\phi_{\Delta t}\Delta t'_m=0.85\times39.1\ ℃=33.24\ ℃$$

③ 初选换热器规格

根据两流体的情况，假设 $K=300\ \mathrm{W/(m^2 \cdot ℃)}$，则

$$S=\frac{Q}{K\Delta t_m}=\frac{958300}{300\times 33.24}\ \mathrm{m^2}=96\ \mathrm{m^2}$$

由于 $T_m-t_m=\frac{140+40}{2}\ ℃-\frac{40+30}{2}\ ℃=55\ ℃>50\ ℃$，因此需考虑热补偿。据此，由换热器系列标准中选定 F_B-600-95-16-2 型换热器，有关参数见表 4-9。

表 4-9　有关参数

壳径/mm	600	管子尺寸/mm	$\phi 25\times 2.5$
公称压强/at	16	管长/m	6
公称面积/m^2	95	管子总数	208
管程数	2	管子排列方法	正方形斜转 45°

实际传热面积 $S_o=n\pi dL=208\times 3.14\times 0.025(6-0.1)\ \mathrm{m^2}=96\ \mathrm{m^2}$。

若采用此传热面积的换热器，则要求过程的总传热系数为 $300\ \mathrm{W/(m^2 \cdot ℃)}$。

(2) 核算压强降

① 管程压强降

$$\sum \Delta p_i=(\Delta p_1+\Delta p_2)F_t N_p$$

其中，$F_t=1.4$，$N_p=2$。

管程流通面积 $S_i=\frac{\pi}{4}d_i^2\cdot\frac{n}{N_p}=\frac{\pi}{4}\times 0.02^2\times\frac{208}{2}\ \mathrm{m^2}=0.0327\ \mathrm{m^2}$

$$u_i=\frac{V_s}{S_i}=\frac{82400}{3600\times 994\times 0.0327}\ \mathrm{m/s}=0.704\ \mathrm{m/s}$$

$$Re_i=\frac{d_i u_i\rho}{\mu}=\frac{0.02\times 0.704\times 994}{0.727\times 10^{-3}}=19250(\text{湍流})$$

设管壁粗糙度 $\varepsilon=0.1\ \mathrm{mm}$，$\frac{\varepsilon}{d_i}=\frac{0.1}{20}=0.005$，由第一章中 λ-Re 关系图中查得 $\lambda=0.035$，所以

$$\Delta p_1=\lambda\frac{L}{d}\frac{\rho u^2}{2}=0.035\times\frac{6}{0.02}\times\frac{994\times 0.704^2}{2}\ \mathrm{Pa}=2600\ \mathrm{Pa}$$

$$\Delta p_2=3\frac{\rho u^2}{2}=3\times\frac{994\times 0.704^2}{2}\ \mathrm{Pa}=740\ \mathrm{Pa}$$

则
$$\sum \Delta p_i=(2600+740)\times 1.4\times 2\ \mathrm{Pa}=9350\ \mathrm{Pa}$$

② 壳程压强降

$$\sum \Delta p_o=(\Delta p_1'+\Delta p_2')F_s N_s$$

其中，$F_s=1.15$，$N_s=1$，$\Delta p'_1=Ff_o n_c(N_B+1)\dfrac{\rho u_o^2}{2}$。

管子为正方形斜转45°排列，$F=0.4$，则

$$n_c=1.19\sqrt{n}=1.19\sqrt{208}=17$$

取折流挡板间距 $h=0.15$ m，则

$$N_B=\frac{L}{h}-1=\frac{6}{0.15}-1=39$$

壳程流通面积 $S_o=h(D-n_c d_o)=0.15\times(0.6-17\times0.025)\ \mathrm{m^2}=0.0263\ \mathrm{m^2}$，则

$$u_o=\frac{15000}{3600\times810\times0.0263}\ \mathrm{m/s}=0.2\ \mathrm{m/s}$$

$$Re_o=\frac{d_o u_o\rho}{\mu}=\frac{0.025\times0.2\times810}{0.91\times10^{-3}}=4450>500$$

$$f_o=5.0Re_o^{-0.228}=5.0\times4450^{-0.228}=0.74$$

所以
$$\Delta p'_1=0.4\times0.74\times17\times(39+1)\times\frac{810\times0.2^2}{2}\ \mathrm{Pa}=3260\ \mathrm{Pa}$$

$$\Delta p'_2=N_B\left(3.5-\frac{2h}{D}\right)\frac{\rho u_o^2}{2}=39\times\left(3.5-\frac{2\times0.15}{0.6}\right)\times\frac{810\times0.2^2}{2}\ \mathrm{Pa}=1900\ \mathrm{Pa}$$

$$\sum\Delta p_o=(3260+1900)\times1.15\ \mathrm{Pa}=5930\ \mathrm{Pa}$$

计算表明，管程和壳程压强降都能满足题设的要求。

(3) 核算总传热系数

① 管程对流传热系数 α_i

$$Re_i=19250(\text{湍流})$$

$$Pr_i=\frac{c_p\mu}{\lambda}=\frac{4.187\times10^3\times0.727\times10^{-3}}{0.626}=4.86$$

$$\alpha_i=0.023\frac{\lambda}{d_i}Re^{0.8}Pr^{0.4}=0.023\times\frac{0.626}{0.02}\times(19250)^{0.8}\times(4.86)^{0.4}\ \mathrm{W(m^2\cdot ℃)}$$
$$=3630\ \mathrm{W(m^2\cdot ℃)}$$

② 壳程对流传热系数 α_o

$$\alpha_o=0.36\left(\frac{\lambda}{d_e}\right)\left(\frac{d_e u_o\rho}{\mu}\right)^{0.55}\left(\frac{c_p\mu}{\lambda}\right)^{1/3}\left(\frac{\mu}{\mu_w}\right)^{0.14}$$

取换热器列管之中心距 $t=32$ mm，则流体通过管间最大截面积为

$$S=hD\left(1-\frac{d_o}{t}\right)=0.15\times0.6\left(1-\frac{0.025}{0.032}\right)\ \mathrm{m^2}=0.0197\ \mathrm{m^2}$$

$$u_o=\frac{V_s}{A}=\frac{1500}{3600\times810\times0.0197}\ \mathrm{m/s}=0.26\ \mathrm{m/s}$$

$$d_e=\frac{4\left(t^2-\frac{\pi}{4}d_o^2\right)}{\pi d_o}=\frac{4\left(0.032^2-\frac{\pi}{4}\times0.025^2\right)}{\pi\times0.025}\ \text{m}=0.027\ \text{m}$$

$$Re_o=\frac{d_e u_o \rho}{\mu}=\frac{0.027\times0.26\times810}{0.91\times10^{-3}}=6250$$

$$Pr_o=\frac{c_p\mu}{\lambda}=\frac{2.3\times10^3\times0.91\times10^{-3}}{0.13}=16.1$$

壳程中煤油被冷却,取 $\left(\frac{\mu}{\mu_w}\right)^{0.14}=0.95$,所以

$$\alpha_o=0.36\times\frac{0.13}{0.027}(6250)^{0.55}(16.1)^{1/3}\times0.95\ \text{W/(m}^2\cdot℃)=510\ \text{W/(m}^2\cdot℃)$$

③ 污垢热阻

参考附录,管内、外侧污垢热阻分别取为

$$R_{si}=0.00034\ \text{m}^2\cdot℃/\text{W},R_{so}=0.00017\ \text{m}^2\cdot℃/\text{W}$$

④ 总传热系数 K_o

管壁热阻可忽略时,总传热系数 K_o 为

$$K_o=\frac{1}{\frac{1}{\alpha_o}+R_{so}+R_{si}\frac{d_o}{d_i}+\frac{d_o}{\alpha_i d_i}}$$

$$=\frac{1}{\frac{1}{510}+0.00017+0.00034\times\frac{25}{20}+\frac{25}{3630\times20}}\ \text{W/(m}^2\cdot℃)$$

$$=345\ \text{W/(m}^2\cdot℃)$$

由计算可知,选用该型号换热器时,要求过程的总传热系数为 300 W/(m² · ℃),在规定的流动条件下,计算出的 K_o 为 345 W/(m² · ℃),故所选择的换热器是合适的,其安全系数为 $\frac{345-300}{300}\times100\%=15\%$。

习题

1. 外径为 50 mm 的不锈钢管,外包 6 mm 厚的玻璃纤维保温层,其外再包 20 mm 厚的石棉保温层,管外壁温为 300℃,保温层外壁温为 30℃,已知玻璃纤维和石棉的导热系数分别为 0.07 W/(m · K)和 0.3 W/(m · K),试求每米管长的热损失及玻璃纤维层和石棉层之间的界面温度。

2. 某平壁燃烧炉是由一层耐火砖与一层普通砖砌成,两层的厚度均为 100 mm,其导热系数分别为 0.9 W/(m · ℃)及 0.7 W/(m · ℃)。待操作稳定后,测得炉膛的内表面温度为 700℃,外表面温度为 130℃。为了减少燃烧炉的热损失,在普通砖外表面增加一层厚度为

40 mm、导热系数为 0.06 W/(m·℃)的保温材料。操作稳定后,又测得炉内表面温度为 740℃,外表面温度为 90℃。设两层砖的导热系数不变,试计算加保温层后炉壁的热损失比原来的减少的百分比。

3. 在外径为 140 mm 的蒸气管道外包扎保温材料,以减少热损失。蒸气管外壁温度为 390℃,保温层外表面温度不大于 40℃。保温材料的 λ 与 t 的关系为 $\lambda=0.1+0.0002t$[t 的单位为℃,λ 的单位为 W/(m·℃)]。若要求每米管长的热损失 Q/L 不大于 450 W/m,试求保温层的厚度以及保温层中温度分布。

4. 外径为 100 mm 的钢管,其外依次包扎 A、B 两层保温材料,A 层保温材料的厚度为 50 mm,导热系数为 0.1 W/(m·℃);B 层保温材料的厚度也为 50 mm,导热系数为 1.0 W/(m·℃)。设 A 的内层温度和 B 的外层温度分别为 200℃和 50℃,试求每米管长的热损失;若将两层材料互换并假设温度不变,每米管长的热损失又为多少?

5. 在某管壳式换热器中用冷水冷却热空气。换热管为 ϕ25 mm×2.5 mm 的钢管,其导热系数为 45 W/(m·℃)。冷却水在管程流动,其对流传热系数为 2600 W/(m^2·℃),热空气在壳程流动,其对流传热系数为 52 W/(m^2·℃)。试求基于管外表面积的总传热系数 K,以及各分热阻占总热阻的百分数。设污垢热阻可忽略。

6. 在一传热面积为 40 m^2 的平板式换热器中,用水冷却某种溶液,两流体呈逆流流动。冷却水的流量为 30000 kg/h,其温度由 22℃升高到 36℃。溶液温度由 115℃降至 55℃。若换热器清洗后,在冷、热流体流量和进口温度不变的情况下,冷却水的出口温度升至 40℃,试估算换热器在清洗前壁面两侧的总污垢热阻。假设:① 两种情况下,冷、热流体的物性可视为不变,水的平均比热容为 4.174 kJ/(kg·℃);② 两种情况下,α_i、α_o 分别相同;③ 忽略壁面热阻和热损失。

7. 在一传热面积为 25 m^2 的单程管壳式换热器中,用水冷却某种有机溶液。冷却水的流量为 28720 kg/h,其温度由 20℃升至 40℃,平均比热容为 4.2 kJ/(kg·℃)。有机溶液的温度由 110℃降至 60℃,平均比热容为 1.68 kJ/(kg·℃)。两种流体在换热器中呈逆流流动。假设换热器的热损失可忽略,试核算该换热器的总传热系数并计算该有机溶液的处理量(kg/h)。

8. 在一单程管壳式换热器中,用水冷却某种有机溶剂。冷却水的流量为 10000 kg/h,其初始温度为 20℃,平均比热容为 4.2 kJ/(kg·℃)。有机溶剂的流量为 15000 kg/h,温度由 180℃降至 120℃,平均比热容为 1.68 kJ/(kg·℃)。设换热器的总传热系数为 500 W/(m^2·℃),试分别计算逆流和并流时换热器所需的传热面积(小数点后取 2 位,单位 m^2),污垢和钢管的导热热阻可忽略。

9. 在一单程管壳式换热器中,用冷水将常压下的纯苯蒸气(密度为 2.5 kg/m^3)冷凝成饱和液体。已知苯蒸气的体积流量为 2000 m^3/h,常压下苯的沸点为 80℃,汽化热为 420 kJ/kg。冷却水的入口温度为 20℃,流量为 25000 kg/h,水的平均比热容为 4.2 kJ/(kg·℃)。总传热系数为 450 W/(m^2·℃)。污垢和钢管的导热热阻可忽略,试计算所需的传热面积(小数点后取 2 位,单位 m^2)。

10. 在管长为 1 m 的冷却器中,用水冷却油。已知两流体做并流流动,油由 420 K 冷却到 370 K,冷却水由 285 K 加热到 310 K。欲用加长冷却管的办法,使油出口温度降至

350 K。若在两种情况下，油、水的流量、物性、进口温度均不变，冷却器除管长外，其他尺寸也不变，试求加长后的管长。

11. 在一内钢管为 ϕ180 mm×10 mm 的套管换热器中，将流量为 3500 kg/h 的某液态烃从 100℃冷却到 60℃，其平均比热为 2380 J/(kg·K)。环隙逆流走冷却水，其进出口温度分别为 40℃和 50℃，平均比热为 4174 J/(kg·K)。内管内、外侧的对流传热系数分别为 2000 W/(m^2·K)和 3000 W/(m^2·K)，钢的导热系数可取为 45 W/(m·K)。假定热损失和污垢热阻可以忽略。试求：(1) 冷却水用量；(2) 基于内管外侧面积的总传热系数；(3) 对数平均温差；(4) 内管外侧传热面积。

12. 在一套管换热器中，用冷却水将 5000 kg/h 的苯由 80℃冷却至 30℃，水在 ϕ25 mm×2.5 mm 的内管中流动，其进、出口温度分别为 20℃和 40℃。已知水和苯的对流传热系数分别为 1000 W/(m^2·℃)和 800 W/(m^2·℃)，在该温度范围内，苯的定压热容为 1.68 kJ/(kg·℃)，水的定压热容为 4.2 kJ/(kg·℃)，污垢和钢管的导热热阻可忽略，但对流传热时，管壁厚度需要考虑。试求所需的换热面积(以管外壁为基准，小数点后取 2 位，单位 m^2)和冷却水的消耗量(kg/h)。

13. 有一台运转中的单程逆流列管式换热器，热空气在管程由 120℃降至 80℃，其对流传热系数 α_1＝50 W/(m^2·K)。壳程的冷却水从 15℃升至 90℃，其对流传热系数 α_2＝2000 W/(m^2·K)，管壁热阻及污垢热阻皆可不计。当冷却水量增加一倍时，试求：(1) 水和空气的出口温度 t_2'和 T_2'，忽略流体物性参数随温度的变化；(2) 传热速率 Q'比原来增加了多少？

14. 两平行的大平板，在空气中相距 10 mm，一平板的黑度为 0.1，温度为 400 K；另一平板的黑度为 0.05，温度为 300 K。若将第一板加涂层，使其黑度为 0.025，试计算由此引起的传热通量改变的百分数。假设两板间对流传热可以忽略。

思考题

1. 在化工生产中，传热有哪些要求？
2. 传导传热，对流传热和辐射传热，三者之间有何不同？
3. 空心球内半径为 r_1、温度为 t_i，外半径为 r_0、温度为 t_0，且 $t_i>t_0$，球壁的导热系数为 λ。试推导空心球壁的导热关系式。
4. 试就锅炉墙的传热，分析其属哪些传热方式？
5. 分析太阳能热水器中与传热有关的设计。
6. 换热器的散热损失是如何产生的？应如何来减少此热损失？
7. 当提高传热系数时，为什么要着重提高给热系数小的这一侧？

工程案例

高温取热炉爆管原因分析及解决措施

内容请见二维码

本章符号说明

英文字母	意 义	单位	英文字母	意 义	单位
a	混合物中组分的质量分数		M	组分的摩尔质量	kg/kmol
a'	温度系数	1/℃	n	指数	
A	流通面积	m^2	n	管数	
A	辐射吸收率		N	程数	
b	厚度	m	p	压强	Pa
b	润湿周边	m	P	因数	
c	常数		q	热通量	W/m^2
c_p	定压比热容	kJ/(kg·℃)	Q	传热速率或热负荷	W
C	辐射系数	$W/(m^2 \cdot K^4)$	r	半径	m
C_R	热容量流率比		r	汽化热或冷凝热	kJ/kg
d	管径	m	R	热阻	m^2·℃/W
D	换热器壳径	m	R	因数	
D	透过率		R	反射率	
E	辐射能力	W/m^2	R	对比压强	
f	摩擦因数		S	传热面积	m^2
F	系数		t	冷流体温度	℃
g	重力加速度	m^2/s	t	管心距	m
h	挡板间距	m	T	热流体温度	℃
I	流体的焓	kJ/kg	T	热力学温度	K
K	总传热系数	$W/(m^2$·℃)	u	流速	m/s
l	长度	m	W_s	质量流量	kg/s
L	长度	m	x,y,z	空间坐标	
m	指数		Z	参数	
M	冷凝负荷	kg(m·s)			

希腊字母	意　义	单位	希腊字母	意　义	单位
A	一对流传热系数	W/(m² · ℃)	Λ	波长	μm
β	体积膨胀系数	1/℃	μ	黏度	Pa · s
δ	边界层厚度	m	ρ	密度	kg/m³
Δ	有限差值		σ	表面张力	N/m
ε	传热效率		σ	斯蒂芬-波尔兹曼常数	W/(m² · K⁴)
ε	系数		ψ	系数	
ε	黑度		ψ	角系数	
θ	时间	s	ψ	矫正系数	
λ	导热系数	W/(m² · ℃)			

下标	意义	下标	意义	下标	意义
b	黑体	m	平均	v	蒸气
c	冷流体	o	管外	w	壁面
c	临界	s	污垢	Δt	温度差
e	当量	s	饱和	min	最小
h	热流体	t	传热	max	最大
i	管内				

参考文献

［1］ 董其伍,张垚等编.换热器.北京:化学工业出版社,2008.

［2］ 陈敏恒,丛德滋等编.化工原理：上册.2版.北京:化学工业出版社,2010.

［3］ 谭天恩,窦梅,周明华编著.化工原理：上册.3版.北京:化学工业出版社,2011.

［4］ 姚玉英,陈常贵,柴诚敬编著.化工原理：上册.3版.天津:天津大学出版社,2010.

［5］ 郭俊旺,徐燏主编.化工原理.武汉:华中科技大学出版社,2010.

［6］ 张利锋,闫志谦编.化工原理：上册.3版.北京:化学工业出版社,2011.

［7］ 王国胜主编.化工原理.大连:大连理工大学出版社,2010.

［8］ 陆美娟,张浩勤主编.化工原理：上册.3版.北京:化学工业出版社,2012.

［9］ 李凤华,于士君主编.化工原理.2版.大连:大连理工大学出版社,2010.

［10］ Harker, J. H. Chemical Engineering. Fifth Edition. Amsterdam:Butterworth-Heinemann, 2002.

［11］ Towler, G. Sinnott, R. K. Chemical Engineering Design: Principles, Practice and Economics of Plant and Process Design. Amsterdam:Butterworth-Heinemann,, 2012.

［12］ Bischoff, K. B. Advances in Chemical Engineering. New York: Academic Press, 2001.

［13］ Sinnott, R. K. Chemical Engineering Design. Amsterdam: Butterworth-Heinemann, 2009.

[14] McCabe, W. L., Smith, J. C., Harriott, P. Unit Operations of Chemical Engineering. New York: McGraw-Hill College, 2004.
[15] 杨天麒.太阳能热电—光电复合发电系统的热力学分析与结构优化.武汉:武汉理工大学博士论文,2011.
[16] 朱冬生.栅板式换热器的传热性能研究.流体机械,2012(8).
[17] 张小霞.不锈钢三维整体外翅片管的滚压一犁切/挤压成形及强化传热性能研究.广州:华南理工大学博士论文,2012.
[18] 皮丕辉.内冷式刮膜薄膜蒸发器传热蒸发与应用研究.广州:华南理工大学博士论文,2003.
[19] 郭杨.换热器尺寸过大的隐患.中国科技信息,2011(1).
[20] 赵崇卫.螺旋板式换热器在注聚作业海洋平台中的应用.石油和化工设备,2012(7).
[21] 王志魁,向阳,王宇.化工原理.5 版.北京:高等教育出版社,2017.

第5章 蒸　　发

学习目的：

通过本章学习掌握蒸发操作的特点，蒸发器的类型，蒸发过程计算，能够根据生产工艺要求和物料特性，合理选择蒸发器的类型并确定适宜操作的流程和条件。

重点掌握的内容：

单效蒸发过程及其计算，如蒸发水量、加热蒸气消耗量及传热面积计算，有效温度差及各种温度差损失的来由及其计算；蒸发器的生产能力和生产强度及其影响因素。

熟悉的内容：

真空蒸发的特点及其应用；蒸发过程的强化；蒸发操作的特点及其在工业生产中的应用；蒸发器的选型原则。

一般了解的内容：

多效蒸发的流程及其计算要点；蒸发操作效数限制及蒸发过程的节能措施；各种蒸发器的结构特点、性能及应用范围。

§5.1　概　　述

工程上把采用加热方法，将含有不挥发性溶质（通常为固体）的溶液在沸腾状态下，使其浓缩的单元操作称为蒸发。

5.1.1　蒸发操作在工业中的应用

蒸发操作广泛应用于化工、轻工、食品、医药等工业领域，其主要目的有以下几个方面：

(1) 浓缩稀溶液直接制取产品或将浓溶液再处理（如冷却结晶）制取固体产品，例如电解烧碱液的浓缩，食糖水溶液的浓缩及各种果汁的浓缩等。

(2) 同时浓缩溶液和回收溶剂，例如有机磷农药苯溶液的浓缩脱苯，中药生产中酒精浸出液的蒸发等。

(3) 为了获得纯净的溶剂，例如海水淡化等。

5.1.2　蒸发操作的特点

工程上，蒸发过程只是从溶液中分离出部分溶剂，而溶质仍留在溶液中，因此，蒸发操作是一个使溶液中的挥发性溶剂与不挥发性溶质的分离过程。由于溶剂的汽化速率取决于传热速率，故蒸发操作属传热过程，蒸发设备为传热设备。但是，蒸发操作与一般传热过程比较，有以下特点：

1. 溶液沸点升高

由于溶液含有不挥发性溶质，因此，在相同温度下，溶液的蒸气压比纯溶剂的小，也就是说，在相同压力下，溶液的沸点比纯溶剂的高，溶液浓度越高，这种影响越显著，这是设计和操作蒸发器时必须要考虑的。

2. 物料及工艺特性

物料在浓缩过程中，溶质或杂质常在加热表面沉积、析出结晶而形成垢层，影响传热；有些溶质是热敏性的，在高温下停留时间过长易变质；有些物料具有较大的腐蚀性或较高的黏度；等等。因此，在设计和选用蒸发器时，必须认真考虑这些特性。

3. 能量回收

蒸发过程是溶剂汽化过程，由于溶剂汽化潜热很大，所以蒸发过程是一个高能耗单元操作。因此，节能是蒸发操作应予考虑的重要问题。

5.1.3 蒸发操作的分类

(1) 按操作压力分，可分为常压、加压和减压（真空）蒸发操作，即在常压（大气压）下，高于或低于大气压下操作。很显然，对于如抗生素溶液、果汁等热敏性物料，应在减压下进行。而高黏度物料就应采用加压高温热源加热（如导热油、熔盐等）进行蒸发。

(2) 按效数分，可分为单效与多效蒸发。若蒸发产生的二次蒸气直接冷凝不再利用，称为单效蒸发；若将二次蒸气作为下一效加热蒸气，并将多个蒸发器串联，此蒸发过程为多效蒸发。

(3) 按蒸发模式分，可分为间歇蒸发与连续蒸发。工业上大规模的生产过程通常采用的是连续蒸发。

由于工业上被蒸发的溶液大多为水溶液，故本章仅讨论水溶液的蒸发。但其基本原理和设备对于非水溶液的蒸发，原则上也适用或可作参考。

§5.2 蒸发设备

5.2.1 蒸发器的结构

工业生产中蒸发器有多种结构形式，均由加热室（器）、流动（或循环）管道以及分离室（器）等组成。根据溶液在加热室内的流动情况，蒸发器可分为循环型和单程型两类。

1. 循环型蒸发器

常用的循环型蒸发器主要有以下几种：

(1) 中央循环管式蒸发器

中央循环管式蒸发器为最常见的蒸发器，其结构如图 5-1 所示，它主要由加热室、分离室、中央循环管和除沫器组成。蒸发器的加热器由垂直管束构成，管束中央有一根直径较大的管子，称为中央循环管，其截面积一般为管束总截面积的40%～100%。当加热蒸气(介质)在管间冷凝放热时，由于加热管束内单位体积溶液的受热面积远大于中央循环管内溶液的受热面积，因此，管束中溶液的相对汽化率就大于中央循环管的汽化率，所以管束中的气液混合物的密度远小于中央循环管内气液混合物的密度。这样造成了混合液在管束中向上，在中央循环管向下的自然循环流动。混合液的循环速度与密度差和管长有关，密度差越大，加热管越长，循环速度越大。但这类蒸发器受总高限制，通常加热管为 1～2 m，直径为 25～75 mm，长径比为20～40。

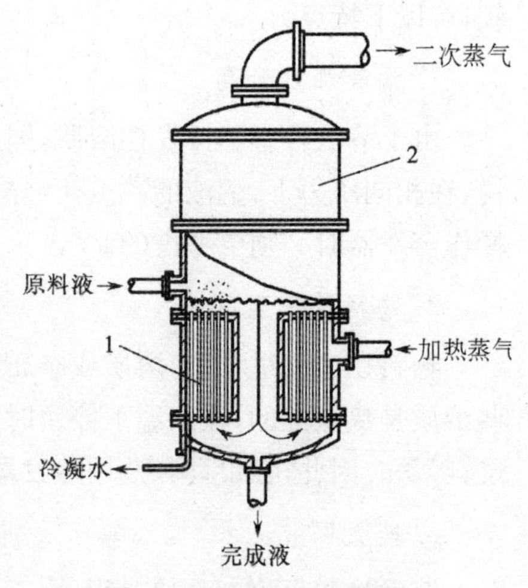

1—加热室；2—分离室

图 5-1　中央循环管式蒸发器

中央循环管蒸发器的主要优点是结构简单、紧凑，制造方便，操作可靠，投资费用少。缺点是清理和检修麻烦，溶液循环速度较低，一般仅在 0.5 m/s 以下，传热系数小。它适用于黏度适中，结垢不严重，有少量的结晶析出，及腐蚀性不大的场合。中央循环管式蒸发器在工业上的应用较为广泛。

(2) 外加热式蒸发器

外加热式蒸发器如图 5-2 所示，其主要特点是把加热器与分离室分开安装，这样不仅易于清洗、更换，同时还有利于降低蒸发器的总高度。这种蒸发器的加热管较长(管长与管径之比为 50～100)，且循环管又不被加热，故溶液的循环速度可达 1.5 m/s，它既利于提高传热系数，又利于减轻结垢。

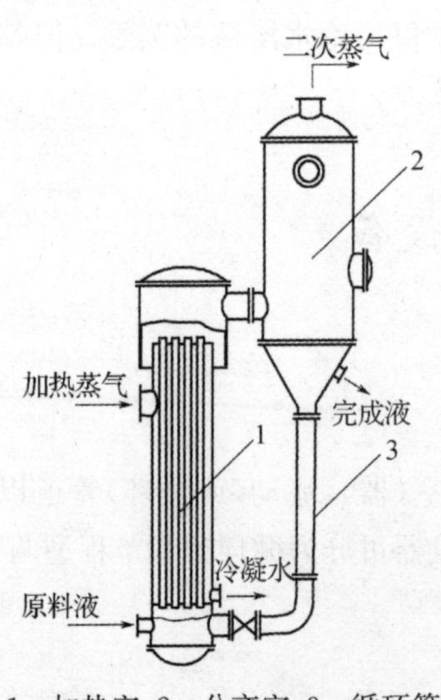

1—加热室；2—分离室；3—循环管

图 5-2　外热式蒸发器

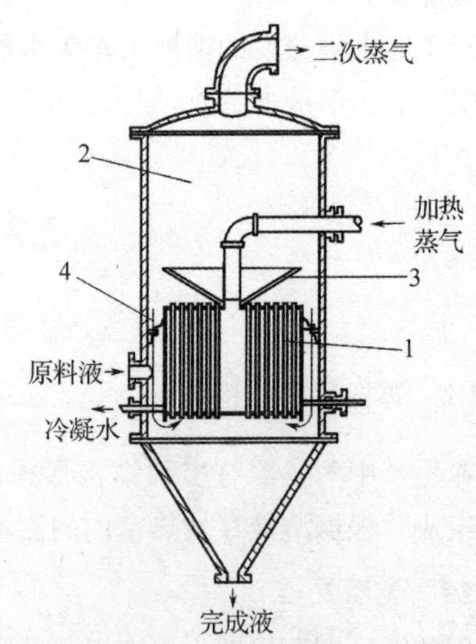

1—加热室；2—分离室；3—除沫器；4—环形循环通道

图 5-3　悬筐蒸发器

(3) 悬筐式蒸发器

悬筐式蒸发器的结构如图 5-3 所示,是中央循环管式蒸发器的改进。加热蒸气由中央蒸气管进入加热室,加热室悬挂在器内,可由顶部取出,便于清洗与更换。包围管束的外壳外壁面与蒸发器外壳内壁面间留有环隙通道,其作用与中央循环管类似,操作时溶液形成沿环隙通道下降而沿加热管上升的不断循环运动。一般环隙截面与加热管总截面积之比大于中央循环管式的,环隙截面积约为沸腾管总截面积的 100%~150%,因此溶液循环速度较高,约在 1~1.5 m/s 之间,改善了加热管内结垢情况,并提高了传热效率。悬筐式蒸发器适用于蒸发有晶体析出的溶液。缺点是设备耗材量大、占地面积大、加热管内的溶液滞留量大。

2. 单程型蒸发器

循环型蒸发器有一个共同的缺点,即蒸发器内溶液的滞留量大,物料在高温下停留时间长,这对处理热敏性物料十分不利。在单程型蒸发器中,物料沿加热管壁成膜状流动,一次通过加热器即达浓缩要求,其停留时间仅数秒或十几秒。另外,离开加热器的物料又得到及时冷却,因此特别适用于热敏性物料的蒸发。但由于溶液一次通过加热器就要达到浓缩要求,因此对设计和操作的要求较高。由于这类蒸发器的加热管上的物料成膜状流动,故又称膜式蒸发器。根据物料在蒸发器内的流动方向和成膜原因不同,它可分为下列几种类型:

(1) 升膜式蒸发器

升膜式蒸发器如图 5-4 所示,它的加热室由一根或数根垂直长管组成。通常加热管径为 25~50 mm,管长与管径之比为 100~150。原料液预热后由蒸发器底部进入加热器管内,加热蒸气在管外冷凝。当原料液受热后沸腾汽化,生成二次蒸气在管内高速上升,带动料液沿管内壁成膜状向上流动,并不断地蒸发汽化,加速流动,气液混合物进入分离器后分离,浓缩后的完成液由分离器底部放出。

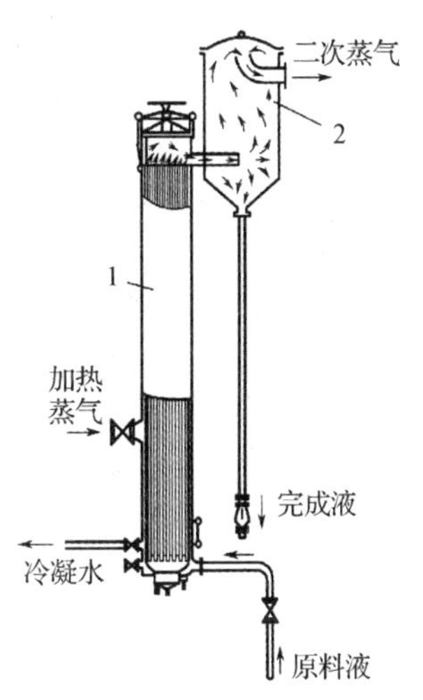

1—蒸发室;2—分离器

图 5-4 升膜式蒸发器

这种蒸发器需要精心设计与操作,即加热管内的二次蒸气应具有较高速度,并获较高的传热系数,使料液一次通过加热管即达到预定的浓缩要求。通常,常压下,管上端出口处速度以保持 20~50 m/s 为宜,减压操作时,速度可达 100~160 m/s。

升膜蒸发器适宜处理蒸发量较大、热敏性、黏度不大及易起沫的溶液,但不适于高黏度、有晶体析出和易结垢的溶液。

(2) 降膜式蒸发器

降膜式蒸发器如图 5-5 所示,原料液由加热室顶端加入,经分布器分布后,沿管壁成膜状向下流动,气液混合物由加热管底部排出进入分离室,完成液由分离室底部排出。

设计和操作这种蒸发器的要点:尽量使料液在加热管内壁形成均匀液膜,并且不能让二次蒸气由管上端窜出。降膜式蒸发器可用于蒸发黏度较大(0.05~0.45 Pa·s)、浓度较高的溶液,但不适于处理易结晶和易结垢的溶液,这是因为这种溶液形成均匀液膜较困难,传热系数也不高。

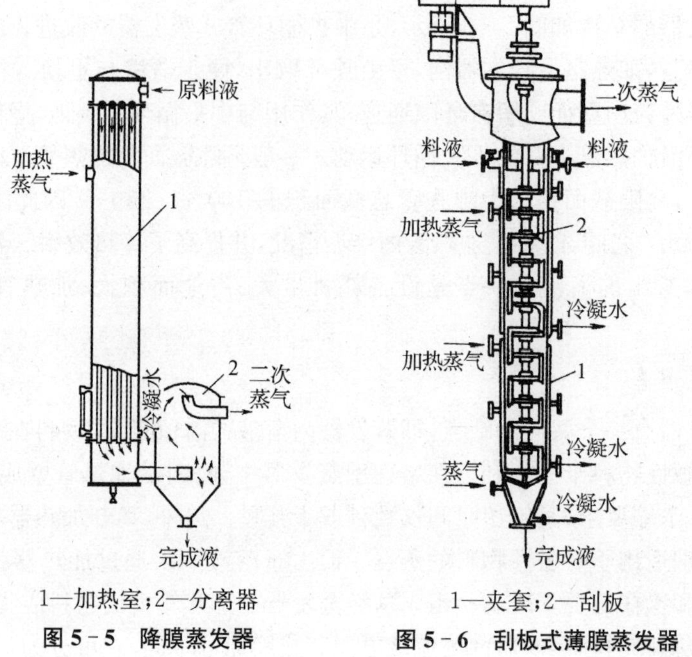

1—加热室；2—分离器

图 5-5　降膜蒸发器

1—夹套；2—刮板

图 5-6　刮板式薄膜蒸发器

(3) 刮板式蒸发器

刮板式薄膜蒸发器如图 5-6 所示，它是一种适应性很强的新型蒸发器，对高黏度、热敏性和易结晶、结垢的物料都适用。它主要由加热夹套和刮板组成，夹套内通加热蒸气，刮板装在可旋转的轴上，刮板和加热夹套内壁保持很小间隙，通常为 0.5～1.5 mm。料液经预热后由蒸发器上部沿切线方向加入，在重力和旋转刮板的作用下，分布在内壁形成下旋薄膜，并在下降过程中不断被蒸发浓缩，完成液由底部排出，二次蒸气由顶部逸出。在某些场合下，这种蒸发器可将溶液蒸干，在底部直接得到固体产品。

这类蒸发器的缺点是结构复杂(制造、安装和维修工作量大)，加热面积不大，且动力消耗大。

5.2.2　蒸发器的选型

蒸发器的结构形式较多，选用和设计时，要在满足生产任务要求，保证产品质量的前提下，尽可能兼顾生产能力大、结构简单、维修方便及经济性好等因素。

表 5-1 列出了常见蒸发器的一些重要性能，可供选型参考。

表 5-1　常用蒸发器的性能

蒸发器型式	造价	总传热系数		溶液在管内流速 m/s	停留时间	完成液浓度能否恒定	浓缩比	处理量	对溶液性质的适应性					
		稀溶液	高黏度						稀溶液	高黏度	易生泡沫	易结垢	热敏性	有结晶析出
水平管型	最廉	良好	低	—	长	能	良好	一般	适	适	适	不适	不适	不适
标准型	最廉	良好	低	0.1～1.5	长	能	良好	一般	适	适	适	尚适	尚适	稍适

续表

蒸发器型式	造价	总传热系数		溶液在管内流速 m/s	停留时间	完成液浓度能否恒定	浓缩比	处理量	对溶液性质的适应性					
		稀溶液	高黏度						稀溶液	高黏度	易生泡沫	易结垢	热敏性	有结晶析出
外热式（自然循环）	廉	高	良好	0.4～1.5	较长	能	良好	较大	适	尚适	较好	尚适	尚适	稍适
列文式	高	高	良好	1.5～2.5	较长	能	良好	较大	适	尚适	较好	尚适	尚适	稍适
强制循环	高	高	高	2.0～3.5	—	能	较高	大	适	好	好	适	尚适	适
升膜式	廉	高	良好	0.4～1.0	短	较难	高	大	适	尚适	好	尚适	良好	不适
降膜式	廉	良好	高	0.4～1.0	短	尚能	高	大	较适	好	适	不适	良好	不适
刮板式	最高	高	良好	—	短	尚能	高	较小	较适	好	较好	不适	良好	不适
甩盘式	较高	高	低	—	较段	尚能	较高	较小	适	尚适	适	不适	较好	不适
旋风式	最廉	高	良好	1.5～2.0	短	较难	较高	较小	适	适	适	尚适	尚适	适
板式	高	高	良好	—	较短	尚能	良好	较小	适	尚适	适	不适	尚适	不适
浸没燃烧	廉	高	高	—	短	较难	良好	较大	适	适	适	适	不适	适

5.2.3 蒸发装置的附属设备和机械

蒸发装置的附属设备和机械主要有除尘器、冷凝器和真空泵。

1. 除尘器（气液分离器）

蒸发操作时产生的二次蒸气，在分离室与液体分离后，仍夹带大量液滴，尤其是处理易产生泡沫的液体，夹带更为严重。为了防止产品损失或冷却水被污染，常在蒸发器内（或外）设除尘器。图 5-7 为几种除尘器的结构示意图。图中(a)～(d)直接安装在蒸发器顶部，(e)～(g)安装在蒸发器外部。

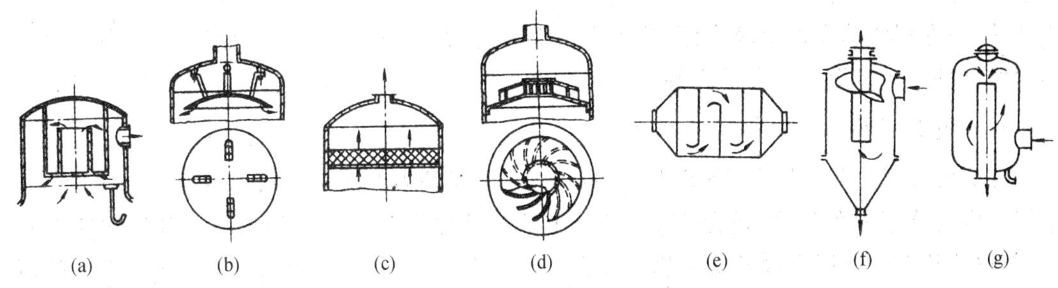

图 5-7 几种除尘器结构示意图

2. 冷凝器

冷凝器的作用是冷凝二次蒸气。冷凝器有间壁式和直接接触式两种，若二次蒸气为需回收的有价值物料或会严重污染水源，则应采用间壁式冷凝器；否则，通常采用直接接触式冷凝器。后一种冷凝器一般在负压下操作，这时为将混合冷凝后的水排出，冷凝器必须设置得足够高，冷凝器底部的长管称为大气腿。

3. 真空装置

当蒸发器在负压下操作时，无论采用哪一种冷凝器，均需在冷凝器后安装真空装置。需要指出的是，蒸发器中的负压主要是由二次蒸气冷凝所致，而真空装置仅是抽吸蒸发系统泄漏的空气、物料及冷却水中溶解的不凝性气体和冷却水饱和温度下的水蒸气等，冷凝器后必须安真空装置才能维持蒸发操作的真空度。常用的真空装置有喷射泵、水环式真空泵、往复式或旋转式真空泵等。

5.2.4 蒸发过程和设备的强化与展望

纵观国内外蒸发装置的研究，概括可分为以下几个方面：

1. 研制开发新型高效蒸发器

这方面工作主要从改进加热管表面形状等思路出发，来提高传热效果，例如板式蒸发器，它的优点是传热效率高、液体停留时间短、体积小、易于拆卸和清洗，同时加热面积还可根据需要而增减。又如表面多孔加热管，双面纵槽加热管，它们可使沸腾溶液侧的传热系数显著提高。

2. 改善蒸发器内液体的流动状况

这方面的工作主要包括：其一是设法提高蒸发器循环速度，其二是在蒸发器管内装入多种形式的湍流元件。前者的重要性在于它不仅能提高沸腾传热系数，同时还能降低单程汽化率，从而减轻加热壁面的结垢现象。后者的出发点则是使液体增加湍动，以提高传热系数。还有资料报道，向蒸发器管内通入适量不凝性气体，增加湍动，以提高传热系数。

3. 改进溶液的性质

近年来，通过改进溶液性质来改善蒸发效果的研究报道也不少。例如，加入适量表面活性剂，消除或减少泡沫，以提高传热系数；加入适量阻垢剂可以减少结垢，以提高传热效率和生产能力；在醋酸蒸发器溶液表面，喷入少量水，可提高生产能力和减少加热管的腐蚀，以及用磁场处理水溶液提高蒸发效率等。

4. 优化设计和操作

许多研究者从节省投资、降低能耗等方面着眼，对蒸发装置优化设计进行了深入研究，他们分别考虑了蒸气压力、冷凝器真空度、各效有效传热温差、冷凝水闪蒸、各效溶液自蒸发、各种传热温度差损失以及浓缩热等综合因素的影响，建立了多效蒸发系统优化设计的数学模型。应该指出，在装置中采用先进的计算机测控技术是使装置在优化条件下进行操作的重要措施。

由上可以看出，近年来蒸发过程的强化不仅涉及化学工程流体力学、传热传质方面的机理研究与技术支持，同时还涉及物理化学、计算机优化和测控技术、新型设备和材料等方面的综合知识与技术。这种由不同单元操作、不同专业和学科之间的渗透和耦合，已经成为过程和设备结合的新思路。

§5.3 单效蒸发

5.3.1 单效蒸发设计计算

单效蒸发设计计算内容：① 确定水的蒸发量；② 加热蒸气消耗量；③ 蒸发器所需传热面积。

在给定生产任务和操作条件，如进料量、温度和浓度，完成液的浓度，加热蒸气的压力和冷凝器操作压力的情况下，上述任务可通过物料衡算、热量衡算和传热速率方程求解。

1. 蒸发水量的计算

对图5-8所示蒸发器进行溶质的物料衡算，可得

$$Fx_0=(F-W)x_1=Lx_1$$

由此可得水的蒸发量
$$W=F\left(1-\frac{x_0}{x_1}\right) \tag{5-1}$$

及完成液的浓度
$$x_1=\frac{Fx_0}{F-W} \tag{5-2}$$

式中：F 为原料液量，kg/h；W 为蒸发水量，kg/h；L 为完成液量，kg/h；x_0 为原料液中溶质的浓度，质量分数；x_1 为完成液中溶质的浓度，质量分数。

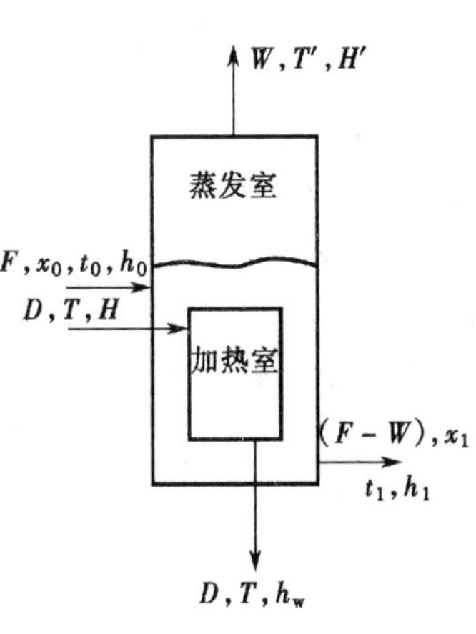

图5-8 单效蒸发示意图

2. 加热蒸气消耗量的计算

加热蒸气用量可通过热量衡算求得，即对图5-8作热量衡算可得

$$DH+Fh_0=WH'+Lh_1+Dh_c+Q_L \tag{5-3}$$

或
$$Q=D(H-h_c)=WH'+Lh_1-Fh_0+Q_L \tag{5-3a}$$

式中：D 为加热蒸气的消耗量，kg/h；H 为加热蒸气的焓，kJ/kg；H'为二次蒸气的焓，kJ/kg；h_0 为原料液的焓，kJ/kg；h_1 为完成液的焓，kJ/kg；h_c 为加热室排出冷凝液的焓，kJ/kg；Q 为蒸发器的热负荷或传热速率，kJ/h；Q_L为热损失，可取 Q 的某一百分数，kJ/h。

考虑溶液浓缩热不大，并将 H'取 t 下饱和蒸气的焓，则(5-3a)式可写成

$$D=\frac{Fc_0(t-t_0)+Wr'+Q_L}{r} \tag{5-4}$$

式中：r、r' 分别为加热蒸气和二次蒸气的汽化潜热，kJ/kg；c_0 为原料的比热，kJ /(kg·℃)。

若原料由预热器加热至沸点后进料(沸点进料)，即 $t_0=t$，并不计热损失，则式(5-4)可写为

$$D=\frac{Wr'}{r} \tag{5-5}$$

或 $$\frac{D}{W}=\frac{r'}{r} \tag{5-5a}$$

式中：D/W 称为单位蒸气消耗量，它表示加热蒸气的利用程度，也称蒸气的经济性。由于蒸气的汽化潜热随压力变化不大，故 $r=r'$。对单效蒸发而言，$D/W=1$，即蒸发 1 kg 水需要约 1 kg 加热蒸气，实际操作中由于存在热损失等原因，$D/W\approx 1$。可见单效蒸发的能耗很大，是很不经济的。

3. 传热面积的计算

蒸发器的传热面积可通过传热速率方程求得，即

$$Q=K\cdot S\cdot \Delta t_m \tag{5-6}$$

或 $$S=\frac{Q}{K\Delta t_m} \tag{5-6a}$$

式中：S 为蒸发器的传热面积，m^2；K 为蒸发器的总传热系数，$W/(m^2\cdot K)$；Δt_m 为传热平均温度差，K；Q 为蒸发器的热负荷，即蒸发器的传热速率，W。

式(5-6)中，Q 可通过对加热室作热量衡算求得。若忽略热损失，则 Q 为加热蒸气冷凝放出的热量，即

$$Q=D(H-h_c)=Dr \tag{5-7}$$

但在确定 Δt_m 和 K 时，却有别于一般换热器的计算方法。

(1) 传热平均温度差 Δt_m 的确定

在蒸发操作中，蒸发器加热室一侧是蒸气冷凝，另一侧为液体沸腾，因此其传热平均温度差应为

$$\Delta t_m=T-t \tag{5-8}$$

式中：T 为加热蒸气的温度，℃；t 为操作条件下溶液的沸点，℃。

应该指出，溶液的沸点，不仅受蒸发器内液面压力影响，而且受溶液浓度、液位深度等因素影响。因此，在计算 Δt_m 时需考虑这些因素。下面分别予以介绍。

① 溶液浓度的影响

溶液中由于有溶质存在，因此其蒸气压比纯水的低。换言之，一定压强下水溶液的沸点比纯水高，它们的差值称为溶液的沸点升高，以 Δ' 表示。影响 Δ' 的主要因素为溶液的性质及其浓度。一般，有机物溶液的 Δ' 较小；无机物溶液的 Δ' 较大；稀溶液的 Δ' 不大，但随浓度增高，Δ' 值增高较大。例如，7.4%的 NaOH 溶液在 101.33 kPa 下，其沸点为 102℃，Δ' 仅为 2℃，而 48.3%NaOH 溶液，其沸点为 140℃，Δ' 值达 40℃之多。

各种溶液的沸点由实验确定，也可由手册或本书附录查取。

② 压强的影响

当蒸发操作在加压或减压条件下进行时，若缺乏实验数据，则按下式估算 Δ'，即

$$\Delta'=f\Delta'_{常} \tag{5-9}$$

式中：Δ' 为操作条件下的溶液沸点升高，℃；$\Delta'_{常}$ 为常压下的溶液沸点升高，℃；f 为校正系数，无因次，其值可由下式计算：

$$f = 0.0162\frac{(T'+273)^2}{r'} \tag{5-10}$$

式中：T'为操作压力下二次蒸气的饱和温度，℃；r'为操作压力下二次蒸气的汽化潜热，kJ/kg。

③ 液柱静压头的影响

通常，蒸发器操作需维持一定液位，这样液面下的压力比液面上的压力(分离室中的压力)高，即液面下的沸点比液面上的高，两者之差称为液柱静压头引起的温度差损失，以Δ''表示。为简便计，以液层中部(料液一半)处的压力进行计算。根据流体静力学方程，液层中部的压力 p_{av}为

$$p_{av} = p' + \frac{\rho_{av}\cdot g\cdot h}{2} \tag{5-11}$$

式中：p'为溶液表面的压力，即蒸发器分离室的压力，Pa；ρ_{av}为溶液的平均密度，kg/m^3；h 为液层高度，m。

由液柱静压引起的沸点升高Δ''为

$$\Delta'' = t_{av} - t_b \tag{5-12}$$

式中：t_{av}为液层中部 p_{av}压力下溶液的沸点，℃；t_b为 p'压力(分离室压力)下溶液的沸点，℃。

近似计算时，式(5-12)中的 t_{av}和 t_b可分别用相应压力下水的沸点代替。

④ 管道阻力的影响

倘若设计计算中温度以另一侧的冷凝器的压力(即饱和温度)为基准，则还需考虑二次蒸气从分离室到冷凝器之间的压降所造成的温度差损失，以Δ'''表示。显然，Δ'''值与二次蒸气的速度、管道尺寸以及除沫器的阻力有关。由于此值难于计算，一般取经验值为1℃，即$\Delta'''=1$℃。

考虑了上述因素后，操作条件下溶液的沸点 t_1，即可用下式求取：

$$t_1 = T'_c + \Delta' + \Delta'' + \Delta''' \tag{5-13}$$

或

$$t_1 = T'_c + \Delta \tag{5-13a}$$

式中：T'_c为冷凝器操作压力下的饱和水蒸气温度，℃；$\Delta = \Delta' + \Delta'' + \Delta'''$，为总温度差损失，℃。

蒸发计算中，通常把式(5-8)的平均温度差称为有效温度差，而把 $T - T'_c$称为理论温差，即认为是蒸发器蒸发纯水时的温差。

(2) 总传热系数 K 的确定

蒸发器的总传热系数可按下式计算

$$K = \frac{1}{\dfrac{1}{\alpha_i} + R_i + \dfrac{b}{\lambda} + R_o + \dfrac{1}{\alpha_o}} \tag{5-14}$$

式中：α_i 为管内溶液沸腾的对流传热系数，W/(m^2·℃)；α_o为管外蒸气冷凝的对流传

热系数，W/(m² · ℃)；R_i 为管内污垢热阻，m² · ℃/W；R_o 为管外污垢热阻，m² · ℃/W；$\frac{b}{\lambda}$ 为管壁热阻，m² · ℃/W。

式(5-14)中 α_o、R_o 及 b/λ 在传热一章中均已阐述，本章不再赘述。只是 R_i 和 α_i 成为蒸发设计计算和操作中的主要问题。蒸发过程中，加热面处溶液中的水分汽化，浓度上升，因此溶液很易超过饱和状态，溶质析出并包裹固体杂质，附着于表面，形成污垢，所以 R_i 往往是蒸发器总热阻的主要部分。为降低污垢热阻，工程中常采用的措施是加快溶液循环速度，在溶液中加入晶种和微量的阻垢剂等。设计时，污垢热阻 R_i 目前仍需根据经验数据确定。通常管内溶液沸腾对流传热系数 α_i 也是影响总传热系数的主要因素。影响 α_i 的因素很多，如溶液的性质、沸腾传热的状况、操作条件和蒸发器的结构等。表 5-2 中列出了常用蒸发器总传热系数的大致范围，供设计计算参考。

表 5-2　常用蒸发器总传热系数 *K* 的经验值

蒸发器型式	总传热系数 W/(m² · K)	蒸发器型式	总传热系数 W/(m² · K)
中央循环管式	580～3000	升膜式	580～5800
带搅拌的中央循环管式	1200～5800	降膜式	1200～3500
悬筐式	580～3500	刮膜式，黏度 1 mPa · s	2000
自然循环	1000～3000	刮膜式，黏度 100～10000 mPa · s	200～1200
强制循环	1200～3000		

例 5-1　采用单效真空蒸发装置，连续蒸发 NaOH 水溶液。已知进料量为 2000 kg/h，进料浓度为 10%（质量百分数），沸点进料，完成液浓度为 48.3%（质量百分数），其密度为 1500 kg/m³，加热蒸气压强为 0.3 MPa（表压），冷凝器的真空度为 51 kPa，加热室管内液层高度为 3 m。试求蒸发水量、加热蒸气消耗量和蒸发器传热面积。已知总传热系数为 1500 W/(m² · K)，蒸发器的热损失为加热蒸气量的 5%，当地大气压为 101.3 kPa。

解　(1) 水分蒸发量 W 为

$$W = F\left(1-\frac{x_0}{x_1}\right) = 2000 \times \left(1-\frac{0.1}{0.483}\right) \text{ kg/h} = 1586 \text{ kg/h}$$

(2) 加热蒸气消耗量

$$D = \frac{Wr' + Q_L}{r}$$

因为

$$Q_L = 0.05Dr$$

故

$$D = \frac{Wr'}{0.95r}$$

由本书附录查得：

当 $p = 0.3$ MPa（表）时，$T = 143.5$ ℃，$r = 2137.0$ kJ/kg；

当 $p_c = 51$ kPa（真空度）时，$T'_c = 81.2$ ℃　$r' = 2304$ kJ/kg。

故 $$D=\frac{1586\times2304}{0.95\times2137}\ \text{kg/h}=1800\ \text{kg/h}$$

$$\frac{D}{W}=\frac{1800}{1586}=1.13$$

(3) 传热面积 S

① 确定溶液沸点

(a) 计算 Δ'

已查知 $P_c=51$ kPa(真空度)下,冷凝器中二次蒸气的饱和温度 $T'_c=81.2$ ℃。

查附录,常压下 48.3% NaOH 溶液的沸点近似为 $t_A=140$ ℃,所以

$$\Delta'_{常}=140\ ℃-100\ ℃=40\ ℃$$

因二次蒸气的真空度为 51 kPa,故 Δ' 需用式(5-10)校正,即

$$f=0.0162\times\frac{(T'+273)^2}{r'}=0.0162\times\frac{(81.2+273)^2}{2304}=0.88$$

所以 $\Delta'=0.88\times40\ ℃=35.2\ ℃$。

(b) 计算 Δ''

由于二次蒸气流动的压降较少,故分离室压力可视为冷凝器的压力,则

$$P_{av}=P'+\frac{\rho_{av}gh}{2}=50\ \text{kPa}+\frac{1500\times9.81\times3\times0.001}{2}\ \text{kPa}=72\ \text{kPa}$$

查附录得 72 kPa 下对应水的沸点为 90.4 ℃,则

$$\Delta''=90.4\ ℃-81.2\ ℃=9.2\ ℃$$

(c) $\Delta'''=1$℃, 则溶液的沸点为

$$t=T'_c+\Delta'+\Delta''+\Delta'''=(81.2+35.2+9.2+1)\ ℃=126.6\ ℃$$

② 传热面积

已知 $K=1500\ \text{W/(m}^2\cdot\text{K)}$, 由式(5-6a)、式(5-7)和式(5-8)得蒸发器加热面积为

$$S=\frac{Q}{K\Delta t_m}=\frac{Dr}{K(T-t_1)}=\frac{1800\times2137\times10^3}{3600\times1500\times(143.5-126.6)}\ \text{m}^2$$

$$=\frac{1800\times2137\times10^3}{3600\times1500\times16.9}\ \text{m}^2=42.1\ \text{m}^2$$

5.3.2 蒸发器的生产能力与生产强度

1. 蒸发器的生产能力

蒸发器的生产能力可用单位时间内蒸发的水分量来表示。蒸发水分量取决于传热量的大小,因此其生产能力也可表示为

$$Q=KS(T-t_1) \tag{5-15}$$

2. 蒸发器的生产强度

由式(5-15)可以看出,蒸发器的生产能力仅反映蒸发器生产量的大小,而引入蒸发强

度的概念却可反映蒸发器的优劣。

蒸发器的生产强度简称蒸发强度，是指单位时间单位传热面积上所蒸发的水量，即

$$U=\frac{W}{S} \tag{5-16}$$

式中：U 为蒸发强度，$kg/(m^2 \cdot h)$。

蒸发强度通常可用于评价蒸发器的优劣，对于一定的蒸发任务而言，若蒸发强度越大，则所需的传热面积越小，即设备的投资就越低。

若不计热损失和浓缩热，料液又为沸点进料，由式(5-6)、式(5-7)和式(5-16)可得

$$U=\frac{W}{S}=\frac{K\Delta t_m}{r} \tag{5-17}$$

由此式可知，提高蒸发强度的主要途径是提高总传热系数 K 和传热温度差 Δt_m。

3. 提高蒸发强度的途径

(1) 提高传热温度差

提高传热温度差可从提高热源的温度或降低溶液的沸点等角度考虑，工程上通常采用下列措施来实现。

① 真空蒸发

真空蒸发可以降低溶液沸点，增大传热推动力，提高蒸发器的生产强度，同时由于沸点较低，可减少或防止热敏性物料的分解。另外，真空蒸发可降低对加热热源的要求，即可利用低温位的水蒸气作热源。但是，应该指出，溶液沸点降低，其黏度会增高，并使总传热系数 K 下降。当然，真空蒸发要增加真空设备并增加动力消耗。

② 高温热源

提高 Δt_m 的另一个措施是提高加热蒸气的压力，但这时要对蒸发器的设计和操作提出严格要求。一般加热蒸气压力不超过 0.6 MPa～0.8 MPa。对于某些物料，如果加压蒸气仍不能满足要求时，则可选用高温导热油、熔融盐或改用电加热，以增大传热推动力。

(2) 提高总传热系数

蒸发器的总传热系数主要取决于溶液的性质、沸腾状况、操作条件以及蒸发器的结构等。这些已在前面论述，因此，合理设计蒸发器以实现良好的溶液循环流动，及时排除加热室中不凝性气体，定期清洗蒸发器(加热室内管)，均是提高和保持蒸发器在高强度下操作的重要措施。

§5.4 多效蒸发

5.4.1 加热蒸气的经济性

蒸发过程是一个能耗较大的单元操作，通常把能耗也作为评价其优劣的另一个重要评价指标，或称为加热蒸气的经济性，它的定义为 1 kg 蒸气可蒸发的水分量，即

$$E=\frac{W}{D} \tag{5-18}$$

1. 多效蒸发

将第一效蒸发器汽化的二次蒸气作为热源通入第二效蒸发器的加热室作加热用，称为双效蒸发。如果再将第二效的二次蒸气通入第三效加热室作为热源，并依次进行多个串接，则称为多效蒸发。采用多效蒸发，由于生产给定的总蒸发水量 W 分配于各个蒸发器中，而只有第一效才使用加热蒸气，故加热蒸气的经济性大大提高。

2. 外蒸气的引出

将蒸发器中蒸出的二次蒸气引出（或部分引出），作为其他加热设备的热源，例如用来加热原料液等，可大大提高加热蒸气的经济性，同时还降低了冷凝器的负荷，减少了冷却水量。

3. 热泵蒸发

将蒸发器蒸出的二次蒸气用压缩机压缩，提高它的压力，若压力又达到加热蒸气压力，则可送回入口，循环使用。加热蒸气（或生蒸气）只作为启动或补充泄漏、损失等用，因此节省了大量生蒸气。

4. 冷凝水显热的利用

蒸发器加热室排出大量高温冷凝水，这些水理应返回锅炉房重新使用，这样既节省能源，又节省水源。但应用这种方法时，应注意水质监测，避免因蒸发器损坏或阀门泄漏，污染锅炉补水系统。当然高温冷凝水还可用于其他加热或需工业用水的场合。

5.4.2　多效蒸发流程

为了合理利用有效温差，并根据处理物料的性质，通常多效蒸发有下列三种操作流程。

1. 并流（顺流）加料法的蒸发流程

如图 5－9 所示为并流加料三效蒸发的流程。这种流程的优点为料液可借相邻二效的压强差自动流入后一效，而不需用泵输送，同时，由于前一效的沸点比后一效的高，因此当物料进入后一效时，会产生自蒸发，这可多蒸出一部分水汽。这种流程的操作也较简便，易于稳定。但其主要缺点是传热系数会下降，这是因为后序各效的浓度会逐渐增高，但沸点反而逐渐降低，导致溶液黏度逐渐增大。

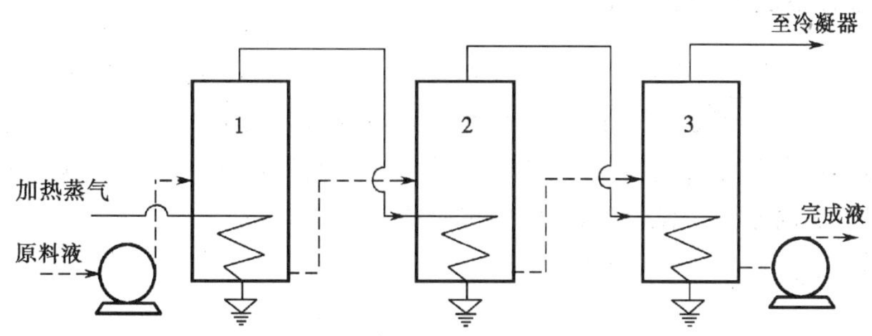

图 5－9　并流加料的三效蒸发装置流程示意图

2. 逆流加料法的蒸发流程

如图 5-10 所示为逆流加料三效蒸发流程，其优点是各效浓度和温度对溶液的黏度的影响大致相抵消，各效的传热条件大致相同，即传热系数大致相同。缺点是料液输送必须用泵，另外，进料也没有自蒸发。一般这种流程只有在溶液黏度随温度变化较大的场合才被采用。

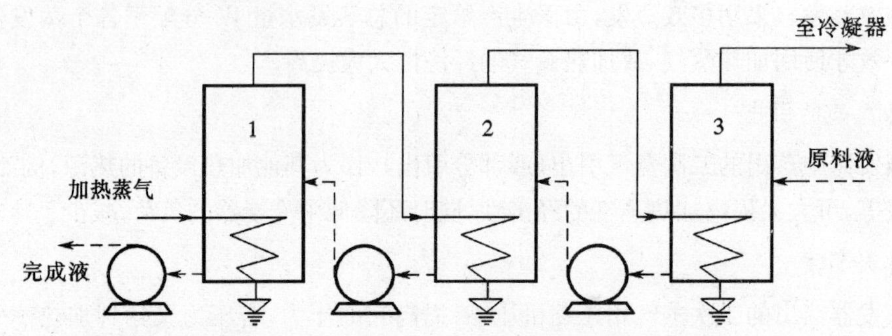

图 5-10　逆流加料法的三效蒸发装置流程示意图

3. 平流加料法的蒸发流程

如图 5-11 所示为平流加料三效蒸发流程，其特点是蒸气的走向与并流相同，但原料液和完成液则分别从各效加入和排出。这种流程适用于处理易结晶物料，例如食盐水溶液等的蒸发。

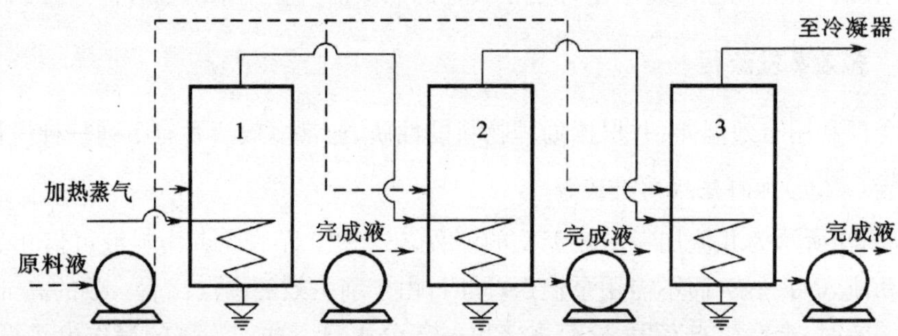

图 5-11　平流加料法的三效蒸发装置流程示意图

5.4.3　多效蒸发设计型计算

多效蒸发需要计算的内容有各效蒸发水量、加热蒸气消耗量及传热面积。由于多效蒸发的效数多，计算中未知数量也多，所以计算远较单效蒸发复杂。目前已采用电子计算机进行计算，但基本依据和原理仍然是物料衡算、热量衡算及传热速率方程。由于计算中出现未知参数，所以计算时常采用试差法，其步骤如下：

1. 根据物料衡算求出总蒸发量

$$W=F\left(1-\frac{x_0}{x_n}\right) \tag{5-19}$$

$$x_i = \frac{Fx_0}{F - W_1 - W_2 - \cdots - W_i} \tag{5-20}$$

2. 根据经验设定各效蒸发量，再估算各效溶液浓度

通常各效蒸发量可按各效蒸发量相等的原则设定，即

$$W_1 = W_2 = \cdots = W_n \tag{5-21}$$

并流加料的蒸发过程，由于有自蒸发现象，则可按如下比例设定：

若为两效，则 $$W_1 : W_2 = 1 : 1.1 \tag{5-22}$$

若为三效，则 $$W_1 : W_2 : W_3 = 1 : 1.1 : 1.2 \tag{5-23}$$

根据设定得到各效蒸发量后，即可通过物料衡算求出各完成液的浓度。

3. 设定各效操作压力以求各效溶液的沸点

通常按各效等压降原则设定，即相邻两效间的压差为

$$\Delta p = \frac{p_1 - p_c}{n} \tag{5-24}$$

式中：p_1 为加热蒸气的压力，Pa；p_c 为冷凝器中的压力，Pa；n 为效数。

4. 应用热量衡算求出各效的加热蒸气用量和蒸发水量

对第一效作热量衡算，若忽略热损失，则得

$$Fh_0 + D_1(H_1 - h_c) = (F - W_1)h_1 + W_1 H'_1 \tag{5-25}$$

若忽略溶液的稀释热，则上式可写成

$$D_1 = \frac{Fc_0(t_1 - t_0) + W_1 r'_1}{r_1} \tag{5-26}$$

则第一效加热室的传热量为

$$Q_1 = D_1 r_1 = Fc_0(t_1 - t_0) + W_1 r'_1 \tag{5-27}$$

同理，仿照上式可写出第2、3至 i 效的传热量方程，即

$$Q_2 = D_2 r_2 = W_1 r_2 = (Fc_0 - W_1 c_w)(t_2 - t_1) + W_2 r'_2 \tag{5-28}$$

$$Q_i = D_i r_i = w_{i-1} r_i = (Fc_0 - W_1 c_w - W_2 c_w - \cdots - W_{i-1} c_w)(t_i - t_{i-1}) + W_i r'_i \tag{5-29}$$

则第 i 效的蒸发量可写成

$$W_i = W_{i-1}\frac{r_i}{r'_i} - (Fc_0 - W_1 c_w - W_2 c_w - \cdots - W_{i-1} c_w)\frac{(t_i - t_{i-1})}{r'_i} \tag{5-30}$$

如果考虑稀释热和蒸发系统的热损失，则式(5-30)可写成

$$W_i = \left[W_{i-1}\frac{r_i}{r'_i} - (Fc_0 - W_1 c_w - W_2 c_w - \cdots - W_{i-1} c_w)\frac{(t_i - t_{i-1})}{r'_i}\right]\eta_i \tag{5-31}$$

式中：η_i 为热利用系数，无因次；下标 i 表示第 i 效。η_i 值根据经验选取，一般为 0.96～0.98，对于浓缩热较大的物料，例如 NaOH 水溶液，可取 $\eta = 0.98 - 0.7\Delta x$，这里 Δx 为该效溶

液浓度的变化(质量分率)，对于有额外蒸气引出的蒸发过程的热量衡算，可参考有关资料。

5. 计算各效的传热面积

求得各效蒸发量后，即可利用传热速率方程，计算各效的传热面积，即

$$S_i=\frac{Q_i}{K_i\Delta t_i} \tag{5-32}$$

式中：S_i 为第 i 效的传热面积，m^2；K_i 为第 i 效的传热系数，$W/(m^2\cdot K)$；Δt_i 为第 i 效的有效温度差，℃；Q_i 为第 i 效的传热量，W。

现以三效蒸发为例来讨论，即可写出

$$S_1=\frac{Q_1}{K_1\Delta t_1},\ S_2=\frac{Q_2}{K_2\Delta t_2},\ S_3=\frac{Q_3}{K_3\Delta t_3} \tag{5-33}$$

同时，也可写出各效的有效温度差的关系式：

$$\Delta t_1:\Delta t_2:\Delta t_3=\frac{Q_1}{K_1S_1}:\frac{Q_2}{K_2S_2}:\frac{Q_3}{K_3S_3} \tag{5-34}$$

若取 $S_1=S_2=S_3=S$，则分配在各效中的有效温度差分别为

$$\Delta t_1=\frac{\sum\Delta t\,\frac{Q_1}{K_1}}{\sum\frac{Q}{K}},\ \Delta t_2=\frac{\sum\Delta t\,\frac{Q_2}{K_2}}{\sum\frac{Q}{K}},\ \Delta t_3=\frac{\sum\Delta t\,\frac{Q_3}{K_3}}{\sum\frac{Q}{K}} \tag{5-35}$$

式中：$\sum\Delta t$ 为蒸发系统的有效总温度差，℃，$\sum\Delta t=\Delta t_1+\Delta t_2+\Delta t_3$；$\sum\frac{Q}{K}=\frac{Q_1}{K_1}+\frac{Q_2}{K_2}+\frac{Q_3}{K_3}$；$Q_1=D_1r_1$，$Q_2=W_1r'_1$，$Q_3=W_2r'_2$。

推广至 n 效蒸发时，任一效的有效温度差为

$$\Delta t_i=\frac{\sum_{i=1}^{n}\Delta t_i\,\frac{Q_i}{K_i}}{\sum_{i=1}^{n}\frac{Q_i}{K_i}} \tag{5-36}$$

式中：$\sum_{i=1}^{n}\Delta t_i$ 为各效的有效温度差之和。第一效加热蒸气压力 p 和冷凝器压力 p_c 确定后(其对应的温度为 T 和 T'_c)，理论上的传热总温差为 $\Delta T_{理}=T-T'_c$。实际上，多效蒸发与单效蒸发一样，均存在传热的温度差损失 $\sum\Delta$，这样，多效蒸发中传热的有效温度差为

$$\sum_{i=1}^{n}\Delta t_i=\Delta T_{理}-\sum_{i=1}^{n}\Delta_i \tag{5-37}$$

式中：$\sum_{i=1}^{n}\Delta_i$ 为各效总温度差损失，它等于各效温度差损失之和。

$$\sum_{i=1}^{n}\Delta_i=\sum_{i=1}^{n}\Delta'_i+\sum_{i=1}^{n}\Delta''_i+\sum_{i=1}^{n}\Delta'''_i \tag{5-38}$$

式中：Δ'、Δ''、Δ''' 的含义和计算方法与单效蒸发相同。因此，$\sum_{i=1}^{n}\Delta_i$、$\sum_{i=1}^{n}\Delta t$ 和 Q_i 均可求出。

6. 校验各效传热面积是否相等

若不等，则还需重新分配各效的有效温度差，重新计算，直到相等或相近时为止。

例 5-2　设计一连续操作并流加料的双效蒸发装置，将原料浓度为 10% 的 NaOH 水溶液浓缩到 50%（均为质量分率）。已知原料液量为 10000 kg/h，沸点加料，加热蒸气采用 500 kPa（绝压）的饱和水蒸气，冷凝器的操作压力为 15 kPa（绝压）。一、二效的传热系数分别为 1170 W/(m² · ℃) 和 700 W/(m² · ℃)。原料液的比热容为 3.77 kJ/(kg · ℃)。两效中溶液的平均密度分别为 1120 kg/m³ 和 1460 kg/m³，估计蒸发器中溶液的液层高度为 1.2 m，各效冷凝液均在饱和温度下排出。试求：总蒸发量和各效蒸发量；加热蒸气量；各效蒸发器所需传热面积（要求各效传热面积相等）。

解　(1) 由式(5-19)求得总蒸发量 W 为

$$W=F\left(1-\frac{x_0}{x_n}\right)=10000\times\left(1-\frac{0.1}{0.5}\right)\text{ kg/h}=8000\text{ kg/h}$$

(2) 设各效蒸发量的初值，当两效并流操作时，$W_1:W_2=1:1.1$，且 $W=W_1+W_2$，故

$$W_1=\frac{8000}{2.1}\text{ kg/h}=3810\text{ kg/h}$$

则

$$W_2=4190\text{ kg/h}$$

再由式(5-20)可求得

$$x_1=\frac{F\cdot x_0}{F-W_1}=\frac{10000\times0.1}{10000-3810}=0.162$$

$$x_2=0.50$$

(3) 设定各效压力，以求各效溶液沸点。按各效等压降原则，即每效压差为

$$\Delta p=\frac{500-15}{2}\text{ kPa}=242.5\text{ kPa}$$

故

$$p_1=500\text{ kPa}-242.5\text{ kPa}=257.5\text{ kPa}$$

$$p_2=15\text{ kPa}$$

① 对第一效而言

(a) 常压下浓度为 16.2% 的 NaOH 溶液的沸点为 $t_A=105.9$ ℃，所以

$$\Delta'_{常}=105.9\text{ ℃}-100\text{ ℃}=5.9\text{ ℃}$$

查二次蒸气为 257.5 kPa 下的饱和温度变为 $T'_1=127.9$ ℃，$r'_1=2183$ kJ/kg，所以 $\Delta'_{常}$ 需校正，即 $\Delta'=f\Delta'_{常}$。由式(5-10)得

$$\Delta' = 0.0162 \times \frac{(127.9+273)^2}{2183} \times 5.9\ ℃ = 7\ ℃$$

(b) 液层的平均压力为

$$P_{av,1} = 257.5\ \text{kPa} + \frac{1120 \times 9.81 \times 1.2}{2 \times 10^3}\ \text{kPa} = 265\ \text{kPa}$$

在此压力下水的沸点为 128.8 ℃,所以

$$\Delta'' = 128.8\ ℃ - 127.9\ ℃ = 0.9\ ℃$$

(c) 取 Δ''' 为 1 ℃,所以第一效中溶液的沸点为

$$t_1 = T'_1 + \Delta' + \Delta'' + \Delta''' = (127.9 + 7 + 0.9 + 1)\ ℃ = 136.8\ ℃$$

② 对第二效而言

(a) 取常压下 50% NaOH 溶液的沸点为 $t_B = 142.8$ ℃,又查取 $P'_2 = 15$ kPa 下,水的沸点为 $T'_2 = 53.5$ ℃,$r'_2 = 2370$ kJ/kg,所以 $\Delta'_{2常} = 142.8\ ℃ - 100\ ℃ = 42.8\ ℃$

则 $$\Delta'_2 = f\Delta'_{2常} = 0.0162 \times \frac{(53.5+273)^2}{2370} \times 42.8\ ℃ = 30.8\ ℃$$

(b) 液层的平均压力为

$$P_{av,2} = 15\ \text{kPa} + \frac{1460 \times 9.81 \times 1.2}{2 \times 10^3}\ \text{kPa} = 23.6\ \text{kPa}$$

在此压力下水的沸点为 62.4 ℃,故

$$\Delta''_2 = 62.4\ ℃ - 53.5\ ℃ = 8.9\ ℃$$

(c) Δ'' 取 1 ℃,故第 2 效中溶液的沸点为

$$t_2 = T'_2 + \Delta'' = (53.5 + 30.8 + 8.9 + 1)\ ℃ = 94.2\ ℃$$

(4) 求加热量、汽量及各效蒸发量

第一效,因为沸点加料为

$$T_0 = T_1 = 136.8\ ℃$$

所以热利用系数为

$$\eta_1 = 0.98 - 0.7 \times (0.162 - 0.1) = 0.937$$

查饱和水蒸气表可知,压力为 500 kPa 时加热蒸气的汽化热 $r_1 = 2113$ kJ/kg;$T_1 = 151.7$℃,而压力为 257.5 kPa 下,汽化热 $r'_1 = 2183$ kJ/kg。则由(5-31)可知

$$W_1 = \eta_1 D_1 \frac{r_1}{r'_1} = 0.937 \times \frac{2113}{2183} \times D_1 = 0.907 D_1 \quad (\text{I})$$

第二效,热利用系数为

$$\eta_2 = 0.98 - 0.7 \times (0.5 - 0.162) = 0.743$$

$$r_2 \approx r'_1 = 2183\ \text{kJ/kg}$$

第二效中溶液的沸点为 94.2℃,查此沸点相应二次蒸气的汽化热 $r'_2 = 2273$ kJ/kg,则由(5-31)可知:

$$W_2=\eta_2\left[W_1\frac{r_2}{r'_2}+(Fc_0-Wc_w)\frac{t_1-t_2}{r'_2}\right]$$

$$=0.743\left[W_1\frac{2183}{2273}+(10000\times 3.77-4.187W_1)\frac{136.8-94.2}{2273}\right] \quad (\text{Ⅱ})$$

$$=0.743(0.96W_1+707.5-0.078W_1)$$

$$=0.772W_1+525.6$$

又

$$W_1+W_2=8000\ \text{kg/h} \quad (\text{Ⅲ})$$

由式（Ⅰ）（Ⅱ）（Ⅲ）可解得

$$W_1=4346\ \text{kg/h},\quad W_2=3654\ \text{kg/h},\quad D_1=3942\ \text{kg/h}$$

（5）求各效的传热面积，由式(5-32)得

$$S_1=\frac{Q_1}{K_1\Delta t_1}=\frac{D_1r_1}{K_1(T_1-t_1)}=\frac{3942\times 2113\times 10^3}{1170\times(151.7-136.8)\times 3600}\ \text{m}^2=132.7\ \text{m}^2$$

$$S_2=\frac{Q_2}{K_2\Delta t_2}=\frac{W_2r'_1}{K_2(T'_1-t_2)}=\frac{4346\times 2183\times 1000}{700\times(129.9-94.2)\times 3600}\ \text{m}^2=111.7\ \text{m}^2$$

（6）校核第1次计算结果，由于 $S_1\neq S_2$，且 W_1、W_2 与初值相差较大，需重新分配各效温差，再次设定蒸发量，重新计算，其步骤如下：

① 重新分配各效温度差，则重新调整后的传热面积 $S_1=S_2=S$，并设调整后的各效推动力为

$$\Delta t'_1=\frac{Q_1}{K_1S},\quad \Delta t'_2=\frac{Q_2}{K_2S} \quad (\text{Ⅳ})$$

由式（Ⅳ）与式(5-33)可得

$$\Delta t'_1=\frac{S_1\Delta t_1}{S},\quad \Delta t'_2=\frac{S_2\Delta t_2}{S} \quad (\text{Ⅴ})$$

将（Ⅴ）相加可得

$$\sum_{m=1}^{2}\Delta t'_{\text{m}}=\Delta t'_1+\Delta t'_2=\frac{S_1\Delta t_1+S_2\Delta t_2}{S} \quad (\text{Ⅵ})$$

则

$$S=\frac{S_1\Delta t_1+S_2\Delta t_2}{\Delta t'_1+\Delta t'_2}=\frac{132.7\times 14.9+111.7\times 33.7}{14.9+33.7}\ \text{m}^2=118\ \text{m}^2$$

② 取各效蒸发量为上一次计算值，即

$$W_1=4346\ \text{kg/h},\quad W_2=3654\ \text{kg/h}$$

③ 重复上述步骤（Ⅲ）～（Ⅵ）将各沸点和蒸气温度列表如下：

效数序号	加热蒸气温度 T_{i}(℃)	溶液沸点 t_{i}(℃)	二次蒸气温度 T'_{i}(℃)	加热蒸气潜热 r_{i}(kJ/kg)
1	151.7	135.6	125.8	2113
2	125.8	94.2	53.5	2370

计算出 $W_1=4493\ \text{kg/h}$，$W_2=3507\ \text{kg/h}$，$D_1=4012\ \text{kg/h}$，则

$$S_1=\frac{D_1r_1}{K_1\Delta t_1}=\frac{4012\times2113\times10^3}{1170\times16.1\times3600}\ \text{m}^2=125\ \text{m}^2$$

$$S_2=\frac{W_1r'_1}{K_2\Delta t'_2}=\frac{4493\times2191\times1000}{700\times31.6\times3600}\ \text{m}^2=123\ \text{m}^2$$

重算后的结果与初设值基本一致，可认为结果合适，并取有效传热面积为 $125\ \text{m}^2$。

5.4.4 多效蒸发和单效蒸发的比较

1. 溶液的温度差损失

单效和多效蒸发过程中均存在温度差损失。若单效和多效蒸发的操作条件相同，即两者加热蒸气压力相同，则多效蒸发的温度差损失较单效时的大。如图 5-12 所示为单效、双效和三效蒸发的有效温差及温度差损失的变化情况。图中总高代表加热蒸气温度与冷凝器中蒸气温度之差，即 130℃ − 50℃ = 80℃，阴影部分代表由于各种原因引起的温度损失，空白部分代表有效温度差（即传热推动力）。由图可见，多效蒸发中的温度差损失较单效大。不难理解，效数越多，温度差损失将越大。

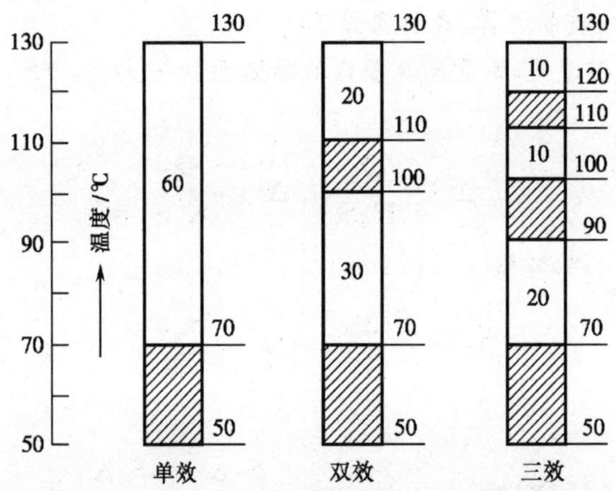

图 5-12 单效、双效、三效蒸发装置中的温度差损失

2. 多效蒸发效数的限制及最佳效数

蒸发装置中效数越多，温度差损失越大，且某些浓溶液的蒸发还可能发生总温度差损失等于或大于总有效温度差，此时蒸发操作就无法进行，故多效蒸发的效数应有一定限制：

(1) 随着效数增加，温度差损失加大。

(2) 随着效数的增加，虽然 $(D/W)_{min}$ 不断减小，但所节省的蒸气消耗量也越来越少。

(3) 随着效数增加，蒸发强度不断降低，设备投资费用增大。

最佳效数要通过经济权衡决定，单位生产能力的总费用最低时的效数即最佳效数。

表 5-3 列出了不同效数蒸发的单位蒸气消耗量，综合前述情况后可知，随着效数的增加，单位蒸气的消耗量会减少，即操作费用降低，但有效温度差也会减少（即温度差损失增大），使设备投资费用增大。因此必须合理选取蒸发效数，使操作费和设备费之和为最少。

表5-3 不同效数蒸发的单位蒸气消耗量

效数	单效	双效	三效	四效	五效
$(D/W)_{min}$的理论值	1	0.5	0.33	0.25	0.2
$(D/W)_{min}$的实测值	1.1	0.57	0.4	0.3	0.27

1. 用一单效蒸发器将2500 kg/h的NaOH水溶液由10%浓缩到25%(均为质量百分数),已知加热蒸气压力为450 kPa,蒸发室内压力为101.3 kPa,溶液的沸点为115℃,比热容为3.9 kJ/(kg·℃),热损失为20 kW。试计算以下两种情况下所需加热蒸气消耗量和单位蒸气消耗量:(1) 进料温度为25℃;(2) 沸点进料。

2. 试计算30%(质量百分数)的NaOH水溶液在60 kPa(绝)压力下的沸点。

3. 在一常压单效蒸发器中浓缩$CaCl_2$水溶液,已知完成液浓度为35.7%(质量分数),密度为1300 kg/m^3,若液面平均深度为1.8 m,加热室用0.2 MPa(表压)饱和蒸气加热,求传热的有效温差。

4. 用一双效并流蒸发器将10%(质量%,下同)的NaOH水溶液浓缩到45%,已知原料液量为5000 kg/h,沸点进料,原料液的比热容为3.76 kJ/kg。加热蒸气用蒸气压力为500 kPa(绝压),冷凝器压力为51.3 kPa(绝压),各效传热面积相等,已知一、二效传热系数分别为K_1=2000 W/(m^2·K),K_2=1200 W/(m^2·K),若不考虑各种温度差损失和热量损失,且无额外蒸气引出,试求每效的传热面积。

思考题

1. 通过与一般的传热过程比较,简述蒸发操作的特点。

2. 什么是温度差损失和溶液的沸点升高?并简要分析产生的原因。

3. 并流加料的多效蒸发装置中,一般各效的总传热系数逐效减小,而蒸发量却逐效略有增加,试分析原因。

4. 多效蒸发中为什么有最佳效数?

5. 提高蒸发生产强度的措施有哪些?各有什么局限性?

工程案例

双效蒸发器处理炼油废水工程

内容请见二维码

本章符号说明

英文字母	物理意义	单位	英文字母	物理意义	单位
S	传热面积	m^2	L	液面高度	m
c	比热容	kJ/(kg·℃)	n	效数	
B	壁厚	m	p	加热蒸气压力	Pa
D	直径	m	Q	传热速率	W
D	加热蒸气消耗量	kg/h	r	汽化热	kJ/kg
E	单位质量蒸气可蒸发的水分量	kg/kg	R	热阻	m^2·℃/W
f	校正系数		t	溶液的沸点	℃
F	进料量	kg/h	T	蒸气的温度	℃
g	重力加速度	m/s^2	U	蒸发强度	kg/(m^2·h)
h	液体的焓	kJ/kg	W	蒸发量	kg/h
H	蒸气的焓	kJ/kg	x	溶液的质量分数	
K	总传热系数	W/(m^2·℃)			

希腊字母	物理意义	单位	希腊字母	物理意义	单位
α	对流传热系数	W/(m^2·℃)	λ	热导系数	W/(m·℃)
Δ	温度差损失	℃	μ	黏度	Pa·s
η	热损失系数		ρ	密度	kg/m^3

下标	意义	下标	意义
1,2,3,…,n	效数序号	c	冷凝
a	常压	av	平均

上标	意义	上标	意义
′	二次蒸气	″	因液柱静压强而引起
′	因溶液蒸气压下降而引起	‴	因流体阻力而引起

参考文献

[1] 柴诚敬,张国亮主编.化工流体流动与传热.2 版.北京：化学工业出版社,2007.

[2] 夏清,贾绍义主编.化工原理:上册.2 版.天津：天津大学出版社,2005.

[3] 杨祖荣主编.化工原理.第二版.北京：化学工业出版社,2009.

[4] Perry, R. H., Chilton, C. H. Chemical Engineers' Handbook. 5th ed. New York: McGraw-Hill, Inc, 1973.

第6章 蒸　　馏

学习目的：

通过本章学习，了解并掌握蒸馏的概念、原理及规律，学会应用这些原理和规律去分析和解决化工生产中的有关问题。

重点掌握的内容：

两组分理想溶液的气液平衡关系；精馏原理及精馏过程分析；两组分连续精馏的计算方法；板式塔的结构、塔内气液流动方式及不正常操作情况。

熟悉的内容：

进料热状态参数 q 的计算及 q 线方程；理论板数的确定；全回流最少理论板数、最小回流比的意义；回流比的选择及对精馏操作的影响。

一般了解的内容：

精馏操作的分类；平衡蒸馏与简单蒸馏；理论板数的简捷计算法；精馏装置的热量衡算；间歇精馏和特殊精馏。

§6.1　概　　述

化工生产中所处理的原料、中间产物、粗产品等几乎都是由若干组分所组成的混合物，而且其中大部分是均相混合物，例如，石油是由许多碳氢化合物组成的液相混合物，空气是由氧气、氮气和氢气等组成的气相混合物。

对于均相物系，必须要造成一个两相物系，并且是根据物系中不同组分间的某种物性的差异，使其中某个组分或某些组分从一相向另一相转移，以达到分离的目的。通常将物质在相间的转移过程称为传质过程或分离操作。化学工业中常见的传质过程有蒸馏、吸收、萃取及干燥等单元操作。

蒸馏作为化工生产中的典型分离方法，是分离均相液体混合物的典型单元操作。它通过加热形成气、液两相体系，利用体系中各组分挥发度（或沸点）的差异，使其中各组分得以分离。通常，将沸点低的组分称为易挥发组分（或轻组分），将沸点高的组分称为难挥发组分（或重组分）。

6.1.1　蒸馏过程的分类

工业上，蒸馏操作可按不同的方法分类。

1. 按蒸馏操作方式分类

可分为简单蒸馏、平衡蒸馏(闪蒸)、精馏和特殊蒸馏等。简单蒸馏和平衡蒸馏为单级蒸馏过程,常用于混合物中各组分的挥发度相差较大、对分离要求又不高的场合;精馏为多级蒸馏过程,适用于难分离物系或对分离要求较高的场合;特殊蒸馏适用于某些普通精馏难以分离或无法分离的物系。工业生产中以精馏的应用最为广泛。

2. 按蒸馏操作流程分类

可分为间歇蒸馏和连续蒸馏。间歇蒸馏为非稳态操作过程,具有操作灵活、适应性强等优点,主要应用于小规模、多品种或某些有特殊要求的场合;连续蒸馏为稳态操作过程,具有生产能力大、产品质量稳定、操作方便等优点,主要应用于生产规模大、产品质量要求高的场合。

3. 按物系中组分的数目分类

可分为双组分蒸馏和多组分蒸馏。工业生产中,绝大多数为多组分蒸馏,但由于双组分蒸馏的原理及计算原则同样适用于多组分蒸馏,只是在处理多组分蒸馏过程时更为复杂些,因此常以双组分蒸馏为基础。

4. 按操作压力分类

可分为加压、常压和减压蒸馏。若混合物在常压下为气态或常压下泡点为室温,常采用加压蒸馏;若混合物在常压下的泡点为室温至 150 ℃左右,一般采用常压蒸馏;对于常压下泡点较高或热敏性混合物(高温下易分解、聚合等变质现象),宜采用减压蒸馏,以降低操作温度。操作压力的选择通常还与蒸馏装置的上、下工序相关联,或受节能方案的影响。

6.1.2 蒸馏过程的特点

(1) 通过蒸馏分离可以直接获得所需要的产品,而吸收、萃取等分离方法,由于外加其他组分,需进一步使所提取的组分与外加组分再行分离,因而蒸馏操作流程通常较为简单。

(2) 蒸馏的适用范围广,它不仅可以分离液体混合物,而且可用于气态或固态混合物的分离。例如,将空气加压液化,再用蒸馏方法获得氧、氮等产品;再如,脂肪酸的混合物,可通过加热使其熔化,并在减压下建立气液两相系统,用蒸馏方法进行分离。

(3) 蒸馏过程适用于各种组成混合物的分离,而吸收、萃取等操作,只有当被提取组分浓度较低时,才比较经济。

(4) 蒸馏操作是通过对混合液加热建立气液两相体系的,所得到的气相还需再冷凝液化。因此,蒸馏操作耗能较大。蒸馏过程中的节能是个值得重视的问题。

本章重点讨论常压下两组分连续精馏的原理和计算方法。

§6.2 两组分溶液的气液平衡

6.2.1 两组分理想物系的气液平衡

1. 理想物系

理想物系指液相为理想溶液且遵循拉乌尔定律,气相为理想气体且服从道尔顿分压定律的物系。

(1) 用饱和蒸气压表示的气液平衡关系

根据拉乌尔定律，理想溶液上方的平衡分压为

$$p_A = x_A p_A^\circ \tag{6-1}$$

$$p_B = x_B p_B^\circ = (1-x_A) p_B^\circ \tag{6-1a}$$

式中：p 为溶液上方组分的平衡分压，Pa；p°为在溶液温度下纯组分的饱和蒸气压，Pa；x 为溶液中组分的摩尔分数；下标 A 表示易挥发组分，B 表示难挥发组分。

为简单起见，常略去上式中的下标，习惯上以 x 表示液相中易挥发组分的摩尔分数，以 $1-x$ 表示难挥发组分的摩尔分数；以 y 表示气相中易挥发组分的摩尔分数，以 $1-y$ 表示难挥发组分的摩尔分数。

当液体沸腾时，溶液上方的总压等于各组分的蒸气压之和，即

$$p_{总} = p_A + p_B \tag{6-2}$$

联立式(6-1)和(6-2)，可得

$$x_A = \frac{p_{总} - p_B^\circ}{p_A^\circ - p_B^\circ} \tag{6-3}$$

式(6-3)表示气液平衡下液相组成与平衡温度间的关系，称为泡点方程。

在总压不太高的条件下，理想气体遵循道尔顿分压定律，即

$$y_A = \frac{p_A}{p_{总}} \tag{6-4}$$

于是

$$y_A = \frac{x_A p_A^\circ}{p_{总}} \tag{6-4a}$$

将式(6-3)代入式(6-4)可得

$$y_A = \frac{p_A^\circ}{p_{总}} \frac{p_{总} - p_A^\circ}{p_A^\circ - p_B^\circ} \tag{6-5}$$

式(6-5)表示气液平衡时气相组成与平衡温度间的关系，称为露点方程。

由于 p_A°、p_B° 均为温度的函数，故双组分气液平衡物系共有 p、t、x_A、y_A 等 4 个独立变量，根据相律："自由度＝组分数－相数＋2"，可得自由度＝2－2＋2＝2，即在上述 4 个变量中，只需确定其中两个变量，气液平衡状态便可确定。

各纯组分饱和蒸气压 p°与温度 t 的关系均由实验测得，归纳成如下安托因(Antoine)方程形式：

$$\lg p^\circ = A - \frac{B}{t+C} \tag{6-6}$$

式中：A、B、C 为该组分的安托因常数，可由物性数据手册查得。

例 6-1 已知某精馏塔塔顶蒸气的温度为 80 ℃，经全凝器冷凝后馏出液中苯的组成为 0.90，甲苯的组成为 0.10(以上均为摩尔分数)，试求该塔的操作压强。

溶液中纯组分的饱和蒸气压可用安托因公式计算，即

$$\lg p^{\circ}=A-\frac{B}{t+C}$$

式中苯和甲苯的常数见表 6-1，压强单位为 mmHg。

表 6-1 苯和甲苯的安托因常数

组 分	A	B	C
苯	6.898	1 206.35	220.24
甲苯	6.953	1 343.94	219.58

分析：求塔内操作压强即求塔内蒸气总压 p，因为该体系为理想体系，所以可通过道尔顿分压定律 $p_{A}=py_{A}$ 及拉乌尔定律求得。

解 利用安托因公式分别计算 80 ℃时苯与甲苯两种纯组分饱和蒸气压，即

$$\lg p_{A}^{\circ}=6.898-\frac{1\,206.35}{80.0+220.24}=2.88$$

$$p_{A}^{\circ}=758.58\ \text{mmHg}=101.14\ \text{kPa}$$

$$\lg p_{B}^{\circ}=6.953-\frac{1\,343.94}{80.0+219.58}=2.47$$

$$p_{B}^{\circ}=295.12\ \text{mmHg}=39.35\ \text{kPa}$$

由于全凝器中，进入塔顶的蒸气与已冷凝的馏出液组成相同，则

$$y_{A}=x_{D}=0.9$$

由道尔顿分压定律

$$y_{A}=\frac{p_{A}}{p}=\frac{p_{A}^{\circ}x_{A}}{p}=\frac{p_{A}^{\circ}(p-p_{B}^{\circ})}{p(p_{A}^{\circ}-p_{B}^{\circ})}$$

$$0.90=\frac{101.14(p-39.35)}{p(101.14-39.35)}$$

解得

$$p=87.41\ \text{kPa}$$

(2) 用相对挥发度表示的气液平衡

在两组分蒸馏的分析和计算中，应用相对挥发度来表示气液平衡函数关系更为简便。通常，纯液体的挥发度是指该液体在一定温度下的饱和蒸气压。溶液中各组分的挥发度 v 可用各组分在平衡蒸气中的分压和与之平衡的液相中的摩尔分数之比表示，即

$$v_{A}=\frac{p_{A}}{x_{A}},\ v_{B}=\frac{p_{B}}{x_{B}} \tag{6-7}$$

式中：v_{A}、v_{B} 分别为溶液中 A、B 两组分的挥发度。

对于理想溶液，因满足拉乌尔定律，则有

$$v_{A}=p_{A}^{\circ},\ v_{B}=p_{B}^{\circ}$$

将溶液中易挥发组分的挥发度与难挥发组分的挥发度之比，称为相对挥发度，用 α 表

示，即

$$\alpha=\frac{\text{易挥发组分的挥发度}}{\text{难挥发组分的挥发度}}=\frac{v_A}{v_B}=\frac{p_A/x_A}{p_B/x_B} \tag{6-8}$$

若操作压力不高，气相遵循道尔顿分压定律，上式可改写为

$$\alpha=\frac{py_A/x_A}{py_B/x_B}=\frac{y_Ax_B}{y_Bx_A} \tag{6-9}$$

上式为相对挥发度的定义式。相对挥发度的数值可由实验测得。对理想溶液，则有

$$\alpha=\frac{p_A^\circ}{p_B^\circ} \tag{6-10}$$

理想溶液中组分的相对挥发度等于同温度下两纯组分的饱和蒸气压之比。由于 p_A°、p_B° 均随温度沿相同方向变化，因而两者的比值变化不大，故一般可将 α 视为常数，计算时可取操作温度范围内的平均值。

对于两组分溶液，总压不高时，由式(6-9)得

$$\frac{y_A}{y_B}=\alpha\frac{x_A}{x_B} \quad \text{或} \quad \frac{y_A}{1-y_A}=\alpha\frac{x_A}{1-x_A}$$

由上式解出 y_A，并略去下标，可得

$$y=\frac{\alpha x}{1+(\alpha-1)x} \tag{6-11}$$

式(6-11)称为气液平衡方程，若 α 已知，可利用式(6-11)求得 $x-y$ 关系。

相对挥发度 α 值的大小可用来判断某混合液是否能用蒸馏方法来分离以及分离的难易程度。若 $\alpha>1$，表示组分 A 较组分 B 容易挥发，α 越大，挥发度差异越大，分离越易，若 $\alpha=1$，此时不能用普通精馏方法分离该混合液。

2. 两组分理想溶液的气液平衡相图

(1) 温度-组成($t-x$，y)图

在总压为 101.33 kPa 下，苯-甲苯混合液的平衡温度-组成图如图 6-1 所示。图中以 t 为纵坐标，以 x 或 y 为横坐标。图中有两条曲线，上曲线为 $t-y$ 线，表示混合液的平衡温度 t 与气相组成 y 之间的关系，此曲线为饱和蒸气线。下曲线为$t-x$ 线，表示混合液的平衡温度 t 与液相组成 x 之间的关系，此曲线为饱和液体线。上述的两条线将 $t-x$，y 图分成 3 个区域。饱和液体线以下的区域代表未沸腾的液体，称为液相区；饱和蒸气线上方的区域代表过热蒸气，称为过热蒸气区；两曲线包围的区域表示气、液两相同时存在，称为气液共存区。

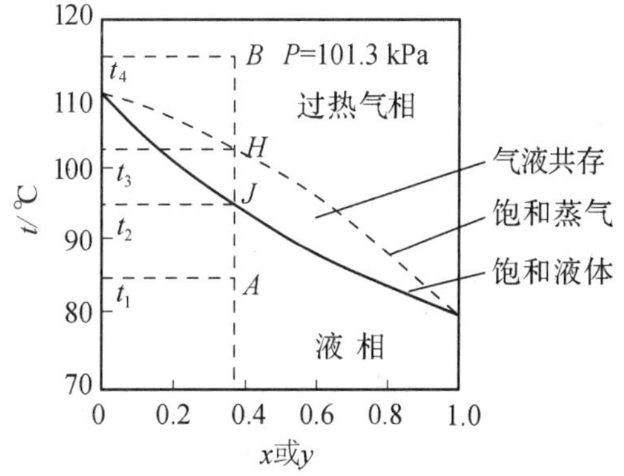

图 6-1　苯-甲苯混合液的 $t-x$，y 图

若将温度为 t_1、组成为 x_1(图 6-1 中点 A 表示)的混合液加热，当温度升高到 t_2(点 J)

时,溶液开始沸腾,此时产生第一个气泡,相应的温度称为泡点温度,因此饱和液体线又称泡点线。同样,若将温度为 t_4、组成为 y_1(点 B)的过热蒸气冷却,当温度降到 t_3(点 H)时,混合气开始冷凝产生第一滴液体,相应的温度称为露点温度,因此饱和蒸气线又称露点线。

由图 6-1 可见,气、液两相呈平衡状态时,气、液两相的温度相同,气相组成大于液相组成。若气、液两相组成相同,则气相的露点温度总是大于液相的泡点温度。

(2) $x-y$ 图

蒸馏计算中,经常应用一定压力下的 $x-y$ 图。图 6-2 为苯-甲苯混合液在总压为 101.33 kPa 下的 $x-y$ 图。图中以 x 为横坐标,y 为纵坐标,曲线表示液相组成和与之平衡的气相组成间的关系。对于大多数溶液,两相达到平衡时,y 总是大于 x,故平衡线位于对角线上方,平衡线偏离对角线越远,表示溶液越易分离。

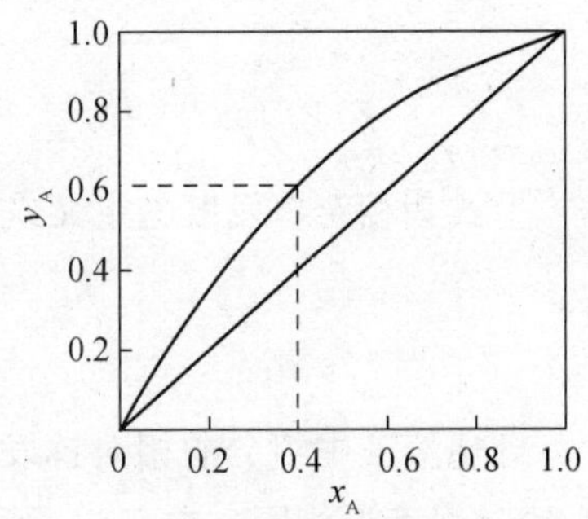

图 6-2 苯-甲苯混合液的 $x-y$ 图

6.2.2 两组分非理想物系的气液平衡

化工生产中遇到的物系大多为非理想物系。非理想物系各种情况: ① 液相为非理想液体,气相为理想气体;② 液相为理想液体,气相为非理想气体;③ 液相为非理想液体,气相为非理想气体。

非理想溶液,其表现是溶液中各组分的平衡分压与拉乌尔定律发生偏差,此偏差可正可负,相应地,溶液分别称为正偏差溶液和负偏差溶液。实际溶液中以正偏差为多。例如,乙醇-水、正丙醇-水等物系是具有很大正偏差溶液的典型例子;硝酸-水、氯仿-丙酮等物系是具有很大负偏差溶液的典型例子。

非理想溶液的平衡分压可用修正的拉乌尔定律表示,即

$$p_A = p_A^\circ x_A \gamma_A \tag{6-12}$$

$$p_B = p_B^\circ x_B \gamma_B \tag{6-12a}$$

式中:γ 为组分的活度系数。

如图 6-3 所示为乙醇-水体系温度-组成图,如图 6-4 所示为乙醇-水体系相图。

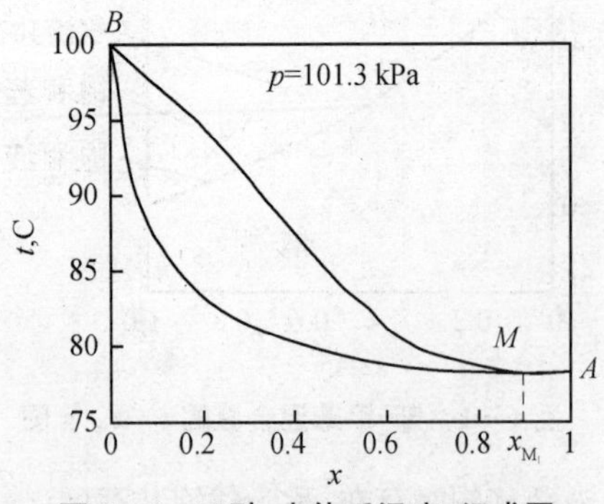

图 6-3 乙醇-水体系温度-组成图

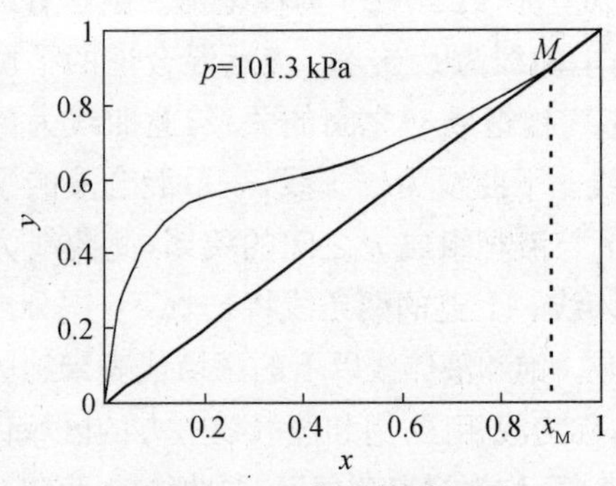

图 6-4 乙醇-水体系相图

如图 6-5 所示为硝酸-水体系温度-组成图，如图 6-6 所示为硝酸-水体系相图。

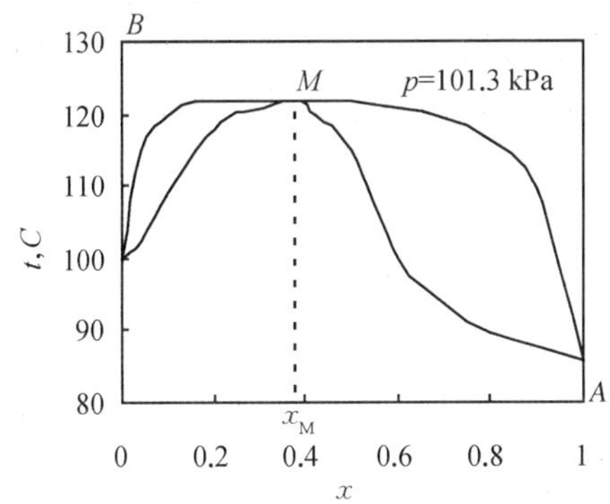

图 6-5　硝酸-水体系温度-组成图

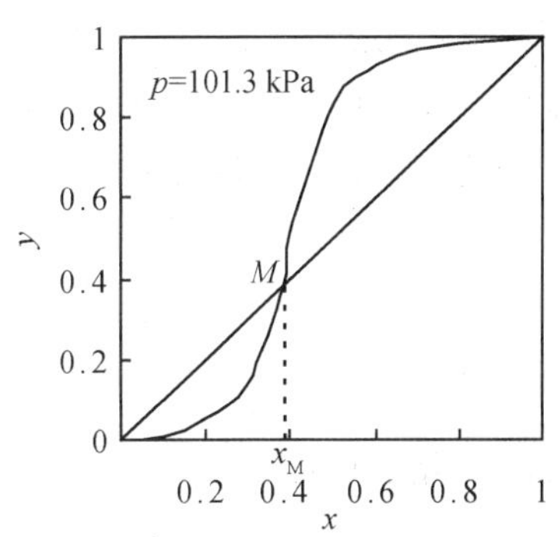

图 6-6　硝酸-水体系相图

气液平衡数据或关系是解决蒸馏问题不可缺少的，其来源包括：① 实验测定或从手册查得；② 由经验的或理论的公式进行估算。

§6.3　平衡蒸馏和简单蒸馏

6.3.1　平衡蒸馏

平衡蒸馏（或闪蒸）是一种单级蒸馏操作。当在单级釜内进行平衡蒸馏时，釜内液体混合物被部分汽化，并使气相与液相处于平衡状态，然后将气、液两相分开。这种操作既可以间歇又可以连续方式进行。化工生产中多采用图 6-7 所示的连续操作的平衡蒸馏装置。

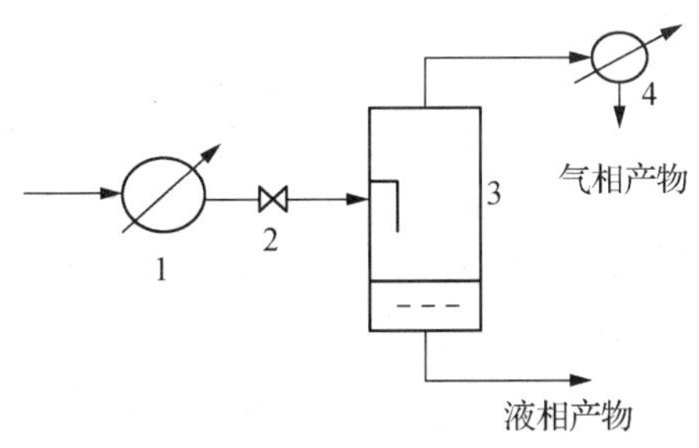

1—加热器；2—节流器；3—分离器；4—冷凝器

图 6-7　平衡蒸馏装置

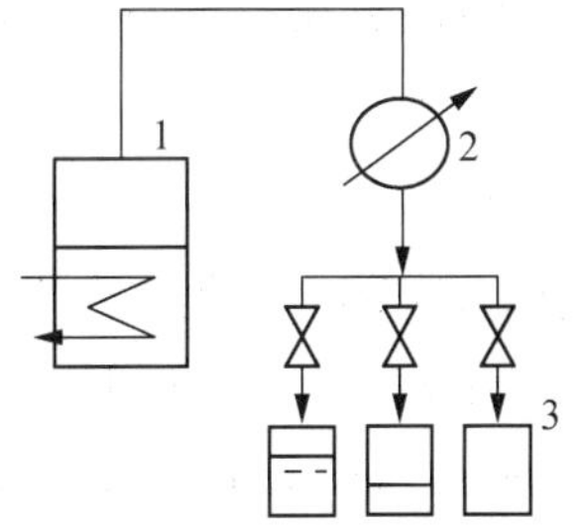

1—蒸馏釜；2—冷凝器；3—受器

图 6-8　简单蒸馏装置

6.3.2　简单蒸馏

简单蒸馏又称微分蒸馏，是一种间歇操作的单级蒸馏方法。如图 6-8 所示为简单蒸馏装置。将料液分批加到蒸馏釜中，加热使之不断汽化，产生的蒸气立即移出予以冷凝，成为馏出液，易挥发组分在馏出液中得以增浓。蒸馏过程中，釜液所含易挥发组分的浓度不断下降，馏出液浓度也随之降低。因此，馏出液可分段收集，釜内余下的残液最后一次排出。简单蒸馏所产生的蒸气，基本上与当时的釜液达到相平衡状态，但全部馏出液的平均组成，并不与残液组成互相平衡。受相平衡比的限制，简单蒸馏的分离程度不高。通常用于混合液的初步分离，也用于石油产品的某些物理指标的评定。

§6.4 精馏原理和流程

6.4.1 精馏过程

1. 多次部分汽化和冷凝

精馏过程可用 $t-x, y$ 图来说明。如图 6-9 所示，将组成为 x_F、温度为 t_F 的某混合物加热至泡点以上，则该混合物被部分汽化，产生气、液两相，其组成分别为 y_1 和 x_1，此时 $y_1>x_F>x_1$。将气、液两相分离，并将组成为 y_1 的气相进行部分冷凝，则可得到组成为 y_2 的气相和组成为 x_2 的液相，继续将组成为 y_2 的气相进行部分冷凝，又可得到组成为 y_3 的气相和组成为 x_3 的液相，显然 $y_3>y_2>y_1$。如此进行下去，最终气相经全部冷凝后，即可获得高纯度的易挥发组分产品。同时，将组成为 x_1 的液相进行部分汽化，则可得到组成为 y_2' 的气相和组成为 x_2' 的液相，继续将组成为 x_2' 的液相部分汽化，又可得到组成为 y_3' 的气相和组成为 x_3' 的液相，显然 $x_3'<x_2'<x_1'$。如此进行下去，最终的液相即高纯度的难挥发组分产品。

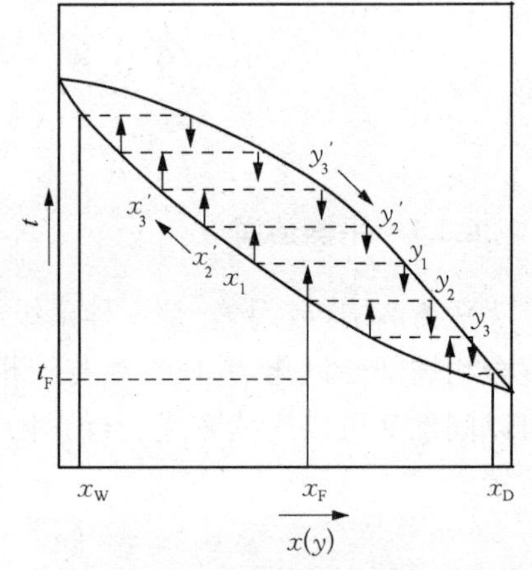

图 6-9 精馏原理示意图

由此可见，液体混合物多次部分汽化和冷凝后，便可得到几乎完全的分离，这就是精馏的基本原理。

2. 精馏塔

上述的多次部分汽化和冷凝过程是在精馏塔内进行的，如图 6-10 所示为精馏塔模型。在精馏塔内通常装有一些塔板或一定高度的填料，前者称为板式塔，后者则称为填料塔。现以板式塔为例，说明在塔内进行的精馏过程。如图 6-11 所示为精馏塔中任意第 n 层塔板上的操作情况。在塔板上，设置升气道(泡罩、筛孔或浮阀等)，由下层塔板($n+1$ 层板)上升蒸气通过第 n 板的升气道；而上层塔板($n-1$ 层板)上的液体通过降液管下降到第 n 层板上，在该板上横向流动而流入下一层板。蒸气鼓泡穿过液层，与液相进行传质和传热。

设进入第 n 板的气相组成和温度分别为 y_{n+1} 和 t_{n+1}，液相组成和温度分别为 x_{n-1} 和 t_{n-1}，且 t_{n+1} 大于 t_{n-1}，x_{n-1} 大于 y_{n+1} 呈平衡的液相组成 x_{n+1}。由于存在温度差和组成差，气相发生部分冷凝，气相中部分难挥发组分冷凝后进入液相；同时液相发生部分汽化，液相中部分易挥发组分汽化后进入气相。结果离开第 n 层板的气相中易挥发组分的

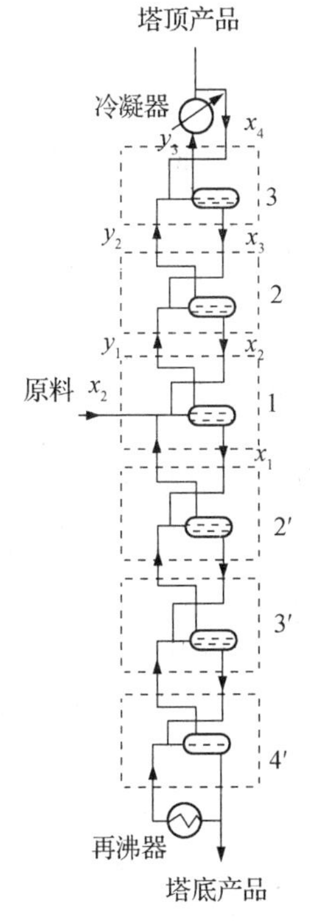

图 6-10 精馏塔模型

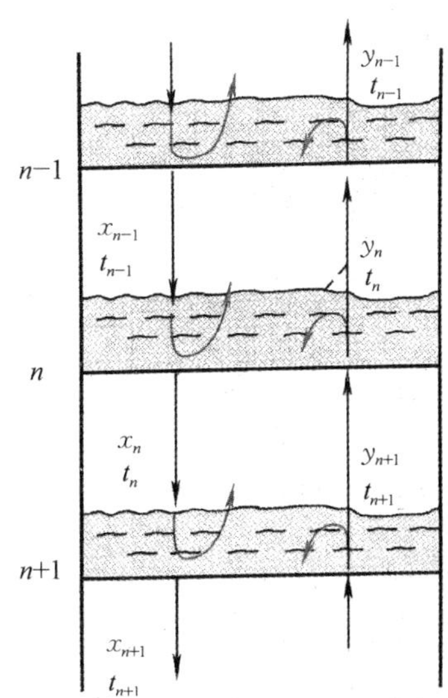

图 6-11 塔板的操作情况

组成较进入该板时增高，即 $y_n > y_{n+1}$，而离开该板的液相中易挥发组分的组成较进入该板时降低，即 $x_n < x_{n-1}$。每通过一层塔板，即进行了一次部分汽化和冷凝过程。当经过多层塔板后，则进行了多次部分汽化和冷凝过程，最后在塔顶气相中获得较纯的易挥发组分，在塔底液相中获得较纯的难挥发组分，实现了液体混合物的分离。

塔板是气、液两相进行传热与传质的场所，每层塔板上必须有气相和液相流过。为实现上述操作，必须从塔底产生上升蒸气流和从塔顶引入下降液流（回流液），以建立气、液两相体系。因此，塔底上升蒸气流和塔顶液体回流是精馏过程连续精馏进行的必要条件。回流是精馏和普通蒸馏的本质区别。

6.4.2 精馏操作流程

1. 连续精馏操作流程

如图 6-12 所示为典型的连续精馏操作流程。原料液连续加入精馏塔内，从塔釜排出的液体作为塔底产品（釜液）；部分液体被汽化，产生上升蒸气通过各层塔板。塔顶蒸气进入冷凝器被全部冷凝，将部分冷凝液用泵送回塔顶作为回流液体，其余部分作为塔顶产品（馏出液）采出。

通常将原料液加入的那层塔板称为进料板；将进料板以上的塔段称为精馏段；将进料板以下的塔段（包含进料板）称为提馏段。

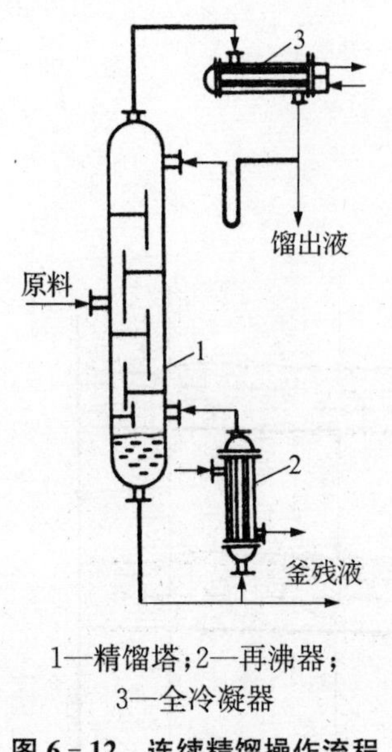

1—精馏塔；2—再沸器；
3—全冷凝器

图 6-12 连续精馏操作流程

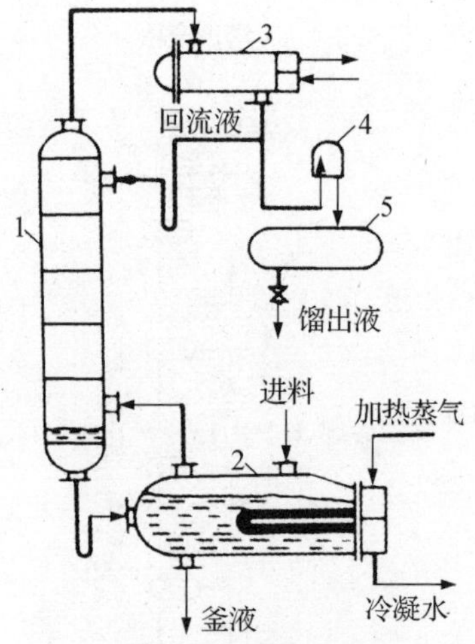

1—精馏塔；2—再沸器；3—冷凝器；
4—观察罩；5—储槽

图 6-13 间歇精馏操作流程

2. 间歇精馏操作流程

如图 6-13 所示为间歇精馏操作流程。与连续精馏不同之处：原料液一次加入精馏釜中，因而间歇精馏塔只有精馏段而无提馏段。在精馏过程中，精馏釜的釜液组成不断变化，在塔底上升蒸气量和塔顶回流液量恒定的条件下，馏出液的组成也逐渐降低。当釜液达到规定组成后，精馏操作即被停止。

§6.5 两组分连续精馏的计算

精馏过程的计算分为设计型计算和操作型计算两类。本章重点讨论板式精馏塔的设计型计算。

对精馏过程的设计型计算，通常已知条件为原料液流量、组成和分离程度，需要计算或确定的项目包括：① 确定产品的流量或组成；② 选择或确定适宜的操作条件；③ 确定精馏塔的类型；④ 确定塔高、塔径及塔的其他结构尺寸，进行流体力学验算；⑤ 计算热负荷，确定换热设备的类型和尺寸。

6.5.1 理论板的概念及恒摩尔流假设

1. 理论板的概念

所谓理论板，是指在其上气、液两相充分混合，各自组成均匀，且传热和传质过程阻力为零的理想化塔板。不论进入理论板的气、液两相组成如何，离开该板时气、液两相都达到平衡状态，即两相温度相同，组成互成平衡。

实际上，由于板上气、液两相接触面积和时间是有限的，因此在任何形式的塔板上，气、液两相都难以达到平衡状态，即理论板是不存在的。理论板是衡量实际板分离效率的依据和标准。通常，在工程设计中，先求得理论板层数，再用塔板效率予以校正，即可求得实际塔板层数。

2. 恒摩尔流假设

为简化精馏计算，通常引入塔内恒摩尔流动的假设。

(1) 恒摩尔气流

精馏操作时，精馏段内每层板上升蒸气摩尔流量均相等。在提馏段内，每层板上升蒸气摩尔流量均相等，但两段的上升蒸气摩尔流量却不一定相等，即

$$V_1=V_2=\cdots=V_{n-1}=V,\ V'_1=V'_2=\cdots=V'_m=V'$$

式中：V 为精馏段上升蒸气摩尔流量，kmol/h；V' 为提馏段上升蒸气摩尔流量，kmol/h。

(2) 恒摩尔液流

精馏操作时，精馏段内每层板下降液体摩尔流量均相等。在提馏段内，每层板下降液体摩尔流量均相等，但两段的下降液体摩尔流量却不一定相等，即

$$L_1=L_2=\cdots=L_{n-1}=L,\ L'_1=L'_2=\cdots=L'_m=L'$$

式中：L 为精馏段下降液体摩尔流量，kmol/h；L' 为提馏段下降液体摩尔流量，kmol/h。

塔板上有多少摩尔的蒸气冷凝，就有多少摩尔的液体汽化，这样恒摩尔流的假设才能成立。为此，必须满足三个条件：① 各组分的摩尔汽化潜热相等；② 气液接触时因温度不同而交换的显热可以忽略；③ 塔设备保温良好，热损失忽略。

恒摩尔流动虽是一项简化假设，但某些物系能基本上符合上述条件，因此，可将这些系统在精馏塔内的气、液两相视为恒摩尔流动。后面介绍的精馏计算均是以恒摩尔流和理论板为前提的。

6.5.2 物料衡算和操作线方程

1. 全塔物料衡算

对图 6-14 所示的连续精馏塔作全塔物料，并以单位时间为基准，即

总物料 $$F=D+W \tag{6-13}$$

易挥发组分 $$Fx_F=Dx_D+Wx_W \tag{6-13a}$$

式中：F 为原料液流量，kmol/h；D 为塔顶产品流量，kmol/h；W 为塔底产品流量，kmol/h；x_F 为原料液中易挥发组分的摩尔分数；x_D 为馏出液中易挥发组分的摩尔分数；x_W 为釜液中易挥发组分的摩尔分数。

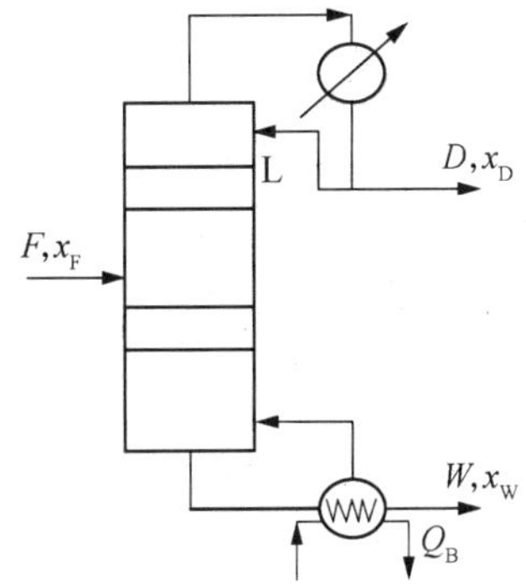

图 6-14 精馏塔的物料衡算

在精馏计算中，分离程度除用两产品的摩尔分数表示外，有时还用回收率来表示，即

$$\text{塔顶易挥发组分的回收率}=\frac{Dx_D}{Fx_F}\times 100\% \tag{6-14}$$

$$塔底难挥发组分的回收率=\frac{W(1-x_W)}{F(1-x_F)}\times 100\% \tag{6-14a}$$

$$塔顶产率(采出率)\ \frac{D}{F}=\frac{x_F-x_W}{x_D-x_W} \tag{6-14b}$$

$$塔底产率(采出率)\ \frac{W}{F}=\frac{x_D-x_F}{x_D-x_W} \tag{6-14c}$$

例 6-2 用一连续精馏装置在常压下分离含苯 41%(质量%,下同)的苯-甲苯溶液。要求塔顶产品中含苯不低于 97.5%,塔底产品中含甲苯不低于 98.2%,每小时处理的原料量为 8 570 kg。试计算塔顶及塔底的产品量。

解 苯的摩尔质量为 78,甲苯的摩尔质量为 92,则

进料组成 $x_F=\frac{41/78}{41/78+59/92}=0.45$

塔顶组成 $x_D=\frac{97.5/78}{97.5/78+2.5/92}=0.98$

塔底组成 $x_W=\frac{1.8/78}{1.8/78+98.2/92}=0.021\ 2$

原料液的平均摩尔质量 $M_F=0.45\times 78+0.55\times 92=85.70$

原料液流量 $F=\frac{8\ 570}{85.70}\ \text{kmol/h}=100\ \text{kmol/h}$

全塔物料衡算

$$F=D+W$$

$$Fx_F=Dx_D+Wx_W$$

$$100=D+W \tag{a}$$

$$100\times 0.45=D\times 0.98+W\times 0.021\ 2 \tag{b}$$

联立式(a)、式(b),解得

$$W=55.7\ \text{kmol/h},D=44.3\ \text{kmol/h}$$

2. 操作线方程

在连续精馏塔中,因原料液不断地进入塔内,故精馏段和提馏段的操作关系是不同的,应分别讨论。

(1) 精馏段操作线方程

按图 6-15 虚线范围作物料衡算,以单位时间为基准,即

总物料 $$V=L+D \tag{6-15}$$

易挥发组分 $$Vy_{n+1}=Lx_n+Dx_D \tag{6-15a}$$

式中:x_n 为精馏段第 n 层塔板下降液体中易挥发组分的摩尔分数;y_{n+1} 为精馏段第 $n+1$ 层塔板上升蒸气中易挥发组分的摩尔分数。

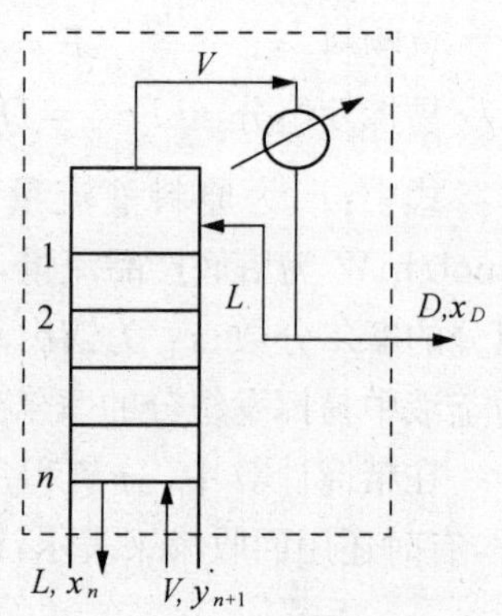

图 6-15 精馏段操作线方程的推导

将式(6-15)代入式(6-15a),并整理得

$$y_{n+1}=\frac{L}{V}x_n+\frac{D}{V}x_{\mathrm{D}}=\frac{L}{L+D}x_n+\frac{D}{L+D}x_{\mathrm{D}} \tag{6-16}$$

令 $R=L/D$，代入上式得

$$y_{n+1}=\frac{R}{R+1}x_n+\frac{x_{\mathrm{D}}}{R+1} \tag{6-17}$$

式中：R 称为回流比。

式(6－16)与式(6－17)均称为精馏段操作线方程。表示在一定的操作条件下，精馏段内自任意第 n 层塔板下降的液相组成 x_n 与其相邻的下一层塔板上升的蒸气组成 y_{n+1} 之间的关系。精馏段操作线在 $x-y$ 相图上，是一条过(x_{D}，x_{D})点、斜率为 $\frac{R}{R+1}$、截距为 $\frac{x_{\mathrm{D}}}{R+1}$ 的直线。前提是分离系统符合恒摩尔流假定。

(2) 提馏段操作线方程

按图 6－16 虚线范围作物料衡算，以单位时间为基准，即

总物料 $$L'=V'+W \tag{6-18}$$

易挥发组分 $$L'x_m=V'y_{m+1}+Wx_{\mathrm{W}} \tag{6-18a}$$

式中：x'_m 为提馏段第 m 层塔板下降液体中易挥发组分的摩尔分数；y'_{m+1} 为提馏段第 $m+1$ 层塔板上升蒸气中易挥发组分的摩尔分数。

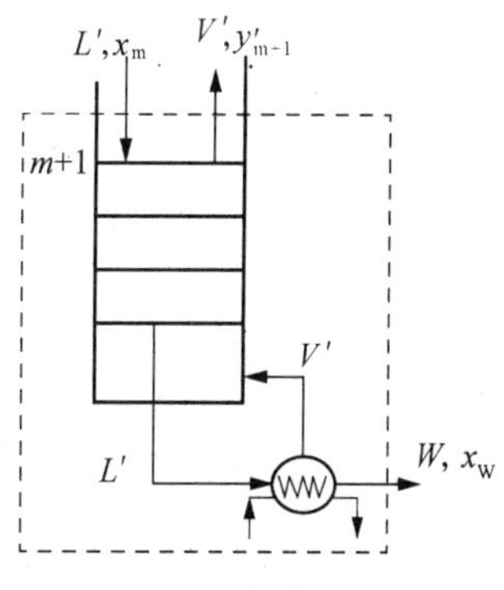

图 6－16 提馏段操作线方程的推导

将式(6－18)代入式(6－18a)，并整理得

$$y_{m+1}=\frac{L'}{V'}x_m-\frac{W}{V'}x_{\mathrm{W}}=\frac{L'}{L'-W}x_m-\frac{W}{L'-W}x_{\mathrm{W}} \tag{6-19}$$

式(6－19)称为提馏段操作线方程。此式表示在一定的操作条件下，提馏段内自任意第 m 板下降的液相组成与其相邻的下一层塔板上升的蒸气组成之间的关系。提馏段操作线在 $x-y$ 相图上是一条过(x_{W}，x_{W})点、斜率为 $\frac{L'}{L'-W}$ 的直线。

应该指出，提馏段内液体摩尔流量不仅与 L 的大小有关，而且还受进料量 F 及其进料热状况的影响。

6.5.3 进料热状态对精馏过程的影响

1. 精馏塔的进料热状况

在实际生产中，加入精馏塔中的原料液可能有 5 种热状况：① 温度低于泡点的冷液体；② 泡点下的饱和液体；③ 温度介于泡点与露点之间的气、液混合物；④ 露点下的饱和蒸气；⑤ 温度高于露点的过热蒸气。

进料热状态不同，使进料板上方与下方的气、液量关系发生变化，是提馏段操作线位置发生变化的原因。图 6－17 定性地表示在不同的进料热状况下，由进料板上升的蒸气及由该板下降的液体的摩尔流量变化情况。

(1) 冷进料：$L'=L+F+$蒸气冷凝量，$V=V'-$蒸气冷凝量

(2) 泡点进料：$L'=L+F$，$V'=V$

(3) 气、液混合进料：$L'=L+$原料中液量，$V=V'+$原料中气量

(4) 露点进料：$L'=L$，$V=V'+F$

(5) 过热蒸气进料：$L'=L-$汽化量，$V=V'+F+$汽化量

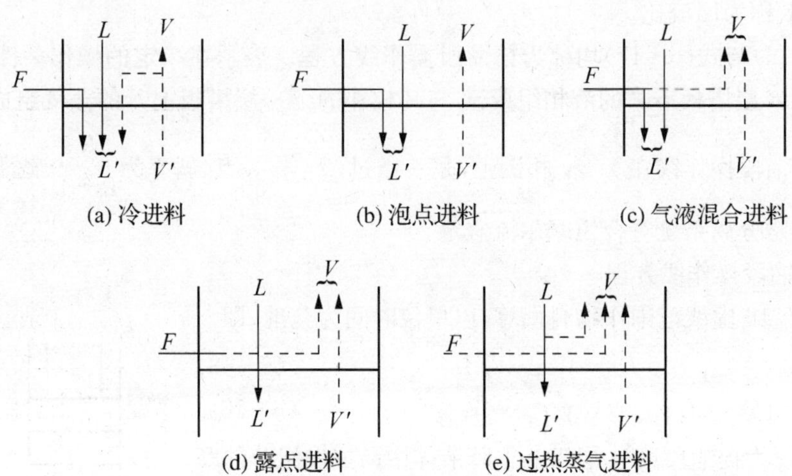

图 6-17 进料热状况对进料板上、下各流股的影响

2. 对进料板作物料衡算和热量衡算

对图 6-18 所示的进料板分别作总物料衡算及热量衡算：

$$F+V'+L=V+L' \tag{6-20}$$

$$FI_F+V'I_{V'}+LI_L=VI_V+L'I_{L'} \tag{6-21}$$

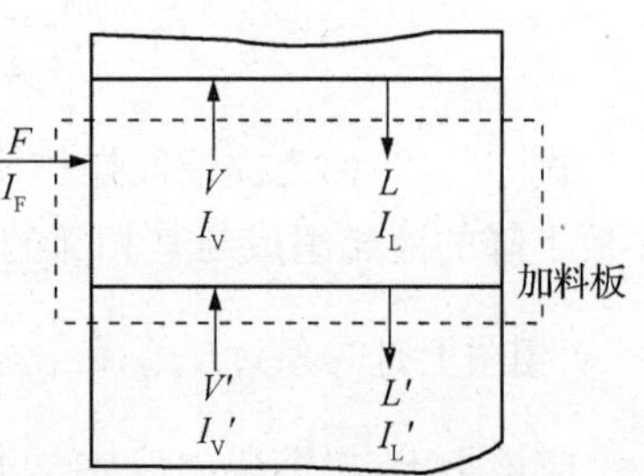

图 6-18 进料板上的物料衡算和热量衡算

式中：I_F 为原料液的焓，kJ/kmol；I_V、$I_{V'}$ 分别为进料板上、下处饱和蒸气的焓，kJ/kmol；I_L、$I_{L'}$ 分别为进料板上、下处饱和液体的焓，kJ/kmol。

由于塔中液体和蒸气都呈饱和状态，且进料板上、下处的温度及气、液浓度都比较相近，故

$$I_V\approx I_{V'},\quad I_L\approx I_{L'}$$

于是，式(6-21)可改写为

$$FI_F+V'I_V+LI_L=VI_V+L'I_L$$

整理后得
$$(V-V')I_V=FI_F-(L'-L)I_L$$

将式(6-20)变形为 $F-(L'-L)=V-V'$，再代入上式得

$$[F-(L'-L)]I_V=FI_F-(L'-L)I_L$$

整理后得
$$F(I_V-I_F)=(L'-L)(I_V-I_L) \tag{6-22}$$

或
$$\frac{I_V-I_F}{I_V-I_L}=\frac{L'-L}{F} \tag{6-22a}$$

令 $$q=\frac{I_V-I_F}{I_V-I_L}=\frac{L'-L}{F}\approx\frac{\text{将 1 kmol 进料变为饱和蒸气所需的热量}}{\text{原料液的千摩尔汽化热}} \tag{6-23}$$

q 值称为进料热状况的参数，对各种进料热状况，均可用式(6－23)计算 q。如表 6－2 中为各种进料热状况参数 q 值的范围。

表 6－2 进料热状况参数 q 值

冷进料	泡点进料	气液混合进料	露点进料	过热蒸气进料
$q>1$	$q=1$	$0<q<1$	$q=0$	$q<0$

3. 进料热状况对操作线方程的影响

由式(6－23)可得

$$L'=L+qF \tag{6-24}$$

将式(6－20)代入上式，并整理得

$$V'=V-(1-q)F \tag{6-25}$$

式(6－24)和式(6－25)表示在精馏塔内精馏段和提馏段的气液相流量和进料状况参数之间的关系。将式(6－25)代入式(6－19)，则提馏段操作线方程为

$$y'_{m+1}=\frac{L+qF}{L+qF-W}x'_m-\frac{W}{L+qF-W}x_W \tag{6-26}$$

例 6－3 分离例 6－2 中的溶液，若进料为饱和液体，回流比 $R=2.0$，试求提馏段操作线方程。

解 由例 6－2 知进料组成：$x_W=0.021\,2$，$D=44.3$ kmol/h，$W=55.7$ kmol/h，$F=100$ kmol/h。而 $L=RD=2.0\times44.3$ kmol/h $=88.6$ kmol/h，泡点进料 $q=1$。

将以上数值代入式(6－26)，即求得提馏段操作线方程为

$$y'_{m+1}=\frac{88.6+1\times100}{88.6+1\times100-55.7}x'_m-\frac{55.7}{88.6+1\times100-55.7}\times0.021\,2$$

得 $$y'_{m+1}=1.4x'_m-0.008\,9$$

6.5.4 理论板层数的计算

通常，采用逐板计算法或图解法计算精馏塔的理论板层数。求理论板层数时，必须已知原料液组成、进料状况、操作回流比和分离程度，并利用：① 气液平衡关系；② 操作线方程。

1. 逐板计算法

参见图 6－19，塔顶采用全凝器，从塔顶最上层板(第 1 块理论板)上升的蒸气进入冷凝器中被全部冷凝，所以塔顶馏出液的组成及回流液组成均与第 1 块板的上升蒸气组成相同，即

$$x_D = y_1 \xrightarrow{\text{相平衡}} x_1 \xrightarrow{\text{操作线}} y_2 \xrightarrow{\text{相平衡}} x_2 \xrightarrow{\text{操作线}} y_3 \longrightarrow \cdots \longrightarrow x_{n-1}$$

如此重复计算，当计算到某一理论板（例如第 $n-1$ 板）下降液体组成（x_{n-1}）等于两操作线交点组成 x_f，即 $x_{n-1}=x_f$ 时，第 n 板为进料板。或者当 $x_{n-1}>x_f>x_n$ 时，也是第 n 板为进料板。从第 n 板开始以下为提馏段。

进料板以下，从第 n 理论板的下降液体组成（x_n）开始交替使用提馏段操作线方程与相平衡方程，逐板求得各板的上升蒸气组成与下降液体组成。当计算到离开某一理论板（如第 N 板）的下降液体组成（x_N）等于或小于釜液组成 x_W，即 $x_N \leqslant x_W$ 时，板数 $N-1$ 就是所需要的理论板总数（不包括再沸器或塔釜）。

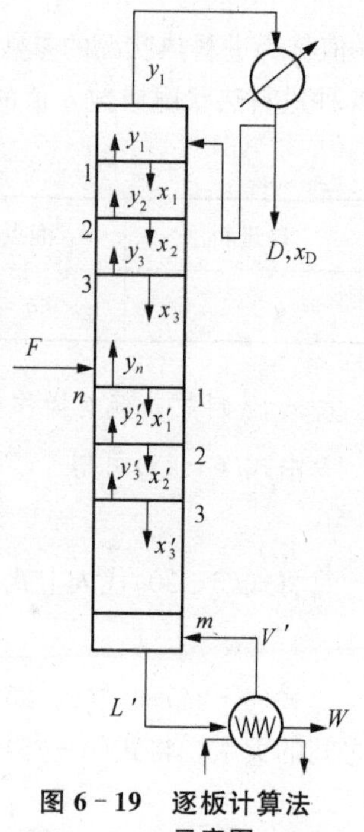

图 6-19　逐板计算法示意图

由于离开每层理论板的气液两相组成是互成平衡的，故离开第一块板的液体组成 x_1 应与 y_1 成平衡，可由气液相平衡方程或由 t-x，y 图及 x-y 图上的气液平衡曲线求得，即根据 y_1（$y_1=x_D$ 为已知值），用气液相平衡方程求得 x_1。由于从下一层（第 2 层）板的上升蒸气组成 y_2 与 x_1 符合精馏段操作线关系，故用精馏段操作线方程可由 x_1 求得 y_2，即

$$y_2 = \frac{R}{R+1}x_1 + \frac{x_D}{R+1}$$

同理，y_2 与 x_2 互成平衡，即可用相平衡方程由 y_2 求得 x_2，以及再用精馏段操作线方程由 x_2 求得 y_3，如此重复计算，直至计算到 $x_n \leqslant x_F$（仅指饱和液体进料情况）时（x_F 为工艺确定），说明该板（第 n 层理论板）已是加料板，因此，精馏段所需理论板块数为 $(n-1)$ 块。

此后，因为进入提馏段，可改用提馏段操作线方程，继续用与上述相同的方法求提馏段的理论板层数，即从加料板开始往下计算，改用提馏段操作线方程式。因为 $x'_1=x_n$（x_n 精馏段已算出）= 已知值，故可用提馏段操作线方程求 y'_2，即

$$y'_2 = \frac{L+qF}{L+qF-W}x'_1 - \frac{W}{L+qF-W}x_W$$

再利用气液相平衡方程由 y'_2 求 x'_2，如此重复计算，直至计算到 $x'_m \leqslant x_W$ 为止（x_W 由工艺要求确定）。由于再沸器相当于一块理论板，故提馏段所需的理论板层数为 $(m-1)$ 块。

逐板计算法是求理论板层数的基本方法，计算结果较准确，且可同时求得各层板上的气液相组成。但该法比较烦琐，尤其当理论板层数较多时更甚。当然，在计算机应用日趋广泛的情况下，逐板计算法的应用必将越来越广泛。

2. 直角梯级图解法（McCabe-Thiele Method）

图解法求理论板层数的基本原理与逐板计算法的完全相同，只不过是用气液相平衡曲线和操作线分别代替相平衡方程和操作线方程，用简便的图解法代替繁杂的计算而

已。图解法中以直角梯级图解法最为常用。虽然图解的准确性较差，但因其简便，在两组分精馏中仍被广泛采用。

(1) 操作线的作法

① 精馏段操作线的作法

由于精馏段操作线为直线，只要在 $y-x$ 图上找出该线上的两点，即可标绘出来。若略去精馏段操作线方程中变量的下标，则该式可写为

$$y=\frac{R}{R+1}x+\frac{x_D}{R+1}$$

$$y=x \quad (\text{对角线方程})$$

联立以上两式求解，可得精馏段操作线与对角线交点，即 $x=x_D, y=x_D$，如图 6-20 中的点 a，精馏段操作线方程求操作线的截距 $\frac{x_D}{R+1}$，如图 6-20 中 b 点，直线 ab 即精馏段操作线。

② 提馏段操作线的作法

若略去提馏段操作线方程中变量的下标，则该式可写为

$$y=\frac{L+qF}{L+qF-W}x-\frac{W}{L+qF-W}x_W$$

上式与对角线方程求解，得到提馏段操作线与对角线的交点 $x=x_W, y=x_W$，如图 6-20 中的点 c，但利用斜率 $(L+qF)/(L+qF-W)$ 作图不仅较麻烦，且不能在图上直接反映出进料热状况的影响。故通常求出精馏段操作线与提馏段操作线的交点 d，直线 cd 即提馏段操作线。

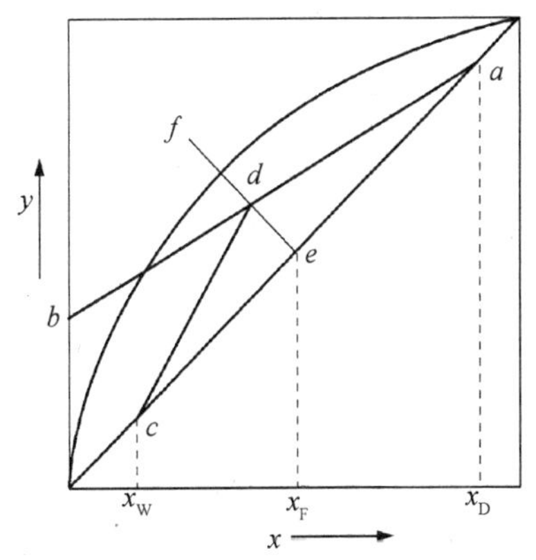

图 6-20 操作线的作法

精馏段操作线及提馏段操作线方程可用式(6-15a)和式(6-18a)表示，因在交点处两式中的变量相同，故可略去式中变量的上下标，即

$$Vy=Lx+Dx_D$$

$$L'x=V'y+Wx_W$$

两式相减，可得

$$(V'-V)y=(L'-L)x-(Dx_D+Wx_W) \tag{6-27}$$

由式(6-13a)、式(6-24)及式(6-25)知

$$Fx_F=Dx_D+Wx_W,\ L'=L+qF,\ V'=V-(1-q)F$$

将以上三式代入式(6-27)，整理可得

$$y=\frac{q}{q-1}x-\frac{x_F}{q-1} \tag{6-28}$$

式(6-28)称为 q 线方程(或进料方程)，也代表两操作线交点的轨迹方程。q 线方程

也是直线方程，其斜率为 $q/(q-1)$，截距为 $-x_F/(q-1)$。

式(6-28)与对角线方程 $y=x$ 联立，解得交点坐标为 $x=x_F$、$y=x_F$，如图 6-20 上的点 e 所示。

③ 进料热状况对 q 线及操作线的影响

进料热状况不同，q 值及 q 线的斜率也就不同，故 q 线与精馏段操作线的交点 d 因进料热状况不同而变动，从而提馏段操作线的位置也就随之而变化。如表 6-3 所示为进料热状况对 q 值及 q 线的影响。

表 6-3　进料热状况对 q 值及 q 线的影响

进料热状态	q 值	q 线斜率 $q/(q-1)$	q 线斜率方向
冷进料	$q>1$	+	↗
泡点进料	$q=1$	∞	↑
气液混合进料	$0<q<1$	−	↖
露点进料	$q=0$	0	←
过热蒸气进料	$q<0$	+	↙

在相同的回流比 R 下，各种 q 值并不改变精馏段操作线的位置，但却明显地改变了提馏段操作线的位置。由图 6-21 可见，q 值越小，提馏段操作线越靠近平衡线，所需要的理论板层数就越多。

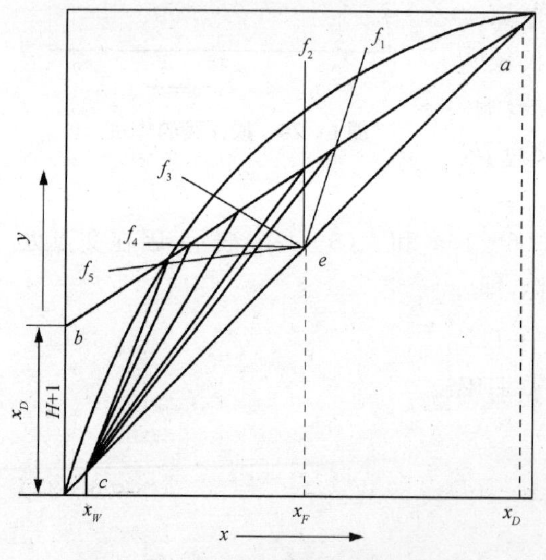

图 6-21　进料热状况对 q 线的影响

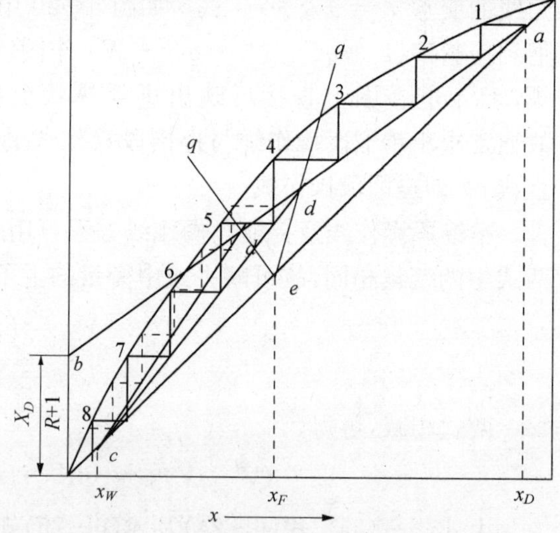

图 6-22　求理论板层数的图解法

(2) 图解法求理论板层数

参见图 6-22，图解法求理论板块数的步骤如下：

① 在直角坐标上绘出待分离混合液的 $x-y$ 相平衡曲线，并画出对角线。

② 在 $x=x_D$ 处作铅垂线，与对角线交于点 a，再由精馏段操作线的截距 $x_D/(R+1)$

值，在 y 轴上定出点 b，连接 ab。ab 线即精馏段操作线。

③ 在 $x=x_F$ 处作铅垂线，与对角线交于点 e，从点 e 作斜率为 $q/(q-1)$ 的 q 线 ef，该线与 ab 线交于点 d。

④ 在 $x=x_W$ 处作铅垂线，与对角线交于点 c，连接 cd。cd 线即提馏段操作线。

⑤ 从点 a 开始，在精馏段操作线与相平衡线之间绘由水平线及铅垂线组成的梯级。当梯级跨过点 d 时，则改在提馏段操作线与平衡线之间绘梯级，直至某梯级的铅垂线达到或小于 x_W 为止。每一个梯级，代表一层理论板。图上的梯级总数即理论板总块数。

应予指出，也可从点 c 开始往上绘梯级，结果相同。一般以操作线和平衡线靠近的那端为开始端进行绘制。这种求理论板层数的方法简称为 $M-T$ 法。

6.5.5　回流比的影响及其选择

回流是保证精馏塔连续稳定操作的必要条件之一，且回流比是影响精馏操作费用和投资费用的重要因素，对于一定的分离任务（F、x_F、q、x_W、x_D 一定）而言，应选择适宜的回流比。

回流比有两个极限值，上限为全回流时的回流比，下限为最小回流比，实际回流比为介于两极限区间的某适宜值。

1. 全回流和最少理论板层数

若塔顶上升蒸气经冷凝后，全部回流至塔内，这种方式称为全回流。此时，塔顶产品 D 为零。通常 F 及 W 也均为零，即既不向塔内进料，也不从塔内取出产品。全塔也就无精馏段和提馏段之区分，两段的操作线合二为一，为对角线。全回流时的回流比为

$$R=\frac{L}{D}=\frac{L}{0}\to\infty$$

因此，精馏段操作线的斜率 $R/(R+1)=1$，在 y 轴上的截距 $x_D/(R+1)=0$。操作线与对角线重合，操作线方程为 $y_{n+1}=x_n$。显然，全回流的操作线和平衡线的距离为最远，达到给定分离程度所需的理论板块数为最少，以 N_{min} 表示。

N_{min} 可在 $x-y$ 图上的平衡线和对角线间直接图解求得；也可用下面的芬斯克方程式计算得到，即

$$N_{min}+1=\frac{\lg\left[\left(\frac{x_D}{1-x_D}\right)\left(\frac{1-x_W}{x_W}\right)\right]}{\lg\alpha_m}\qquad(6-29)$$

芬斯克公式推导

式中：N_{min} 为全回流时最少理论板层数（不包括再沸器）；α_m 为全塔平均相对挥发度，当 α 变化不大时，可取塔顶和塔底的几何平均值。

式(6-29)称为芬斯克公式，用以计算全回流下采用全凝器时的最少理论板块数。若将式中 x_W 换成进料组成 x_F，α 取为塔顶和进料处的几何平均值，则该式也可用以计算精馏段的最少理论板块数及加料板位置。

全回流是回流比的上限。由于在这种情况下得不到精馏产品，对正常生产无实际意义。全回流不是生产上的正常情况，但可应用于：① 开工或调试等非定态情况，使塔内快

速达到平衡；② 在操作过程中，若产品质量发生波动，临时改为全回流以提高质量，以便过程的稳定或控制；③ 测定板效率。

2. 最小回流比

由图 6－23 可以看出：减少回流比，推动力减少，两操作线交点沿进料线向平衡线靠近，若与平衡线相交时的回流比称为最小回流比，此时所需理论板数为无穷多。d 为夹紧点，其临近各板区域，气液两相的组成基本不变，无增浓作用，称为恒浓区。此时的回流比称为最小回流比，以 $R_{\min}$ 表示。

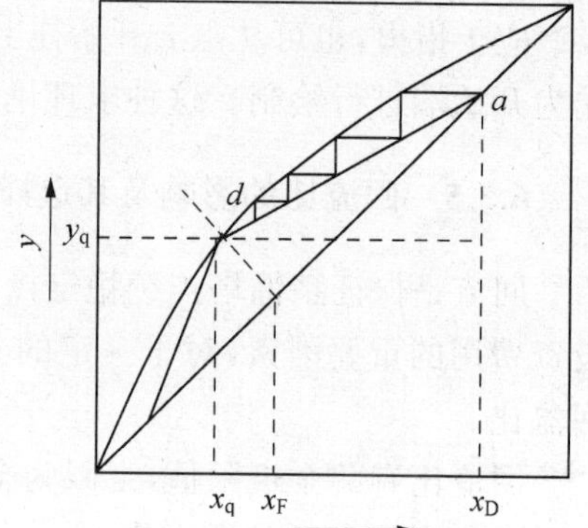

图 6－23 最小回流比的确定

最小回流比有以下两种求法：

(1) 作图法

依据平衡曲线形状不同，作图方法有所不同。对于正常的平衡曲线由夹紧点 d 的坐标$(x_q,\ y_q)$，求精馏线斜率(参见图 6－23)。

$$\frac{R_{\min}}{R_{\min}+1}=\frac{y_D-y_q}{x_D-x_q} \qquad (6-30)$$

因为 $y_D = x_D$，所以

$$R_{\min}=\frac{x_D-y_q}{y_q-x_q} \qquad (6-31)$$

式中：(x_q, y_q)为 q 线与相平衡线的交点坐标，可由 $x-y$ 图中读出取得。

如图 6－24 所示，某些不正常的平衡曲线，若平衡线形状有上凸或下凹时，则由切点的坐标$(x_q,\ y_q)$求 $R_{\min}$。

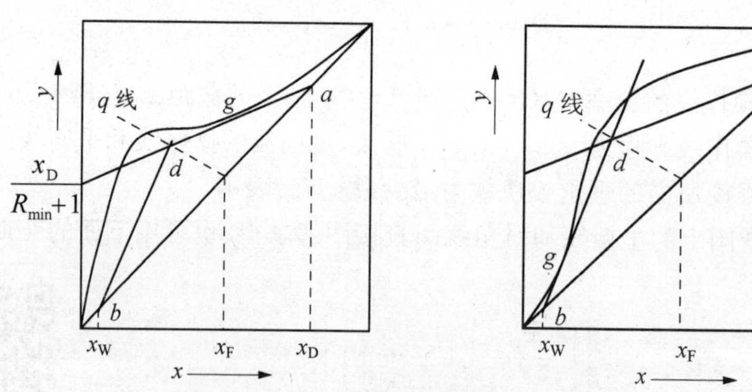

图 6－24 不正常平衡曲线的 $R_{\min}$ 的确定

(2) 解析法

因在最小回流比下，操作线与 q 线交点坐标$(x_q,\ y_q)$位于平衡线上，对于相对挥发度为常量(或取平均值)的理想溶液，可用前面的式(6－11)表示，即

$$y_q=\frac{x_q\alpha}{1+(\alpha-1)x_q}$$

将上式代入式(6－31)，可得

$$R_{min} = \frac{1}{\alpha - 1}\left[\frac{x_D}{x_q} - \frac{\alpha(1 - x_D)}{1 - x_q}\right] \quad (6-32)$$

泡点进料时，$x_q = x_F$，故

$$R_{min} = \frac{1}{\alpha - 1}\left[\frac{x_D}{x_F} - \frac{\alpha(1 - x_D)}{1 - x_F}\right] \quad (6-33)$$

露点进料时，$y_q = y_F$，故

$$R_{min} = \frac{1}{\alpha - 1}\left[\frac{\alpha x_D}{y_F} - \frac{1 - x_D}{1 - y_F}\right] - 1 \quad (6-34)$$

式中：y_F 为饱和蒸气原料中易挥发组分的摩尔分率。

3. 适宜回流比的选择

最小回流比对应于无穷多塔板数，此时的设备费用无疑过大而不经济。

增加回流比起初可显著降低所需塔板数，设备费用的明显下降能补偿能耗(操作费)的增加。

再增大回流比，所需理论板数下降缓慢，此时塔板费用的减少将不足以补偿能耗的增长。

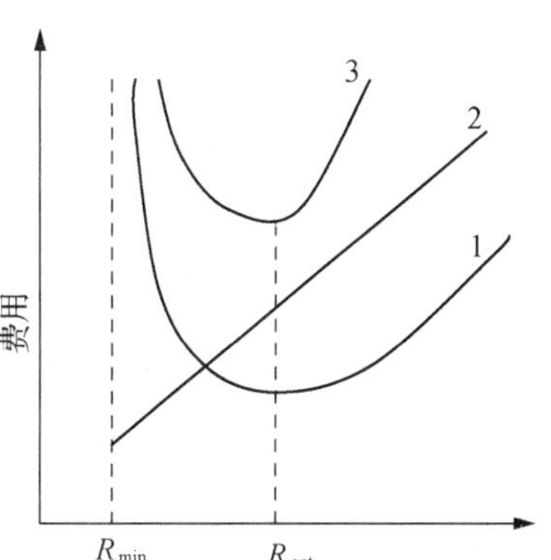

1—设备费用；2—操作费用；3—总费用

图 6-25 适宜回流比的确定

此外，回流比的增加也将增大塔顶冷凝器和塔底再沸器的传热面积，设备费用反随回流比的增加而有所上升。

在精馏塔设计中，一般不进行详细的经济衡算，而是根据经验选取。通常，操作回流比可取最小回流比的 1.1～2.0，即 $R_{opt} = (1.1 \sim 2.0)R_{min}$。

6.5.6 简捷法求理论板层数

精馏塔理论板数，除了可用图解法和逐板计算法求算理论板数之外，还可以采用简捷法来计算。

下面介绍一种采用经验关联图的简捷算法，此法应用较为广泛。

精馏塔是在全回流及最小回流比两个极限之间进行操作的。最小回流比 R_{min}时，所需理论板数 N 为无限多；全回流时，所需理论板数 N_{min} 为最少；采用实际回流比 R 时，则需要一定数量的理论板数 N。为此，人们对 R_{min}、R、N_{min}及 N 四个变量之间的关系进行了广泛的研究。如图6-26所示为上述四个变量的关联图，称为吉利兰图。

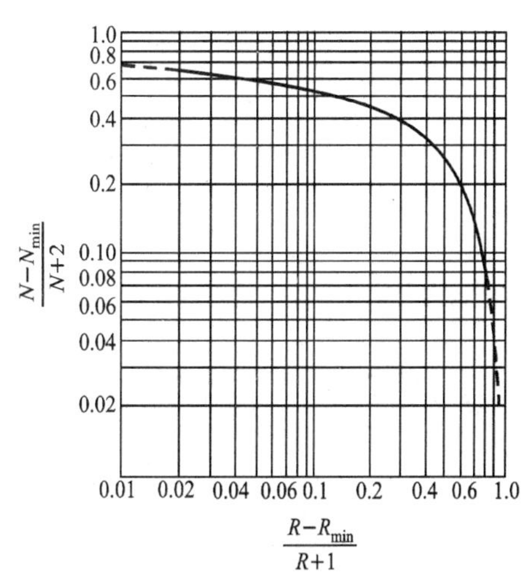

图 6-26 吉利兰图

吉利兰关联图为双对数坐标图，横坐标表示 $\frac{R - R_{min}}{R + 1}$，纵坐标表示 $\frac{N - N_{min}}{N + 2}$，其中 N 为不包

括再沸器的理论板数，$N_{\min}$为最少理论板数。

例 6-4 用一精馏塔分离某二元理想混合物，进料量为 100 kmol/h，其中易挥发组分的摩尔分数为 0.4，进料为饱和蒸气，塔顶采用全凝器且为泡点回流，塔釜用间接蒸气加热。已知两组分间的平均相对挥发度为 3.0，精馏段操作线方程为 $y_{n+1}=0.75x_n+0.2375$，塔顶产品中易挥发组分的回收率为 0.95。试求：(1) 操作回流比、塔顶产品中易挥发组分的摩尔流量 D；(2) 最小回流比；(3) 提馏段操作线方程和 q 线方程。

解 (1) 联立精馏段操作线方程 $y_{n+1}=\frac{R}{R+1}x_n+\frac{x_D}{R+1}$ 和已知条件 $y_{n+1}=0.75x_n+0.2375$ 可得

$$R=3,x_D=0.95$$

由已知塔顶产品中易挥发组分的回收率 $\eta=\frac{Dx_D}{Fx_F}=\frac{D\times 0.95}{100\times 0.4}=0.95$ 可得

$$D=40\ \text{kmol/h}$$

总物料 $$F=D+W$$

易挥发组分 $$Fx_F=Dx_D+Wx_W$$

已知 $F=100\ \text{kmol/h}$，$D=40\ \text{kmol/h}$，$W=F-D=100-40=60\ \text{kmol/h}$，$x_F=0.4$，$x_D=0.95$，代入上两式 解得

$$x_W=0.033$$

(2) 因进料为饱和蒸气，所以 $y_q=0.4$，且

$$y_q=\frac{\alpha x_q}{1+(\alpha-1)x_q}$$

将 $\alpha=3.0$ 代入，解得

$$x_q=0.182$$

最小回流比 $$R_{\min}=\frac{x_D-y_q}{y_q-x_q}=\frac{0.95-0.4}{0.4-0.182}=2.52$$

(3) $L'=L+qF=RD+qF=3\times 40\ \text{kmol/h}+0\times 100\ \text{kmol/h}=120\ \text{kmol/h}$

$V'=V+(q-1)F=(R+1)D+(q-1)F=4\times 40\ \text{kmol/h}-100\ \text{kmol/h}=60\ \text{kmol/h}$

提馏段操作线方程： $$y=\frac{L'}{V'}x-\frac{Wx_W}{V'}=2x-0.033$$

q 线方程为 $$y=0.4$$

6.5.7 塔高和塔径的计算

1. 塔高的计算

(1) 板式塔有效高度的计算

对于板式精馏塔，应先利用塔板效率将理论板层数折算成实际板层数，然后再由实际板

层数和板间距（指相邻两层实际板之间的距离，可取经验值）来计算塔高，即

$$Z=(N_P-1)H_T \tag{6-35}$$

式中：Z 为板式塔的有效高度，m；N_P 为实际板层数；H_T 为板间距，m。

由式(6-35)算得的塔高为安装塔板部分的高度，不包括塔底和塔顶空间高度。

（2）塔板效率

塔板效率反映了实际塔板的气、液两相传质的完善程度。塔板效率有总板效率、单板效率和点效率等。

① 总板效率 E_T

总板效率又称全塔效率，它是指达到指定分离效果所需要的理论板层数与实际板层数的比值，即

$$E_T=\frac{N_T}{N_P} \tag{6-36}$$

式中：E_T 为总塔效率，%；N_P 为实际板层数；N_T 为理论板层数。

全塔效率反映塔中各块塔板的平均效率，全塔效率之值恒小于 100%。若已知一定结构的板式塔在一定操作条件下的全塔效率 E_T，便可按上式求实际板数 N_P。

影响塔板效率的因素很复杂，有系统的物性、塔板的结构、操作条件、液沫夹带、漏液、返混等。目前尚未得到一个较为满意的求全塔效率的关联式。设计中所用的塔板效率数据，一般是从条件相近的生产装置或中试装置中取得的经验数据。人类在长期的实践基础上，积累了丰富的生产数据，加上理论研究的不断深入，逐渐总结出一些估算塔板效率的经验关联式，其中奥康内尔(Oconnell)方法目前被认为是较好的简易方法，即

$$E_T=0.49\,(\alpha\mu_L)^{-0.245} \tag{6-37}$$

式中：α 为塔顶与塔底平均温度下的相对挥发度，对多数系统而言，应取关键组分的相对挥发度；μ_L 为塔顶与塔底平均温度下的液相黏度，mPa・s。

对于多组分系统，μ_L 可按下式计算，即

$$\mu_L=\sum x_i\mu_{Li} \tag{6-38}$$

式中：μ_{Li} 为液相中任意组分 i 的黏度，mPa・s；x_i 为液相中任意组分 i 的摩尔分数。

上式是根据若干老式的工业塔及试验塔的总塔效率关联的。因此，对于新型高效的精馏塔，总塔效率要适当提高。

② 单板效率 E_{MV}

单板效率又称为默弗里(Murphree)板效率，是气相或液相经过一层塔板前后的实际组成变化与经过该层塔板前后的理论组成变化的比值。

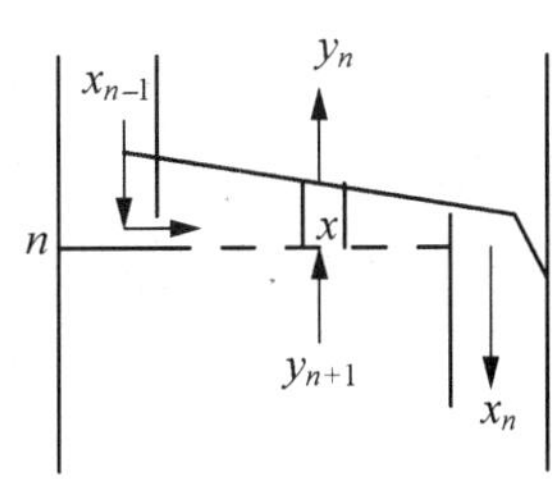

图 6-27 单板效率定义附图

参见图 6-27，第 n 层板的效率有以下两种表达方式。

按气相组成变化表示的单板效率为

$$E_{MV}=\frac{\text{实际塔板的汽相增浓值}}{\text{理论塔板的汽相增浓值}}=\frac{y_n-y_{n+1}}{y_n^*-y_{n+1}} \tag{6-39}$$

按液相组成变化表示的单板效率为

$$E_{ML}=\frac{\text{实际塔板的液相增浓值}}{\text{理论塔板的液相增浓值}}=\frac{x_{n-1}-x_n}{x_{n-1}-x_n^*} \tag{6-40}$$

式中：y_n^* 为与 x_n 成平衡的气相组成；x_n^* 为与 y_n 成平衡的液相组成。

当操作线与平衡线平行时，E_{MV} 与 E_{ML} 才会相等。单板效率可直接反映某层塔板的传质效果，各层板的塔板效率通常不相等。单板效率的数值可能超过 100%。

③ 点效率 E_O

点效率是指塔板上各点的局部效率。以气相点效率 E_{OV} 为例，其表达式为

$$E_{OV}=\frac{y-y_{n+1}}{y^*-y_{n+1}} \tag{6-41}$$

式中：y 为与流经塔板某点的液相(组成为 x)相接触后而离去的气相组成；y_{n+1} 为由下层塔板进入该板某点的气相组成；y^* 为与液相组成 x 成平衡的气相组成。

2. 塔径的计算

精馏塔的直径，可由塔内上升蒸气的体积流量及其塔横截面的空塔线速度求得，即

$$V_S=\frac{\pi}{4}D^2u$$

或

$$D=\sqrt{\frac{4V_S}{\pi u}} \tag{6-42}$$

式中：D 为精馏塔内径，m；u 为空塔速度，m/s；V_S 为塔内上升蒸气的体积流量，m^3/s。

(1) 精馏段 V_S 的计算

若已知精馏段的千摩尔流量 V，按下式换算体积流量，即

$$V_S=\frac{VM_m}{3\,600\rho_V} \tag{6-43}$$

式中：V 为精馏段摩尔流量，kmol/h；ρ_V 为精馏段平均操作压力和温度下气相的密度，kg/m^3；M_m 为平均摩尔质量，kg/kmol。

若精馏操作压力不太高，气相可视为理想气体混合物，则

$$V_S=\frac{V}{3\,600}\times 22.4\times\frac{Tp_0}{T_0p} \tag{6-44}$$

式中：T、T_0 分别为操作的平均温度和标准状况下的热力学温度，K；p、p_0 分别为操作的平均压力和标准状况下的压力，Pa。

(2) 提馏段 V_S' 的计算

若已知精馏段的千摩尔流量 V'，按式(6-43)和式(6-44)的方法计算提馏段的体积流量 V_S'。

由于进料状况不同及操作条件的不同，两段的上升蒸气体积流量可能不同，故塔径也不相同。但若两段的上升蒸气和塔径相差不大时，为使塔的结构简化，两段宜采用相同的塔

径，设计时通常选取两者较大者，并经圆整后作为精馏塔的塔径。

6.5.8 精馏塔的操作和调节

1. 影响精馏塔操作的主要因素

对于现有的精馏装置和特定的物系，精馏操作的基本要求是使设备具有尽可能大的生产能力(更多的原料处理量)，达到预期的分离效果(规定组分的回收率)，操作费用最低(在允许范围内，采用较小的回流比)。影响精馏装置稳态、高效操作的主要因素包括操作压力、进料组成和热状况、塔顶回流、全塔的物料平衡和稳定、冷凝器和再沸器的传热性能、设备散热情况等。以下就其主要影响因素予以简要分析。

(1) 物料平衡的影响和制约

保持精馏装置的物料平衡是精馏塔稳态操作的必要条件。当塔顶、塔底产品组 x_D、x_W 及产品质量已规定，产品的采出率 D/F 和 W/F 也随之确定，不能再自由选择；当规定塔顶产品的产率和浓度 x_D，则塔底产品的 x_W 及产率也随之确定而不能自由选择。否则进、出塔的两个组分的量不平衡，必然导致塔内组成变化，操作波动，使操作不能达到预期的分离要求。

(2) 回流比的影响

回流比是影响精馏塔分离效果的主要因素，生产中经常用改变回流比的方法调节、控制产品的质量。例如当回流比增大时，精馏段操作线斜率 L/V 变大，该段内传质推动力增加，因此在一定的精馏段理论板数下馏出液组成变大。同时，回流比增大，提馏段操作线斜率 L'/V' 变小，该段的传质推动力增加，因此在一定的提馏段理论板数下，釜液组成变小。反之，当回流比减小，x_D 减小，而 x_W 增大，使分离效果变差。

回流比增大，使塔内上升蒸气量及下降液体量均增加，若塔内气液负荷超过允许值，则应减小原料液流量。回流比变化，再沸器和冷凝器的传热量也应相应变化。

应予指出，在采出率 D/F 一定的条件下，若增大 R 来提高 x_D，则有以下限制：

① 受精馏塔理论板数的限制。因为对一定的板数，即使 R 增加到无穷大(全回流)，x_D 也有一最大极限值。

② 受全塔物料平衡的限制，其极限值为 $x_D=\dfrac{Fx_F}{D}$。

(3) 进料组成和进料热状况的影响

进料组成的改变，直接影响到产品的质量。当进料中难挥发组分增加，使精馏段负荷增加，在塔板数不变时，则分离效果不好，结果重组分被带到塔顶，造成塔顶产品质量不合格；若是从塔釜得到产品，则塔顶损失增加。如果进料组分中易挥发组分增加，使提馏段的负荷增加，可能因分离不好而造成塔釜产品质量不合格，其中夹带的易挥发组分增多。由于进料组分的改变，直接影响着塔顶与塔釜产品的质量。加料中难挥发组分增加时，加料口往下移；反之，则向上移。同时，操作温度、回流量和操作压力等都须相应地调整，才能保证精馏操作的稳定性。

对特定的精馏塔，若 x_F 减小，则使 x_D 和 x_W 均减小，欲使 x_D 不变，则应增大回流比。

2. 精馏塔的产品质量控制和调节

精馏塔的产品质量通常是指馏出液及釜液的组成。生产中某些因素的干扰将会影响产品的质量，因此应及时予以调节控制。

在一定的压力下，混合物的泡点和露点都取决于混合物的组成，因此可以用温度来预示塔内组成的变化。但对高纯度分离，一般不能通过测量温度来控制塔顶组成。

分析塔内沿温度分布可以看到，在精馏段或提馏段的某塔板上温度变化显著，这块塔板的温度对于外界因素的干扰反应最为灵敏，通常将它称为灵敏板。因此，生产上常通过测量和控制灵敏板的温度来保证产品的质量。

§6.6 间歇精馏

间歇精馏又称分批精馏，全部物料一次加入蒸馏釜中，精馏时自塔顶蒸出的蒸气经冷凝后，一部分作为塔顶产品，另一部分作为回流送回塔内；操作终了时，残液一次从釜内排出，然后再进行下一批的精馏操作。

当混合液的分离要求较多，料液品种或组成经常变化时，采用间歇精馏的操作方式比较灵活机动。

间歇精馏过程的特点：

(1) 间歇精馏属于不稳定过程，在精馏过程中，釜液组成不断降低。若在操作时保持回流比不变，则馏出液组成将随之下降；反之，为使馏出液组成保持不变，则在精馏过程中应不断加大回流比。

(2) 间歇精馏时全塔均为精馏段，没有提馏段。因此，获得同样的塔顶、塔底组成的产品，间歇精馏的能耗必定大于连续精馏。

6.6.1 回流比保持恒定的间歇精馏

1. 确定理论板层数

因塔板数及回流比不变，在精馏过程中，塔釜中溶液的组成随过程进行而降低，馏出液组成也必同时降低。通常，当釜液组成或馏出液的平均组成达到规定要求时，就可停止精馏操作。恒回流比时，间歇精馏的主要计算内容如下：

(1) 计算最小回流比 $R_{\min}$ 和确定适宜回流比 R

恒回流比间歇精馏时，馏出液组成和釜液组成具有对应的关系，计算中以操作初态为基准，此时釜液组成为 x_F，最初的馏出液组成为 x_{D1}（x_{D1} 值高于馏出液平均组成 x_{Dm}，由设计者确定）。根据最小回流比的定义，由 x_{D1}、x_F 及气液相平衡关系可求出 $R_{\min}$，即

$$R_{\min}=\frac{x_{D1}-y_F}{y_F-x_F} \tag{6-45}$$

式中：y_F 为与 x_F 呈平衡的气相组成（摩尔分数）。

操作回流比可取为最小回流比的某一倍数，$R=(1.1\sim2.0)R_{\min}$。

(2) 图解法求理论板层数

在 $x-y$ 图上，由 x_{D1}、x_F 和 R 即可图解求得理论板层数，图解步骤与前述相同，如图 6-28所示。图中表示需要 3 层理论板。

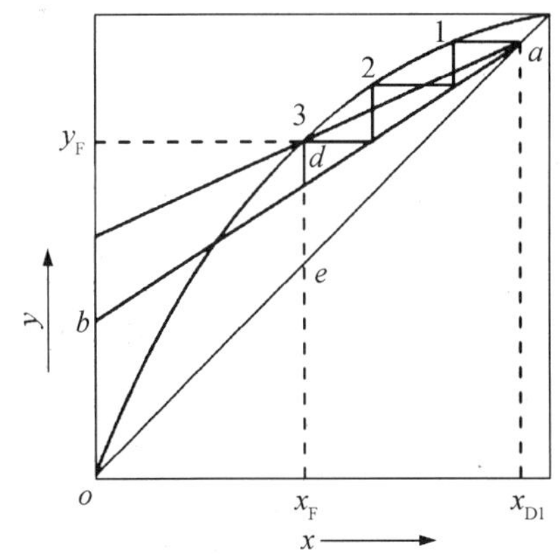

图 6-28 恒回流比间歇精馏时理论板层数的确定

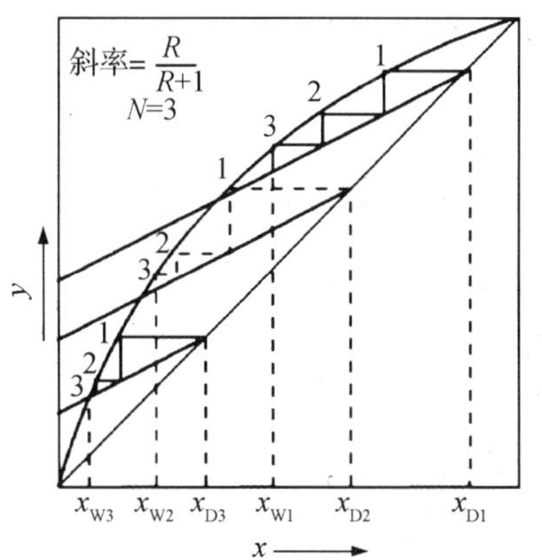

图 6-29 恒回流比间歇精馏时 x_D 和 x_W 的关系

2. 确定操作参数

(1) 确定操作过程中各瞬间的 x_D 和 x_W 的关系

由于操作过程中回流比 R 不变，所以各个操作瞬间的操作线斜率 $R/(R+1)$都相同，各操作线为彼此平行的直线。若在馏出液的初始和终了组成的范围内，任意选定若干 x_{Di} 值，通过各点(x_{Di}，x_{Di})作一系列斜率为 $R/(R+1)$的平行线，这些直线分别为对应于某 x_{Di} 的瞬间操作线。然后，在每条操作线和平衡线间绘梯级，使其等于已定理论板层数(此处$N=3$ 块)，每条操作线和平衡线间的最后一个梯级所达到的液相组成，就是与 x_{Di} 值相对应的 x_{Wi} 值，如图6-29 所示。

(2) 确定操作过程中 x_D(或 x_W)与釜液 W、馏出液 D 之间的关系

由于精馏过程中，x_D(或 x_W)是变量，因此 x_D(或 x_W)和 D、W 间的关系应通过微分物料衡算导出。

假设某瞬间釜液量为 W，组成为 x_W，经微分时间 $d\tau$ 后，蒸出的釜液量为$-dx_W$，余下的釜液量为 $W+dx_W$，组成变为 x_W+dx_W；相应的馏出液量为 dD，组成为 x_D。

在微分时间内作物料衡算，得

总物料衡算 $$dD=-dW$$

易挥发组分 $$Wx_W=(W+dW)(x_W+dx_W)-dWx_D \tag{6-46}$$

整理并积分可得 $$\ln\frac{F}{W_e}=\int_{x_{We}}^{x_F}\frac{dx_W}{x_D-x_W} \tag{6-47}$$

釜液量 W、馏出液量 D 及其平均组成 x_{Dm}之间的关系，可由一批操作的物料衡算求得，即

总物料衡算 $$D=F-W$$

易挥发组分 $$Dx_{Dm}=Fx_F-Wx_W$$

联立上两式解得 $$x_{Dm}=\frac{Fx_F-Wx_W}{F-W} \tag{6-48}$$

由于精馏过程中回流比 R 恒定不变，故汽化量 V 可按下式计算，即

$$V=(R+1)D \tag{6-49}$$

6.6.2 馏出液组成恒定的间歇精馏

1. 确定理论板层数

间歇精馏时，釜液组成不断下降，为保持恒定的馏出液组成，回流比必须不断地变化。在这种操作方式中，通常已知原料液流量 F 和组成 x_F、馏出液组成 x_D 及最终的釜液组成 x_{We}，要求设计者确定理论板层数、回流比范围和汽化量等。

(1) 计算最小回流比 R_{min} 和确定操作回流比 R

由馏出液组成 x_D 和最终的釜液组成 x_{We}，按下式求最小回流比，即

$$R_{min}=\frac{x_D-y_{We}}{y_{We}-x_{We}} \tag{6-50}$$

式中：y_{We} 为与 x_{We} 呈平衡的气相组成(摩尔分数)。

操作回流比可取为最小回流比的某一倍数，$R=(1.1\sim2.0)R_{min}$。

(2) 图解法求理论板层数

在 $x-y$ 图上，由 x_D、x_{We} 和 R 即可图解求得理论板层数，图解步骤与前述相同，如图 6-30 所示。图中表示需要 4 层理论板。

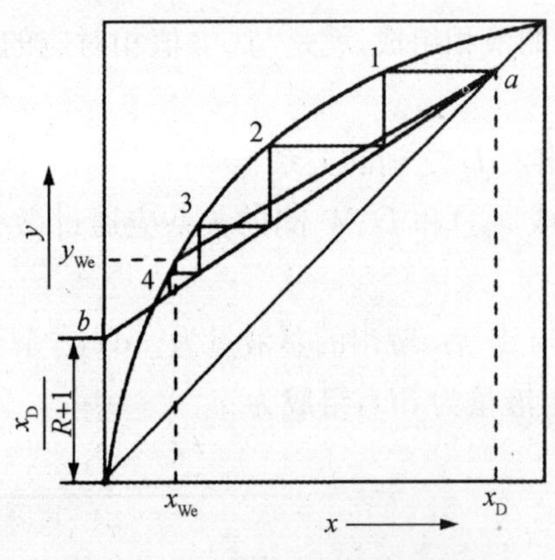

图 6-30 恒馏出液间歇精馏时理论板层数的确定

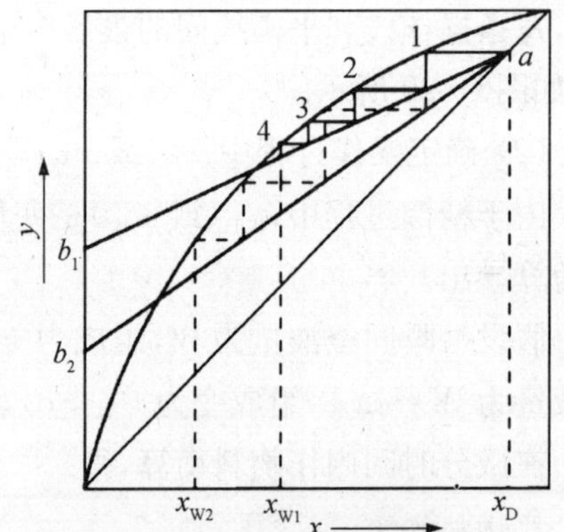

图 6-31 恒馏出液间歇精馏时 R 和 x_W 的关系

2. 确定操作参数

在一定的理论板层数下，不同的釜液组成 x_W 与回流比 R 间具有固定的对应关系。若已知精馏过程某阶段的回流比 R_1，对应的 x_{W1} 可参见图 6-31 按下述步骤求得：

(1) 计算操作线截距 $x_D/(R_1+1)$，在 y 轴上定出点 b_1。

(2) 连接点 a (x_D, x_D)和点 b_1得到的直线即回流比 R_1下的操作线。

(3) 从点 a 开始在平衡线和操作线间绘梯级,使其等于理论板层数,则最后一个梯级所达到的液相组成即为釜液组成 x_{W1}。

依相同的方法,可求出不同回流比 R_i下的釜液组成x_{Wi}。

§6.7 特殊蒸馏过程简介

前面几节介绍了常规的不同蒸馏方式。当混合物据其性质不宜用一般的蒸馏和精馏方法时,可以采用特殊蒸馏。特殊蒸馏可以分为两类:一类是针对恒沸物或组分的相对挥发度相差很小的混合物,采用加入第三组分使原两组分的相对挥发度增大的方法将它们分离,如恒沸精馏和萃取精馏;另一类是针对高沸点物质,特别是热敏性物质的分离和提纯,主要是使蒸馏过程在较低的温度下进行,例如分子蒸馏。

6.7.1 恒沸精馏

在混合物中加入第三组分,如果该组分能与原溶液中一个(或两个)组分形成沸点比原来的组分和原来的恒沸物的沸点更低的新的最低恒沸物,从而使组分间的相对挥发度增大,原溶液易于精馏分离,这种精馏方法称为恒沸精馏,加入的第三组分常称为夹带剂或恒沸剂。

图 6-32 为分离乙醇-水混合物的恒沸精馏流程示意图。在原料液中加入适量的夹带剂苯,苯与原料液形成新的三元非均相恒沸液(相应的恒沸点为 64.85 ℃,恒沸液摩尔组成为苯 0.539、乙醇 0.228、水 0.233)。只要苯量适当,原料液中的水分可全部转移到三元恒沸液中,从而使乙醇-水溶液得到分离。

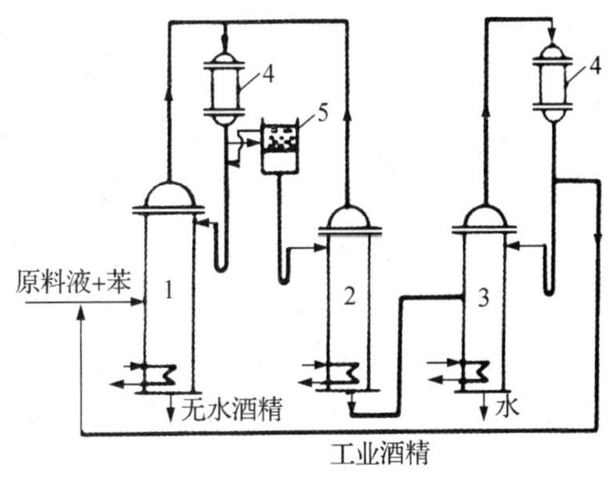

1—恒沸精馏塔;2—苯回收塔;
3—乙醇回收塔;4—冷凝;5—分层器

图 6-32 乙醇-水恒沸精馏流程示意图

由图 6-32 可见,原料液与苯进入恒沸精馏塔 1 中,由于常压下此三元恒沸液的恒沸点为 64.85 ℃,故由塔顶蒸出,塔底产品为近乎于纯态的乙醇。上升蒸气进入冷凝器 4 中冷凝后,部分液相回流到塔 1,其余的进入分层器 5,在器内分为轻重两层液体。轻相返回到塔 1 作为补充回流。重相送入苯回收塔 2 的顶部,以回收其中的苯。塔 2 的蒸气由塔顶引出也进入冷凝器 4 中,塔 2 底部的产品为稀乙醇,被送到乙醇回收塔 3 中。塔 3 中塔顶产品为乙醇-水恒沸液,送回塔 1 作为原料,塔底产品几乎为纯水。在操作中苯是循环使用的,但因有损耗,故隔一段时间后需补充一定量的苯。

乙醇-水恒沸精馏在技术上可行的原因在于:用恒沸剂带出的主要是混合物中少量的水,故恒沸剂用量和汽化量相对较少;蒸出的恒沸剂能冷凝分层,使恒沸剂易于分离,循环使用。

选择适宜的恒沸剂是能否采用恒沸精馏方法以及它是否经济合理的重要条件。对恒沸剂的要求：

(1) 能与被分离组分形成最低恒沸物，且该恒沸物易于和塔底组分分离。

(2) 形成的恒沸物中夹带剂的组成要小，这样，夹带剂的用量较少，从而降低操作费用。

(3) 形成的恒沸物本身应易于分离，以回收其中的夹带剂，例如上例中的恒沸物冷凝后为非均相，可用简单的分层方法回收所含的苯。

(4) 其他如经济、安全等要求。

6.7.2 萃取精馏

若加入的第三组分不与待分离组分形成共沸物，而是比较显著地改变原组分之间的相对挥发度，且本身的挥发度很小，则这种精馏方法称为萃取精馏，该第三组分常称为萃取剂或溶剂。

以常压下苯和环己烷的分离为例，它们的沸点很接近(分别为 80.1 ℃和 80.73 ℃)，相对挥发度为 0.98，难以用普通精馏方法分离，或用普通的精馏方法时，需要足够多的理论板数或者很大的回流比，不经济。若以糠醛(沸点 161.7 ℃)为萃取剂，则由于糠醛分子与苯分子的作用力较强，可使苯由易挥发组分变成难挥发组分，原来两组分的相对挥发度发生明显的变化。

由表 6-4 可见，相对挥发度随萃取剂量加大而增高。

表 6-4 苯-环己烷溶液加入糠醛后的相对挥发度的变化

溶液中糠醛的摩尔分数	0.0	0.2	0.4	0.5	0.6	0.7
相对挥发度	0.98	1.38	1.86	2.07	2.36	2.7

图 6-33 为分离苯-环己烷溶液的萃取精馏流程示意图。原料液进入萃取精馏塔 1 中，萃取剂(糠醛)由塔 1 顶部加入，以便在每层板上都与苯相结合。塔顶蒸出的为环己烷蒸气。为回收微量的糠醛蒸气，在塔 1 上部设置回收段 2(若萃取剂沸点很高，也可以不设回收段)。塔底釜液为苯-糠醛混合液，再将其送入苯回收塔 3 中。由于常压下苯沸点为 80.1 ℃，糠醛的沸点为 161.7 ℃，故两者很容易分离。

选择萃取剂时主要考虑以下要求：

(1) 萃取剂应使原组分间相对挥发度发生显著的变化。

(2) 萃取剂的挥发性应低些，即其沸点应较纯组分的高，且不与原组分形成恒沸液。

(3) 无毒性、无腐蚀性，热稳定性好。

(4) 来源方便，价格低廉。

萃取精馏与恒沸精馏相比，有以下区别：

(1) 萃取剂比夹带剂易于选择。

(2) 萃取剂在精馏过程中，基本上不汽化，故萃取精馏的耗能量较恒沸精馏的少。

(3) 萃取精馏中，萃取剂加入量的变动范围

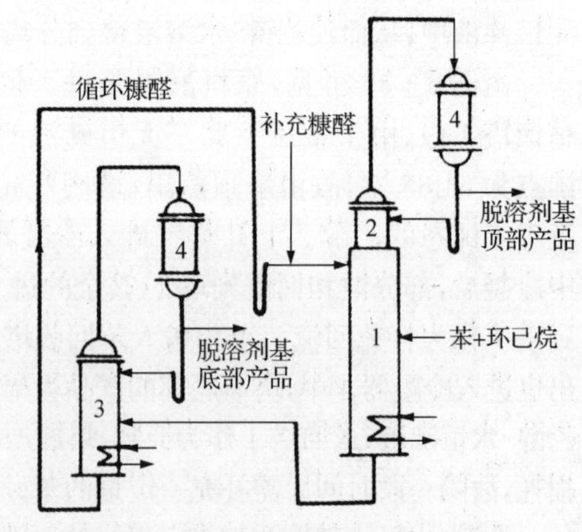

1—萃取精馏塔；2—萃取剂回收塔；
3—苯回收塔；4—冷凝器

图 6-33 苯-环己烷萃取精馏流程示意图

较大，而在恒沸精馏中，适宜的夹带剂量多为一定，故萃取精馏的操作较灵活，易控制。

(4) 萃取精馏不宜采用间歇操作方式，而恒沸精馏则可以采用间歇操作方式。

(5) 恒沸精馏操作温度较萃取精馏要低，故恒沸精馏较适用于分离热敏性物质。

6.7.3 分子蒸馏

分子蒸馏属于高真空度的蒸馏操作。高真空蒸馏可分为以下三类：

(1) 普通蒸馏设备，在 0.133～1.33 kPa(绝压)条件下操作。

(2) 无阻行程蒸馏(unobstructed-path distilation)。在高真空条件下，蒸发面与冷凝面距离稍大于蒸发分子的平均自由程。因蒸发分子远重于空气分子，稍多的分子间的碰撞不改变分子行程方向。

(3) 分子蒸馏和短程蒸馏(short path distilation)。蒸发面与冷凝面距离小于或等于蒸发分子的平均自由程，自蒸发面逸出的分子不与任何分子碰撞，直接奔射并冷凝在冷凝面上。由此可见，分子蒸馏与无阻行程蒸馏并无本质的差别，只是设备尺寸和操作状态的差异。

在同一蒸馏设备中，一部分是分子蒸馏，另一部分可以是无阻行程蒸馏。该蒸馏操作广泛应用于科学研究、化工、石油、医药、轻工以及油脂等工业中，以浓缩和提纯高相对分子质量、高沸点、高黏度的物质及稳定性差的有机化合物。

分子蒸馏过程是在高真空、冷、热两面相距小于或等于分子平均自由程条件下进行的。通过双组分混合物中两组分以不同速度在液相主体向蒸发界面扩散，自由蒸发奔向冷凝面而被冷凝，即完成一级分子蒸馏过程，实现一次分离。经过多级的分子蒸馏，即可使混合物达到规定的分离要求。分子蒸馏有以下特点：

(1) 分子蒸馏可在任何温度下进行，只要冷、热两面存在一定温度差，就可到达分离目的。

(2) 分子蒸馏过程的蒸发和冷凝是不可逆的，即奔射至冷凝面上的的分子不再返回蒸发面。

(3) 分子蒸馏是在液层表面上的自由蒸发，而不是在液体内鼓泡。

(4) 表示分离能力的分离因数，不但与两组分的饱和蒸气压之比有关，而且还与两组分的摩尔质量有关。

§6.8 蒸馏塔设备

塔设备是实现蒸馏和吸收两种分离操作的气液传质设备，广泛地应用于化工、石油等工业中，其结构形式基本上可以分为板式塔和填料塔两大类。

本节介绍板式塔的塔板类型，板式塔的流体力学性能。

6.8.1 概述

板式塔为逐级接触式的气液传质设备。以筛板塔为例的结构简图如图 6-34 所示。

在一个圆筒形的壳体内装有若干层按一定间距放置的水平塔板，塔板上开有很多筛孔，每层塔板靠塔壁处设有降液管。操作时，液体靠重力由上层塔板经降液管流至下层塔板，并横向流过塔板至另一降液管，如是逐板向下流，最后由塔底流出。塔板上的出口溢流堰能使板面上维持一定厚度的流动液层。气体从塔底送到最下层板的下面，靠压强差推动，逐板由下向上穿过筛孔及板上液层而流向塔顶；气体通过每层板上液层时，形成气泡与液沫，泡沫层为气、液两相接触提供足够大的相际接触面，有利于相间传质。

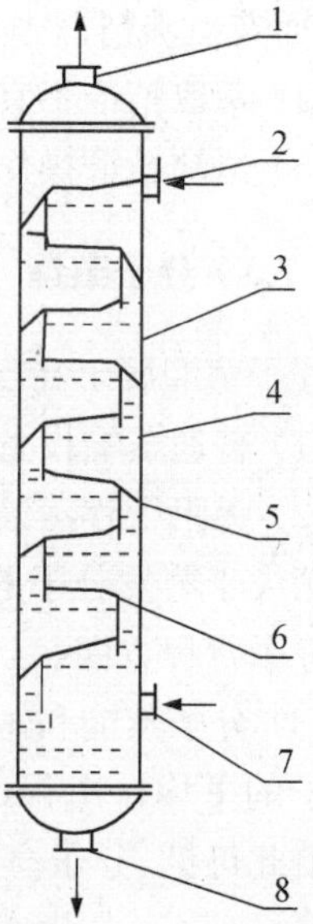

1—气体出口；2—液体入口；3—塔壳；4—塔板；5—降液管；6—出口溢流堰；7—气体入口；8—液体出口

图 6-34　板式塔结构简图

气液两相在板式塔内进行逐板接触，两相的组成沿塔高呈阶梯式变化。

板式塔气体的空塔速度较高，因而生产能力较大，塔板效率稳定，造价低，检修、清理方便，为工业上所广泛采用。

6.8.2　塔板类型

按照塔内气液流动的方式，可将塔板分为错流塔板与逆流塔板两类。

图 6-34 所示的筛板塔为错流塔板类型之一。塔内气液两相成错流流动，即液体横向流过塔板，而气体垂直穿过液层，但对整个塔来说，两相基本上成逆流流动。错流塔板降液管的设置方式及堰高，可以控制板上液体的流径与液层厚度，以期获得较高的效率。但是降液管占去一部分塔板面积，影响塔的生产能力；而且，液体横过塔板时要克服各种阻力，因而使板上液层出现位差，此位差称为液面落差。液面落差大时，能引起板上气体分布不均，降低分离效率。错流塔板广泛用于蒸馏、吸收等传质操作中。

逆流塔板亦称穿流板，板间不设降液管，气液两相同时由板上孔道逆向穿流而过。栅板、淋降筛板等都属于逆流塔板。这种塔板结构虽简单，板面利用率也高，但需要较高的气速才能维持板上液层，操作范围较小，分离效率也低，工业上应用较少。

生产中采用着各种类型的塔板，通常以下述指标来评价其性能的优劣：① 生产能力，即单位塔截面、单位时间处理的气液负荷量；② 塔板效率高；③ 塔板压降低；④ 操作弹性大；⑤ 结构简单，制造成本低。

1. 泡罩塔板

每层塔板上开有若干个孔，孔上焊有短管作为上升气体的通道，称为升气管。升气管上覆以泡罩，泡罩下部周边开有许多齿缝。齿缝一般有矩形、三角形及梯形三种，常用的是矩形。泡罩在塔板上以等边三角形的形式排列。泡罩塔板的气体通道是升气管和泡罩；由于升气管高出塔板，即使在气体负荷很低时，也不会发生严重漏液。因而泡罩塔板具有很大的操作弹性。升气管是泡罩塔区别于其他塔板的主要结构特征。

操作时，液体横向流过塔板，靠溢流堰保持塔板上有一定厚度的流动液层，齿缝浸没于液层之中而形成液封。气体从升气管上升通过齿缝进入液层时，被分散成许多细小的气泡或流股，在板上液层中充满气泡而形成鼓泡层和泡沫层，为气液两相提供了大量的传质界面。

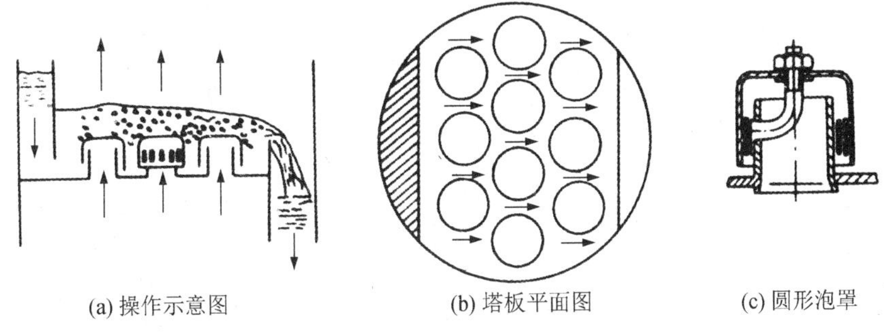

(a) 操作示意图　　(b) 塔板平面图　　(c) 圆形泡罩

图 6-35　泡罩塔板

泡罩塔的优点：因升气管高出液层，不易发生漏液现象，有较好的操作弹性，即当气液有较大的波动时，仍能维持几乎恒定的板效率；塔板不易堵塞，适用于处理各种物料。泡罩塔的缺点：塔板结构复杂，金属耗量大，造价高，安装检修不便；板上液层厚，气体流径曲折，塔的压降大，兼因雾沫夹带现象较严重；液泛气速低，限制了气速的提高，致使生产能力及塔板效率均较低。近年来，泡罩塔已逐渐被筛板塔和浮阀塔所取代。

2. 筛板

筛板塔结构如图 6-35 所示。塔板上开有许多均布的筛孔，孔径一般为 3～8 mm，筛孔在塔板上作正三角形排列。塔板上设置溢流堰，使板上能维持一定厚度的液层。操作时，上升气流通过筛孔分散成细小的流股，在板上液层中鼓泡而出，气液间密切接触而进行传质。在正常的操作气速下，通过筛孔上升的气流，应能阻止液体经筛孔向下泄漏。液体通过降液管向下流。

筛板塔的优点：结构简单，造价低廉，气体压降小，板上液面落差也较小，生产能力及塔板效率都较泡罩塔高。筛板塔的缺点：操作弹性小，筛孔小时容易堵塞。近年来采用大孔径(直径 10～25 mm)筛板，可避免堵塞，而且由于气速的提高，生产能力增大。

只要设计合理，操作正确，筛板可具有足够的操作弹性，同样可获得较满意的塔板效率，故近年来筛板塔的应用日趋广泛。

3. 浮阀塔板

浮阀塔板与泡罩塔板相比，其主要改进是取消了升气管，在塔板开孔的上方装设可浮动的阀片。

浮阀塔板的结构特点：在塔板上开有若干大孔(标准孔径为 39 mm)，每个孔上装有一个可以上下浮动的阀片。浮阀的型式很多，目前国内已采用的浮阀有五种。但最常用的浮阀型式为 F1型和 V-4 型。

F1型浮阀(国外称为 V-1 型)如图 6-36(a)所示。阀片本身有三条“腿”，插入阀孔后将各腿底脚扳转 90°，用以限制操作时阀片在板上升起的最大高度(8.5 mm)；阀片周边又冲出三块略向下弯的定距片，当气速很低时，靠这三个定距片使阀片与塔板呈点接触而坐落在阀孔上；这样，阀片与塔板间始终保持 2.5 mm 的开度，供气体均匀地流过，避免了阀片启闭不匀的脉动现象。阀片与塔板的点接触也可防止在停工后阀片与板面黏结。

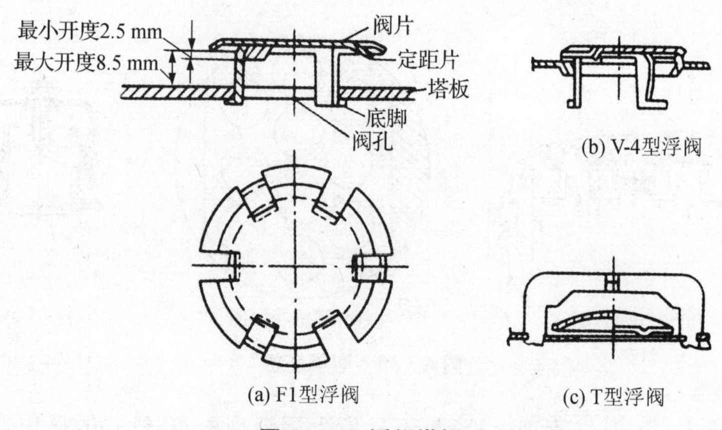

(a) F1型浮阀

(b) V-4型浮阀

(c) T型浮阀

图 6-36 浮阀塔板

操作时，浮阀可随气体流量变化自动调节开度，气量小时，阀的开度较小，气体仍能以足够气速通过环隙，避免过多的漏液；气量大时，阀片浮起，由阀脚钩住塔板来维持最大开度。由阀孔上升的气流，经过阀片与塔板间的间隙而与板上横流的液体接触。

F1 型浮阀的结构简单，制造方便，节省材料，性能良好，广泛用于化工及炼油生产中，现已列入部颁标准(JB1118—68)内。F1 型浮阀又分轻阀与重阀两种：重阀采用厚度为 2 mm 的薄板冲制，每个阀质量约为 33 g；轻阀采用厚度为 1.5 mm 的薄板冲制，每个阀质量约为 25 g。阀的质量直接影响塔内气体的压降，轻阀压降虽小，但操作稳定性较差，低气速时易漏液。一般情况下都采用重阀。

V-4 型浮阀如图 6-36(b)所示，其特点是阀孔冲成向下弯曲的文丘里形(喇叭形状)，以减小气体通过塔板时的压降。阀片除腿部相应加长外，其余结构尺寸与 F1 型轻阀无异。V-4 型浮阀适用于减压系统。

T 型浮阀如图 6-36(c)所示，拱形阀片的活动范围由固定于塔板上的支架来限制，其性能与 F1 型浮阀相近，但结构较复杂。T 型浮阀适于处理含颗粒或易聚合的物料。

为避免阀片生锈，浮阀多采用不锈钢制造。

浮阀塔具有下列优点：

(1) 生产能力大

由于浮阀塔板具有较大的开孔率，故其生产能力比泡罩塔大 20%～40%，而与筛板塔相近。

(2) 操作弹性大

由于阀片可以自由升降以适应气量的变化，故维持正常操作所容许的负荷波动范围比泡罩塔和筛板塔都宽。

(3) 塔板效率高

因上升气体以水平方向吹入液层，故气液接触时间较长而雾沫夹带量较小，塔板效率较高。

(4) 气体压降及液面落差较小

因为气液流过浮阀塔板时所遇到的阻力较小，故气体的压降及板上的液面落差都比泡罩塔板小。

(5) 塔的造价低

因构造简单，易于制造，浮阀塔的造价一般为泡罩塔的 60%～80%，为筛板塔的 120%～130%。

浮阀塔不宜处理易结焦或黏度大的系统，但对于黏度稍大及有一般聚合现象的系统，浮阀塔也能正常操作。

4. 喷射型塔板

在喷射型塔板上，气体喷出的方向与液体流动的方向一致，充分利用气体的动能来促进两相间的接触，气体不再通过较深的液层而鼓泡，因而塔板压降小，雾沫夹带量减小，提高了传质效果，而且可采用较大的气速，提高了生产能力。

(1) 舌型塔板

舌形塔板是喷射型塔板的一种，其结构如图 6-37所示，塔板上冲出许多舌形孔，舌片与板面成一定角度，向塔板的溢流出口侧张开。图中给出了舌形孔的典型尺寸，即 $\varphi = 20°$，$R = 25$ mm，$A = 25$ mm。舌孔按正三角形排列，塔板的液流出口侧不设溢流堰，只保留降液管，降液管截面积要比一般塔板设计得大些。升气流穿过舌孔后，以较高的速度(20～30 m/s)沿舌片的张角向斜上方喷出。从上层塔板降液管流出的液体，流过每排舌孔时，即被喷出的气流强烈扰动而形成泡沫体，并有部分液滴被斜向喷射到液层上方，喷射的液流冲至降液管上方的塔壁后流入降液管中。

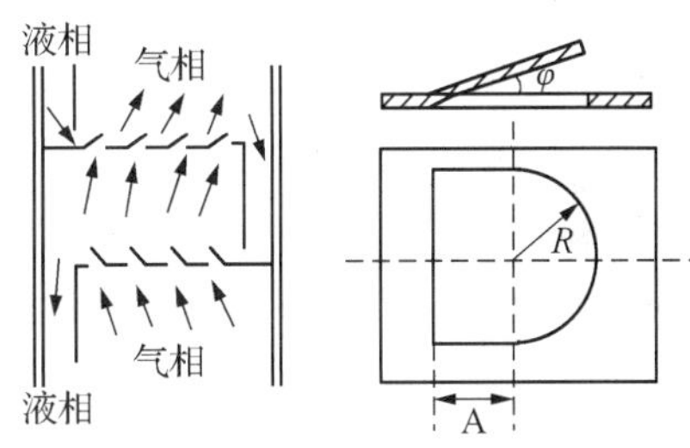

图 6-37 舌形塔板示意图

舌形塔板的开孔率较大，可采用较高的空塔气速，故生产能力大。气体通过舌孔斜向喷出时，有一个推动液体流动的水平分力，使液面落差减小，又因雾沫夹带量减小，板上无返混现象，从而强化了两相间的传质，能获得较高的塔板效率。板上液层较薄，塔板压强降小。

由于舌形塔板的气流截面积是固定的，故舌形塔板对负荷波动的适应能力差，操作弹性小。此外，被气体喷射的液流在通过降液管时，会夹带气泡到下层塔板，气相夹带现象严重，使塔板效率明显下降。

(2) 浮舌塔板

如图 6-38 所示，浮舌塔板的结构特点是，其舌片可上下浮动。因此，浮舌塔板兼有浮阀塔板和固定舌型塔板的特点，处理能力大、压降低、操作弹性大。

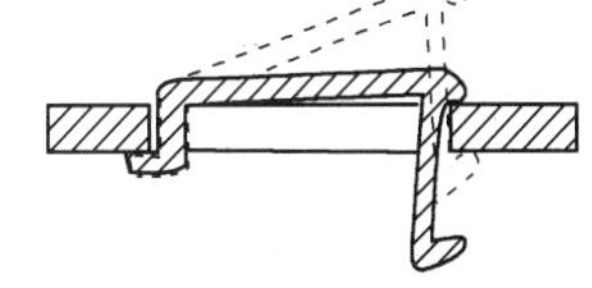
图 6-38 浮舌塔板示意图

层出不穷的新型塔板结构各有特点，应根据不同的工艺及生产需要来选择塔形。一般来说，对难分离物质的高纯度分离，希望得到高的塔板效率；对处理量大又易分离的物质，往往追求高的生产能力；而对真空精馏，则要求有低的塔板压降。

6.8.3 板式塔的流体力学性能与操作特性

1. 板式塔的流体力学性能

板式塔内的气液相流动形式和流动状态直接影响塔内的气液相传质、传热性能，为了保证板式塔的正常操作使其具有较高的塔板效率，必须使塔内的各项流体力学指标满足一定的条件。

(1) 塔板上气液两相的接触状态

塔板上气液两相的接触状态是决定两相流体力学、传热及传质特性的重要因素。当液相流量一定时，随着气速的提高，塔板上可能出现 4 种不同的接触状态，即鼓泡状、蜂窝状、泡沫状和喷射状。其中，泡沫状和喷射状均是优良的塔板工作状态。从减小液沫夹带考虑，大多数塔板都控制在泡沫接触状态下操作。

(2) 塔板压降

上升的气流通过塔板时需要克服以下几种阻力：塔板本身的干板阻力(板上各部件所造成的局部阻力)、板上充有气液层的静压强和液体的表面张力。气体通过塔板时克服这三部分阻力就形成了该板的总压降。

气体通过塔板时的压降是影响板式塔操作特性的重要因素。气体通过各层塔板的压降直接影响到塔底的操作压强。若塔板压降过大，对于吸收操作，送气压强要高；对于精馏操作，则釜压要高；特别对真空精馏，塔板压降则成为主要性能指标，因塔板压降增大，导致釜压升高，便失去了真空操作的特点。

从另一方面分析，对精馏过程，若干板压降增大，一般可使塔板效率提高，板上液层适当增厚，气液传质时间增长，显然效率也会提高，但使塔板压降增大。因此，进行塔板设计时，应综合考虑，在保证较高塔板效率的前提下，力求减小塔板压降，以降低能耗及改善塔的操作性能。

(3) 液面落差

当液体横向流过板面时，为克服板面的摩擦阻力和板上部件(如泡罩、浮阀)的局部阻力，需要一定的液位差，则在板面上会形成液面落差，以 Δ 表示。液层厚度的不均匀性(有液面落差 Δ)将引起气流的不均匀分布，从而造成漏液，使塔板效率严重降低。

液面落差与塔板结构有关：泡罩塔板结构复杂，液体在板面上流动阻力大，使液面落差大；浮阀塔板液面落差较小；筛板塔板面结构简单，液面落差最小，在塔径不很大的情况下，常可忽略。

液面落差除与塔板结构有关外，还与塔径和液体流量有关，当塔径或液体流量很大时，也会造成较大的液面落差。

2. 板式塔的操作特性

(1) 塔板上的异常现象

① 漏液

对板面上开有通气孔的塔，如筛板塔、浮阀塔等，当上升气体流速减小，气体通过升气孔道的动压不足以阻止板上液体经孔道流下时，便会出现漏液现象。错流型的塔板在正常操作时，液体应沿塔板流动，在板上与垂直向上流动的气体进行错流接触后由降液管流下。而漏液发生时,液体经升气孔道流下,必然影响气液在塔板上的充分接触,使塔板效率下降,严重的漏液会使塔板不能积液而无法操作。为保证塔的正常操作,漏液量应不大于液体流量的10%。

造成漏液的主要原因是气速太小和板面上液面落差所引起的气流的分布不均,在塔板入口的厚液层处往往出现漏液,所以常在塔板入口处留出一条不开孔的安定区。

漏液量达10%的气流速度为漏液速度,这是塔操作的下限气速。

② 雾沫夹带

上升气流穿过塔板上的液层时,将板上液体带入上层塔板的现象称为雾沫夹带。雾沫的生成固然可增大气液两相的传质面积,但过量的雾沫夹带造成液相在塔板间的返混,进而导致塔板效率严重下降。为了保证板式塔能维持正常的操作效果,生产中将雾沫夹带限制在一定限度以内,规定每千克上升气体夹带到上层塔板的液体量不超过0.1 kg,即控制雾沫夹带量$e_V<0.1$ kg(液)/kg(气)。

影响雾沫夹带量的因素很多,最主要的是空塔气速和塔板间距。空塔气速增高,雾沫夹带量增大,塔板间距增大,可使雾沫夹带量减小。

③ 液泛

塔内气相靠压力差自下而上逐板流动,液相靠重力自上而下通过降液管而逐板流动。显然,液体是自低压空间流至高压空间。因此,塔板正常工作时,降液管中的液面必须有足够的高度,以克服两板间的压降而流动。若气相或液相的流量增大,使降液管内液体不能顺利向下流,管内液体必然积累,当管内液体增高到越过溢流堰顶部时,两板间液体相连,该层塔板产生积液,并依次上升,这种现象称为液泛,亦称淹塔。此时,塔板压降上升,全塔操作被破坏,故操作时应避免液泛发生。

对一定的液体流量,气速过大,气体穿过板上液层时,造成两板间压降增大,使降液管内液体不能下降而造成液泛。液泛时的气速为塔操作的上限速度。从传质角度考虑,气速增高,气液间形成湍动的泡沫层,使传质效率提高,但应控制在液泛速度以下,以进行正常操作。

当液体流量过大时,降液管的截面不足以使液体通过,管内液面升高,也会发生液泛现象。

影响液泛速度的因素,除气液流量和流体物性外,塔板结构特别是塔板间距也是重要参数,设计中采用较大的板间距,可提高液泛速度。

(2) 塔板的负荷性能图

影响板式塔操作状况和分离效果的主要因素为物料性质、塔板结构及气液负荷。

对一定的物系,在塔板结构尺寸已经确定的情况下,必相应有一个适宜的气液负荷范围。气液两相在各种流动条件的上下限组合可构成塔板的负荷性能图。通常在直角坐标系中,以气相负荷V及液相负荷L分别表示纵、横坐标,标绘各种极限条件下的$V-L$关系曲线,从而得到塔板的适宜气、液流量范围的图形,即塔板负荷性能图。

负荷性能图对检验塔的设计是否合理,了解塔的操作状况以及改进塔板操作性能都具有一定的指导意义。

负荷性能图的示意图如图6-39所示,通常由以下几条曲线组成:

① 雾沫夹带线(线1)

当气相负荷超过此线时,雾沫夹带量将过大,使塔板效率严重下降,塔板适宜操作区应在雾沫夹带线以下。

② 液泛线(线 2)

塔板的适宜操作区应在此线以下,否则将会发生液泛现象,使塔不能正常操作。

③ 液相负荷上限线(线 3)

该线又称降液管超负荷线。液体流量不能超过此线,超过此线,表明液体流量过大,液体在降液管内停留时间过短,进入降液管中的气泡来不及与液相分离而被带入下层塔板,造成气相返混,降低塔板效率。

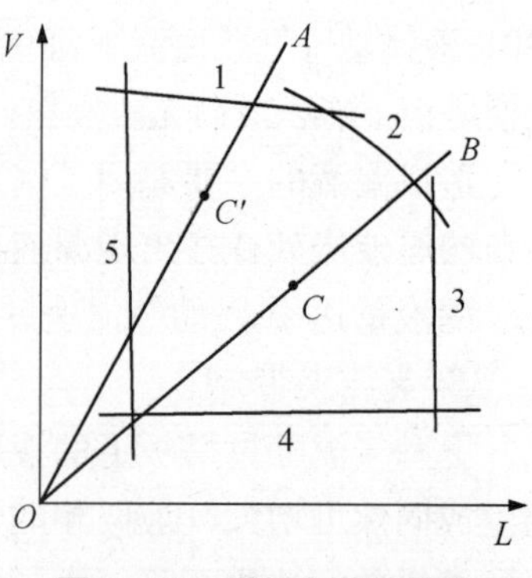

图 6-39 塔板负荷性能图

④ 漏液线(线 4)

该线为气相负荷下限线。气相负荷低于此线,将发生严重的漏液现象,气液不能充分接触,使塔板效率下降。

⑤ 液相负荷下限线(线 5)

液相负荷低于此线,使塔板上液流不能均匀分布,导致塔板效率下降。

诸线所包围的区域,便是塔板的适宜操作范围。在此范围内,气液两相流量的变化对板效率影响不大,塔板的设计点都必须位于上述范围之内,才能获得合理的塔板效率。

操作时的气相流量 V 与液相流量 L 在负荷性能图上的坐标点称为操作点。在连续精馏塔中,回流比为定值,该板上的 V/L 也为定值。因此,每层塔板上的操作点是沿通过原点、斜率为 V/L 的直线而变化,该直线称为操作线,即图上的 OA 或 OB 线。

操作线(OA 或 OB 线)与负荷性能图上曲线的两个交点,分别表示塔的上、下操作极限,两极限的气体流量之比,称为塔板的操作弹性。操作弹性大,说明塔适应变动负荷的能力大,操作性能好。

操作点位于操作区内的适中位置,可望获得稳定良好的操作效果。如果操作点紧靠某一条边界线,则当负荷稍有波动时,便会使塔的正常操作受到破坏。显然,图中操作点 C 优于点 C'。

同一层塔板,操作情况不同,控制负荷上下限的因素(或对象)也不同。

如在 OA 线的液气比下操作,上限为雾沫夹带控制(线 1),下限为液相负荷下限控制(线 5);在 OB 线的液气比下操作,上限为液泛控制(线 2),下限为漏液控制(线 4)。

物系一定时,负荷性能图中,各条线的相对位置随塔板结构尺寸而变。因此,在设计塔板时,应根据操作点在负荷性能图中的位置,适当调整塔板结构参数,以改进负荷性能图,满足所需的弹性范围。例如:加大板间距或增大塔径,可使液泛线 2 上移;增加降液管截面积,可使液相上限线 3 右移;减少塔板开孔率,可使漏液线 4 下移;等等。

应该指出,各层塔板上的操作条件(温度、压强)、物料组成及性质均有所不同,因而各层板上的气、液负荷不同,表明各层塔板操作范围的负荷性能图也有差异。因此,在设计计算中,考查塔的操作性能时,应以最不有利情况下的塔板进行验算。

习 题

1. 已知苯 0.5(摩尔分数)的苯-甲苯混合物,若压力为 99 kPa(绝压),试求该溶液的泡点温度。

习题 1 附表

t/ ℃	80.1	85	90	95	100	105	110
x	1.000	0.780	0.581	0.412	0.259	0.131	0
y	1.000	0.901	0.780	0.633	0.456	0.262	0

2. 乙苯、苯乙烯混合物是理想物系，纯组分的蒸气压如下：

乙苯：$\lg p_A^\circ = 6.082\,40 - \dfrac{1\,424.226}{213.205 + t}$　　苯乙烯：$\lg p_B^\circ = 6.082\,32 - \dfrac{1\,445.58}{209.43 + t}$

式中 p°的单位是 kPa，t 为 ℃。

试求：(1) 塔顶总压为 10 kPa 时，组成为 0.6(乙苯的摩尔分数)的蒸气温度；(2) 与上述气相成平衡的液相组成。

3. 在连续精馏塔中分离由二硫化碳和四氯化碳所组成的混合液。已知原料液流量 F 为 4 000 kg/h，组成 x_F 为 0.3(二硫化碳的质量分数，下同)。若要求釜液组成 x_W 不大于 0.05，馏出液回收率为 88%。试求馏出液的流量和组分，分别以摩尔流量和摩尔分数表示。

4. 在常压操作的连续精馏塔中分离含甲醇 0.4 与水 0.6(均为摩尔分数)的溶液，试求以下各种进料状况下的 q 值：(1) 进料温度 40 ℃；(2) 泡点进料；(3) 饱和蒸气进料。

习题 4 附表

t/ ℃	x	y	t/ ℃	x	y
100.0	0.00	0.000	75.4	0.40	0.728
96.4	0.02	0.133	73.0	0.50	0.779
93.5	0.04	0.234	71.2	0.60	0.824
91.2	0.06	0.305	69.8	0.70	0.871
89.2	0.08	0.367	67.5	0.80	0.915
87.6	0.10	0.420	66.2	0.90	0.958
84.3	0.15	0.519	65.1	0.95	0.970
82.5	0.20	0.597	64.5	1.00	1.000
78.1	0.30	0.663			

5. 对习题 3 中的溶液，若原料液流量为 100 kmol/h，馏出液组成为 0.95，釜液组成为 0.04(以上均为易挥发组分的摩尔分数)，回流比为 2.5，试求产品的流量、精馏段的下降液体流量和提馏段的上升蒸气流量。假设塔内气液相均为恒摩尔流。

6. 某连续精馏操作中，已知精馏段 $y = 0.723x + 0.263$；提馏段 $y = 1.25x - 0.0187$。若原料液于露点温度下进入精馏塔中，试求原料液、馏出液和釜残液的组成及回流比。

7. 在常压连续精馏塔中，分离苯和甲苯的混合溶液。若原料为饱和液体，其中含苯 0.5(摩尔分数，下同)。塔顶馏出液组成为 0.9，塔底釜残液组成为 0.1，回流比为 2.0，试求理论板层数和加料板位置。苯-甲苯平衡数据见习题1附表。

8. 在连续精馏塔中分离某种组成为0.5(易挥发组分的摩尔分数,下同)的两组分理想溶液。原料液于泡点下进入塔内。塔顶采用分凝器和全凝器,分凝器向塔内提供回流液,其组成为0.88,全凝器提供组成为0.95的合格产品。塔顶馏出液中易挥发组分的回收率为96%。若测得塔顶第一层板的液相组成为0.79,试求:(1)操作回流比和最小回流比;(2)若馏出液流量为100 kmol/h,则原料液流量为多少?

9. 在连续操作的板式精馏塔中分离苯-甲苯的混合液。在全回流条件下测得相邻板上的液相组成分别为0.28、0.41和0.57,试计算三层中较低的两层的单板效率E_{mV}。

操作条件下苯-甲苯混合液的平衡数据如下:

x	0.26	0.38	0.51
y	0.45	0.60	0.72

1. 蒸馏的目的是什么?蒸馏操作的基本依据是什么?
2. 讨论溶液的气液平衡关系有何意义?
3. 压力气液平衡有何影响?一般如何确定精馏塔的操作压力?
4. 何为泡点和露点?如何进行计算?
5. 精馏原理是什么?精馏与简单蒸馏有何不同?
6. 为什么说理论板是一种假定?理论板的引入在精馏计算中有何重要意义?
7. 在精馏计算中,恒摩尔流假设成立的条件是什么?如何简化精馏计算?
8. q线方程或进料方程是如何获得的?
9. 进料量对理论板层数有无影响,为什么?
10. 在分离任务一定时,进料热状况对所需的理论板层数有何影响?
11. 全回流操作的特点是什么,有何实际意义?
12. 回流比对理论板层数有何影响?
13. 影响精馏操作有哪些主要因素?
14. 馏出液组成恒定的间歇精馏有何特点,其理论板层数如何确定?
15. 回流比恒定的间歇精馏有何特点,其理论板层数如何确定?
16. 恒沸精馏、萃取精馏的原理是什么?有何区别?
17. 评价塔板性能的指标有哪些方面?开发新型塔板应考虑哪些问题?
18. 塔板上有哪些异常操作现象,其对精馏操作有何影响?

石油的炼制

内容请见二维码

本章符号说明

英文字母	意 义	单 位	英文字母	意 义	单 位
b	操作线截距		p	组分的分压	Pa
c	比热容	kJ/(kmol·℃) 或 kJ/(kg·℃)	p	系统总压或外压	Pa
C	独立组分数		q	进料热状况参数	
D	塔顶产品(馏出液)流量	kmol/h	Q	传热速率或热负荷	kJ/h 或 kW
D	瞬间馏出液量	kmol	r	加热蒸气冷凝热	kJ/kg
D	塔径	m	R	回流比	
E	塔效率		t	温度	℃
F	原料液流量	kmol/h	T	热力学温度	K
HETP	理论板当量高度	m	u	气相空塔速度	m/s
I	物质的焓	kJ/kg	v	组分的挥发度	Pa
K	相平衡常数		v	组分的逸度	Pa
L	塔内下降液体摩尔流量	kmol/h	V	上升蒸气摩尔流量	kmol/h
M	平衡线斜率		W	塔底产品(釜残液)流量	kmol/h
m	提馏段理论板层数		W	瞬间釜液量	kmol
M	摩尔质量	kg/kmol	x	液相中易挥发组分的摩尔分数	
n	精馏段理论板层数		y	气相中易挥发组分的摩尔分数	
N	理论板层数		Z	塔高	m

希腊字母	意 义	单 位	希腊字母	意 义	单 位
α	相对挥发度		ρ	密度	kg/m^3
γ	活度系数		τ	时间	h 或 s
μ	黏度	mPa·s			

下标	意　义	下标	意　义	下标	意　义
A	易挥发组分	i	组分序号	o	标准状况
B	难挥发组分	L	液相	P	实际的
c	冷却或冷凝	m	平均	q	q 线与平衡线的交点
C	冷凝器	m	提馏段或塔板序号	s	秒
D	馏出液	min	最小或最少	T	理论的
E	最终	n	塔板序号	V	气相
F	原料液	n	精馏段	W	釜残液
h	加热				

上标	意　义	上标	意　义	上标	意　义
°	纯态	*	平衡状态	′	提馏段

参考文献

[1]　大连理工大学编. 化工原理.北京：高等教育出版社,2002.

[2]　管国锋,赵汝国主编.化工原理.3 版.北京：化学工业出版社,2008.

[3]　夏清,贾绍义主编.化工原理 .2 版.北京：化学工业出版社,2012.

[4]　陈敏恒,丛德滋等编.化工原理.3 版.北京：化学工业出版社,2006.

第7章　吸　　收

学习目的：

通过本章学习，应掌握吸收的基本概念和机理，学会应用这些机理分析和解决化工实际中的有关问题。

重点掌握的内容：

气体吸收过程的平衡关系；气体吸收过程的速率关系；低浓度气体吸收过程的计算。

熟悉的内容：

菲克定律；双膜理论；填料特性参数（比表面、空隙率、填料因子）的定义。

一般了解的内容：

溶质渗透模型和表面更新模型；吸收系数；了解常见填料形状类型。

§7.1　概　　述

7.1.1　吸收过程及其应用

在化工生产中，经常遇到从气体混合物中分离出一种或一种以上组分问题，吸收操作是常用的分离方法之一。吸收是将混合气与某种溶剂接触，利用混合气中各组分在溶剂中的溶解度的差异或与溶剂中活性组分的化学反应活性的差异，使易溶组分溶解于溶剂中而与气体分离的一种化工单元操作。通常将该溶剂称为吸收剂，以S表示；易溶组分称为吸收物质和溶质，以A表示；不能被吸收剂吸收（或微量吸收）的气相组分称为惰性组分或载体，以B表示；吸收操作所得到的溶液称为吸收液或溶液，其成分为溶剂S和溶质A；排出的气体称为吸收尾气，其主要成分除惰性气体B外，还有未溶解的溶质A。解吸是吸收的逆过程，即溶液中的某种组分从液相转移到气相的操作，工业中又称为脱吸或气提。

吸收过程常在吸收塔中进行，图7-1为逆流操作的吸收塔示意图。气体的吸收在化工生产中主要达到以下几种目的：

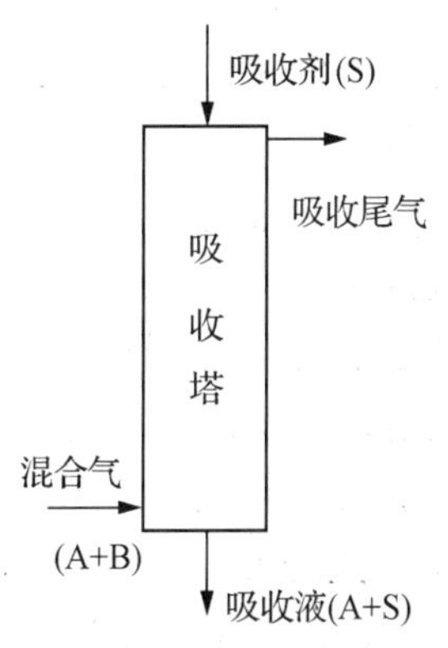

图7-1　吸收操作示意图

(1) 分离气体混合物以回收所需的组分。例如用硫酸处理焦炉气以回收其中的氨，用洗油处理焦炉气以回收其中的芳烃，用液态烃处理裂解气以回收其中的乙烯、丙烯等。

(2) 工业气体的净化或精制。例如在煤火渣油为原料的合成氨生产中，H_2S会使CO变换反应催化剂中毒，可以采用低温

甲醇将气体中的 H_2S 脱除。

(3) 有害气体的治理。例如从排入大气的废气中脱除 SO_2 和氮的氧化物等，此时往往可回收有价值的物质。

(4) 制取化工产品。用液体吸收气体中的可溶组分以制得产品。例如水吸收 SO_2 以制备硫酸，吸收 HCl 以制备盐酸。

7.1.2 工业吸收过程

工业吸收过程通常在吸收塔内进行，最常用的吸收设备是填料塔和板式塔。当溶质有回收价值、吸收剂价格较高或有环境约束时，通常将吸收后的溶剂再生。解吸是常用的再生方法，因此一个完整的吸收过程一般包含吸收和解吸(再生)两部分。现以煤气脱苯为例，说明吸收操作的流程，如图 7-2 所示。

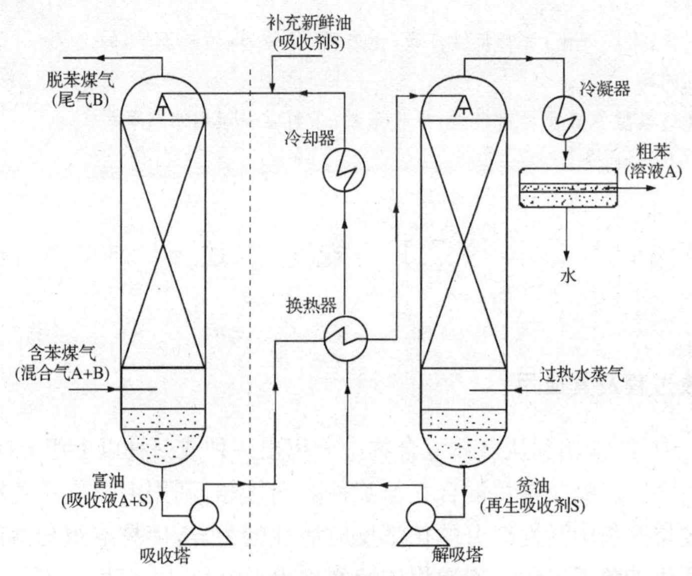

图 7-2 煤气脱苯过程

在城市煤气的生产过程中，通过汽化炉产生的汽化气中，除 H_2、CO、CO_2、H_2S 外，还含有苯、甲苯等低碳氢化合物，应予以回收。回收通常采用吸收操作，吸收剂为该工艺的副产物——洗油。整个工艺流程包括以吸收塔为核心的苯吸收过程和以解吸塔为核心的苯解吸过程。

含苯煤气在常温下从塔底进入吸收塔，含苯浓度较低的洗油从塔顶淋下，气、液两相逆流接触，煤气中的苯溶于洗油中，使吸收塔塔顶净化煤气中苯含量降至允许值($<2\ g/m^3$)，含苯浓度较高的洗油(富液)从塔底排出。为回收洗油中的苯并使洗油循环使用，将富液送至解析塔顶部，过热水蒸气从解吸塔底部进入。在解吸塔内气、液两相充分接触，苯从洗油中解吸出来，进入气相水蒸气中从塔顶排出，气相经冷凝器冷凝后进入分液罐分层后得到粗苯，脱除溶质的洗油(贫液)从塔底排出，贫液作为吸收剂再次送到吸收塔循环使用。

根据上述煤气脱苯的操作过程，采用吸收操作实现气体混合物的分离需解决下列问题：

(1) 选择合适的溶剂，使其能够溶解待分离组分；

(2) 提供适当的气液传质设备,保证传质过程的完成;

(3) 溶剂再生,即将溶质与溶剂分离,以获得溶质产品和可重新使用的溶剂。

7.1.3 吸收过程的分类

实际生产中所遇到的情况是比较复杂的,所选用的吸收剂也多种多样,因而与之相适应的吸收和解吸过程也不尽相同,工业上的吸收过程通常按以下方法分类:

1. 单组分吸收与多组分吸收

吸收过程按被吸收组分数目的不同,可分为单组分吸收和多组分吸收。若混合气体中只有一个组分进入液相,其余组分不溶(或微溶)于吸收剂,这种吸收过程称为单组分吸收;反之,若在吸收过程中,混合气中进入液相的气体溶质不止一个,这样的吸收称为多组分吸收。

2. 物理吸收与化学吸收

在吸收过程中,如果溶质与溶剂之间不发生显著的化学反应,可以把吸收过程看成气体溶质单纯地溶解于液相溶剂的物理过程,则称为物理吸收;相反,如果在吸收过程中气体溶质与溶剂(或其中的活泼组分)发生显著的化学反应,则称为化学吸收。

物理吸收中,溶质与溶剂结合力较弱,解吸比较方便;而化学吸收中,吸收剂的选择性高、生产强度高,在工业上获得广泛使用。

3. 低浓度吸收与高浓度吸收

在吸收过程中,若溶质在气液两相中的摩尔分数均较低(通常不超过 0.1),这种吸收称为低浓度吸收;反之,则称为高浓度吸收。对于低浓度吸收过程,由于气相中溶质浓度较低,传递到液相中的溶质量相对于气、液相流率也较小,因此流经吸收塔的气、液相流率均可视为常数。

4. 等温吸收与非等温吸收

气体溶质溶解于液体时,常由于溶解热或化学反应热而产生热效应,热效应使液相的温度逐渐升高,这种吸收称为非等温吸收。若吸收过程的热效应很小,或虽然热效应较大,但吸收设备的散热效果很好,能及时移出吸收过程所产生的热量,此时液相的温度变化并不显著,这种吸收称为等温吸收。

工业生产中的吸收过程以低浓度吸收为主。本章讨论单组分低浓度的等温物理吸收过程。

§7.2 气体吸收的相平衡关系

7.2.1 气体的溶解度

在一定的温度和压力下,使一定量的吸收剂与混合气体接触,气相中的溶质便向液相溶剂中转移,直至液相中溶质组成达到饱和为止。此时并非没有溶质分子进入液相,只是在任何时刻进入液相中的溶质分子数与从液相逸出的溶质分子数恰好相等，这种状态称为相际动平衡，简称相平衡或平衡。平衡状态下气相中的溶质分压称为平衡分压或饱和分压，液相中的溶质组成称为平衡组成或饱和组成。气体在液体中的溶解度，就是指气体在液体中的饱和组成，习惯上常以单位质量（或体积）的液体中所含溶质的质量来表示。

气体在液体中的溶解度可通过实验测定。由实验结果绘成的曲线称为溶解度曲线，在同一种溶剂中，不同气体的溶解度有很大差异。图7－3、图7－4和图7－5分别表示常压下氨、二氧化硫和氧在水中的溶解度与其在气相中分压之间的关系（以温度为参数）。图中的关系线为溶解度曲线，从图分析可知：

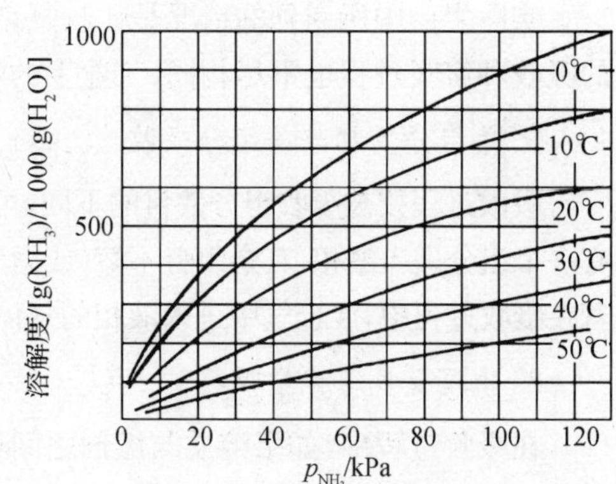

图 7－3 氨在水中的溶解度

（1）在同一溶剂（水）中，相同的温度和溶质分压下，不同气体的溶解度差别很大，其中氨在水中的溶解度最大，氧在水中的溶解度最小。这表明氨易溶于水，氧难溶于水，而二氧化硫则居中。

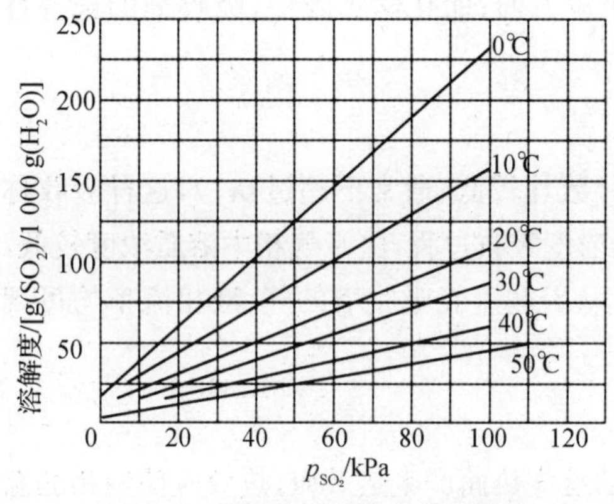

图 7－4 二氧化硫在水中的溶解度

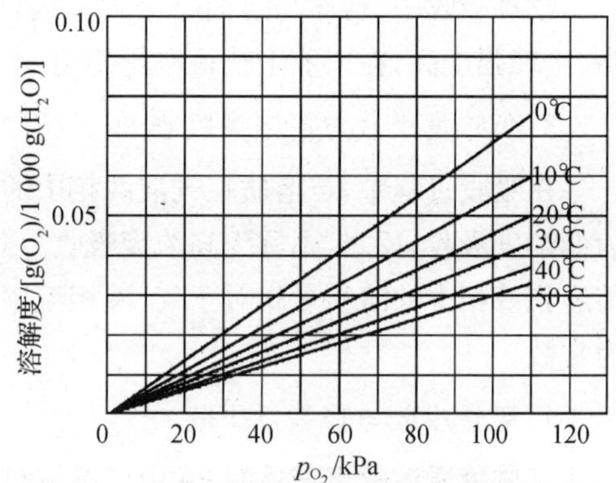

图 7－5 氧在水中的溶解度

（2）对同一溶质，在相同的气相分压下，溶解度随温度的升高而减小。

（3）对同一溶质，在相同的温度下，溶解度随气相分压的升高而增大。

由溶解度曲线所显示的上述规律性可看出，加压和降温有利于吸收操作，因为加压和降温可提高气体溶质的溶解度；反之，减压和升温则有利于解吸操作。

7.2.2 亨利定律

对于稀溶液或难溶气体，在一定温度下，当总压不很高（通常不超过 500 kPa）时，互成平衡的气液两相组成间的关系用亨利（Henry）定律来描述。因组成的表示方法不同，故亨利定律亦有不同的表达形式。

1. $p_i^*-x_i$关系

$$p_i^* = Ex_i \tag{7-1}$$

式中：p_i^* 为溶质在气相中的平衡分压，kPa；x_i 为溶质在液相中的摩尔分数；E 为亨利系数，kPa。

式(7-1)称为亨利定律。该式表明，稀溶液上方的溶质分压与该溶质在液相中的摩尔分数成正比，其比例系数为亨利系数。

对于理想溶液，在压力不高及温度恒定的条件下，$p_i^*-x_i$ 关系在整个组成范围内都符合亨利定律，而亨利系数即该温度下纯溶质的饱和蒸气压，此时亨利定律与拉乌尔定律是一致的。但实际的吸收操作所涉及的系统多为非理想溶液，此时亨利系数不等于纯溶质的饱和蒸气压，且只在液相溶质组成很低时才是常数。因此，亨利定律的适用范围是溶解度曲线的直线部分。

对于一定的气体溶质和溶剂，亨利系数随温度而变化。一般说来，温度升高，则 E 增大，这体现了气体的溶解度随温度升高而减小的变化趋势。在同一溶剂中，难溶气体的 E 值很大，而易溶气体的 E 值则很小。

2. $p_i^*-c_i$ 关系

若溶质在气、液相中的组成分别以分压 p_i^*、摩尔浓度 c_i 表示，则亨利定律可写成如下的形式，即

$$p_i^*=\frac{c_i}{H} \tag{7-2}$$

式中：p_i^* 为溶质在气相中的平衡分压，kPa；c_i 为溶液中溶质的摩尔浓度，$kmol/m^3$；H 为溶解度系数，$kmol/(m^3\cdot kPa)$。

溶解度系数 H 也是温度的函数。对于一定的溶质和溶剂，H 值随温度升高而减小。易溶气体的 H 值很大，而难溶气体的 H 值则很小。

溶解度系数 H 与亨利系数 E 的关系推导如下：设溶液的体积为 $V\ m^3$，溶质 A 的浓度为 $c\ kmol(A)/m^3$，密度为 $\rho\ kg/m^3$，则溶质 A 的总量为 cV kmol，溶剂 S 的总量为 $\frac{\rho-c_iM_A}{M_S}$ kmol（M_A 及 M_S 分别为溶质 A 和溶剂 S 的摩尔质量），于是溶质 A 在液相中的摩尔分率为

$$x_i=\frac{c_i}{c_i+\frac{\rho-c_iM_A}{M_S}}=\frac{c_iM_S}{\rho+c_i(M_S-M_A)} \tag{7-3}$$

将上式代入式(7-1)，可得

$$p_i^*=\frac{Ec_iM_S}{\rho+c_i(M_S-M_A)}$$

将此式与式(7-2)比较，可知

$$\frac{1}{H}=\frac{EM_S}{\rho+c_i(M_S-M_A)}$$

对稀溶液，c 值很小，则 $c_i(M_S-M_A)\ll\rho$，故上式可简化为

$$H=\frac{\rho}{EM_S} \tag{7-4}$$

3. $x_i - y_i$关系

若溶质在气、液相中的组成分别以摩尔分数 y、x 表示，则亨利定律可写成如下的形式，即

$$y_i^* = m x_i \tag{7-5}$$

式中：x_i 为液相中溶质的摩尔分数；y_i 为与液相成平衡的气相中溶质的摩尔分数；m 为相平衡常数，或称为分配系数。

若系统总压为 p，由理想气体分压定律可知

$$p_i = p y_i,\ p_i^* = p y_i^*$$

将上式代入式(7-1)可得

$$p y_i^* = E x_i,\ y_i^* = \frac{E}{p} x_i$$

将此式与式(7-5)相比较，可得

$$m = \frac{E}{p} \tag{7-6}$$

对于一定的物系，相平衡常数 m 是温度和压力的函数，其数值可由实验测得。由 m 值同样可以比较不同气体溶解度的大小，m 值越大，则表明该气体的溶解度越小；反之，则溶解度越大。

4. $X_i - Y_i$关系

在吸收过程中，混合物的总摩尔数是变化的。如用水吸收混于空气中氨的过程，氨作为溶质可溶于水中，而空气与水不能互溶(称为惰性组分)。随着吸收过程的进行，混合气体及混合液体的摩尔数是变化的，而混合气体及混合液体中的惰性组分的摩尔数是不变的。此时，若用摩尔分率表示气、液相组成，计算很不方便。为此引入以惰性组分为基准的摩尔比来表示气、液相的组成，摩尔比的定义如下：

$$X_i = \frac{\text{液相中溶质的摩尔数}}{\text{液相中溶剂的摩尔数}} = \frac{x_i}{1 - x_i} \tag{7-7}$$

$$Y_i = \frac{\text{气相中溶质的摩尔数}}{\text{气相中惰性组分的摩尔数}} = \frac{y_i}{1 - y_i} \tag{7-8}$$

由上两式可知

$$x_i = \frac{X_i}{1 + X_i},\ y_i = \frac{Y_i}{1 + Y_i}$$

将上两式代入式(7-5)，可得

$$\frac{Y_i^*}{1 + Y_i^*} = m \frac{X_i}{1 + X_i}$$

整理后得到

$$Y_i^* = \frac{mX_i}{1+(1-m)X_i} \tag{7-9}$$

当溶质组成很低时，$(1-m)X_i \ll 1$，则式(7-9)可简化为

$$Y_i = mX_i \tag{7-10}$$

式(7-10)表明当液相中溶质组成足够低时，平衡关系在 Y-X 图中可近似地表示成一条通过原点的直线，其斜率为 m。

例 7-1 含有10%(体积分数)C_2H_2的某种混合气体与水充分接触，系统温度为30 ℃，总压为101.33 kPa。试求达到平衡时液相中C_2H_2的摩尔浓度。

解 混合气体按理想气体处理，由理想气体分压定律可知，C_2H_2在气相中的分压为

$$p_i = py_i = 101.33 \times 0.1 \text{ kPa} = 10.13 \text{ kPa}$$

C_2H_2 为难溶于水的气体，其水溶液中组分很低，故气液平衡关系符合亨利定律，并且溶液的密度可按纯水的密度计算。

查得30 ℃水的密度为 $\rho = 995.7 \text{ kg/m}^3$

由 $c_i = Hp_i$ 和 $H = \dfrac{\rho}{EM_S}$ 知，$c_i^* = \dfrac{\rho}{EM_S}p_i$

30 ℃时C_2H_2在水中的亨利系数 $E = 1.48 \times 10^5$ kPa，则

$$c_i^* = \frac{\rho}{EM_S}p_i = \frac{1\,000}{1.48 \times 10^5 \times 18} \times 10.13 \text{ kmol/m}^3 = 3.79 \times 10^{-3} \text{ kmol/m}^3$$

7.2.3 吸收剂的选择

吸收是气体溶质在吸收剂中溶解的过程。因此，吸收剂性能的优劣往往是决定吸收效果的关键。选择吸收剂应注意以下几点：

1. 溶解度

吸收剂对溶质组分的溶解度越大，则传质推动力越大，吸收速率越快，且吸收剂的耗用量越少。

2. 选择性

吸收剂应对溶质组分有较大的溶解度，而对混合气体中的其他组分溶解度甚微，否则不能实现有效的分离。

3. 挥发度

在吸收过程中，吸收尾气往往为吸收剂蒸气所饱和。故在操作温度下，吸收剂的蒸气压要低，即挥发度要小，以减少吸收剂的损失量。

4. 黏度

吸收剂在操作温度下的黏度越低，其在塔内的流动阻力越小，扩散系数越大，这有助于传质速率的提高。

5. 其他

所选用的吸收剂应尽可能无毒性、无腐蚀性、不易燃易爆、不发泡、冰点低、价廉易得，且化学性质稳定。

7.2.4 相平衡关系在吸收过程中的应用

相平衡关系描述的是气、液两相接触传质的极限状态。根据气、液两相的实际组成与相应条件下平衡组成的比较，可以判断传质进行的方向，确定传质推动力的大小，指明传质过程所能达到的极限。

1. 判断传质进行的方向

若气液相平衡关系为 $y_i^* = mx_i$，如果气相中溶质的实际组成 y_i 大于与液相溶质组成相平衡的气相溶质组成 y_i^*，即 $y_i > y_i^*$（或液相的实际组成 x_i 小于气相组成 y_i 相平衡的液相组成 x_i^*，即 $x_i < x_i^*$），说明溶液还没有达到饱和状态，此时气相中的溶质必然要继续溶解，传质的方向由气相到液相，即进行吸收；反之，传质方向由液相到气相，即发生解吸。

2. 确定传质的推动力

传质的推动力通常用一相的实际组成与其平衡组成的偏离程度表示。若气液相平衡关系为 $y_i^* = mx_i$，则以气相组成差的推动力为 $\Delta y_i = y_i - y_i^*$，以液相组成差的推动力为 $\Delta x_i = x_i^* - x_i$。

同理，若气液相平衡关系为 $p_i^* = c_i/H$，则以气相分压差表示的推动力为 $\Delta p_i = p_i - p_i^*$，以液相组成差的推动力为 $\Delta c_i = c_i^* - c_i$。

3. 指明传质过程进行的极限

平衡状态是传质过程进行的极限。对于以净化气体为目的的逆流吸收过程，无论气体流量有多小，吸收剂流量有多大，吸收塔有多高，出塔净化气溶质的组成 y_{i2} 最低不会低于与入塔吸收剂组成 x_{i2} 相平衡的气相溶质组成 y_{i2}^*，即

$$y_{i2,\,\min} \geqslant y_{i2}^* = mx_{i2}$$

同理，对以制取液相产品为目的的逆流吸收，出塔吸收液的组成 x_{i1} 不可能大于与入塔气相组成 y_{i1} 相平衡的液相组成 x_{i1}^*，即

$$x_{i1,\,\max} \leqslant x_{i1}^* = \frac{y_{i1}}{m}$$

由此可见，相平衡关系限定了被净化气体离塔时的最低组成和吸收液离塔的最高组成。一切相平衡都是有条件的，通过改变平衡条件可以得到有利于传质过程的新的相平衡关系。

例 7-2 在总压 101.3 kPa、温度 30 ℃的条件下，SO_2 摩尔分数为 0.3 的混合气体与 SO_2 摩尔分数为 0.01 的水溶液相接触。

(1) 从液相分析 SO_2 的传质方向；

(2) 从气相分析，其他条件不变，温度降到 0 ℃时 SO_2 的传质方向；

(3) 其他条件不变，从气相分析，总压提高到 202.6 kPa 时 SO_2 的传质方向，并计算以液相摩尔分数差及气相摩尔分数差表示的传质推动力。

解 (1) 查得在总压 101.3 kPa、温度 30 ℃条件下，SO_2 在水中的亨利系数 $E=$ 4 850 kPa，所以

$$m=\frac{E}{p}=\frac{4\,850}{101.3}=47.88$$

从液相分析　$x^*=\dfrac{y}{m}=\dfrac{0.3}{47.88}=0.006\,27<x=0.01$

故 SO_2 必然从液相转移到气相，进行解吸过程。

(2) 查得在总压 101.3 kPa、温度 0 ℃的条件下，SO_2 在水中的亨利系数 $E=1\,670$ kPa

$$m=\frac{E}{p}=\frac{1\,670}{101.3}=16.49$$

从气相分析　$y^*=mx=16.49\times0.01=0.16<y=0.3$

故 SO_2 必然从气相转移到液相，进行吸收过程。

(3) 在总压 202.6 kPa、温度 30 ℃条件下，SO_2 在水中的亨利系数 $E=4\,850$ kPa

$$m=\frac{E}{p}=\frac{4\,850}{202.6}=23.94$$

从气相分析　$y^*=mx=23.94\times0.01=0.24<y=0.3$

故 SO_2 必然从气相转移到液相，进行吸收过程。

$$x^*=\frac{y}{m}=\frac{0.3}{23.94}=0.012\,5$$

以液相摩尔分数表示的吸收推动力：$\Delta x=x^*-x=0.012\,5-0.01=0.002\,5$

以气相摩尔分数表示的吸收推动力：$\Delta y=y-y^*=0.3-0.24=0.06$

结论：降低操作温度，E、m 减小，溶质在液相中溶解度增加，利于吸收；压力不太高时，p 增大，E 变化忽略不计，但 m 减小使溶质在液相中溶解度增加，有利于吸收。

§7.3　传质机理与吸收速率

吸收操作是溶质从气相转移到液相的过程，其中包括溶质由气相主体向气、液界面的传递及由界面向液相主体的传递。因此，要研究传质机理，首先就要搞清楚物质在单一相（气相或液相）里的传递规律。

物质在一相里的传递是靠扩散作用完成的。发生在流体中的扩散有分子扩散与涡流扩散两种：前者是凭借流体分子无规则热运动而传递物质的，发生在静止或层流流体里的扩散就是分子扩散；后者是凭借流体质点的湍动和漩涡而传递物质的，发生在湍流流体里的扩散主要是涡流扩散。

7.3.1 分子扩散与菲克定律

分子扩散是在一相内部有组成差异的条件下，由于分子的无规则热运动而形成的物质传递现象。习惯上将分子扩散简称为扩散。

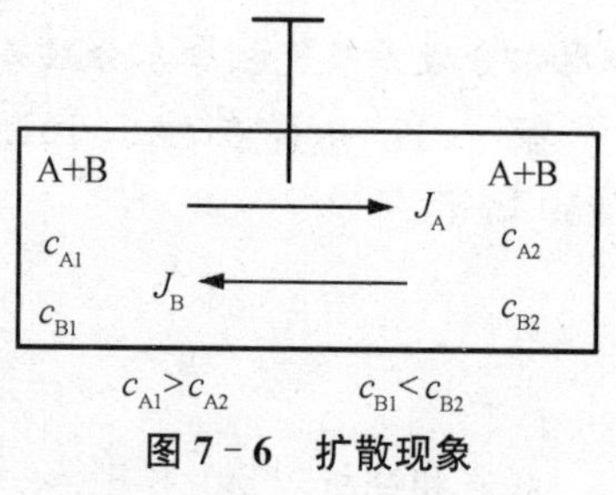

图 7-6 扩散现象

如图 7-6 所示，用一块隔板将容器分为左右两室，两室中分别充入温度及压力相同，而浓度不同的 A、B 两种气体。设在左室中，组分 A 的浓度高于右室，而组分 B 的浓度低于右室。当隔板抽出后，由于气体分子的无规则热运动，左室中的 A、B 分子会窜入右室，同时，右室中的 A、B 分子亦会窜入左室。左右两室交换的分子数虽相等，但因左室 A 的浓度高于右室，故在同一时间内 A 分子进入右室较多而返回左室较少。同理，B 分子进入左室较多返回右室较少，其净结果必然是物质 A 自左向右传递，而物质 B 自右向左传递，即两种物质各自沿其浓度降低的方向传递。

上述扩散过程将一直进行到整个容器中 A、B 两种物质的浓度完全均匀为止，此时，通过任一截面物质 A、B 的净的扩散通量为零，但扩散仍在进行，只是左、右两方向物质的扩散通量相等，系统处于扩散的动态平衡中。

扩散进行的快慢用扩散通量来衡量，定义如下：单位时间内通过垂直于扩散方向的单位截面积扩散的物质的量，称为扩散通量，以符号 J 表示，单位为 kmol/(m^2·s)。

由两组分 A 和 B 组成的混合物，在恒定温度、总压条件下，若组分 A 只沿 z 方向扩散，浓度梯度为 $\frac{dc_A}{dz}$，则任一点处组分 A 的扩散通量与该处 A 的浓度梯度成正比，此定律称为菲克定律，数学表达式为

$$J_A = -D_{AB}\frac{dc_A}{dz} \tag{7-11}$$

式中：J_A 为组分 A 在扩散方向 z 上的扩散通量，kmol/(m^2·s)；$\frac{dc_A}{dz}$ 为组分 A 在扩散方向 z 上的浓度梯度，kmol/m^4；D_{AB} 为组分 A 在组分 B 中的扩散系数，m^2/s；负号表示扩散方向与浓度梯度方向相反，扩散沿着浓度降低的方向进行。

对于两组分扩散系统，尽管组分 A、B 各自的摩尔浓度皆随位置不同而变化，但在恒温下，总摩尔浓度为常数，即

$$c = c_A + c_B = \text{常数}$$

由上式可得

$$\frac{dc_A}{dz} = -\frac{dc_B}{dz} \tag{7-12}$$

而且，组分 A 沿 z 方向的扩散通量必等于组分 B 沿 $-z$ 方向的扩散通量，即

$$J_A = -J_B \tag{7-13}$$

根据菲克定律可知

$$J_A = -D_{AB}\frac{dc_A}{dz},\ J_B = -D_{BA}\frac{dc_B}{dz}$$

将上两式及式(7-12)代入式(7-13)，得到

$$D_{AB} = D_{BA} \tag{7-13a}$$

式(7-13a)表明，在两组分扩散系统中，组分 A 与组分 B 的相互扩散系数相等。

7.3.2　气相中的稳态分子扩散

1. 等分子反向扩散

如图 7-7 所示，用一段直径均匀的圆管将两个很大的容器连通，两容器内分别充有浓度不同的 A、B 两种气体，其中 $p_{A1} > p_{A2}$、$p_{B1} < p_{B2}$。设两容器内混合气体的温度及总压相同，两容器内均装有搅拌器，用以保持各自浓度均匀。显然，由于连通管两端存在浓度差，在连通管内将发生分子扩散现象，使组分 A 向右传递而组分 B 向左传递。因两容器内总压相同，所以连通管内任一截面上，组分 A 的传质通量与组分 B 的传质通量相等，但传质方向相反，故称之为等分子反方向扩散。

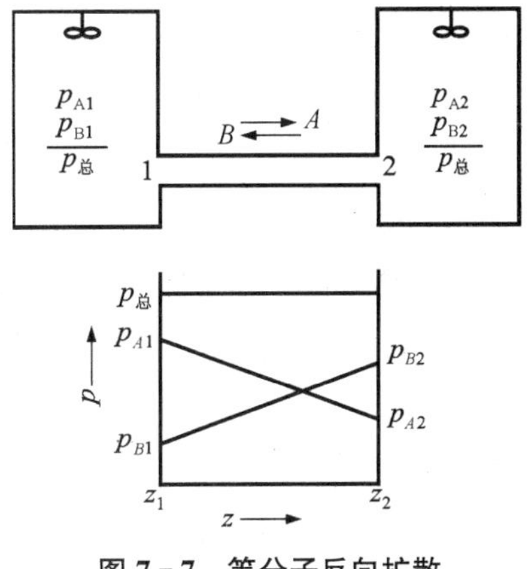

图 7-7　等分子反向扩散

传质速率(又称传质通量)，是指在任一固定空间位置上，单位时间通过单位面积的物质 A 的量，以 N_A 表示。在等分子反向扩散中，物质 A 的扩散速率应等于 A 的扩散通量，即

$$N_A = J_A = -D\frac{dc_A}{dz} = -\frac{D}{RT}\frac{dp_A}{dz} \tag{7-14}$$

对于上述条件下的稳态过程，连通管内各横截面上的 N_A 值应为常数，因而 $\frac{dp_A}{dz}$ 也是常数，故 p_A - z 应为直线关系(见图 7-7)。将式(7-14)分离变量进行积分，积分限为

$$z_1 = 0,\quad p_A = p_{A1}(截面\ 1)$$
$$z_2 = z,\quad p_A = p_{A2}(截面\ 2)$$

则可得到

$$N_A\int_0^z dz = -\frac{D}{RT}\int_{p_{A1}}^{p_{A2}} dp_A$$

解得传质速率为

$$N_A = \frac{D}{RTz}(p_{A1} - p_{A2}) \tag{7-15}$$

例 7-3　在如图 7-7 所示的左、右两个大容器内，分别装有组成不同的 NH_3 和 N_2 两种气体的混合物。连通管长 0.61 m，内径为 24.4 mm，系统的温度为 25 ℃，压力为

101.33 kPa。左侧容器内 NH_3 的分压为 20 kPa，右侧容器内 NH_3 的分压为 6.67 kPa。已知在 25 ℃、101.33 kPa 的条件下，NH_3-N_2 的扩散系数为 $2.30\times10^{-5}\ m^2/s$。试求：(1) 单位时间内自容器 1 向容器 2 传递的 NH_3 的量；(2) 连通管中与截面 1 相距 0.30 m 处 NH_3 的分压(kPa)。

解 (1) 自容器 1 向容器 2 传递的 NH_3 的量

由题意知，按等分子反向扩散计算传质速率 N_A。依式(7-15)，单位面积上单位时间内传递的 NH_3 的量为

$$N_A=\frac{D}{RTz}(p_{A1}-p_{A2})=\frac{2.30\times10^{-5}}{8.315\times298\times0.61}\times(20-6.67)\ \text{kmol/(m}^2\cdot\text{s)}$$
$$=2.03\times10^{-7}\ \text{kmol/(m}^2\cdot\text{s)}$$

又知连通管截面积为

$$A=\frac{\pi}{4}d^2=\frac{3.14}{4}\times(0.024\,4)^2\ \text{m}^2=4.68\times10^{-4}\ \text{m}^2$$

所以单位时间内自容器 1 向容器 2 传递的 NH_3 的量为

$$N_AA=2.03\times10^{-7}\times4.68\times10^{-4}\ \text{kmol/s}=9.50\times10^{-11}\ \text{kmol/s}$$

(2) 连通管中与截面 1 相距 0.305 m 处 NH_3 的分压

因传递过程处于稳态状况下，故连通管各截面上在单位时间内传递的 NH_3 的量应相等，即 $N_AA=$常数，则 $N_A=$常数。若以 p'_{A2} 代表与截面 1 的距离为 $z'=0.305$ m 处 NH_3 的分压，则依式(7-15)可写成

$$N_A=\frac{D}{RTz'}(p_{A1}-p'_{A2})$$

因此 $$p'_{A2}=p_{A1}-\frac{N_ART z'}{D}=20\ \text{kPa}-\frac{2.03\times10^{-7}\times8.315\times298\times0.305}{2.30\times10^{-5}}\ \text{kPa}$$
$$=13.3\ \text{kPa}$$

2. 一组分通过另一停滞组分的扩散

如图 7-8 所示，设由 A、B 两组分组成的二元混合物中，在吸收过程中气相主体中的组分 A 扩散到界面，然后通过界面进入液相，而组分 B 由界面向气相主体反向扩散，但由于相界面不能提供组分 B，造成在界面左侧附近总压降低，使气相主体与界面产生一小压差，促使 A、B 混合气体由气相主体向界面处流动，此流动称为总体流动。例如用水吸收空气中氨的过程，气相中氨(组分 A)通过不扩散的空气(组分 B)扩散至气液相界面，然后溶于水中，而空气在水中可认为是不溶解的，故它并不能通过气液相界面，而是“停滞”不动的。

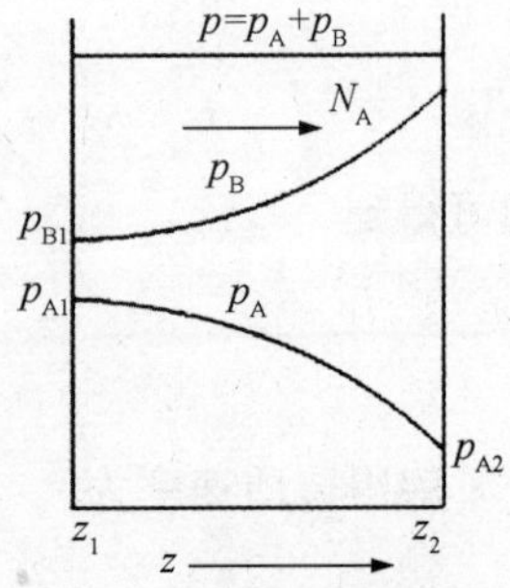

图 7-8 组分 A 通过停滞组分 B 的扩散

因总体流动而产生的传递速率分别为 $N_{AM}=N_M\frac{c_A}{c}$ 和 $N_{BM}=N_M\frac{c_B}{c}$。

组分 A 因分子扩散和总体流动总和作用所产生的传质速率为 N_A，即

$$N_A = J_A + N_M \frac{c_A}{c} \tag{7-16}$$

同理

$$N_B = J_B + N_M \frac{c_B}{c} \tag{7-17}$$

组分 B 不能通过气液界面，故 $0 = J_B + N_M \frac{c_B}{c}$，即

$$J_B = -N_M \frac{c_B}{c} \tag{7-18}$$

将式(7-13)代入上式，可得

$$J_A = N_M \frac{c_B}{c} \tag{7-19}$$

将式(7-19)代入式(7-16)，可得

$$N_A = N_M \frac{c_B}{c} + N_M \frac{c_A}{c} = N_M \frac{c_A + c_B}{c} = N_M$$

即

$$N_A = N_M$$

上式表明，在稳态情况下，总体通量等于组分 A 的传质通量。

将上式及式(7-11)代入式(7-16)，可得

$$N_A = -D \frac{dc_A}{dz} + N_A \frac{c_A}{c}$$

或

$$N_A = -\frac{Dc}{c - c_A} \frac{dc_A}{dz}$$

若扩散在气相中进行，则 $c = \frac{p}{RT}$ 及 $c_A = \frac{p_A}{RT}$，所以

$$N_A = -\frac{D}{RT} \frac{p}{p - p_A} \frac{dp_A}{dz} \tag{7-20}$$

或

$$N_A = \frac{Dp}{RT} \frac{dp_B}{p_B dz} \tag{7-20a}$$

由式(7-20)可以看出，$p_A - z$ 及 $p_B - z$ 皆为对数曲线关系(见图 7-8)。

将式(7-20a)分离变量后积分

$$N_A \int_0^z dz = \frac{Dp}{RT} \int_{p_{B1}}^{p_{B2}} \frac{dp_B}{p_B}$$

解得

$$N_A = \frac{Dp}{RTz} \ln \frac{p_{B2}}{p_{B1}}$$

又因截面 1、2 上的总压相等，即

$$p_{A1}+p_{B1}=p_{A2}+p_{B2}$$

故

$$p_{A1}-p_{A2}=p_{B2}-p_{B1}$$

则

$$N_A=\frac{p_{A1}-p_{A2}}{p_{B2}-p_{B1}}\frac{Dp}{RTz}\ln\frac{p_{B2}}{p_{B1}}=\frac{\dfrac{Dp(p_{A1}-p_{A2})}{RTz(p_{B2}-p_{B1})}}{\ln\dfrac{p_{B2}}{p_{B1}}}=\frac{D}{RTz}\frac{p}{p_{Bm}}(p_{A1}-p_{A2}) \tag{7-21}$$

其中

$$p_{Bm}=\frac{p_{B2}-p_{B1}}{\ln\dfrac{p_{B2}}{p_{B1}}} \tag{7-22}$$

式中：p_{Bm}为1、2两截面上物质B分压的对数平均值，kPa；$\dfrac{p}{p_{Bm}}$为漂流因数。

因$p>p_{Bm}$或$c>c_{Sm}$，故$\dfrac{p}{p_{Bm}}>1$或$\dfrac{c}{c_{Sm}}>1$。将式(7-21)与式(7-15)比较可得，漂流因子的大小反映了总体流动对传质速率的影响程度，溶质的浓度愈大，其影响愈大。其值为总体流动使传质速率较单纯分子扩散增大的倍数。当混合物中溶质A的浓度较低时，即c_A或p_A很小时，$p\approx p_{Bm}$，$c\approx c_{Sm}$，即$\dfrac{p}{p_{Bm}}\approx 1$，$\dfrac{c}{c_{Sm}}\approx 1$。总体流动可忽略不计。

例7-4 改变条件，使图7-7所示的连通管NH_3发生通过停滞的N_2向截面2稳态扩散的过程，且维持1、2截面上NH_3的分压及系统的温度、压力仍与例7-2中的数值相同，求：(1) 单位时间内传递的NH_3量(kmol/s)；(2) 连通管中与截面1相距0.305 m处NH_3的分压(kPa)。

解 (1) 单位时间内传递的NH_3量

$$N_A=\frac{D}{RTz}\frac{p}{p_{Bm}}(p_{A1}-p_{A2}),\quad p_{Bm}=\frac{p_{B2}-p_{B1}}{\ln\dfrac{p_{B2}}{p_{B1}}}$$

$$p_{B2}=p-p_{A2}=101.33\text{ kPa}-6.67\text{ kPa}=94.6\text{ kPa}$$

$$p_{B1}=p-p_{A1}=101.33\text{ kPa}-20\text{ kPa}=81.3\text{ kPa}$$

则

$$p_{Bm}=\frac{94.6-81.3}{\ln\dfrac{94.6}{81.3}}\text{ kPa}=87.8\text{ kPa}$$

在例7-2中已算出

$$\frac{D}{RTz}(p_{A1}-p_{A2})=2.03\times10^{-7}\text{ kmol/(m}^2\cdot\text{s)}$$

故

$$N_A=2.03\times10^{-7}\times\frac{101.33}{87.8}\text{ kmol/(m}^2\cdot\text{s)}=2.34\times10^{-7}\text{ kmol/(m}^2\cdot\text{s)}$$

单位时间内传递的NH_3量为

$$N_A A = 2.34 \times 10^{-7} \times 4.68 \times 10^{-4}\ \text{kmol/s} = 10.95 \times 10^{-11}\ \text{kmol/s}$$

(2) 连通管中与截面1相距0.305 m处NH_3的分压

以p'_{A2}、p'_{B2}及p'_{Bm}分别代表与截面1的距离为$z'=0.305$ m处NH_3的分压、N_2的分压及1、2′两截面上N_2的分压的对数平均值，则依式(7-21)有

$$N_A = \frac{D}{RTz'}\frac{p}{p'_{Bm}}(p_{A1} - p'_{A2})$$

则
$$\frac{p_{A1} - p'_{A2}}{p'_{Bm}} = \frac{N_A RTz'}{Dp}$$

将上式左端化简得

$$\ln\frac{p'_{B2}}{p_{B1}} = \frac{N_A RTz'}{Dp} = \frac{2.34 \times 10^{-7} \times 8.315 \times 298 \times 0.305}{2.30 \times 10^{-5} \times 101.33} = 7.59 \times 10^{-2}$$

则
$$\frac{p'_{B2}}{p_{B1}} = e^{7.59\times 10^{-2}} = 1.08$$

又知
$$p_{B1} = p - p_{A1} = 101.33\ \text{kPa} - 20\ \text{kPa} = 81.3\ \text{kPa}$$

所以
$$p'_{B2} = 1.08 \times 81.3\ \text{kPa} = 87.8\ \text{kPa}$$

则
$$p'_{A2} = p - p'_{B2} = 101.33\ \text{kPa} - 87.8\ \text{kPa} = 13.5\ \text{kPa}$$

7.3.3 液相中的稳态分子扩散

物质在液体中的扩散与在气体中的扩散同样具有重要的意义。但液体中的扩散机理较为复杂，对其扩散规律远不及气体研究的充分，因此只能仿效气体中的速率关系式写出液体中的相应关系式。

(1) 等分子反方向扩散与气体中的等分子反方向扩散过程类似，可写出液体中进行等分子反方向扩散时的传质通量方程为

$$N'_A = \frac{D'}{z}(c_{A1} - c_{A2}) \tag{7-23}$$

式中：N'_A为组分A在液相中的传质速率，kmol/(m^2·s)；D'为组分A在溶剂S中的扩散系数，m^2/s；c_{A1}、c_{A2}分别为1、2截面上的溶质浓度，kmol/m^3。

(2) 一组分通过另一停滞组分的扩散溶质A在停滞的溶剂S中的扩散是液体扩散中最重要的方式，在吸收和萃取等操作中都会遇到。例如，用苯甲酸的水溶液与苯接触时，苯甲酸(A)会通过水(B)向相界面扩散，再越过相界面进入苯相中去，在相界面处，水不扩散，故$N_B=0$。与气体中的一组分通过另一停滞组分的扩散过程类似，可写出液体中一组分通过另一停滞组分扩散时的传质通量方程为

$$N'_A = \frac{D'c}{zc_{Sm}}(c_{A1} - c_{A2}) \tag{7-24}$$

式中：c为溶液的总浓度，$c = c_A + c_S$，kmol/m^3；c_{Sm}为1、2两截面上溶剂S浓度的对数平均值，kmol/m^3。

7.3.4 扩散系数

分子扩散系数简称扩散系数，它是物质的特性常数之一。扩散系数是计算分子扩散通量的关键。同一物质的扩散系数随介质的种类、温度、压力及浓度的不同而变化。对于气体中的扩散，浓度的影响可以忽略；对于液体中的扩散，浓度的影响不能忽略，而压力的影响可以忽略。

物质的扩散系数可由实验测得，或从有关的资料中查得。

7.3.5 对流传质

1. 涡流扩散

分子扩散只有在固体、静止或层流流动的流体内才会单独发生。在湍流流体中，由于存在大大小小的旋涡运动，而引起各部位流体间的剧烈混合，在有浓度差存在的条件下，物质便朝着浓度降低的方向进行传递。这种凭借流体质点的湍动和旋涡来传递物质的现象，称为涡流扩散。在湍流流体中，分子扩散和涡流扩散同时发挥着传递作用，但质点是大量分子的集群，在湍流主体中质点传递的规模和速度远远大于单个分子，因此涡流扩散的效果占主导地位。此时的扩散通量以下式表示：

$$J_A = -(D + D_E)\frac{dc_A}{dz} \tag{7-25}$$

式中：D 为分子扩散系数，m^2/s；D_E 为涡流扩散系数，m^2/s；$\frac{dc_A}{dz}$ 为组分 A 在扩散方向 z 上的浓度梯度，$kmol/m^4$；J_A 为组分 A 在扩散方向 z 上的扩散通量，$kmol/(m^2 \cdot s)$。

还应指出，分子扩散系数 D 是物质的物理性质，它仅与温度、压力及组成等因素有关；而涡流扩散系数 D_E 则与流体的性质无关，它与湍动的强度、流道中的位置、壁面粗糙度等因素有关。因此，涡流扩散系数较难确定。

2. 对流传质过程分析

工程上将流体与固体壁面或相界面的质量传递过程称为对流传质。如图 7-9 所示，当流体沿着相界面做层流流动，如果流体主体与相界面之间存在浓度差，必然存在与流动方向垂直的质量传递。根据层流流动的特点，传质仅以分子扩散的方式进行。但是与静止的流体中的扩散相比，由于流体的流动，改变了传质方向上的浓度分布，使其由静止时的线分布(图 7-9 中的线 1)变成了曲线分布(图 7-9 中的线 2)。可以看出，在流体主体与相界面的浓度差相同时，由于流体流动使得界面附近的浓度梯度增大，因而导致了扩散速率加快。此时的传质通量可用式(7-16)计算，但由于此时在传质方向上，浓度梯度不是常数，为便于处理，一般取相界面处的浓度梯度进行计算。

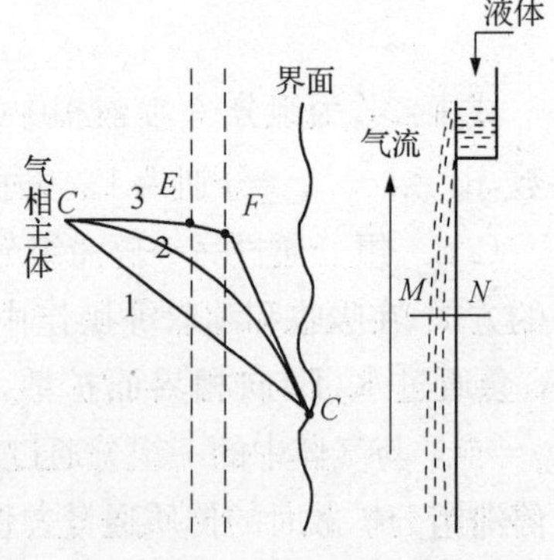

1—气体静止；2—层流；3—湍流

图 7-9 流动对传质的影响

如果流体沿相界面做湍流流动，虽然流体主体为湍流流动，但在相界面附近的薄层流体仍为层流流动，在该流体层中依然以分子扩散的方式进行传质。因此对于湍流条件下的对流传质，湍流主体内的传质主要以涡流扩散的方式进行，分子扩散的作用一般可以忽略；在层流底层中，传质主要以分子扩散的方式进行，可以不考虑涡流扩散的作用；在过渡层中，两者的作用均不可忽略。但由于流体的强烈湍动，使得层流底层很薄，相界面处的浓度梯度很大(图7-9曲线3)，极大地提高了传质速率。由图7-9的曲线3也可以看出，湍流条件下的传质阻力主要集中在层流底层中。

如图7-10所示，延长层流的分压线使其与气相主体的水平分压线交于一点H，令此交点与相界面的距离为z_G。设想相界面附近存在着一个厚度为z_G的层流膜层，膜层内的流动纯属层流，因而其中的物质传递形式纯属分子扩散，此虚拟的膜层称为有效层流膜。全部传质阻力都包含在此有效层流膜之中，于是可按分子扩散写出由气相主体至相界面的对流传质速率关系式，即

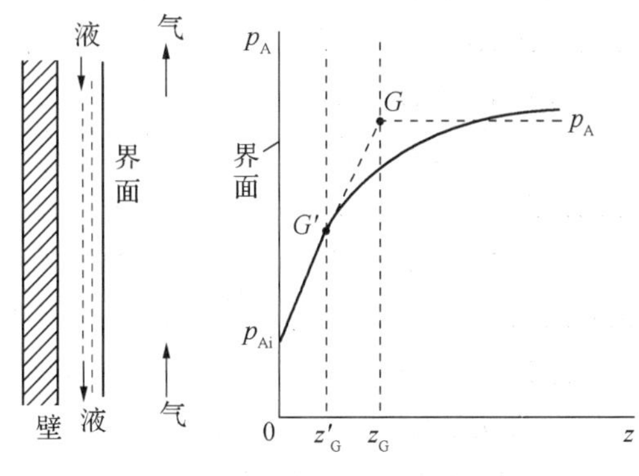

图7-10　传质的有效层流膜

$$N_A = \frac{D}{RTz_G}\frac{p}{p_{Bm}}(p_A - p_{Ai}) \quad (7-26)$$

式中：N_A为组分A的对流传质速率，kmol/(m^2·s)；z_G为气相有效层流膜层厚度，m；p_A为气相主体中的溶质A分压，kPa；p_{Ai}为相界面处的溶质A分压，kPa；p_{Bm}为惰性组分B在气相主体中与相界面处的分压的对数平均值，kPa。

同理，有效层流膜层的设想也可应用于相界面的液相一侧，从而写出液相中的对流传质速率关系式：

$$N_A = \frac{D'c}{z_L c_{Sm}}(c_{Ai} - c_A) \quad (7-27)$$

式中：z_L为液相有效层流膜层厚度，m；c_A为液相主体中的溶质A浓度，kmol/m^3；c_{Ai}为相界面处的溶质A浓度，kmol/m^3；c_{Sm}为溶剂S在液相主体中与相界面处的浓度的对数平均值，kmol/m^3。

7.3.6　吸收过程的机理

吸收操作是气液两相间的对流传质过程。对于相际间的对流传质问题，其传质机理往往是非常复杂的。为使问题简化，通常对对流传质过程作一定的假定，即所谓的吸收机理，亦称为传质模型。

1. 双膜理论

双膜模型由惠特曼(W.G. Whitman)于1923年提出，是最早被提出的一种传质模型。

双膜理论是基于这样的认识，即当液体湍流流过固体溶质表面时，固、液间传质阻力全部集中在液体内紧靠两相界面的一层停滞膜内，此膜厚度大于层流内层厚度，而它提供的分子扩

散传质阻力恰等于上述过程中实际存在的对流传质阻力。

双膜理论把两流体间的对流传质过程设想成图 7－11 所示的模式，其基本要点如下：

(1) 当气液两相相互接触时，在气液两相间存在着稳定的相界面，界面的两侧各有一个很薄的停滞膜，气相一侧的称为"气膜"，液相一侧的称为"液膜"，溶质 A 经过两膜层的传质方式为分子扩散。

(2) 在气液相界面处，气液两相处于平衡状态。

(3) 在气膜、液膜以外的气、液两相主体中，由于流体的强烈湍动，各处浓度均匀一致。

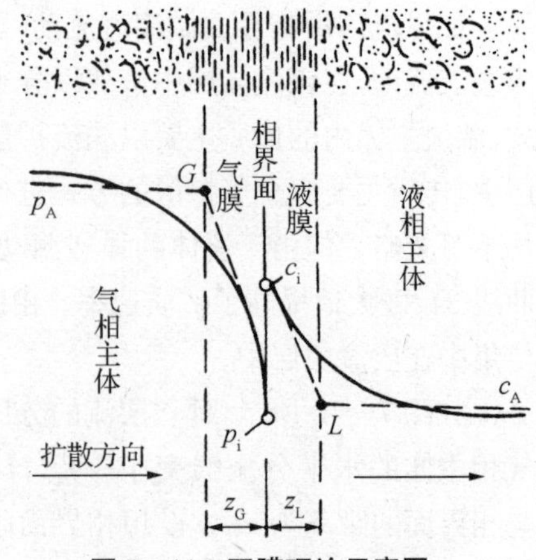

图 7－11　双膜理论示意图

双膜模型把复杂的相际传质过程归结为两种流体停滞膜层的分子扩散过程，依此模型，在相界面处及两相主体中均无传质阻力存在。这样，整个相际传质过程的阻力便全部集中在两个停滞膜层内。因此，双膜模型又称为双阻力模型。

双膜模型为传质模型奠定了初步的基础，用该模型描述具有固定相界面的系统及速度不高的两流体间的传质过程，与实际情况大体符合，按此模型所确定的传质速率关系，至今仍是传质设备设计的主要依据。但是，该模型对传质机理假定过于简单，因此对许多传质设备，特别是不存在固定相界面的传质设备，双膜模型并不能反映出传质的真实情况。

2. 溶质渗透理论

溶质渗透模型由希格比(Higbie)于 1935 年提出，该模型为非稳态模型。

希格比把两流体间的对流传质描述成图 7－12 所示的模式。希格比认为液面是由无数微小的流体单元所构成，当气液两相处于湍流状态相互接触时，液相主体中的某些流体单元运动至界面便停滞下来。在气液未接触前($\theta \leqslant 0$)，流体单元中溶质的浓度和液相主体的浓度相等($c_A = c_{A0}$)。接触开始后($\theta > 0$)，相界面处($z=0$)立即达到与气相的平衡状态。随着接触时间的延长，溶质 A 通过不稳态扩散方式不断地向流体单元中渗透，时间越长，渗透越深。但由于流体单元在界面处暴露的时间是有限的，经过 θ_c 时间后，旧的流体单元即被新的流体单元所置换而回到液相主体中去，故在流体单元深处($z \to \infty$)，仍保持原来的主体浓度($c_A = c_{A0}$)。流体单元不断进行交换，每批流体单元在界面暴露的时间 θ_c 都是一样的。

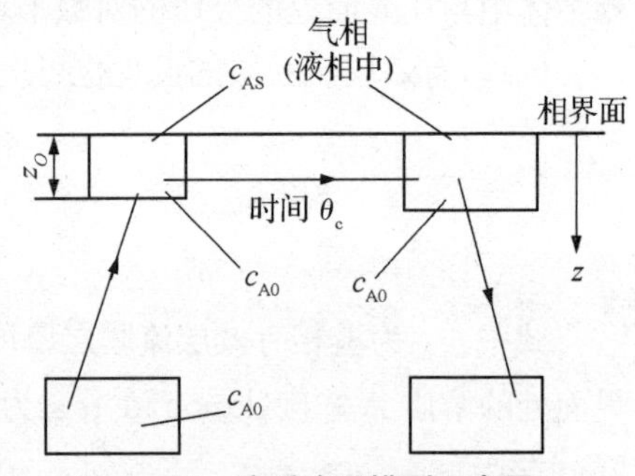

图 7－12　溶质渗透模型示意图

气相中的溶质透过界面渗入液相内的浓度与界面处溶质浓度梯度 $\left(\left.\frac{\partial c_A}{\partial z}\right|_{z=0}\right)$，随着接触时间延长，界面处的浓度梯度逐渐变小，传质速率也随之变小。根据特定条件下的推导结果，按每次接触时间平均值计算的传质通量与液体传质推动力($c_i - c_0$)间应符合如下关系：

$$N_A=\sqrt{\frac{4D'}{\pi\theta_s}}(c_{Ai}-c_{A0}) \tag{7-28}$$

式中：D'为溶质 A 在液相中的扩散系数，m^2/s；θ_s 为流体单元在液相表面的暴露时间，s。

溶质渗透理论建立的是溶质以非稳态扩散方式向无限厚度的液层内逐渐渗透的产值模型。与把传质视为通过停滞膜层的稳态分子扩散的双膜理论相比，溶质渗透理论为描述湍流下的传质机理提供了更为合理的解释。按照双膜理论，传质系数与扩散系数成正比(见式(7-26))，而溶质渗透理论则指出，传质系数与扩散系数的0.5次方成正比，后者比前者能更好地接近实验结果。

3. 表面更新理论

表面更新模型由丹克沃茨(Danckwerts)于1951年提出，该模型对溶质渗透模型进行了研究与修正，它同样认为溶质向液相内部的传质为非稳态分子扩散过程，但否定表面上的流体单元有相同的暴露时间，而认为液体表面是由具有不同暴露时间(或称"年龄")的液面单元所构成。各种年龄的微元被置换下去的概率与它们的年龄无关，而与液体表面上该年龄的微元数成正比。表面液体微元的年龄分布函数为

$$\tau=s\mathrm{e}^{-se} \tag{7-29}$$

式中：τ 为年龄在 $\theta\sim(\theta+\mathrm{d}\theta)$区间的微元数在表面微元总数中所占的分数；$s$ 为表面更新率，常数，可由实验测定。

据此理论，平均传质通量与液相传质推动力间的关系为

$$N_A=\sqrt{D's}(c_{Ai}-c_0) \tag{7-30}$$

按照此式，传质系数也与扩散系数的0.5次方成正比，这与溶质渗透理论的结论相同。

各种新的传质理论仍在不断研究和发展，这标志着人们对传质过程的认识正在不断深化。这些新理论在实践中虽具有一定的启发和指导意义，但目前仍不足以进行传质设备的设计计算。所以，本章之后关于吸收速率的讨论，仍以双膜理论为基础。

7.3.7 吸收速率方程式

描述吸收速率与吸收推动力之间关系的数学表达式即吸收速率方程式。与传热等其他传递过程一样，吸收过程的速率关系也遵循"过程速率=过程推动力/过程阻力"的一般关系式，其中的推动力是指浓度差，吸收阻力的倒数称为吸收系数。因此，吸收速率关系又可表示成"吸收速率=吸收系数×推动力"的形式。

1. 气膜吸收速率方程式

前已介绍了气相有效层流膜层内的传质速率方程式，即式(7-26)

$$N_A=\frac{D}{RTz_G}\frac{p}{p_{Bm}}(p_A-p_{Ai})$$

令 $\frac{D}{RTz_G}\frac{p}{p_{Bm}}=k_G$，则式(7-26)可写成

$$N_A=k_G(p_A-p_{Ai}) \tag{7-31}$$

式中：k_G 为气膜吸收系数，kmol/(m^2 · s · kPa)。

式(7-31)称为气膜吸收速率方程式。该式也可以写成如下形式：

$$N_A = \frac{p_A - p_{Ai}}{\frac{1}{k_G}} \tag{7-31a}$$

气膜吸收系数的倒数$\frac{1}{k_G}$即表示吸收质通过气膜的传质阻力，其表达形式是与气膜推动力$(p_A - p_{Ai})$相对应的。

当气相组成以摩尔分率表示时，相应的气膜吸收速率方程式为

$$N_A = k_y(y_A - y_{Ai}) \tag{7-32}$$

式中：y_A 为溶质 A 在气相主体中的摩尔分数；y_{Ai} 为溶质 A 在相界面处的摩尔分数。

当气相总压不很高时，由道尔顿分压定律可知

$$p_A = py_A, \quad p_{Ai} = py_{Ai}$$

将此关系代入式(7-31)与式(7-32)相比较，可知

$$k_y = pk_G \tag{7-33}$$

k_y 也称气膜吸收系数，其单位与传质速率的单位相同，为 kmol/(m^2 · s)，它的倒数$\frac{1}{k_y}$也表示吸收质通过气膜的传质阻力，其表达形式是与气膜推动力$(y - y_i)$相对应的。

2. 液膜吸收速率方程式

前已介绍了气相有效层流膜层内的传质速率方程式，即式(7-27)

$$N_A = \frac{D'c}{z_L c_{Sm}}(c_{Ai} - c_A)$$

令 $\frac{D'c}{z_L c_{Sm}} = k_L$，则式(7-27)可写成

$$N_A = k_L(c_{Ai} - c_A) \tag{7-34}$$

或

$$N_A = \frac{c_{Ai} - c_A}{\frac{1}{k_L}} \tag{7-34a}$$

式中：k_L 为液膜吸收系数，kmol/(m^2 · s · kmol/m^3)，即 m/s。

式(7-34)称为液膜吸收速率方程式。

液膜吸收系数的倒数$\frac{1}{k_L}$表示吸收质通过液膜的传质阻力，其表达形式是与液膜推动力$(c_i - c)$相对应的。

当液相组成以摩尔分数表示时，相应的液膜吸收速率方程式为

$$N_A = k_x(x_{Ai} - x_A) \tag{7-35}$$

将 $c_{Ai} = cx_{Ai}$ 及 $c_A = cx_A$ 代入式(7-34)与式(7-35)相比较，可知

$$k_x = ck_L \tag{7-36}$$

k_x 也称液膜吸收系数，其单位与传质速率的单位相同，为 kmol/(m^2 · s)，它的倒数$\dfrac{1}{k_x}$也表示吸收质通过液膜的传质阻力，其表达形式是与液膜推动力$(x_i - x)$相对应的。

3. 界面浓度

在以上各膜吸收速率方程式中，都含有界面浓度。因此，要使用膜吸收速率方程式，就必须解决如何确定界面浓度的问题。

由双膜理论的要点可知，界面处的气液组成符合平衡关系，且在稳态下，气、液两膜中的传质速率相等，由此可得

$$N_A = k_G(p_A - p_{Ai}) = k_L(c_{Ai} - c_A)$$

所以

$$\frac{p_A - p_{Ai}}{c_A - c_{Ai}} = -\frac{k_L}{k_G} \tag{7-37}$$

式(7-37)表明，在直角坐标系中，p_A-p_{Ai}关系是一条通过定点A (c_A, p_A)而斜率为$-\dfrac{k_L}{k_G}$的直线，该直线与平衡线OE交点的横、纵坐标便分别是界面上的液相摩尔浓度c_{Ai}、气相分压p_{Ai}，如图7-13所示。

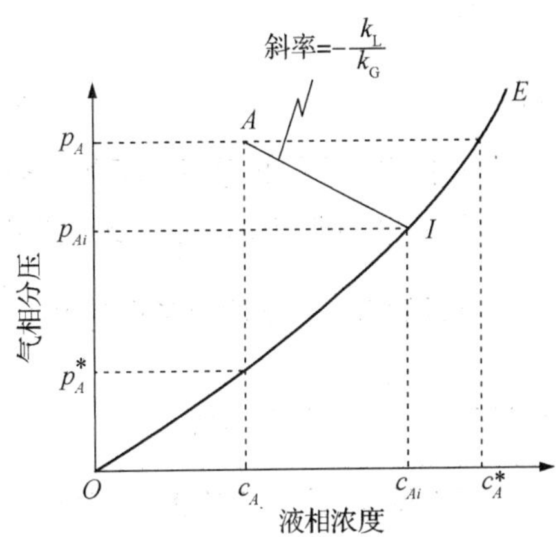

图7-13 界面组成的确定

4. 总吸收系数及其相应的吸收速率方程式

一般而言，界面浓度是难以测定的，为避开这一难题，可以采用类似于间壁传热中的处理方法。在研究间壁传热的速率时，为了避开难以测定的壁面温度，引入了总传热速率、总传热系数、总传热推动力等概念。对于吸收过程，同样可以采用两相主体组成的某种差值来表示总推动力，从而写出相应的总吸收速率方程式。

吸收过程之所以能自发地进行，就是因为两相主体组成尚未达到平衡，一旦任何一相主体组成与另一相主体组成达到了平衡，推动力便等于零。因此，吸收过程的总推动力应该用任何一相的主体组成与其平衡组成的差值来表示。

(1) 以 $p_A - p_A^*$ 表示总推动力的吸收速率方程式

令 p_A^* 为与液相主体组成 c_A 成平衡的气相分压，p_A 为吸收质在气相主体中的分压，若吸收系统服从亨利定律或平衡关系在过程所涉及的组成范围内为直线，则

$$p_A^* = \frac{c_A}{H}$$

根据双膜模型，相界面上两相互成平衡，则

$$p_{Ai} = \frac{c_{Ai}}{H}$$

将上两式分别代入液相吸收速率方程式 $N_A = k_L(c_{Ai} - c_A)$，得

$$N_A = k_L H(p_{Ai} - p_A^*) \quad 或 \quad \frac{N_A}{Hk_L} = p_{Ai} - p_A^*$$

气相速率方程式 $N_A = k_G(p_A - p_{Ai})$ 也可改写成

$$\frac{N_A}{k_G} = p_A - p_{Ai}$$

上两式相加，得

$$N_A\left(\frac{1}{Hk_L} + \frac{1}{k_G}\right) = p_A - p_{Ai} \tag{7-38}$$

令
$$\frac{1}{K_G} = \frac{1}{Hk_L} + \frac{1}{k_G} \tag{7-38a}$$

则
$$N_A = K_G(p_A - p_A^*) \tag{7-39}$$

式中：K_G 为气相总吸收系数，kmol/(m^2·s·kPa)。

式(7-39)即以 $p_A - p_A^*$ 表示总推动力的吸收速率方程式，也可称为气相总吸收速率方程式。总系数 K_G 的倒数为两膜总阻力。由式(7-38a)可以看出，此总阻力是由气膜阻力$\frac{1}{k_G}$和液膜阻力$\frac{1}{Hk_L}$两部分组成的。

对于易溶气体，H 值很大，在 k_G 与 k_L 数量级相同或接近的情况下，存在如下的关系：

$$\frac{1}{Hk_L} \leqslant \frac{1}{k_G}$$

此时传质总阻力的绝大部分存在于气膜之中，液膜阻力可忽略，式(7-38a)可简化为

$$\frac{1}{K_G} \approx \frac{1}{k_G} \quad 或 \quad K_G \approx k_G$$

该式表明气膜阻力控制着整个吸收过程的速率，吸收的总推动力主要用来克服气膜阻力，这种情况称为“气膜控制”。用水吸收氨、氯化氢等过程，通常都被视为气膜控制的吸收过程。

(2) 以 $c_A^* - c_A$ 表示总推动力的吸收速率方程式

如图 7-14 所示，令 c_A^* 为气相主体组成 p_A 成平衡的液相组成，若吸收系统服从亨利定律或平衡关系在过程所涉及的组成范围内为直线，则

$$p_A = \frac{c_A^*}{H},\ p_A^* = \frac{c_A}{H}$$

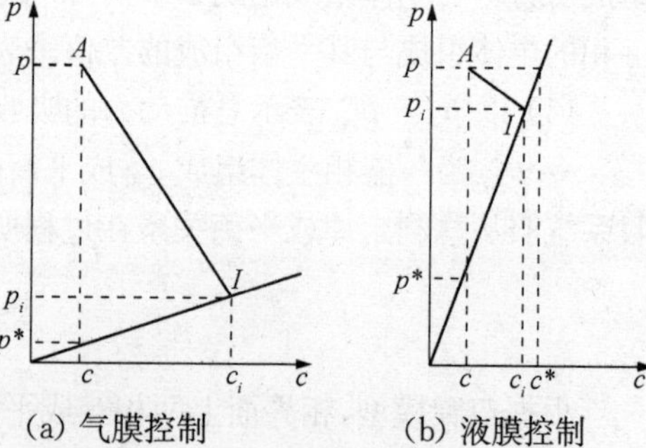

(a) 气膜控制　(b) 液膜控制

图 7-14　气膜控制与液膜控制示意图

将式(7-38)两端都乘 H，可得

$$N_A\left(\frac{1}{k_L} + \frac{H}{k_G}\right) = c_A^* - c_A \tag{7-40}$$

令
$$\frac{1}{k_L} + \frac{H}{k_G} = \frac{1}{K_L} \tag{7-40a}$$

则
$$N_A = K_L(c_A^* - c_A) \tag{7-41}$$

式中：K_L 为液相总吸收系数，kmol/(m^2·s·kmol/m^3)，即 m/s。

式(7-41)即以 $c_A^* - c_A$ 表示总推动力的吸收速率方程式，也可称为液相总吸收速率方程式。总系数 K_L 的倒数为两膜总阻力。由式(7-40a)可以看出，此总阻力是由气膜阻力 $\dfrac{H}{k_G}$ 和液膜阻力 $\dfrac{1}{k_L}$ 两部分组成的。

对于难溶气体，H 值很小，在 k_G 与 k_L 数量级相同或接近的情况下，存在如下的关系：

$$\frac{H}{k_G} \leqslant \frac{1}{k_L}$$

此时传质总阻力的绝大部分存在于液膜之中，气膜阻力可忽略，式(7-40a)可简化为

$$\frac{1}{K_L} \approx \frac{1}{k_L} \quad \text{或} \quad K_L \approx k_L$$

该式表明液膜阻力控制着整个吸收过程的速率，吸收的总推动力的绝大部分用于克服液膜阻力，这种情况称为"液膜控制"。用水吸收氧、二氧化碳等过程，通常都被视为液膜控制的吸收过程。

(3) 以 $Y_A - Y_A^*$ 表示总推动力的吸收速率方程式

在吸收计算中，当溶质含量较低时，通常采用摩尔比表示组成较为方便，故常用到以 $Y_A - Y_A^*$ 或 $X_A^* - X_A$ 表示总推动力的吸收速率方程式。

若操作总压力为 p，根据道尔顿分压定律可知

$$p_A = p y_A$$

又知

$$y_A = \frac{Y_A}{1+Y_A}$$

故

$$p_A = p\,\frac{Y_A}{1+Y_A}$$

同理

$$p_A^* = p\,\frac{Y_A^*}{1+Y_A^*}$$

式中：Y_A^* 为与液相组成 X_A 成平衡的气相组成。将上两式代入(7-39)，得

$$N_A = K_G\left(p\,\frac{Y_A}{1+Y_A} - p\,\frac{Y_A^*}{1+Y_A^*}\right)$$

此式可化简为

$$N_A = \frac{K_G p}{(1+Y_A)(1+Y_A^*)}(Y_A - Y_A^*) \tag{7-42}$$

令

$$\frac{K_G p}{(1+Y_A)(1+Y_A^*)} = K_Y \tag{7-43}$$

则

$$N_A = K_Y(Y_A - Y_A^*) \tag{7-44}$$

式中：K_Y 为气相总吸收系数，$\mathrm{kmol/(m^2 \cdot s)}$。

式(7-44)即以 $Y_A - Y_A^*$ 表示总推动力的吸收速率方程式，也可称为气相总吸收速率方程式。总系数 K_Y 的倒数为两膜总阻力。

当吸收质在气相中的组成很低时，Y 和 Y^* 都很小，式(7－43)左端的分母接近于 1，于是

$$K_Y \approx K_G p$$

(4) 以 $X_A^* - X_A$ 表示总推动力的吸收速率方程式

采用类似的方法可导出以 $X_A^* - X_A$ 表示总推动力的吸收速率方程式为

$$\frac{K_L c}{(1+X_A)(1+X_A^*)} = K_X \tag{7-45}$$

$$N_A = K_X(X_A^* - X_A) \tag{7-46}$$

式中：K_X 为液相总吸收系数，kmol/(m² · s)。

当溶质在液相中的组成很低时，X^* 和 X 都很小，式(7－45)左端的分母接近于 1，于是有

$$K_X \approx K_L c$$

5. 吸收速率方程式小结

前已述及，基于不同形式的推动力，可以写出相应的吸收速率方程式。使用吸收速率方程式应注意以下几点：

(1) 上述的各种吸收速率方程式是等效的，采用任何吸收速率方程式均可计算吸收过程的速率。

(2) 任何吸收系数的单位都是 kmol/(m² · s · 单位推动力)。当推动力以无因次的摩尔分率或摩尔比表示时，吸收系数的单位简化为 kmol/(m² · s)，与吸收速率的单位相同。

(3) 必须注意各吸收速率方程式中的吸收系数与吸收推动力的正确搭配及其单位的一致性。吸收系数的倒数即表示吸收过程的阻力，阻力的表达形式也必须与推动力的表达形式相对应。

(4) 上述各吸收速率方程式，都是以气、液组成保持不变为前提的，因此只适合于描述稳态操作的吸收塔内任一横截面上的速率关系，而不能直接用来描述全塔的吸收速率。在塔内不同横截面上的气、液组成各不相同，其吸收速率也不相同。

(5) 在使用与总吸收系数相对应的吸收速率方程式时，在整个过程所涉及的组成范围内，平衡关系须为直线，H 值应为常数；否则，即使膜系数(如 k_G、k_L)为常数，总吸收系数仍随组成而变化，这将不便于吸收塔的计算。

例 7－5 在总压为 100 kPa、温度为 30 ℃时，用清水吸收混合气体中的氨，气相传质系数 $k_G = 3.84\times10^{-6}$ kmol/(m² · s · kPa)，液相传质系数 $k_L = 1.83\times10^{-4}$ m/s，假设此操作条件下的平衡关系服从亨利定律，测得液相溶质摩尔分数为 0.05，其气相平衡分压为 6.7 kPa。当塔内某截面上气、液组成分别为 $y = 0.05$，$x = 0.01$ 时，求：

(1) 以 $p_A - p_A^*$、$c_A^* - c_A$ 表示的传质总推动力及相应的传质速率、总传质系数；

(2) 分析该过程的控制因素。

解 (1) 根据亨利定律 $E = \dfrac{p_A^*}{x} = \dfrac{6.7}{0.05}\text{ kPa} = 134\text{ kPa}$

$$\text{相平衡常数 } m = \frac{E}{p} = \frac{134}{100} = 1.34$$

$$\text{溶解度常数 } H=\frac{\rho_s}{EM_s}=\frac{1\,000}{134\times18}=0.414\,6$$

$$p_A-p_A^*=100\times0.05\text{ kPa}-134\times0.01\text{ kPa}=3.66\text{ kPa}$$

$$\frac{1}{K_G}=\frac{1}{Hk_L}+\frac{1}{k_G}=\frac{1}{0.414\,6\times1.83\times10^{-4}}+\frac{1}{3.86\times10^{-6}}=13\,180+240\,617=253\,797$$

$$K_G=3.94\times10^{-6}\text{ kmol/(m}^2\cdot\text{s}\cdot\text{kPa)}$$

$$N_A=K_G(p_A-p_A^*)=3.94\times10^{-6}\times3.66\text{ kmol/(m}^2\cdot\text{s)}=1.44\times10^{-5}\text{ kmol/(m}^2\cdot\text{s)}$$

$$c_A=\frac{0.01}{0.99\times18/1\,000}\text{ kmol/m}^3=0.56\text{ kmol/m}^3$$

$$c_A^*-c_A=0.414\,6\times100\times0.05\text{ kmol/m}^3-0.56\text{ kmol/m}^3=1.513\text{ kmol/m}^3$$

$$K_L=\frac{K_G}{H}=\frac{3.94\times10^{-6}}{0.414\,6}\text{ m/s}=9.5\times10^{-6}\text{ m/s}$$

$$N_A=K_L(c_A^*-c_A)=9.5\times10^{-6}\times1.513\text{ kmol/(m}^2\cdot\text{s)}=1.438\times10^{-5}\text{ kmol/(m}^2\cdot\text{s)}$$

(2) 与 $p_A-p_A^*$ 表示的传质总推动力相应的传质阻力为 253 797(m^2 · s · kPa)/kmol，

其中：气相阻力为　$\dfrac{1}{k_G}=13\,180\text{(m}^2\cdot\text{s}\cdot\text{kPa)/kmol}$

液相阻力为　$\dfrac{1}{Hk_L}=240\,617\text{(m}^2\cdot\text{s}\cdot\text{kPa)/kmol}$

液相阻力占总阻力的百分数为　$\dfrac{240\,617}{253\,797}\times100\%=94.8\%$

故该传质过程为气膜控制过程。

§7.4　吸收塔的计算

工业上为使气、液两相接触以实现物质的相际传递，既可采用板式塔，也可采用填料塔。板式塔内气、液两相逐级接触，填料塔内气、液两相连续接触。本节主要结合连续接触式填料塔来分析和讨论物理吸收的计算过程。

工业上的吸收过程在吸收塔内进行。按气、液两相在塔内流动方向划分，可将吸收过程分为逆流吸收和并流吸收两类。在逆流吸收过程中，吸收剂从塔顶加入，靠重力向下流动，并在填料表面形成液膜；气相从塔底进入吸收塔，在压力差的作用下向上流动，并与液膜充分接触，在传质推动力的作用下进行质量传递。在并流吸收中，气、液两相均从塔顶进入吸收塔内，完成质量传递后，从塔底分别排出。与传热过程一样，由于在同样的进、出口条件下，气、液两相逆流吸收具有较大的传质推动力，并且并流吸收只能实现一次气液平衡，因而在无特殊要求的情况下，一般采用逆流吸收流程。

7.4.1　吸收塔的物料衡算与操作线方程

1. 物料衡算

如图 7 - 15 所示为一个处于稳态操作下的逆流接触吸收塔。下标“1”表示塔底截面，下标

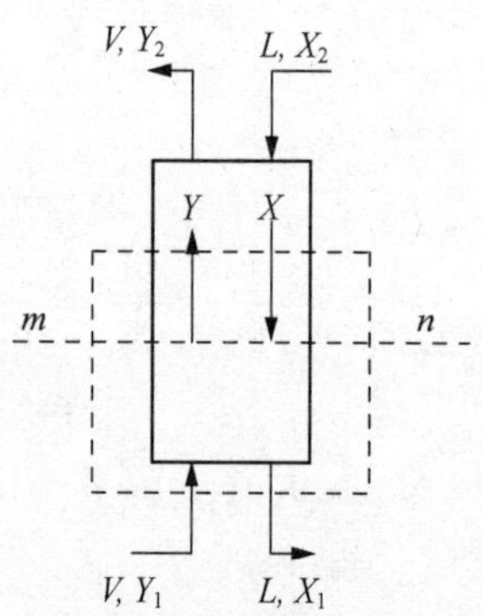

图 7-15 逆流吸收塔的物料衡算示意图

"2"表示塔顶截面，m—n 代表塔内的任一截面。为简便起见，在计算中表示组成的各项均略小标，图中各个符号的意义如下：

V 为单位时间通过吸收塔的惰性气体量，kmol(B)/s；L 为单位时间通过吸收塔的溶剂量，kmol(S)/s；Y_1、Y_2 分别为进塔、出塔气体中溶质组分的摩尔比，kmol(A)/kmol(B)；X_1、X_2 分别为出塔、进塔液体中溶质组分的摩尔比，kmol(A)/kmol(S)。

在吸收塔的两端面间，对单位时间进出吸收塔的溶质 A 作物料衡算，可得

$$VY_1 + LX_2 = VY_2 + LX_1 \tag{7-47}$$

或

$$V(Y_1 - Y_2) = L(X_1 - X_2) \tag{7-47a}$$

通常，进塔混合气的组成与流量是由吸收任务规定的，而吸收剂的初始组成和流量往往根据生产工艺要求确定。如果吸收任务又规定了溶质回收率 φ_A，则气体出塔时的组成 Y_2 为

$$Y_2 = Y_1(1 - \varphi_A) \tag{7-48}$$

式中：φ_A 为溶质 A 的吸收率或回收率。

由此，V、Y_1、L、X_2 及 Y_2 均为已知，再通过全塔物料衡算式(7-47)便可求得塔底排出吸收液的组成 X_1。

2. 吸收塔的操作线方程与操作线

吸收塔内任一横截面上，气、液组成 Y 与 X 之间的关系称为操作关系，描述该关系的方程称为操作线方程。在稳态操作的情况下，操作线方程可通过对组分 A 进行物料衡算获得。在图 7-15 中的 m—n 截面与塔底端面之间对组分 A 进行衡算，可得

$$VY_1 + LX = VY + LX_1 \tag{7-49}$$

或

$$Y = \frac{L}{V}X + \left(Y_1 - \frac{L}{V}X_1\right) \tag{7-49a}$$

同理，在 m—n 截面与塔顶端面之间作组分 A 的衡算，得

$$Y = \frac{L}{V}X + \left(Y_2 - \frac{L}{V}X_2\right) \tag{7-50}$$

式(7-49)与式(7-50)是等效的，皆称为逆流吸收塔的操作线方程。

由操作线方程可知，塔内任一横截面上的气相组成 Y 与液相组成 X 呈线性关系，直线的斜率为$\frac{L}{V}$，该直线通过点 $B(X_1, Y_1)$ 及点 $T(X_2, Y_2)$。图 7-16 中的直线 BT 为逆流吸收塔的操作线。操作线 BT 上任一点 A 的坐标(X, Y)代表塔内相应截面上液、气组成 X、Y，端点 B 代表填料层底部端面，即塔底的情况，该处具有最大的气液组成，故称之为"浓端"；端点 T 代表填料层顶部端面，即塔顶的情

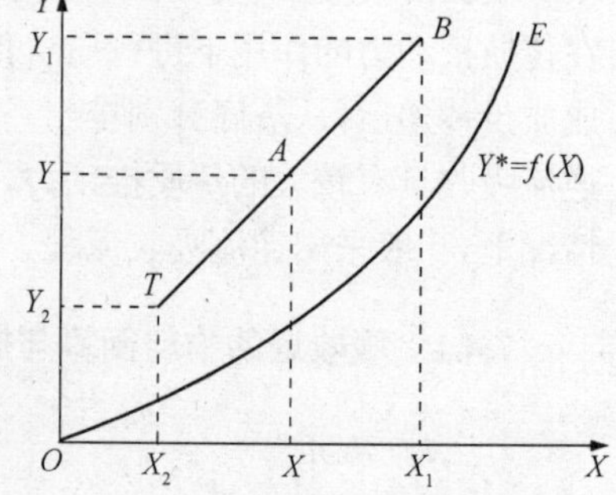

图 7-16 逆流吸收塔的操作线

况，该处具有最小的气液组成，故称之为"稀端"。图7-16中的曲线 OE 为相平衡曲线。当进行吸收操作时，在塔内任一截面上，溶质在气相中的实际组成 Y 总是高于与其相接触的液相平衡组成，所以吸收操作线 BT 总是位于平衡线 OE 的上方；反之，如果操作线位于相平衡曲线的下方，则应进行脱吸过程。

应予指出，以上的讨论都是针对逆流操作而言的。对于气、液并流操作的情况，吸收塔的操作线方程及操作线可采用同样的办法求得。无论是逆流操作还是并流操作的吸收塔，其操作线方程及操作线都是由物料衡算求得的，与吸收系统的平衡关系、操作条件以及设备的结构形式等均无任何牵连。

7.4.2 吸收剂用量的确定

在吸收塔的计算中，通常气体处理量是已知的，而吸收剂的用量需要通过工艺计算来确定。在气量 V 一定的情况下，确定吸收剂的用量也即确定液气比 $\frac{L}{V}$。仿照精馏中适宜(操作)回流比的确定方法，可先求出吸收过程的最小液气比，然后再根据工程经验，确定适宜(操作)液气比。

1. 最小液气比

操作线斜率 $\frac{L}{V}$ 称为液气比，它反映单位气体处理量的溶剂消耗量的大小。如图7-17(a)所示，在 Y_1、Y_2 及 X_2 已知的情况下，操作线的端点 T 已固定，另一端点 B 则可在 $Y=Y_1$ 的水平线上移动。B 点的横坐标将取决于操作线的斜率 $\frac{L}{V}$，若 V 值一定，则取决于吸收剂用量 L 的大小。

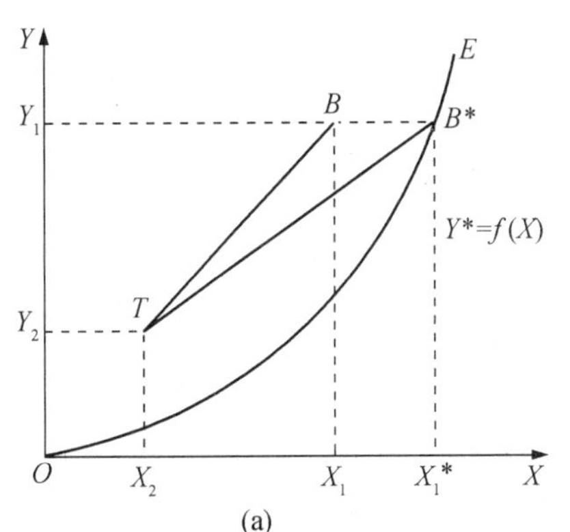

(a)

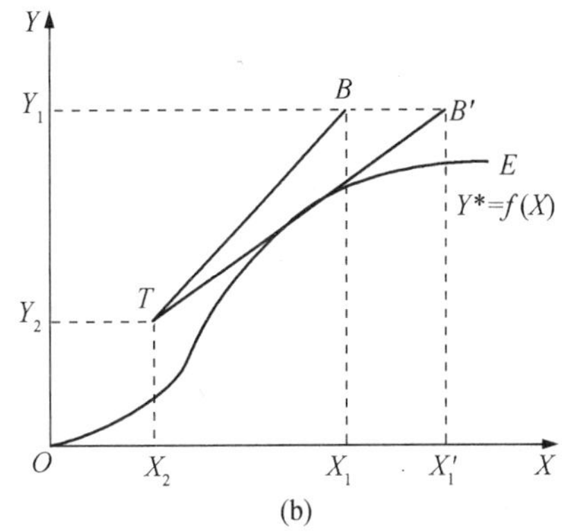

(b)

图7-17 吸收塔的最小液气比

在 V 值一定的情况下，吸收剂用量 L 减小，操作线斜率也将变小，点 B 便沿水平线 $Y=Y_1$ 向右移动，其结果是使出塔吸收液的组成增大，但此时吸收推动力也相应减小。当吸收剂用量减小到恰使点 B 移至水平线 $Y=Y_1$ 与平衡线 OE 的交点 B^* 时，$X_1=X_1^*$，即塔底流出液组成与刚进塔的混合气组成达到平衡。这是理论上吸收液所能达到的最高组成，但此时吸收过程的推动力已变为零，因而需要无限大的相际接触面积，即吸收塔需要无限高的填料层。这在工程上是不能实现的，只能用来表示一种极限的情况。此种状况下吸收操作线 TB^* 的斜率称为最小液气比，以 $\left(\frac{L}{V}\right)_{min}$ 表示；相应的吸收剂用量称为最小吸收剂用量，以 L_{min} 表示。

最小液气比可用图解法求得。如图 7-17(a)所示，找到水平线 $Y=Y_1$ 与平衡线的交点 B^*，从而读出 X_1^* 的数值，可得

$$\left(\frac{L}{V}\right)_{min}=\frac{Y_1-Y_2}{X_1^*-X_2} \tag{7-51}$$

或

$$L_{min}=V\frac{Y_1-Y_2}{X_1^*-X_2} \tag{7-51a}$$

如果平衡曲线呈现如图 7-17(b)所示的形状，则应过点 T 作平衡曲线的切线，找到水平线 $Y=Y_1$ 与此切线的交点 B'，从而读出点 B' 的横坐标 X_1' 的数值，然后按下式计算最小液气比，即

$$\left(\frac{L}{V}\right)_{min}=\frac{Y_1-Y_2}{X_1'-X_2} \tag{7-52}$$

或

$$L_{min}=V\frac{Y_1-Y_2}{X_1'-X_2} \tag{7-52a}$$

若平衡关系可用 $Y^*=mX$ 表示，则可直接用下式计算最小液气比，即

$$\left(\frac{L}{V}\right)_{min}=\frac{Y_1-Y_2}{\dfrac{Y_1}{m}-X_2} \tag{7-53}$$

或

$$L_{min}=V\frac{Y_1-Y_2}{\dfrac{Y_1}{m}-X_2} \tag{7-53a}$$

应予指出，在填料吸收塔中，填料表面必须被液体润湿，才能起到传质作用。为了保证填料表面能被液体充分地润湿，液体量不得小于某一最低允许值。如果按式(7-50)算出的吸收剂用量不能满足充分润湿填料的起码要求，则应采用较大的液气比。

2. 适宜的液气比

在吸收任务一定的情况下，吸收剂用量越小，溶剂的消耗、输送及回收等操作费用减少，但吸收过程的推动力减小，所需的填料层高度及塔高增大，设备费用增加；反之，若增大吸收剂用量，吸收过程的推动力增大，所需的填料层高度及塔高降低，设备费减少，但溶剂的消耗、输送及回收等操作费用增加。由以上分析可见，吸收剂用量的大小，应从设备费用与操作费用两方面综合考虑，选择适宜的液气比，使两种费用之和最小。根据生产实践经验，一般情况下取吸收剂用量为最小用量的 1.1～2.0 倍是比较适宜的，即

$$\frac{L}{V}=(1.1\sim2.0)\left(\frac{L}{V}\right)_{min} \tag{7-54}$$

或
$$L = (1.1 \sim 2.0)L_{min} \tag{7-54a}$$

例7-6　某矿石焙烧炉排出含SO_2的混合气体，除SO_2外其余组分可看作惰性气体。冷却后送入填料吸收塔中，用清水洗涤以除去其中的SO_2。吸收塔的操作温度为20 ℃，压力为101.3 kPa。混合气的流量为1 000 m^3/h，其中含SO_2体积百分数为9%，要求SO_2的回收率为90%。若吸收剂用量为理论最小用量的1.2倍，试计算：

(1) 吸收剂用量及塔底吸收液的组成X_1；

(2) 当用含SO_2 0.000 3(摩尔比)的水溶液作吸收剂时，保持二氧化硫回收率不变，吸收剂用量比原情况增加还是减少？塔底吸收液组成变为多少？已知101.3 kPa，20 ℃条件下SO_2在水中的平衡数据如表7-1所示。

表7-1　例7-6附表

SO_2溶液浓度X	气相中SO_2平衡浓度Y	SO_2溶液浓度X	气相中SO_2平衡浓度Y
0.000 056 2	0.000 66	0.000 84	0.019
0.000 14	0.001 58	0.001 4	0.035
0.000 28	0.004 2	0.001 97	0.054
0.000 42	0.007 7	0.002 8	0.084
0.000 56	0.011 3	0.004 2	0.138

解　按题意进行组成换算：

进塔气体中SO_2的组成为　$Y_1 = \dfrac{y_1}{1-y_1} = \dfrac{0.09}{1-0.09} = 0.099$

出塔气体中SO_2的组成为　$Y_2 = Y_1(1-\eta) = 0.099\times(1-0.09) = 0.009\ 9$

吸收塔惰性气体的摩尔流量为　$V = \dfrac{1\ 000}{22.4}\times\dfrac{273}{273+20}\times(1-0.09)$ kmol/h = 37.8 kmol/h

由表7-1中X-Y数据，采用内差法得到与气相进口组成Y_1相平衡的液相组成$X_1^* = 0.003\ 2$。

(1) $L_{min} = V\dfrac{Y_1-Y_2}{X_1^*-X_2} = \dfrac{37.8\times(0.099-0.009\ 9)}{0.003\ 2}$ kmol/h = 1 052 kmol/h

实际吸收剂用量$L = 1.2L_{min} = 1.2\times1\ 052$ kmol/h = 1 263 kmol/h

塔底吸收液的组成X_1由全塔物料衡算求得

$$X_1 = X_2 + \frac{V(Y_1-Y_2)}{L} = 0 + \frac{37.8\times(0.099-0.009\ 9)}{1\ 263} = 0.002\ 67$$

(2) 吸收率不变，即出塔气体中SO_2的组成Y_2不变，$Y_2 = 0.009\ 9$，而$X_2 = 0.000\ 3$，则

$$L_{min} = V\frac{Y_1-Y_2}{X_1^*-X_2} = \frac{37.8\times(0.099-0.009\ 9)}{0.003\ 2-0.000\ 3}\ \text{kmol/h} = 1\ 161\ \text{kmol/h}$$

实际吸收剂用量$L = 1.2L_{min} = 1.2\times1\ 161$ kmol/h = 1 394 kmol/h

塔底吸收液的组成 X_1 由全塔物料衡算求得

$$X_1 = X_2 + \frac{V(Y_1 - Y_2)}{L} = 0.000\,3 + \frac{37.8 \times (0.099 - 0.009\,9)}{1\,394} = 0.002\,7$$

由该题计算结果可见，当保持溶质回收率不变，吸收剂所含溶质溶解度越低，所需溶剂量越小，塔底吸收液浓度越低。

7.4.3 塔径的计算

工业上的吸收塔通常为圆柱形，故吸收塔的直径可根据圆形管道内的流量公式计算，即

$$\frac{\pi}{4} D^2 u = V_S$$

$$D = \sqrt{\frac{4V_S}{\pi u}} \tag{7-55}$$

式中：D 为吸收塔的直径，m；V_S 为操作条件下混合气体的体积流量，m^3/s；u 为空塔气速，即按空塔截面计算的混合气体的线速度，m/s。

应予指出，在吸收过程中，由于溶质不断进入液相，故混合气体流量由塔底至塔顶逐渐减小。在计算塔径时，一般应以塔底的气量为依据。由式(7-55)可知，计算塔径的关键在于确定适宜的空塔气速。

7.4.4 吸收塔填料高度的计算

1. 填料层高度的基本计算式

填料塔是一种连续接触式设备，随着吸收的进行，沿填料层高度气液两相的组成均不断变化，传质推动力也相应地改变，塔内各截面上的吸收速率并不相同。因此，前面所讲的吸收速率方程式，都只适用于塔内任一截面，而不能直接应用于全塔。为解决填料层高度的计算问题，需要对微元填料层进行物料衡算。

如图 7-18 所示，在填料吸收塔内任意位置上选取微元填料层高度 dZ，在此微元填料层内对组分 A 作物料衡算，可得

$$dG_A = VdY = LdX \tag{7-56}$$

式中：dG_A 为单位时间内由气相转入液相的溶质 A 的量，kmol/s。

在微元填料层内，因气、液组成变化很小，故可认为吸收速率 N_A 为定值，则

$$dG_A = N_A dA = N_A(a\Omega dZ) \tag{7-57}$$

式中：dA 为微元填料层内的传质面积，m^2；a 为填料的有效比表面积(单位体积填料层所提供的有效传质面积)，m^2/m^3；Ω 为吸收塔截面积，m^2。

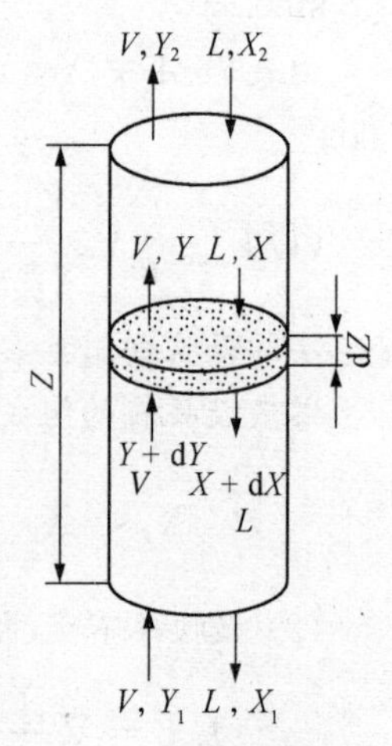

图 7-18 微元填料层的物料衡算

由吸收速率方程式可写为

$$N_A = K_Y(Y-Y^*) \text{ 和 } N_A = K_X(X^*-X)$$

将此式代入式(7-57)可得

$$dG_A = K_Y(Y-Y^*)a\Omega dZ$$

$$dG_A = K_X(X^*-X)a\Omega dZ$$

再将式(7-56)代入上两式，可得

$$VdY = K_Y(Y-Y^*)a\Omega dZ$$

$$Ldx = K_X(X^*-X)a\Omega dZ$$

当吸收塔定态操作时，V、L、Ω、a 皆不随时间而变化，也不随截面位置变化。对于低浓度吸收，在全塔范围内气液相的物性变化都较小，通常 K_Y、K_X 可视为常数，整理上两式，在全塔范围内积分，分别可得

$$Z = \frac{V}{K_Y a\Omega}\int_{Y_2}^{Y_1}\frac{dY}{Y-Y^*} \tag{7-58}$$

及

$$Z = \frac{L}{K_X a\Omega}\int_{X_2}^{X_1}\frac{dX}{X^*-X} \tag{7-59}$$

式(7-58)和式(7-59)即填料层高度的基本计算公式。应予指出，上述两式中的有效比表面积 a 总要小于填料的比表面积(单位体积填料层中填料的总面积)。这是因为只有那些被流动的液体膜层所润湿的填料表面，才能提供气液接触的有效面积。因此，a 值不仅与填料的形状、尺寸及填充状况有关，而且受流体物性及流动状况的影响。一般 a 的数值很难直接测量，通常将其与吸收系数的乘积视为一体，作为一个完整的物理量来看待，称为“体积吸收系数”。式(7-58)和式(7-59)中的 K_Xa 及 K_Ya 分别称为气相总体积吸收系数及液相总体积吸收系数，其单位均为 $kmol/(m^3 \cdot s)$。体积吸收系数的物理意义：在推动力为一个单位的情况下，单位时间单位体积填料层内所吸收溶质的量。

2. 传质单元高度与传质单元数

对式(7-58)分析可知，等号右端的因式$\dfrac{V}{K_Y a\Omega}$是由过程条件所决定的，具有高度的单位，定义为“气相总传质单元高度”，以 H_{OG}表示，即

$$H_{OG} = \frac{V}{K_Y a\Omega} \tag{7-60}$$

等号右端的积分项$\displaystyle\int_{Y_2}^{Y_1}\frac{dY}{Y-Y^*}$中的分子与分母具有相同的单位，因而整个积分为无因次的数值，它代表所需填料层总高度 Z 相当于气相总传质单元高度 H_{OG}的倍数，定义为“气相总传质单元数”，以 N_{OG}表示，即

$$N_{OG} = \int_{Y_2}^{Y_1}\frac{dY}{Y-Y^*} \tag{7-61}$$

于是，式(7-58)可改写为

$$Z = H_{OG} N_{OG} \tag{7-61a}$$

同理,式(7-59)可改写为

$$Z = H_{OL} N_{OL} \tag{7-61b}$$

式中:H_{OL}为液相总传质单元高度,$H_{OL} = \dfrac{L}{K_X a \Omega}$,m;$N_{OL}$为液相总传质单元数,$N_{OL} = \int_{X_2}^{X_1} \dfrac{dX}{X^* - X}$,无因次。

由此,可写出填料层高度计算的通式为

填料层高度＝传质单元数×传质单元高度

若总吸收系数与总推动力分别用膜系数及其相应的推动力代替时,则可得出

$$Z = N_G H_G \quad 和 \quad Z = N_L H_L$$

式中:H_G、H_L 分别为气相传质单元高度和液相传质单元高度,m;N_G、N_L 分别为气相传质单元数和液相传质单元数,无因次。

传质单元高度反映了传质阻力的大小、填料性能的优劣以及润湿情况的好坏。吸收过程的传质阻力越大,填料层有效比表面越小,则每个传质单元所相当的填料层高度就越大。

传质单元数代表所需填料层总高度 Z 相当于气相总传质单元高度 H_{OG}的倍数,它反映吸收过程进行的难易程度。生产任务所要求的气相组成变化越大,吸收过程的平均推动力越小,则意味着过程的难度越大,此时所需的传质单元数也就越大。

3. 传质单元数的求法

计算填料层高度的关键是计算传质单元数,传质单元数有多种计算方法,现介绍几种常用的方法。

(1) 解析法

① 脱吸因数法

脱吸因数法适用于在吸收过程所涉及的组成范围内平衡关系为直线时,便可根据传质单元数的定义导出相应的解析式来计算 N_{OG}。仍以气相总传质单元数 N_{OG}为例。

设平衡关系为 $Y^* = mX + b$,代入式(7-61)可得

$$N_{OG} = \int_{Y_2}^{Y_1} \frac{dY}{Y - Y^*} = \int_{Y_2}^{Y_1} \frac{dY}{Y - (mX + b)}$$

由操作线方程可得

$$X = \frac{V}{L}(Y - Y_2) + X_2$$

代入上式得

$$N_{OG} = \int_{Y_2}^{Y_1} \frac{dY}{Y - m\left[\dfrac{V}{L}(Y - Y_2) + X_2\right] - b} = \int_{Y_2}^{Y_1} \frac{dY}{\left(1 - \dfrac{mV}{L}\right)Y + \left[\dfrac{mV}{L}Y_2 - (mX_2 + b)\right]}$$

令 $\dfrac{mV}{L}=S$，则

$$N_{\mathrm{OG}}=\int_{Y_2}^{Y_1}\frac{\mathrm{d}Y}{(1-S)Y+(SY_2-Y_2^*)}$$

积分上式并化简，可得

$$N_{\mathrm{OG}}=\frac{1}{1-S}\ln\left[(1-S)\frac{Y_1-mX_2}{Y_2-mX_2}+S\right] \tag{7-62}$$

式中：S 为平衡线斜率与操作线斜率的比值，称为脱吸因数，无因次。

由式(7-62)可以看出，N_{OG}的数值与脱吸因数 S、$\dfrac{Y_1-mX_2}{Y_2-mX_2}$有关。为方便计算，以 S 为参数，$\dfrac{Y_1-mX_2}{Y_2-mX_2}$为横坐标，$N_{\mathrm{OG}}$为纵坐标，在半对数坐标上标绘式(7-59)的函数关系，得到图 7-19所示的曲线。此图可方便地查出 N_{OG}值。

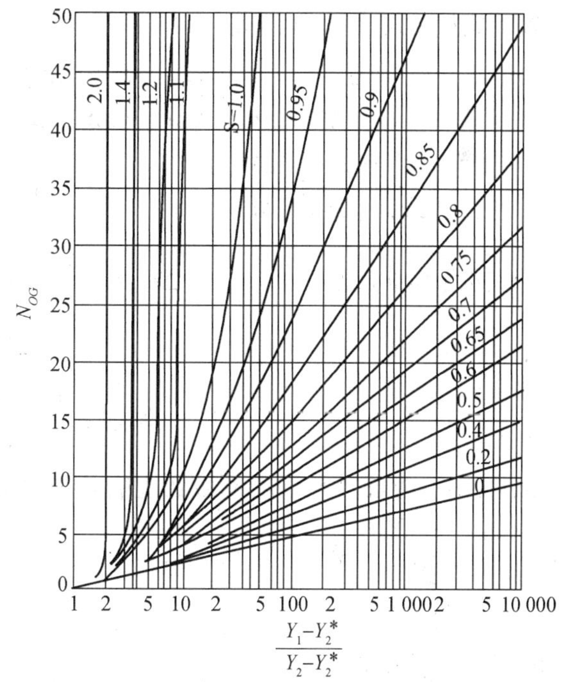

图 7-19　N_{OG}-$\dfrac{Y_1-Y_2^*}{Y_2-Y_2^*}$关系图

讨论：(a) $\dfrac{Y_1-mX_2}{Y_2-mX_2}$值的大小反映了溶质 A 吸收率的高低。当物系及气、液相进口浓度一定时，吸收率越高，Y_2 越小，$\dfrac{Y_1-mX_2}{Y_2-mX_2}$越大，则对应于一定 S 的 N_{OG}就越大，所需填料层高度越高。当 $X_2=0$ 时，$\dfrac{Y_1-mX_2}{Y_2-mX_2}=\dfrac{Y_1}{Y_2}=\dfrac{1}{1-\eta}$。

(b) 参数 S 反映了吸收过程推动力的大小，其值为平衡线斜率与吸收操作线斜率的比值。当溶质的吸收率和气、液相进出口浓度一定时，S 越大，吸收操作线越靠近平衡线，则吸收过程的推动力越小，N_{OG}值增大；反之，若 S 减小，则 N_{OG}值必减小。

注意：当操作条件、物系一定时，S 减少，通常是靠增大吸收剂流量实现的，而吸收剂流量增大会使吸收操作费用及再生负荷加大，所以一般情况，S 取 0.7～0.8 是经济合适的。

同理，液相总传质单元数也可用吸收因数法计算，其计算式为

$$N_{\mathrm{OL}}=\frac{1}{1-A}\ln\left[(1-A)\frac{Y_1-mX_2}{Y_1-mX_1}+A\right] \tag{7-63}$$

上式多用于脱吸操作的计算，式中 $A=\dfrac{L}{mV}$，是脱吸因数 S 的倒数，称为吸收因数。吸收因数

是操作线斜率与平衡线斜率的比值。

比较式(7-62)与式(7-63)可看出,两者具有同样的函数形式,只是式(7-62)中的 N_{OG}、$\frac{Y_1-Y_2^*}{Y_2-Y_2^*}$及 S 在式(7-60)中分别换成了 N_{OL}、$\frac{Y_1-Y_2^*}{Y_1-Y_1^*}$及 A。由此可知,若将图 7-19 用来表示 N_{OL}-$\frac{Y_1-Y_2^*}{Y_1-Y_1^*}$的关系(以 A 为参数),将完全适用。

② 对数平均推动力法

若气液平衡关系服从亨利定律(或在研究范围内为一直线),则如图 7-20 所示,由于平衡线和操作线都是直线,则在塔内任意截面上的推动力 ΔY 与 Y 的关系也为直线,则

$$\frac{d(\Delta Y)}{dY}=\frac{\Delta Y_1-\Delta Y_2}{Y_1-Y_2} \tag{7-64}$$

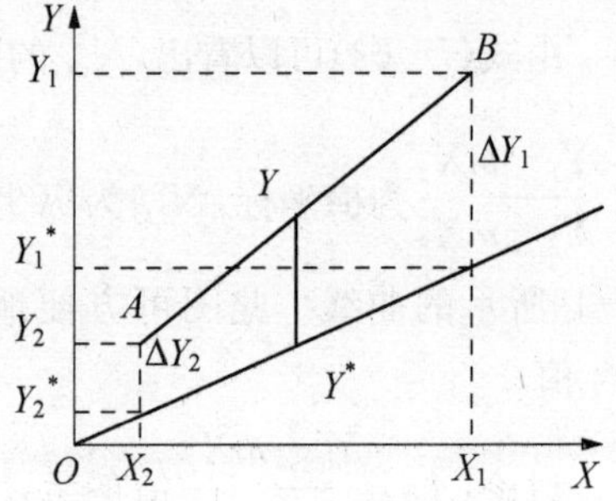

图 7-20 对数平均推动力求 N_{OG}

将上式代入式(7-58),可得

$$N_{OG}=\int_{Y_2}^{Y_1}\frac{dY}{Y-Y^*}=\int_{\Delta Y_2}^{\Delta Y_1}\frac{(Y_1-Y_2)d(\Delta Y)}{(\Delta Y_1-\Delta Y_2)\Delta Y}$$

$$=\frac{Y_1-Y_2}{\Delta Y_1-\Delta Y_2}\ln\frac{\Delta Y_1}{\Delta Y_2}$$

令气相平均推动力

$$\Delta Y_m=\frac{\Delta Y_1-\Delta Y_2}{\ln\frac{\Delta Y_1}{\Delta Y_2}} \tag{7-65}$$

则

$$N_{OG}=\frac{Y_1-Y_2}{\Delta Y_m} \tag{7-66}$$

式中:ΔY_m 为塔顶与塔底两截面上吸收推动力的对数平均值,称为对数平均推动力,$\Delta Y_m=\frac{\Delta Y_1-\Delta Y_2}{\ln\frac{\Delta Y_1}{\Delta Y_2}}$,$\Delta Y_1=Y_1-Y_1^*$,$\Delta Y_2=Y_2-Y_2^*$;$Y_1^*$ 为与 X_1 相平衡的气相组成;Y_2^* 为与 X_2 相平衡的气相组成。

同理,可导出液相总传质单元数 N_{OL} 的计算式为

$$N_{OL}=\frac{X_1-X_2}{\Delta X_m} \tag{7-67}$$

式中:$\Delta X_m=\frac{\Delta X_1-\Delta X_2}{\ln\frac{\Delta X_1}{\Delta X_2}}$,$\Delta X_1=X_1^*-X_1$,$\Delta X_2=X_2^*-X_2$;$X_1^*$ 为与 Y_1 相平衡的液相组成;X_2^* 为与 Y_2 相平衡的液相组成。

当 $\frac{\Delta Y_1}{\Delta Y_2}<2$、$\frac{\Delta X_1}{\Delta X_2}<2$ 时,对数平均推动力可用算术平均推动力替代,产生的误差小于

4%，这是工程允许的。

当平衡线与操作线平行，即 $S=1$ 时，$Y-Y^*=Y_1-Y_1^*=Y_2-Y_2^*$ 为常数，再对式(7-61)积分得

$$N_{OG}=\frac{Y_1-Y_2}{Y_1-Y_1^*}=\frac{Y_1-Y_2}{Y_2-Y_2^*}$$

(2) 数值积分法

若在吸收过程所涉及的组成范围内平衡关系为曲线时，则应采用数值积分法求传质单元数。数值积分有不同的方法，其中常用的有辛普森(Simpson)数值积分法，即

$$\begin{aligned}N_{OG}&=\int_{Y_0}^{Y_n}f(Y)\mathrm{d}Y\\&\approx\frac{\Delta Y}{3}[f_0+f_n+4(f_1+f_3+\cdots+f_{n-1})+2(f_2+f_4+\cdots+f_{n-2})]\end{aligned}\tag{7-68}$$

$$\Delta Y=\frac{Y_n-Y_0}{n}\tag{7-69}$$

式中：n 为在 Y_0 与 Y_n 间划分的区间数目，可取任意偶数，n 越大，计算结果越准确；Y_0 为出塔气组成，$Y_0=Y_2$；Y_n 为入塔气组成，$Y_n=Y_1$；f_0，f_1，…，f_n 分别为 $Y=Y_0$，Y_1，…，Y_n 所对应的纵坐标值。

(3) 梯级图解法

在吸收过程所涉及的组成范围内平衡关系为直线或弯曲程度不大的曲线，采用下述的梯级图解法估算总传质单元数比较简便。梯级图解法是直接根据传质单元数的物理意义引出的一种近似方法，也叫作贝克(Baker)法。

如图 7-21 所示，OE 为平衡线，BT 为操作线，此二线段间的竖直线段 BB^*、AA^*、TT^* 等表示塔内各相应横截面上的气相总推动力($Y-Y^*$)，各竖直线段中点的连线为曲线 MN。

从代表塔顶的端点 T 出发，作水平线交 MN 于点 F，延长 TF 至 F'，使 $FF'=TF$，过点 F' 作竖直线交 BT 于点 A；再从点 A 出发作水平线交 MN 于点 S，延长 AS 至点 S'，使 $SS'=AS$，过点 S' 作竖直线交 BT 于点 D；再从点 D 出发……如此进行下去，直至达到或超过操作线上代表塔底的端点 B 为止，所画出的梯级数即气相总传质单元数。

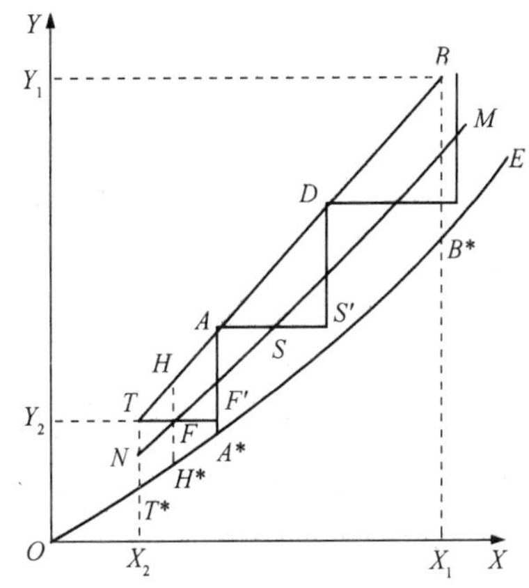

图 7-21　梯级图解法求 N_{OG}

不难证明，按上述方法所作的每一个梯级都代表一个气相总传质单元。

令在操作线与平衡线之间通过 F 及 F' 两点的竖直线分别为 HH^* 及 AA^*。

因为 $FF'=FT$，所以 $F'A=2FH=HH^*$。

只要平衡线的 A^*T^* 段可近似地视为直线，就可写出如下关系：

$$HH^*=(TT^*+AA^*)/2$$

亦即 HH^* 代表此段内气相总推动力($Y-Y^*$)的算术平均值。$F'A$ 表示此段内气相组成的变化

$(Y_A - Y_T)$，因为 $F'A = HH^*$，所以图 7-21 中的三角形 $TF'A$ 即可表示一个气相总传质单元。

同理，三角形 $AS'D$ 可表示另一个气相总传质单元。依此类推。

利用操作线 BT 与平衡线 OE 之间的水平线段中点轨迹线，可求得液相总传质单元数，其步骤与上述求 N_{OG} 的步骤基本相同。

7.4.5 理论板层数的计算

有时也用理论板层数计算吸收塔高度，理论板的概念与在蒸馏中介绍的相同。若采用的是填料塔，则塔高＝理论板层数×等板高度；若采用的是板式塔，则塔高＝(理论板层数/全塔效率)×板间距。

1. 梯级图解法求理论板层数

用梯级图解法求理论板层数的具体步骤：首先在直角坐标系中标绘出操作线及平衡关系曲线，如图 7-22 所示，图中 BT 为操作线，OE 为平衡线。然后，在操作线与平衡线之间，从塔顶（或塔底）开始逐次画阶梯直至与塔底（或塔顶）的组成相等或超过此组成为止。如此所画出的阶梯数，就是吸收塔所需的理论板层数。

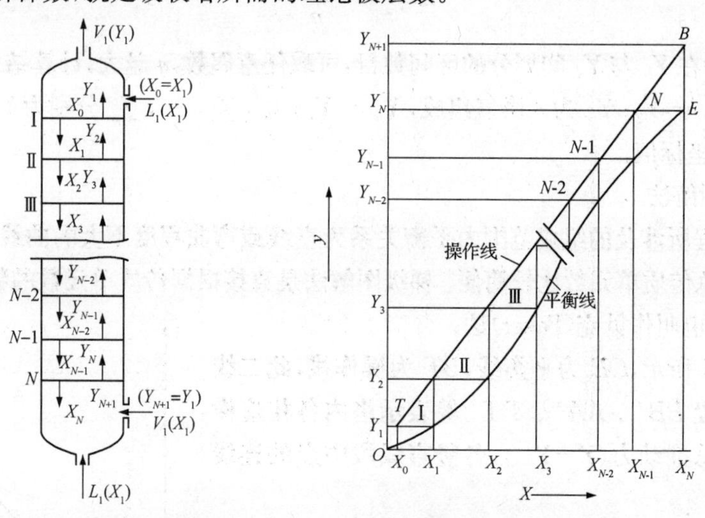

(a) 逆流操作的板式吸收塔　　(b) 相应的 $X-Y$ 关系

图 7-22 吸收塔的理论板层数

梯级图解法用于求理论板层数不受任何限制，气、液组成的表示方法既可为摩尔比 Y、X，也可为摩尔分率 y、x，或者用气相分压 p 与液相摩尔浓度 c；而且，此法既可用于低组成气体吸收的计算，也可用于高组成气体吸收或脱吸过程的计算。

2. 解析法求理论板层数

当平衡线为直线，平衡关系为 $Y^* = mX$。根据平衡关系和操作关系进行逐级迭代运算，经整理得到克列姆塞尔(Kremser)方程：

$$N_T = \frac{1}{\ln A}\ln\left[(1-S)\frac{Y_1 - mX_2}{Y_2 - mX_2} + S\right] \quad (A \neq 1) \tag{7-70}$$

$$N_T = \frac{Y_1 - Y_2}{Y_2 - mX_2} \quad (A = 1) \tag{7-70a}$$

7.4.6 吸收塔的设计型计算

吸收塔的计算包括设计型和操作型两类。设计型计算通常是在物系、操作条件一定的情况下，计算达到指定分离要求所需的吸收塔塔高。

当吸收的目的是除去有害物质时，一般要规定离开吸收塔混合气中溶质的残余浓度 Y_2；当以回收有用物质为目的时，一般要规定溶质的回收率 η。

吸收塔设计的优劣与吸收流程、吸收剂进口浓度、吸收剂流量等参数密切相关。

例 7-7 在一塔径为 0.8 m 的填料塔内，用清水逆流吸收空气中的氨，要求氨的吸收率为 99.5%。已知空气和氨的混合气质量流量为 1 400 kg/h，气体总压为 101.3 kPa，其中氨的分压为 1.333 kPa。若实际吸收剂用量为最小用量的 1.4 倍，操作温度(293 K)下的气液相平衡关系为 $Y^*=0.75X$，气相总体积吸收系数为 0.088 kmol/(m³·s)，试求：

(1) 每小时用水量；

(2) 用平均推动力法求出所需填料层高度。

解 (1) $y_1=\dfrac{1.333}{101.3}=0.013\ 2$，$Y_1=\dfrac{y_1}{1-y_1}=\dfrac{0.013\ 2}{1-0.013\ 2}=0.013\ 4$

$$Y_2=Y_1(1-\eta)=0.013\ 4(1-0.995)=0.000\ 066\ 9,\quad X_2=0$$

因混合气中氨含量很少，故 $\overline{M}\approx 29$ kg/kmol，则

$$V=\frac{1\ 400}{29}\times(1-0.013\ 2)\ \text{kmol/h}=47.7\ \text{kmol/h}$$

$$\Omega=0.785\times 0.8^2\ \text{m}^2=0.5\ \text{m}^2$$

由式(6-75)得 $L_{\min}=V\dfrac{Y_1-Y_2}{X_1^*-X_2}=\dfrac{47.7\times(0.013\ 4-0.000\ 066\ 9)}{\dfrac{0.013\ 4}{0.75}-0}\ \text{kmol/h}$

$$=35.6\ \text{kmol/h}$$

实际吸收剂用量 $L=1.4L_{\min}=1.4\times 35.4\ \text{kmol/h}=49.8\ \text{kmol/h}$

(2) $X_1=X_2+\dfrac{V(Y_1-Y_2)}{L}=0+\dfrac{47.7(0.013\ 4-0.000\ 066\ 9)}{49.8}=0.012\ 8$

$$Y_1^*=0.75X_1=0.75\times 0.012\ 8=0.009\ 53$$

$$Y_2^*=0$$

$$\Delta Y_1=Y_1-Y_1^*=0.013\ 4-0.009\ 53=0.003\ 87$$

$$\Delta Y_2=Y_2-Y_2^*=0.000\ 066\ 9-0=0.000\ 066\ 9$$

$$\Delta Y_m=\frac{\Delta Y_1-\Delta Y_2}{\ln\dfrac{\Delta Y_1}{\Delta Y_2}}=\frac{0.003\ 87-0.000\ 066\ 9}{\ln\dfrac{0.003\ 87}{0.000\ 066\ 9}}=0.000\ 936$$

$$N_{OG}=\frac{Y_1-Y_2}{\Delta Y_m}=\frac{0.013\ 4-0.000\ 066\ 9}{0.000\ 936}=14.24$$

$$H_{OG}=\frac{V}{K_Ya\Omega}=\frac{47.7/3\,600}{0.088\times 0.5}\text{ m}=0.30\text{ m}$$

$$Z=N_{OG}\cdot H_{OG}=14.24\times 0.30\text{ m}=4.27\text{ m}$$

例 7-8 空气中含丙酮 2%(体积百分数)的混合气以 0.024 kmol/(m^2 · s)的流速进入一填料塔,今用流速为 0.065 kmol/(m^2 · s)的清水逆流吸收混合气中的丙酮,要求丙酮的回收率为 98.8%。已知操作压力为 100 kPa,操作温度下的亨利系数为 177 kPa,气相总体积吸收系数为 0.023 1 kmol/(m^3 · s),试用解吸因数法求填料层高度。

解 $$y_1=\frac{2}{100-2}=0.020\,4,\ Y_1=\frac{y_1}{1-y_1}=\frac{0.020\,4}{1-0.020\,4}=0.020\,8$$

$$Y_2=Y_1(1-\eta)=0.020\,8\times(1-0.988)=0.000\,250,X_2=0$$

$$m=\frac{E}{p}=\frac{177}{100}=1.77$$

因此时为低浓度吸收,故 $\dfrac{V}{\Omega}\approx 0.024\text{ kmol/(m}^2\cdot\text{s)}$

$$S=\frac{mV}{L}=\frac{1.77\times 0.024}{0.065}=0.654$$

$$\frac{Y_1-mX_2}{Y_2-mX_2}=\frac{Y_1}{Y_2}=\frac{1}{1-\eta}=\frac{1}{1-0.988}=83.3$$

$$N_{OG}=\frac{1}{1-S}\ln\left[(1-S)\frac{Y_1-mX_2}{Y_2-mX_2}+S\right]$$

$$=\frac{1}{1-0.654}\ln[(1-0.654)\times 83.3+0.654]=11.0$$

N_{OG} 也可由 $S=0.654$ 和 $\dfrac{Y_1-mX_2}{Y_2-mX_2}=83.3$,查图 7-19 得到,$N_{OG}=11.0$

$$H_{OG}=\frac{V}{K_Ya\Omega}=\frac{0.024}{0.023\,1}\text{ m}=1.04\text{ m}$$

所以 $$Z=N_{OG}\cdot H_{OG}=11.0\times 1.04\text{ m}=11.44\text{ m}$$

7.4.7 吸收塔的操作型计算

吸收塔的操作型计算是指吸收塔塔高一定时,吸收操作条件与吸收效果间的分析和计算。例如已知塔高 Z,气、液流量,混合气体中溶质进口组成 Y_1、吸收剂进口组成 X_2、体积传质系数 K_Ya 时,核算指定设备能否完成分离任务。又如某一操作条件(L、V、T、p、Y_1、X_2)之一变化时,计算吸收效果如何变化。

例 7-9 在一填料塔中用清水吸收氨-空气中的低浓氨气,若清水量适量加大,其余操作条件不变,则 Y_2、X_1 如何变化?(已知体积传质系数随气量变化关系为 $k_Ya\propto V^{0.8}$)

解 用水吸收混合气中的氨为气膜控制过程，故 $K_Y a \approx k_Y a \propto V^{0.8}$。

因为气体流量 V 不变，所以 $k_Y a$ 近似不变。由于 $K_Y a \approx k_Y a \propto V^{0.8}$，$K_Y a$ 不变，所以 H_{OG} 不变。

因为塔高不变，故根据 $Z = N_{OG} \cdot H_{OG}$ 可知，N_{OG} 不变。

当清水量加大时，因为 $S = \frac{mV}{L}$，故 S 降低，由图 7-19 可以看出，$\frac{Y_1 - mX_2}{Y_2 - mX_2}$ 会增大，故 Y_2 将下降。

根据物料衡算 $L(X_1 - X_2) = V(Y_1 - Y_2) \approx VY_1$ 可近似推出，X_1 将下降。

例 7-10 某填料吸收塔在 101.3 kPa，293 K 下用清水逆流吸收丙酮-空气混合气中的丙酮，操作液气比为 2.0，丙酮的回收率为 95%。已知该吸收为低浓度吸收，操作条件下气液平衡关系为 $Y = 1.18X$，吸收过程为气膜控制，气相总体积吸收系数 $K_Y a$ 与气体流速的 0.8 次方成正比。（塔截面积为 1 m^2）

(1) 若气体流量增加 15%，而液体流量及气、液进口组成不变，则丙酮的回收率有何变化？

(2) 若丙酮回收率由 95% 提高到 98%，而气体流量，气、液进口组成，吸收塔的操作温度和压力皆不变，则吸收剂用量提高到原来的多少倍？

解 (1) 设操作条件变化前为原工况

$$S = \frac{mV}{L} = \frac{1.18}{2.0} = 0.59$$

$$X_2 = 0,\ \frac{Y_1 - mX_2}{Y_2 - mX_2} = \frac{Y_1}{Y_2} = \frac{1}{1-\eta} = \frac{1}{1-0.95} = 20$$

$$N_{OG} = \frac{1}{1-S}\ln\left[(1-S)\frac{Y_1 - mX_2}{Y_2 - mX_2} + S\right]$$

$$= \frac{1}{1-0.59}\ln[(1-0.59)\times 20 + 0.59] = 5.301$$

设气量增加 15% 时为新工况

因为 $H_{OG} = \frac{V}{K_Y a \Omega}$，$K_Y a \propto V^{0.8}$，所以 $H_{OG} \propto \frac{V}{V^{0.8}} = V^{0.2}$，故新工况下

$$H'_{OG} = H_{OG}\left(\frac{V'}{V}\right)^{0.2} = H_{OG} \cdot 1.15^{0.2} = 1.028 H_{OG}$$

因塔高未变，故 $N_{OG} \cdot H_{OG} = N'_{OG} \cdot H'_{OG}$，即

$$N'_{OG} = \frac{N_{OG} \cdot H_{OG}}{H'_{OG}} = \frac{N_{OG} \cdot H_{OG}}{1.028 H_{OG}} = \frac{5.301}{1.028} = 5.157$$

因为 $S = \frac{mV}{L}$，$S' = \frac{mV'}{L}$，所以 $S' = \frac{V'}{V}S = 1.15 \times 0.59 = 0.679$

新工况下：

$$N'_{OG}=\frac{1}{1-S'}\ln\left[(1-S')\frac{Y_1-mX_2}{Y'_2-mX_2}+S'\right]$$

$$5.157=\frac{1}{1-0.679}\ln\left[(1-0.679)\frac{Y_1}{Y'_2}+0.679\right]$$

$$5.157=\frac{1}{1-0.679}\ln\left[(1-0.679)\frac{1}{1-\eta'}+0.679\right]$$

解得丙酮吸收率 η 变为 92.95%。

(2) 当气体流量不变时，对于气膜控制的吸收过程，H_{OG}不变，故吸收塔塔高不变时，N_{OG}也不变化，即将丙酮回收率由 95%提高到 98%，提高吸收剂用量时，新工况下 $N''_{OG}=N_{OG}=5.301$，则

$$S''=\frac{mV}{L''},\eta''=0.98$$

$$N''_{OG}=\frac{1}{1-S''}\ln\left[(1-S'')\frac{1}{\eta''}+S''\right]$$

$$5.301=\frac{1}{1-S''}\ln\left[(1-S'')\frac{1}{1-0.98}+S''\right]$$

用试差法解得 $S''=0.338$，则

$$\frac{S}{S''}=\frac{L''}{L}=\frac{0.59}{0.338}=1.746$$

所以吸收剂用量应提高到原来的 1.746 倍。

§7.5 吸收系数

一般来说，传质过程的影响因素较传热过程复杂得多，吸收系数不仅与物性、设备类型、填料的形状和规格等有关，而且还与塔内流体的流动状况、操作条件密切相关。因此，迄今尚无通用的计算公式和方法。目前，在进行吸收设备的计算时，获取吸收系数的途径有三条：一是实验测定；二是选用适当的经验公式进行计算；三是选用适当的准数关联式进行计算。

7.5.1 吸收系数的测定

实验测定是获得吸收系数的根本途径。实验测定一般在已知内径和填料层高度的中试实验设备上或生产装置上进行，用实际操作的物系，选定一定的操作条件进行实验。在稳态操作状况下，测得进出口处气液流量及组成，根据物料衡算及平衡关系，算出吸收负荷 G_A 及平均推动力 ΔY_m。再依具体设备的尺寸算出填料层体积 V_P后，便可按下式计算总体积吸收系数 $K_Y\alpha$，即

$$K_Y\alpha=\frac{V(Y_1-Y_2)}{\Omega z\Delta Y_m}=\frac{G_A}{V_P\Delta Y_m}$$

式中：G_A 为塔的吸收负荷，即单位时间在塔内吸收的溶质量，kmol/s；V_P 为填料层体积，m^3；ΔY_m 为塔内平均气相总推动力，无因次。

测定时可针对全塔进行，也可针对任一塔段进行，测定值代表所测范围内的总吸收系数的平均值。测定气膜或液膜吸收系数时，总是设法在另一相的阻力可被忽略或可以推算的条件下进行试验。

7.5.2 吸收系数的经验公式

计算吸收系数的经验公式较多，现介绍几个计算体积吸收系数的经验公式。

1. 用水吸收氨

用水吸收氨属于易溶气体的吸收，吸收阻力主要在气膜中，液膜阻力约占 10%。根据实验数据得出的计算气膜体积吸收系数的经验公式为

$$k_G\alpha=6.07\times10^{-4}G^{0.9}W^{0.39}\tag{7-71}$$

式中：$k_G\alpha$ 为气膜体积吸收系数，kmol/(m^3 · h · kPa)；G 为气相空塔质量速度，kg/(m^2 · h)；W 为液相空塔质量速度，kg/(m^2 · h)。

式(7-71)的适用条件如下：① 物系为用水吸收氨；② 填料为直径 12.5 mm 的陶瓷环形填料。

2. 常压下用水吸收二氧化碳

用水吸收二氧化碳属于难溶气体的吸收，吸收阻力主要集中在液膜中。根据实验数据得出的计算液膜体积吸收系数的经验公式为

$$k_L\alpha=2.57U^{0.96}\tag{7-72}$$

式中：$k_L\alpha$ 为液膜体积吸收系数，kmol/(m^3 · h · kmol/m^3)；U 为液体喷淋密度，即单位时间单位塔截面上喷淋的液体体积，m^3/(m^2 · h)。

式(7-72)的适用条件如下：① 物系为用水吸收二氧化碳；② 填料为直径 10～32 mm 的陶瓷环；③ 液体的喷淋密度为 3～20 m^3/(m^2 · h)；④ 气相的空塔质量速度为 130～580 kg/(m^2 · h)；⑤ 操作温度为 21～27 ℃。

3. 用水吸收二氧化硫

这是具有中等溶解度的气体吸收，气膜阻力和液膜阻力都在总阻力中占有相当比例。计算体积吸收系数的经验公式如下：

$$k_G\alpha=9.81\times10^{-4}G^{0.7}W^{0.25}\tag{7-73}$$

$$k_L\alpha=\alpha W^{0.82}\tag{7-74}$$

式中：$k_G\alpha$ 为气膜体积吸收系数，kmol/(m^3 · h · kPa)；$k_L\alpha$ 为液膜体积吸收系数，kmol/(m^3 · h · kmol/m^3)；G 为气相空塔质量速度，kg/(m^2 · h)；W 为液相空塔质量速度，kg/(m^2 · h)。

式(7-73)和式(7-74)的适用条件如下:① 物系为用水吸收二氧化硫;② 气相的空塔质量速度为 $G=320\sim150\ \mathrm{kg/(m^2\cdot h)}$;③ 液相的空塔质量速度为 $W=4\,400\sim58\,500\ \mathrm{kg/(m^2\cdot h)}$;④ 所用填料为直径 25 mm 的环形填料。

应予指出,吸收系数的经验公式是由特定系统及特定条件下的实验数据关联得出的,由于受实验条件的限制,其适用范围较窄,只有在规定条件下使用才能得到可靠的计算结果。

§7.6 其他条件的吸收和解吸

前面讨论了低组成单组分的等温物理吸收的原理及计算。在此基础上,本节将对高组成气体吸收、非等温吸收、多组分吸收、化学吸收及解吸过程作简要介绍。

7.6.1 高组成气体吸收

当溶质在气、液两相中的组成以摩尔分数 y 和 x 表示时,根据式(7-49)可写成

$$\frac{y}{1-y}=\frac{L}{V}\frac{x}{1-x}+\left(\frac{y_1}{1-y_1}-\frac{L}{V}\frac{x_1}{1-x_1}\right) \tag{7-75}$$

由式(7-75)可知,在 $x-y$ 直角坐标系中,吸收操作线是一条曲线。

采用与低组成气体吸收过程填料层高度计算时类似的方法,推导高组成气体吸收过程的填料层高度计算式为

$$Z=\int_0^z \mathrm{d}z=\int_{y_2}^{y_1}\frac{V'\mathrm{d}y}{k_Y\alpha\Omega(1-y)(y-y_i)} \tag{7-76}$$

及

$$Z=\int_0^z \mathrm{d}z=\int_{x_2}^{x_1}\frac{L'\mathrm{d}x}{k_X\alpha\Omega(1-x)(x_i-x)} \tag{7-77}$$

同理可以写出

$$Z=\int_{y_2}^{y_1}\frac{V'\mathrm{d}y}{K_Y\alpha\Omega(1-y)(y-y^*)} \tag{7-78}$$

$$Z=\int_{x_2}^{x_1}\frac{L'\mathrm{d}x}{K_X\alpha\Omega(1-x)(x^*-x)} \tag{7-79}$$

式(7-76)、式(7-77)、式(7-78)和式(7-79)是计算完成指定吸收任务所需填料层高度的普遍公式。依据条件对上述公式之一进行绘图积分或数值积分,便可求出 Z 值。

高组成气体在吸收塔内上升时,随着溶质向液相的转移,气相组成逐渐降低,其总摩尔流速 V' 明显变小,因而吸收系数也将明显变小。以式(7-76)为例,积分号内的 V'、$k_Y\alpha$ 及 y_i 各量,在塔内不同横截面上也是具有不同的数值。

吸收系数不仅与物性、温度、压力计气、液两相的流速有关,而且与溶质组成有关。溶质组成的影响体现在漂流因数中。以气膜吸收系数为例,其计算式

$$k_y=\frac{Dp}{RTz_G}\frac{p}{p_{Bm}}=k'_y\frac{p}{p_{Bm}} \tag{7-80}$$

式中：k'_y是在气相中 A、B 两组分做等分子反向扩散的传质系数，即

$$k'_y=\frac{Dp}{RTz_G} \tag{7-81}$$

漂流因数$\frac{p}{p_{Bm}}$又可写成

$$\frac{p}{p_{Bm}}=\frac{p}{(p-p_A)_m}=\frac{1}{(1-y)_m} \tag{7-82}$$

式(7-82)中$(1-y)_m$ 代表塔内任一横截面上气相主体与界面处惰性组分摩尔分数的对数平均值，即

$$(1-y)_m=\frac{(1-y)-(1-y_i)}{\ln\frac{1-y}{1-y_i}} \tag{7-83}$$

将式(7-83)代入(7-80)，得

$$k_y=\frac{k'_y}{(1-y)_m} \tag{7-84}$$

因此

$$k_y\alpha=\frac{k'_y\alpha}{(1-y)_m} \tag{7-85}$$

为了消除组成的影响，常以 $k'_y\alpha$（或 $k'_x\alpha$）的形式提供吸收系数的数据或经验式。若将此种吸收系数用于高组成气体吸收的计算时，须再计入漂流因数，则式(7-76)写成

$$Z=\int_{y_2}^{y_1}\frac{V'\mathrm{d}y}{\frac{k'_y\alpha}{(1-y)_m}\Omega(1-y)(y-y_i)} \tag{7-86}$$

根据上式进行绘图积分以计算填料层高度 Z 时，步骤较繁，且需采用试差方法。

将式(7-86)写成

$$Z=\frac{V'}{k'_y\alpha\Omega}\int_{y_2}^{y_1}\frac{(1-y)_m\mathrm{d}y}{\Omega(1-y)(y-y_i)} \tag{7-87}$$

或

$$Z=H_GN_G \tag{7-87a}$$

式中：

$$H_G=\frac{V'}{k'_y\alpha\Omega} \tag{7-88}$$

$$N_G=\int_{y_2}^{y_1}\frac{(1-y)_m\mathrm{d}y}{(1-y)(y-y_i)} \tag{7-89}$$

为了简化运算，当塔内任一横截面上的$(1-y)_m$ 可用$(1-y)$与$(1-y_i)$的算术平均值代替时，即

$$(1-y)_m=\frac{1}{2}(1-y)+(1-y_i)=(1-y)+\frac{y-y_i}{2}$$

则 $$N_G=\int_{y_2}^{y_1}\frac{\left[(1-y)+\dfrac{1}{2}(y-y_i)\right]\mathrm{d}y}{(1-y)(y-y_i)}=\int_{y_2}^{y_1}\frac{\mathrm{d}y}{y-y_i}+\frac{1}{2}\ln\frac{1-y_2}{1-y_1} \tag{7-90}$$

式(7-90)等号右侧第二项可按出塔的气相组成直接计算，只余下第一项需用绘图积分或数值积分求值，比较简便。

7.6.2 非等温吸收

前面讨论吸收塔的计算，忽略了气、液两相在吸收过程中的温度变化，即没有考虑吸收过程所伴随的热效应。实际上，气体吸收过程往往伴随着热量的释出，原因主要是气体的溶解热，当有化学反应时，还将放出反应热。这些热效应使塔内液相温度随其组成的升高而升高，从而使平衡关系发生不利于吸收过程的变化：气体的溶解度变小，吸收推动力变小，因而将比等温吸收需要较大的液气比，或较高的填料层，或较多层数的理论塔板。只有当气相中溶质组成很低或溶解度很小，吸收剂用量相对很大，因而吸收的热效应与吸收剂的热容量相比甚小，不足以引起液相温度显著变化时，或者吸收设备散热良好，能够及时取走过程所释放的热量而维持液相温度大体不变时，才可按等温吸收处理，并按塔顶及塔底的平均温度确定平衡关系。

非等温吸收的一种近似处理方法，假设所有释放的热量都被液体吸收，即忽略气相的温度变化及其他热损失。据此可以推算液体组成与温度的对应关系，从而得到变温情况下的平衡曲线。当然，这样的设定会导致对液体温升的估计计算，因而算出的塔高值也稍大些。

若吸收过程的热效应很大，例如用水吸收氯化氢，用C3馏分吸收石油裂解气中的乙烯、丙烯等组分的过程，必须设法排除热量，以控制吸收过程的温度。通常采取的措施有以下几种：

(1) 在吸收塔内装置冷却元件，如板式塔可在塔板上安装冷却蛇管或在板间设置冷却器。

(2) 引出吸收剂到外部进行冷却。填料塔不用在塔内装置冷却元件，可将温度升高的吸收剂中途引出塔外，冷却后重新送入塔内进行吸收。

(3) 采用边吸收边冷却的吸收装置。例如盐酸吸收，采用管壳式换热器形式的吸收设备，使吸收过程在管内进行的同时，向壳方不断通入冷却剂以移除大量溶解热。

(4) 采用大的喷淋密度，使吸收过程释放的热量以显热的形式被大量吸收剂带走。

7.6.3 多组分吸收

前面所述的吸收过程，都是指混合气仅有一个组分在溶剂中有显著溶解度的情况，即所谓单组分吸收。实际的吸收操作，其混合气中具有显著溶解度的组分不止一个，这样的吸收便属于多组分吸收。用挥发性极低的液体烃吸收石油裂解气中的多种烃类组分，使之与甲烷、氢气分开以及用洗油吸收焦炉气中的苯、甲苯、二甲苯都属于多组分吸收的实例。

多组分吸收的计算远较单组分的复杂。这主要因为在多组分吸收中，其他组分的存在使得各溶质在气、液两相的平衡关系有所改变。但是，对于某些溶剂用量很大的低组成气体吸收，所得稀溶液的平衡关系可认为服从亨利定律，而且各组分的平衡关系互不影响，因而可分别对各溶质组分予以单独考虑，例如对于混合气中溶质组分 i 可写出如下平衡关系：

$$Y_i^* = m_i X_i$$

式中：X_i 为液相中 i 组分的摩尔比；Y_i 为与液相成平衡的气相中 i 组分的摩尔比；m_i 为溶质组分 i 的相平衡常数。

各溶质组分的相平衡常数 m 值互不相同，因此，每一溶质组分都有一条自己的平衡线。同时，进出吸收塔的气体，各组分的组成都不相同，因而每一溶质组分都有自己的操作线。例如对于溶质组分 i，可写出如下操作线方程式：

$$Y_i = \frac{L}{V}X_i + \left(Y_{i2} - \frac{L}{V}X_{i2}\right)$$

式中：溶剂与惰性气体的摩尔流量之比$\left(液气比\frac{L}{V}\right)$为常数，所以，各溶质组分的操作线应具有相同的斜率，即各操作线相互平行。

因此，多组分吸收的计算，常需首先规定某一溶质组分的吸收率或出塔时的组成，据此求出所需的理论板层数 N_T。再根据确定的理论板层数，计算出其他各溶质组分的吸收率及出塔气体的组成。这个首先被规定了分离要求的组分，称为"关键组分"，它应是在该吸收操作中具有关键意义，因而必须保证其吸收率达到预定指标的组分。

图 7-23 表示有 H、K、L 三个溶质组分的某些低组成气体吸收过程的操作关系与平衡关系。其中的直线 OE_H、OE_K、OE_L 分别为三个组分的平衡线，平行直线 $B_H T_H$、$B_K T_K$、$B_L T_L$ 分别为三个组分的操作线。对于这样的系统，可用图解法进行计算。

首先确定关键组分(如组分 K)，根据关键组分的相平衡关系及进出塔的组成确定最小液气比，继而决定操作液气比，然后据此液气比及关键组分在塔顶气、液中的组成画出操作线($B_K T_K$)。由操作线的一端开始在平衡线(OE_K)与操作线($B_K T_K$)之间作梯级，求得达到关键组分的分离指标所需的理论板层数 N_T(图 7-23 中 $N_T=3$)。

然后根据 N_T 推算其他溶质的吸收率及出塔气、液的组成。各组分的操作线需经试差确定。试差的依据有三条：① 这些溶质组分(H、L)的操作线皆与关键组分(K)的操作线平行；② 因各组分在进塔气、液中的组成(Y_{i1} 及 X_{i2})是已知的，故知其操作线的一端(T_i)必在竖直线 $X=X_{i2}$ 上，而另一端(B_i)必在水平线 $Y=Y_{i1}$；③ 在这些组分的平衡线与操作线之间画出的梯级恰等于 N_T。

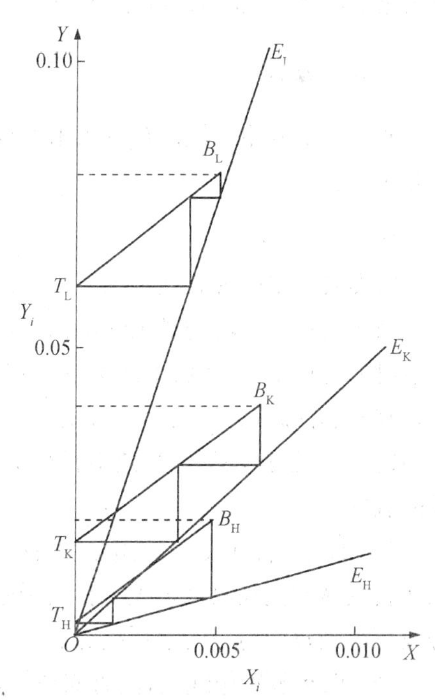

图 7-23　多组分吸收的操作线与平衡线

按照以上三个条件，经试差作图法确定各非关键组分的操作线，也就确定它们的吸收率及其在出口气、液相中的组成。

7.6.4 化学吸收

在实际生产中，多数吸收过程都伴有化学反应。伴有显著化学反应的吸收过程称为化学吸收。例如用氢氧化钠或碳酸钠等水溶液吸收二氧化碳、二氧化硫和硫化氢以及用硫酸吸收氨等，都属于化学吸收。

溶质首先由气相主体扩散至气、液界面，随后再由液相主体扩散的过程，与吸收剂或液相中的其他某种活泼组分发生化学反应。因此，溶质的组成沿扩散途径的变化情况不仅与其自身的扩散速率有关，而且与液相中活泼组分的反向扩散速率、化学反应速率以及反应产物的扩散速率等因素有关。这就使得化学吸收的速率关系十分复杂。总的说来，由于化学反应消耗了进入液相中的溶质，使溶质气体的有效溶解度增大而平衡分压降低，增大了吸收过程的推动力；同时，由于溶质在液膜内扩散中途即因化学反应而消耗，使传质阻力减小，吸收系数相应增大。所以，发生化学反应总会使吸收速率得到不同程度的提高，但提高的程度又依不同情况而有很大差异。

当液相中活泼组分的组成足够大，而且发生的是快速不可逆反应时，溶质组分进入液相后即反应而被消耗掉，则界面上的溶质分压为零，吸收过程为气膜中的扩散所控制，可按气膜控制的物理吸收计算。例如硫酸吸收氨的过程即属此种情况。

当反应速率较低致使反应主要在液相中进行时，吸收过程中气、液两膜的扩散阻力均未有所变化，仅在液相主体中因化学反应而使溶质组成降低，过程的总推动力较单纯物理吸收的大。用碳酸钠水溶液吸收二氧化碳的过程即属此种情况。当情况介于上述两者之间时的吸收速率计算，目前仍无可靠的一般方法，设计时往往依靠实测数据。

7.6.5 脱吸

使溶解于液相的气体释放出来的操作称为脱吸或解吸。要达到脱吸的目的，常采用如下方法。

1. 气提脱吸

气提脱吸也称为载气脱吸法，其过程类似于逆流吸收，只是脱吸时溶质由液相传递到气相。吸收液从脱吸塔的塔顶喷淋而下，载气从脱吸塔底通入，自下而上流动，气、液两相在逆流接触的过程中，溶质将不断地由液相转移到气相。与逆流吸收塔相比，脱吸塔的塔顶为浓端，而塔底为稀端。气提脱吸所用的载气一般为不含(或含极少)溶质的惰性气体或溶剂蒸气，其作用在于提供与吸收液不相平衡的气相。根据分离工艺的特性和具体要求，可选用不同的载气。

(1) 以空气、氮气、二氧化碳作载气，又称为惰性气体气提。该法适用于脱除少量溶质以净化液体或使吸收剂再生为目的脱吸。有时也用于溶质为可凝性气体的情况，通过冷凝分离可得到较为纯净的溶质组分。

(2) 以水蒸气作载气，同时兼作加热热源的脱吸常称为气提。若溶质为不凝性气体，或溶质冷凝不溶于水，则可通过蒸气冷凝的方法获得纯度较高的溶质组分；若溶质冷凝液与水发生互溶，要想得到较为纯净的溶质组分，还应采用其他的分离方法，如精馏等。

(3) 以吸收剂蒸气作为载气的脱吸。这种脱吸法与精馏塔提馏段的操作相同，因此也称为提馏。脱吸后的贫液被脱吸塔底的再沸器加热生产溶剂蒸气(作为脱吸载气)，其在上升的过程中与沿塔而下的吸收液逆流接触，液相中的溶质将不断地被脱吸出来。该法多用于以水为溶剂的脱吸。

2. 减压脱吸

对于在加压情况下获得的吸收液，可采用一次或多次减压的方法，使溶质从吸收液中释放出来。溶质被脱吸的程度取决于脱吸操作的最终压力和温度。

3. 加热脱吸

一般气体溶质的溶解度随温度的升高而降低，若将吸收液的温度升高，则必然有部分溶质从液相中释放出来。如采用“热力脱氧”法处理锅炉用水，就是通过加热使溶解氧从水中逸出。

4. 加热-减压脱吸

将吸收液加热升温之后再减压，即加热和减压结合，能显著提高脱吸推动力和溶质被脱吸的程度。

应予指出，在工程上很少采用单一的脱吸方式，往往是先升温再减压至常压，最后再采用气提法脱吸。

气提脱吸是吸收的逆过程，其操作方法通常是使溶液与惰性气体或蒸气逆流接触。溶液自塔顶引入，在其下流过程中与来自塔底的惰性气体或蒸气相遇，气体溶质逐渐从液相释放出，于塔底收取较纯净的溶剂，而塔顶得到所释放出的溶质组分与惰性气体或蒸气的混合物。一般说来，应用惰性气体的脱吸过程适用于溶剂的回收，不能直接得到纯净的溶质组分；应用蒸气的脱吸过程，若原溶质组分不溶于水，则可用将塔顶所得混合气体冷凝并由凝液中分离出水层的办法，得到纯净的原溶质组分。用洗油吸收焦炉气的芳烃，即可用此法获取芳烃，并使溶剂洗油得到再生。

适用吸收操作的设备同样适用于脱吸操作，前面所述关于吸收的理论与计算方法亦适用于脱吸。但脱吸过程中，溶质组成在液相中的实际组成总大于与气相成平衡的组成，因而脱吸过程的操作线总是位于平衡线的下方。脱吸过程的推动力应是吸收推动力的相反值。所以，只需将吸收速率方程中推动力(组成差)的前后项对调，所得计算公式可用于脱吸。

如图 7-24，工艺设计中，解吸塔进、出口液体组成 X_1、X_2 以及入口气体组成 Y_2 都是由工程任务所定，多数情况下 $Y_2=0$，而出口气体组成 Y_1 则根据适宜的气-液比来计算。

当解吸所用惰性气体量减少，出口气体 Y_1 增大，操作线 B 点固定，T 点向平衡线靠近，但 Y_1 增大的极限为与 X_1 成平衡，即达到 T^* 点，此时解吸操作线斜率 L/V 最大，即气液比最小。

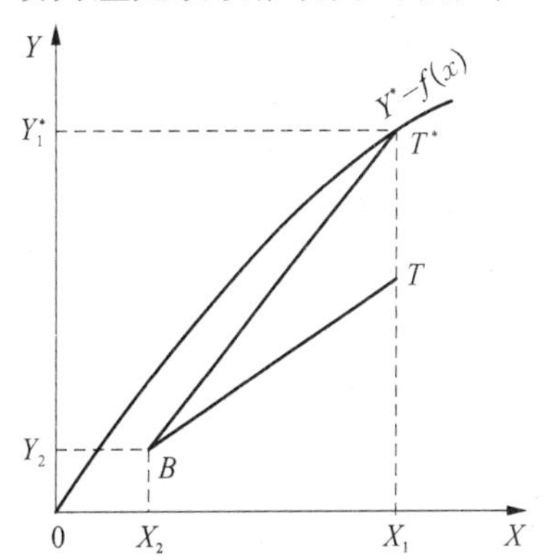

图 7-24 解吸的操作线和最小气-液比

$$\left(\frac{V}{L}\right)_{\min}=\frac{X_1-X_2}{Y_1^*-Y_2}$$

实际操作时，为使塔顶有一定的推动力，气液比应大于最小气液比。

例如，当平衡关系为 $Y^*=mX+b$，对于吸收过程，由式 $N_{OL}=\int_{X_2}^{X_1}\frac{dX}{X^*-X}$ 推得式(7-63)，对于脱吸过程同样可由 $N_{OL}=\int_{X_1}^{X_2}\frac{dX}{X-X^*}$ 推得如下公式：

$$N_{OL}=\frac{1}{1-A}\ln\left[(1-A)\frac{Y_1-mX_2}{Y_1-mX_1}+A\right]$$

但须注意，对于脱吸过程，塔底为稀端，而塔顶为浓端。实际计算中用来求解 N_{OL} 的图 7-19 只需将纵、横坐标及参数分别改用 N_{OL}、$\frac{Y_1-mX_2}{Y_1-mX_1}$ 及 $\frac{L}{mV}$（即 A），便可求算脱吸过程的液相过程的液相传质单元数 N_{OL}。

计算吸收过程理论板层数的梯级图解法，对于脱吸过程也同样适用。

§7.7 吸收设备

7.7.1 填料塔的结构与特点

如图 7-25 所示为填料塔的结构示意图，填料塔是以塔内的填料作为气液两相间接触构件的传质设备。填料塔的塔身是一直立式圆筒，底部装有填料支撑板，填料以乱堆或整砌的方式放置在支撑板上。填料的上方安装填料压板，以防被上升气流吹动。液体从塔顶经液体分布器喷淋到填料上，并沿填料表面流下。气体从塔底送入，经气体分布装置（小直径塔一般不设气体分布装置）分布后，与液体呈逆流连续通过填料层的空隙，在填料表面上，气液两相密切接触进行传质。填料塔属于连续接触式气液传质设备，两相组成沿塔高连续变化，在正常操作状态下，气相为连续相，液相为分散相。

当液体沿填料层向下流动时，有逐渐向塔壁集中的趋势，使得塔壁附近的液流量逐渐增大，这种现象称为壁流。壁流效应造成气液两相在填料层中分布不均，从而使传质效率下降。因此，当填料层较高时，需要进行分段，中间设置再分布装置。液体再分布装置包括液体收集器和液体再分布器两部分，上层填料流下的液体经液体收集器收集后，送到液体再分布器，经重新分布后喷淋到下层填料上。

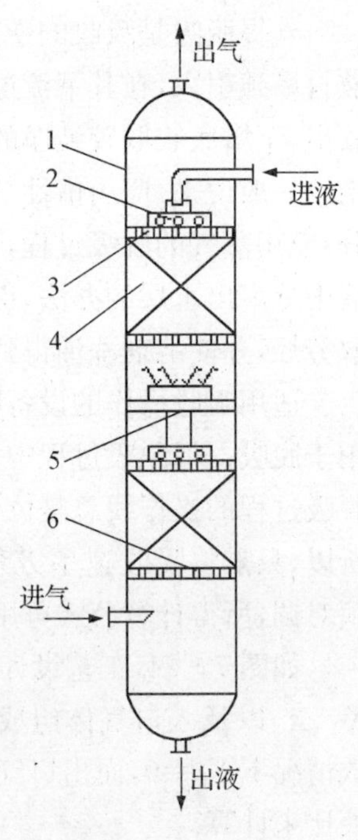

1—塔壳体；2—液体分布器；3—填料压板；4—填料；5—液体再分布装置；6—填料支撑板

图 7-25 填料塔的结构图

填料塔具有生产能力大，分离效率高，压降小，持液量小，操作弹性大等优点。填料塔也有一些不足之处，如填料造价高；当液体负荷较小时，不能有效地润湿填料表面，使传质效率降低；不能直接用于有悬浮物或容易聚合的物料；对侧线进料和出料等复杂精馏不太适合等。

7.7.2 填料的类型

填料的种类很多，根据装填方式的不同，可分为散装填料和规整填料。

1. 散装填料

散装填料是一个个具有一定几何形状和尺寸的颗粒体，一般以随机的方式堆积在塔内，又称为乱堆填料或颗粒填料。散装填料根据结构特点不同，又可分为环形填料、鞍形填料、环鞍形填料及球形填料等。现介绍几种较为典型的散装填料，如图 7-26 所示。

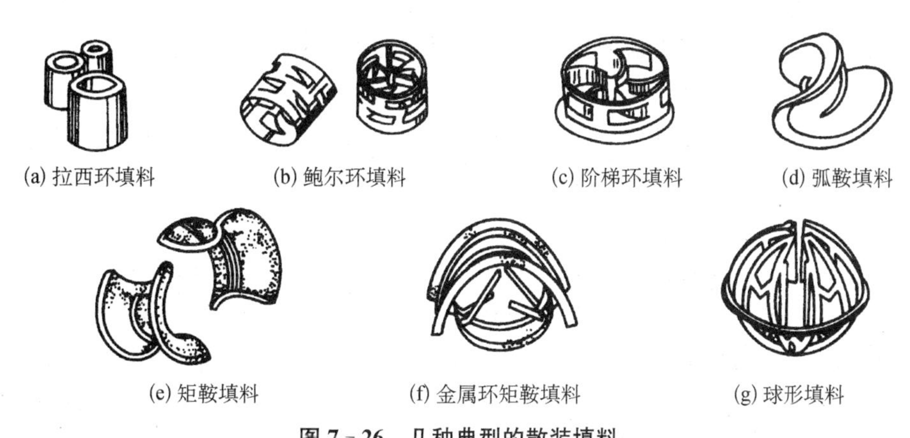

(a) 拉西环填料　(b) 鲍尔环填料　(c) 阶梯环填料　(d) 弧鞍填料

(e) 矩鞍填料　(f) 金属环矩鞍填料　(g) 球形填料

图 7-26 几种典型的散装填料

(1) 拉西环填料

拉西环填料于 1914 年由拉西(F. Rashching)发明，为外径与高度相等的圆环，如图 7-26(a)所示。拉西环填料的气液分布较差，传质效率低，阻力大，通量小，目前工业上已较少应用。

(2) 鲍尔环填料

如图 7-26(b)所示，鲍尔环是对拉西环的改进，在拉西环的侧壁上开出两排长方形的窗孔，被切开的环壁的一侧仍与壁面相连，另一侧向环内弯曲，形成内伸的舌叶，诸舌叶的侧边在环中心相搭。鲍尔环由于环壁开孔，大大提高了环内空间及环内表面的利用率，气流阻力小，液体分布均匀。与拉西环相比，鲍尔环的气体通量可增加 50%以上，传质效率提高 30%左右。鲍尔环是一种应用较广的填料。

(3) 阶梯环填料

如图 7-26(c)所示，阶梯环是对鲍尔环的改进，与鲍尔环相比，阶梯环高度减少了一半并在一端增加了一个锥形翻边。由于高径比减少，使得气体绕填料外壁的平均路径大为缩短，减少了气体通过填料层的阻力。锥形翻边不仅增加了填料的机械强度，而且使填料之间由线接触为主变成以点接触为主，这样不但增加了填料间的空隙，同时成为液体沿填料表面流动的汇集分散点，可以促进液膜的表面更新，有利于传质效率的提高。阶梯环的综合性能优于鲍尔环，成为目前所使用的环形填料中最为优良的一种。

(4) 弧鞍填料

弧鞍填料属鞍形填料的一种，其形状如同马鞍，一般采用瓷质材料制成，如图 7-26(d)所示。弧鞍填料的特点是表面全部敞开，不分内外，液体在表面两侧均匀流动，表面利用率高，流道呈弧形，流动阻力小。其缺点是易发生套叠，致使一部分填料表面被重合，使传质效率降低。弧鞍填料强度较差，易破碎，工业生产中应用不多。

(5) 矩鞍填料

如图 7-26(e)所示，将弧鞍填料两端的弧形面改为矩形面，且两面大小不等，即成为矩鞍填料。矩鞍填料堆积时不会套叠，液体分布较均匀。矩鞍填料一般采用瓷质材料制成，其性能优于拉西环。目前，国内绝大多数应用瓷拉西环的场合，均已被瓷矩鞍填料所取代。

(6) 金属环矩鞍填料

如图 7-26(f)所示，环矩鞍填料(国外称为 Intalox)是兼顾环形和鞍形结构特点而设计出的一种新型填料，该填料一般由金属材质制成，故又称为金属环矩鞍填料。环矩鞍填料将环形填料和鞍形填料两者的优点集于一体，其综合性能优于鲍尔环和阶梯环，在散装填料中应用较多。

(7) 球形填料

球形填料一般采用塑料注塑而成，其结构有多种，如图 7-26(g)所示。球形填料的特点是球体为空心，可以允许气体、液体从其内部通过。由于球体结构的对称性，填料装填密度均匀，不易产生空穴和架桥，所以气液分散性能好。球形填料一般只适用于某些特定的场合，工程上应用较少。

除上述几种较典型的散装填料外，近年来不断有构型独特的新型填料开发出来，如共轭环填料、海尔环填料、纳特环填料等。工业上常用的散装填料的特性数据可查有关手册，几种常见填料的性能数据见二维码资源。

常见填料性能数据

2. 规整填料

规整填料是按一定的几何构形排列，整齐堆砌的填料。规整填料种类很多，根据其几何结构可分为格栅填料、波纹填料、脉冲填料等。

(1) 格栅填料

格栅填料是以条状单元体经一定规则组合而成的，具有多种结构形式。工业上应用最早的格栅填料为如图 7-27(a)所示的木格栅填料。目前应用较为普遍的有格里奇格栅填料、网孔格栅填料、蜂窝格栅填料等，其中以图 7-27(b)所示的格里奇格栅填料最具代表性。格栅填料的比表面积较低，主要用于要求压降小、负荷大及防堵等场合。

(2) 波纹填料

目前工业上应用的规整填料绝大部分为波纹填料，它是由许多波纹薄板组成的圆盘状填料，波纹与塔轴的倾角有 30°和 45°两种，组装时相邻两波纹板反向靠叠。各盘填料垂直装于塔内，相邻的两盘填料间交错 90°排列。波纹填料按结构可分为网波纹填料和板波纹填料两大类，其材质又有金属、塑料和陶瓷等之分。

如图 7-27(c)所示，金属丝网波纹填料是网波纹填料的主要形式，它是由金属丝网制成的。金属丝网波纹填料的压降低，分离效率很高，特别适用于精密精馏及真空精馏装置，为难分离物系、热敏性物系的精馏提供了有效的手段。尽管其造价高，但因其性能优良仍得到了广泛的应用。

如图 7-27(d)所示，金属板波纹填料是板波纹填料的一种主要形式。该填料的波纹板片上冲压有许多直径 5 mm 左右的小孔，可起到粗分配板片上的液体，加强横向混合的作用。波纹板片上轧成细小沟纹，可起到细分配板片上的液体，增强表面润湿性能的作用。金属孔板波纹填料强度高，耐腐蚀性强，特别适用于大直径塔及气液负荷较大的场合。

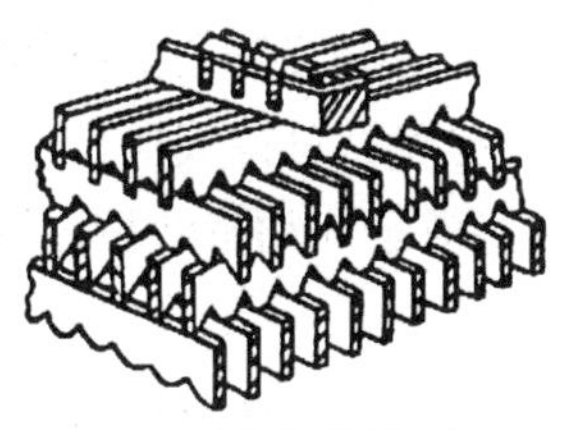

(a) 木格栅填料

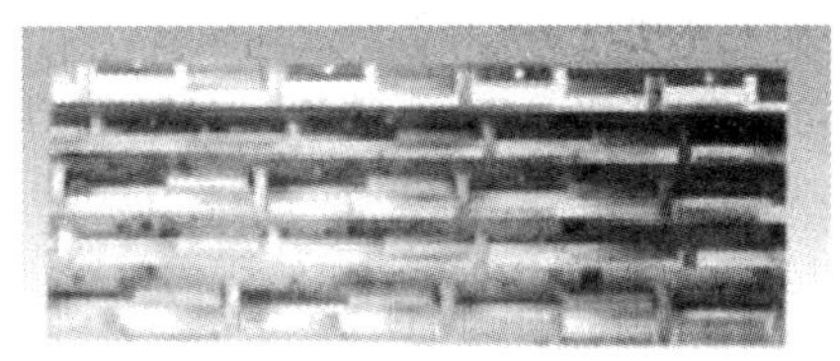

(b) 格里奇格栅填料

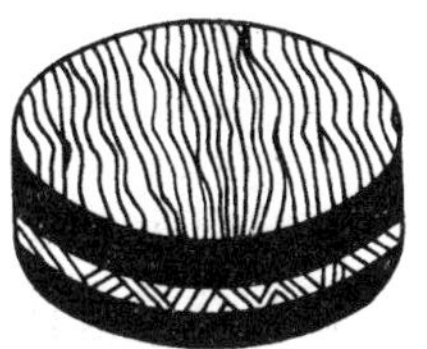

(c) 金属丝网波纹填料

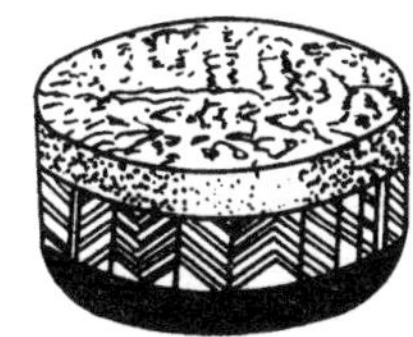

(d) 金属孔板波纹填料

(e) 脉冲填料

图 7-27 几种典型的规整填料

金属压延孔板波纹填料是另一种有代表性的板波纹填料。它与金属孔板波纹填料的主要区别在于板片表面不是冲压孔，而是刺孔，用碾轧方式在板片上辗出很密的孔径为 0.4～0.5 mm 小刺孔。其分离能力类似于网波纹填料，但抗堵能力比网波纹填料强，并且价格便宜，应用较为广泛。

波纹填料的优点是结构紧凑，阻力小，传质效率高，处理能力大，比表面积大(常用的有 125、150、250、350、500、700 等几种)。波纹填料的缺点是不适于处理黏度大、易聚合或有悬浮物的物料，且装卸、清理困难，造价高。

(3) 脉冲填料

脉冲填料是由带缩颈的中空棱柱形个体，按一定方式拼装而成的一种规整填料，如图 7-27(e)所示。脉冲填料组装后，会形成带缩颈的多孔棱形通道，其纵面流道交替收缩和扩大，气液两相通过时产生强烈的湍动。在缩颈段，气速最高，湍动剧烈，从而强化传质。在扩大段，气速减到最小，实现两相的分离。流道收缩、扩大的交替重复，实现了“脉冲”传质过程。

脉冲填料的特点是处理量大，压降小，是真空精馏的理想填料。因其优良的液体分布性能使放大效应减少，故特别适用于大塔径的场合。

7.7.3 填料塔的流体力学性能

填料塔的流体力学性能主要包括填料层的持液量、填料层的压降、液泛、填料表面的润湿及返混等。

1. 填料层的持液量

填料层的持液量是指在一定操作条件下，在单位体积填料层内所积存的液体体积，以(m^3液体)/(m^3填料)表示。持液量可分为静持液量 H_s、动持液量 H_o 和总持液量 H_t。静持液量是指当填料被充分润湿后，停止气液两相进料，并经排液至无滴液流出时存留于填料层中的液体量，其取决于填料和流体的特性，与气液负荷无关。动持液量是指填料塔停止气液两相进料时流出的液体量，它与填料、液体特性及气液负荷有关。总持液量是指在一定操作条件下存留于填料层中的液体总量。显然，总持液量为静持液量和动持液量之和，即

$$H_t = H_s + H_o \tag{7-91}$$

填料层的持液量可由实验测出，也可由经验公式计算。一般来说，适当的持液量对填料塔操作的稳定性和传质是有益的，但持液量过大，将减少填料层的空隙和气相流通截面，使压降增大，处理能力下降。

2. 填料层的压降

在逆流操作的填料塔中，从塔顶喷淋下来的液体，依靠重力在填料表面成膜状向下流动，上升气体与下降液膜的摩擦阻力形成了填料层的压降。填料层压降与液体喷淋量及气速有关，在一定的气速下，液体喷淋量越大，压降越大；在一定的液体喷淋量下，气速越大，压降也越大。将不同液体喷淋量下的单位填料层的压降 $\Delta p/Z$ 与空塔气速 u 的关系标绘在对数坐标纸上，可得到如图 7-28 所示的曲线簇。

在图中，直线 L_0 表示无液体喷淋($L=0$)时，干填料的 $\Delta p/Z-u$关系，称为干填料压降线。L_1、L_2、L_3 曲线表示不同液体喷淋量下，填料层的 $\Delta p/Z-u$ 关系，称为填料操作压降线。

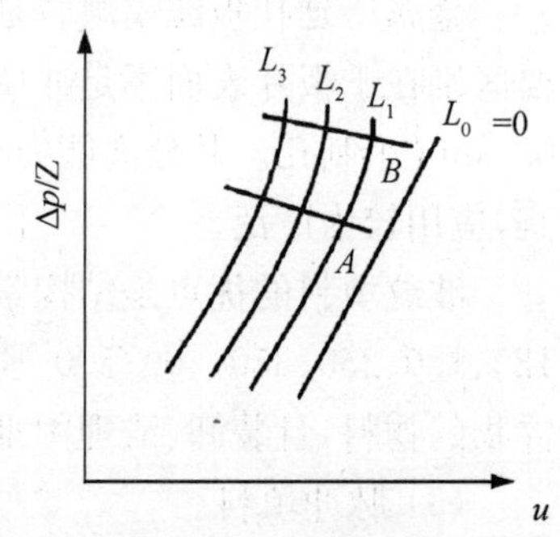

图 7-28 填料层的 $\Delta p/Z-u$ 关系

从图中可看出，在一定的喷淋量下，压降随空塔气速的变化曲线大致可分为三段：当气速低于 A 点时，气体流动对液体的曳力很小，液体不受气流的影响，填料表面上覆盖的液膜厚度基本不变，因而填料层的持液量不变，该区域称为恒持液量区。此时 $\Delta p/Z-u$ 为一直线，位于干填料压降线的左侧，且基本上与干填料压降线平行。当气速超过 A 点时，气体对液膜的曳力较大，对液膜流动产生阻滞作用，使液膜增厚，填料层的持液量随气速的增加而增大，此现象称为拦液。开始发生拦液现象时的空塔气速称为载点气速，曲线上的转折点 A，称为载点。若气速继续增大，到达图中 B 点时，由于液体不能顺利向下流动，使填料层的持液量不断增大，填料层内几乎充满液体。气速增加很小便会引起压降的剧增，此现象称为液泛，开始发生液泛现象时的气速称为泛点气速，以 u_F 表示，曲线上的点 B，称为泛点。从载点到泛点的区域称为载液区，泛点以上的区域称为液泛区。应予指出，在同样的气液负荷下，不同填料的 $\Delta p/Z-u$ 关系曲线有所差异，但其

基本形状相近。对于某些填料，载点与泛点并不明显，故上述三个区域间无截然的界限。

3. *液泛*

在泛点气速下，持液量的增多使液相由分散相变为连续相，而气相则由连续相变为分散相，此时气体呈气泡形式通过液层，气流出现脉动，液体被大量带出塔顶，塔的操作极不稳定，甚至会被破坏，此种情况称为淹塔或液泛。影响液泛的因素很多，如填料的特性、流体的物性及操作的液气比等。

填料特性的影响集中体现在填料因子上。填料因子 F 值越小，越不易发生液泛现象。

流体物性的影响体现在气体密度、液体的密度和黏度上。气体密度越小，液体的密度越大、黏度越小，则泛点气速越大。

操作的液气比越大，则在一定气速下液体喷淋量越大，填料层的持液量增加而空隙率减小，故泛点气速越小。

4. *液体喷淋密度和填料表面的润湿*

填料塔中气液两相间的传质主要是在填料表面流动的液膜上进行的。要形成液膜，填料表面必须被液体充分润湿，而填料表面的润湿状况取决于塔内的液体喷淋密度及填料材质的表面润湿性能。

液体喷淋密度是指单位塔截面积上，单位时间内喷淋的液体体积，以 U 表示，单位为 $m^3/(m^2 \cdot h)$。为保证填料层的充分润湿，必须保证液体喷淋密度大于某一极限值，该极限值称为最小喷淋密度，以 U_{min} 表示。最小喷淋密度通常采用下式计算：

$$U_{min}=(L_W)_{min}\sigma \tag{7-92}$$

式中：U_{min} 为最小喷淋密度，$m^3/(m^2 \cdot h)$；$(L_W)_{min}$ 为最小润湿速率，$m^3/(m \cdot h)$；σ 为填料的比表面积，m^2/m^3。

最小润湿速率是指在塔的截面上，单位长度的填料周边的最小液体体积流量，其值可由经验公式计算，也可采用经验值。对于直径不超过 75 mm 的散装填料，可取最小润湿速率 $(L_W)_{min}$ 为 0.08 $m^3/(m \cdot h)$；对于直径大于 75 mm 的散装填料，取 $(L_W)_{min}=0.12\ m^3/(m \cdot h)$。

填料表面润湿性能与填料的材质有关，就常用的陶瓷、金属、塑料三种材质而言，以陶瓷填料的润湿性能最好，塑料填料的润湿性能最差。

实际操作时采用的液体喷淋密度应大于最小喷淋密度。若喷淋密度过小，可采用增大液气比或采用液体再循环的方法加大液体流量，以保证填料表面的充分润湿；也可采用减小塔径予以补偿；对于金属、塑料材质的填料，可采用表面处理方法，改善其表面的润湿性能。

5. *返混*

在填料塔内，气液两相的逆流并不呈理想的活塞流状态，而是存在着不同程度的返混。造成返混现象的原因很多，如：填料层内的气液分布不均；气体和液体在填料层内的沟流；液体喷淋密度过大时所造成的气体局部向下运动；塔内气液的湍流脉动使气液微团停留时间不一致等。填料塔内流体的返混使得传质平均推动力变小，传质效率降低。因此，按理想的活塞流设计的填料层高度，因返混的影响需适当加高，以保证预期的分离效果。

7.7.4 填料塔的计算

1. 塔径

填料塔的塔径 D 与空塔气速 u 及气体体积流量 V_S 之间的关系也可用圆管内流量公式表示，因而也可用前面板式塔计算公式计算塔径，即

$$D=\sqrt{\frac{4V_S}{\pi u}}$$

前已述及，泛点气速是填料塔操作气速的上限。一般取空塔气速为泛点气速的 50%～85%。空塔气速与泛点气速之比称为泛点率。

泛点率的选择，须依据具体情况决定。例如，对易起泡的物系，泛点率取 50%或更低；对加压操作的塔，减小塔径有更多好处，故应选择较高的泛点率；对于新型高效填料，泛点率也可取得高些。大多数情况下的泛点率宜取为 60%～80%。一般填料塔的操作气速大致为 0.5～1.2 m/s。

根据上述方法算出的塔径，也应按压力容器公称直径标准进行圆整，如圆整为400 mm，500 mm，600 mm，…，1 000 mm，1 200 mm，1 400 mm 等。此外，为保证填料润湿均匀，应注意使塔径与填料尺寸之比值在 8 以上。

2. 填料层的有效高度

填料层的有效高度可采用如下两种方法计算。

(1) 传质单元法

填料层高度 Z = 传质单元高度 × 传质单元数

(2) 等板高度法

$$Z=N_T\times \text{HETP} \tag{7-93}$$

式中：N_T 为理论板层数；HETP 为等板高度，又称理论板当量高度，m。

等板高度(HETP)是与一层理论塔板的传质作用相当的填料层高度，也称理论板当量高度。等板高度越小，填料层的传质效率越高，完成一定分离任务所需的填料层的总高度越低。等板高度的计算，目前尚无满意的方法。通常通过实验测定，或取生产设备的经验数据。当无实验数据可取时，只能参考有关资料的经验公式，此时要注意所用公式的适用范围。

根据设计经验，填料层的设计高度一般为

$$Z'=(1.2\sim 1.5)Z \tag{7-94}$$

式中：Z'为设计时的填料层高度，m；Z 为工艺计算得到的填料层高度，m。

还应指出，液体沿填料层向下流，有逐渐向塔壁方向集中的趋势而形成壁流效应。壁流效应造成填料层气、液分布不均匀，使传质效率降低。因此，设计中每隔一定的填料层高度，需设置液体收集再分布装置。

① 散装填料的分段

对于散装填料，一般推荐的分段高度值见表 7-2。表中 h/D 为分段高度与塔径之比，h_{max}为允许的最大填料层高度。

表 7-2 散装填料分段高度推荐值

填料类型	h/D	h_{max}(m)	填料类型	h/D	h_{max}(m)
拉西环	5.5	6	阶梯环	8～15	6
矩鞍	5～8	6	环矩鞍	8～15	6
鲍尔环	5～10	6			

② 规整填料的分段

对于规整填料，填料层分段高度可按下式确定：

$$h = (15 \sim 20)\mathrm{HETP} \tag{7-95}$$

式中：h 为规整填料分段高度，m；HETP 为规整填料的等板高度，m。

亦可按表 7-3 推荐的分段高度值确定。

表 7-3 规整填料分段高度推荐值

填料类型	分段高度（m）	填料类型	分段高度（m）
250Y 板波纹填料	6.0	500(BX)丝网波纹填料	3.0
500Y 板波纹填料	5.0	700(CY)丝网波纹填料	1.0

7.7.5 填料塔的内件

填料塔的内件主要有填料支撑装置、填料压紧装置、液体分布装置、液体收集再分布装置等。合理地选择和设计塔内件，对保证填料塔的正常操作及优良的传质性能十分重要。

1. 填料支撑装置

填料支撑装置的作用是支撑塔内的填料，常用的填料支撑装置有如图 7-29 所示的栅板型、孔管型、驼峰型等。支撑装置的选择，主要的依据是塔径、填料种类、型号、塔体、填料的材质及气液流速等。

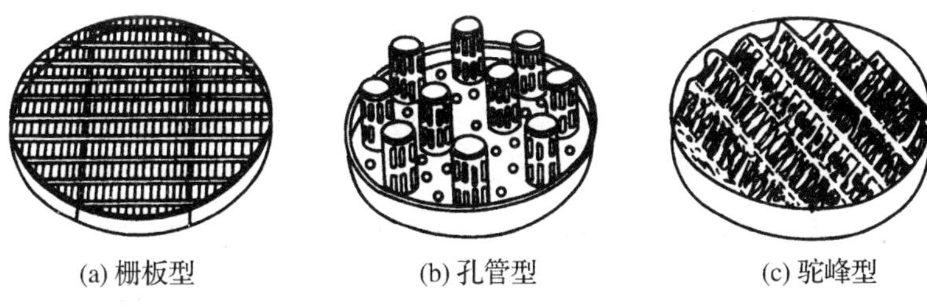

(a) 栅板型　(b) 孔管型　(c) 驼峰型

图 7-29 填料支撑装置

在填料塔的工程设计中，对填料支撑装置的要求：① 应具有足够的强度和刚度，能承受填料的质量、填料层的持液量以及操作中的压力等；② 应具有大于填料层孔隙率的开孔率，防止在此首先发生液泛，进而导致整个填料层的液泛；③ 结构合理，有利于气、液相均匀分布，阻力小，便于拆装。

2. 填料压紧装置

填料上方安装压紧装置可防止在气流的作用下填料床层发生松动和跳动。填料压紧装置分为填料压板和床层限制板两大类，每类又有不同的型式，图 7-30 中列出了几种常用的填料压紧装置。填料压板自由放置于填料层上端，靠自身重量将填料压紧。它适用于陶瓷、石墨等制成的易发生破碎的散装填料。床层限制板用于金属、塑料等制成的不易发生破碎的散装填料及所有规整填料。床层限制板要固定在塔壁上，为了不影响液体分布器的安装和使用，不能采用连续的塔圈固定，对于小塔可用螺钉固定于塔壁，而大塔则用支耳固定。

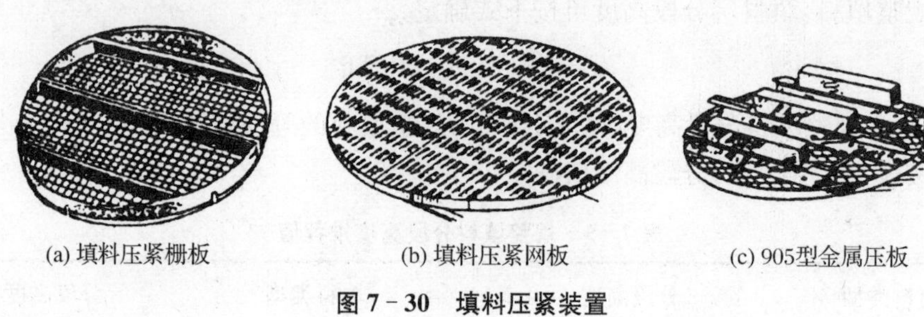

(a) 填料压紧栅板　　(b) 填料压紧网板　　(c) 905型金属压板

图 7-30　填料压紧装置

3. 液体分布装置

液体分布装置的种类多样，有喷头式、盘式、管式、槽式及槽盘式等。喷头式分布器如图 7-31(a)所示。液体由半球形喷头的小孔喷出，小孔直径为 3～10 mm，作同心圈排列，喷洒角≤80°，直径为(1/5～1/3)D。这种分布器结构简单，只适用于直径小于600 mm的塔中。因小孔容易堵塞，一般应用较少。

盘式分布器有盘式筛孔型分布器、盘式溢流管式分布器等形式，分别如图 7-31(b)、(c)所示。液体加至分布盘上，经筛孔或溢流管流下。分布盘直径为塔径的 0.6～0.8 倍，此种分布器用于塔直径小于 800 mm 的塔中。管式分布器由不同结构形式的开孔管制成，其突出特点是结构简单，供气体流过的自由截面大，阻力小。但小孔易堵塞，弹性一般较小。

管式液体分布器使用十分广泛，多用于中等以下液体负荷的填料塔中。在减压精馏及丝网波纹填料塔中，由于液体负荷较小，故常用之。管式分布器有排管式、环管式等不同形状，分别如图 7-31(d)、(e)所示。根据液体负荷情况，可做成单排或双排。

槽式液体分布器通常是由分流槽（又称主槽或一级槽）、分布槽（又称副槽或二级槽）构成的。一级槽通过槽底开孔将液体初分成若干流股，分别加入其下方的液体分布槽。分布槽的槽底（或槽壁）上设有孔道（或导管），将液体均匀分布于填料层上，如图 7-31(f)所示。槽式液体分布器具有较大的操作弹性和极好的抗污堵性，特别适合于大气液负荷及含有固体悬浮物、黏度大的液体的分离场合。由于槽式分布器具有优良的分布性能和抗污堵性能，应用范围非常广泛。

槽盘式分布器是近年来开发的新型液体分布器，它将槽式及盘式分布器的优点有机地结合一体，兼有集液、分液及分气三种作用，结构紧凑，操作弹性高达 10∶1。气、液分布均匀，阻力较小，特别适用于易发生夹带、易堵塞的场合。槽盘式液体分布器的结构如图 7-31(g)所示。

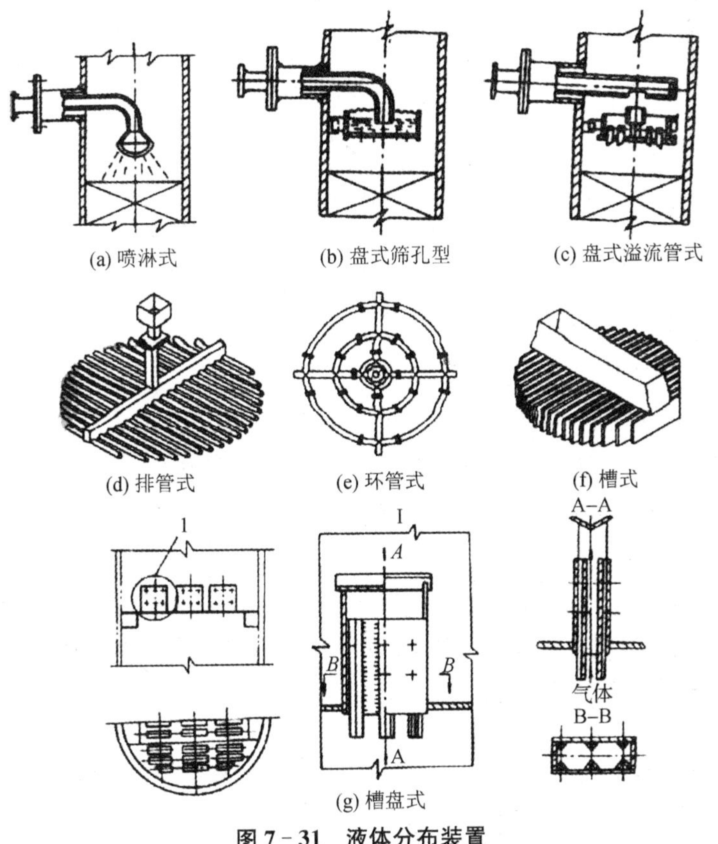

(a) 喷淋式 (b) 盘式筛孔型 (c) 盘式溢流管式

(d) 排管式 (e) 环管式 (f) 槽式

(g) 槽盘式

图 7-31 液体分布装置

4. 液体收集及再分布装置

液体沿填料层向下流动时，有偏向塔壁流动的现象，这种现象称为壁流。壁流将导致填料层内气、液分布不均，使传质效率下降。为减小壁流现象，可间隔一定高度在填料层内设置液体再分布装置。

最简单的液体再分布装置为截锥式再分布器，如图 7-32(a)所示。截锥式再分布器结构简单，安装方便，但它只起到将壁流向中心汇集的作用，无液体再分布的功能，一般用于直径小于 600 mm 的塔中。

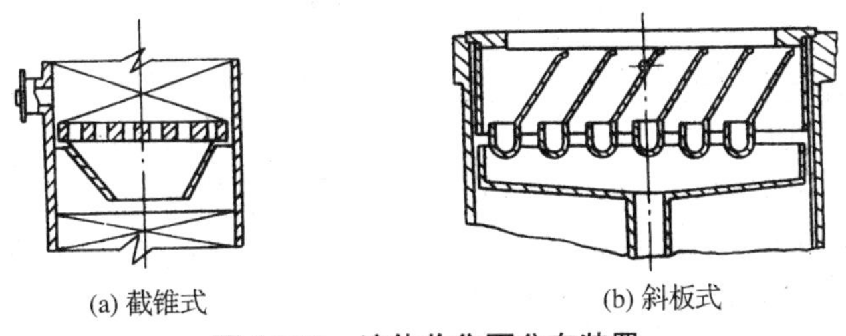
(a) 截锥式 (b) 斜板式

图 7-32 液体收集再分布装置

在通常情况下，一般将液体收集器及液体分布器同时使用，构成液体收集及再分布装置。液体收集器的作用是将上层填料流下的液体收集，然后送至液体分布器进行液体再分布。常用的液体收集器为斜板式液体收集器，如图 7-32(b)所示。

习题

1. 在总压力 101.33 kPa 和温度为 20 ℃下，测得氨在水中的溶解度数据为：溶液上方氨平衡分压为 0.8 kPa 时，气体在溶液中的溶解度为 1 g(NH_3)/100 g(H_2O)，试求亨利系数 E、溶解度系数 H 和平衡常数 m。假设在浓度范围内该溶液服从亨利定律。

2. 101.33 kPa，10 ℃时，氧气在水中的溶解度可用 $p=3.27\times10^4x$ 表示。式中：p 为氧在气相中的分压(atm)；x 为氧在液相中的摩尔分率。试求在此温度及压强下与空气充分接触的水中每立方米溶有多少克氧。

3. 某混合气体中含有 2%(体积分数)CO_2，其余为空气。混合气体的温度为 30 ℃，总压强为 5.07×10^5 Pa。从手册中查得 30 ℃时 CO_2 在水中的亨利系数 $E=1.41\times10^6$ mmHg，试求溶解度系数 H kmol/(m^3 · kPa) 及相平衡常数 m，并计算每 100 g 与该气体相平衡的水中溶有多少克 CO_2。

4. 在 1.01×10^5 Pa、0 ℃下的 O_2 与 CO 混合气体中发生稳定扩散过程。已知相距 0.2 cm的两截面上的分压分别为 100 Pa 和 50 Pa，又已知扩散系数为 648 cm^2/h，试计算下列两种情况下 O_2的传递速率，kmol/(m^2 · s)：(1) O_2与 CO 两种气体作等分子反向扩散；(2) CO 气体为停滞组分。

5. 在 101.33 kPa，27 ℃下用水吸收混于空气中的甲醇蒸气。甲醇在气、液两相中的浓度都很低，平衡关系服从亨利定律。已知溶解度系数 $H=1.995$ kmol/(m^3 · kPa)，气膜吸收系数 $k_G=1.55\times10^{-5}$ kmol/(m^2 · s · kPa)，液膜吸收系数 $k_L=2.08\times10^{-5}$ kmol/(m^2 · s · kmol/m^3)。试求总吸收系数 K_G，并计算出气膜阻力在总阻力中所的百分数。

6. 在吸收塔内用水吸收混于空气中的甲醇，操作温度为 27 ℃，压强 101.33 kPa。稳定操作状况下塔内某截面上的气相甲醇分压为 37.5 mmHg，液相中甲醇浓度为 2.11 kmol/m^3。试根据上题有关的数据算出该截面上的吸收速率。

7. 在逆流操作的吸收塔中，于 101.33 kPa，25 ℃下用清水吸收混合气中的 H_2S，将其浓度从 2%降至 0.1%(体积分数)。该系统符合亨利定律。亨利系数 $E=5.52\times10^4$ kPa。若吸收剂为最小理论用量的 1.2 倍，试计算操作液气比$\frac{L}{V}$及出口组成 X。

8. 在常压吸收塔中用清水吸收焦炉气中的氨，焦炉气处理量为 5 000 m^3(标准)/h，氨的浓度为 10 g/m^3(标准)，要求氨的回收率不低于 99%。水的用量为最小用量的 1.5 倍，焦炉气入塔温度为 30 ℃，空塔气速为 1.1 m/s。操作条件下的平衡关系为 $Y^*=1.2X$，气相体积吸收总吸收系数为 $K_Ya=0.0611$ kmol/(m^3 · s)，试分别用对数平均推动力法和脱吸因数法求气相总传质单元数及填料层高度。

9. 在一逆流吸收塔中用三乙醇胺水溶液吸收混于气态烃中的 H_2S，进塔气相中含 H_2S(体积分数)2.91%，要求吸收率不低于 99%，操作温度 300 K，压强 101.33 kPa，平衡关系为 $Y^*=2X$，进塔液体为新鲜溶剂，出塔液体中 H_2S 浓度为 0.013 kmol(H_2S)/kmol(溶剂)。已知单位塔截面上单位时间流过的惰性气体量为 0.015 kmol/(m^2 · s)，气相体积吸收总系数为 0.000 395 kmol/(m^3 · s · kPa)。求所需填料层高度。

10. 在逆流填料塔内用清水吸收空气中的丙酮蒸气，丙酮初始含量为 3%(体积分数)，若在该塔中将其吸收掉 98%，混合气入塔流率 $V=0.02$ kmol/(m^2 · s)，操作压力 $p=101.33$ kPa，温度 $T=293$ K，此时平衡关系可用 $y=1.75x$ 表示，体积总传质系数 $K_G a=1.58\times10^{-4}$ kmol/(m^3 · s · kPa)，若出塔水溶液的丙酮溶度为平衡浓度的 70%，求所需水量和填料层高度。

11. 低含量气体逆流吸收，试证：$N_{OG}=\dfrac{1}{1-\dfrac{mV}{L}}\ln\dfrac{\Delta Y_1}{\Delta Y_2}$。

式中：$\Delta Y_1=Y_1-Y_1^*$ 为塔底的吸收推动力；$\Delta Y_2=Y_2-Y_2^*$ 为塔顶的吸收推动力。

12. 一板式吸收塔，理论板数 15 层，塔径 0.8 m，采用的液气比为 1.2 (流量比)，在吸收率、液气比和塔径不改变的条件下将此塔改为填料塔，求填料层的高度。

已知原料气处理量为 50 kmol/h，含溶质组分 0.02 (摩尔分数)，相平衡关系为 $Y=0.8X$，体积总传质系数 $K_Y a=300$ kmol/(m^3 · h)，逆流操作。

13. 在填料吸收塔中，用清水逆流吸收混合气体中的氨，氨的入口浓度为 3%(摩尔分数，其余为惰性气体)。水的用量为最小用量的 1.2 倍，操作条件下的平衡关系为 $Y=1.0X$ (Y、X 均为摩尔比)，操作线为直线，且气相与液相的流量相等。已知填料层的等板高度为 0.6 m。试求：(1) 填料层高度；(2) 吸收塔的回收率。

14. 一吸收解吸流程如附图所示：

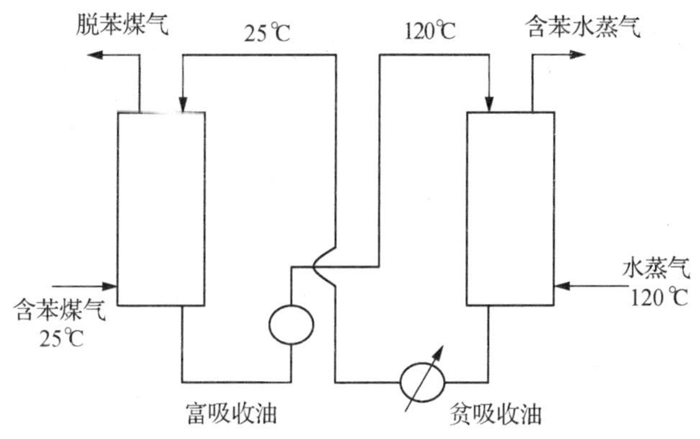

习题 14 附图

已知条件下：吸收塔塔内平均温度 25 ℃，平均压力 106.4 kPa，进气量 1 100 m^3/h，进气中苯含量 0.02(摩尔分数，下同)，苯的回收率为 95%，实际液气比为最小液气比的 2 倍，入塔贫吸收油苯含量 0.005。解吸塔塔内平均温度 120 ℃，平均压力 101.33 kPa。苯的蒸气压：25 ℃时 12 kPa；120 ℃时 320 kPa。试求吸收剂用量及解吸蒸气用量。

思考题

1. 传质分离过程有哪些类型？

2. 气体扩散系数与哪些因素有关？
3. 提出对流传质模型的意义是什么？
4. 气相总体积吸收系数与气相总吸收系数有何不同之处？
5. 填料层的等板高度表示何种含义？
6. 解吸有哪些方法？如何进行选择？
7. 填料塔的流体力学性能包括哪些方面？对填料塔的传质过程有何影响？

工程案例

脱丙烯干气带液的原因及对策

内容请见二维码

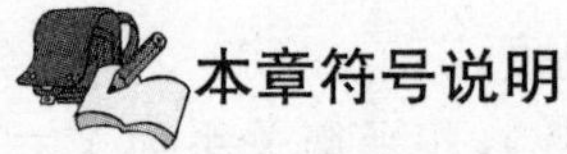

本章符号说明

英文字母	意义	单位	英文字母	意义	单位
a	填料层的有效比表面积	m^2/m^3	H	溶解度系数	$kmol/(m^3 \cdot kPa)$
A	吸收因数		H_G	气相传质单元高度	m
c_i	i 组分浓度	$kmol/m^3$	H_L	液相传质单元高度	m
c	总浓度	$kmol/m^3$	H_{OG}	气相总传质单元高度	m
d	直径	m	H_{OL}	液相总传质单元高度	m
D	在气相中的分子扩散系数	m^2/s	J	扩散通量	$kmol/(m^2 \cdot s)$
D'	在液相中的分子扩散系数	m^2/s	k_G	气膜吸收系数	$kmol/(m^2 \cdot s \cdot kPa)$
D_E	涡流扩散系数	m^2/s	k_L	液膜吸收系数	$kmol/(m^2 \cdot s \cdot kmol/m^3)$或 m/s
E	亨利系数	kPa	k_x	液膜吸收系数	$kmol/(m^2 \cdot s)$
g	重力加速度	m^2/s	k_y	气膜吸收系数	$kmol/(m^2 \cdot s)$
G	气相的空塔质量速度	$kg(m^2 \cdot h)$	K_G	气相总吸收系数	$kmol/(m^2 \cdot s \cdot kPa)$
G_A	吸收负荷，即单位时间吸收的 A 物质量	kmol/s	K_L	液相总吸收系数	$kmol/(m^2 \cdot s \cdot kmol/m^3)$或 m/s

续表

英文字母	意 义	单 位	英文字母	意 义	单 位
K_X	液相总吸收系数	kmol/(m^2·s)	T	热力学温度	K
K_Y	气相总吸收系数	kmol/(m^2·s)	u	气体的空塔速度	m/s
L	吸收剂用量	kmol/s	U	喷淋密度	m^3/(m^2·h)
m	相平衡常数		V	惰性气体的摩尔流速	kmol/s
N	总体流动通量	kmol/(m^2·s)	V_S	混合气体的体积流量	m^3/h
N_A	组分 A 的传质通量	kmol/(m^2·s)	V_P	填料层体积	m^3
N_G	气相传质单元数		W	液相空塔质量速度	kg/(m^2·h)
N_L	液相传质单元数		x	组分在液相中的摩尔分数	
N_{OG}	气相总传质单元数		X	组分在液相中的摩尔比	
N_{OL}	液相总传质单元数		y	组分在气相中的摩尔分数	
N_T	理论板层数		Y	组分在气相中的摩尔比	
p_i	i 组分分压	kPa	z	扩散距离	m
p	总压	kPa	z_G	气膜厚度	m
R	通用气体常数	kJ/(kmol·K)	z_L	液膜厚度	m
s	表面更新率		Z	填料层高度	m

希腊字母	意 义	单 位	希腊字母	意 义	单 位
α、β、γ、φ	常数		ρ	密度	kg/m^3
ε	填料层的空隙率		φ	相对吸收率	
θ	时间	s	φ_A	吸收率或回收率	
μ	黏度	Pa·s	Ω	塔截面积	m^2

下标		下标		下标	
A	组分 A	i	组分 i	max	最大
B	组分 B	I	相界面处	min	最小
D	分子扩散	L	液相	1	塔底的或截面 1
E	涡流扩散或当量	N	第 N 层板	2	塔顶的或截面 2
G	气相				

参考文献

[1] 大连理工大学编. 化工原理.北京：高等教育出版社,2002.
[2] 管国锋,赵汝国主编.化工原理.3 版.北京：化学工业出版社,2008.
[3] 夏清,贾绍义主编.化工原理.2 版.北京：化学工业出版社,2012.
[4] 陈敏恒,丛德滋等编.化工原理.3 版.北京：化学工业出版社,2006.

第 8 章　萃　　取

学习目的：

通过本章学习，应掌握液-液相平衡在三角形相图上的表示方法，能用三角形相图对单级萃取过程进行分析和计算。了解多级萃取过程的流程与计算方法，萃取设备的类型及结构特点。

重点掌握的内容：

液-液萃取过程的基本原理；部分互溶物系的液-液相平衡关系；萃取过程的计算；对于组分 B、S 部分互溶体系，要会熟练地利用杠杆规则在三角形相图上迅速准确地进行萃取过程计算。

熟悉的内容：

影响萃取操作的因素；萃取剂和操作条件的合理选择。

一般了解的内容：

萃取操作的工艺流程及工业应用；液-液萃取设备及选用。

§8.1　概　　述

液-液萃取是 20 世纪 30 年代出现的一种新的液体混合物分离技术，广泛应用于石油化工、生物化工、精细化工及环保等领域。随着萃取应用领域的不断扩展，近年来又出现了如回流萃取、双溶剂萃取、反应萃取、超临界萃取及液膜分离技术，使得萃取成为分离液体混合物非常重要的操作单元之一。

8.1.1　萃取操作的基本原理及流程

萃取是利用液相混合物中各组分在一定的溶剂中溶解度的差异来实现组分分离的方法。和吸收操作类似，萃取也是通过引入第二相（萃取剂）的方式来实现相际间传质分离，不同的是，萃取是液-液间的相际传质。

萃取过程中所用的溶剂，称为萃取剂，以 S 表示；混合液中的溶剂，称为稀释剂，又称原溶剂，以 B 表示；混合液中待分离的组分可以是挥发性物质（混合液称为挥发性混合液）或非挥发性物质（如无机盐类），称为溶质，以 A 表示。相对稀释剂而言，萃取剂应对溶质有较大的溶解能力，同时又与稀释剂不互溶或部分互溶。萃取的结果是萃取剂提取了溶质成为萃取相，然后通过精馏或反萃取等方法进行分离，得到溶质产品和溶剂，萃取剂供循环使用；分离出溶质的混合液成为萃余相。萃取相通常含有少量萃取剂，需用适当的分离方法回收萃取剂后排放。若萃取时萃取剂和原料液中的各组分间无化学反应，则称为物理萃取；否则，称为化学萃取。

萃取操作如图 8-1 所示，将一定量的萃取剂与原料液搅拌后充分混合，溶质经相界面由原料液扩散至萃取剂，属于相际间的传质过程。停止搅拌后，两液相因密度差而沉降分层：一层以溶剂 S、大量溶质 A、少量 B 为主；另一层含有未被萃取完的溶质，且出现了少量溶剂 S。萃取分离操作并不能获得纯净组分，而是获得新混合液：萃取相、萃余相。要获得产品 A，常通过蒸馏或蒸发的方法对这两相分别进行分离，并回收溶剂以供循环使用。萃取相、萃余相经脱除溶剂后分别得到萃取液、萃余液，以 E′和 R′表示。

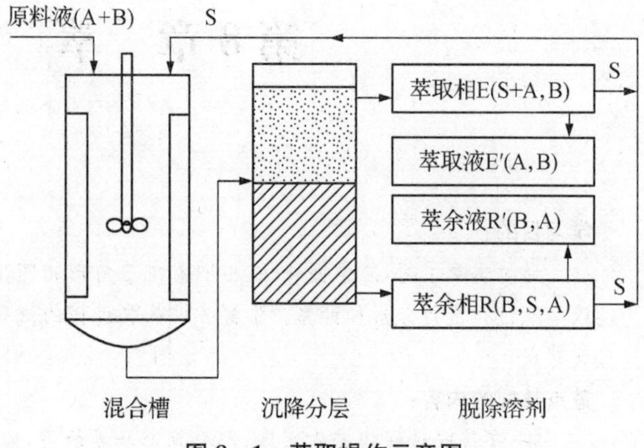

图 8-1　萃取操作示意图

萃取过程具有常温操作、无相变以及选择适当溶剂可以获得较高分离系数等优点，相对精馏单元操作分离挥发性混合物而言，萃取在很多的情况下有较大的技术经济优势。通常，下面几种情况可采取萃取分离操作：

(1) 混合液中各组分间相对挥发度接近于 1。

(2) 混合液中的组分能形成恒沸物，用一般的精馏不能得到所需的纯度。

(3) 混合液中待回收的组分属于热敏性物质，采取萃取可避免物体受热遭到破坏。

(4) 待分离的组分浓度很低且沸点比稀释剂高，用精馏方法需蒸馏出大量稀释剂，耗能量较大。

当分离溶液中的非挥发性物质时，与吸附离子交换等方法比较，萃取过程处理的是两种流体，操作比较方便，常常是优先考虑的方法。

8.1.2　萃取操作的特点

(1) 萃取剂与稀释剂必须在操作条件下不互溶或部分互溶，以便于溶质在两液相中进行传质分离；同时，两者需有一定的密度差，以便于分层和相对流动。

(2) 萃取要求萃取剂对待分离的组分 A 有较大的溶解能力，而稀释剂对该组分有较小的溶解能力，才有利于萃取操作。

(3) 萃取操作中萃取剂的用量往往很大，且需要回收利用，萃取剂的回收设备是主要的能耗单元，要考虑选择易于回收且回收费用相对较低的萃取剂。

8.1.3　萃取操作的类型

萃取过程中两相接触方式主要有两种：连续式接触和离散式接触。

(1) 连续式接触(微分接触)包括连续逆流、多级逆流、错流等，两相以这种方式接触的萃取设备有喷洒萃取塔、转盘萃取塔、脉冲萃取塔等。

(2) 离散式接触(级式接触),两相以这种方式接触的萃取设备有混合沉降槽、筛板萃取塔等。萃取过程一般可以分为两种类型:单组分萃取(简单萃取)和双组分萃取(回流萃取)。

① 单组分萃取:混合液中只有一种待分离的溶质组分被萃取,或有其他组分同时被萃取剂萃取,但不影响产品质量的萃取过程均为单组分萃取。主要有以下几种:单级萃取或并流接触萃取、多级错流萃取、多级逆流萃取、连续逆流萃取。

② 双组分萃取:萃取剂对待分离的混合液中两个组分溶解能力相差不大时,必须用回流萃取才能将两个组分彻底分离,其原理和精馏过程相似。

§8.2 三元体系的液液相平衡

萃取过程的基础是相平衡关系,它决定了萃取传质过程的方向、推动力和过程的极限,所以了解混合物的液-液平衡关系是学习萃取过程的基本条件。通常萃取剂 S 和待分离混合液有一定的互溶度,萃取时的两相 E 和 R 都含有三个组分。对于三组分溶液,要确定其组成,必须知道其中两个组分的组成,因此,需要用三角形相图来表示其平衡关系。萃取操作时很少会碰到恒摩尔流的简化情况,所以混合物的组成常用质量分率来表示。

8.2.1 三角形相图

三角形坐标图可用来描述三元混合物的组成,三角形坐标图可以是等边三角形、任意三角形、直角三角形等,其中以在等腰三角形坐标图上表示最方便,因此萃取计算中常采用等腰直角三角形坐标图。

1. 三元组成的表示方法

如图 8-2 所示,三角形 ABS 的三个顶点分别代表纯物质,习惯上以点 A 代表溶质 A 的组成为 100%,B 点、S 点分别代表纯的稀释剂、萃取剂。三角形各边上任意一点代表二元混合物的组成。

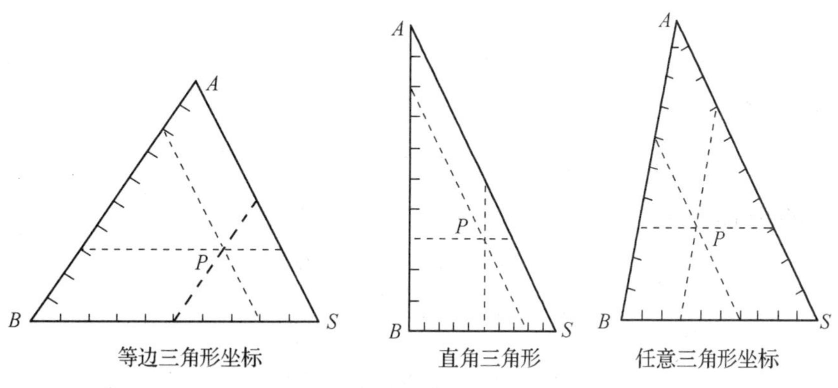

图 8-2 三角形相图中三元混合物组成的表示方法

如图 8-3 所示,AB 边上的点 E,表示对应该混合液的组成中只含有组分 A、B,不含有萃取剂S。混合液中两个组分的含量由对应的状态点离对应边上三角形顶点的相对距离表示，可由图上直接读出。如图8-3中的点E，其中A的组成为30%，B的组成为70%，且满足$x_A+x_B=1$，S的组成为零。由此可以看出，状态点E靠近B更近，故B的含量较大。三角形内任意一点代表三元混合液的组成。图中的P点，代表由A、B、S三个组分组成的混合物。过P点分别向两个直角边作垂线，得到点E、H，则线段BE（或PH）代表A的组成为$x_A=30\%$，线段EP（或BH）代表S的组成为$x_S=20\%$，由于三个组分的质量分数的加和必为1，则B的组成为$(1-20\%-30\%)=50\%$。

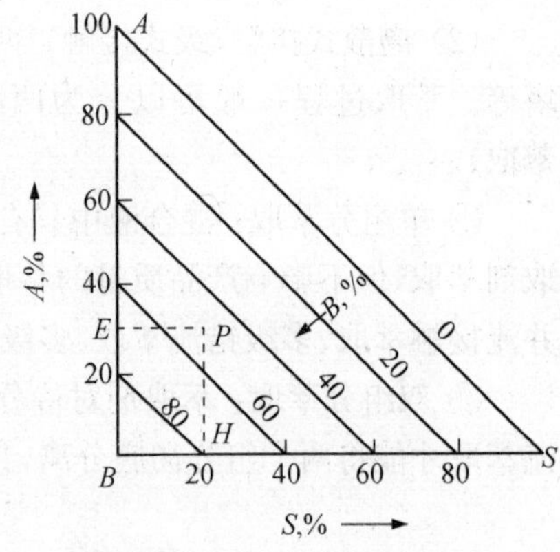

图8-3　直角三角形相图中的组成表示方法

2. 杠杆规则和物料衡算

萃取操作计算时常用到杠杆规则，即当两个混合物形成一个新的混合物或当一个混合物分离为两个新的混合物时，其质量与组成之间的关系。具体可以通过如下方法来说明，如图8-4所示，当质量分别为R和E的两种三元混合物，其组成分别为x_A、x_B、x_S和y_A、y_B、y_S，两者混合后形成的新的混合物M，其组成z_A、z_B、z_S，其质量可由质量守恒定律求解，M点称为R、E点的和点，点R为点E、M的差点，点E为点R、M的差点。代表混合液的R、E、M三点在同一条直线上，点R、E在三角形坐标图中的位置可以根据各自的组成确定；混合液M点的位置由混合液R、E点确定，且M点分RM和ME两线段之比与R、E两混合物质量之比存在如下关系：

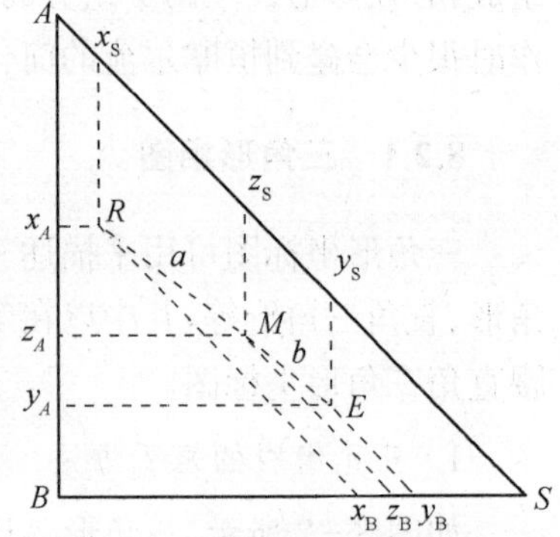

图8-4　物料衡算与杠杆规则

$$\frac{R}{E}=\frac{\overline{ME}}{\overline{RM}} \tag{8-1}$$

式中：R、E分别为混合液R和混合液E的质量；$\overline{ME}$、$\overline{RM}$分别对应图8-4所示的线段长度。

根据上述假设的混合液的质量以及对应的组成，可得：

混合物M的量：

$$R+E=M \tag{8-2}$$

A组分的物料衡算：

$$R\times x_A+E\times y_A=Mz_A \tag{8-3}$$

S组分的物料衡算：

$$R\times x_S+E\times y_S=Mz_S \tag{8-4}$$

由式(8-2)、式(8-3)和式(8-4)得

$$\frac{E}{R}=\frac{z_A-x_A}{y_A-z_A}=\frac{z_S-x_S}{y_S-z_S} \tag{8-5}$$

由上式可知，总组成点M必然落在点R和点E所在的直线上，结合相应的几何关系可得

$$\frac{\overline{EM}}{\overline{RM}}=\frac{z_A-x_A}{y_A-z_A}=\frac{z_S-x_S}{y_S-z_S} \tag{8-6}$$

由式(8-5)和式(8-6)得

$$E\times\overline{EM}=R\times\overline{RM} \tag{8-7}$$

上式说明物料衡算在三角形相图中满足杠杆规则，并由此可以确定出混合前后各溶液的组成和质量的关系；同理，可以得到如下关系：

$$E\times\overline{ER}=M\times\overline{RM},\ R\times\overline{ER}=M\times\overline{EM} \tag{8-8}$$

8.2.2 部分互溶体系的三角形平衡相图

根据萃取操作中各组分的互溶性，可将三元系统分为以下三种情况：

(1) 溶质A可完全溶解于稀释剂B和萃取剂S中，但B与S不互溶。

(2) 溶质A可完全溶解于稀释剂B和萃取剂S中，但B与S部分互溶。

(3) 组分A、B可完全互溶，但B、S及A、S为两对部分互溶组分。

通常，将(1)及(2)项中只有一对部分互溶组分的三元混合物系称为第Ⅰ类物系，而将具有两对部分互溶组分的三元混合物系称为第Ⅱ类物系。第Ⅰ类物系在萃取操作中较为常见，在一定的温度和压强下(主要是温度)，系统可能会呈现单一液相或是两个液相，具体的状态和平衡组成可以在三角形相图中表示，以下主要讨论这类物系的相平衡关系。

1. 溶解度曲线和联结线

设溶质A完全溶解于稀释剂B和溶剂S中，而B与S部分互溶，如图8-5所示，图中曲线区域以外的点表示均相混合物，而曲线以内及LJ线上的点表示该混合物可形成两个组成不同的相，此区域称为两相区。此曲线表示饱和溶液的组成，线段RE上点R、E的组成为一定组成的混合物的两个共轭相。在一定温度下，两液相处于平衡态，连接R、E的线称为联结线，由于两相区内任一混合物都可以分成两个平衡的液相，所以连接线有无数条，连接所有的共轭点组成的曲线称为溶解度曲线。萃取操作只能在两相区内进行。

一定温度下第Ⅱ类物系的溶解度曲线和联结线见图8-6。

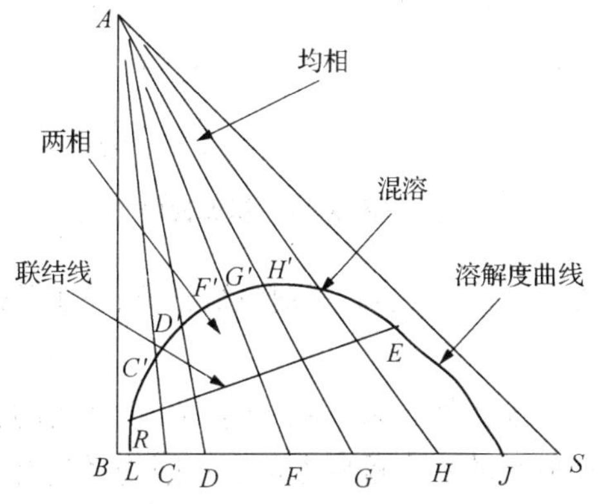

图8-5 三角形相图上的溶解度曲线和联结线

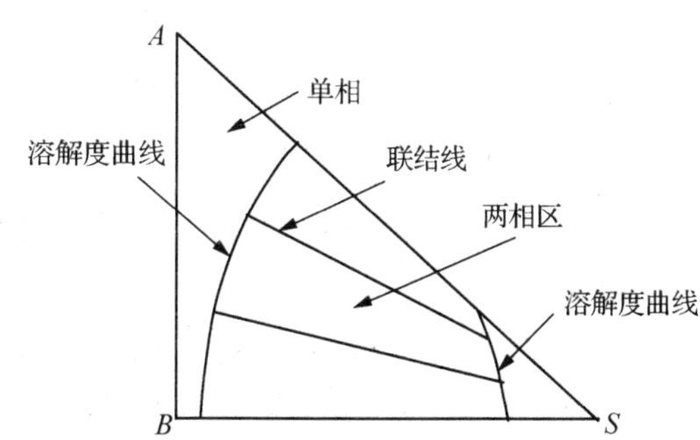

图8-6 有两对组分(B与S、A与S)部分互溶的溶解度曲线与联结线

2. 辅助曲线和临界混溶点

一定温度下，三元物系的溶解度曲线和联结线是根据实验数据而标绘的，使用时若要求与已知相成平衡的另一相的数据，常借助辅助曲线（也称共轭曲线）求得。只要有若干组联结线数据即可作出辅助曲线，如图 8－7(a)所示，通过已知点 R_1、R_2 等分别作底边 BS 的平行线，再通过相应联结线另一端点 E_1、E_2 等分别作与侧直角边 AB 的平行线，诸线分别相交于点 J、K 等，连接这些交点所得平滑曲线，即辅助曲线。利用辅助曲线便可从已知某相组成 R（或 E）确定与之平衡的另一相组成 E（或 R）。

如图 8－7(b)所示为辅助曲线的另一种作法，其原理如上述原则相同，只是画平行线时依据的轴线不同而已。

辅助曲线与溶解度曲线的交点 P，表明通过该点的曲线为无限短，共轭相的组成相同，相当于这一系统的临界状态，故称点 P 为临界混溶点。由于联结线都具有一定的斜率，所以临界混溶点通常都不在溶解度曲线的顶点。处在临界混溶点的三元混合物不能用萃取的方法分离。临界混溶点由实验测得，只有当已知的联结线很短（很接近于临界混溶点）时，才可用外延辅助曲线的方法求出临界混溶点。

在一定温度下，三元物系的溶解度曲线、联结线、辅助曲线及临界混溶点的数据都是由实验测得，也可从手册或有关专著中查得。

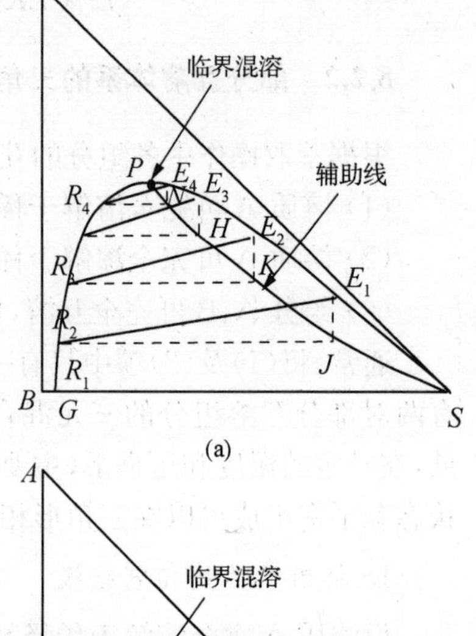

(a)

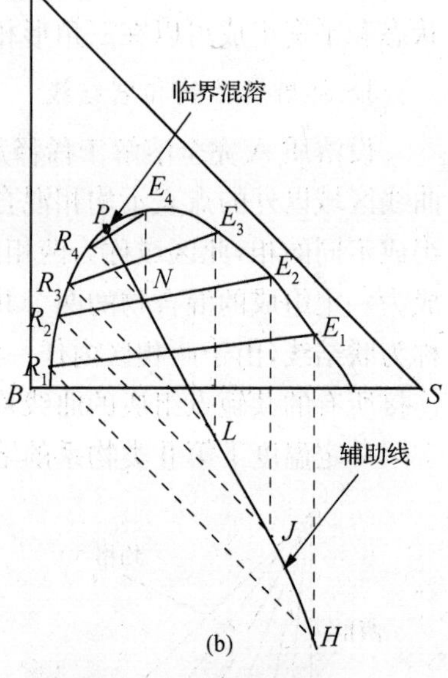

(b)

图 8－7 辅助曲线作法

3. 分配系数及分配曲线

(1) 分配系数

溶质在 E 相与 R 相中的组成之比称为分配系数，以 k_A 表示，即

$$k_A = \frac{\text{组分}A\text{在}E\text{相中的组成}}{\text{组分}A\text{在}R\text{相中的组成}} = \frac{y_A}{x_A} \qquad (8-9)$$

同样，对于组分 B 也可写出相应的表达式，即

$$k_B = \frac{\text{组分}B\text{在}E\text{相中的组成}}{\text{组分}B\text{在}R\text{相中的组成}} = \frac{y_B}{x_B} \qquad (8-10)$$

式中：y_A、y_B 分别为组分 A、B 在萃取相中的质量分数；x_A、x_B 分别为组分 A、B 在萃余相中的质量分数。

分配系数表示处于平衡液的两相中某一组分的分配比例关系。k_A 值愈大，联结线的斜率越大，越有利于萃取分离，所以分配系数是选择萃取剂的一个重要参数。不同物系具有不同的分配系数 k_A 值，同一物系，k_A 值随温度而变，在恒定温度下，k_A 值随溶质 A 的组成而变；同时，k_A 值与联结线的斜率有关。只有在温度变化不大或恒温条件下，k_A 值才可近似视作常数。

(2) 分配曲线

溶质A在三元物系互成平衡的两个液层中的组成，也可像蒸馏和吸收一样，在 $y-x$ 直角坐标图中用曲线表示。以萃余相R中溶质A的组成 x_A 为横坐标，以萃取相E中溶质A的组成 y_A 为纵坐标，以对角线 $y=x$ 为辅助线，互成平衡的E相和R相中组分A的组成在直角坐标图上为 N 点表示，P 点为临界混溶点，如图8-8所示。若将诸联结线两端点相对应的组分A组成均标于 $y-x$ 图上，得到曲线 ONP，称为分配曲线。由于联结线的斜率不一样，所以分配曲线总是弯曲的。若联结线的斜率为正值，则分配曲线在对角线上方；反之，则在对角线下方。图示条件下，在分层区浓度范围内，E相内溶质A的组成 y_A 均大于R相内溶质A的组成，即分配系数 $k_A>1$，故分配曲线位于 $y=x$ 线上侧。若随溶质A浓度的变化，联结线发生倾斜方向改变，则分配曲线将与对角线出现交点，此时，共轭相中溶质的组成情况相同，这种物系称为等溶度体系。

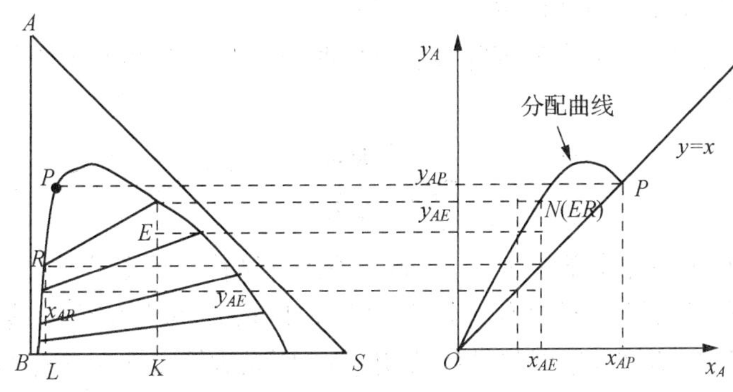

图8-8 有一对组分部互溶时的分配

分配曲线表达了萃取操作中互成平衡的两个液层E相与R相中溶质的分配关系，故也可利用分配曲线求得三角形相图中的任一联结线 ER。

4. 温度对相平衡关系的影响

温度对溶解度曲线的形状、联结线的斜率和两相区面积有明显的影响，从而也影响分配曲线形状。一般而言，溶质在溶剂中的溶解度随温度升高而增大；反之则减小。图8-9表示有一对组分部分互溶物系，在 T_1、T_2 及 T_3（$T_1<T_2<T_3$）三个温度下的溶解度曲线和联结线。可以看出，温度升高，分层区面积缩小，联结线斜率亦改变。

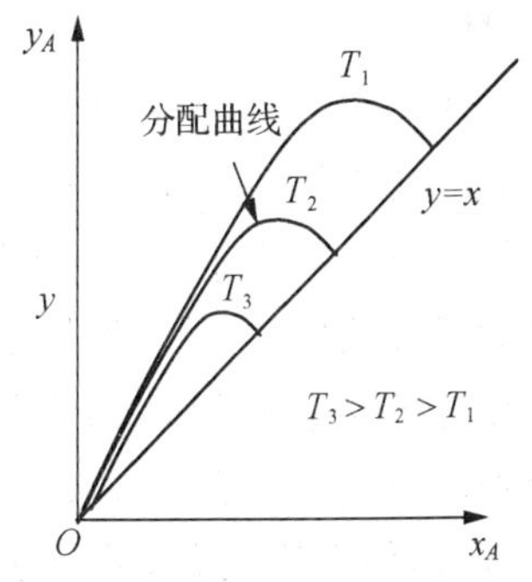

图8-9 温度对分配曲线的影响

此外，温度改变时还可能引起物系类型的改变。如在 T_1 温度时为Ⅱ类物系，当温度升高至 T_2 温度时变为Ⅰ类物系。

8.2.3 在三角形相图上表示的萃取过程

图8-1所示的单级萃取流程示意图，其单级萃取操作可在三角形相图上表达出来，如图8-10所示。

萃取时，若所用的溶剂为纯组分 S，则组成坐标位置为三角形顶点 S，有时溶剂是循环使用的，其中可能含有少量组分 A 和 B，这时溶剂的组成坐标位置在三角形均相区内(图中没有标出)。以下如不特别说明，溶剂都是指纯组分 S。

如将定量的萃取剂 S 加入 A、B 两组分的原料液 F 中，如前所述，混合液的状态点 M 应在 SF 连线上，其位置可由杠杆规则确定：

$$\frac{S}{F}=\frac{\overline{MF}}{\overline{MS}} \tag{8-11}$$

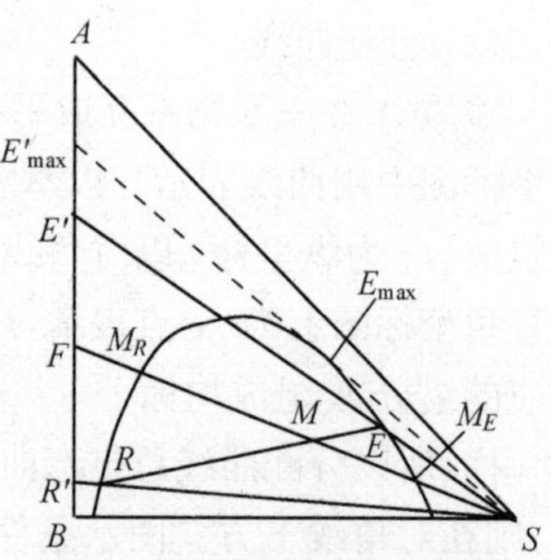

图 8-10 单级萃取在三角形相图上的表达

当溶剂用量为 S_R(或 S_E)时，点 M_R(或 M_E)正好落在溶解度曲线上，这时混合液只有一个相，两种情况下料液均不能被分离。因此，适宜的溶剂用量应在 S_R 和 S_E 之间，使混合液组成点 M 位于两相区内。

当 F、S 经充分混合后，混合液沉降分层得到两个平衡的 E 相和 R 相，它们的数量关系可用杠杆规则求算：

$$\frac{E}{R}=\frac{\overline{RM}}{\overline{ME}} \tag{8-12}$$

从 E 相和 R 相中脱除全部溶剂后，得到的液体分别称为萃取液 E′和萃余液 R′。因为 E′和 R′中已不含有萃取剂 S，只含有组分 A 和 B，所以点 E' 和点 R' 必然落在三角形相图的 AB 边上，延长 SE 和 SR 线，分别与 AB 边交于点 E' 及 R'，即该两液体组成的坐标位置。由此可知，原料液 F 经过萃取和脱除萃取剂后，A 和 B 两个组分得以部分分离，其 E′和 R′间的数量关系仍可用杠杆规则来确定，即

$$\frac{E'}{R'}=\frac{\overline{FR'}}{\overline{FE'}} \tag{8-13}$$

如图 8-10 所示，点 R' 及点 E' 的位置决定了单级萃取的效果。若从顶点 S 作溶解度曲线的切线 SE_{max}，延长与 AB 边交于 E'_{max}，该点代表在一定条件下可能获得的最高浓度为 y'_{max} 的萃取液。y'_{max} 的位置取决于组分 B、S 之间的互溶度，互溶度越小，萃取操作的范围越大，得到的 y'_{max} 值越高。如图 8-11 所示，萃取不宜在高温下进行，但温度过低，液体黏度增大，界面张力增加，使得扩散系数减小。因此，萃取操作应在适当的温度下进行。

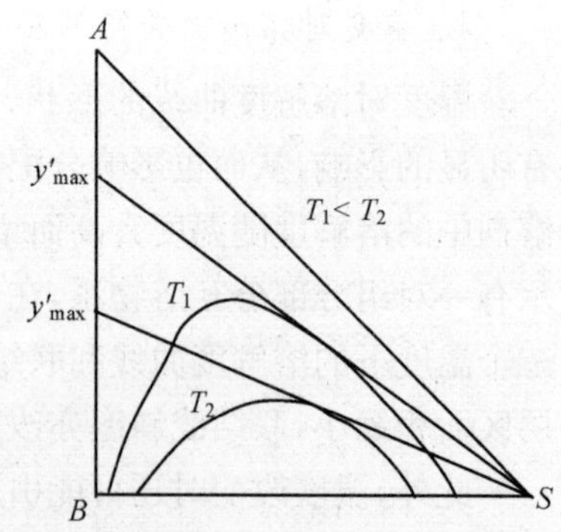

图 8-11 温度对萃取操作的影响

8.2.4 萃取剂的选择

萃取操作中萃取剂的选择非常重要，它直接关系到萃取操作的分离效果和经济性。通常要考虑以下两个方面：

1. 选择性系数

溶质在两相间的平衡关系可用分配系数(相平衡常数)k 表示:

$$k=\frac{y}{x} \tag{8-14}$$

分配系数越大,萃取相中的被萃取组分含量越高。

萃取剂S应使溶质A的溶解能力大一些,同时使稀释剂B的溶解能力尽可能小,这就是萃取剂的选择性。

萃取剂的选择性可用选择性系数表示,即

$$\beta=\frac{A\text{ 在萃取相中的质量分率}}{B\text{ 在萃取相中的质量分率}}\bigg/\frac{A\text{ 在萃余相中的质量分率}}{B\text{ 在萃余相中的质量分率}}=\frac{y_A/y_B}{x_A/x_B}=\frac{y_A/x_A}{y_B/x_B}=\frac{k_A}{k_B} \tag{8-15}$$

式中:β 为选择性系数,无因次;y_A、y_B 分别为组分在萃取相E中的质量分率;x_A、x_B 分别为组分在萃余相R中的质量分率;k 为组分的分配系数。

由上式可以看出,β 值与 k_A、k_B 有关,k_A 值越大,k_B 值越小,β 值就越大。

萃取操作中,应选择合适的萃取剂使得 β 值较大且不为1,其值越大,萃取越容易进行;若 $\beta=1$,表示E相中组分A和B的比值与R相中的相同,不能用萃取方法分离。

选择性系数 β 类似于蒸馏中的相对挥发度 α,溶质A在萃取液与萃余液中的组成关系也可用类似于蒸馏中的气液平衡方程来表示,即

$$y=\frac{\beta x}{1+(\beta-1)x} \tag{8-16}$$

2. 萃取剂与稀释剂的互溶度

如图8-12所示,在相同温度下,相同的A、B二元料液与不同萃取剂 S_1、S_2 构成的相平衡关系图,组分B与 S_1 互溶度小,两相区面积大,得到的萃取液最高浓度 y'_{max} 较高。萃取剂与原溶剂的互溶度越小,则在相图上的两相区越大,萃取可操作的范围也越大。因此选择与组分B具有较小互溶度的萃取剂能够有较大的选择性,取得较好的分离效果。一般情况下,温度降低,互溶度减小,对萃取过程有利,但是温度降低会使液体的黏度增加,不利于输送及溶质在两相间的传递。

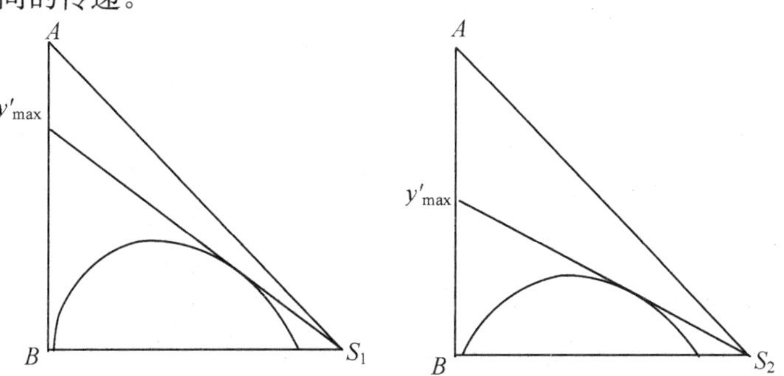

图8-12 互溶度对萃取过程的影响

3. 萃取剂的回收

萃取剂回收的难易在很大程度上决定萃取过程的经济性。萃取后的E相和R相，通常以蒸馏方法进行分离。因此，要求萃取剂S与原料液中各组分的相对挥发度大，且不形成恒沸物。如果萃取剂的用量较大，为了节约能耗，萃取剂应为难挥发组分。

溶剂萃取能力强一定程度上可减少溶剂的用量，降低E相溶剂回收费用，溶剂在原料液中的溶解度小可减少溶剂回收的费用。

4. 萃取剂的其他物性

萃取剂与被分离混合物有较大的密度差，可使 E 相和 R 相能较快地分层以快速分离。两相间的界面张力会影响分离效果，物系界面张力过大或过小都不利于分层。

此外，萃取剂应可以满足一般的工业需求，如廉价易得、稳定性好、腐蚀性小、无毒等。

例8-1 在一定温度下测得A、B、S三元物系两平衡液相的平衡数据见表8-1，表中的数据为质量百分率。

表8-1 A、B、S三元物系平衡数据(质量分数)

编号		1	2	3	4	5	6	7	8	9	10	11	12	13	14
E相	y_A	0	7.9	15	21	26.2	30	33.8	36.5	39	42.5	44.5	45	43	41.6
	y_S	90	82	74.2	67.5	61.1	55.8	50.3	45.7	41.4	33.9	27.5	21.7	16.5	15
R相	x_A	0	2.5	5	7.5	10	12.5	15.0	17.5	20	25	30	35	40	41.6
	x_S	5	5.05	5.1	5.2	5.4	5.6	5.9	6.2	6.6	7.5	8.9	10.5	13.5	15

(1) 作出溶解度曲线和辅助曲线；(2) 计算临界互溶点的组成；(3) 当萃余相中 $x_A=20\%$ 时，求分配系数 k_A 和选择性系数 β；(4) 在100 kg含30%A的原料液中加入多少S才能使混合液开始分层？(5) 对第(4)问的原料液，欲得到36%A的萃取相E，试确定萃余相的组成及混合液的总组成。

解 (1) 依题给数据，在图8-13上作出溶解度曲线 LPJ，并根据联结线数据作出辅助曲线(共轭曲线) JCP。

(2) 辅助曲线和溶解度曲线的交点 P 即临界混溶点，由附图读出该点处的组成：$x_A=41.5\%$，$x_B=43.5\%$，$x_C=15.0\%$。

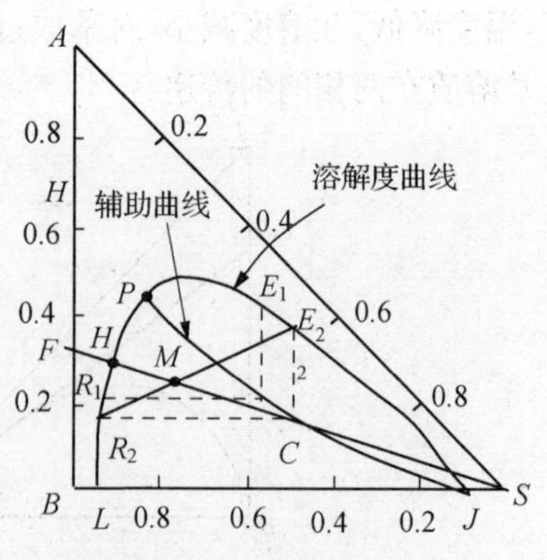

图8-13 例8-1附图

(3) 根据萃余相中 $x_A=20\%$，在图中定出 R_1 点，利用辅助曲线求出与之平衡的萃取相 E_1 点，从图读得两相的组成：

萃取相：$y_A=39.0\%$，$y_B=19.6\%$；

萃余相：$x_A=20.0\%$，$x_B=73.4\%$。

用式(8-14)计算分配系数，即

$$k_A=y_A/x_A=39.0/20.0=1.95$$

用式(8-15)计算选择性系数，即

$$\beta=k_A\cdot x_B/y_B=1.95\times73.4/19.6=7.303$$

(4) 根据原料液的组成在AB边上确定点F，连接点F、S。当向原料液加入S后，混合液的组成即沿直线FS变化。当S的加入量恰好到使混合液组成落在溶解度曲线的H点时，混合液便开始分层。分层时溶剂的用量用杠杆规则求得：

$$\frac{S}{F}=\frac{\overline{HF}}{\overline{HS}}=\frac{8}{96}=0.083\,3$$

$$S=0.083\,3F=0.083\,3\times100\text{ kg}=8.33\text{ kg}$$

(5) 根据萃取相的$y_A=36\%$在溶解度曲线上确定E_2点，借助辅助曲线作联结线获得与E_2平衡的点R_2，由图读得：$x_A=17\%$，$x_B=77\%$。

R_2E_2线与FS线的交点M为混合液的总组成点，由图读得：

$$x_A=23.5\%,x_B=55.5\%,x_S=21.0\%。$$

§8.3 萃取过程的计算

萃取过程的计算主要解决设计和操作过程中，分离任务、萃取剂的用量和所需要的理论级数之间的相互关系问题。无论是单级还是多级萃取操作，均假设各级为理论级，离开每级的E相和R相互为平衡。萃取操作中的理论级概念和蒸馏中的理论板相当。一个实际萃取级的分离能力达不到一个理论级，两者的差异用级效率校正。计算的依据是物料衡算、热量衡算、相平衡关系和萃取过程的速率方程，基本方法是逐级计算，结合图解法。

8.3.1 单级萃取过程

单级萃取流程如前所述，可以是连续或间歇操作。间歇操作时，各股物料的量均以kg表示；连续操作时，用kg/h表示。萃取相组成y及萃余相组成x的下标只标注了相应流股的符号，而不标注组分符号，如没有特别指出，均是对溶质A而言，以后不另作说明。

1. 萃取剂与稀释剂部分互溶的体系

在单级萃取操作中，一般需将组成为x_F的定量原料液F进行分离，规定萃余相组成为x_R，要求计算溶剂用量、萃余相及萃取相的量以及萃取相组成。根据x_F、x_R在图8-14(b)上确定点F及R点，过点只作联结线与FS线交于M点，与溶解度曲线交于E点。图中E'、R'点为从E相及R相中脱除全部溶剂后的萃取液及萃余液组成坐标点。各流股组成可从相应点直接读出。先对图8-14(a)作总物料衡算得

$$F+S=E+R=M \tag{8-17}$$

各流股数量由杠杆规则求得，即

$$S=F\times\frac{\overline{MF}}{\overline{MS}} \tag{8-18}$$

$$E=M\times\frac{\overline{MR}}{\overline{RE}} \tag{8-19}$$

$$E'=F\times\frac{\overline{R'F}}{\overline{R'E'}} \tag{8-20}$$

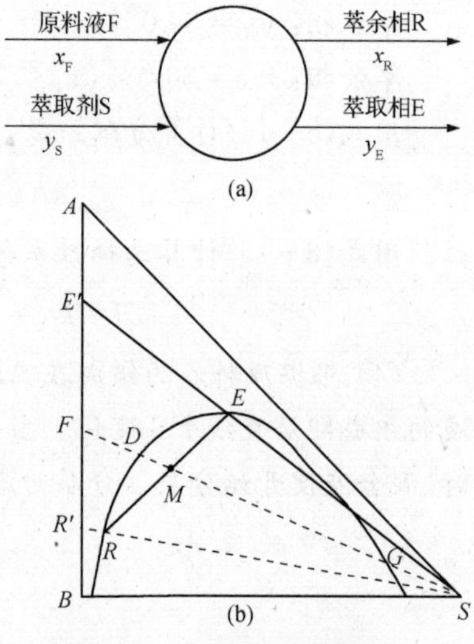

原料液F x_F
萃取剂S y_S
萃余相R x_R
萃取相E y_E
(a)

A E' F D M R' R B E G S
(b)

图 8-14 单级萃取图解

此外，也可随同物料衡算进行上述计算。

对式(8-17)作溶质 A 的衡算得

$$Fx_F+Sy_S=Ey_E+Rx_R=Mx_M \tag{8-21}$$

联立式(8-17)、式(8-19)及式(8-21)并整理得

$$E=\frac{M(x_M-x_R)}{y_E-x_R},\ R=\frac{M(y_E-x_M)}{y_E-x_R} \tag{8-22}$$

同理，可得到 E 和 R 的量，即

$$E'=\frac{F(x_F-x'_R)}{y'_E-x'_R},\ R'=\frac{F(y'_E-x_F)}{y'_E-x'_R} \tag{8-23}$$

$$R=F-E,\ R'=F-E' \tag{8-24}$$

对于一定的原料液量，存在两个极限萃取剂用量，在此两个极限用量下，原料液与萃取剂的混合物系点恰好落在溶解度曲线上，如图 8-14 中的点 G 和点 D 所示，能进行萃取分离的最小溶剂用量 S_{min}（和点 G 对应的萃取剂用量）和最大溶剂用量 S_{max}（和点 D 对应的萃取剂用量），其值可由杠杆规则计算，即

$$S_{min}=F\frac{\overline{FD}}{\overline{DS}},\ S_{max}=F\frac{\overline{GF}}{\overline{GS}} \tag{8-25}$$

例 8-2 在 25 ℃下以水(S)为萃取剂从醋酸(A)与氯仿(B)的混合液中提取醋酸。已知原料液流量为 1 000 kg/h，其中醋酸的质量百分率为 35%，其余为氯仿。用水量为 800 kg/h。操作温度下，E 相和 R 相以质量百分率表示的平衡数据列于表 8-2 中。

表 8-2 例 8-2 的附表

氯仿层(R 相)				水层(E 相)			
醋 酸	水	醋 酸	水	醋 酸	水	醋 酸	水
0.00	0.99	27.65	5.20	0.00	99.16	50.56	31.11
6.77	1.38	32.08	7.93	25.10	73.69	49.41	25.39
17.72	2.28	34.16	10.03	44.12	48.58	47.87	23.28
25.72	4.15	42.5	16.5	50.18	34.71	42.50	16.50

(1) 求经单级萃取后E相和R相的组成及流量；(2) 若将E相和R相中的溶剂完全脱除，求萃取液及萃余液的组成和流量；(3) 求操作条件下的选择性系数β。

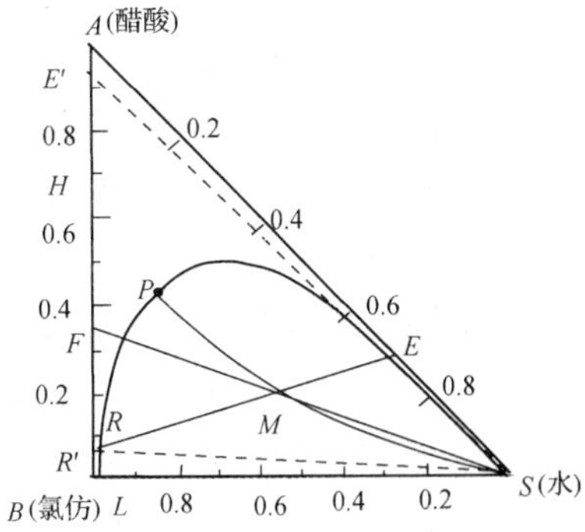

解 根据题给数据，在等腰直角三角形坐标图中作出溶解度曲线和辅助曲线，如图8-15所示。

(1) 根据醋酸在原料液中的质量百分率为35%，在AB边上确定F点，连接点F、S，按F、S的流量用杠杆规则在FS线上确定点M。

因为E相和R相的组成均未给出，需借辅助曲线用试差作图法确定通过M点的联结线ER。由图读得两相的组成为

图8-15 例8-2附图

E相：$y_A=27\%, y_B=1.5\%, y_S=71.5\%$；

R相：$x_A=7.2\%, x_B=91.4\%, x_S=1.4\%$。

依总物料衡算得

$$M=F+S=1\,000\ \text{kg/h}+800\ \text{kg/h}=1\,800\ \text{kg/h}$$

由图量得$\overline{RM}=45.5\ \text{mm}$，$\overline{RE}=73.5\ \text{mm}$。

用式(8-19)求E相的量，即

$$E=M\times\frac{\overline{RM}}{\overline{RE}}=1\,800\times\frac{45.5}{73.5}\ \text{kg/h}=1\,114\ \text{kg/h}$$

$$R=M-E=1\,800\ \text{kg/h}-1\,114\ \text{kg/h}=686\ \text{kg/h}$$

(2) 连接点S、E，并延长SE与AB边交于E'，由图读得$y'_E=92\%$。

连接点S、R，并延长SR与AB边交于R'，由图读得$x'_R=7.3\%$。

萃取液和萃余液的流量由式(8-23)及式(8-24)求得，即

$$E'=F\times\frac{x_F-x'_R}{y'_E-x'_R}=1\,000\times\frac{35-7.3}{92-7.3}\ \text{kg/h}=327\ \text{kg/h}$$

$$R'=F-E'=1\,000\ \text{kg/h}-327\ \text{kg/h}=673\ \text{kg/h}$$

(3) 操作条件下的选择性系数β为

$$\beta=\frac{y_A}{x_A}\Big/\frac{y_B}{x_B}=\frac{27}{7.2}\Big/\frac{1.5}{91.4}=228.5$$

由于该物系的氯仿(B)、水(S)互溶度很小，所以β值较高，所得到萃取液浓度很高。

2. 萃取剂与稀释剂不互溶的体系

若萃取剂与原溶剂互不相溶，则在整个传质过程中，原溶剂B和萃取剂S的量是保持不变的，将相平衡关系用分配曲线表示，两相中的组成用质量比表示。

此时溶质在两液相间的平衡关系可以用与吸收中的气液平衡类似的方法表示，即

$$BX_{FA}+SY_S=SY_{EA}+BX_{RA} \tag{8-26}$$

或

$$Y_{EA}=-(B/S)(X_{RA}-X_{FA})+Y_S \tag{8-26a}$$

式中：S、B 分别为萃取剂的用量、原料液中溶剂的量，kg/h；X_{FA}、X_{RA}、Y_{EA}、Y_S 分别为原料液、萃余相、萃取相及萃取剂中溶质 A 的质量比。

上式表明 Y_{EA} 和 X_{RA} 在 $X-Y$ 坐标系中为直线关系，这条直线通过点(X_{FA}, Y_S)，斜率为 $-B/S$，称为操作线。如图8-16所示，将操作线延长与相平衡线相交，得到交点 $D(X_1, Y_1)$，即通过一个理论萃取级后萃余相和萃取相中溶质 A 的浓度 X_1 和 Y_1。

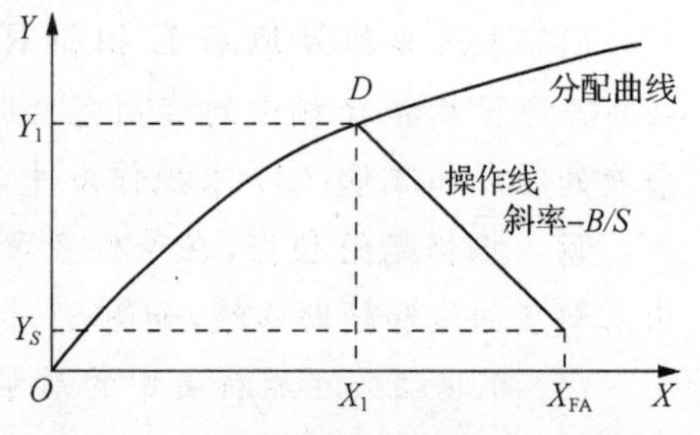

图 8-16 不互溶体系的单级萃取过程

8.3.2 多级错流萃取过程

一般的单级萃取过程的分离效果有限，所得的萃余相中溶质含量较高，为进一步降低其含量，可采用多级错流接触萃取，其流程示意图如图 8-17 所示。

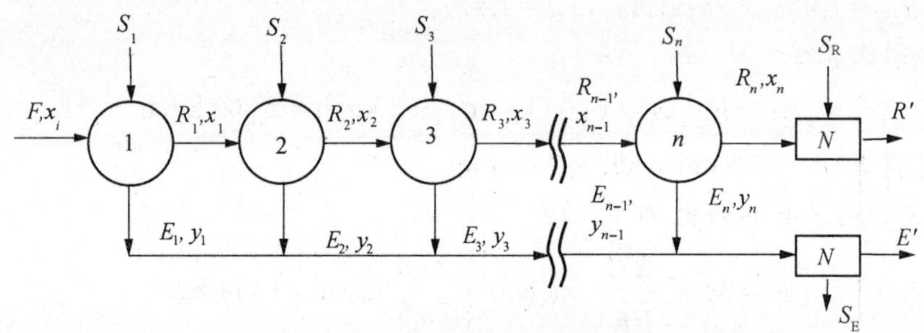

图 8-17 多级错流接触流程示意图

多级错流接触萃取操作中，每级都加入新鲜溶剂，虽然可以降低最后萃余相中的溶质浓度，提高溶质回收率，但萃取剂循环量较大，溶剂回收的能耗大，应用受限制。

多级错流萃取计算中，通常已知操作条件下的相平衡数据，原料液量 F、组成 x_F 及各级溶剂的用量 S_i 及其组成，规定最终萃余相组成 x_n，要求计算理论级数。

1. 三角形坐标图图解法

对于组分 B、S 部分互溶物系三级错流萃取图解过程如图 8-18 所示。由图可见，多级错流萃取的图解法实质上是单级萃取图解的多次重复。

(1) 由已知的平衡数据在三角形坐标图中绘出溶解度曲线及辅助曲线(图中未标出)，并在此相图上标出 F 点。

(2) 连接点 F、S 得 FS 线，根据第一级 F、S 的量，依杠杆定律在 FS 线上确定混合物系点 M_1。

(3) 由于此时 M_1 对应的平衡点 R_1、E_1 均不知，因此必须采用试差的方法，借助辅助曲线

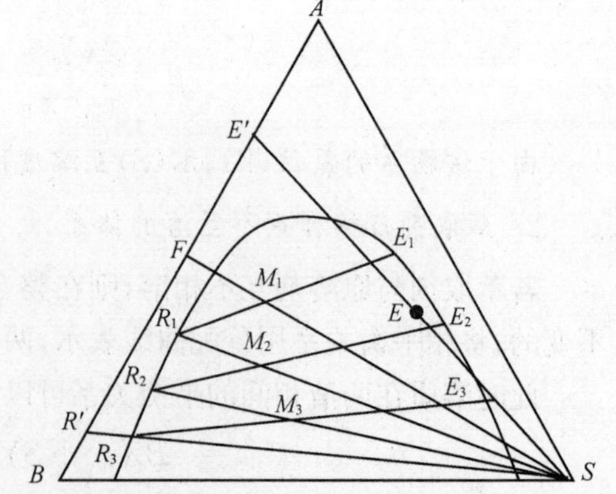

图 8-18 溶剂部分互溶时多级错流萃取的图解

作出过 M_1 的联结线 E_1R_1。

(4) 第二级以 R_1 为原料液，加入量为 S 的新鲜萃取剂，依杠杆定律找出两者混合点 M_2，按与(3)类似的方法可以得到 E_2 和 R_2，此即第二个理论级分离的结果。

(5) 依此递推，直至某级萃余相中溶质的组成小于等于规定的组成为止。

(6) 联结线的数目即萃取所需的理论级数。

溶剂总用量为各级溶剂用量之和，各级溶剂用量可以相等，也可以不等。

例 8-3 25 ℃时丙酮(A)-水(B)-三氯乙烷(S)系统以质量百分率表示的溶解度和联结线数据分别如表 8-3 和表 8-4。用三氯乙烷为萃取剂在三级错流萃取装置中萃取丙酮水溶液中的丙酮。原料液的处理量为 500 kg/h，其中丙酮的质量百分率为 40%，各级溶剂用量相等，第一级溶剂用量与原料液流量之比为 0.5。试求丙酮的回收率。

表 8-3 溶解度数据

三氯乙烷	水	丙酮	三氯乙烷	水	丙酮
99.89	0.11	0	38.31	6.84	54.85
94.73	0.26	5.01	31.67	9.78	58.55
90.11	0.36	9.53	24.04	15.37	60.59
79.58	0.76	19.66	15.89	26.28	58.33
70.36	1.43	28.21	9.63	35.38	54.99
64.17	1.87	33.96	4.35	48.47	47.18
60.06	2.11	37.83	2.18	55.97	41.85
54.88	2.98	42.14	1.02	71.80	27.18
48.78	4.01	47.21	0.44	99.56	0

表 8-4 联结线数据

水相中丙酮 x_A	5.96	10.0	14.0	19.1	21.0	27.0	35.0
三氯乙烷相中丙酮 y_A	8.75	15.0	21.0	27.7	32	40.5	48.0

解 由题给数据在等腰直角三角形相图中作出溶解度曲线和辅助曲线，如图 8-19 所示。

$$\varphi_A = \frac{Fx_F - R_3x_3}{Fx_F}$$

$$S = 0.5F = 0.5 \times 500\ \text{kg/h} = 250\ \text{kg/h}$$

$$M_1 = F + S = 500\ \text{kg/h} + 250\ \text{kg/h} = 750\ \text{kg/h}$$

$$R_1 = M_1 \times \frac{\overline{M_1E_1}}{\overline{E_1R_1}} = 750 \times \frac{33}{67}\ \text{kg/h} = 369.4\ \text{kg/h}$$

$$M_1 = R_1 + S = 369.4\ \text{kg/h} + 250\ \text{kg/h} = 619.4\ \text{kg/h}$$

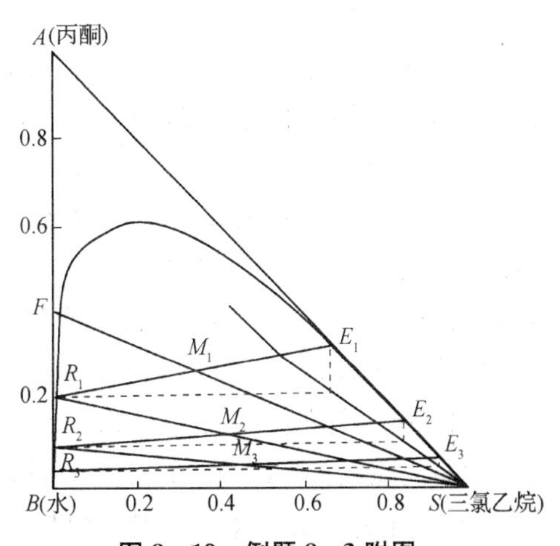

图 8-19 例题 8-3 附图

$$R_2 = M_2 \times \frac{\overline{M_2E_2}}{\overline{E_2R_2}} = 619.4 \times \frac{43}{83}\ \text{kg/h} = 321\ \text{kg/h}$$

$$M_3 = 321\ \text{kg/h} + 250\ \text{kg/h} = 571\ \text{kg/h}$$

$$R_3 = 571 \times \frac{48}{92}\ \text{kg/h} = 298\ \text{kg/h}$$

$$x_3 = 3.5\%$$

$$\varphi_A = \frac{Fx_F - R_3x_3}{Fx_F} = \frac{500 \times 0.4 - 298 \times 0.035}{500 \times 0.4} = 94.8\%$$

2. 直角坐标图图解法

在操作条件下，若萃取剂 S 与稀释剂 B 互不相溶，此时采用直角坐标图进行计算更为方便。设加入各级溶剂量相等，则萃取相（只有 A、S 两组分）中溶剂的量和萃余相（只有 B、S 两组分）中稀释剂的量在各级内可视为常数。这样可仿照吸收中组成的表示方法，即溶质在萃取相和萃余相中的组成分别用质量比 Y[kg(A)/kg(S)）和 X（kg(A)/kg(B)]表示，并可在 $X-Y$ 坐标图上用图解法求解理论级数。

对第一级萃取作物料衡算得

$$BX_F + SY_S = BX_1 + SY_1$$

整理上式得

$$Y_1 = -\frac{B}{S}X_1 + \left(\frac{B}{S}X_F + Y_S\right) \tag{8-27}$$

式中：B 为原料液中组分占的量，kg 或 kg/h；S 为加入各级萃取剂 S 的量，kg 或 kg/h；Y_S为萃取剂中溶质的质量比组成，kg(A)/kg(S)；Y_1为第一级萃取相中溶质的质量比组成，kg(A)/kg(S)；X_F为原料液中溶质的质量比组成，kg(A)/kg(B)；X_1为第一级萃余相中溶质的质量比组成，kg(A)/kg(B)。

同理，对第 n 级作溶质的物料衡算得

$$Y_n = -\frac{B}{S}X_x + \left(\frac{B}{S}X_{n-1} + Y_S\right) \tag{8-28}$$

上式表示萃取相组成 Y_n 与萃余相组成 X_{n-1} 之间的关系，称作操作线方程，斜率 $-B/S$ 为常数，故上式为通过点(X_{n-1}，Y_S)的直线方程。根据理论级的假设，离开任一级的 Y_n 与 X_n 处于平衡状态，故(X_n，Y_n)点必位于分配曲线上，即操作线与分配曲线的交点。于是，可在 $X-Y$ 直角坐标图上图解理论级，其步骤如下（参见图 8-20）：

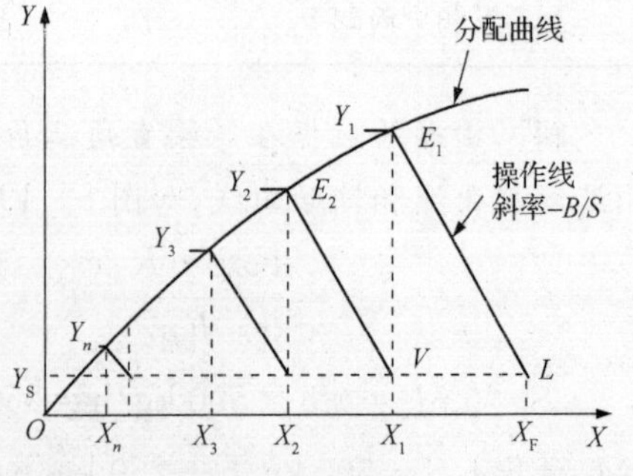

图 8-20 多级错流萃取 $X-Y$ 坐标图解法

(1) 在直角坐标内画出分配曲线。

(2) 根据组成 X_F、Y_S 确定 L 点，通过该点以 $-B/S$ 为斜率作操作线，与分配曲线于点 E_1。该点坐标即离开第一级的萃取相 E_1 与萃余相 R_1 的组成 Y_1 及 X_1。

(3) 过 E_1 作垂直线与 $Y=Y_S$ 线交于 $V(X_1, Y_S)$，因各级萃取剂用量相等，通过 V 点以 $-B/S$ 为斜率作操作线，与分配曲线交于 E_2，此点坐标即表示离开第二级的萃取相 E_2 与萃余相 R_2 的组成 Y_2 及 X_2。

依此类推，直至萃余相组成 X_n 等于或小于指定值为止。重复作操作线的数目即所需的理论级数 n。

若各级萃取剂用量不相等，则诸操作线不相平行。如果溶剂中不含溶质，$Y_S=0$，则 L、V 等点都落在 X 轴上。

3. 解析法

若在操作条件下分配系数可视为常数，则分配曲线可用下式表示：

$$Y=KX \tag{8-29}$$

式中：K 为以质量比表示相组成的分配系数。此时，可用解析法求解理论级数，公式为

$$n=\frac{1}{\ln(1+A_m)}\ln\left(\frac{X_F-\frac{Y_S}{K}}{X_n-\frac{Y_S}{K}}\right) \tag{8-30}$$

式中：$A_m=KS/B$ 为萃取因子，对应于吸收中的脱吸因子。如图 8-21 所示为多级错流萃取 n 与 $\frac{X_F-\frac{Y_S}{K}}{X_n-\frac{Y_S}{K}}$ 的关系。

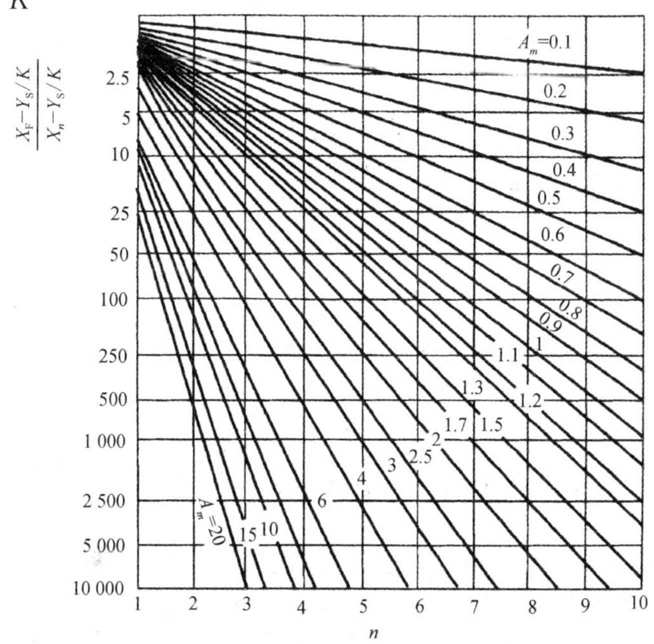

图 8-21　多级错流萃取 n 与 $\frac{X_F-\frac{Y_S}{K}}{X_n-\frac{Y_S}{K}}$ 关系（A_m 为参数）

8.3.3 多级逆流萃取

如图 8－22 所示，在多级逆流萃取流程中，原料液从第 1 级进入系统，经过各级萃取后成为各级的萃余相，其溶质组成逐级下降，最后从第 n 级流出；萃取剂从末级加入，沿相反方向依次通过各级，经多次萃取后其溶质组成逐级提高，最后从第 1 级流出。最终的萃取相与萃余相可在溶剂回收装置中脱除萃取剂得到萃取液与萃余液，脱除的溶剂返回系统循环使用。

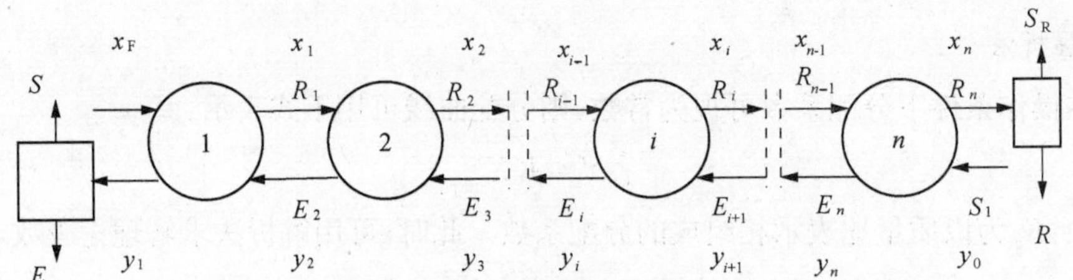

图 8－22　多级逆流萃取流程

1. 三角形坐标图解法

如图 8－23 所示，具体步骤如下：

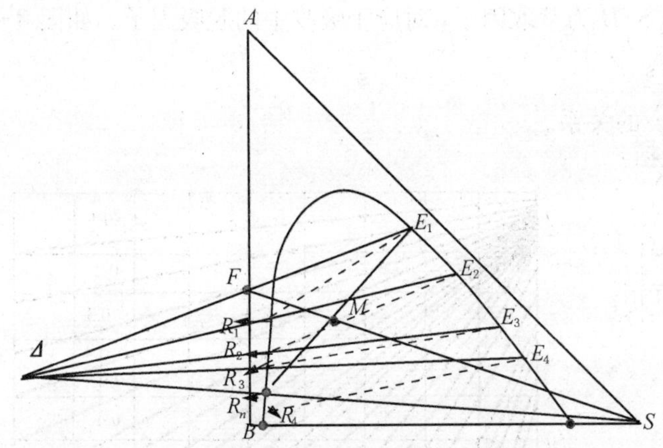

图 8－23　多级逆流萃取过程图解法

(1) 根据操作条件下的平衡数据在三角形坐标图上绘出溶解度曲线和辅助曲线。

(2) 根据原料液和萃取剂的组成，在图中定出点 S(图示为纯溶剂)、F，然后由 S/F 的比值结合杠杆定律在 FS 联结线上确定点 M 的位置。在流程上新鲜萃取剂 S 并没有和原料液 F 直接发生混合，所以点 M 并不代表任何萃取级的操作点，只是图解过程的一个辅助点。

(3) 由规定的最终萃余相组成 x_{RA} 在图上定出第 n 级的萃余相平衡组成点 R_n。根据图 8－22 的流程，总物料衡算式有 $F+S=E_1+R_n=M$，此式表明，步骤(2)所作的 M 点既是 F 与 S 的和点，也是 E_1 和 R_n 的和点，由此在图中连接点 M 和 R_n，其延长线与溶解度曲线相交于点 E_1。此处 R_nE_1 并不是平衡联结线。根据杠杆定律 $\dfrac{E_1}{R_n}=\dfrac{\overline{MR_n}}{\overline{ME_1}}$ 和总物料衡算式，

可计算最终萃取相 E_1 和萃余相 R_n 的流量。

(4) 利用辅助曲线(图中未标出),作过 E_1 点的平衡联结线,交溶解度曲线于 R_1 点。

(5) 连接两直线 E_1F、R_nS 交于一点,记为“Δ”。

(6) 连接 ΔR_1 并延长交溶解度曲线于 E_2 点。

(7) 利用辅助曲线,作过 E_2 点的平衡联结线,交溶解度曲线于 R_2 点。

(8) 重复(6)～(7)步,直至得到的 R_i 点位置在 R_n 之下。

(9) 作出的平衡联结线的数目即所需要的理论级数。

2. 直角坐标图解法

(1) B 与 S 部分互溶

如图 8-24 所示,将平衡关系用分配曲线表示在 $X-Y$ 直角坐标上,利用阶梯法求解理论级数,其基本思路和精馏中确定理论板数相似,其具体步骤如下:

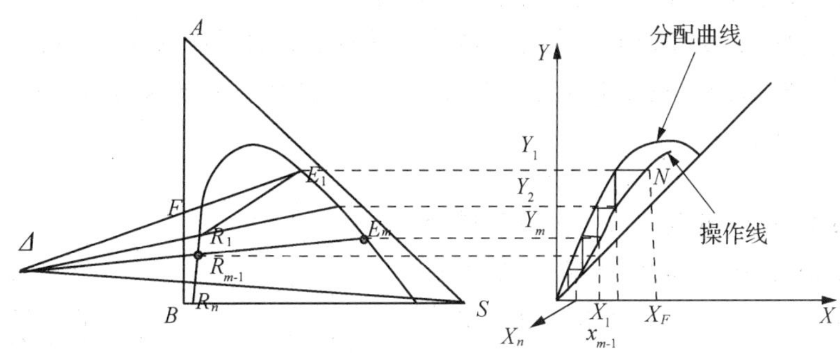

图 8-24 多级逆流萃取过程的直角坐标图解法

① 由已知的相平衡数据,分别在三角形坐标图和 $X-Y$ 直角坐标图上绘出分配曲线。

② 按前述方法在三角形相图上定出操作点“Δ”。

③ 自操作点 Δ 分别引出若干条 ΔRE 操作线,分别与溶解度曲线交于点 R_i 和 E_i,根据其组成可在直角坐标图上定出若干个操作点,将操作点相连接,即可得到操作线,其起点坐标为(X_F, Y_1),终点坐标为(X_n, Y_S)。

④ 从点(X_F, Y_1)出发,在分配曲线与操作线之间画梯级,直至某一梯级所对应的萃余相组成小于等于规定的萃余相组成为止,此时重复作出的梯级数即所需的理论级数。

(2) B 与 S 完全不互溶

① 图解法

如图 8-25 所示,同 B 和 S 互溶体系一样,此过程的图解法仍然是在操作线和平衡线之间画理论梯级,然而不互溶的物系的操作线要比互溶体系做法简单得多,它是一条起点坐标为(X_F, Y_1),终点坐标为(X_n, Y_S),斜率为 B/S 的线段。

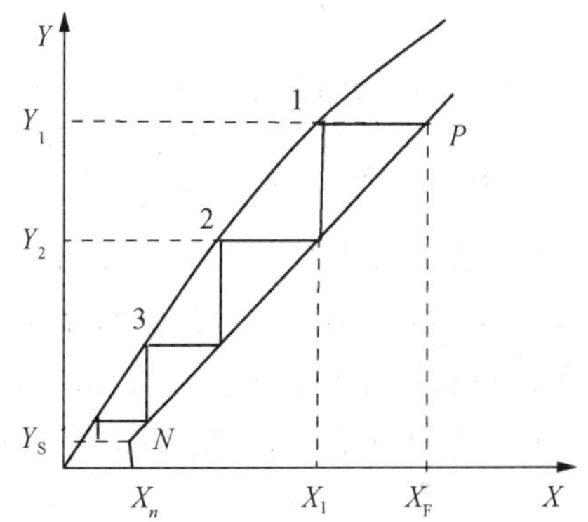

图 8-25 完全不互溶体系多级逆流萃取图解法

② 解析法

对于原溶剂B与萃取剂S不互溶的物系，若操作条件下的分配曲线为通过原点的直线，由于操作线也为直线，萃取因数$b=mS/B$为常数，则可仿照解吸过程的计算方法，用下式求算理论级数，即

$$n=\frac{1}{\ln\frac{1}{b}}\ln\left[(1-b)\frac{X_F-\frac{Y_S}{m}}{X_n-\frac{Y_S}{m}}+b\right] \tag{8-32}$$

(3) 多级逆流萃取的最小萃取剂用量

多级逆流萃取操作中也存在着最小萃取剂用量S_{min}。当操作线与分配曲线相交时，操作线斜率达到最大，对应的S即最小值S_{min}，此时所需的理论级数为无穷多。

S_{min}为理论上溶剂用量的最低极限值，实际用量必须大于此极限值。和吸收相似，实际萃取剂用量的选择，必须综合考虑设备费和操作费随萃取剂用量的变化情况。适宜的萃取剂用量应使设备费与操作费之和最小。根据经验，一般取最小萃取剂用量的1.1～2.0倍，即$S=(1.1\sim 2.0)S_{min}$。

例8-4 用水多级逆流萃取煤油中的苯甲酸，已知原料煤油中的苯甲酸含量为1.4%，处理量为1 000 kg/h，要求萃余相中苯甲酸的含量不高于0.2%(均为质量分数)，萃取剂水的用量为5 000 kg/h，求：(1) 所需要的理论级数；(2) 萃取剂水的最小用量。假设操作条件下水与煤油不互溶，分配曲线如图8-26所示。

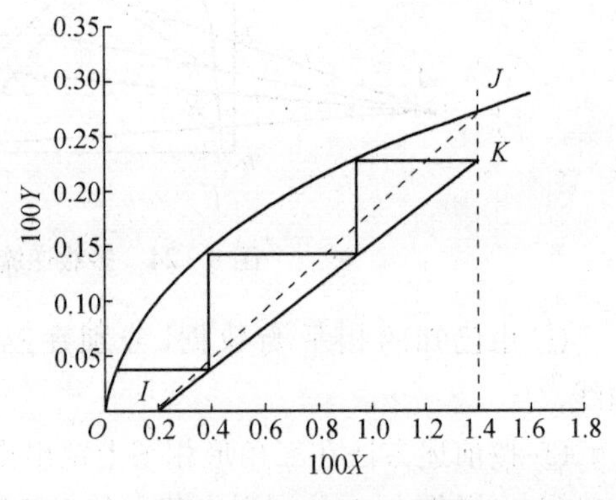

图8-26 例8-4附图

解 采用质量比表示组成，则原料液$X_F=\frac{1.4}{100-1.4}=0.014\,2$

最终萃余相组成$X_N=\frac{0.2}{100-0.2}=0.002$

原料中煤油的流量为$B=F(1-x_{FA})=1\,000\times(1-0.014\,2)\ \text{kg/h}=986\ \text{kg/h}$

操作线斜率为$\frac{B}{S}=\frac{986}{5\,000}=0.197\,2$

(1) 在图上过点(0.2, 0)作斜率为0.197 2的直线，与$100X=1.42$的直线交与点K，IK为操作线。从点K出发，在分配曲线和操作线之间画梯级，当画到2.5个理论梯级时，所得的萃余相浓度已小于X_N了，因此此操作需要2.5个理论级。

(2) 图中所示的IJ线，其斜率为萃取剂用量即最小用量。查图可得直线IJ的斜率为

$$\frac{B}{S_{min}}=\frac{0.27}{1.42-0.2}=0.22$$

所以最小萃取剂用量为 $S_{\min}=\frac{B}{0.22}=\frac{986}{0.22}$ kg/h = 4 481.82 kg/h。

§8.4　液-液萃取设备

8.4.1　萃取设备

1. 混合-澄清槽

如图 8-27 所示，该设备是一种级式萃取设备，分为混合器和澄清器。原料液和萃取剂在混合室内经过搅拌充分接触，一定时间后流入澄清器。在澄清室内两液相混合物因密度不同而分层，从而使得萃取相与萃余相分别流出。

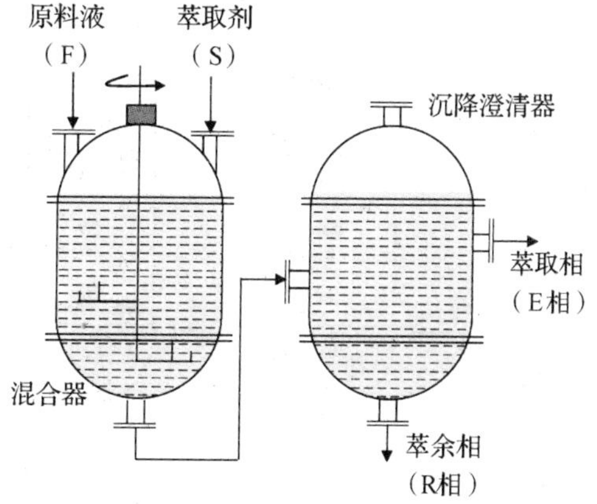

图 8-27　单级混合澄清器

混合澄清器具有如下优点：

(1) 两相接触良好，单级效率可达 75% 以上。

(2) 两液相流量比范围大，流量比达到 1/10 时仍能正常操作，易实现多级连续操作，便于调节级数。

(3) 易于放大、开工和停工，且不易损害成品的质量。

混合-澄清器的缺点：所需搅拌功率较大，动力消耗大；占地面积较大；设备内部存液量大，与溶剂有关的投资较多。

2. 填料萃取塔

如图 8-28 所示，萃取操作时，分散相以液滴状通过填料层与连续相接触。轻相入口管应在支撑器之上 25～50 mm处，以防止液滴在填料入口处聚结和过早出现液泛。填料的支撑器可为栅板或多孔板。支撑器的自由截面积应尽可能的大，以减小压强降和防止沟流。当填料层高度较大时，每隔 3～5 m高度应设置再分布器，以减小轴向返混。填料尺寸应小于塔径的 1/10～1/8，以降低壁效应的影响。

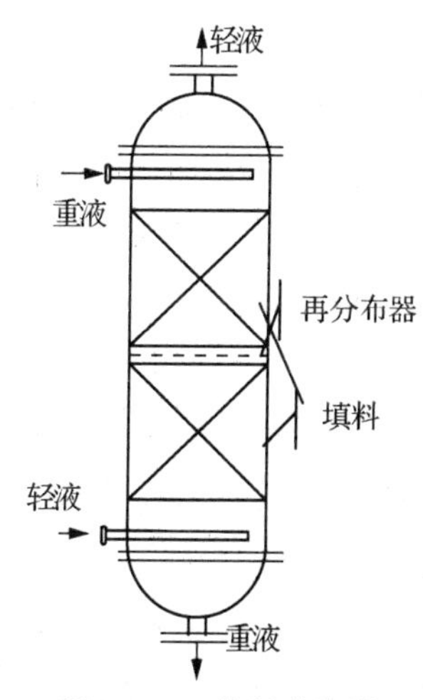

图 8-28　填料萃取塔

填料塔结构简单，操作方便，特别适用于处理腐蚀性料液。当工艺要求小于 3 个萃取理论级时，可选用填料塔。填料层的存在，增加了相际的接触面积，减少了轴向返混，因而强化了传质，比喷洒塔的萃取效率有较大的提高。

3. 喷洒塔

如图 8-29 所示，喷洒塔（喷淋塔）结构简单，塔体内除了各流股物料的进出的连接管和分散装置外，无其他内部构件。

喷洒塔造价低，检修方便；但在混合时流体的轴向返混严重，传质效率极低，仅适用于1～2 个理论级场合的萃取操作，如用作水洗、中和与处理含有固体的悬浮物系。

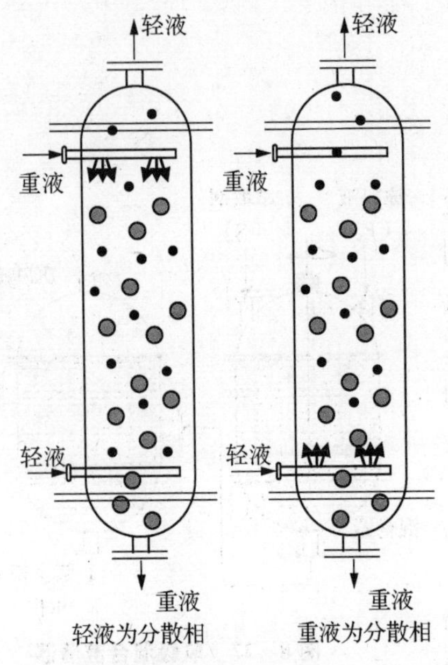

图 8-29 喷洒塔

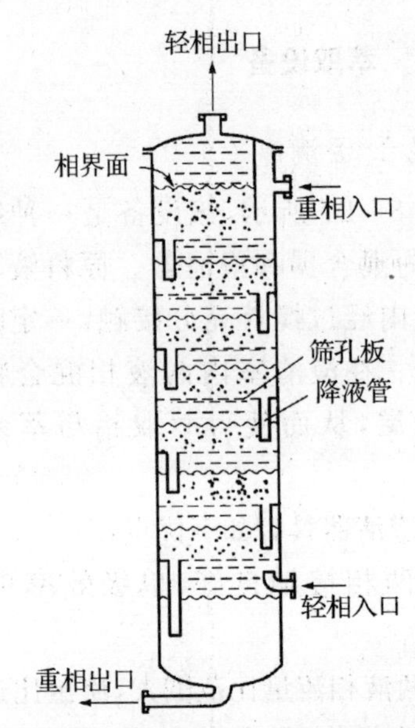

图 8-30 筛板萃取塔（轻相为分散相）

4. 筛板萃取塔

筛板塔的结构如图 8-30 所示，塔体内装有若干层筛板，筛孔直径比气-液传质的孔径要小。工业中所用的孔径一般为3～9 mm，孔距为孔径的3～4 倍，板间距为 150～600 mm，开孔率为 10%～25%。如果选轻相为分散相，则其通过塔板上的筛孔而被分散成细滴，与塔板上的连续相密切接触后便分层凝聚，并聚结于上层筛板的下面，然后借助压强差的推动，再经筛孔而分散。重液相经降液管流至下层塔板，水平横向流到筛板另一端降液管。两相依次反复进行接触与分层，便构成逐级接触萃取。

5. 往复筛板萃取塔

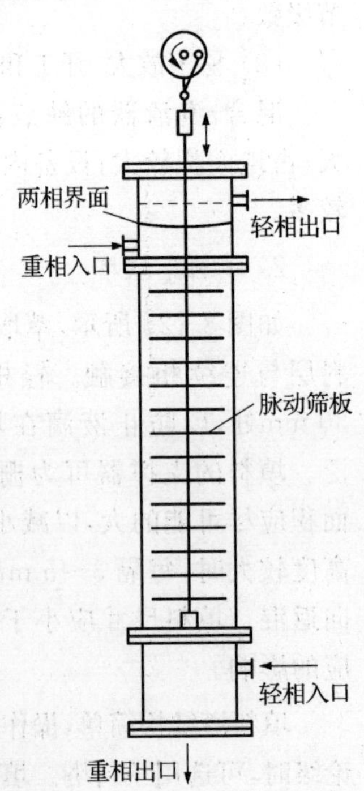

图 8-31 往复筛板萃取塔

如图 8-31 所示，塔内的筛板都固定在一根或几根做上下往复运动的轴上，由塔顶的传动机构驱动而做往复运动。往复筛板的孔径比脉动筛板的要大，一般为 7～16 mm，往复振幅一般为 3～50 mm，频率可达 1 000 rpm/min。

往复筛板塔可较大幅度地增加相际接触面积和提高液体的湍动程度，传质效率高，流体阻力小，操作方便，生产能力大,在石油化工、食品、制药和湿法冶金工业中应用日益广泛。

6. 转盘萃取塔

转盘萃取塔的基本结构如图 8-32 所示,在塔体内壁面上按一定间距装置若干个环形挡板(称为固定环),固定环使塔内形成许多分割开的空间。在中心轴上按同样间距安装若干个转盘,每个转盘处于分割空间的中间。转盘的直径小于固定环的内径,以便于装卸。固定环和转盘均由薄平板制成。转盘随中心轴做高速旋转时,有利于液体的湍动及相际间的接触。固定环在一定程度上抑制了轴向返混,因而转盘塔的效率较高。

转盘塔结构简单,生产能力大,传质效率高,操作弹性大,因而在石油和化工中应用比较广泛。

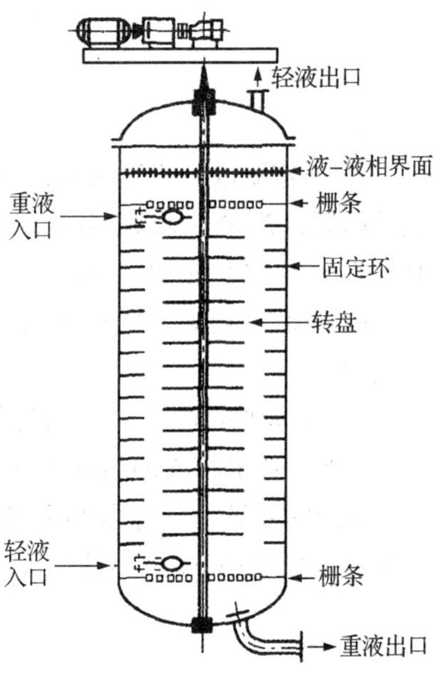

图 8-32 转盘萃取塔

8.4.2 萃取设备的选择

选择萃取设备时,首先要了解可供挑选的设备,其次要掌握体系的各种物理性质、分离要求、处理量大小等。不同的萃取设备具有不同的特性,选择设备的因素影响较多,但还是有一定的原则可循。一般应考虑如下一些因素:

1. 理论级数

所选萃取设备必须可以完成指定的分离任务。当理论级数不超过 2～3 级时,各种萃取设备均可满足要求;当理论级数大于 4～5 级时,一般不选用筛板塔、填料塔等无外加能量的设备;当所需的理论级数较多(如 10～20 级)时,可选用混合 澄清槽等,其在稀土工业上有成功的应用。

2. 处理量

当处理量较小时,可选用填料塔、脉冲塔。对于较大的处理量,宜选用筛板塔、转盘塔及混合-澄清槽。

3. 物系的物理性质

若系统稳定性差或两相密度差较小,宜选用离心式萃取器;若黏度高、界面张力大,宜选用有补充能量的萃取设备。

4. 生产场地

生产场地指的是厂区能给所选设备提供的面积和高度。一般情况下,塔设备占地小但高度大,混合-澄清槽类设备则高度小占地面积大。

5. 其他因素

如设备的制造费用、日常运作费用及检修费等也是要考虑的;同时,生产操作者的经验等也非常重要。除此之外,设计者必须对各种萃取设备的性能有全面的了解,他们的经验和实践也很重要。

习 题

1. 一定温度下测得的 A、B、S 三元物系的平衡数据见表 8-1。(1) 绘出溶解度曲线和辅助曲线;(2) 查出临界混溶点的组成;(3) 当萃余相中 $x_A=20\%$ 时,求分配系数 k_A 和选择性系数 β;(4) 在 1 000 kg 含 30%A 的原料液中加入多少 kg S,才能使混合液开始分层?(5) 对于第(4)项的原料液,欲得到含 36%A 的萃取相 E,试确定萃余相的组成及混合液的总组成。

2. 在单级萃取器内,以水为萃取剂从醋酸和氯仿的混合液中萃取醋酸,已知原料液量为 800 kg,其中醋酸的组成为 35%(质量分数)。要求使萃取液的浓度降为 96%。试求:(1) 所需的水量;(2) 萃取相 E 和萃余相 R 中醋酸的组成及两相的量;(3) 萃取液 R′的量和组成。操作条件下的平衡数据见表 8-2。

思考题

1. 多级错流接触萃取操作线方程是依据什么推导出来的?其斜率如何表示?

2. 萃取三角形相图的顶点和三条边分别表示什么?

3. 液-液萃取的工业应用范围是什么?

4. 萃取操作的特点有哪些?

5. 液-液萃取设备选用时考虑的因素有哪些?

6. 分散相的选择原则是什么?

7. 三元溶液组成的表示方法有哪些?

8. 在三角形相图中,曲线与底边(*BS* 边)所围成的区域是哪个区?曲线以外的区域是哪个区?

9. 萃取操作是利用原料液中各组分挥发度的差异实现分离的操作,这句话对吗?请简要说明理由。

工程案例

低浓度稀土溶液萃取回收稀土

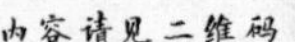

内容请见二维码

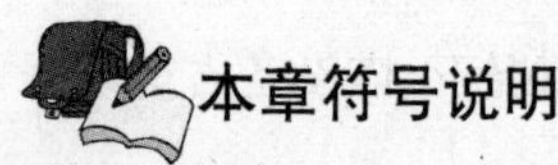

本章符号说明

英文字母	意　义	单　位	英文字母	意　义	单　位
a	填料的比表面积	m^2/m^3	B	组分 B 的流量	kg/h
A_m	萃取因子,对应于吸收中的脱吸因子		E	萃取相的量	kg 或 kg/h

续表

英文字母	意　义	单　位	英文字母	意　义	单　位
E'	萃取液的量	kg 或 kg/h	R'	萃取相的量	kg 或 kg/h
F	原料液的量	kg 或 kg/h	E'	萃余液的量	kg 或 kg/h
H	传质单元高度	m	S	组分 S 的量	kg 或 kg/h
HETP	理论级当量高度	m	U	连续相或分散相在塔内的流速	m/h
k	以质量分数表示组成的分配系数		x	组分在萃余相中的质量分数	
K	以质量比表示组成的分配系数		X	组分在萃余相中的质量比组成	kg(组分)/kg(B)
K_{Xa}	总体积传质系数	$kg/(m^3 \cdot h \cdot \Delta X)$	y	组分在萃取相中的质量分数	
M	混合液的量	kg 或 k/h	Y	组分在萃取相中的质量比组成	kg(组分)/kg(S)
R	萃余相的量	kg 或 kg/h			

希腊字母	意　义	单　位	希腊字母	意　义	单　位
β	溶剂的选择性系数		μ	液体的黏度	Pa·s
Δ	净流量	kg/h	ρ	液体的密度	kg/m^3
ε	填料层的空隙率		$\Delta\rho$	两液相的密度差	kg/m^3
δ	以质量比表示组成的操作线斜率		σ	界面张力	N/m

参考文献

[1] 蒋维钧,雷良恒等编著.化工原理(下册).3 版.北京:清华大学出版社,2010.

[2] 杨祖荣主编.化工原理.北京:高等教育出版社,2008.

[3] 钟秦,陈迁乔等编著.化工原理.2 版.北京:国防工业出版社,2007.

[4] 李居参,周波,乔子荣主编.化工单元操作实用技术.北京:高等教育出版社,2008.

[5] 冯霄,何潮洪主编.化工原理(下册).2 版.北京:科学出版社,2011.

第9章 干 燥

学习目的:

掌握描述湿空气性质的参数及其计算方法,能熟练进行干燥过程的计算(包括物料衡算、热量衡算、干燥速率和干燥时间的计算),了解干燥器的类型、选型依据及提高干燥过程热效率的方法。

重点掌握内容:

湿空气的性质及计算;湿度图构成及应用;干燥过程的物料恒算;干燥过程中空气状态的确定;物料中所含水分的性质;恒速干燥与降速干燥的特点。

熟悉的内容:

干燥过程的热量衡算;干燥器的热效率;干燥速率与干燥时间的计算。

一般了解内容:

常用干燥器的性能特点;常用干燥器的选用原则。

§9.1 概 述

许多行业都涉及固体产品(或半成品),为了满足储存、运输、进一步加工和使用等方面的需要,一般对其湿分(水分或化学溶剂)含量都有一定的要求。例如一级尿素成品含水量不能超过0.005,聚氯乙烯颗粒产品含水量不能超过0.003,食品或药品中水分含量过高会使其保质期缩短。所以,湿含量是固体产品的一项重要指标。通常,将湿分从物料中去除的操作称为去湿。化学工业中去湿的方法主要有三种:

(1) 机械去湿:通过沉降、过滤及离心分离等方法去除湿分。能耗较少,但去湿后湿分含量相对较高,难以满足工艺需求。

(2) 化学去湿:通过吸湿剂(如无水 $CaCl_2$)除去湿物料中的湿分。因吸湿剂吸湿能力有限,只能除掉少量水分,实验室应用较多。

(3) 加热去湿(干燥):以某种方式将热能传给湿物料使湿分汽化而得以分离。该法耗能较大,但可获得湿分含量较低的固体干燥物料。因此,工业上通常先用机械方法尽可能除去湿物料中的大部分湿分,然后再利用干燥方法继续去湿而制得湿分符合工艺要求的产品。

工业生产中干燥去湿应用较多,如PVC材料经干燥去湿后使其含水量低于0.3%,否则在其产品中将会有气泡产生;医药行业如抗生素、生物化学制品等,若含水量超过规定标准会变质,影响其使用期限,也需要干燥后贮藏。此外,在食品、农产品的加工、造纸、纺织、建筑材料、木材及煤炭等工业中,干燥也都是必不可少的单元操作。

9.1.1 干燥操作的分类

(1) 按操作压力不同：常压干燥、真空干燥。真空干燥速度快、温度低，适用于热敏性物质、空气中易氧化的物料及含水量相对较低的产品。

(2) 按操作方式不同：间歇式操作、连续式操作。前者的处理量小、种类多，允许有较长的干燥时间；后者的处理量大、效率高，干燥后物料质量均匀。

(3) 按传热方式不同：热传导干燥、对流传热干燥、红外线热辐射干燥、微波加热干燥。

热传导干燥：以传导方式把热能通过传热壁面传给湿物料，使湿分汽化由干燥介质除去，热效率较高，但物料温度难以控制且不适用于热敏性物质及高温易变质物料。

对流传热干燥：工业上常以热烟道气或热空气作为干燥介质与湿物料接触，以热对流方式将热量传给湿物料，湿分汽化后由干燥介质除去。干燥介质是载热体、载湿体，此过程中温度易控制，湿物料不易产生过热，但对流传热干燥热损失较大，能耗高。

红外线热辐射干燥：红外线辐射到被干燥的湿物料，通过吸收热辐射加热物料使湿分汽化。适用于涂料的涂层、印染纺织物等物料的干燥。

微波加热干燥：微波加热是一种辐射现象，电能在微波发生器中转变为微波能量，再传输至干燥器内加热湿物料。此加热方式为物料内部加热，干燥时间短、速度快，产品质量均匀，例如微波加热干燥食品。

9.1.2 对流干燥的特点

图 9-1 是典型的对流干燥示意图，风机将湿空气送入预热器并加热至适当温度后，再进入干燥器。在干燥器内，气流与湿物料直接接触，沿其行程气体温度降低，湿含量增加，最后废气自干燥器另一端排出。若为间歇干燥过程，湿物料成批放入干燥器内，待干燥至指定的含湿要求后一次取出；若为连续干燥过程，物料被连续地加入与取出，物料与气流可呈并流、逆流或其他形式的接触。

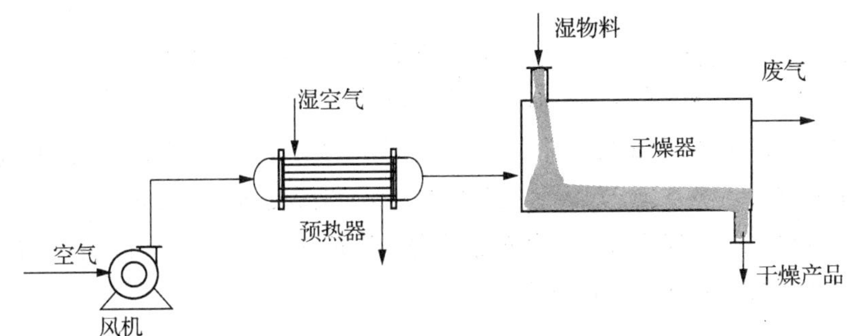

图 9-1 对流传热干燥流程图

干燥进行时湿物料表面的水汽分压 p_w 必须大于干燥介质中的水汽分压 p_v，传质推动力为 $p_w - p_v$，保持其他条件不变，压差越大，干燥速率越大。因此，干燥过程产生的水汽应被及时地带走，以维持较高的传质推动力，缩短干燥时间。如果压差为零，则干燥过程无法进行。

如图 9－2 所示，对流干燥时，干燥介质将热量以热对流方式由干燥介质传递到湿物料表面($t>\theta$)，并向内部传递，湿物料内部的湿分向表面扩散，在表面被加热后汽化，湿蒸气由物料表面向干燥介质($p_w>p_v$)扩散。所以，对流干燥操作中传质、传热是相伴进行的。

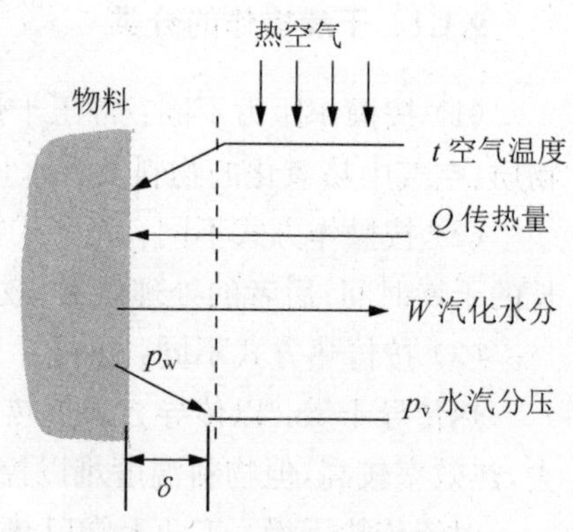

图 9－2　热湿空气与湿物料间的传热及传质

§9.2　湿空气的性质及湿度图

干燥过程计算中，通常将湿空气(不作特殊说明均指干燥介质)视为绝干空气和水汽的混合物，并认为是理想气体。干燥过程中湿空气中的水分量是不断变化的，但绝干空气质量保持不变，为了便于计算，湿空气中各个物理性质的量值都以单位质量绝干空气为基准。

9.2.1　湿空气的性质

1. 水汽分压 p_v

湿空气是绝干空气和水汽组成的混合物，其总压 p 为水汽分压和绝干空气分压之和。当外界总压一定时，湿空气中水汽含量越大，表明其水汽分压越高。当水汽分压等于该空气温度下水的饱和蒸气压的时候，湿空气中水汽分压达到最大值，表明此时湿空气已经被水汽所饱和。

2. 湿度 H

湿度指的是干燥介质中含有的水汽质量与绝干空气质量之比，又叫湿含量、绝对湿度，可表示为

$$H=\frac{\text{湿空气中水蒸气的质量}}{\text{湿空气中绝干空气的质量}}=\frac{M_v n_v}{M_g n_g}=\frac{18n_v}{29n_g} \tag{9-1}$$

式中：H 为湿度，kg(水汽)/kg(绝干空气)；M_v、n_v 为水汽的摩尔质量、摩尔数，kg/kmol、kmol；M_g、n_g 为绝干空气的摩尔质量、摩尔数，kg/kmol、kmol。

常压下，可将湿空气视为理想气体的混合物，根据道尔顿分压定律，混合物中各个组分的分压比等于摩尔比，则式(9－1)可表示为

$$H=\frac{18p_v}{29(p-p_v)}=0.622\,\frac{p_v}{p-p_v} \tag{9-2}$$

式中：p_v 为水汽分压，Pa；p 为湿空气总压，Pa。

上式表明湿度是水汽分压和湿空气总压的函数。当总压 p 一定时，H 仅由水汽分压 p_v 决定，且随水汽分压的增加而增加，湿度 H 仅表示湿空气中水汽的质量含量，不能衡量其吸湿能力。当水汽分压等于该湿空气温度下水的饱和蒸气压 p_s 时，已达到水汽分压的最

大值，湿空气已达到饱和状态，此时的湿度称为饱和湿度，即

$$H_s = 0.622 \frac{p_s}{p - p_s} \tag{9-3}$$

式中：H_s 为湿空气的饱和湿度，kg(水汽)/kg(绝干空气)。

3. 相对湿度 φ

当总压 p 一定时，干燥介质中水汽分压 p_v 与同温度下水的饱和蒸气压 p_s 之比，称为相对湿度，符号为 φ，即

$$\varphi = \frac{p_v}{p_s} \times 100\% \tag{9-4}$$

相对湿度 φ 体现了干燥介质的吸湿能力。当 $\varphi < 100\%$ 时，p_v 小于同温度下水的饱和蒸气压 p_s，湿空气具有吸湿能力，且 φ 值越小，吸湿能力越强。当 $\varphi = 100\%$ 时，p_v 等于同温度下水的饱和蒸气压 p_s，不具有吸湿能力。结合式(9-4)与式(9-2)，可得

$$H = 0.622 \frac{\varphi p_s}{p - \varphi p_s} \tag{9-5}$$

上式表明，一定的总压下，已知湿空气的温度和湿度，则可求相对湿度。

4. 比体积 v

1 kg 绝干空气的体积与其含有的 H kg 水汽的体积之和，称为湿空气的比容或比体积。当总压为 p 时，比体积可表示为

$$\begin{aligned} v &= 22.4 \times \left(\frac{1}{29} + \frac{H}{18}\right) \times \frac{273 + t}{273} \times \frac{101\,325}{p} \\ &= (0.772 + 1.244H) \times \frac{273 + t}{273} \times \frac{101\,325}{p} \end{aligned} \tag{9-6}$$

式中：v 为比容，m^3(湿空气)/kg(绝干空气)；H 为湿度，kg(水汽)/kg(绝干空气)；t 为温度，℃。

上式表明，比容随湿度和温度的增大升高而升高。

5. 比热容 c_H

常压下，将单位质量绝干空气和其含有的 H kg 水汽的湿空气温度变化 1 K 时吸收或放出的热量，称为湿空气的比热容。

在 0 ℃～120 ℃范围内，干空气及水汽的平均比热容分别为 1.01 kJ/(kg · ℃)及 1.88 kJ/(kg · ℃)，可得

$$c_H = c_g + Hc_v = 1.01 + 1.88H \tag{9-7}$$

6. 焓值 I

1 kg 绝干空气及含有的 H kg 水汽的焓值之和，称为湿空气的焓，即

$$I_H = I_g + HI_v \tag{9-8}$$

式中：I_g 为绝干空气的焓，kJ/kg(绝干空气)；I_v 为水汽的焓，kJ/kg(绝干空气)。

以 0 ℃干空气和液态水的焓等于零为基准，温度为 t、湿度为 H 的湿空气，焓值计算公式为

$$I_H = c_g t + H(r_0 + c_v t) = c_H t + H r_0 = (1.01 + 1.88H)t + 2\,490H \tag{9-9}$$

式中：r_0 为 0 ℃时水蒸气的潜热，取值 2 490 kJ/kg。

7. 干球温度 t

将普通温度计置于湿空气中直接测量的温度为湿空气的真实温度，称为干球温度，单位为 K 或 ℃。

8. 露点温度 t_d

总压为 p、湿度为 H、温度为 t 的不饱和湿空气，等湿降温冷却至饱和状态时的温度，称为该空气的露点温度，单位为 K 或 ℃。此时，原湿空气的水汽分压等于露点温度下的饱和蒸气压，原湿空气的湿度 H 为露点温度下的饱和湿度 $H_{s,td}$。可由式(9－3)得

$$H_{s,\,td} = 0.622\frac{p_{s,\,td}}{p - p_{s,\,td}} \tag{9-10}$$

式中：$H_{s,\,td}$ 为饱和湿度，kg(水汽)/kg(绝干空气)；$p_{s,\,td}$ 为饱和蒸气压，Pa。

由式(9－10)可得

$$p_{s,\,td} = \frac{H_{s,\,td}\,p}{0.622 + H_{s,\,td}} = \frac{Hp}{0.622 + H} \tag{9-11}$$

上述表明，湿空气的露点温度是反映湿空气湿度的一个特征温度。

9. 湿球温度 t_w

如图 9－3 所示，将普通温度计水银球部分用润湿的纱布一端包住，湿纱布的另一端浸没在水中，使湿纱布始终处在充分润湿的状态，即湿球温度计。将其置于湿度为 H、温度为 t 的流动不饱和空气中，假设开始时纱布中水分(以下简称水分)的温度与空气的温度相同，因空气是不饱和的，水分必然要汽化，汽化所需的汽化热只能由水分本身温度下降放出显热供给。水温下降后，与空气间出现温度差，此温差又引起空气向水分传热。水分温度会不断下降，直至空气传给水分的显热恰好等于水分汽化所需的潜热时，达到一个稳定的或平衡的状态，湿球温度计上的温度不再变化，此时的温度称为该湿空气的湿球温度，以 t_w 表示。前面假设水分初温与湿空气温度相同，但实际上，不论初始温度如何，最终必然达到这种平衡的温度，只是到达平衡所需的时间不同。测定时空气的流速应大于 5 m/s，以减少辐射传热与导热传热的影响，减小测量误差。

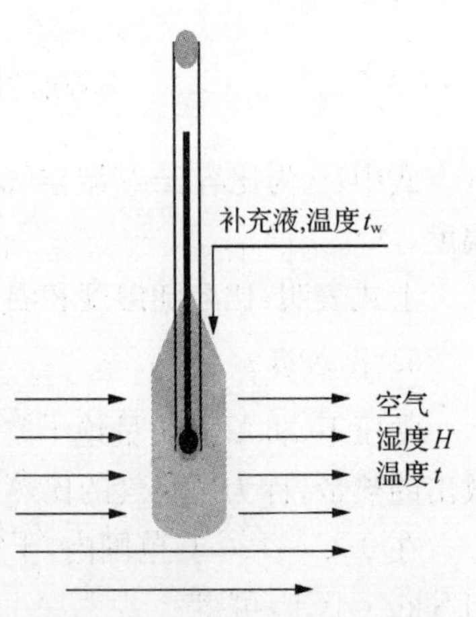

图 9－3　湿球温度计的测量原理

上述过程中空气流量大，因此可认为湿空气的温度 t 与湿度 H 恒定不变。当湿球温度计上温度达到恒定时，空气向湿纱布表面的传热速率为

$$Q = \alpha S(t - t_w) \tag{9-12}$$

式中：Q 为空气向湿纱布的传热速率，W；α 为空气对湿纱布的对流传热系数，W/(m^2·℃)；S 为湿纱布与空气的接触表面积，m^2；t 为空气的温度，℃；t_w 为空气的湿球温度，℃。

湿纱布表面水分向空气中汽化的传质速率为

$$N = k_H S(H_{s,tw} - H) \tag{9-13}$$

式中：N 为水汽由气膜向空气主流的扩散速率，kg/s；k_H 为以湿度差为推动力的传质系数，kg/(m^2·s·ΔH)；$H_{s,tw}$ 为湿球温度下空气的饱和湿度，kg(水汽)/kg(绝干空气)。

在稳定状态下，传热速率与传质速率之间的关系为

$$Q = N \times r_{tw} \tag{9-14}$$

式中：r_{tw} 为湿球温度下水的汽化热，kJ/kg。

联立式(9-12)～(9-14)得

$$t_w = t - \frac{k_H r_{tw}}{\alpha}(H_{s,tw} - H) \tag{9-15}$$

实验表明，通常上式中的 k_H 与 α 都与空气速率的0.8次幂成正比，故可认为二者比值与气流速率无关，对空气-水汽系统而言，$\alpha/k_H = 1.09$ kJ/(kg·K)。

由式(9-15)看出，湿球温度 t_w 是湿空气湿度 H、温度 t 的函数，其实质是湿空气、湿纱布间传热、传质达到稳定的动态平衡时湿纱布上的水温。当湿空气的温度一定时，不饱和湿空气的湿球温度总低于干球温度，空气的湿度越高，湿球温度越接近干球温度；当空气为水汽所饱和时，湿球温度等于干球温度。因此，在总压一定的条件下，若已测得湿空气的干球温度和湿球温度，便可求出该空气的湿度。

10. 绝热饱和温度 t_{as}

绝热饱和温度是湿空气降温、增湿直至饱和时的温度，其过程可以用如图9-4所示的绝热饱和冷却塔来说明。设塔与外界绝热，初始温度为 t、湿度为 H 的不饱和空气从塔底进入塔内，大量的温度为 t 的水由塔顶喷下，两相在填料层中充分接触后，空气由塔顶排出，水由塔底排出后经循环泵返回塔顶，塔内水温均匀一致。由于空气不饱和，空气在与水的接触过程中，水分会不断汽化进入空气，汽化所需的潜热只能由空气温度下降放出显热来供给，而水分汽化时又将这部分热量以潜热的形式带回到空气中。随着过程的进行，空气的温度逐渐下降，湿度逐渐升高，焓值不变。若两相的接触时间足够长，最终空气为水汽所饱和，空气在塔内的状态变化是在绝热条件下降温、增湿直至饱和的过程。因此，达到稳定状态下的温度称为初始湿空气的绝热饱和冷却温度，简称绝热饱和温

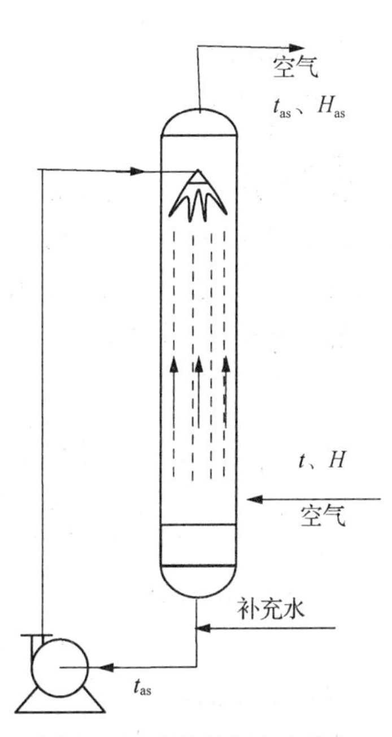

图9-4　绝热饱和塔示意图

度，以 t_{as} 表示，与之相应的湿度称为绝热饱和湿度，以 H_{as} 表示。在上述过程中，循环水不断汽化而被空气携至塔外，故需向塔内不断补充温度为 t 的水。

对图 9-4 的塔进行热量衡算，设湿空气入塔的温度为 t，湿度为 H，焓为 I_1，经足够长的接触时间后，达到稳定状态，湿空气离开塔顶的温度为 t_{as}，湿度为 H_{as}，焓为 I_{as}。

塔底、塔顶处湿空气的焓分别为

$$I_1=(c_g+c_vH)t+r_0H,\quad I_{as}=(c_g+c_v\mathrm{H}_{as})t_{as}+r_0H_{as} \tag{9-16}$$

一般 H 和 H_{as} 均很小，因此可认为

$$c_g+c_vH\approx c_g+c_vH_{as}=c_H \tag{9-17}$$

整理后得到

$$t_{as}=t-\frac{r_0}{c_\mathrm{H}}(H_{as}-H) \tag{9-18}$$

上式表明，t_{as} 是空气湿度 H 和温度 t 的状态函数，它是湿空气在绝热、冷却、增湿过程中达到的极限冷却温度。同时，也可看出，在一定的总压下，只要测出湿空气的温度和绝热饱和温度，就可算出湿空气的湿度 H。

实验证明，对于湍流状态下的水蒸气-空气系统，常用温度范围内 $\alpha/k_\mathrm{H}=1.09$ kJ/(kg·℃)，其值与湿空气比热容 c_H 值很接近，故在一定温度 t 与湿度 H 下，湿球温度近似地等于绝热饱和冷却温度，$t_w\approx t_{as}$。

需注意，湿球温度和绝热饱和温度都是原湿空气温度 t 与湿度 H 的函数，但两个概念完全不同，只是对水蒸气-空气系统，两者在数值上近似相等，从而给水蒸气-空气系统的干燥计算带来便利。对于其他物系，两者并不相等，但湿球温度比较容易测定。

通过测定湿空气的干球温度、湿球温度、露点温度可求得湿度 H。对于空气-水物系，三者之间的关系为

不饱和湿空气：　$t>t_w>t_d$

饱和湿空气：　$t=t_w=t_d$

例 9-1　已知常压下某湿空气的 $\varphi=50\%$、$t=20$ ℃，试求以下参数：(1) 湿度 H；(2) 水汽分压 p_v；(3) 露点 t_d；(4) 焓值 I；(5) 若将流量为 500 kg/h(干空气)的湿空气预热到 117 ℃，求所需的热量 Q；(6) 每小时送至预热器的湿空气体积。

解　查表可得，常压下，20 ℃时水的饱和蒸气压为 2.34 kPa。

(1) 湿度 H

$$H=0.622\frac{\varphi p_s}{p-\varphi p_s}=0.622\times\frac{0.50\times2.34}{101.3-0.50\times2.34}\text{kg(水)/kg(干空气)}$$
$$=0.007\,27\text{ kg(水)/kg(干空气)}$$

(2) 水汽分压 p_v

$$p_v=\varphi p_s=0.5\times2.34\text{ kPa}=1.17\text{ kPa}$$

(3) 露点温度 t_d

由 $p_v=p_s=1.17$ kPa，查附录饱和水蒸气压表，求得相应的饱和温度为 9 ℃。

(4) 焓值 I

根据公式 $I=(1.01+1.88H)t+2\ 492H$ 得，$I=(1.01+1.88\times0.007\ 27)\times20+2\ 492\times0.007\ 27$ kJ/kg(绝干空气)$=38.6$ kJ/kg(绝干空气)。

(5) 所需热量 Q

$$
\begin{aligned}
Q&=500\times\Delta I=500\times(1.01+1.88\times0.007\ 27)\times(117-20)\\
&=49\ 648\ \text{kJ/h}=13.8\ \text{kW}
\end{aligned}
$$

(6) 湿空气体积 V

$$
\begin{aligned}
V&=500v=500\times(0.772+1.244H)\times\frac{273+t}{273}\times\frac{101\ 325}{p}\\
&=500\times(0.772+1.244\times0.007\ 27)\times\frac{273+20}{273}\text{m}^3/\text{h}\\
&=419.7\ \text{m}^3/\text{h}
\end{aligned}
$$

9.2.2 湿空气的湿度图

由相律可知，当总压一定时，湿空气的各个性质状态参数中，任何两个相互独立的参数可确定湿空气的状态。确定湿空气的各项参数可用前述公式计算，但相对烦琐且有时需要进行试差。工程上常见的湿度图为湿度-温度图($H-t$)和焓-湿度图($I-H$)，以下着重介绍焓-湿度图的构成及应用。

1. $I-H$ 图的构造

在总压为 101.33 kPa 时，纵坐标为湿空气的焓，横坐标为湿度所构成的湿度图，即湿空气的 $I-H$ 图。若系统总压偏离常压较远，则不能用此图。图中共有五种曲线，为了使图中曲线分散开采用坐标轴夹角为 135°的斜角坐标系表示之，并将斜轴上的湿度值投影至与纵轴相交的水平轴上。图上任意一点都表示一定温度和湿度的湿空气状态。

图中各个曲线描述如下：

(1) 等湿线：一组平行于纵轴的直线。同一等 H 线上的不同点都具有相同的湿度，其值在水平轴上读出。

(2) 等焓线：一组平行于斜轴的直线。同一等 I 线上的不同点表示不同的湿空气状态，但其焓值相同，其值可在纵轴上读出。

(3) 等温线：由 $I=(1.88t+2\ 490)H+1.01t$ 可知，当 t 不变时，I 和 H 为直线关系，则在 $I-H$ 图中不同的 t，对应多条等 t 线，其斜率为 $1.88t+2\ 490$，且相互之间不平行。

(4) 水汽分压线：表示湿度 H 与水汽分压 p_v 的关系曲线。由式(9-2)可知，总压一定时，湿度 H 随水汽分压 p_v 而变，得到水汽分压线，绘于右端纵坐标，单位 kPa。

(5) 等相对湿度线：一组从原点散发的曲线。由式(9-5)可知，当总压一定时，对于任意规定的值，对应一个温度，可查相应的 p_s 值，从而求出相应的湿度，将各(H, t)点连接起来，就构成等相对湿度线。$\varphi=100\%$ 时为饱和湿空气线，其以上($\varphi<100\%$)表示不饱和湿空气。湿度相同的湿空气，温度越高，则相对湿度就越小，则去湿能力越强。因此，进入干燥器前的湿空气须经预热以提高其温度，一是提高其焓值以便作为载热体，二是降低其相对湿度以便提高吸湿能力。

2. $I-H$ 图的用法

图 9-5 中任意点均表示某一确定的湿空气状态，只要已知湿空气的任意两个在图上有交点的参数，如 $t-t_w$、$t-t_d$ 等，就可在 $I-H$ 图上找到湿空气的状态点，由此点可查得其他各项参数。若两个参数彼此不独立，如 $p-H$、t_d-H，则不能确定状态点。

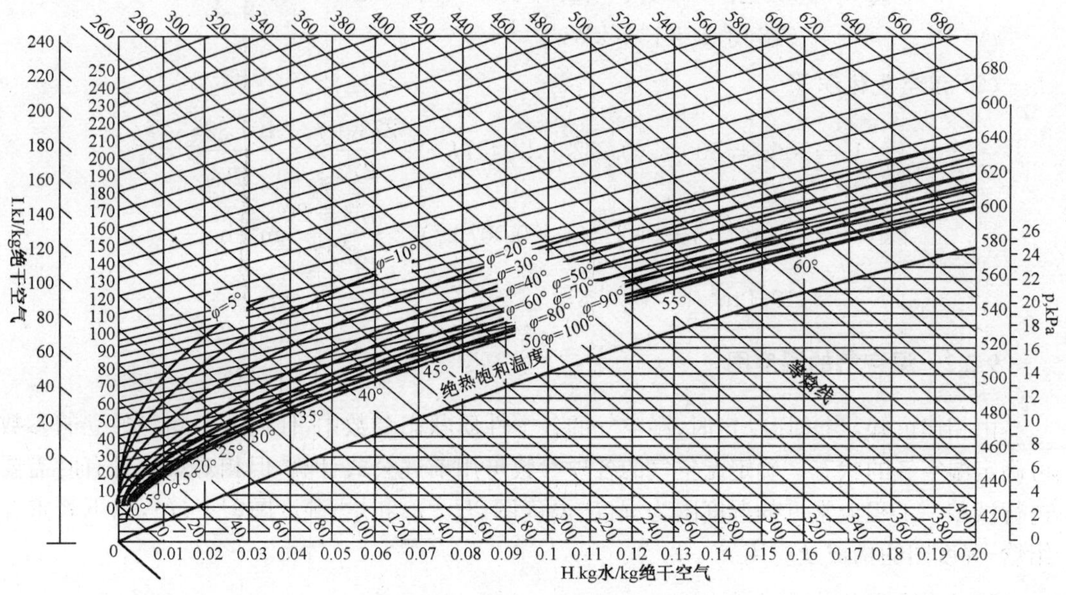

图 9-5 空气-水系统焓湿图

首先必须确定代表湿空气状态的点，然后才能查得各项参数。例如，图 9-6 中 A 代表一定状态的湿空气，则

(1) 湿度：由 A 点沿等湿线向下与水平辅助轴的交点 C，即可读出 A 点的湿度值。

(2) 焓值：通过 A 点作等焓线的平行线，与纵轴交于 I 点，即可读得 A 点的焓值。

(3) 水汽分压：由 A 点沿等湿度线向下交水蒸气分压线于 E，在图右端纵轴上读出水汽分压值。

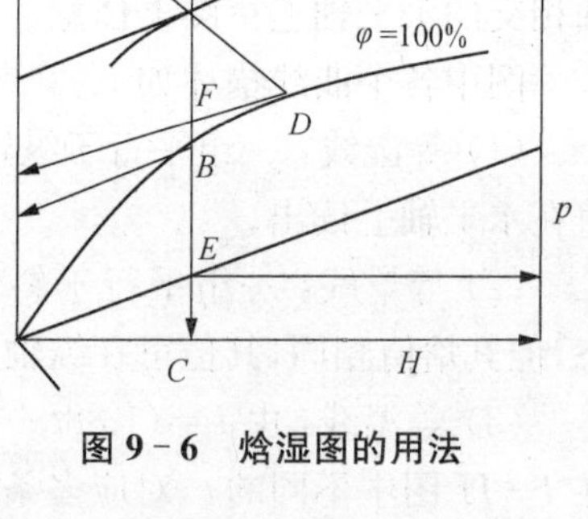

图 9-6 焓湿图的用法

(4) 露点：由 A 点沿等湿度线向下与 $\varphi=100\%$ 饱和线相交于 B 点，再由过 B 点的等温线读出露点温度。

(5) 湿球温度(或绝热饱和温度)：由 A 点沿着等焓线与 $\varphi=100\%$ 饱和线相交于 D 点，再由过 D 点的等温线读出湿球温度。

例 9-2 已知总压为 101.3 kPa 的湿空气，其相对湿度为 50%，干球温度为 20 ℃。试用 $I-H$ 图求：(1) 水汽分压 p_v；(2) 湿度 H；(3) 焓 I；(4) 露点 t_d；(5) 湿球温度 t_w；(6) 将含 500 kg/h 干空气的湿空气预热至 117 ℃所需热量 Q。

解 由 $p_t=101.3$ kPa，$\varphi=50\%$，$t_0=20$ ℃，在 $I-H$ 图上定出湿空气状态 A 点。

(1) 水汽分压：由图 A 点沿等 H 线向下交水汽分压线于 C，在图右端纵坐标上读得 p_v = 1.2 kPa。

(2) 湿度 H：由 A 点沿等 H 线交水平辅助轴于点 H = 0.007 5 kg(水汽)/kg(绝干空气)。

(3) 焓 I：通过 A 点作斜轴的平行线，读得 I_0 = 39 kJ/kg(绝干空气)。

(4) 露点 t_d：由 A 点沿等 H 线与 $\varphi = 100\%$ 饱和线相交于 B 点，由通过 B 点的等 t 线读得 t_d = 10 ℃。

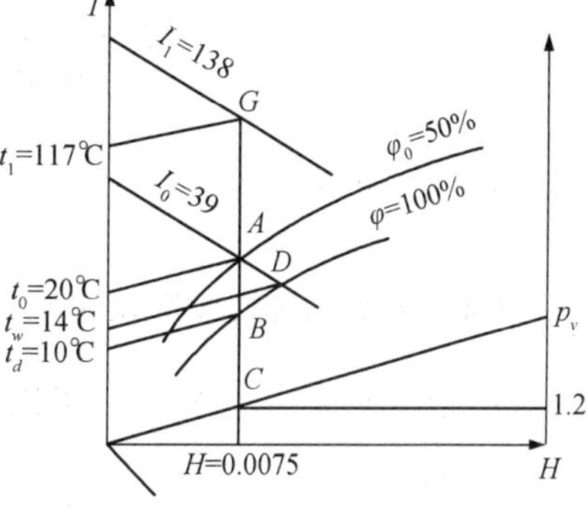

图 9-7　例 9-2 附图

(5) 湿球温度 t_w(绝热饱和温度 t_{as})：由 A 点沿等 I 线与 $\varphi = 100\%$ 饱和线相交于 D 点，由通过 D 点的等 t 线读得 t_w = 14 ℃(t_{as} = 14 ℃)。

(6) 热量 Q：因湿空气通过预热器加热时其湿度不变，所以可由 A 点沿等 H 线向上与 t_1 = 117 ℃ 线相交于 G 点，读得 I_1 = 138 kJ/kg (绝干空气)(湿空气离开预热器时的焓值)。含 1 kg 绝干空气的湿空气通过预热器所获得的热量为

$$Q' = I_1 - I_0 = (138 - 39)\ \text{kJ/kg(绝干空气)} = 99\ \text{kJ/kg(绝干空气)}$$

每小时含有 500 kg 干空气的湿空气通过预热器所获得的热量为

$$Q = 500Q' = 500 \times 99\ \text{kJ/h} = 49\ 500\ \text{kJ/h} = 13.8\ \text{kW}$$

比较例 9-1 与例 9-2 说明，采用焓湿图求取湿空气的各项参数，与用数学式计算相比，不仅计算迅速简便，而且物理意义也较明确。

§9.3　干燥系统的物料衡算和热量衡算

在对流干燥过程中，湿空气经过预热器后进入干燥器，给湿物料供热以汽化其中的水分，同时又可提高其吸湿能力。在干燥过程的计算中，物料衡算、热量衡算是计算干燥过程中水分蒸发量、空气消耗量及其所需提供热量的基础。

9.3.1　湿物料含水量的表示方法

1. 湿基含水量 w

湿物料中所含水分的质量分数称为湿物料的湿基含水量，工业过程中，物料含水量一般以湿基含水量来表示，即

$$w = \frac{\text{水分质量}}{\text{湿物料的总质量}} \times 100\% \qquad (9-19)$$

2. 干基含水量 X

湿物料中水分质量与绝干物料质量之比，称为干基含水量。由于干燥过程中绝干物料的质量保持恒定，因此，以干基含水量计算干燥过程较为方便，即

$$X = \frac{\text{湿物料中水分质量}}{\text{湿物料中绝干物料质量}} \times 100\% \tag{9-20}$$

两者的关系为
$$w = \frac{X}{1+X}; \quad X = \frac{w}{1-w} \tag{9-21}$$

9.3.2 干燥系统的物料衡算

通过干燥系统的物料衡算，可以算出：水分蒸发量、空气消耗量、干燥产品的流量。

1. 水分蒸发量 W

对图 9-8 所示的干燥系统作水分的物料衡算，以 1 s 为基准，若不计干燥过程的物料损失，则干燥前后的绝干物料质量不变：

$$LH_1 + G_c X_1 = LH_2 + G_c X_2 \tag{9-22}$$

或
$$W = L(H_2 - H_1) = G_c(X_1 - X_2) \tag{9-22a}$$

式中：W 为水分的蒸发量，kg/s；G_c 为绝干物料的流量，kg(绝干物料)/s；L 为绝干空气的消耗量，kg(绝干空气)/s；H_1、H_2 分别为空气进、出干燥器时的湿度，kg(水)/kg(绝干空气)；X_1、X_2 分别为湿物料进、出干燥器时的干基含水量，kg(水)/kg(绝干物料)。

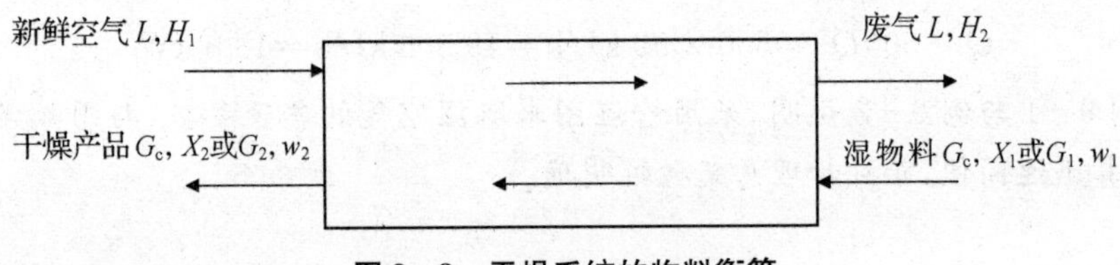

图 9-8 干燥系统的物料衡算

2. 空气消耗量 L

将式(9-22)整理可得

$$L = \frac{G_c(X_1 - X_2)}{H_2 - H_1} = \frac{W}{H_2 - H_1} \tag{9-23}$$

由上式可得
$$l = \frac{L}{W} = \frac{1}{H_2 - H_1} \tag{9-24}$$

式中：l 为单位空气消耗量，kg(绝干空气)/kg(水)。

空气经过预热器后湿度恒定，则有

$$l = \frac{L}{W} = \frac{1}{H_2 - H_0} \tag{9-25}$$

由上式可知，单位空气消耗量仅与空气的最初、最终湿度有关，与干燥过程无关。夏季较冬季湿度大，空气消耗量最大，在选择风机时，应以全年中最大空气消耗量为依据，风量 V'' 计算如下：

$$V'' = Lv = L(0.772 + 1.244H)\frac{273 + t}{273} \times \frac{101\,325}{p} \tag{9-26}$$

式中湿度和温度为通风机安装位置处的空气湿度和温度。

3. 干燥产品流量 G_2

由于假设干燥器内无物料损失，因此，进出干燥器的绝干物料量不变，即

$$G_c = G_1(1-w_1) = G_2(1-w_2) \tag{9-27}$$

解得

$$G_2 = \frac{G_1(1-w_1)}{(1-w_2)} \tag{9-27a}$$

式中：G_2 为干燥产品流量，kg/s；G_1 为湿物料流量，kg/s；w_1 为物料进干燥器时湿基含水量；w_2 为物料离开干燥器时湿基含水量。

需注意，干燥产品含水量较少，但不等同于绝干物料。

9.3.3 干燥过程的热量衡算及热效率

通过干燥系统的热量衡算，可求出干燥物料所消耗的热量、干燥器排出废气的湿度、焓值等参数。

1. 干燥过程的热量衡算

连续干燥系统包括空气预热器和干燥器两部分，其热量衡算如图 9-9 所示。

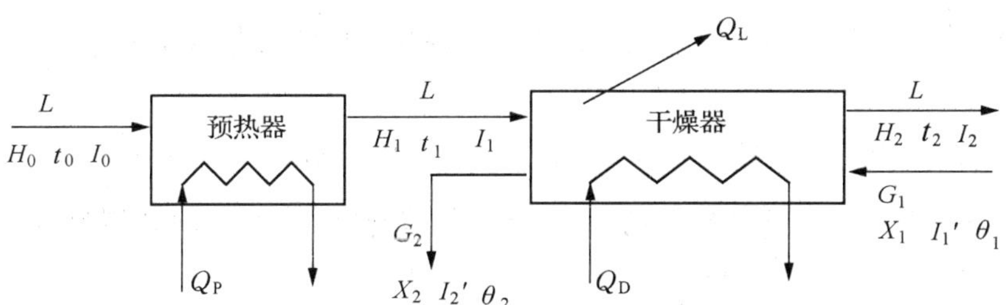

图 9-9 连续干燥系统的热量衡算

(1) 预热器的热量衡算

若忽略预热器的热损失，对上图预热器作热量衡算，以 1 s 为基准，可得

$$LI_0 + Q_P = LI_1 \tag{9-28}$$

则单位时间内预热器消耗的热量为

$$Q_P = L(I_1 - I_0) = L(1.01 + 1.88H_0)(t_1 - t_0) \tag{9-29}$$

式中：I_0、I_1 分别为湿空气进入、离开预热器时的焓，kJ/kg(干气)；Q_P 为预热器消耗的热量，kW；t_0、t_1 分别为湿空气进入、离开预热器时的温度，℃；H_0 为湿空气进入预热器时的湿度，kg(水)/kg(干气)；L 为绝干空气流量，kg(绝干空气)/s。

(2) 干燥器的热量衡算

对上图干燥器作热量衡算，以 1 s 为基准，得

$$LI_1 + G_cI_1' + Q_D = LI_2 + G_cI_2' + Q_L \tag{9-30}$$

则单位时间内向干燥器补充的热量为

$$Q_D = L(I_2 - I_1) + G_c(I'_2 - I'_1) + Q_L \tag{9-31}$$

因此，单位时间内向干燥系统补充的总热量为

$$Q = Q_D + Q_P = L(I_2 - I_0) + G_c(I'_2 - I'_1) + Q_L \tag{9-32}$$

式中：I_2 为湿空气离开干燥器时的焓，kJ/kg(干气)；Q_P 为预热器消耗的热量，kW；I'_1、I'_2 分别为湿物料进出干燥器的焓，kJ/kg(干料)；Q_D 为向干燥器补充的热量，kW；Q_L 为干燥器的热损失，kW。

将式(9-29)、式(9-31)及式(9-32)作如下处理，可得到更为简明的方程式，见式(9-33)，便于分析和应用。加入干燥系统的总热量 Q 主要用于以下几个方面：

① 将新鲜空气 L（湿度为 H_0）由 t_0 加热至 t_2 所需的热量为 $L(1.01 + 1.88H_0)(t_2 - t_0)$；

② 湿物料 $G_1 = G_2 + W$，其中干燥产品 G_2 从 θ_1 被加热至 θ_2 后离开干燥器，所消耗的热量为 $G_c c_m(\theta_2 - \theta_1)$；

③ 湿物料中水分 W 由液态温度 θ_1 被加热并汽化，在温度 t_2 下以气态形式离开干燥器，所需热量为 $W(2\,490 + 1.88t_2 - 4.187\theta_1)$；

④ 设干燥系统的热损失为 Q_L，则 $Q = Q_D + Q_P$，即

$$Q = L(1.01 + 1.88H_0)(t_2 - t_0) + G_c c_m(\theta_2 - \theta_1) + W(2\,490 + 1.88t_2 - 4.187\theta_1) + Q_L \tag{9-33}$$

若忽略空气中水汽进出干燥系统焓的变化和湿物料中水分带入干燥系统的焓，则上式可简化为

$$Q = 1.01L(t_2 - t_0) + G_c c_m(\theta_2 - \theta_1) + W(2\,490 + 1.88t_2) + Q_L \tag{9-34}$$

式中：θ_1、θ_2 分别为湿物料进入、离开干燥器时的温度，℃；c_m 为湿物料进出干燥器的算术平均比热容，kJ/(kg 湿物料 · ℃)。

由式(9-34)可知，向干燥系统输入的热量用于加热空气、加热物料、蒸发水分、热损失。

2. 干燥系统的热效率

通常，干燥系统的热效率定义为

$$\eta = \frac{\text{蒸发水分所需的热量}}{\text{向干燥系统输入的总热量}} \times 100\%$$

蒸发所需热量为 $Q_v = W(2\,490 + 1.88t_2) - 4.178W\theta_1$，水的比热容近似取为 4.178 kJ/(kg · ℃)，若不计湿物料中水分的焓，则可得

$$Q_v \approx W(2\,490 + 1.88t_2) \tag{9-35}$$

则

$$\eta = \frac{W(2\,490 + 1.88t_2)}{Q} \times 100\% \tag{9-36}$$

显然，干燥系统的热效率越高，用于蒸发水分的热量越多，效果越好。

例 9-3 在连续干燥器内干燥某湿物料，已知湿物料的处理量为 1 000 kg/h，其初始含水量为 0.1(质量分数，下同)，干燥后的含水量为 0.02。干燥介质为热空气，其初

始湿度为 $H_1=0.008$ kg(水汽)/kg(绝干空气)，离开干燥器时的湿度 $H_2=0.05$ kg(水汽)/kg(绝干空气)。设干燥过程中无物料损失。试求：(1) 蒸发水分量；(2) 湿空气的消耗量；(3) 干燥产品量。

解 (1) 物料的干基含水量为

$$X_1=\frac{w_1}{1-w_1}=\frac{0.1}{1-0.1}\text{ kg(水汽)/kg(绝干物料)}=0.111\,1\text{ kg(水汽)/kg(绝干物料)}$$

$$X_2=\frac{w_2}{1-w_2}=\frac{0.02}{1-0.02}\text{ kg(水汽)/kg(绝干物料)}\approx 0.020\,4\text{ kg(水汽)/kg(绝干物料)}$$

绝干物料量为

$G_c=G_1(1-w_1)=1\,000\times(1-0.1)$ kg(绝干物料)/h $=900$ kg(绝干物料)/h

则水分蒸发量为

$$W=G_c(X_1-X_2)=900\times(0.111\,1-0.020\,4)\text{ kg/h}=81.6\text{ kg/h}$$

(2) 绝干空气量

$$L=\frac{W}{H_2-H_1}=\frac{81.6}{0.05-0.008}\text{ kg(绝干空气)/h}=1\,943\text{ kg(绝干空气)/h}$$

湿空气的消耗量为

$$L'=L(1+H_1)=1\,958\text{ kg(湿空气)/h}$$

(3) 干燥产品量

由于干燥过程无物料损失，则

$$G_2=G_1-W=1\,000\text{ kg/h}-81.6\text{ kg/h}=918.4\text{ kg/h}$$

9.3.4 空气通过干燥器时的状态变化

干燥器内空气与湿物料之间有传质和传热，有时还要向干燥器内及时补充热量，而且还有热量向环境传递造成热损失，因此，确定干燥器出口处空气状态参数比较烦琐。一般根据空气在干燥器内的焓的变化情况，把干燥过程分为绝热干燥过程和非绝热干燥过程两类。

将式(9-31)左右两边加上 $L(I_1-I_0)$，可得

$$Q_D+L(I_1-I_0)=L(I_2-I_0)+G_c(I'_2-I'_1)+Q_L \tag{9-37}$$

通过该方程可讨论空气在干燥器内的焓变化情况。

1. 绝热干燥过程(等焓干燥过程)

绝热干燥过程需要满足的条件如下：

(1) 不向干燥器中补充热量，$Q_D=0$。

(2) 忽略干燥器向周围散失的热量，$Q_L=0$。

(3) 物料进出干燥器的焓相等。

根据以上条件，可得 $I_1=I_2$，则说明此情况下空气通过干燥器为等焓过程，但实际干燥操作中很难实现，故称为理想干燥过程。它的优点在于可以简化干燥过程的计算，并通过焓湿图快速确定空气离开干燥器时的状态参数。

对于等焓干燥过程，离开干燥器时空气状态的确定只需一个参数，如干球温度 t_2。如图 9-10 所示，由 H_0 和 t_D 确定空气的初始状态点 A；空气经预热器后沿等湿线被加热到温度 t_1，交点为 B，此点为空气离开预热器（进入干燥器）的状态点；过点 B 的等焓线为空气在干燥器内的等焓变化过程，沿 I_1 与过 t_2 的等温线交于点 C，即空气出干燥器的状态点。

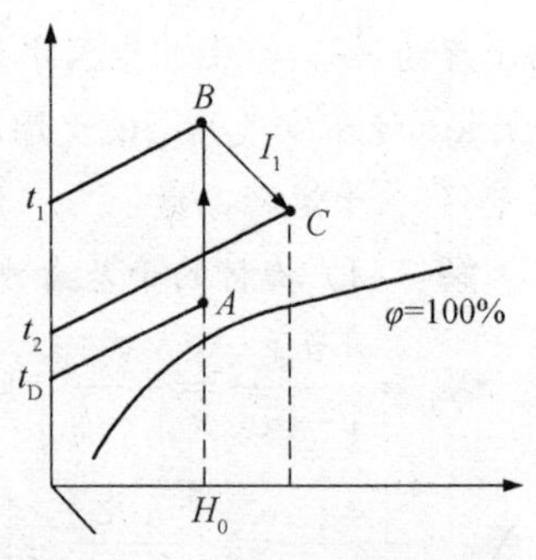

图 9-10 理想干燥过程湿空气的状态变化

在干燥器绝热良好，又不向干燥器中补充热量，且物料进出干燥器时的湿度十分接近时，可近似按等焓干燥过程处理。

2. 非绝热干燥过程（非等焓干燥过程）

非等焓（绝热）干燥过程即实际干燥过程，可分为以下几种情况：

(1) 操作线在过点 B 等焓线的下方

条件：不能忽略干燥器向周围散失的热量，$Q_L \neq 0$；

物料进出干燥器时的焓不相等，$G_c(I'_2 - I'_1) \neq 0$；

不向干燥器补充热量，$Q_D = 0$，或补充的热量小于 Q_L 与加热物料所需热量之和。

根据以上条件，可得 $I_1 > I_2$，则说明空气进入干燥器的焓值大于离开干燥器时的焓值，如图 9-11 所示，BC_1 线上任意一点所示的空气焓值均小于同湿度下线 BC 上相应的焓值。

(2) 操作线在过点 B 等焓线的上方

此种情况，向干燥器补充的热量大于损失的热量和加热物料消耗的热量之总和，即 $Q_D > G_c(I'_2 - I'_1) + Q_L$，则可得 $I_1 < I_2$。此情况与(1)相反，操作线在等焓线上方，即图 9-11所示的线 BC_2。

(3) 操作线为过点 B 的等温线

此种情况是指向干燥器内补充足够的热量，使干燥过程在等温下进行，即维持空气的温度 t_1，如图 9-11 所示的线 BC_3。

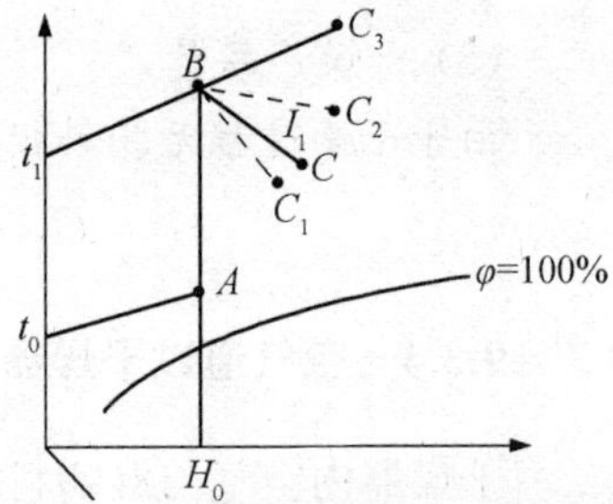

图 9-11 非理想干燥过程湿空气的状态变化

在非等焓干燥过程中，空气离开干燥器时的状态可以用计算法或图解法来求，具体可参阅相关资料。

例 9-4 常压下，温度 $t_0 = 20$ ℃、湿度 $H_0 = 0.01$ kg(水汽)/kg(绝干空气)的新鲜空气在预热器被加热到 $t_1 = 75$ ℃ 后，送入干燥器内干燥某种湿物料。测得空气离开干燥器时，温度为 $t_2 = 40$ ℃，湿度为 $H_2 = 0.024$ kg(水汽)/kg(绝干空气)。新鲜空气的消耗量为 2 000 kg/h。湿物料温度 $\theta_1 = 20$ ℃、含水量 $w_1 = 2.5\%$，干燥产品的温度 $\theta_2 = 35$ ℃、$w_2 = 0.5\%$(均为湿基)。湿物料平均比热容 $c_m = 2.89$ kJ/(kg 湿物料·℃)。忽略预热器的热损失，忽略空气中水汽进出干燥系统焓的变化和湿物料中水分带入干燥系统的焓，干燥器的热损失为1.3 kW。试求：(1) 蒸发水分量；(2) 干燥产品量；(3) 干燥系统消耗的总热量；(4) 干燥系统的热效率。

解 (1) 绝干空气量

$$L=\frac{2\,000'}{1+H_0}=\frac{2\,000}{1+0.01}\text{ kg(绝干空气)/h}=1\,980\text{ kg(绝干空气)/h}$$

水分蒸发量

$$W=L(H_2-H_0)=1\,980\times(0.024-0.01)\text{ kg/h}=27.72\text{ kg/h}$$

(2) 干基含水量

$$X_1=\frac{w_1}{1-w_1}=\frac{0.025}{1-0.025}\text{ kg(水)/kg(绝干物料)}=0.025\,6\text{ kg(水)/kg(绝干物料)}$$

$$X_2=\frac{w_2}{1-w_2}=\frac{0.005}{1-0.005}\text{ kg(水)/kg(绝干物料)}\approx 0.005\text{ kg(水)/kg(绝干物料)}$$

绝干物料量

$$G_c=\frac{W}{X_1-X_2}=\frac{27.72}{0.025\,6-0.005}\text{ kg(绝干物料)/h}=1\,346\text{ kg(绝干物料)/h}$$

则干燥产品量

$$G_2=\frac{G_c}{1-w_2}=\frac{1\,346}{1-0.005}\text{ kg/h}=1\,353\text{ kg/h}$$

(3) 干燥系统消耗的总热量

$$\begin{aligned}Q&=1.01L(t_2-t_0)+W(2\,492+1.88t_2)+G_c c_m(\theta_2-\theta_1)+Q_L\\&=[1.01\times1\,980\times(40-20)+27.72\times(2\,492+1.88\times40)\\&\quad+1\,346\times2.89\times(35-20)+1.3\times3\,600]\text{ kJ/h}\\&=1.742\times10^5\text{ kJ/h}=48.4\text{ kW}\end{aligned}$$

(4) 干燥系统的热效率

若忽略湿物料中水分带入系统中的焓,则

$$\begin{aligned}\eta&=\frac{W(2\,492+1.88t_2)}{Q}\times100\%=\frac{27.72\times(2\,492+1.88\times40)}{1.742\times10^5}\times100\%\\&=40.9\%\end{aligned}$$

例9-5 常压下,在一逆流干燥器中将某物料自湿基含水量0.55干燥至0.03。采用废气循环操作,即由干燥器出来的一部分废气和新鲜空气混合,经预热器加热到合适的温度后再送入干燥器。循环的废气中绝干空气质量和混合气中绝干空气质量之比为0.8,设空气在干燥器中经历等焓过程。试求每小时干燥2 000 kg湿物料所需的新鲜空气量及预热器的传热量,设预热器的热损失可忽略不计。[已知:新鲜空气的状态为$t_0=25$ ℃、湿度$H_0=0.005$ kg(水汽)/kg(绝干空气),废气的状态为$t_2=40$ ℃、湿度$H_2=0.034$ kg(水汽)/kg(绝干空气)]。

解 物料的干基含水量为

$$X_1=\frac{w_1}{1-w_1}=\frac{0.55}{1-0.55}\text{ kg(水)/kg(绝干物料)}=1.222\text{ kg(水)/kg(绝干物料)}$$

$$X_2=\frac{w_2}{1-w_2}=\frac{0.03}{1-0.03}\ \text{kg(水)/kg(绝干物料)}\approx 0.030\,9\ \text{kg(水)/kg(绝干物料)}$$

绝干物料量为

$$G_c=G_1(1-w_1)=2\,000\times(1-0.55)\ \text{kg(绝干物料)/h}=900\ \text{kg(绝干物料)/h}$$

则水分蒸发量为

$$W=G_c(X_1-X_2)=900\times(1.222-0.030\,9)\ \text{kg(水)/h}=1\,072\ \text{kg(水)/h}$$

新鲜空气中绝干空气消耗量可由整个干燥系统的物料衡算求得，即

$$L=\frac{W}{H_2-H_1}=\frac{1\,072}{0.034-0.005}\ \text{kg(绝干空气)/h}=37\,000\ \text{kg(绝干空气)/h}$$

新鲜空气的消耗量为

$$L'_0=L(1+H_0)=37\,000\times(1+0.005)\ \text{kg(绝干空气)/h}=37\,200\ \text{kg(绝干空气)/h}$$

$$\begin{aligned}I'_0&=[(1.01+1.88\times0.005)\times25+2\,492\times0.005]\ \text{kJ/kg(绝干空气)}\\&=37\,000\times(1+0.005)\ \text{kJ/kg(绝干空气)}=37.94\ \text{kJ/kg(绝干空气)}\end{aligned}$$

$$\begin{aligned}I'_2&=[(1.01+1.88\times0.034)\times40+2\,492\times0.034]\ \text{kJ/kg(绝干空气)}\\&=127.6\ \text{kJ/kg(绝干空气)}\end{aligned}$$

新鲜空气与废气混合后，得

$$H_m=0.2H_0+0.8H_2=0.028\,2\ \text{kg(水)/kg(绝干物料)}$$

$$I_m=0.2I_0+0.8I_2=109.7\ \text{kJ/kg(绝干空气)}$$

由于空气在干燥器中经历等焓过程，所以混合气经过预热器后，得

$$I_1=I_2=127.6\ \text{kJ/kg(绝干空气)}$$

预热器的传热量为

$$Q_P=\frac{L}{0.2}\times(I_1-I_m)=\frac{37\,000}{0.2}\times(127.6-109.7)\ \text{kJ/h}=3.32\times10^6\ \text{kJ/h}$$

§9.4 干燥速率和干燥时间

本节主要讨论在干燥过程中从湿物料中去除水分的量与干燥时间之间的关系，以此可以算出完成一定的干燥任务所需干燥器的尺寸大小。湿物料的去湿过程分为两个阶段：一是水分从湿物料内部迁移到其表面；二是水分从物料表面汽化进入空气中。因此，干燥过程的速率取决于湿空气性质及其干燥条件，还有湿物料中水分的性质。

9.4.1 湿物料中水分的性质

1. 结合水分与非结合水分

干燥过程中物料与水分结合力的状况不同，水分去除的难易程度也不同，由此可将物料

中所含水分分为非结合水与结合水。

(1) 结合水：借助化学力、物理化学力与物料结合，其蒸气压小于同温度下纯水的饱和蒸气压，因此，干燥过程的吸收传质推动力降低，此水分去除较难，如物料细胞壁内的水分，物料内可溶固体物溶液中的水分，物料内毛细管中的水分，以及固体物料中的结晶水等。

(2) 非结合水：此水分与物料的结合力较弱，其蒸气压等于同温度下纯水的饱和蒸气压，干燥过程中除去较容易，主要以机械方式与固体物料结合，如物料中吸附的水分、较大孔隙中的水分等。

在一定温度下，结合水和非结合水的划分取决于湿物料本身的性质，与空气的状态无关。用实验测定的方法直接测定湿物料中的这两种水分比较难，但可以用平衡关系外推得到。如图9－12所示，一定温度下，由实验测得某物料的平衡曲线，将该曲线延长与 $\varphi=100\%$ 的纵轴相交，交点 B 以下的水分为结合水，因为其蒸气压低于同温度下纯水的饱和蒸气压，交点 B 以上的水分为非结合水。若将干基含水量取 $X=0.30$ kg(水)/kg(绝干物料) 的湿物料与 $\varphi=50\%$ 的湿空气相接触，由图可查得结合水为 0.24 kg(水)/kg(绝干物料)，此部分水较难除去，非结合水为 0.06 kg(水)/kg(绝干物料)，此部分水较易除去。

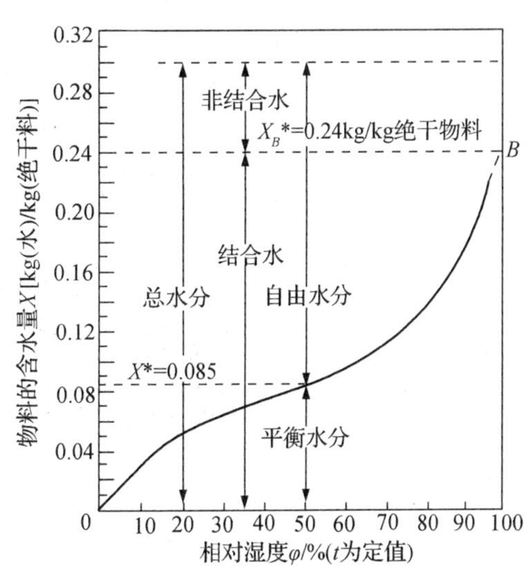

图9－12 湿物料中水分的性质

2. 平衡水分与自由水分

根据物料在一定干燥条件下所含水分能否用干燥的方法除去，划分为平衡水分与自由水分。

(1) 平衡水分：湿物料与一定温度、湿度的空气接触后，当物料表面水汽分压不等于空气中的水汽分压时，物料将吸收或者脱除水分，直到两者相等，此时物料与空气之间的热质传递将趋于平衡。只要空气的状态恒定，物料含水量不再因与空气接触时间的延长而变化，此含水量称为该物料的平衡含水量或平衡水分，以 X^* 表示，单位为 kg(水)/kg(绝干物料)。在一定的干燥条件下，平衡水分是不能被除去的水分，是干燥过程的极限。

(2) 自由水分：在一定空气状态下，物料中超过平衡水分的那一部分水分。若平衡水分用 X^* 表示，则自由水分为($X-X^*$)。

如图9－12所示，若将干基含水量取 $X=0.30$ kg(水)/kg(绝干物料) 的湿物料与 $\varphi=50\%$ 的湿空气相接触，由图可查得平衡含水量为 0.084 kg(水)/kg(绝干物料)，自由水为 0.216 kg(水)/kg(绝干物料)。

各物料的平衡水分由实验测定，如图9－13所示为某些固体物料的平衡曲线图。平衡水分与物料的种类和空气的状态相关。由图可以看出，空气状态相同时，不同物料的平衡水分有很大区别；对于同一物料，平衡水分随空气状态而变，当空气温度一定时，相对湿度越小,平衡水分越低,可以除去的水分就越多。当 $\varphi=0$ 时,各物料的平衡含水量为零,即可以干燥为绝干物料。实际生产中很难达到这一要求,总会有一部分水不能被除去,而且自由水分也往往只能部分被除去。

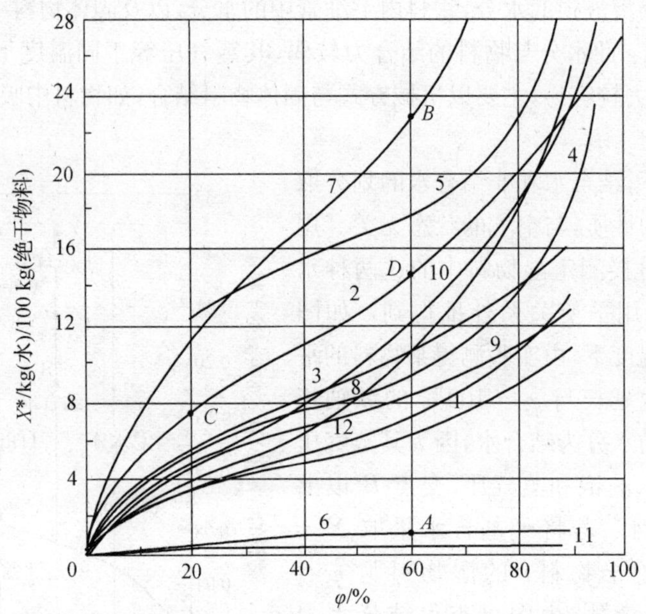

1—新闻纸;2—羊毛;3—硝化纤维;4—丝;5—皮革;6—陶土;7—烟叶;
8—肥皂;9—牛皮胶;10—木材;11—玻璃绒;12—棉花

图 9-13　25 ℃时某些物料的平衡含水量与空气相对湿度 φ 的关系

9.4.2　干燥速率及干燥时间

为了简化实验影响因素,设干燥实验在恒定条件下进行,即干燥介质的湿度、温度、流速及与物料的接触方式均保持不变。如用大量空气干燥少量的湿物料就如此。

1. 干燥速率

定义:单位时间、单位干燥面积汽化的水分质量,表示为

$$U=\frac{dW}{S d\tau}=-\frac{G'_c dX}{S d\tau} \tag{9-38}$$

式中:U 为干燥速率,kg/(m^2・s);S 为干燥面积,m^2;W 为汽化水分量,kg;G'_c为绝干物料的质量,kg;τ 为干燥时间,s;负号表示含水量随干燥时间增加而减少。

2. 干燥曲线与干燥速率曲线

干燥过程和机理较为复杂,目前研究得还不够充分,干燥速率通常用实验来测定,过程如下:

在一定的干燥条件下,记录不同时间 τ 下湿物料的质量,直到物料质量不再变化为止,此时物料中所含水分即平衡水分。然后测量物料与空气接触表面积 S,转移至烘箱内干燥至恒重,即绝干物料质量。由此可计算出每一时刻物料的干基含水量为

$$X=\frac{G'-G'_c}{G'_c} \tag{9-39}$$

式中：G'_c为绝干物料的质量，kg；G'为某时刻湿物料的质量，kg。

根据上式，将每一时刻的干基含水量 X 与干燥时间 τ 描绘在坐标纸上，即得干燥曲线如图 9-14 所示，由图便可直接读出，在一定干燥条件下，将某湿物料干燥至某一干基含水量所需的时间。

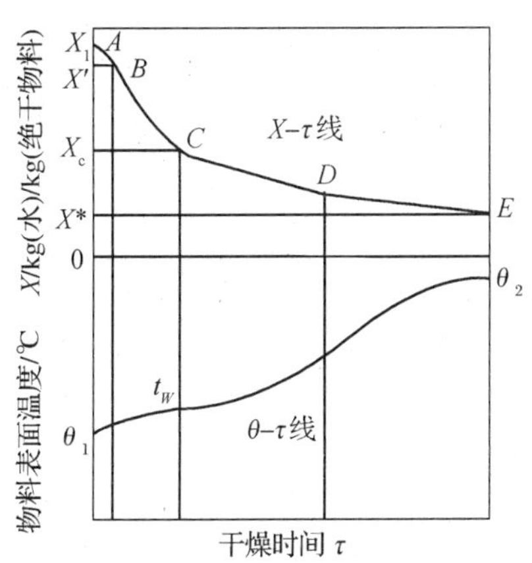

图 9-14　恒定干燥条件下的干燥实验曲线

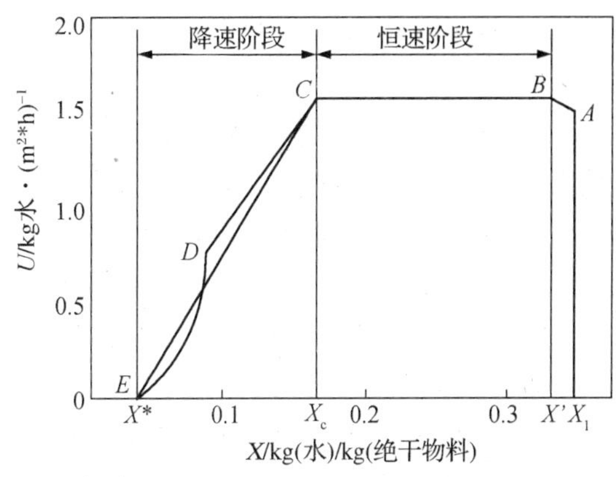

图 9-15　恒定干燥条件下的干燥速率曲线

由图 9-14 的干燥曲线，测出不同 X 下的斜率 $\mathrm{d}X/\mathrm{d}\tau$，乘以常数$-G'_c/S$ 后即干燥速率 U。按照上述方法，把测得的一系列 X 和 U 绘制成曲线即得干燥速率曲线，如图 9-15 所示。由图可见：

AB 段：一般此过程时间很短，在干燥过程中归入恒速干燥处理。

BC 段：此段内干燥速率维持恒定，物料含水量由 X'下降到 X_c，称为恒速干燥阶段。若不考虑热辐射等因素，则此时湿物料表面温度即空气的湿球温度 t_w。

CDE 段：C 点为恒速阶段转为降速阶段的临界点，对应湿物料的含水量为临界含水量，用 X_c 表示。该段内的物料含水量低于 X_c，干燥速率随着物料含水量的减少而下降，直到平衡含水量为 X^*，称为降速干燥阶段。

E 点：干燥速率为零，X^* 即操作条件下的平衡含水量。

某些湿物料的干燥曲线有一转折点 D，将降速段分为第一降速阶段和第二降速阶段。有些湿物料不出现此点，降速阶段为一条平滑曲线，如图 9-15 所示。降速阶段的干燥速率取决于物料本身的形状、结构、尺寸等，与干燥介质关系不大。由上述分析可知，干燥过程可分为恒速干燥阶段和降速干燥阶段。

（1）恒速干燥阶段

物料表面保持完全润湿状态，又称为表面控制阶段。水分由物料内部向表面迁移，然后在表面汽化并传质到干燥介质中。由于物料表面保持完全润湿状态，所以去除的是非结合水分，此段内的干燥速率主要取决于干燥介质的性质，与物料的种类无关。

（2）降速干燥阶段

当物料表面只能维持部分区域润湿时，实际汽化表面积减少，此时湿物料表温度会升高，干燥区域逐渐增大，干燥速率下降，即不饱和表面干燥。如图 9－15 中 CD 所示，又称为第一降速干燥阶段，如图 9－16(a)所示，此阶段去除的水分为结合水和非结合水分。最后物料表面的水分完全汽化，水分的汽化平面由物料表面移向内部。随着干燥的进行，水分的汽化平面继续内移，直至物料的含水量降至平衡含水量 X^* 时，干燥过程即行停止，如图9－15中的 E 点所示。因此，降速干燥阶段又称为物料内部迁移控制阶段。

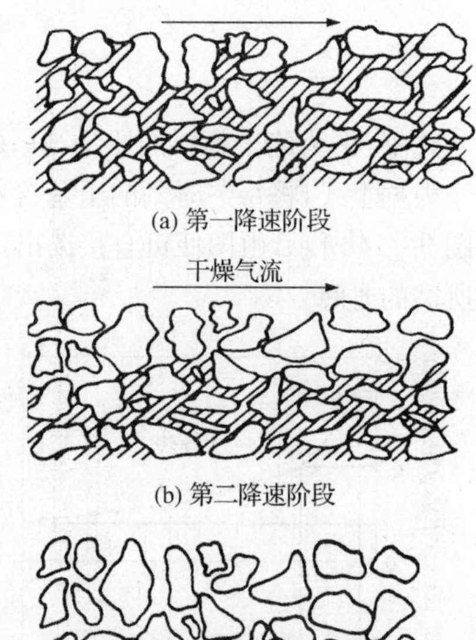

图 9－16　多孔物料中水分的分布

如图 9－16(b)所示，当物料表面全部干燥后，水分汽化面内移，传热、传质都需穿过物料表面干燥区域，显然，固体内部的传热、传质路径增长，阻力加大，造成干燥速率下降。当物料中非结合水被完全去除后，所汽化的水分为结合水，水分蒸气压下降，传质推动力减小，干燥速率也随之变小。如图 9－15 所示的 DE 段，直至平衡水分 X^*。此阶段又称为第二降速阶段，如图 9－16(c)所示。此时，湿物料表面的温度逐渐升高。

对于降速干燥阶段，外界空气条件不是影响干燥速率的主要因素，干燥速率的大小主要取决于水分在物料内部的迁移速率，这时主要因素是物料的结构、形状和大小等。

综上所述，影响恒速干燥阶段和降速干燥阶段的因素是不同的，在强化干燥过程时，首先要确定一定干燥条件下湿物料的临界含水量，再确定干燥属于哪一个干燥阶段，然后采取相应的措施。

9.4.3　湿分在湿物料中的传递机理

1. 湿物料分类

(1) 多孔性物料：如催化剂颗粒、多孔性陶制平板等，水分存在于物料内部大小不同的细孔和通道中。湿分移动主要靠毛细管作用力，这类物料的临界含水量较低，降速段一般分为两个阶段。

(2) 非多孔性物料：如肥皂、浆糊、骨胶等，物料中的结合水与固相形成了单相溶液。湿分靠物料内部存在的湿分差以扩散的方式进行迁移。这类物料的干燥曲线的特点是恒速阶段短。临界含水量较高，降速阶段为一平滑曲线。

大多数固体的干燥是介于多孔性和非多孔性物料之间的，如木材、纸张、织物等，在降速阶段的前期，水分的移动靠毛细管作用力，而后期，水分移动是以扩散方式进行的，故降速段的干燥曲线也分成两段。

2. 液体扩散理论

在降速干燥阶段中，湿物料内部的水分不均匀，形成了浓度梯度，使水分由含水量较高的物料内部向含水量较低的表面扩散，然后水分在表面蒸发，进入干燥介质。

干燥速率完全决定于物料内部的扩散速率。此时，除了空气的湿度影响表面上的平衡值外，干燥介质的条件对干燥速率已无影响。

非多孔性湿物料的降速干燥过程较符合扩散理论。

3. 毛细管理论

多孔性物料具有复杂的网状结构的孔道，水分在多孔性物料中的移动主要依靠毛细管力。毛细管理论认为水分在多孔性物料中的移动主要依靠毛细管力。多孔性物料具有复杂的网状结构的孔道，这是由被固体包围的空穴相互沟通而形成的，孔道截面变化很大，物料表面有大小不同的孔道开口，当湿物料表面水分被蒸发后，在每个开口处形成了凹液面。由于表面张力，在较细的孔道中产生了毛细管力，与湿物料表面垂直的分力就成为水分由内部向表面迁移的推动力。毛细管力的大小决定于凹液面的曲率，曲率是管内径的函数，管径越小，毛细管力越大，于是可通过小孔抽吸出大空穴中的水分，空气则进入排液后的空穴。

毛细管理论对干燥速率曲线的解释。只要由物料内部向表面补充足够的水分以保持表面润湿，干燥速率就是恒定的。到达临界点时，大空穴中的水已被逐渐耗干，表层液体水开始退入固体内，湿物料表面上的凸出点暴露了，虽然表面上润湿处的蒸发强度仍保持不变，但有效传质面积减少了，于是基于总表面积的干燥速率下降。随着干表面分率的增加，干燥速率继续下降，这就是多孔性物料的第一降速阶段。在第一降速阶段中，水分蒸发的机理与恒速段是相同的，蒸发区仍处在湿物料表面上，或者在表面临近处，水在孔隙中是连续相，进入的空气在物料中为分散相，影响蒸发的因素与恒速阶段基本相同，只是有效面积随含水量比例下降而下降，因而在第一降速阶段中，干燥曲线一般为直线(参见图 9－15 中的 CD 段)。当水分进一步被蒸发，空穴被空气占据的分率增加，使得气相变为连续相。水分只存在于孤立的小缝隙内形成分散相，于是达到了第二临界点，干燥速率突然下降，曲线上形成了第二转折点。此时，蒸发区在物料内部，水蒸气向外传递和热量向内传递，都需要通过固体层，以扩散和传导的方式进行，物料表面温度上升到干燥介质的干球温度，形成了向内传导的温度梯度。这一阶段的干燥过程又符合扩散模型，使第二降速阶段的干燥曲线形成了上凹的曲线。

多孔性物料的干燥过程较好地符合这一理论。

9.4.4 恒定干燥条件下干燥时间的计算

1. 恒速干燥阶段

设以 U_c 表示恒速干燥阶段的干燥速率，根据干燥速率的定义得

$$\tau_1=\frac{G(X_1-X_c)}{SU_c} \tag{9-40}$$

式中：τ_1 为恒速阶段干燥时间，s；X_1 为物料初始含水量，kg(水分)/kg(绝干物料)；X_c 为临界含水量，kg(水分)/kg(绝干物料)。

2. 降速干燥阶段

此阶段内，干燥速率 U 随着物料中自由水分含量$(X-X^*)$的变化而变化，可表示成如

下函数关系：

$$\tau_2=\frac{G}{S}\int_{X_2}^{X_c}\frac{\mathrm{d}X}{U} \tag{9-41}$$

式中：τ_2 为降速阶段干燥时间，s；X_2 为降速阶段终了时的含水量，kg(水分)/kg(绝干物料)；U 为降速干燥阶段的瞬时速率，kg/(m^2·s)。

若缺乏物料在降速阶段的干燥速率数据，可作以下近似处理：假设降速阶段时干燥速率与物料中的自由水分含量$(X-X^*)$，即用临界点 C 与平衡水分点 E 所连接的直线 CE 代替降速干燥阶段的干燥速率曲线，设其斜率为 k_x，表示为

$$k_x=\frac{U_c-0}{X_c-X^*} \tag{9-42}$$

则降速干燥阶段的干燥时间为

$$\tau_2=\frac{G}{Sk_x}\ln\frac{X_c-X^*}{X_2-X^*} \tag{9-43}$$

式中：X^* 为物料的平衡含水量，kg(水分)/kg(绝干物料)。

当 X^* 缺乏数据或者很小时，则可将其忽略，即 $X^*=0$。

$$\tau_2=\frac{G}{Sk_x}\ln\frac{X_c}{X_2} \tag{9-44}$$

则干燥湿物料所需时间为

$$\tau=\tau_1+\tau_2 \tag{9-45}$$

对于间歇干燥过程，还应考虑辅助时间 τ'，则干燥湿物料所需时间为

$$\tau=\tau_1+\tau_2+\tau' \tag{9-46}$$

例 9-6 用一间歇干燥器将一批湿物料从含水量 $w_1=0.27$ 干燥至 $w_2=0.05$(均为湿基含水量)，若该物料的 $X_c=0.2$ kg(水分)/kg(绝干物料)，$X^*=0.05$ kg(水分)/kg(绝干物料)，$U_c=1.5$ kg/(m^2·h)，湿物料的质量为 200 kg，干燥面积为 0.025 m^2/kg(绝干物料)，装卸时间为 1 h，试求每批物料的干燥周期。

解 绝干物料量为 $G=G_1(1-w_1)=200\times(1-0.27)\ \text{kg}=146\ \text{kg}$

干燥总面积 $S=146\times0.025\ \text{m}^2=3.65\ \text{m}^2$

$$X_1=\frac{w_1}{1-w_1}=\frac{0.27}{1-0.27}=0.37$$

同理可得 $X_2=0.053$

恒速干燥阶段 τ_1 为

$$\tau_1=\frac{G(X_1-X_c)}{SU_c}=4.53\ \text{h}$$

降速干燥阶段 τ_2 为

$$k_x=\frac{U_c-0}{X_c-X^*}=10\ \mathrm{kg/(m^2\cdot h)}$$

$$\tau_2=\frac{G}{Sk_x}\ln\frac{X_c-X^*}{X_2-X^*}=15.6\ \mathrm{h}$$

所以,每批物料的干燥周期为

$$\tau=\tau_1+\tau_2+\tau'=4.53\ \mathrm{h}+15.6\ \mathrm{h}+1\ \mathrm{h}=21.2\ \mathrm{h}$$

§9.5 干 燥 器

对干燥器的基本要求如下:

(1) 能保证产品的工艺要求。能适应被干燥物料的外观性状是对干燥器的基本要求。

(2) 干燥速度快。缩短降速干燥阶段的干燥时间;降低物料的临界含水量;提高降速阶段本身的速率。

(3) 干燥器的热效率高。在允许的条件下,尽可能提高入口气温;较少废气带走热量;在干燥器内设置加热面进行加热;不同干燥阶段采用不同式样的干燥器加以组合等。

(4) 干燥系统的流体阻力要小,推动力要大。在相同进出口条件下,逆流操作可获得较大的传热、传质推动力,设备容积较小,热效率高。

(5) 操作控制方便,劳动条件良好,附属设备简单。

工业上用的干燥器种类繁多,一般可进行下列分类:

(1) 按操作压力分为常压和真空干燥器。

(2) 按操作方式分为间歇式和连续式干燥器。

(3) 按加热方式分为对流、传导、辐射干燥器以及介电加热干燥器。

(4) 按其结构分为盘式干燥器、洞道式干燥器、气流干燥器、转筒式干燥器等。

9.5.1 工业上常用的干燥器

工业上常用的有以下几种对流干燥器。

1. 厢式干燥器(盘式干燥器)

主要是以热风通过湿物料的表面,达到干燥的目的,分为水平气流厢式干燥器(热风沿物料的表面通过)、穿流气流厢式干燥器(热风垂直穿过物料)和真空厢式干燥器。

如图 9-17 所示为水平气流厢式干燥器的示意图,其结构为多层长方形浅盘叠置在框架上,湿物料在浅盘中的厚度由实验确定,通常为10~100 mm,视物料干燥条件而定。一般浅盘的面积为 0.3~1 m^2,新鲜空气由风机抽入,经加热后沿挡板均匀地进入各层之间,

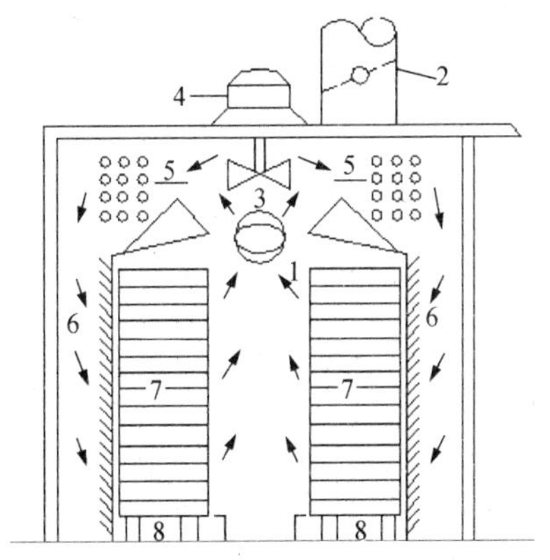

1—空气入口;2—空气出口;3—风机;4—电动机;5—加热器;6—挡板;7—盘架;8—移动轮

图 9-17 厢式干燥器

平行流过湿物料表面。空气的流速应使物料不被气流带走，常用的流速范围为 1～10 m/s。

厢式干燥器的加热方式有两种：一是单级加热，二是多级加热。

在操作上常采用废气循环法，即将部分废气返回到预热器入口，以调节干燥器入口处空气的湿度，降低温度，并可增加气流速度。其优点在于：可灵活准确地控制干燥介质的温度、湿度；干燥推动力比较均匀；增加气流速度使得传热(传质)系数增大；减少热损失，但干燥速率常有所减小。

厢式干燥器的优点：构造简单，设备投资少，对于物料适应性强，同时可干燥几种物料，适应于小批量粉粒状、膏状物料的处理；缺点：劳动强度大，产品质量不均匀，干燥时间较长。

厢式干燥器多应用在小规模、多品种、干燥条件变动大、干燥时间长的场合。

2. 洞道式干燥器

洞道式干燥器是连续干燥器，适用于体积大、干燥时间长的物料。干燥器是一较长的通道，其中铺设铁轨，盛有物料的小车在铁轨上运行，空气则在洞道内被连续地加热并强制流过物料，小车可连续或半连续地移动。一般空气与物料呈逆流或错流流动，其流速要大于 2～3 m/s。结构如图 9-18 所示。

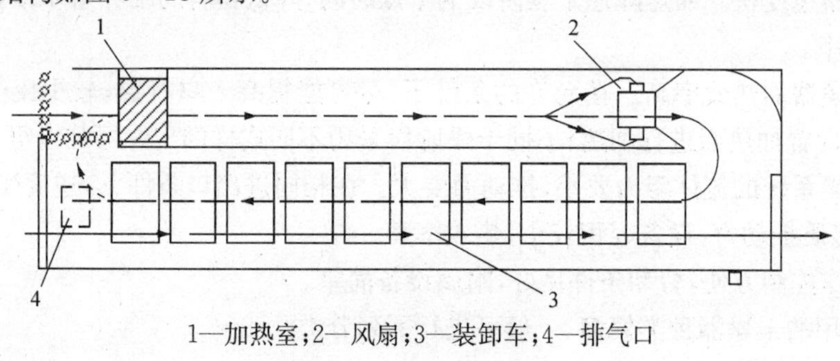

1—加热室；2—风扇；3—装卸车；4—排气口

图 9-18　洞道式干燥器

3. 气流干燥器

气流干燥器(图 9-19)适宜于处理含非结合水及结块不严重又不怕磨损的粒状物料，尤其是干燥热敏性物料或临界含水量低的细粒或粉末物料。对黏性和膏状物料，采用干料返混方法和适宜的加料装置，如螺旋加料器等。其优点是气、固间传递表面积很大，体积传质系数很高，干燥速率大，一般体积蒸发强度可达 0.003～0.06 kg/(m^3 · s)；接触时间短，热效率高，气、固并流操作，可以采用高温介质，对热敏性物料的干燥尤为适宜；由于干燥伴随着气力输送，减少了产品的输送装置；气流干燥器的结构相对简单，占地面积小，运动部件少，易于维修，成本费用低。缺点是压力损失较大；物料颗粒易磨损；对物料粒度和形状要求高。气流干燥装置主要设备是直立圆筒形的干燥管，其长度一般为 10～20 m，热空气(或烟道气)进入干燥管底部，将加料器连续送入的湿物料吹散，并悬浮在其中。介质速度应大于湿物料最大颗粒的沉降速度，于是在干燥器内形成了一个气、固间进行传热传质的气力输送床。

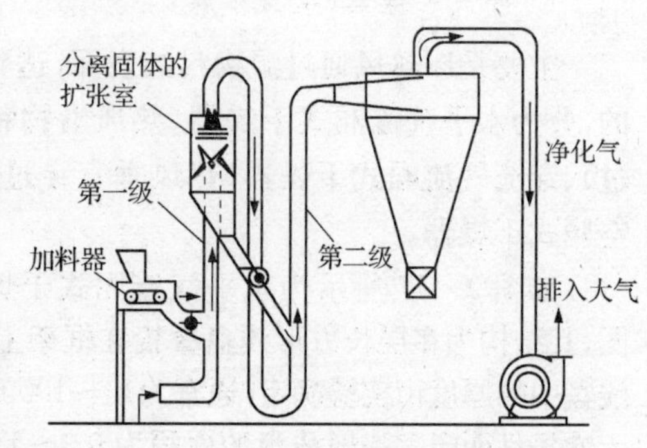

图 9-19　二段气流式干燥器示意图

一般物料在干燥管中的停留时间结构为 0.5～3 s，干燥后的物料随气流进入旋风分离器，产品由下部收集，湿空气经袋式过滤器（或湿法、电除尘等）收回粉尘后排出。

4. 沸腾床干燥器（流化床干燥器）

流化床干燥器是流态化原理在干燥中的应用，在流化床干燥器中，颗粒在热气流中上下翻动，彼此碰撞和混合，气、固间进行传热、传质，以达到干燥目的。与其他干燥器相比，传热、传质速率高，因为单位体积内的传递表面积大，颗粒间充分地搅混几乎消除了表面上静止的气膜，使两相间密切接触，传递系数大大增加；由于传递速率高，气体离开床层时几乎等于或略高于床层温度，因而热效率高；由于气体可迅速降温，所以与其他干燥器比，可采用更高的气体入口温度；设备简单，无运动部件，成本费用低；操作控制容易。湿物料由床层的一侧加入，由另一侧导出。热气流由下方通过多孔分布板均匀地吹入床层，与固体颗粒充分接触后，由顶部导出，经旋风器回收其中夹带的粉尘后排出。流化干燥过程可间歇操作，但大多数是连续操作的，有时也可采用多层流化床或流化床的改进型式。结构如图 9-20 所示。

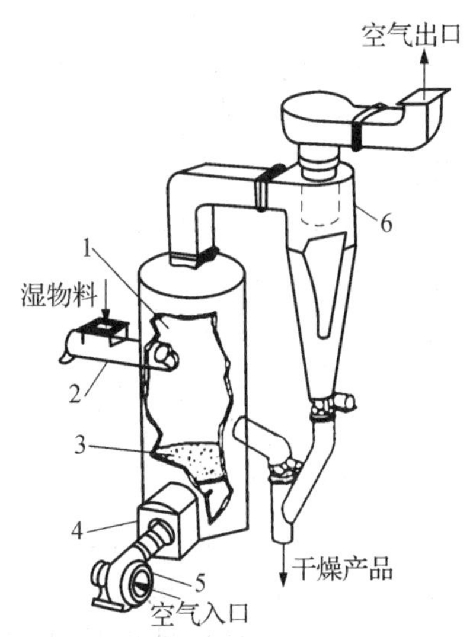

1—流化室；2—进料器；3—分布板；
4—加热器；5—风机；6—旋风分离器

图 9-20 单层圆筒沸腾床干燥器

5. 转筒干燥器

转筒干燥器适用于粉粒状、块状及片状湿物料的连续干燥。湿物料从转筒较高的一端加入，热空气由较低端进入，在干燥器内与物料进行逆流接触。主要用于处理散粒状物料，但如返混适当数量的干料亦可处理含水量很高的物料或膏糊状物料，也可以在用干料做底料的情况下干燥液态物料，即将液料喷洒在抛洒起来的干料上面。结构如图 9-21 所示。

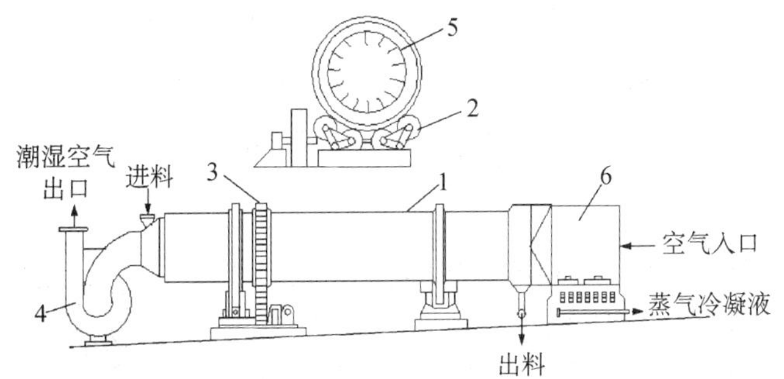

1—圆筒；2—支架；3—驱动齿轮；4—风机；5—抄板；6—蒸气加热器

图 9-21 转筒干燥器

6. 喷雾干燥器

在喷雾干燥器中，将液态物料通过喷雾器分散成细小的液滴，在热气流中自由沉降并迅速蒸发，最后被干燥为固体颗粒与气流分离。热空气与喷雾液滴都由干燥器顶部加入，气流做螺旋形流动旋转下降，液滴在接触干燥室内壁前已完成干燥过程，大颗粒收集到干燥器底

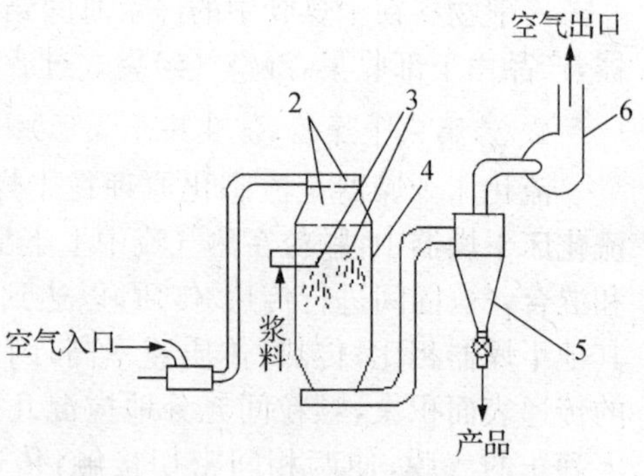

1—燃烧炉；2—空气分布器；3—压力式喷嘴；4—干燥塔；5—旋风分离器；6—风机

图 9-22 喷雾干燥器

部后排出，细粉随气体进入旋风器分出。废气在排空前经湿法洗涤塔（或其他除尘器）以提高回收率，并防止污染。

其优点是干燥过程极快，适宜于处理热敏性物料；处理物料种类广泛，如溶液、悬浮液、浆状物料等皆可；喷雾干燥可直接获得干燥产品，因而可省去蒸发、结晶、过滤、粉碎等工序；能得到速溶的粉末或空心细颗粒；过程易于连续化、自动化。不足之处是热效率低；设备占地面积大、设备成本费高；粉尘回收麻烦，回收设备投资大。设备流程如图 9-22 所示。

7. 带式干燥器

带式干燥器如图 9-23 所示，干燥室的截面为长方形，内部安装有网状传送带，物料置于传送带上，气流与物料错流流动，带子在前移过程中，物料不断地与热空气接触而被干燥。传送带可以是单层的，也可以是多层的，带宽为 1～3 m、带长为 4～50 m，干燥时间为5～120 min。通常在物料的运动方向上分成许多区段，每个区段都可装设风机和加热器。在不同区段内，气流的方向、温度、湿度及速度都可以不同，如在湿料区段，操作气速可大些。根据被干燥物料的性质不同，传送带可用帆布、橡胶、涂胶布或金属丝网制成。

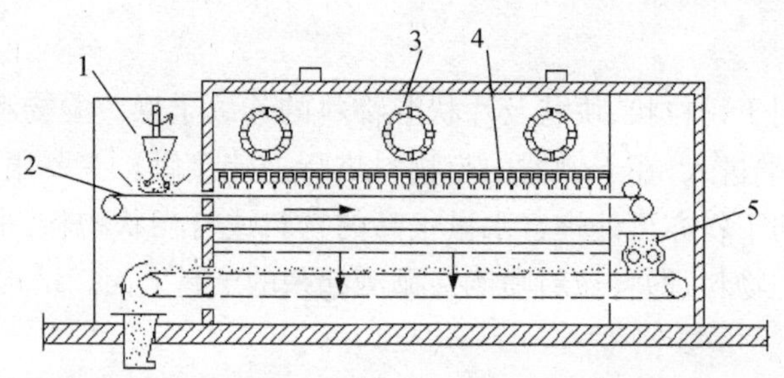

1—加料器；2—传送带；3—风机；4—热空气喷嘴；5—压碎机

图 9-23 带式干燥器

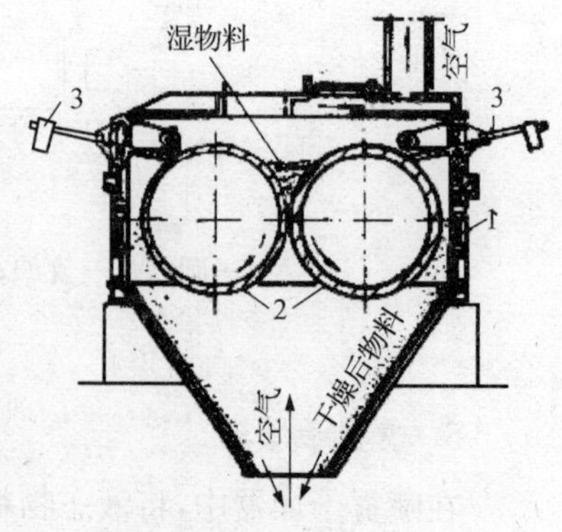

1—外壳；2—滚筒；3—刮刀

图 9-24 滚筒干燥器

物料在带式干燥器内基本可保持原状，也可同时连续干燥多种固体物料，但要求带上物料的堆积厚度、装载密度均匀一致，否则通风不均匀，会使产品质量下降。这种干燥器的生产能力及热效率均较低，热效率在 40%以下。带式干燥器适用于干燥颗粒状、块状和纤维状的物料。

8. 滚筒干燥器

其主体是两个旋转方向相反的滚筒，部分浸没在料槽中，滚筒壁面靠其内加热蒸气加热，滚筒旋转一周，物料即被干燥，并由贯通壁上的刮刀刮下，经螺旋输送器送出。结构如图 9-24 所示。

9.5.2 干燥器的选型

在化工生产中，为了完成一定的干燥任务，需要选择适宜的干燥器，选择不当会给干燥器的运作带来很多问题，使设备不能正常运转，从而影响产品质量和降低生产能力。首先应根据湿物料的形状、特性、处理量、处理方式及可选用的热源等选择合适的干燥器。一般需考虑下列因素：

1. 干燥产品的质量

干燥产品的粒度分布、含水量、形状、粉碎程度等对产品的质量及价格有直接的影响。对于食品、药品等物料，产品不能受到污染，干燥介质必须经过纯化或者采用间接加热干燥的方式。有些产品不仅要求质量好，还必须有一定的几何外观形状，这些物料在干燥时，如果干燥速率太快，可能会使其表面硬化，严重的可能会收缩发皱，这不仅使临界含水量增高，还会影响产品的商业价值。因此，应选择合适的干燥器，确定适合的干燥条件，使其干燥速率下降。对于易氧化的物料而言，通常采用间接加热的干燥器。

2. 物料的干燥特性

如热敏性、颗粒的大小形状、磨损性、腐蚀性、毒性、可燃性、黏附性等物理化学性质。物料不同，其干燥特性曲线或临界含水量也不同，达到一定干燥要求所需要的时间差别可能会很大，即使形态相同，其干燥特性也不一样，应选择不同的干燥器。

对于吸湿性物料或者临界含水量较高的难以干燥的物料，应选择干燥时间长的干燥器。气流干燥器往往时间较短，一般只适用于临界含水量相对较低的易干燥的物料。

相同的物料，如果几何外观不同，或物料与热干燥介质的接触状态不同，干燥特性也会发生很大的变化。

3. 物料的干燥速率曲线与临界含水量

确定干燥时间时，应先由实验作出干燥速率曲线，确定临界含水量。物料与干燥介质接触的状态、物料几何尺寸及几何形状均对干燥速率曲线影响很大。

4. 回收问题

固体粉粒的回收即溶剂回收等。

5. 干燥热源及热效率

考虑可利用的热源及能量的综合利用。干燥的热效率是干燥装置的主要经济指标，在选择干燥器时，在基本满足需求的前提下，应尽量选择热效率高的干燥设备。

6. 劳动条件及设备的制造、操作和维修的难易

适合某一干燥任务的干燥设备往往不止一种。例如，涤纶切片的干燥，根据物料的状态，处理方式可采用气流干燥器、回转圆筒干燥器、多层连续流化床干燥器等。至于选哪一种，可借鉴目前生产采用的设备，也可根据干燥设备的最新进展选择合适的新设备。

7. 其他要求

干燥器的占地面积、排放物及噪声等均应符合环保要求。如排出的废气中含有粉尘或有毒物质，为了减少排出的废气量，应选择相应的干燥器，或对废气加以处理。

习题

1. 某干燥器处理湿物料量为 800 kg/h。要求物料干燥后含水量由 30%减至 4%(均为湿基)。干燥介质为空气,初温为 150 ℃,相对湿度为 50%,经预热器加热至 1 200 ℃出干燥器空气,试求:(1) 水分蒸发量 W;(2) 空气消耗量 L、单位消耗量 l;(3) 如鼓风机装在进口处,求鼓风机之风量 V。

2. 已知湿空气的(干球)温度为 50 ℃,湿度为 0.02 kg(水汽)/kg(绝干空气),试计算:(1) 总压为 101.3 kPa;(2) 总压为 26.7 kPa,这两种情况下的相对湿度及同温度下容纳水分的最大能力(即饱和湿度),并分析压力对干燥操作的影响。

3. 常压下湿空气的温度为 30 ℃,湿度为 0.02 kg(水汽)/kg(绝干空气),计算其相对湿度。若将此湿空气经预热器加热到 120 ℃时,则此时的相对湿度为多少?

4. 常压下某湿空气的温度为 25 ℃,湿度为 0.01 kg(水汽)/kg(绝干空气)。试求:(1) 该湿空气的相对湿度及饱和湿度;(2) 若保持温度不变,加入绝干空气使总压上升至 220 kPa,则此湿空气的相对湿度及饱和湿度变为多少?(3) 若保持温度不变而将空气压缩至 220 kPa,则在压缩过程中每 kg 干气析出多少水分?

5. 已知在常压、25 ℃下,水分在某物料与空气间的平衡关系为:

相对湿度为 $\varphi=100\%$,平衡含水量 $X^*=0.185$ kg(水)/kg(绝干物料)

相对湿度为 $\varphi=50\%$,平衡含水量 $X^*=0.095$ kg(水)/kg(绝干物料)

现该物料的含水量为 0.35 kg(水)/kg(绝干物料),令其与 25 ℃,$\varphi=50\%$ 的空气接触,问物料的自由含水量、结合水分含量与非结合水分含量各为多少?

6. 湿物料从含水量 20% (湿基,下同) 干燥至 10%时,以 1 kg 湿物料为基准除去的水分量,为从含水量 2%干燥至 1%时的多少倍?

7. 用热空气在厢式干燥器中将 10 kg 的湿物料从 20%干燥至 2%(均为湿基),物料的干燥表面积为 0.8 m^2。已测得恒速阶段的干燥速率为 1.8 kg/(m^2 · h),物料的临界含水量为 0.08 kg(水)/kg(绝干物料),平衡含水量为 0.004 kg(水)/kg(绝干物料),且降速阶段的干燥速率曲线为直线,试求干燥时间。

8. 某湿物料在恒定的空气条件下进行干燥,物料的初始含水量为 15%,干燥 4 小时后降为 8%,已知此条件下物料的平衡含水量为 1%,临界含水量为 6%(皆为湿基),设降速阶段的干燥曲线为直线,试求将物料继续干燥至含水量 2%所需的干燥时间。

9. 已知湿空气的温度为 20 ℃,水汽分压为 2.335 kPa,总压为 101.3 kPa。试求:(1) 相对湿度;(2) 将此空气分别加热至 50 ℃和 120 ℃时的相对湿度;(3) 由以上计算结果可得出什么结论?

10. 常压下用热空气在一理想干燥器内将每小时 1 000 kg 湿物料自含水量 50%降低到 6%(均为湿基)。已知新鲜空气的温度为 25 ℃、湿度为 0.005 kg(水汽)/kg(绝干空气),干燥器出口废气温度为 38 ℃,湿度为 0.034 kg(水汽)/kg(绝干空气)。现采用以下两种方案:① 在预热器内将空气一次预热至指定温度后送入干燥器与物料接触;② 空气预热至 74 ℃后送入干燥器与物料接触,当温度降至 38 ℃时,再用中间加热器加热到一定温度后继续与物料接触。试求：(1) 在同一 $I-H$ 图中定性绘出两种方案中湿空气经历的过程与状态；(2) 计算各状态点参数以及两种方案所需的新鲜空气量和加热量。

思考题

1. 有人说："自由水分即物料的非结合水分。"这句话对吗？

2. 固体物料与一定状态的湿空气进行接触干燥时，可否获得绝干物料？为什么？

3. 为什么湿空气要经预热器预热而不能直接进入干燥器？

4. 当空气的 t、H 一定时，某物料的平衡含水量为 X^*，若空气的 H 下降，则该物料的 X^* 如何变化？

5. 干燥器出口处空气的湿度增大（或温度降低）对干燥操作和产品质量有何影响？并说明理由。

工程案例

天然气脱水：用氯化钙代替乙二醇方法的可行性分析

本章符号说明

英文字母	意　义	单　位	英文字母	意　义	单　位
a	单位体积物料提供的传热（干燥）表面积	m^2/m^3	I'	固体物料的焓	kJ/kg
A	转筒截面积	m^2	l	单位空气消耗量	kg(绝干空气)/kg(水)
c	比热容	kJ/(kg·℃)	L	绝干空气流量	kg(绝干空气)/s
D	干燥器的直径	m	L'	湿空气的质量流速	$kg/(m^2\cdot s)$
G	固体物料的质量	kg/s	M	摩尔质量	kg/kmol
G'	湿体物料的质量	kg	n	物质的千摩尔数	kmol
k_H	传质系数	$kg/(m^2\cdot s\cdot \Delta H)$	N	传质速率	kg/s
k_X	降速阶段干燥速率曲线的斜率	kg绝干物料/$(m^2\cdot s)$	p_v	水汽分压	Pa
G''	湿物料的质量流速	$kg/(m^2\cdot s)$	p	湿空气的总压	Pa
H	空气的湿度	kg(水汽)/kg(绝干空气)	Q	传热速率	W
I	空气的焓	kJ/kg(绝干空气)	r	汽化热	kJ/kg

续表

英文字母	意　义	单　位	英文字母	意　义	单　位
U	干燥速率	kg/(m^2·s)	W	水分的蒸发量	kg/s 或 kg/h
t	温度	℃	w	物料的湿基含水量	
S	干燥面积	m^2	V''	风机的风量	m^3/h
V_s	空气的流量	m^3	W'	水分的蒸发量	kg
v	湿空气的比体积	m^3(湿空气)/kg(绝干空气)	X^*	物料的干基平衡含水量	kg(水)/kg(绝干物料)
V'	干燥器的容积	m^3	X	物料的干基含水量	kg(水)/kg(绝干物料)

希腊字母	意　义	单　位	希腊字母	意　义	单　位
α	对流传热系数	W/(m^2·℃)	λ	导热系数	W/(m·℃)
η	热效率		τ	干燥时间或物料在干燥器内的停留时间	s
θ	固体物料的温度	℃	φ	相对湿度百分数	℃

下　标	意　义	下　标	意　义	下　标	意　义
0	进预热器的、新鲜的或沉降的	c	临界	m	湿物料的或平均
1	进干燥器的或离预热器的	d	露点	s	饱和或绝干物料
2	离干燥器的	D	干燥器	w	湿球
Ⅰ	干燥第一阶段的	g	气体或绝干空气	v	水汽
Ⅱ	干燥第二阶段的	H	湿的	t	相对
as	绝热饱和	L	热损失	p	预热器

参考文献

[1] 蒋维钧，雷良恒等编著.化工原理(下册).3 版.北京：清华大学出版社，2010.

[2] 杨祖荣主编.化工原理.北京：高等教育出版社，2008.

[3] 钟秦，陈迁乔等编著.化工原理.2 版.北京：国防工业出版社，2007.

[4] 郝晓刚，樊彩梅主编.化工原理.北京：科学出版社，2011.

[5] 冯霄，何潮洪主编.化工原理(下册).2 版.北京：科学出版社，2011.

第 10 章　其他分离方法

学习目的：

通过本章学习，熟悉和了解其他分离方法的基本原理、工艺过程及其在工业上的应用。

本章主要内容：

(1) 溶液结晶的基本概念，溶液的相平衡与过饱和度在结晶过程中的运用，各种结晶方法的特点与选择，简单的结晶工艺计算；

(2) 吸附的基本原理，物理吸附和化学吸附的区别，吸附剂的表征方法，吸附等温线及其运用，吸附床动态穿透曲线的测定以及分离因子的计算方法；

(3) 膜分离的基本原理，各种膜组件和膜分离过程的特点与应用范围，膜分离方法的选择；

(4) 短程蒸馏技术和微波萃取技术的特点和工业应用。

重点掌握内容：

了解本章各种分离方法的基本原理和特点；对于特定的分离物系，能够正确选择合适的分离方法。

化工分离技术是随着化学工业发展而逐渐形成和发展的。19 世纪，以煤为基础原料的有机化工在欧洲发展起来，在这些化工生产中应用了吸收、蒸馏、过滤、干燥等分离操作。19 世纪末 20 世纪初，大规模的石油炼制业促进了化工分离技术的成熟与完善。进入 20 世纪 70 年代以后，化工分离技术更加高级化，应用也更加广泛。与此同时，化工分离技术与其他科学技术相互交叉渗透，产生如生物分离技术、膜分离技术、环境化学分离技术、纳米分离技术、超临界流体萃取技术等。展望 21 世纪，化工分离技术将面临着一系列新的挑战，其中最主要的是来自能源、原料和环境保护三大方面。此外，化工分离技术还将对农业、食品和食品加工、城市交通和建设以及保健、提高和改善人们的生活水平等方面做出贡献。

前面章节介绍了在工业上使用最普遍的分离方法。但是，实际被分离物系的物化性质千差万别，因此，前面讨论的各种分离方法远远不能满足实际分离工作的需要，特别是在制药、生物技术等领域中需要采用特殊的分离技术。本章简要介绍一些其他分离方法。

§10.1　结　　晶

10.1.1　基本概念

物质从液态(溶液或熔融体)或蒸气形成晶体的过程称为结晶，其特征为离子和分子在空间晶格的结点上呈规则的排列，结晶是获得液、固分离的重要方法之一。在化工、制药等工业中，许多产品及中间产品都是以晶体出现的，因此，在上述工业中，结晶是一个重要的操作单元，如青霉素、红霉素的生产以及蛋白质的纯化，一般都含有结晶过程。

固体从形态上来分，有晶形和无定形两种。例如：食盐、蔗糖等都是晶体，而木炭、橡胶都为无定形物质。其区别主要在于内部结构中的质点元素（原子、分子）的排列方式互不相同。晶体简单地分为立方晶系、四方晶系、六方晶系、正交晶系、单斜晶系、三斜晶系与三方晶系等七种晶系。

通常只有同类分子或离子才能进行有规律的排列，故结晶过程选择性较高。结晶时存在水合作用，晶体中的溶剂分子称为结晶水。结晶出来的晶体和剩余溶液构成的悬混物称为晶浆，晶体分离后剩余的溶液称为母液。结晶过程中，溶液中大部分杂质会留在母液中，含有杂质的母液会以表面黏附或晶体包覆的方式夹带在固体产品中。工业生产中通常对晶浆进行液固分离后，再用一定量的溶剂对固体进行洗涤，即可得到纯度高的晶体。但是结晶过程是复杂的，晶体大小不一，形状各异，形成晶族等现象，因此，有时需要重结晶。

溶质结晶过程需要经历两个步骤：第一，要产生微观的晶粒作为结晶的核心，称为晶核；第二，晶核长大为宏观的晶体，该过程称为晶体生长。无论是成核过程还是晶体生长过程，都以浓度差即溶液过饱和度作为推动力。溶液过饱和度大小直接影响成核和晶体生长过程的快慢，而成核与晶体生长过程的快慢又影响着晶体产品的粒度分布。

结晶可分为溶液结晶、熔融结晶、升华结晶和沉淀。根据操作方式还可分为间歇式和连续式，或者无搅拌式和有搅拌式。本章主要讨论的为溶液结晶。

10.1.2 相平衡与溶解度

1. 相平衡与溶解度

一定温度下，将溶质移入溶剂中，由于分子的热运动，会发生：

(1) 固体溶解：溶质分子扩散进入液体内部。

(2) 物质沉积：溶质分子从液体中扩散到固体表面进行沉积。

达到平衡时的溶液称为该物质的饱和溶液，此时溶质溶解速率与溶质沉积速率相等。

若为不饱和溶液，则溶质要溶解，直到饱和时才会停止；若为过饱和溶液，则溶质就要沉积，直到溶液重新达到饱和为止。一般用 100 g 溶剂中所能溶解的溶质的量来表示其溶解度的大小。它与物质的化学性质、溶剂性质及温度有关，压力的变化对溶解度影响较小，常可忽略不计。

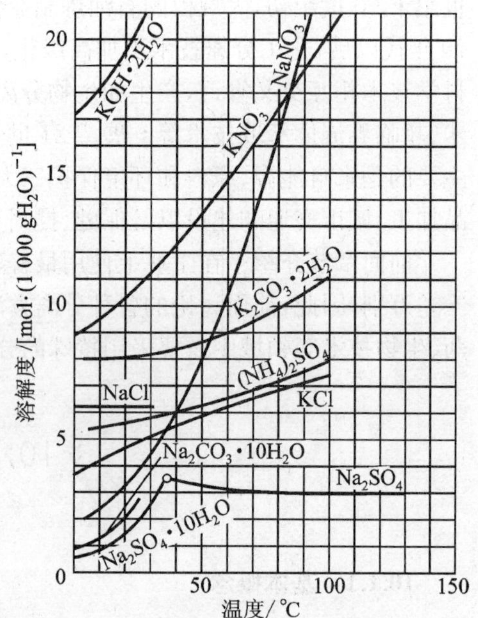

图 10-1 几种无机物在水中的溶解度曲线

溶解度曲线如图 10-1 所示，可分为三种：

(1) 随温度升高而明显增大，如：KNO_3、

$NaNO_3$。

(2) 受温度影响不显著,如:NaCl、KCl。

(3) 溶解度曲线有折点,主要是由于物质的组成有所改变,例如:Na_2SO_4 在 305 K 以下有 10 个结晶水,在 305 K 以上变为无机盐。

一般来说,溶解度随温度变化大时,可选用变温方法结晶分离;温度变化慢时,可采用移除一部分溶剂的结晶方法来分离。

2. 溶液的过饱和与介稳区

溶质浓度超过相应条件下的溶质溶解度时,此溶液称为过饱和溶液,过饱和溶液达到一定浓度时会有溶质析出。溶液过饱和度与结晶的关系可用图 10-2 来表示。图中 AB 曲线为溶解度曲线,CD 曲线为溶液过饱和且可以自发发生结晶过程的浓度曲线,称为超溶解度曲线。溶解度曲线与超溶解度曲线有所不同:一个特定的物系只有一条明确的溶解度曲线,但是超溶解度曲线的位置却要受到诸多因素的影响。

溶解度曲线以下区域称为稳定区,在此区域溶液尚未达到饱和,因而无结晶现象发生。溶解度曲线以上区域为过饱和区,分为两部分:过饱和曲线以上部分为不稳定区,在此区域内能自发地产生晶核;在过饱和曲线和溶解度曲线之间的区域称为介稳区,在此区域内晶核产生不会自发进行,如果溶液中加入晶体,就能诱导结晶进行,加入的晶体称为晶种。

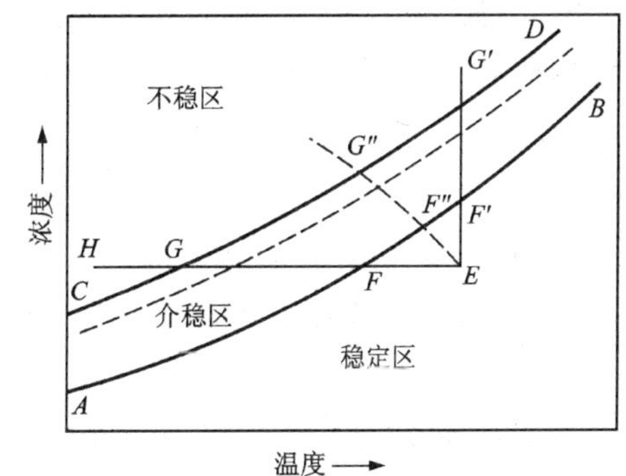

图 10-2　溶液的过饱和与超溶解度曲线

上述过程可用 $\Delta c = c - c^*$ 来表示,式中:Δc 为溶度差过饱和度,kg(溶质)/100 kg(溶剂);c 为操作温度下的过饱和浓度,kg(溶质)/100 kg(溶剂);c^* 为操作温度下的溶解度,kg(溶质)/100 kg(溶剂)。或者用 $\Delta t = t^* - t$ 来表示,式中:Δt 为温度差过饱和度,K;t^* 为该溶液在饱和状态时所对应的温度,K;t 为该溶液经冷却达到过饱和状态时的温度,K。

结晶过程中,如果将溶液控制在介稳区内且过饱和度较低,经过较长时间才会有少量晶核产生,如果加入晶种,就可得到粒度大而均匀的结晶产品。然而,当过饱和度较高时,就会产生大量晶核,此时得到的结晶产品粒度相对较小。

如图 10-2 所示,将始态为 E 的溶液冷却至 F 点,溶液恰好达到饱和,但是溶液没有结晶;当由 F 点继续冷却至 G 点,溶液经过介稳区,虽然此时溶液已经处于过饱和状态,但是仍然不能自发产生晶核;当溶液被冷却超过 G 点进入不稳区后,其才会自发产生晶核。此外,可利用恒温蒸发溶剂的方法,使溶液达到饱和,如图中 $EF'G'$ 线所示。

3. 结晶过程的速率

晶体的生成包括晶核形成和晶体生长两个阶段:

(1) 晶核形成

晶核是过饱和溶液在开始时产生的微小晶粒,是晶体生长过程中必不可少的核心。加料溶液中其他物质的质点或过饱和溶液本身析出的新固相质点,这就是"成核"。此后,原子或分子在这个初形成的微小晶核上一层又一层地覆盖上去，直到要求的晶粒大小，称为“生长”。

晶核形成的过程：溶液中溶质分子不断地做不规则的运动，随着温度的降低或溶剂量的减少，不同质点分子间的引力越来越大，以至达到不能再分离的程度，便结合成线晶，线晶结合成面晶，面晶再结核成按一定规律与比例排列的细小晶体，从而形成“晶胚”。晶胚并不稳定，进一步长大则成为稳定的晶核。以过饱和度为推动力，如果溶液没有过饱和度产生，晶核就不能发生，晶体也不能生成。在介稳区内，晶体就可以增长，但晶核形成速率却很慢，尤其在温度较低、溶液黏度较高、溶液密度较大时，阻力也比较大，晶核形成也较困难。

晶核与溶解度之间的关系可用凯尔文(Kelvin)公式来描述：

$$\ln\frac{c_2}{c_1}=\frac{2\sigma M}{RT\rho}\left(\frac{1}{r_2}-\frac{1}{r_1}\right) \tag{10-1}$$

式中：c_2为小晶体的溶解度；c_1为普通晶体的溶解度；σ 为晶体与溶液间的表面张力；ρ 为晶体密度；r_2为小晶体的半径；r_1为普通晶体半径；R 为气体常数；T 为绝对温度。

由 Kelvin 公式(10-1)可知，微小的晶核具有较大的溶解度。实质上，在饱和溶液中，晶核是处于一种“形成—溶解—再形成”的动态平衡之中，只有达到一定的过饱和度以后，晶核才能够稳定存在。

成核的过程，在理论上分为两类：一种是溶液过饱和以后，自发形成的晶核，称为“初级成核”；另一种是受外界影响而产生的晶核，称为“二次成核”。

在大部分结晶操作中，晶核的产生较为容易，然而，要求晶体粒度生长到指定大小则需要精细的控制，此过程相对较难。通常有相当一部分多余出来的晶核远远超过移出的晶粒数，这就需要把多余的晶核从细晶捕集装置中不断取出，加以溶解后回到结晶器内，再重新生成较大粒的晶体。此外，晶核形成是一个新相产生的过程，需要消耗一定的能量才能形成固液界面；结晶过程中，体系总的自由能变化分为两部分，即表面过剩吉布斯自由能(ΔG_s)和体积过剩吉布斯自由能(ΔG_v)

晶核形成必须满足：$\Delta G=\Delta G_s+\Delta G_v<0$，通常 $\Delta G_s>0$，阻碍晶核形成。由 Arrhenius 公式可近似得到成核速度公式：$B=k\mathrm{e}^{-\Delta G_{max}/RT}$，其中 B 为成核速度；ΔG_{max}为成核时临界吉布斯自由能，是成核时必须逾越的能阈；k 为常数。

结晶设计过程中应注意：

① 尽可能避免自发成核过速，以防止晶核“泛滥”，无法长大。

② 尽可能防止使用机械冲击、研磨严重的循环泵，最好使用螺旋桨叶轮的循环装置，外循环泵使用轴流泵或混流泵，忌用高转速离心泵。

③ 尽可能使结晶器的内壁、循环管内壁表面光洁，无焊缝、无刺和粗糙面。

④ 加料溶液中悬浮的杂质微粒要在预处理时去除，以防外界微粒过多。

(2) 晶体生长

晶体生长是指在过饱和溶液中已有晶核形成或者加晶种后，溶液中溶质向晶核或者加入的晶体运动并在其表面上进行有序排列，使晶体格子扩大的过程。影响结晶生长的因素很多：过饱和度、粒度、物质的扩散过程等。目前，用来解释晶体生长的机理有表面能理论、扩散理论、吸附层理论。然而，较为常用的理论为扩散理论，按照扩散理论，晶体生长过程由三个步骤组成：

① 溶质由溶液扩散到晶体表面附近的静止液层；

② 溶质穿过静止液层后达到晶体表面，生长在晶体表面上，晶体增大，同时放出结晶热；

③ 释放出的热量再靠扩散传递到溶液主体。

4. 结晶操作的影响因素

晶体评价指标主要有晶体的大小、形状和纯度。结晶过程包括晶核形成和晶体生长两个阶段。如果晶核形成速率过大，溶液中会有大量的晶核来不及长大，结晶过程就结束了。因此，所得到的结晶产品小而多；反之，结晶产品颗粒大而均匀。然而，如果两者速率控制不当，所得到的结晶产品的粒度大小参差不一。

结晶影响因素归纳为以下几个方面：

(1) 过饱和度的影响

过饱和度是结晶过程的推动力，是获得产品的先决条件，也是影响结晶操作的最主要因素。一般溶液过饱和度越高，结晶生长速率越大，然而这会引起溶液黏度增加，使结晶速率受阻。

(2) 冷却或蒸发速度的影响

实现溶液过饱和的方法一般有三种：冷却、蒸发和化学反应。快速冷却或蒸发将使溶液较快地达到过饱和状态，甚至直接穿过介稳区，并达到较高的过饱和度，从而得到大量的细小晶体；反之，缓慢冷却或蒸发，一般得到较大的晶体。

(3) 晶种的影响

晶核形成存在初级成核和二次成核两种情形。初级成核速率要比二次成核速率大得多，对过饱和度的变化较为敏感，成核速率较难控制，为此，应尽量避免发生初级成核。加入晶种，主要是为了控制晶核的数量，从而得到粒度大而均匀的结晶产品。结晶过程中应注意控制温度，一方面，溶液温度过高，加入的晶种则可能部分或者全部被溶化，而不能起到诱导成核的作用；另一方面，温度较低，溶液中已经自发产生大量细小晶体，再加入晶种不能起到相应的作用，通常加入晶种时要轻微地搅动，使其均匀地分布在溶液中，以提高得到结晶产品的质量。

(4) 杂质的影响

溶液中某些微量杂质的存在一般对晶核的形成有控制作用，对晶体成长速率的影响较为复杂，其能抑制晶体的成长，也能促进成长。

(5) 搅拌的影响

工业生产中，大多数结晶设备中都配有搅拌装置。搅拌虽然能够促进扩散和加速晶体生成，但是实际操作中要注意搅拌的形式和搅拌的速度。如果搅拌速度太快，会导致对晶体的机械破损加剧，影响晶体产品的质量；反之，则有可能起不到搅拌的作用。

(6) 溶剂和 pH 的影响

结晶操作中采用的溶剂和 pH 应使目标溶质的溶解度较低，以提高结晶的收率，然而所用溶剂和 pH 对晶形有影响。例如：普鲁卡因青霉素在水溶液中的结晶为方形晶体，而在醋酸丁酯中的结晶为长棒状。因此，在设计结晶操作前，需通过实验确定使结晶晶形较好的溶剂和 pH。

(7) 晶浆浓度的影响

晶浆浓度越高，固、液接触比表面积越大，结晶生长速率越快，有利于提高结晶生产速度。但是晶浆浓度过高时，悬浮液的流动性差，混合操作困难。因此，晶浆浓度应在操作条件允许的范围内取最大值。

(8) 循环流速

循环流速对结晶操作的影响主要体现在以下几个方面：① 提高循环流速有利于消除设备内的过饱和度分布，使设备内的结晶成核速率及生长速率分布均匀；② 提高循环流速可增大固液表面传质系数，提高结晶生长速率；③ 外部循环系统中设有换热设备时，提高循环流速有利于提高换热效率，抑制换热器表面晶垢的生成；④ 循环流速过高会造成结晶的磨损破碎。因此，循环流速应在无结晶磨损破碎的范围内取较大值。

5. 提高晶体质量的途径

晶体质量主要是指晶体的大小、形状(均匀度)和纯度三个方面。工业上通常希望得到粗大而均匀的晶体。粗大而均匀的晶体过滤和洗涤都比较容易，在储存过程中也不易结块。但抗生素作为药品有时有其特殊的要求，非水溶性抗生素一般为了使人体容易吸收，粒度要求较细。

(1) 晶体大小

晶体大小决定于晶核形成速度和晶体生长速度之间的对比关系。如果晶核形成速度大大超过其生长速度，则过饱和度主要用来生成新的晶核，因而得到细小的晶体；反之，如晶体生长速度超过晶核形成速度，则得到较粗大的晶体。决定晶体大小的因素主要有过饱和度、温度、搅拌速度和杂质等。

(2) 晶体形状

同种物质用不同方法结晶时，所得到的晶体形状可以完全不一样。虽然它们属于同一种晶系，但是外形的变化是由于在一个方向生长受阻，或在另一方向生长加速。冷却速度、过饱和度、搅拌、pH 等对晶形都有影响。

(3) 晶体纯度

从溶液中结晶得出的晶体并不是十分纯粹的。晶体常会包含母液、尘埃和气泡等。晶体越细小，表面积越大，吸附的杂质也就越多。表面吸附的杂质可通过晶体的洗涤除去。对于非水溶性晶体，常可用水洗涤，如红霉素、制霉菌素等。有时用溶剂洗涤还能除去表面吸附的色素，对提高成品质量起很大作用。例如灰黄霉素晶体，本来带黄色，用丁醇洗涤后就显白色。又如青霉素钾盐的黄色杂质都很易溶于醇中，故可用丁醇洗涤除去。用一种或多种溶剂洗涤后，为便于干燥，最后常用易挥发的溶剂，如乙醇、乙醚等顶洗。必须强调，太细的晶体不仅吸附杂质，而且使洗涤、过滤很难进行，甚至影响生产。

当结晶速度过大时(如过饱和度较高，冷却速度很快)，常易形成包含母液等杂质的晶簇，或因晶体对溶剂有特殊的亲和力，晶格中常会包含溶剂。对于这种杂质，用洗涤的方法不能除去，只能通过重结晶来除去。例如红霉素碱从有机溶剂中结晶时，每一分子碱可含三个分子有机溶剂，用通常加热的方法很难除去，而要用水中重结晶的方法除去。

有些杂质具有相同的晶型，称为同晶现象。对于这种杂质，利用重结晶的方法也很难除去，需用其他物理化学分离方法除去。

(4) 晶体结块

晶体结块给使用带来不便。结块的主要原因是母液没有洗净，温度的变化会使其中溶质析出，而使颗粒胶结在一起。另一方面吸湿性强的晶体容易结块。当空气中湿度较大时，表面晶体吸湿溶解成饱和溶液，充满于颗粒隙缝中，如空气中湿度降低时，饱和溶液蒸发又析出晶体，而使颗粒胶结成块。粒度不均匀的晶体、隙缝较少，晶粒相互接触点较多，因而易结块，所以晶体粒度应力求均匀一致。要避免结块，还应储藏在干燥、密闭的容器中。

(5) 重结晶

重结晶以及在不同溶剂中反复结晶，能使晶体纯度提高，因为杂质和结晶物质在不同溶剂和不同温度下的溶解度是不同的。重结晶的关键是选择合适的溶剂。如溶质在某种溶剂中加热时能溶解，冷却时能析出较多的晶体，则这种溶剂可以认为适用于重结晶。如果溶质溶于某一溶剂而难溶于另一溶剂，且该两溶剂能互溶，则可以用两者的混合溶剂进行试验。其方法为将溶质溶于溶解度较大的一种溶剂中，然后将第二种溶剂加热后小心地加入，一直到稍显混浊，结晶刚开始为止，接着冷却，放置一段时间使结晶完全。

10.1.3　结晶过程的产量计算

1. 不形成水合物的结晶过程

对溶质作物料衡算：

$$WC_1 = G_c + (W - BW)C_2 \tag{10-2}$$

$$G_c = W[C_1 - (1-B)C_2] \tag{10-3}$$

式中：G_c为绝干结晶产品量，kg/h；W 为原料液中溶剂量，kg/h；B 为单位进料中溶剂蒸发量，kg/kg(溶剂)；C_1、C_2分别为原料液与母液中溶质的质量，kg(无水合溶质)/kg(溶剂)。

2. 形成水合物的结晶过程

结晶产品为水合物，对溶质作物料衡算：

$$WC_1 = \frac{G}{R} + W'C_2 \tag{10-4}$$

式中：R 为溶质水合物摩尔质量与绝干溶质摩尔质量之比，无结晶水合作用时，$R=1$；W'为母液中溶剂量，kg/h；当 $R=1$ 时，$G=G_1$。

对溶剂作物料衡算：

$$G = \frac{WR[C_1 - (1-B)C_2]}{1 - C_2(R-1)} \tag{10-5}$$

10.1.4 结晶器

目前,化学工业中已经应用的结晶器有冷却结晶器、蒸发结晶器、真空结晶器、盐析结晶器、喷雾结晶器等。

1. 冷却结晶器(不移除溶剂的结晶器)

如图 10-3 所示的内循环式间接换热釜式结晶器和图 10-4 所示的外循环式间接换热釜式结晶器是目前应用最广的冷却结晶器,这类结晶器的工作原理主要是用冷却剂使溶液冷却下来而达到过饱和,从而使溶液结晶出来。设备结构简单,制造容易,但冷却表面易结垢而导致换热效率下降。

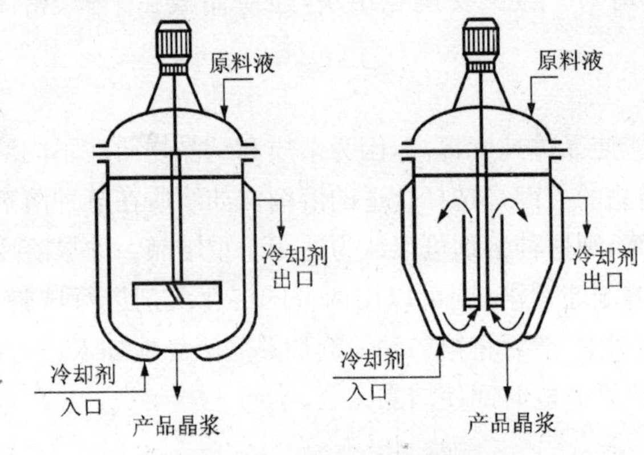

图 10-3 内循环式冷却结晶器

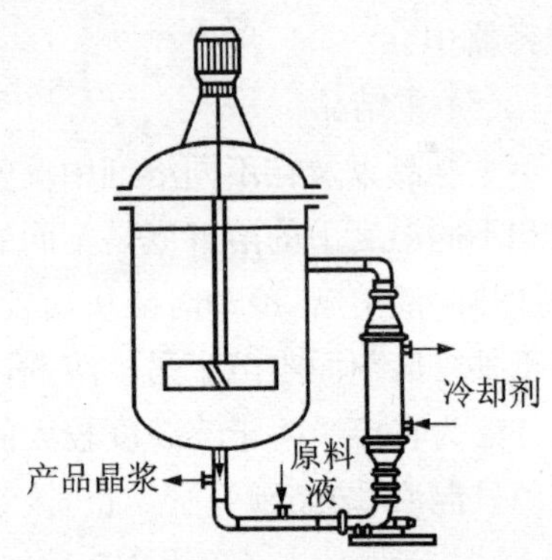

图 10-4 外循环式冷却结晶器

图 10-5 所示的结晶器为 Krystal-Oslo 分级结晶器,工作原理是器内的饱和溶液与少量处于未饱和状态的热原料液相混合,通过循环管进入冷却器达到轻度过饱和状态,在通过中心管从容器底部返回结晶器的过程中达到过饱和,使原来的晶核得以长大。由于晶体在向上流动溶液的带动下保持悬浮状态,从而形成了一种自动分级的作用,即大粒的晶体在底部,中等的在中部,最小的在最上面。

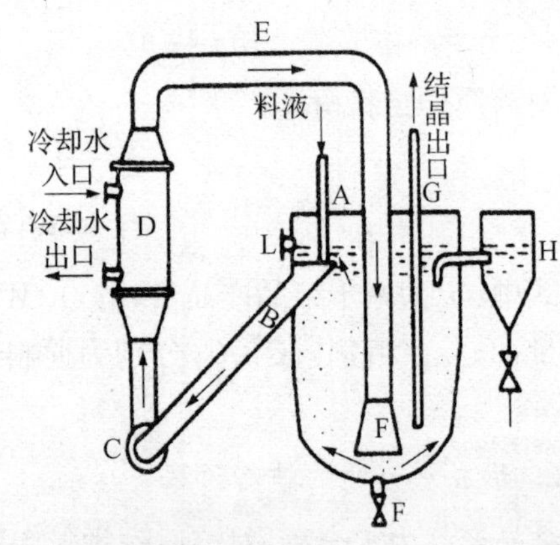

A—结晶器进料管;B—循环管入口;C—主循环泵;D—冷却器;E—过饱和吸入管;F—放空管;G—晶浆取出管;H—细晶捕集器

图 10-5 Krystal-Oslo 分级结晶器

2. 移去部分溶剂的结晶器

这类结晶器主要有蒸发结晶器和真空冷却结晶器等。

(1) 蒸发结晶器

蒸发结晶器与普通蒸发器在设备结构和操作上完全相同,如图 10-6(a)所示。溶液被加热到沸点,蒸发浓缩达到过饱和而结晶。特点是由于此设备一般在减压条件下操作,在较低温度下,溶液可较快达到过饱和状态,从而使结晶的粒度难于控制。

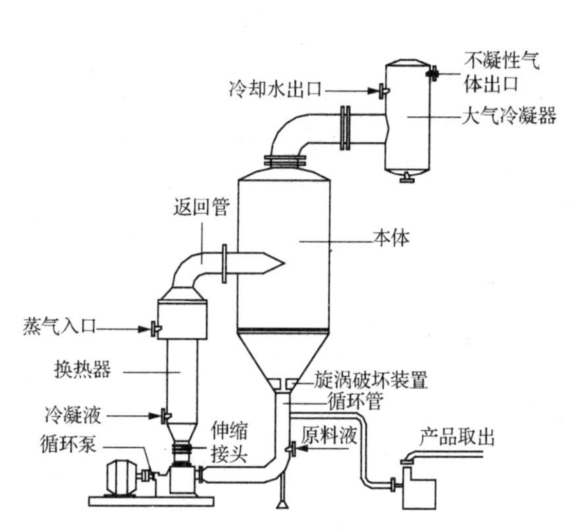

(a) 蒸发型结晶器

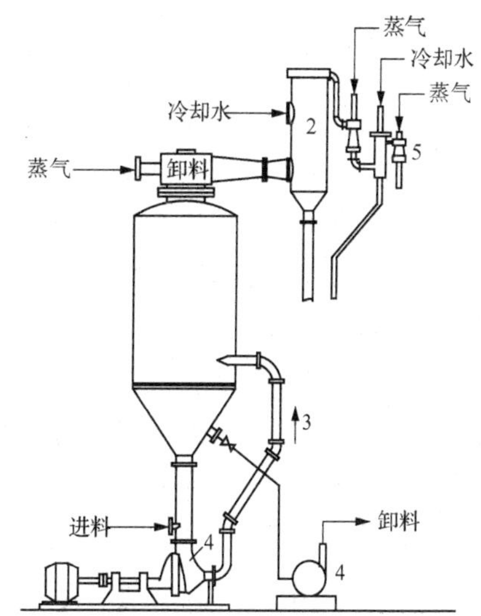

(b) 连续式真空冷却结晶器

1—蒸气喷射泵；2—冷凝器；3—循环管；4—水泵；5—双级式蒸气喷射泵

图 10-6　结晶器的两种类型

(2) 真空冷却结晶器

如图 10-6(b)所示为连续式真空冷却结晶器，它是将热的饱和溶液加入一与外界绝热的结晶器中，由于器内维持高度真空，其内部溶液的沸点低于加入溶液的温度，结晶排出。其构造简单，无运动部件，易于解决防腐蚀问题。操作可以达到很低的温度，生产能力大。溶液是绝热蒸发而冷却，不需要传热面，避免传热面上有晶体结垢，操作中易调节和控制。

§10.2　吸　　附

在现代工业中，吸附工艺作为独立的单元操作和生产工艺应用于大型工业中，是在 19 世纪 60 年代以后迅速发展起来的。近年来，一方面由于性能优良的新型吸附剂的出现，为吸附技术的广泛应用打下了良好基础，如合成沸石、炭分子筛、活性炭纤维、活性氧化铝等，它们各自不同的吸附性能使吸附工艺的应用领域不断拓宽；另一方面，随着吸附工艺的发展和突破，如变压吸附、变温吸附、模拟移动床、工业色谱等技术的开发，使吸附工艺已经成为连续操作的大型工业化过程。目前，吸附过程已经在石油、化工、能源、环境保护等领域得到广泛的应用。其主要应用的范围有：工业气体分离与制备，气体干燥与净化，有机异构体等性质接近组分的分离，环境污染治理，气体吸附、存储等。

由于吸附工艺具有设备简单、可靠、操作弹性大、对原料预处理要求不高等优点，同时随着新型吸附剂的开发和应用，吸附过程的研究和应用得到了飞速发展。国内外研究人员对此也日益重视，开展了各方面的研究与开发工作。化工吸附过程具有能耗低、操作方便、工艺流程简单、产品纯度高等优点，在许多领域已取代了传统的分离技术，尤其是应用于气体的大规模分离过程。

10.2.1 基本概念

当流体与多孔固体接触时,流体中某一组分或多个组分在固体表面处产生积蓄,此现象称为吸附。吸附也指物质(主要是固体物质)表面吸住周围介质(液体或气体)中的分子或离子现象。在固体表面积蓄的组分称为吸附物或吸附质,多孔固体称为吸附剂。根据吸附质与吸附剂表面分子间结合力的性质,可分为物理吸附和化学吸附。物理吸附由吸附质与吸附剂分子间引力所引起,结合力较弱,吸附热比较小,容易脱附,如活性炭对气体的吸附;化学吸附由吸附质与吸附剂间的化学键所引起,化学吸附常是不可逆的,吸附热通常较大。

在化工生产中,吸附专指用固体吸附剂处理流体混合物,将其中所含的一种或几种组分吸附在固体表面上,从而使混合物组分分离,是一种属于传质分离过程的单元操作,所涉及的主要是物理吸附。

10.2.2 吸附剂表征

多孔材料的物理和化学性质是与材料结构紧密相关的。多孔材料的合成、修饰及改性等都需要了解其详细的结构和性能信息,才能达到分析其用途的目的。因此,在多孔材料的研究中,对结构的分析和性能的表征显得尤为重要。多孔材料的物理特征包括孔体积、孔径分布、比表面积、堆密度等。表征多孔固体的方法很多,主要包括电镜观测(扫描电镜、透射电镜)、射线散射(小角度 X-rays、中子射线)、红外、热重分析、吸附法、压汞法等,上述每一种方法都具有其自身的优势,同时也有一定的局限性。表征方法的选择主要依据多孔固体材料的孔结构特征,以及多孔固体的实际用途。其中吸附法操作简便,是表征微孔、介孔(当孔径大于 20 nm 时,采用压汞法)吸附剂的常用方法。由于比表面积、孔体积及孔径分布直接影响多孔材料的性能和用途,因此,下面对多孔材料比表面积和孔径分布的计算方法进行介绍。由于孔体积、孔径分布、比表面积都是由吸附等温线得到的,所以还可衍生经验法——t 法与 α_s 法来进行表征多孔吸附剂。

1. 吸附等温线

正确判断等温线类型,对于计算吸附剂孔隙结构参数是非常重要的。目前,相关文献中已报道了数以万计的吸附等温线,它们包括种类繁多的固体吸附剂和气体吸附质。1985 年 IUPAC 将物理吸附的吸附等温线分为六个类型,其中前五个类型与 1940 年 BDDT 的吸附等温线分类相一致,第六种类型是 50 年代以后发现的,如图 10-7 所示。不同吸附等温线形状对应于不同吸附机理,下面以 IUPAC 的分类为基础,对不同类型的吸附等温线进行一个简要的描述。

(1) Ⅰ型

适用于化学吸附、无孔均一表面的单分子层吸附或微孔吸附剂的容积填充机制。气体在微孔吸附剂(活性炭与分子筛)上的吸附等温线呈现Ⅰ型,亚临界温度下吸附机理主要是孔填充。微孔内相邻壁面的气固作用势能相互叠加,使得微孔对气体的吸附作用显著增强,低压下吸附量便迅速升高,达到一定值后吸附等温线出现平台,压力继续升高吸附量基本保持不变。

（2）Ⅱ型

适用于大孔或无孔均一固体表面的多分子层吸附。由于吸附剂表面的吸附空间没有限制，随着压力的升高吸附由单分子层向多分子层过渡。

（3）Ⅲ型

适用于大孔或无孔吸附剂的多分子层吸附，但吸附质与吸附剂分子之间相互作用较弱，第一层分子吸附热小于以后各层分子吸附热。

（4）Ⅳ型

适用于介孔吸附剂，吸附剂机理为毛细凝聚。由于吸附过程和脱附过程的 Kelvin 半径不一样，使得两个过程不能完全重合，所以有滞留回线。以 Kelvin 方程为基础，可以计算出介孔吸附剂孔径分布。

（5）Ⅴ型

适用于介孔或微孔吸附剂，且吸附质与吸附剂分子之间相互作用较弱，同Ⅳ型等温线一样，由于有介孔存在，所以有滞留回线。

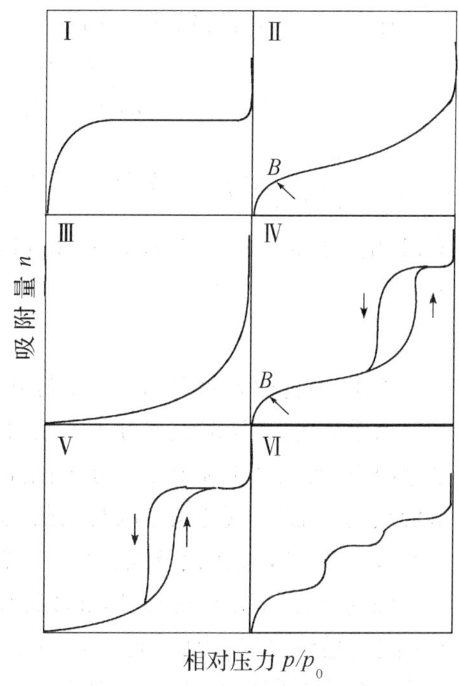

图 10-7　六种类型的吸附等温线

（6）Ⅵ型

此等温线又称作阶梯状等温线，结构简单的非极性分子，如：Ar、Kr、Xe 等在 77 K 下在能量均匀的吸附剂表面（石墨）上的吸附可以得到Ⅵ型等温线，随着温度的升高，等温线的阶梯状变得越来越不显著。等温线的垂直上升段可以认为是发生了两维相变，通过与吸附质在自由空间内发生的三维相变进行类比可以得到两维相图。

2. 比表面积

多孔材料比表面积通常都是通过吸附方法来确定的。1916 年 Langmuir 方程的提出，为气体吸附奠定了理论基础。1938 年 Brunauer、Emmett 和 Teller 共同提出了 BET 方程。尽管 BET 方程最初是用来描述无孔粉末材料上的吸附行为，在理论方面也存在一些缺陷，但在过去六十多年中，它已经成为确定多孔材料，特别是介孔材料比表面积最为经典的方法。t 法和 α_s 法也可以用来计算多孔材料的比表面积，但它们都需要选择一种无孔材料作为参比，通常这种参比材料与被测试材料具有相同的化学组成和性质，α_s 标绘经常用来检验 BET 方法的适用性。

（1）BET 方法

利用 BET 方程来确定多孔材料比表面积是当前最为常用的一种表征方法。BET 方程可表示为

$$\frac{n}{n_s}=\frac{Cp}{(p_0-p)[1+(C-1)(p/p_0)]} \tag{10-6}$$

式中：n 为吸附量，mol/kg；n_s 为饱和吸附量，mol/kg；p_0 为饱和蒸气压，kPa；p 为吸附

压力，kPa；C 为常数。

将式(10-6)进行代数变换得

$$\frac{p/p_0}{n(1-p/p_0)}=\frac{1}{n_s C}+\frac{C-1}{n_s C}(p/p_0) \tag{10-7}$$

由 $\frac{p/p_0}{n(1-p/p_0)}$ 对 p/p_0 作图，一般相对压力 p/p_0 在 0.05～0.35 范围内与第一吸附层相对应，利用线性拟合的斜率和截距，即可求出饱和吸附量 n_s。由饱和吸附量可以求出比表面积：

$$S=6.023\times10^{23}n_s\delta \tag{10-8}$$

式中：S 为比表面积，m^2/g；δ 为分子的截面积，m^2。

通常认为 77 K 时氮气分子的截面积为 1.62×10^{-19} m^2。实际上，在吸附剂表面不均匀的情况下，难以真正确定氮气分子截面积。在前人的研究中发现，BET 方程只适用于吸附等温线的一部分，其适用范围与吸附剂和吸附质密切相关。一般来说，适用范围为相对压力 $p/p_0<0.30$，超出此范围就会产生较大偏差。由于 BET 方程本身是描述开放表面上的多层吸附过程，对于介孔材料，在较低压力下，其吸附过程是多层吸附，可以用 BET 方程进行描述；达到一定压力后，就会发生孔内凝聚，此时 BET 方程则不再适用。尽管 BET 方法存在着诸多缺陷与不足，但是对于介孔吸附剂形成的Ⅳ型吸附等温线，BET 方法是描述此类吸附最成功的模型，它已经被公认为求比表面积的标准方法。Sing 指出在采用 BET 方程计算比表面积时需要对其进行检验：

① 在相对压力 0.01～0.30 的范围内测量 10 个实验点；

② 比较 $p/p_0=1/(C^{0.5}+1)$ 与 n_s 对应的 p/p_0，一般要求两者差异小于 10%；

③ C 必须为正值；

④ $n(1-p/p_0)$ 在 BET 标绘范围内必须为增函数。

(2) 相关的经验方法

吸附等温线的形状与气固吸附体系、吸附温度密切相关。特别是在吸附初期的单分子层吸附阶段，吸附剂孔隙结构与表面性质对等温线形状有着较大的影响。然而当吸附进入多分子层吸附阶段时，对等温线形状影响就变得很小，这就意味着吸附层厚度主要依赖于平衡压力，几乎不受吸附剂自身特性的影响。正是基于此，研究者们提出了经验性的 t 法和 α_s 法。

① t 法

首先，选择一种与被表征吸附剂性质相同的参比材料，测定其吸附等温线。通过 BET 标绘得到单层饱和吸附量 n_s，则分子层厚度 t 满足：$t=n_{(p)}/n$。假定在任意吸附压力下，被表征材料与参比材料都具有相同的吸附层厚度。测定被表征材料的吸附等温线，将等温线中自变量 p/p_0 替换为吸附层厚度 t，直线段斜率满足：

$$s_t=n/t \tag{10-9}$$

吸附剂比表面积可由下式求出：

$$S=\frac{M}{\rho_N}\times\frac{n}{t} \tag{10-10}$$

式中：M 为氮气的摩尔质量；ρ_N 为 77 K 时的液氮密度。在适宜条件下，t 法可以提供吸附剂微孔体积和外表面积。t 法最大局限性在于它必须利用 BET 法求出参比材料的单分子层饱和吸附量 n_s，可见此方法其实是 BET 方法的另一种更为简便的形式。同样，此方法不适于存在微孔填充的吸附剂。

② α_s 方法

α_s 法与 t 法类似，首先测定无孔参比材料的吸附等温线，定义参数 α_s：

$$\alpha_s = \frac{n}{n_{0.4}} \tag{10-11}$$

式中：$n_{0.4}$ 表示在相对压力 $p/p_0 = 0.4$ 时的吸附量。被表征吸附剂比表面积 S_{test} 由下式求出：

$$S_{test} = \frac{S_{ref}}{(n_{ref})_{0.4}} \times \frac{n_{test}}{\alpha_s} \tag{10-12}$$

式中：S_{ref} 为参比材料的比表面积，m^2/g。从表面上看来，α_s 法中避免了 n_s 的计算，但仍然需要计算参比材料的比表面积。α_s 法需要选择一种与被表征吸附剂化学组成相同的无孔材料来作为参比。Sing 指出，α_s 法已经成为检验 BET 比表面积有效性的工具，并且能够提供多孔结构信息。根据 α_s 标绘曲线形状可以分析出孔内吸附机理来，并且可以计算出对应孔隙体积，以及吸附剂外表面积等。因此，许多研究者采用 α_s 法来表征吸附剂。

③ D－R 方法

对于存在微孔的吸附剂，在细微孔道内，当相对压力 $p/p_0 < 10^{-4}$ 时，就已经形成了微孔填充，此时就无法用假设中的多分子层吸附去描述微孔内吸附。因此，研究者采用更为合理的微孔填充理论来描述微孔内吸附。

Dubinin 在 Polanyi 吸附势理论基础上，提出了微孔内体积填充概念。他认为微孔吸附机理与介孔和大孔的不同，由于微孔孔径很小，壁面与壁面所产生的力场叠加，使得微孔对吸附质分子有更强的吸引力，被吸附分子不是覆盖孔壁，而是对微孔内空间填充，在相对压力较低时，优先在微孔内发生吸附，这种吸附机制称为微孔填充理论（Theory of volume filling of micropore，简称 TVFM）。按照 Dubinin 的思想，吸附过程为微孔填充，而不是在孔壁上分子的吸附，从而引出微孔填充度：

$$\theta = \frac{V}{V_0} \tag{10-13}$$

式中：V_0 为微孔系统总体积，m^3；V 为压力 p 下已填充体积，m^3。Dubinin-Radushkevich 方程（D－R 方程）是假设孔径分布呈 Gaussian 分布，此方程特别适用于孔隙尺寸分布较窄微孔体系吸附。它的基本形式为

$$\ln \frac{n}{n_s} = -D \ln^2 \frac{p_0}{p} \tag{10-14}$$

其中：

$$D = \left(\frac{RT}{bE_0}\right)^2 \tag{10-15}$$

式中：E_0 为特征吸附能，kJ/mol；R 为气体常数，J/(mol·K)；T 为吸附平衡温度，K；b

为亲和系数，m^3/mol，以苯为基准定义时，N_2为0.33，CO_2为0.35。

由式(10-14)可知，$\ln\frac{n}{n_s}$与$\ln^2\frac{p_0}{p}$呈线性关系，以$\ln\frac{n}{n_s}$对$\ln^2\frac{p_0}{p}$作线性标绘。由其截距可确定饱和吸附量n_s。将n_s和被吸附分子的截面积δ代入式(10-8)，即可计算出微孔材料的比表面积。在77 K时，N_2的截面积$\delta=1.62\times10^{-19}\ m^2$，而对于273.15 K时$CO_2$截面积的选择有着一定的分歧，目前常用的方法是用液态二氧化碳的密度来推算截面积，即采用Wagner方程计算出273.15 K液态二氧化碳的密度为0.927 4 g/cm^3，对应分子截面积为$1.84\times10^{-19}\ m^2$。而多数学者则认为273.15 K液态二氧化碳的密度为1.023 g/cm^3，据此求出分子截面积为$1.72\times10^{-19}\ m^2$。

3. 孔径分布

准确估算吸附剂孔径分布对于了解吸附剂性能是至关重要的。运用吸附法来表征吸附剂的孔径分布是应用最为广泛的方法，主要分为两大类，即分子探测法和单一吸附等温线法。分子探测法是利用不同尺寸的分子来进行吸附，根据吸附量的差异来计算孔径分布。这种方法非常烦琐，它需要测量多个吸附质的等温线，因此一般很少采用这种方法。利用单一的吸附等温线来计算吸附剂的孔径分布是最为常用的一种方法。研究者们在这方面做了大量的工作，建立了许多计算模型。基于Kelvin方程的毛细凝聚理论可以很好地描述介孔内的吸附现象，并能够较好地计算介孔吸附剂的孔径分布。由于大孔和较大的介孔中很难发生毛细凝结，因此吸附剂中的大孔和部分介孔很难用吸附的方法来确定，但可采用压汞的方法测定出这部分孔的分布来。下面对介孔分子筛采用的基于Kelvin方程的表征方法——BJH(Barrett-Joyner-Halenda)法做一介绍。

由于表面张力作用，气体在介孔内吸附时，就会发生毛细凝聚现象，当相对压力达到1时，所有孔都被填满，并且在一切表面上都开始发生凝聚。相反，随着气体相对压力由1逐渐降低时，半径由大到小依次蒸发出孔中凝聚液。开始发生蒸发的孔，其名义孔半径r_m与对应的相对压力之间满足Kelvin方程：

$$\ln\frac{p_d}{p_0}=-\frac{2\gamma V_L}{R_g T}\frac{1}{r_m} \tag{10-16}$$

式中：γ为凝聚液表面张力，mN/m；p_d为脱附压力，kPa；V_L为凝聚液摩尔体积，cm^3/mol。

当吸附压力达到饱和蒸气压时，$r_m\to+\infty$。在计算过程中，认为吸附相为不可压缩流体。假定凝聚液表面张力和密度与主体液相相同。以氮气为吸附质，在液氮温度下达到平衡时有：$\gamma=8.85$ mN/m，$V_L=34.65$ cm^3/mol。脱附过程中，在凝聚液已经蒸发的孔壁上，仍然吸附着一定厚度的吸附质分子，吸附层厚度t与相对压力p_0/p有着密切关系。实际上，当平衡压力由p_1降至p_2时，吸附量的降低来自两方面：一方面是对应孔径中凝聚液的蒸发；另一方面是没有发生凝聚的孔壁上吸附层厚度的减薄。实际孔半径r_p与名义孔半径r_m之间存在如下关系：

$$r_p=r_m\cos\varphi+t \tag{10-17}$$

式中：φ为接触角，通常认为77 K时氮气与吸附剂表面的接触角$\varphi=0$。当以毛细凝结

吸附等温线表示吸附膜-气相间圆柱界面关系，Kelvin 方程就变为

$$\ln\frac{p_{a}}{p_{0}}=-\frac{\gamma V_{L}}{R_{g}T}\frac{1}{r_{m}} \tag{10-18}$$

其中介孔半径 r_p 与名义孔半径 r_m 之间同样符合式(10－17)的关系，因为在孔发生毛细凝聚以前，在孔壁上已吸附一定厚度的吸附质分子。用 Kelvin 方程计算孔径大小时，对于孔的形状必须给出一个假定，因为不同形状的孔的曲率半径与相对压力之间的关系不同。在各种经典的计算孔分布的方法中，BJH 法是最通用的方法。近年来尽管出现了分子模拟、密度函数理论等更先进的计算方法，但是 BJH 法仍然非常流行，这主要来自于该方法的简单实用。

BJH 方法有如下几条假设：① 孔为坚固的圆柱状；② 半球形液面与吸附膜的接触角为 0°；③ Kelvin 方程适用于整个计算过程；④ 对于多分子层厚度能够进行准确校正。对于未充满凝聚液的孔，Halsey 和 Harkins-Jura 分别提出了关于壁面上吸附层厚度 t 与相对压力 p_0/p 经验方程：

Halsey：
$$t=t_m\left[\frac{-5}{\ln(p_0/p)}\right]^{\frac{1}{3}} \tag{10-19}$$

Harkins-Jura：
$$t=\left[\frac{13.99}{0.34-\log(p_0/p)}\right]^{1/2} \tag{10-20}$$

式中：t_m 为单分子层厚度，m。BJH 法的孔径分布一般根据 77 K 时氮气脱附等温线数据，通过吸附层厚度 t 公式和 Kelvin 方程进行计算，对于介孔吸附剂，在没有特别说明的情况下，也采用这种方法。此外，BJH 孔径分布也可根据 77 K 时氮气吸附等温线数据，通过吸附层厚度 t 公式和 Kelvin 方程计算得出。

天津大学苏伟在博士论文《椰壳基微孔活性炭制备与表征研究》中对 SLD(Simple Local Density)法与基于 D－R 方程的 DRK 标绘方法用来表征微孔吸附剂的孔径分布进行了详细比较，这里简单介绍一下计算炭分子筛与活性炭孔径分布 SLD 法的基本思路。

吸附剂的吸附等温线可以由下式来计算：

$$n(p)=\int_{L_{\min}}^{L_{\max}}f(L)w(p,L)\mathrm{d}L \tag{10-21}$$

式中：$n(p)$为活性炭的吸附量；$w(p, L)$是孔的局部等温线；$f(L)$为孔径分布函数。

通常在计算孔径分布时，都需要事先假设出孔径分布函数。对于一些孔分布较宽的炭吸附剂，根本无法准确估计其孔分布函数。基于此，对吸附剂的孔径进行离散化处理，取最小孔径 $L_{\min}=0.4$ nm，最大孔径 $L_{\max}=6.0$ nm，将孔径的大小分成 56 组，每组孔的孔径跨度为 0.1 nm，吸附量可以看作各组孔的吸附量之和：

$$n(p)=\sum_{i=1}^{56}w(p,L_i)v_i \tag{10-22}$$

式中：$w(p, L_i)$为第 i 组孔的局部等温线；v_i 为第 i 组孔的孔体积；L_i 为第 i 组孔的名义孔径。

为了简化计算，取第 i 组孔的最大孔径和最小孔径的算术平均值作为该组孔的名义孔

径。采用 SLD 理论可以计算出每一组孔的局部等温线，吸附剂吸附量 $n(p)$ 可由实验测得，对式(10-22)进行优化处理，就可以求出任意一组孔的孔体积 v_i，这样就得到了炭吸附剂的孔径分布。

10.2.3 固定床吸附法分离效率的计算

1. 穿透曲线

穿透曲线是指一个最初干净的吸附床(无吸附物)对一恒定组成流出物应答的特征曲线。它包括一个均匀预饱和的吸附床和一个浓度在变化着的流出物。在流动状态下，吸附床内任一给定点的吸着组分浓度是时间的函数，它是由吸附床内浓度锋面的移动造成的。穿透曲线的形状或宽度对吸附器和循环分离过程的设计至关重要。为获得有效的分离，陡峭的浓度锋面是希望的。

实验中，吸附床中装填的固相吸附剂是固定不动的，因此在操作过程中，床层内吸附质的浓度分布以及流体在床层中各处的浓度均随时间而改变。吸附床中吸附传质过程大致可分为三个不同的时期，相应的吸附床层中形成不同的吸附质浓度分布区域，如图 10-8 所示。

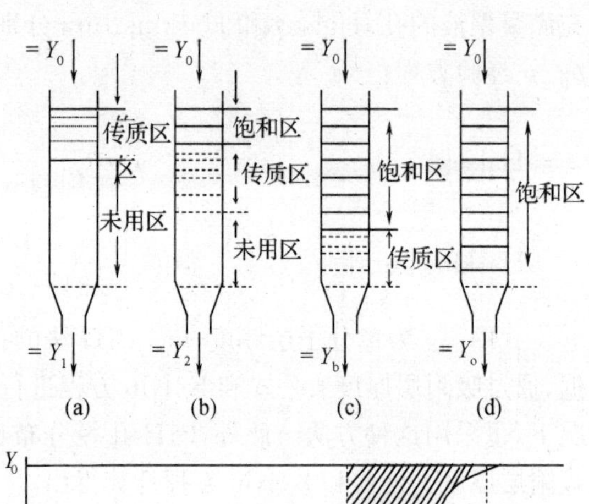

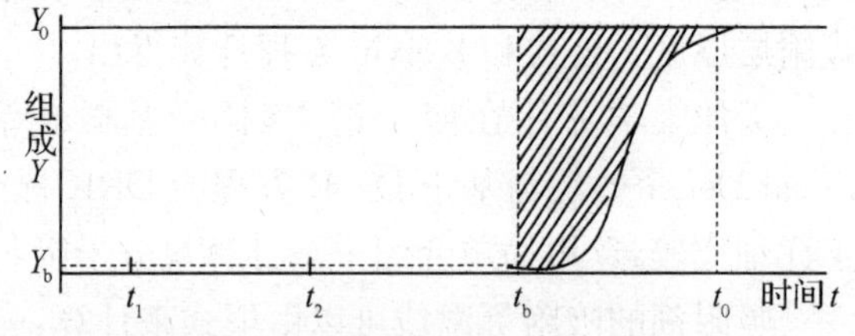

图 10-8 吸附床中吸附过程示意图

(1) 在吸附床的顶部形成传质区时期

含吸附质浓度为 Y_0 的流体，自上而下连续不断地流经吸附床。开始吸附剂中不含吸附质，床层最上端的吸附剂对吸附质的吸附较快。由于吸附速度并非无穷大，也很难瞬时气固接触就达到平衡，因此在吸附床顶端入口处形成一个吸附质浓度由大到零变化的区域。在此区域内，流体中的吸附质浓度也有一个相应的分布，如图 10-8(a)所示。

在吸附床流体入口处的吸附剂未达到饱和之前，随着流体的不断加入，此区域内任意一点的吸附质浓度将随时间而不断增大，且此区域的高度也不断扩大，直至吸附床流体入口处的吸附剂达到饱和为止。此时从入口处向下的吸附床内形成一个吸附质浓度分布由饱和到零的区域，称为吸附传质区。由流体开始加入到此刻所需要的时间，称为吸附区形成时间，传质区所占床层高度称为传质区高度。从此时开始，随着流体的不断加入，吸附传质区将下移，但其高度基本不变。显然在传质区形成期间，若床层足够高，吸附床可分为两个区域：传质区和未用区。如图 10-8(a)所示，吸附传质过程只发生在传质区内。

(2) 传质区在吸附床层内的移动时期

传质区形成之后，随着流体的继续加入，传质区将不断向前平移，在其后便形成饱和区，并随之不断扩大。如果吸附床层足够高，整个吸附床从上至下将分成三个不同的区域：上端为饱和区，中间为吸附传质区，下端为未用区，如图 10－8(b)所示。

饱和区内的吸附剂已经饱和，未用区的吸附剂还未吸附吸附质，这两部分不会发生吸附传质过程，吸附传质过程只发生在吸附传质区内。传质区内吸附剂有一个随高度变化的吸附质浓度分布，称为吸附质负荷曲线。吸附区像波一样，随着流体的加入而不断向前推动，故称吸附波。一般可以假设吸附波形成之后，波形(浓度分布)不因流体的继续加入而改变，并以恒定的速度(称为传质区的移动速度)向前移动，该移动速度比流体流过床层的线速度小得多。

在传质区移动期间，流出物中吸附质的浓度仍接近于 0，直至传质区的下部到达床层的底端。如图 10－8(c)所示，此时流出物吸附质的浓度将突然上升到一个可观的数值 Y_b，吸附操作到达了所谓的“穿透点”。

(3) 传质区开始离开固定床直至完全离开时期

流出物中吸附质浓度由 Y_b 至 Y_0 的时期是传质区开始离开至完全离开的时期，相应的时间为 t_b 至 t_0，此时 Y 随 t 的变化关系成 S 形曲线，称为穿透曲线，可以通过实验测定。当传质区离开吸附床后，整个吸附床都成为饱和区，失去了吸附能力，如图 10－8(d)所示。

2. *动态吸附量计算*

动态法测出的吸附量只有在一些理想化的实验条件下才是准确的，即等温操作、吸附床层无压降、足够稀释的混合气、活塞流与气固相之间浓度可瞬间达到平衡等，这里介绍一种理想动态吸附床中吸附量的求算方法。动态法测定吸附平衡的基本原理是在整个动态吸附过程中，分别计算流入吸附床的气体总量和流出床层的气体总量，由于吸附的发生，两者必不相等，由其差值即可计算吸附量，如图 10－9 所示。

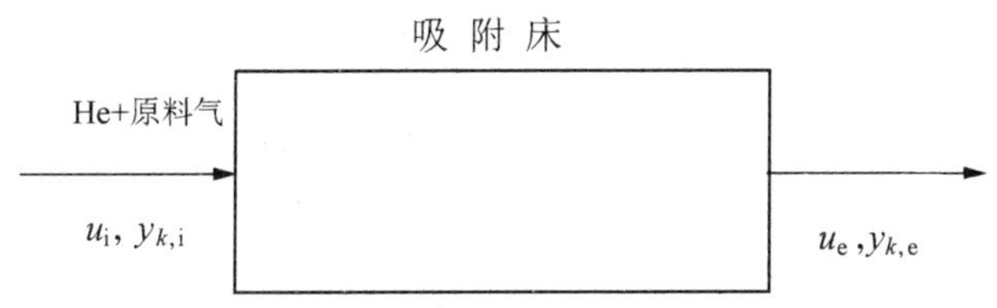

图 10－9　吸附床物料衡算

对可被吸附的组分 k 作物料衡算。设某一时刻，u_i 是进口气体线速度，$y_{k,i}$ 为进口气体中 k 组分的百分含量，u_e 为出口气体线速度，$y_{k,e}$ 是出口气体中 k 组分的百分含量。u_e 和 $y_{k,e}$ 由取样分析出床层出口处的气体浓度来计算。并设 L 为吸附床层长度，ε 为床层总空隙率，包括吸附剂颗粒间的孔隙以及吸附剂内部的孔体积，A 是床层截面积，c_g 为气相总浓度。吸附剂质量为 m，操作压力为 p。若实验中各组分完全透出，则已达到吸附平衡时的时间为 t(如图 10－8)，则在整个时间段 t 内对组分 k 作衡算，有下式成立：

$$k\text{ 组分流入量} = k\text{ 组分流出量} + \text{床层内 } k\text{ 组分累积量} + k\text{ 组分吸附量}$$

$$\int_0^t u_i A c_g y_{k,i} \mathrm{d}t = \int_0^t u_e A c_g y_{k,e} \mathrm{d}t + \varepsilon A L y_{k,i} p / R_g T + m n_k \tag{10-23}$$

式(10－23)中 n_k 即 k 组分的吸附量(mmol/g)，整理方程(10－23)可得吸附量的计算式：

$$n_k=\frac{\int_0^t (u_i y_{k,i}-u_e y_{k,e})Ac_g \mathrm{d}t-\varepsilon ALy_{k,i}p/R_g T}{m} \tag{10-24}$$

由式(10－24)即可计算动态法中各吸附组分的吸附量。对于式(10－24)中的积分项，可采用复化 simpson 法数值积分来计算。

3. 分离因子计算

分离因子是衡量气体混合物中两组分之间分离效果的一个重要参数。要计算分离因子，必须准确计算混合气中各吸附组分在吸附剂上的吸附量，这里介绍一种理想动态吸附床中吸附量的求算方法。

混合气体吸附分离体系的分离因子或选择性因子可定义如下：

$$\alpha_{ij}=\frac{(x/y)_i}{(x/y)_j} \tag{10-25}$$

式中：x，y 分别表示某组分在吸附相和气相中的摩尔分数；i，j 分别指存在于气相和吸附相的组分 i 和 j。由式(10－25)可知，二元气体吸附体系分离因子可通过吸附质分别在吸附相和气相中的组成来计算。本实验是通过动态吸附法测穿透曲线，在整个实验过程中，各组分的气相组成恒定，因此只要求出两组分在吸附相内的组成，就可以计算分离因子。

吸附相中可吸附各组分的摩尔分数具有下列关系：

$$\sum_{i=1}^{n_c} x_i=1 \tag{10-26}$$

式中：x_i 是指在吸附相中组分 i 所占的摩尔分数。而吸附相中吸附混合气总量 n_L 和组分 i 的吸附量 n_i 具有下列关系：

$$n_i=n_L x_i \tag{10-27}$$

由式(10－27)可得

$$\frac{n_i}{n_j}=\frac{x_i}{x_j} \tag{10-28}$$

因此分离因子可变形为

$$\alpha_{ij}=\frac{(x/y)_i}{(x/y)_j}=\frac{(n/y)_i}{(n/y)_j} \tag{10-29}$$

此时要计算分离因子，只需求出吸附相中各组分的吸附量。由式(10－24)与式(10－29)可得分离因子的计算公式：

$$\begin{cases}\alpha_{ij}=\dfrac{(n/y)_i}{(n/y)_j}\\[2ex] n=\dfrac{\int_0^t (u_i y_i-u_e y_e)AC_g \mathrm{d}t-\varepsilon ALy_i p/R_g T}{m}\end{cases}$$

其中 εAL 是床层内自由体积，可通过静态法装置测定，测试中把吸附床作为吸附槽，使用氦气测得体积比。

§10.3　膜 分 离

膜分离是在 20 世纪初出现，60 年代后迅速崛起的一门分离新技术。膜分离技术同时具有分离、浓缩、纯化和精制的功能，又有高效、节能、环保、分子级过滤及过滤过程简单与易于控制等特征。因此，目前已广泛应用于食品、医药、生物、环保、化工、冶金、能源、石油、水处理、电子、仿生等领域，产生了巨大的经济效益和社会效益，已成为当今分离科学中最重要的手段之一。

膜分离法是利用特殊的薄膜对液体中某些成分进行选择性透过方法的统称。常用的膜分离方法有电渗析、反渗透、超滤，其次是自然渗析、液膜技术。膜分离技术是利用一张特殊制造的且有选择透过性的薄膜，在外力推动下对混合物进行分离、提纯、浓缩的一种新型分离技术，是根据混合物物理性质的不同用筛分的方法将其分离，或根据混合物不同化学性质分离开物质。物质通过分离膜的速度(溶解速度)取决于进入膜的速度和进入膜表面扩散到膜孔道至另一表面的速度(扩散速度)。而溶解速度完全取决于被分离于膜材料之间化学性质的差异，扩散速度除化学性质外还与物质的分子量有关，速度越大，透过膜所需的时间越短，混合物中各组分透过膜的速度相差越大，则分离效率越高。

10.3.1　膜的分类与膜组件

膜可定义为两相之间的一个不连续区间，膜必须对被分离物质有选择透过的能力。性能优越的膜材料还应具有良好的热稳定性、化学稳定性、耐酸碱和微生物侵蚀以及耐氧化性能。膜按其物理状态可分为液膜、固体膜和气膜。目前，大规模工业应用多为固体膜。液膜已有中试规模的工业应用，主要用在废水处理中，而气膜分离尚处于研究阶段。

固体膜从材料性质上可分为无机多孔膜和合成膜：① 近年来，无机多孔膜材料特别是陶瓷膜，因其化学性质稳定、耐高温、机械强度高等优点，发展很快，特别是在微滤、超滤、膜催化反应及高温气体分离中的应用广泛。② 合成膜通常采用醋酸纤维素、芳香族聚酰胺、聚砜、聚乙烯、聚丙烯等高分子材料制成。合成膜又分为离子交换膜、均质膜和多孔膜。离子交换膜由带有可电离的阳离子或阴离子的高分子材料所构成；均质膜是均匀的高分子薄膜；多孔膜是在铸膜液中加发孔剂，经过蒸发和凝胶分离而成。多孔膜的分离机理是筛分作用，主要用于超滤、微滤、渗析或用作复合膜的支撑膜。

固体膜从结构上可分为非对称膜和对称膜：① 非对称膜的膜体可分为表皮层和支撑层。表皮层质地致密，厚度很小(0.1～0.2 μm)，但它决定了膜的选择性和渗透性能；支撑层具有多孔结构，它提供必要的机械强度。膜的结构可通过调节铸膜液组成和凝胶形成条件予以控制。② 对称膜是将高分子溶液浇注在平板上形成一薄层，溶液挥发后成膜，或者浇注后通过挤压成为所需厚度的均质膜。对称膜在工业上实用性不大，主要用于研究阶段膜性能的表征。

膜分离单元为膜组件，实际应用中必须有足够的膜面积。目前，膜分离装置主要有四种基本形式：板框式膜组件、中空纤维式膜组件、螺旋卷式膜组件和圆管式膜组件，如图10－10所示。

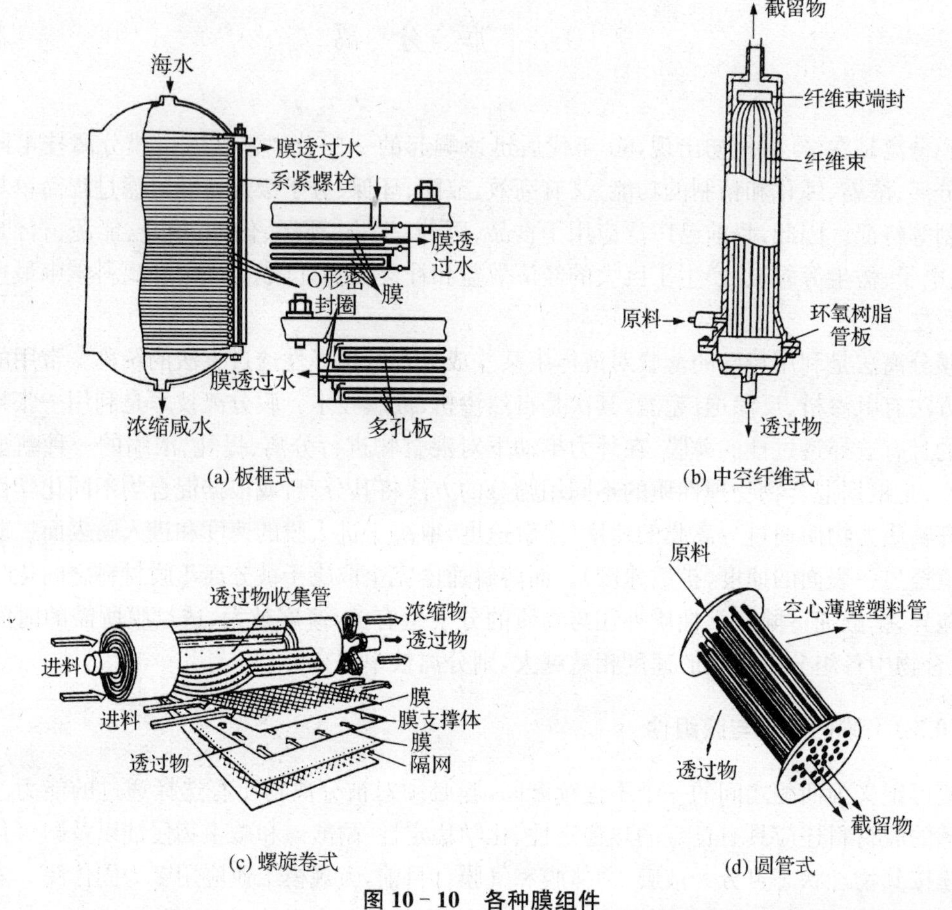

图10－10 各种膜组件

板框式膜组件类似压滤机，是最早开发的结构模式，具有易清洗的优点，然而操作压力低。中空纤维式膜组件是发展较快的结构形式，它是将膜制成中空纤维，将一束或多束中空纤维置于管式耐压容器中，纤维一端用树脂黏合剂封堵，被处理物进入壳侧，在压力作用下通过中空纤维的膜进入纤维中空部分，由开口处导出，它的特点是本身为自支撑结构，免去了支撑体，便于组装，装填密度高，可以在容积不大的管式分离器内容纳相当大的膜面积，因此，这类膜分离效率高，然而难以清洗。螺旋卷式膜组件是将膜的筒形结构缠绕于有空心的中心管上，物料由外侧进入桶内，由中心管导出，可进行较高压力的过滤；圆管式膜组件类似管式热交换器，管为薄壁多孔管；中空纤维式和螺旋卷式膜组件填充密度高，造价低，组件内流体力学条件好，但是这两种组件对制造技术要求高，密封困难，使用中抗污染能力差，对料液预处理要求高。而板框式及圆管式膜组件则相反，虽然膜填充密度低，造价高，但是组件清洗方便、耐污染，尤其适用于高黏度、含大量悬浮杂质的样品。因此，螺旋卷式和中空纤维式膜组件多用于大规模反渗透脱盐、气体膜分离、人工肾；板框式和圆管式膜组件多用于中小型生产，特别是超滤和微滤。

10.3.2 膜分离技术

膜分离技术以对分离体系具有选择性的透过膜为分离介质。当膜的两侧存在压力差或浓度差或电位差等推动力时，原料中的组分选择性地透过膜，以达到分离或纯化的目的。在化工生产中，常用的膜分离技术有微滤（MF）、超滤（UF）、反渗透（RO）、纳滤（NF）、电渗析（ED）、液膜（LM）和气膜（QM）等，下面对各种膜分离技术做简要介绍。

1. 微滤技术

微滤技术是以多孔细小的薄膜作为过滤的介质，以筛分原理为依据的薄膜过滤。在压力推动力的作用下，混合物中的溶剂、盐类及大分子物质均能透过薄膜，而微细颗粒和超大分子等颗粒直径大于膜孔径的物质均被滞留下来，以达到混合物分离的目的，进一步使溶液净化。微滤是目前膜分离技术中应用最广且经济价值最大的技术，主要应用于生物化工中的制药行业。

2. 超滤技术

超滤技术是根据筛分原理，以压力差为推动力，从溶液混合物中分离出溶剂的操作。同微滤技术相比，超滤技术受膜表面孔的化学性质影响较大，在一定的压力差下，溶剂或小分子量的物质可以透过膜孔，而大分子物质及微细颗粒却被截留，以达到分离目的。然而，超滤膜也称为不对称膜，膜孔径大小和膜表面性质分别起着不同的截留作用。超滤技术主要应用于大分子溶液的净化浓缩工艺中，在生物化工过程中应用最广。

3. 反渗透技术

反渗透过程主要是根据溶液的溶解与扩散原理，以压力差为推动力并通过半透膜来完成的膜分离过程，它与自然的渗透过程刚好相反。在浓溶液一侧，当施加压力高于自然渗透压力时，就会迫使溶液中溶剂反向透过膜层，流向稀溶液一侧，从而达到分离提纯的目的。反渗透过程主要应用于低分子量组分混合物的浓缩，如甘氨酸浓缩与乙醇浓缩等。在反渗透过程中，渗透压的大小与膜种类无关，而与溶液性质有关。

4. 纳滤技术

纳滤技术与反渗透技术相同，也是根据吸附与扩散原理，以压力差为推动力的膜分离过程。该技术除了自身的工作原理外，还具有反渗透和超滤的工作原理。因此，纳滤又可以称为低压反渗透，是一种新型的膜分离技术，它拓宽了液相膜分离的应用，分离性能介于超滤和反渗透之间，其截断分子量约为200～2 000。纳滤膜属于复合膜，允许一些无机盐和某些溶剂透过膜。纳滤过程所需压力比反渗透低得多，具有节约动力的优点。纳滤膜能截断易透过超滤膜的那部分溶质，同时又可能被反渗透膜所截断的溶质透过，其特有功能是反渗透和超滤无法取代的。此外，纳滤膜具有良好的热稳定性、pH稳定性和对有机溶剂的稳定性。因此，纳滤技术已广泛应用于各个工业领域，尤其是医药、生物化工行业的分离提纯过程。纳滤膜是现今最先进的膜分离技术。通常情况下，微滤、超滤、反渗透、纳滤四种分离技术的分界线并不明显，它们均是以压力作为推动力，被截断的溶质直径大小在某些范围内存在相互重叠的范围。

5. 电渗析技术

电渗析技术是在直流电作用下以电位差为推动力，利用离子交换膜的选择透过性，把电解质从溶液中分离出来，从而实现溶液的淡化、精制或者纯化。电渗析用的是带电膜，在电场力推动下从水溶液中脱除离子，主要用于苦咸水的脱盐。反渗透、超滤、微滤、电渗析是工业开发应用比较成熟的四种膜分离技术，这些膜分离过程的装置与流程设计都相对成熟。

6. 液膜分离技术

液膜是通过悬浮在液体中的一层乳液微粒所形成的液相膜。根据溶解和扩散原理，液相膜可以将两个组成不同而又互溶的溶液分开，并通过渗透起到混合物分离与提纯的效果，液膜技术克服了固体膜存在的选择性低和通量小特点。液膜通常由溶剂、表面活性剂和相应添加剂构成。液膜按照构型和操作方式可分为乳化液膜(Liquid surfactant membranes)和支撑液膜(Supported liquid membranes)。

7. 气膜分离

气体膜分离在20世纪80年代发展迅速，可以分离 H_2、O_2、N_2、CH_4、He 及其他酸性气体，如 CO_2、H_2S 和 SO_2 等。目前，已工业化规模的气体膜分离体系包括：空气中 N_2 与 O_2 的分离，合成氨工厂中 N_2、Ar 与 CH_4 混合气中 H_2 的分离，以及天然气中 CH_4 与 CO_2 的分离等。气体膜分离主要是根据混合原料气中各组分在压力推动力下，通过膜的相对传递速度不同或者筛分效应而实现分离。目前，常见气体通过膜的分离机理有两种：一是气体通过多孔膜的微孔扩散机理，一是气体通过致密膜的溶解-扩散机理。

当气体混合物通过多孔膜向低压区扩散时，扩散速度较快。因此，当膜孔径远小于气体分子的平均自由程时，气体分子与孔壁之间的碰撞概率远大于分子之间的碰撞概率，气体扩散为 Knudsen 扩散，气体在孔内的扩散系数正比于膜孔径和平均分子速率，平均分子速率与分子量(M)的平方根成反比。对于气体 A 在圆柱形孔中的 Knudsen 扩散系数 D_A，可用式(10-30)来表示：

$$D_A = 9.700 \quad d_p \left(\frac{T}{M_A}\right)^{0.5} \tag{10-30}$$

式中：D_A 为扩散系数，cm^2/s；d_p 为膜的平均孔径，cm。其中单位面积的膜通量由有效扩散系数 D_{eA} 决定，而有效扩散系数可由下式表示：

$$D_{eA} = \frac{D_A \varepsilon}{\tau} \tag{10-31}$$

式中：ε 为膜的孔隙率；τ 为膜孔的曲折因子。若膜结构均匀且气体组分之间不反应，气体通量与组分浓度梯度呈线性关系。当气体为理想气体时，扩散通量可用分压梯度表示：

$$J_A = D_{eA} \frac{\Delta c_A}{\Delta z} = D_{eA} \frac{\Delta p_A / RT}{\Delta z} \tag{10-32}$$

对于两组分体系，通过膜的气体中组分 A 的摩尔分数为

$$y_A = \frac{J_A}{J_A + J_B} \tag{10-33}$$

当气体分子与孔壁之间的碰撞概率远小于分子之间的碰撞概率时，气体通过微孔的传递过程属于黏性流机理，又称 Poiseuille 流；当孔径 r 与分子自由程 λ 相当时，气体通过微孔的传递过程是 Knudsen 扩散和黏性流并存。对于纯气体，可由 Knudsen 因子（K_n）进行判断：

$$K_n = \frac{\lambda}{d_p} \tag{10-34}$$

其中

$$\lambda = \frac{16\mu}{5\pi p}\sqrt{\frac{\pi RT}{2M}} \tag{10-35}$$

式中：p 为压力，Pa；μ 为黏度，Pa·s。

当 $K_n \ll 1$ 时，说明黏性流占主导地位；当 $K_n \gg 1$ 时，说明 Knudsen 扩散占主导地位；当 $K_n = 1$ 时，黏性流与 Knudsen 扩散并存。

另外，渗透汽化是唯一有相变的膜过程，在组件和过程设计中均有它的特殊之处。膜一侧为液相，在两侧分压差的推动下，渗透物的蒸气从膜的另一侧导出。渗透汽化过程分为两步：首先，原料液的蒸发；其次，蒸发生成的气相渗透通过膜。渗透汽化膜技术目前主要用于有机物-水混合体系、有机物-有机物混合体系分离，这是最有可能替代部分能耗高的精馏技术的膜分离过程。20 世纪 80 年代初，有机溶剂脱水的渗透汽化膜技术就已进入工业规模的应用。表 10－1 列出了 9 种常用膜分离技术的基本特征。

表 10－1　常用膜分离技术的基本特征

过程	分离目的	透过组分	截留组分	透过组分在料液中的组成	推动力	传递机理	膜类型	进料和透过物状态
微滤	溶液或气体脱粒子	溶液、气体	0.02 ～ 10 μm 粒子	大量溶剂及少量分子溶质和大分子溶质	压力差，约 100 kPa	筛分	多孔膜	液体或气体
超滤	溶液脱大分子、大分子溶液脱小分子、大分子分级	小分子溶液	1～20 nm 分子溶质	大量溶剂、少量分子溶质	压力差，100 kPa ～ 1 000 kPa	筛分	非对称膜	液体
纳滤	溶剂脱有机组分、脱高价离子、软化、脱色、浓缩、分离	溶剂、小分子溶质	1 nm 以上溶质	大量溶剂、低价小分子溶质	压力差，500 kPa ～ 1 500 kPa	溶解-扩散效应	非对称膜或复合膜	液体
反渗透	溶剂脱溶质、含小分子溶质溶液浓缩	溶剂、可被电渗析的截留组分	0.1～1 nm 小分子溶质	大量溶剂	压力差，1 000 kPa～10 000 kPa	优先吸附、毛细管流动、溶解-扩散	非对称膜或复合膜	液体
透析、渗析	大分子溶质溶液脱小分子、小分子溶液脱大分子	小分子溶质	＞ 0.02 μm 截留，血液渗析中 ＞5 nm 截留	较小组分或溶剂	浓度差	筛分微孔膜内的受阻扩散	非对称膜或离子交换膜	液体

续表

过程	分离目的	透过组分	截留组分	透过组分在料液中的组成	推动力	传递机理	膜类型	进料和透过物状态
电渗析	溶液脱小离子、小离子溶质的浓缩、小离子的分级	小离子组分	同性离子、大离子和水	少量离子组分、少量水	电化学势、电渗透	反离子经离子交换膜的迁移	离子交换膜	液体
气体分离	气体混合物分离、富集，或特殊组分的脱除	气体、较小组分或膜中易溶组分	较大组分(除非膜中溶解度较大)	两者都有	压力差，1 000 kPa～10 000 kPa、浓度差	溶解-扩散	均质膜、复合膜、非对称膜、多孔膜	气体
渗透汽化	挥发性液体混合物的分离	膜内易溶解组分或挥发组分	不易溶解组分或较大、较难挥发物	少量组分	分压差、浓度差	溶解-扩散	均质膜、复合膜、非对称膜	料液为液体，透过物为气体
乳化液膜分离	液体混合物或气体混合物分离、富集，特殊组分的脱除	在液膜相中有高溶解度的组分或能反应的组分	在液膜相中有难溶解的组分	少量组分在有机混合物中的分离	浓度差、pH差	促进传递和溶解-扩散	液膜	通常都为液体，也可以为气体

10.3.3 膜分离技术的应用及发展方向

膜分离技术具有诸多优点：① 膜分离过程不发生相变，因此能量转化的效率高，例如：现有的各种海水淡化方法中，反渗透法能耗最低；② 膜分离过程通常在常温下进行，因而特别适用于热敏性物料混合体系，例如：对果汁、酶与药物等的分离、分级和浓缩；③ 应用范围广，对无机物、有机物及生物制品都可适用，还适用于溶液中大分子与无机盐混合体系、部分共沸物及近沸点物系等特殊溶液体系的分离；④ 装置简单，操作容易，易控制、维修，不产生二次污染，易于实现自动化，且分离效率高。作为一种新型的水处理方法，与常规水处理方法相比，具有占地面积小、适用范围广、处理效率高等特点。

正是由于膜分离技术在生产中表现出来的优越性，使得这项新型分离技术的研究方兴未艾。早在一百多年前，研究人员已在实验室中制造微孔滤膜，然而直到 1918 年，才由 Zsigmondy 提出商品微孔过滤膜的制造法，并报道了在分离和富集微生物与微粒方面的应用。1925 年在德国建立世界上第一个微孔滤膜公司“Sartorius”，专门经销和生产微孔滤膜。微滤技术在 20 世纪 30 年代已商品化，如硝酸纤维素微滤膜，二战结束后，美国对微孔滤膜的制造和应用技术进行了广泛研究，这些研究成为当前膜过滤器的原型。60 年代后，微孔滤膜的主要研究方向是发展新品种，扩大应用范围。近年来，以四氟乙烯和聚偏氟乙烯制成的微滤膜已商品化，其具有耐溶剂、耐高温与化学稳定性好等优点，目前销售量居世界第一位。超滤技术是从 70 年代进入工业化应用，其后迅速发展，目前已成为应用领域最广的技术。日本开发出孔径为 5～50 nm 的陶瓷超滤膜，截留分子量为 2 万，并开发成功直径为 1～2 mm，壁厚 200～400 μm 的陶瓷中空纤维超滤膜，特别适合于生物制品的分离提纯。离子交换膜和电渗析分离技术主要应用于苦咸水脱盐，市场容量已接近饱和。然而 80 年代开发的新型含氟离子膜在氯碱工业成功应用后，引起了氯碱工业生产工艺的深刻变化。离子膜法要比传统隔膜法节省约 30％的总能耗，节约 20％的投资。1990 年，世界上已有 34 个国家近 140 套离子膜电解装置投产，2000 年，全世界约 1/3 的氯碱生产转向膜法。

20 世纪 60 年代，Loeb 与 Sourirajan 发明了第一代高性能的非对称性醋酸纤维素膜，反渗透技术才发展起来，并把反渗透技术首次应用于海水及苦咸水的淡化。70 年代成功开发高效芳香聚酰胺中空纤维反渗透膜，使反渗透膜性能进一步提高。90 年代出现低压反渗透复合膜，为第三代反渗透膜，膜的性能大幅度提高，这为反渗透技术的发展开辟了广阔前景。目前，反渗透技术已在许多领域得到广泛应用，例如：超纯水制造，锅炉水软化，食品以及医药的浓缩，城市污水处理，化工废液中有用物质的回收利用。气体膜分离技术起源于 1979 年 Monsanto 公司建立 Prism 系统来分离 H_2/N_2，这将气体分离推向工业化应用。1985 年，Dow 化学公司向市场提供以富集氮气为目的的空气分离器"Generon"，用于石油、化工与天然气等生产领域，大大提高了生产过程的经济效益。渗透汽化则是在 20 世纪 80 年代后期进入工业应用，它可以高效分离醇类等恒沸物脱水，由于该过程的能耗仅为恒沸精馏的 1/3～1/2，而且不使用苯等挟带剂，在取代恒沸精馏及其他脱水技术上具有很大的经济优势。目前，德国 GFT 公司是率先开发成功 GFT 商品膜的公司。90 年代初向巴西、德、法、美、英等国出售了 100 多套生产装置，其中最大的为年产 4 万吨无水乙醇的工业装置，建于法国。除此之外，用 PV 法进行水中少量有机物脱除及某些有机/有机混合物分离，例如：水中微量含氯有机物分离，MTBE/甲醇分离，近年也有中试规模的报道。

我国膜技术的发展是从 1958 年研究离子交换膜开始，60 年代进入开创阶段。1965 年开始进行反渗透技术的探索，1967 年全国海水淡化会战，大大促进了我国膜科技的发展。70 年代进入开发阶段，微滤、电渗析、反渗透和超滤等各种膜与膜器件都相继开发出来，80 年代跨入了推广应用阶段，同时 80 年代又是气体分离和其他新膜开发阶段。

目前，膜分离技术在应用中所占的大体百分比为：微滤 35.7％，反渗透 13.0％，超滤 19.1％，电渗析 3.4％，气体分离 9.3％，血液透析 17.7％，其他 1.7％。膜分离技术将在节能技术、生物医药技术、环境工程领域发挥重要作用。在解决一些具体分离对象时，可综合利用几个膜分离过程或者将膜分离技术与其他分离技术耦合起来，以达到最佳分离效率和经济效益。例如：微电子工业用的高标准超纯水要用反渗透、离子交换和超滤综合流程；从造纸工业黑液中回收木质素磺酸钠要用絮凝、超滤和反渗透。膜分离技术突破的关键是进一步研制更高通量、更高选择性和更稳定的新型膜材料以及更优的膜组件设计，这在很大程度上决定了未来膜技术的发展。

§10.4 短程蒸馏技术

短程蒸馏是一项能解决大量常规蒸馏技术所不能解决问题的新型分离技术。短程蒸馏过程与常规精馏过程不同，在短程蒸馏过程中，混合液沿着加热板向下流动，加热后轻、重分子便向气相逸出，变成气体分子，由于轻、重分子自由程不同，轻分子自由程大，可达到冷凝板，冷凝后沿着冷凝板向下流动，重分子自由程小，达不到冷凝面而在气相中饱和，并返回液相，沿加热板向下流动，从而使混合物中轻、重组分分离，分离过程如图 10－11 所示。这种依靠分子运动自由程的差异将液体混合物分离的技术也称为分子蒸馏技术。

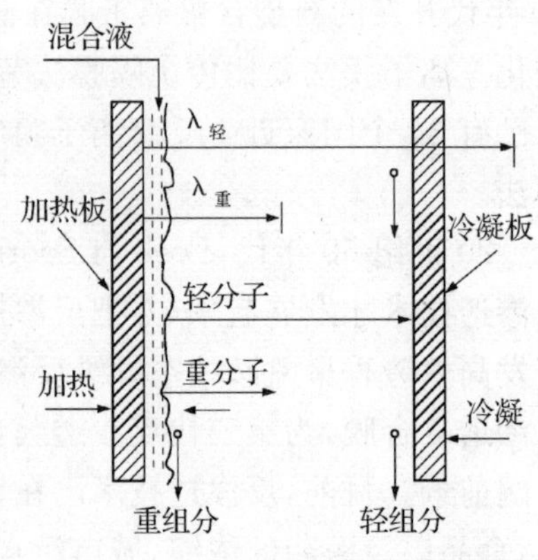

图 10－11 短程蒸馏原理示意图

短程蒸馏过程可分四个步骤进行：首先，分子从液相主体向蒸发表面扩散。通常液相中的扩散速度是控制分子蒸馏速度的主要因素，应尽量减薄液层厚度，并且要强化液层的流动。其次，分子在液层表面上的自由蒸发。蒸发应以被加工物质的热稳定性为前提，选择经济合理的蒸馏温度。第三，分子从蒸发表面向冷凝面运动。此时，在两相界面之间呈杂乱无章热运动状态的残留空气分子数目是影响运动方向和蒸发速度的主要因素。最后，分子在冷凝面上冷凝。只要保证冷、热两面间有足够的温度差(一般为 70～100 ℃)，冷凝表面的形状合理且光滑，则轻分子可在冷凝面上快速冷凝，因此，可认为冷凝步骤是在瞬间完成的。

短程蒸馏常常用来分离常规蒸馏不易分开的物质，然而对于这两种方法均能分离的物系而言，短程蒸馏的分离程度更高。由于短程蒸馏技术具有蒸馏温度低(小于物料的沸点)、蒸馏压强低(一般为 1～10 Pa)、受热时间短(如在真空蒸馏条件下需受热 1 小时分离的物质，分子蒸馏仅需十几秒)、分离程度高等特点，可在极高真空度(0.01～1 Pa)下操作，能使液体在远低于其沸点的温度下分离。因此，特别适用于高沸点、热敏性及易氧化物料的分离，大大降低了高沸点物料的分离成本，极好地保护了热敏性物料的特点和品质。由于这些独特的优点，短程蒸馏技术已经得到了广泛的应用，其工业应用包括食品、化妆品、制药、航天、塑料、石化、制蜡、造纸和基础化学工业等领域。目前，我国短程蒸馏技术已达到国际先进水平，在工业化应用方面特别是精细化学产品中，已经得到了广泛的应用，相信该项技术会对精细化学品的发展起到更大的促进作用。

§10.5 微波萃取技术

微波的频率在 300～300 000 MHz，是介于红外线和无线电波之间的电磁波，其波长在 1～1 000 mm。民用加热用微波频率一般采用 2 450 MHz，波长为 122 mm。微波主要特点是它的似光性，即微波与频率较低的无线电波相比，更能像光线一样地传播和集中；穿透性与红外线相比，微波照射介质时更容易深入物质内部。多年来人们一直在探索速度快、消耗少、效率高且重复性好的提取方法，从传统的溶剂振荡萃取、索氏提取、超声提取到近来发展起来的快速溶剂萃取和超临界萃取，这些技术由于成本和分离效率等问题，在应用中都存在一定的局限性。直到 1986 年，Gedve 等人将微波技术应用于有机化合物萃取。他们利用普通家用微波炉，将样品放置其中，通过选择功率挡、作用时间和溶剂的类型，仅用短短几分钟的萃取，就获得了传统加热需要几个小时甚至十几个小时才能得到的目标物质。微波萃取技术表现出了巨大应用潜力和良好发展前景，激发了人们极大的兴趣。微波萃取基本工艺流程如图 10 - 12 所示。

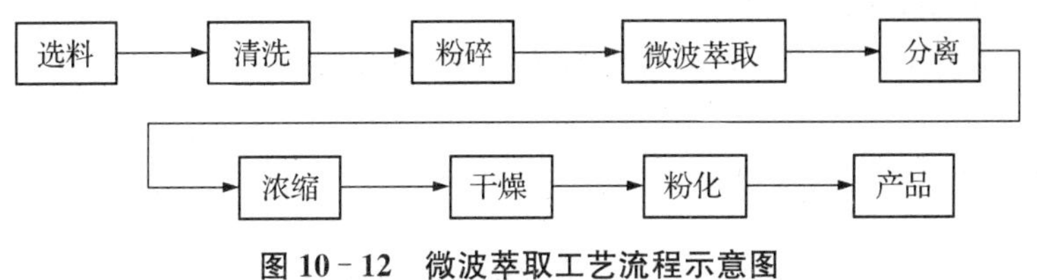

图 10 - 12 微波萃取工艺流程示意图

在微波萃取过程中，高频电磁波穿透萃取介质，到达被萃取物料的内部，微波迅速转化为热能，使物质细胞内部温度迅速升高。当细胞内部压力超过细胞壁承受能力时，细胞破裂，细胞内有效成分自由流出，在较低温度下溶解在萃取介质里，再通过分离，便获得萃取物料；同时，在微波辐射作用下，被萃取物料成分加速向萃取溶剂界面扩散，从而使萃取速率提高数倍，而且降低了萃取温度。

传统热萃取技术是以热传导、热辐射等方式由外向里进行，而微波萃取技术则是微波瞬间穿透物料，里外同时加热进行萃取，其主要优点包括：① 质量高，可有效地保护食品、药品以及其他化工物料中的活性功能成分；② 纯度高，萃取率高；③ 选择性好，由于微波萃取过程中可以对萃取物质中不同组分进行选择性加热，故能使目标物质直接从基体中分离，而且速度快，可节省 50%～90%的时间；④ 溶剂用量少，节能，无污染；⑤ 仪器设备简单，低廉，适应面广；⑥ 处理批量大，萃取效率高。20 世纪 90 年代，加拿大环境保护部和美国 CEM 公司经过多年的研究，开发了新一代的微波萃取系统（MARSX），该系统采用了能量最小化技术，有效防止了萃取物的分解，提高了萃取回收率和重现性，美国加州环保局对 MARSX 认证后，批准 MARSX 作为唯一标准萃取仪器。美国环保局（USEPA）通过对 17 种稠环芳香碳氢化合物、14 种苯酚类化合物、8 种碱性或中性化合物以及 20 种有机农药的研究认证了微波萃取法不会破坏任何被测分析物的分子结构。由于微波萃取技术的成功应用，美国环保局已将微波萃取技术认定为标准方法 EPA3546。此法应用于环境样品中挥发性有机物和半挥发性有机物的萃取，也被美国材料试验协会（American Society for Testing Material，ASTM）采用为标准萃取方法。

当前，微波萃取技术已广泛应用到中草药、调味品、天然色素、食品、保健食品、香料、化妆品、果胶、高黏度壳聚糖分离以及土壤分析等领域。中国已经成功将微波萃取用于多项中草药的浸取生产过程中，如葛根、茶叶、银杏等。微波萃取成为中国 21 世纪食品加工和中药制药现代化推广技术之一。

习题

1. 结晶操作的原理是什么？
2. 过饱和溶液形成的方法有哪些？
3. 凯尔文公式的内容和意义是什么？
4. 结晶的一般步骤是什么？常用的工业结晶方法有哪些？
5. 吸附的表征方法有哪些？
6. 动态吸附量的计算过程是什么？
7. 吸附床分离效率的如何计算？
8. 常见的膜分离方法有哪些？在实际生产中如何选择？

工程案例

乙烯回收中的膜分离技术应用

内容请见二维码

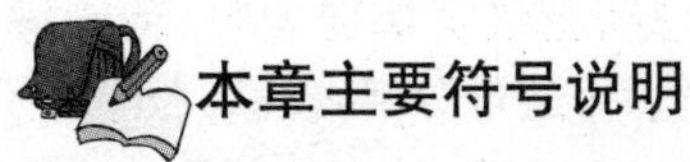

本章主要符号说明

符号	意义	单位	符号	意义	单位
Δc	溶度差过饱和度	kg(溶质)/100 kg(溶剂)	R	溶质水合物摩尔质量与绝干溶质摩尔质量之比	
c	操作温度下的过饱和浓度	kg(溶质)/100 kg(溶剂)	W'	母液中溶剂量	kg 或者 kg/h
c^*	操作温度下的溶解度	kg(溶质)/100 kg(溶剂)	n	吸附量	mol/kg
Δt	温度差过饱和度	K	n_s	饱和吸附量	mol/kg
t^*	该溶液在饱和状态时所对应的温度	K	p_0	饱和蒸气压	kPa
t	该溶液经冷却达到过饱和状态时的温度	K	p	吸附压力	kPa
G_c	绝干结晶产品量	kg 或者 kg/h	S	比表面积	m^2/g
W	原料液中溶剂量	kg 或者 kg/h	δ	分子的截面积	m^2
B	单位进料中溶剂蒸发量	kg/kg(溶剂)	M	氮气的摩尔质量	g/mol
C_1、C_2	原料液与母液中溶质的质量	kg(无水合溶质)/kg(溶剂)	ρ_N	77 K 时的液氮密度	kg/m^3

续表

符　号	意　义	单　位	符　号	意　义	单　位
S_{ref}	参比材料的比表面积	m^2/g	K	Langmuir 平衡常数	Pa^{-1}
V_0	微孔系统总体积	m^3	c_m	吸附剂表面气体单层吸附容量	mol/kg
V	压力 p 下已填充体积	m^3	k_a	Langmuir 吸附常数	$Pa^{-1}\cdot s^{-1}$
E_0	特征吸附能	kJ/mol	k_d	Langmuir 脱附常数	s^{-1}
R	气体常数	J/(mol·K)	u_i	进口气体线速度	m/s
T	吸附平衡温度	K	u_e	出口气体线速度	m/s
b	亲和系数	m^3/mol	L	吸附床层长度	m
r_m	名义孔半径	m	ε	床层总空隙率	m^3/m^3
r_p	实际孔半径	m	A	床层截面积	m^2
t_m	单分子层厚度	m	m	吸附剂质量	kg
c_0	原料气浓度	mol/m^3	d_p	膜的平均孔径	cm
c_g	组分的气相浓度	mol/m^3			

参考文献

[1] Ruthven D M. Past Progress and Future Challenges in Adsorption Research, Ind. Eng. Chem. Res., 2000, 39(7): 2127.

[2] Soule A D, Smith C A, Yang X, Lira C T. Adsorption modeling with the ESD equation of state, Langmuir, 2001, 17(10): 2950.

[3] Zhou L, Yao J, Wang Y. Estiamtion of pore size distribution by CO2 adsorption and its application in physical activation of precursors. Chinese J. Chem. Eng., 2000, 8(3): 279.

[4] 苏伟.椰壳基微孔活性炭制备与表征研究.(天津大学博士论文).天津：天津大学,2003.

[5] Sircar S, Hufton J R. Why does the linear driving force model for adsorption kinetics work?, Adsorption, 2000, 6(1): 137.

[6] Sircar S, Hufton J R. Intraparticle adsorbate concentration profile for linear driving force model, AIChE J, 2000, 46(3): 659.

[7] 丁明玉主编.现代分离方法与技术.北京：化学工业出版社,2012.

[8] 柴诚敬主编.化工原理.北京：高等教育出版社,2009.

[9] 任建新主编.膜分离技术及其应用.北京：化学工业出版社,2003.

[10] 李德华.绿色化学化工导论.北京：科学出版社,2005.

[11] 褚效中.氢同位素吸附研究(博士论文).天津：天津大学,2006.

[12] 刘秀武.有序介孔材料吸附功能研究(博士论文).天津：天津大学,2005.

[13] 郑建东,马君昌.生物化工及膜分离技术研究进展.化学与生物工程,2005,12: 8.

参考答案

绪　论

1. $w=43.2\ \mathrm{kg}$

2. $w_1=1.87\ \mathrm{kg/s}$　$w_2=2.16\ \mathrm{kg/s}$　$E=2.17\ \mathrm{kg/s}$　$x_1=0.15$

3. $x_w=0.04$

4. $1\ \dfrac{\mathrm{kcal}}{\mathrm{m\cdot h\cdot ℃}}=1.163\ \dfrac{\mathrm{W}}{\mathrm{m\cdot ℃}}$　导热系数因次式$=ML\theta^{-3}T^{-1}$

5. $R=8314\ \dfrac{\mathrm{J}}{\mathrm{kmol\cdot K}}$

6. $D'=\dfrac{9.218\times10^{-4}}{P'}\times\dfrac{T'^{2.5}}{T'+245}$

7. $\dfrac{1}{K'}=7.045\times10^{-5}+\dfrac{1}{3937\,u'^{0.8}}$

第1章　流体流动

1. 绝压$=86.4\times10^3\ \mathrm{Pa}$　表压$=-13.3\times10^3\ \mathrm{Pa}$

2. $m_{H2}=197\ \mathrm{kg}$　$m_{N2}=1378.97\ \mathrm{kg}$　$m_{CO}=2206.36\ \mathrm{kg}$　$m_{CO2}=758.44\ \mathrm{kg}$　$m_{CH4}=39.4\ \mathrm{kg}$

3. $\rho_m=764.33\ \mathrm{kg/m^3}$

4. $p_A=7161\ \mathrm{Pa}$(表压)　$p_B=6.05\times10^4\ \mathrm{Pa}$

5. $p_0=3.645\times104\ \mathrm{Pa}=3.72\ \mathrm{kgf/cm^2}$

6. $p=257\ \mathrm{Pa}$(表压)

7. $p=80.132\ \mathrm{kPa}$

8. $V_h=8.14\ \mathrm{m^3/h}$　$w_s=2.26\ \mathrm{kg/s}$　$G=800\ \mathrm{kg/(m^2\cdot s)}$

9. (1) $w_s=1.09\ \mathrm{kg/s}$　(2) $V_s=0.342\ \mathrm{m^3/s}$　(3) $V_0=0.863\ \mathrm{m^3/s}$

10. (1) $U_b=3.0\ \mathrm{m/s}$　(2) $V_s=0.02355\ \mathrm{m^3/s}=84.78\ \mathrm{m^3/h}$

11. $\dfrac{p_1-p_2}{\rho g}=0.866/9.81\ \mathrm{m}=0.0883\ \mathrm{m}=88.3\ \mathrm{mm}$

12. (1) $N=2.31\ \mathrm{kW}$　(2) $p_B=6.2\times10^4\ \mathrm{Pa}$

13. (1) $V_1=0.142\ \mathrm{m^3/s}$　$V_2=0.158\ \mathrm{m^3/s}$　(2) $\sum h_{f,A-B}=109\ \mathrm{J/kg}$

14. (1) 以低位槽液面为0—0′截面，高位槽液面为1—1′液面，以0—0′截面为基准面

在0—0′与1—1′截面间列伯努利方程。$H_e=20\ \mathrm{mH_2O}+5\ \mathrm{mH_2O}=25\ \mathrm{mH_2O}$，外加功$W_e=25\times9.81\ \mathrm{J/kg}=245.25\ \mathrm{J/kg}$

(2) $u=2.03\ \mathrm{m/s}$

(3) $V_s=3.98\times10^{-3}\ \mathrm{m^3/s}$　$P_e=0.977\ \mathrm{kW}$

(4) $p_B = 91429$ Pa $p_A = 1.552 \times 105$ Pa

15. (1) $H_e = 25.1$ m (2) $p_3 = 6.885 \times 104$ Pa (3) $q_V = 9.85 \times 10^{-3}$ m^3/s<0.012m^3/s，所以当水从高位槽沿原路返回时，其流量比原来小。

第2章 流体输送设备

1. (1) $p = 731.3$ W (2) $Q = 0.27 \times 10^{-2}$ m^3/s

2. $Q = 4.52 \times 10^{-3}$ m^3/s $H = 19.42$ m $N_e = 861$ W

3. (1) $Q = 70.4$ m^3/h (2) 关小闸阀，$l'_e = 68.2$ m，$N'_e = 3.77$ kW

4. (1) 23.447 kPa (2) $H_e = 59.5 + 0.00189Q^2$(Q：m^3/h) 或 $59.5 + 2.45 \times 10^4 Q^2$($Q$：m^3/s) (3) 23.1 kW (4) 27.8 m (5) 流量由 105.5 m^3/h 变为 80 m^3/h，扬程由 80.5 m 变为 71.6 m

5. (1) 4.49 kW (2) $H_e = 27.58 - 8.33 \times 10^{-4} Q^2$($Q$，m^3/h) (3) p_e(真)↑

6. (1) 3.51 m (2) 否

7. 否

第3章 非均相物系的分离和固体流态化

1. 2.66×10^{-6} m/s 2. 57 μm 1.51 mm

3. (1) 6.91×10^{-5} m/s (2) 52.4% 4. (1) 0.136 m^3/s (2) 2.86 m^3/s

5. 6.9 μm 6. 0.356 m^3

7. (1) 20.85 min (2) 4.14 m^3 (3) 625.5 s

8. 900 s 9. (1) 200 m^3 (2) 0.8 h

10. (1) 30.6 m^3 滤液/h (2) 53.88 m^3 滤液/h

11. (1) 5.14 m^3 滤液/h (2) 2 r/min

12. 0.0037 m/s 0.0752 m/s

第5章 蒸发

1. (1) $D = 1820$ kg/h $\dfrac{D}{W} = 1.21$ (2) $D_2 = 1500$ kg/h $\dfrac{D_2}{W} = 1.0$

2. $t_A = 132.7$ ℃

3. $\Delta t = 14.7$ ℃

4. $S_1 = 117.3$ m^2 $S_2 = 92.8$ m^2

第6章 蒸 馏

1. 92 ℃

2. (1) 64.35 ℃ (2) 0.511

3. D=14.28 kmol/h，x_D=0.97

4. (1) q=1.075 (2) q=1 (3) q=0

5. D=39.5 kmol/h，L=99 kmol/h，V'=145.6 kmol/h

6. x_D=0.95，x_W=0.074，x_F=0.96，R=2.61

7. N_T=8(包括再沸器)

8. $R = 1.593$，$R_{min} = 1.031$，$F = 197.92$ kmol/h

9. 73%,67%

第7章 吸　　收

1. $E=76.32$ kPa, $H=0.728$ kmol/(m^3 · kPa),$m=0.753$

2. 11.43 g O_2/(m^3 H_2O)

3. $H=2.96$ kmol/(m^3 · kPa),$m=371.1$,0.013 15 g CO_2/100 g H_2O

4. (1) $N_A=1.98\times10^{-7}$ kmol/(m^2 · s)　(2) $N_A=1.98\times10^{-7}$ kmol/(m^2 · s)

5. $K_G=1.122\times10^{-5}$ kmol/(m^2 · s · kPa),72.4%

6. $N_A=4.402\times10^{-5}$ kmol/(m^2 · s)

7. $\frac{L}{V}=622.43$,$x_1=3.12\times10^{-5}$

8. $N_{OG}=10.74$,$N_{OG}=10.66$,$Z=7.62$ m

9. $Z=7.8$ m

10. $L=0.049$ kmol/(m^2 · s),$Z=11.7$ m

12. $Z=5.9$ m

13. $Z=2.96$ m,$\varphi_A=83.2\%$

14. $L=10.39$ kmol/h,$V=6.2$ kmol/h

第8章 萃　　取

2. (1) $S=800$ kg/h　(2) $E=1\,082.3$ kg,$x_{EA}=0.23$,$R=517.7$ kg,$x_{RA}=0.06$　(3) $R'=508.7$ kg,$x'_{RA}=0.062$

第9章 干　　燥

1. (1) $W=216.7$ kg/h　(2) $L=4\,610$ kg(绝干空气)/h,$l=21.3$ kg(绝干空气)/kg(水)　(3) $V=3\,790$ m^3/h

2. (1) 0.086 kg(水汽)/kg(绝干空气)　(2) 0.535 kg(水汽)/kg(绝干空气)

3. 74.3%;1.59%

4. (1) 50.5%,0.020 kg(水汽)/kg(绝干空气)　(2) 0.009 1 kg(水汽)/kg(绝干空气)　(3) 0.000 9 kg(水汽)/kg(绝干空气)

5. 0.255 kg(水)/kg(绝干物料),0.185 kg(水)/kg(绝干物料),0.165 kg(水)/kg(绝干物料)

6. 11.2倍

7. 1.59 h

8. 5.02 h

9. 100%,18.9%,2.3%

10. (1) 1.62×10^4 kg/h,393 kW　(2) 1.62×10^4 kg/h,387 kW

附　　录

附录1　常用物理量SI单位

物理量的名称	单位名称	单位符号
长度	米	m
时间	秒	s
质量	千克	kg
力	牛[顿]	N($kg \cdot m \cdot s^{-2}$)
速度	米每秒	m/s
加速度	米每二次方秒	m/s^2
密度	千克每立方米	kg/m^3
压力,压强	帕[斯卡]	Pa(N/m^2)
能[量],功,热量	焦[耳]	J($kg \cdot m^2 \cdot s^{-2}$)
功率	瓦[特]	W(J/s)
[动力]黏度	帕斯卡·秒	$Pa \cdot s$($kg \cdot m^{-1} \cdot s^{-1}$)
运动黏度	二次方米每秒	m^2/s
表面张力	牛[顿]每米	N/m($kg \cdot s^{-2}$)
扩散系数	二次方米每秒	m^2/s
热力学温度	开尔文	K
电流	安[培]	A
物质的量	摩尔	mol
发光强度	坎[德拉]	cd

附录 2　常用物理量单位换算表

1. 长度

m 米	in 英寸	ft 英尺	yd 码
1	39.37	3.281	1.0936
0.025400	1	0.08333	0.02778
0.30480	12	1	0.3333
0.9144	36	3	1

2. 质量

kg 千克	t 吨	1b 磅
1	10^{-3}	2.2046
1000	1	2204.6
0.4536	4.536×10^{-4}	1

3. 力

N 牛顿	dyn 达因	kgf 千克(力)	1bf 磅(力)
1	10^{5}	0.1020	0.2248
10^{-5}	1	1.020×10^{-6}	2.248×10^{-6}
9.807	9.807×10^{5}	1	2.2046
4.448	4.448×10^{5}	0.4536	1

4. 密度

kg/m^3 千克/米^3	g/cm^3 克/厘米^3	$1b/ft^3$ 磅/英尺^3
1	10^{-3}	0.06243
1000	1	62.43
16.02	0.01602	1

5. 压力

Pa	bar 巴	kgf/cm^2 工程大气压	atm 物理大气压	mmH_2O 毫米水柱	mmHg 毫米汞柱	1bf/in^2 磅(力)/英寸^2
1	10^{-5}	1.02×10^{-5}	0.99×10^{-5}	0.102	0.00705	1.45×10^{-4}
10^5	1	1.02	0.9869	10200	750.1	14.5
9.807	9.807×10^{-5}	10^{-4}	0.9678	1	0.07355	0.001422
1.013×10^5	1.013	1.033	1	10330	760.0	14.70
9.807×10^4	0.9807	1	0.9678×10^{-4}	10^4	735.5	14.22
133.32	0.001333	0.001360	0.00132	13.6	1	0.0193
6895	0.06895	0.07031	0.068	703.1	51.72	1

6. 能量,功,热

J=N·m 焦耳	kgf·m 千克(力)·米	kcal=1000 cal 千卡	kW·h 千瓦时	1bf·ft 磅(力)·英尺	Btu 英热单位
10^{-7}					
1	0.1020	2.39×10^{-4}	2.778×10^{-7}	0.7377	9.486×10^{-4}
9.807	1	2.342×10^{-3}	2.724×10^{-6}	7.233	9.296×10^{-3}
4186.8	426.9	1	1.162×10^{-3}	3087	3.968
3.6×10^6	3.671×10^5	860.0	1	2.655×10^6	3413
1.3558	0.1383	3.239×10^{-4}	3.766×10^{-7}	1	1.285×10^{-3}
1055	107.58	0.2520	2.928×10^{-4}	778.1	1

7. 功率,传热速率

kW=1000 J/s 千瓦	kgf·m/s 千克(力)·米/秒	kcal/s=1000 cal/s 千卡/秒	1bf·ft/s 磅(力)·英尺/秒	Btu/s 英热单位/秒
1	101.97	0.2389	735.56	0.9486
10^{-10}				
0.009807	1	0.002342	7.233	0.009293
4.1868	426.85	1	3087.4	3.9683
0.001356	0.13825	3.239×10^{-4}	1	0.001285
1.055	107.58	0.2520	778.17	1

8. 焓,潜热

J/kg(焦耳/千克)	kcal/kg(千卡/千克)	Btu/lb(英热单位/磅)
1	2.389×10^{-4}	4.299×10^{-4}
4187	1	1.8
2326	0.5556	1

(1) 摩尔气体常数　$R = 8.314510$ J/(mol・K) 或 kJ/(kmol・K)

(2) 标准状况压力　$p^{\ominus} = 1.01325\times10^5$ Pa(以前),$p^{\ominus} = 1.01325\times10^5$ Pa

(3) 理想气体标准摩尔体积

$p^{\ominus} = 1.01325\times10^5$ Pa, $T^{\ominus} = 273.15$ K 时,$V^{\ominus} = 22.41383$ m³/kmol

$p^{\ominus} = 10^5$ Pa, $T^{\ominus} = 273.15$ K 时,$V^{\ominus} = 22.71108$ m³/kmol

(4) 标准重力加速度　$g = 9.80665$ m/s²

附录3　某些气体的重要物理性质

名称	分子式	密度(0 ℃, 101.33 kPa)/kg/m³	定压比热容/kJ/(kg・℃)	黏度 $\mu\times10^5$/Pa・s	沸点(101.33 kPa)/℃	汽化热/kJ/kg	临界点		导热系数/W/(m・℃)
							温度/℃	压力/kPa	
空气	—	1.293	1.009	1.73	−195	197	−140.7	3768.4	0.0244
氧	O_2	1.429	0.653	2.03	−132.98	213	−118.82	5036.6	0.0240
氮	N_2	1.251	0.745	1.70	−195.78	199.2	−147.13	3392.5	0.0228
氢	H_2	0.0899	10.13	0.842	−252.75	454.2	−239.9	1296.6	0.163
氨	NH_3	0.771	2.22	0.918	−33.4	1373	132.4	11295	0.0215
一氧化碳	CO	1.250	1.047	1.66	−191.48	211	−140.2	3497.9	0.0226
二氧化碳	CO_2	1.976	0.837	1.37	−78.2	574	31.1	7384.8	0.0137
二氧化硫	SO_2	2.927	0.632	1.17	−10.8	394	157.5	7879.1	0.0077
二氧化氮	NO_2	—	0.804	—	21.2	712	158.2	10130	0.0400
硫化氢	H_2S	1.539	1.059	1.166	−60.2	548	100.4	19136	0.0131
甲烷	CH_4	0.717	2.223	1.03	−161.58	511	−82.15	4619.3	0.0300
乙烷	C_2H_6	1.357	1.729	0.850	−88.50	486	32.1	4948.5	0.0180
丙烷	C_3H_8	2.020	1.863	0.795 (18 ℃)	−42.1	427	95.6	4355.9	0.0148
乙炔	C_2H_2	1.171	1.683	0.935	−83.66	829	35.7	6240.0	0.0184
苯	C_6H_6	—	1.252	0.72	80.2	394	288.5	4832.0	0.0088

附录 4　某些液体的重要物理性质

名称	分子式	密度(20 ℃)/ kg/m^3	沸点(101.33 kPa)/℃	汽化热/ kJ/kg	比热容(20 ℃)/ kJ/(kg·℃)	黏度(20 ℃)/ mPa·s	热导率(20 ℃)/ W/(m·℃)	体积膨胀系数 β (20 ℃)/ $10^{-4}℃^{-1}$	表面张力 σ (20 ℃)/ 10^{-3} $N\cdot m^{-1}$
水	H_2O	998	100	2258	4.183	1.005	0.599	1.82	72.8
氯化钠盐水(25%)	—	1186 (25 ℃)	107	—	3.39	2.3	0.57 (30 ℃)	(4.4)	—
氯化钙盐水(25%)	—	1228	107	—	2.89	2.5	0.57	(3.4)	—
硫酸	H_2SO_4	1831	340 (分解)	—	1.47 (98%)	—	0.38	5.7	—
硝酸	HNO_3	1513	86	481.1	—	1.17 (10 ℃)	—	—	—
盐酸(30%)	HCl	1149	—	—	2.55	2 (31.5%)	0.42	—	—
二硫化碳	CS_2	1262	46.3	352	1.005	0.38	0.16	12.1	32
苯	C_6H_6	879	80.10	393.9	1.704	0.737	0.148	12.4	28.6
甲苯	C_7H_8	867	110.63	363	1.70	0.675	0.138	10.9	27.9
甲醇	CH_3OH	791	64.7	1101	2.48	0.6	0.212	12.2	22.6
乙醇	C_2H_5OH	789	78.3	846	2.39	1.15	0.172	11.6	22.8
乙醇(95%)	—	804	78.2	—	—	1.4	—	—	—
乙二醇	$C_2H_4(OH)_2$	1113	197.6	780	2.35	23	—	—	47.7
甘油	$C_3H_5(OH)_3$	1261	290 (分解)	—	—	1499	0.59	5.3	63
乙醚	$(C_2H_5)_2O$	714	34.6	360	2.34	0.24	0.14	16.3	18
丙酮	CH_3COCH_3	792	56.2	523	2.35	0.32	0.17	—	23.7
煤油	—	780～820	—	—	—	3	0.15	10.0	—
汽油	—	680～880	—	—	—	0.7～0.8	0.19 (30 ℃)	12.5	—

附录5 某些固体材料的重要物理性质

名称	密度/kg/m³	热导率/W/(m·℃)	比热容/kJ/(kg·℃)
(1) 金属			
钢	7850	45.3	0.46
不锈钢	7900	17	0.50
铸铁	7220	62.8	0.50
铜	8800	383.8	0.41
铝	2670	203.5	0.92
铅	11400	34.9	0.13
(2) 塑料			
酚醛	1250～1300	0.13～0.26	1.3～1.7
尿醛	1400～1500	0.30	1.3～1.7
聚氯乙烯	1380～1400	0.16	1.8
聚苯乙烯	1050～1070	0.08	1.3
有机玻璃	1180～1190	0.14～0.20	—
(3) 建筑材料、绝热材料、耐酸材料及其他			
干沙	1500～1700	0.45～0.48	0.8
黏土	1600～1800	0.47～0.53	0.75 (−20～20 ℃)
锅炉炉渣	700～1100	0.19～0.30	—
黏土砖	1600～1900	0.47～0.67	0.92
耐火砖	1840	1.05 (800～1100 ℃)	0.88～1.0
绝缘砖(多孔)	600～1400	0.16～0.37	—
混凝土	2000～2400	1.3～1.55	0.84
石棉板	770	0.11	0.816
玻璃	2500	0.74	0.67

附录 6　干空气的物理性质($p=1.01325\times10^5$ Pa)

温度(t)/℃	密度(ρ)/kg/m³	比热容(c_p)/kJ/(kg·℃)	热导率 $\lambda\times10^2$/W/(m·℃)	黏度 $\mu\times10^6$/Pa·s	普朗特准数 Pr
−50	1.584	1.013	2.04	14.6	0.728
−40	1.515	1.013	2.12	15.2	0.728
−30	1.453	1.013	2.20	15.7	0.723
−20	1.395	1.009	2.28	16.2	0.716
−10	1.342	1.009	2.36	16.7	0.712
0	1.293	1.005	2.44	17.2	0.707
10	1.247	1.005	2.51	17.6	0.705
20	1.205	1.005	2.59	18.1	0.703
30	1.165	1.005	2.67	18.6	0.701
40	1.128	1.005	2.76	19.1	0.699
50	1.093	1.005	2.83	19.6	0.698
60	1.060	1.005	2.90	20.1	0.696
70	1.029	1.009	2.96	20.6	0.694
80	1.000	1.009	3.05	21.2	0.692
90	0.972	1.009	3.13	21.5	0.690
100	0.946	1.009	3.21	21.9	0.688
120	0.898	1.009	3.34	22.8	0.686
140	0.854	1.013	3.49	23.7	0.684
160	0.815	1.017	3.64	24.5	0.682
180	0.779	1.022	3.78	25.3	0.681
200	0.746	1.026	3.93	26.0	0.680
250	0.674	1.038	4.27	27.4	0.677
300	0.615	1.047	4.60	29.7	0.674
350	0.566	1.059	4.91	31.4	0.676
400	0.524	1.068	5.21	33.0	0.678
500	0.456	1.093	5.74	36.2	0.687

附录7　饱和水的物理性质

温度 (t)/℃	饱和蒸汽压(p)/kPa	密度(ρ)/kg/m³	焓(H)/kJ/kg	比热容(c_p)/kJ/(kg·℃)	热导率 $\lambda\times10^2$/W/(m·℃)	黏度 $\mu\times10^3$/Pa·s	表面张力 σ(20 ℃)/10^{-4}N·m^{-1}	普朗特准数 Pr
0	0.611	999.9	0	4.212	55.1	1788	756.4	13.67
10	1.227	999.7	42.04	4.191	57.4	1306	741.6	9.52
20	2.338	998.2	83.91	4.183	59.9	1004	726.9	7.02
30	4.241	995.7	125.7	4.174	61.8	801.5	712.2	5.42
40	7.375	992.2	167.5	4.174	63.5	653.3	696.5	4.31
50	12.335	988.1	209.3	4.174	64.8	549.4	676.9	3.54
60	19.92	983.1	251.1	4.179	65.9	469.9	662.2	2.99
70	31.16	977.8	293.0	4.187	66.8	406.1	643.5	2.55
80	47.36	971.8	355.0	4.195	67.4	355.1	625.9	2.21
90	70.11	965.3	377.0	4.208	68.0	314.9	607.2	1.95
100	101.3	958.4	419.1	4.220	68.3	282.5	588.6	1.75
110	143	951.0	461.4	4.233	68.5	259.0	569.0	1.60
120	198	943.1	503.7	4.250	68.6	237.4	548.4	1.47
130	270	934.8	546.4	4.266	68.6	217.8	528.8	1.36
140	361	926.1	589.1	4.287	68.5	201.1	507.2	1.26
150	476	917.0	632.2	4.313	68.4	186.4	486.6	1.17
160	618	907.0	675.4	4.346	68.3	173.6	466.0	1.10
170	792	897.3	719.3	4.380	67.9	162.8	443.4	1.05
180	1003	886.9	763.3	4.417	67.4	153.0	422.8	1.00
190	1255	876.0	807.8	4.459	67.0	144.2	400.2	0.96
200	1555	863.0	852.8	4.505	66.3	136.4	376.7	0.93

附录 8　水在不同温度下的黏度

温度/℃	黏度/mPa・s	温度/℃	黏度/mPa・s	温度/℃	黏度/mPa・s
0	1.7921	33	0.7523	67	0.4233
1	1.7313	34	0.7371	68	0.4174
2	1.6728	35	0.7225	69	0.4117
3	1.6191	36	0.7085	70	0.4061
4	1.5674	37	0.6947	71	0.4006
5	1.5188	38	0.6814	72	0.3952
6	1.4728	39	0.6685	73	0.3900
7	1.4284	40	0.6560	74	0.3849
8	1.3860	41	0.6439	75	0.3799
9	1.3462	42	0.6321	76	0.3750
10	1.3077	43	0.6207	77	0.3702
11	1.2713	44	0.6097	78	0.3655
12	1.2363	45	0.5988	79	0.3610
13	1.2028	46	0.5883	80	0.3565
14	1.1709	47	0.5782	81	0.3521
15	1.1404	48	0.5683	82	0.3478
16	1.1111	49	0.5588	83	0.3436
17	1.0828	50	0.5494	84	0.3395
18	1.0559	51	0.5404	85	0.3355
19	1.0299	52	0.5315	86	0.3315
20	1.0050	53	0.5229	87	0.3276
20.2	1.0000	54	0.5146	88	0.3239
21	0.9810	55	0.5064	89	0.3202
22	0.9579	56	0.4985	90	0.3165
23	0.9359	57	0.4907	91	0.3130
24	0.9142	58	0.4832	92	0.3095
25	0.8937	59	0.4759	93	0.3060
26	0.8737	60	0.4688	94	0.3027
27	0.8545	61	0.4618	95	0.2994
28	0.8360	62	0.4550	96	0.2962
29	0.8180	63	0.4483	97	0.2930
30	0.8007	64	0.4418	98	0.2899
31	0.7840	65	0.4355	99	0.2868
32	0.7679	66	0.4293	100	0.2838

附录9 液体黏度共线图

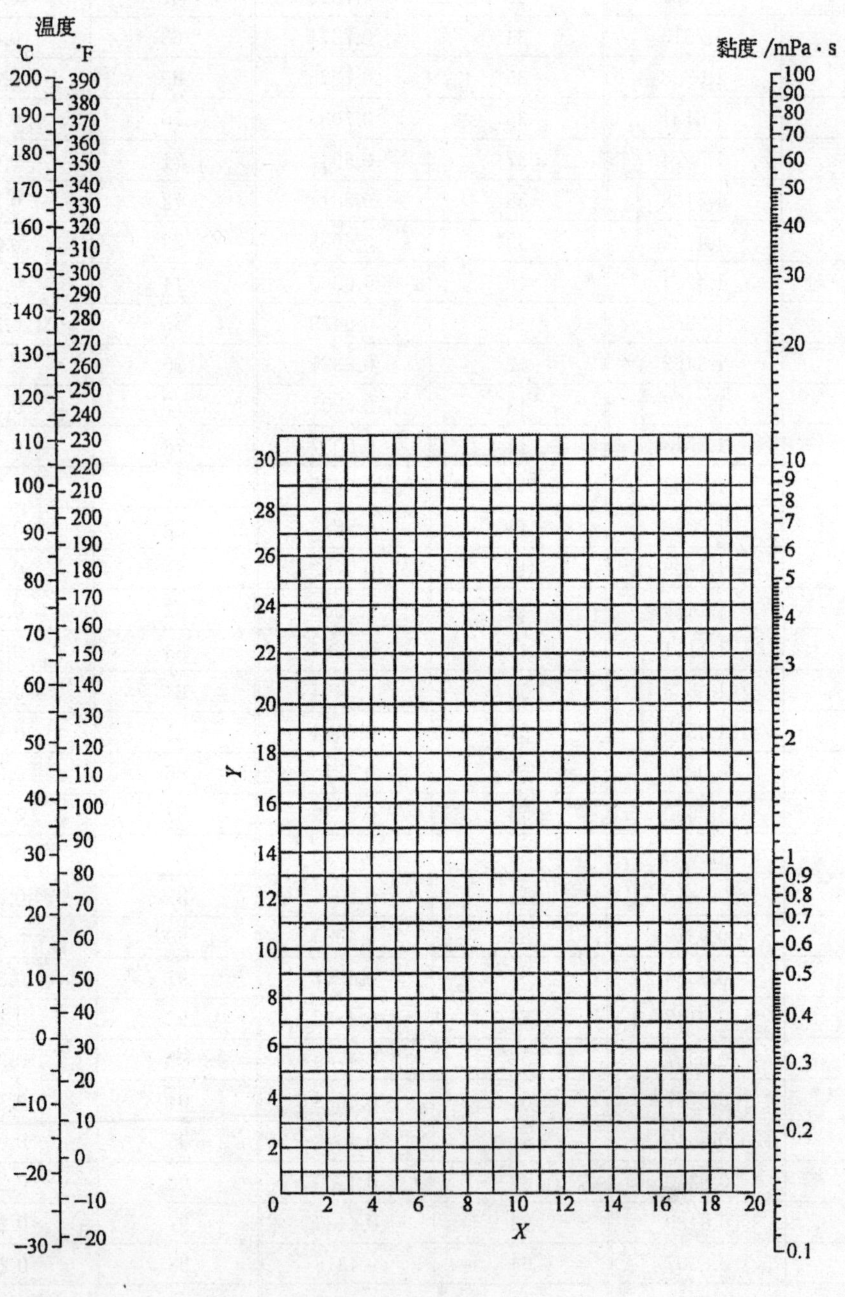

液体黏度共线图坐标值

序号	液体	X	Y	序号	液体	X	Y
1	乙醛	15.2	14.8	29	甘油　50%	6.9	19.6
2	丙酮　100%	14.5	7.2	30	庚烷	14.4	8.4
3	丙酮　35%	7.9	15.0	31	己烷	14.7	7.0
4	丙烯醇	10.2	14.3	32	盐酸　31.5%	13.0	16.6
5	氨　100%	12.6	2.0	33	煤油	10.2	16.9
6	氨　26%	10.1	13.9	34	粗亚麻仁油	7.5	27.2
7	戊醇	7.5	18.4	35	水银	18.4	16.4
8	苯胺	8.1	18.7	36	甲醇　100%	12.4	10.5
9	苯	12.5	10.9	37	甲醇　90%	12.3	11.8
10	氯化钙盐水　25%	6.6	15.9	38	甲醇　40%	7.8	15.5
11	氯化钠盐水　25%	10.2	16.6	39	硝酸　95%	12.8	13.8
12	溴	14.2	13.2	40	硝酸　60%	10.8	17.0
13	丁醇	8.6	17.2	41	硝基苯	10.6	16.2
14	丁酸	12.1	15.3	42	硝基甲烷	11.0	17.0
15	二氧化碳	11.6	0.3	43	辛烷	13.7	10.0
16	二硫化碳	16.1	7.5	44	辛醇	6.6	21.1
17	四氯化碳	12.7	13.1	45	戊烷	14.9	5.2
18	氯苯	12.3	12.4	46	酚	6.9	20.8
19	环己醇	2.9	24.3	47	丙酸	12.8	13.8
20	乙酸乙酯	13.7	9.1	48	丙醇	9.1	16.5
21	乙醇　100%	10.5	13.8	49	钠	16.4	13.9
22	乙醇　95%	9.8	14.3	50	氢氧化钠　50%	3.2	25.8
23	乙醇　40%	6.5	16.6	51	二氧化硫	15.2	7.1
24	乙苯	13.2	11.5	52	硫酸　110%	7.2	27.4
25	乙醚	14.5	5.3	53	硫酸　98%	7.0	24.8
26	乙二醇	6.0	23.6	54	硫酸　60%	10.2	21.3
27	甲酸	10.7	15.8	55	甲苯	13.7	10.4
28	甘油　100%	2.0	30.0	56	水	10.2	13.0

附录 10 气体黏度共线图

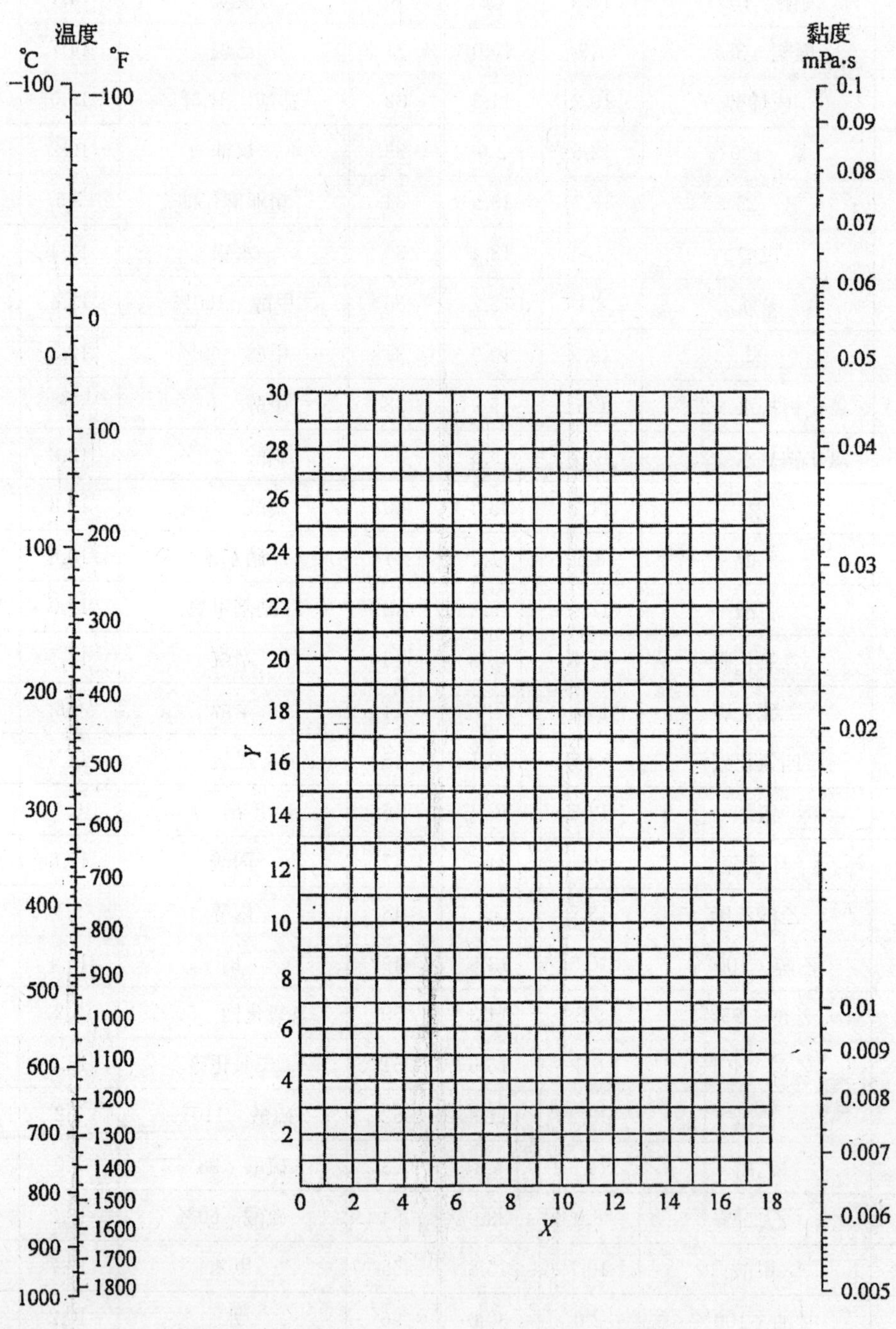

气体黏度共线图坐标值

序号	气体	X	Y	序号	气体	X	Y
1	醋酸	7.7	14.3	29	氟利昂-113	11.3	14.0
2	丙酮	8.9	13.0	30	氦	10.9	20.5
3	乙炔	9.8	14.9	31	己烷	8.6	11.8
4	空气	11.0	20.0	32	氢	11.2	12.4
5	氨	8.4	16.0	33	$3H_2+1N_2$	11.2	17.2
6	氩	10.5	22.4	34	溴化氢	8.8	20.9
7	苯	8.5	13.2	35	氯化氢	8.8	18.7
8	溴	8.9	19.2	36	氰化氢	9.8	14.9
9	丁烯(butene)	9.2	13.7	37	碘化氢	9.0	21.3
10	丁烯(butylene)	8.9	13.0	38	硫化氢	8.6	18.0
11	二氧化碳	9.5	18.7	39	碘	9.0	18.4
12	二硫化碳	8.0	16.0	40	水银	5.3	22.9
13	一氧化碳	11.0	20.0	41	甲烷	9.9	15.5
14	氯	9.0	18.4	42	甲醇	8.5	15.6
15	三氯甲烷	8.9	15.7	43	一氧化氮	10.9	20.5
16	氰	9.2	15.2	44	氮	10.6	20.0
17	环己烷	9.2	12.0	45	五硝酰氯	8.0	17.6
18	乙烷	9.1	14.5	46	一氧化二氮	8.8	19.0
19	乙酸乙酯	8.5	13.2	47	氧	11.0	21.3
20	乙醇	9.2	14.2	48	戊烷	7.0	12.8
21	氯乙烷	8.5	15.6	49	丙烷	9.7	12.9
22	乙醚	8.9	13.0	50	丙醇	8.4	13.4
23	乙烯	9.5	15.1	51	丙烯	9.0	13.8
24	氟	7.3	23.8	52	二氧化硫	9.6	17.0
25	氟利昂-11	10.6	15.1	53	甲苯	8.6	12.4
26	氟利昂-12	11.1	16.0	54	2,3,3—三甲基丁烷	9.5	10.5
27	氟利昂-21	10.8	15.3	55	水	8.0	16.0
28	氟利昂-22	10.1	17.0	56	氙	9.3	23.0

附录11 液体比热容共线图

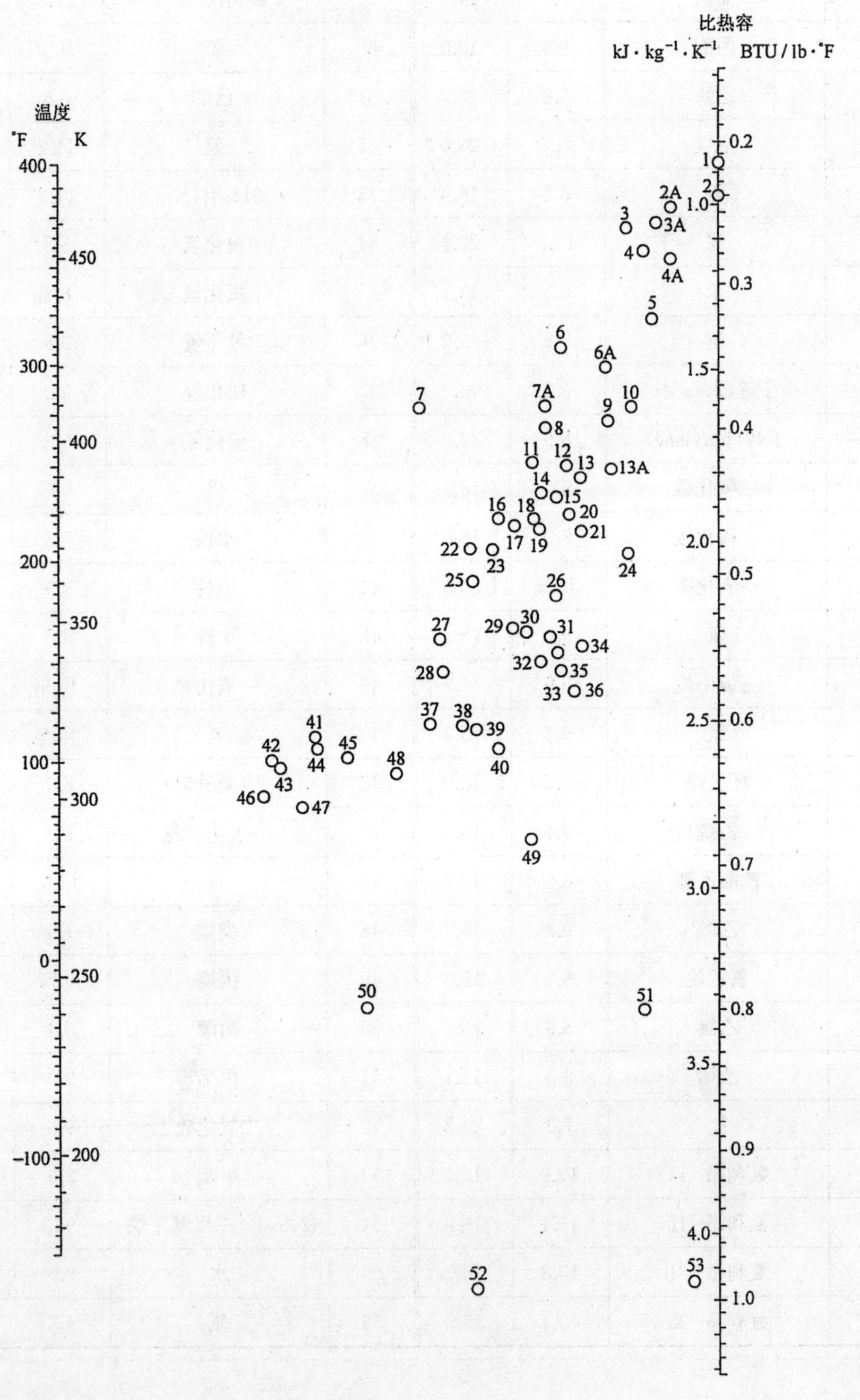

液体比热容共线图中的编号

编号	液体	温度范围/℃	编号	液体	温度范围/℃
1	溴乙烷	5～25	23	甲苯	0～60
2	二硫化碳	－100～25	24	乙酸乙酯	－50～25
2A	氟利昂-11	－20～70	25	乙苯	0～100
3	四氯化碳	10～60	26	乙酸戊酯	0～100
3	过氯乙烯	30～40	27	苯甲基醇	－20～30
3A	氟利昂-113	－20～70	28	庚烷	0～60
4	三氯甲烷	0～50	29	乙酸	0～80
4A	氟利昂-21	－20～70	30	苯胺	0～130
5	二氯甲烷	－40～50	31	异丙醚	－80～200
6	氟利昂-12	－40～15	32	丙酮	20～50
6A	二氯乙烷	－30～60	33	辛烷	－50～25
7	碘乙烷	0～100	34	壬烷	－50～25
7A	氟利昂-22	－20～60	35	已烷	－80～20
8	氯苯	0～100	36	乙醚	－100～25
9	硫酸(98%)	10～45	37	戊醇	－50～25
10	苯甲基氯	－20～30	38	甘油	－40～20
11	二氧化硫	－20～100	39	乙二醇	－40～200
12	硝基苯	0～100	40	甲醇	－40～20
13	氯乙烷	－30～40	41	异戊醇	10～100
13A	氯甲烷	－80～20	42	乙醇(100%)	30～80
14	萘	90～200	43	异丁醇	0～100
15	联苯	80～120	44	丁醇	0～100
16	联苯醚	0～200	45	丙醇	－20～100
16	联苯－联苯醚	0～200	46	乙醇(95%)	20～80
17	对二甲苯	0～100	47	异丙醇	－20～50
18	间二甲苯	0～100	48	盐酸(30%)	20～100
19	邻二甲苯	0～100	49	氯化钙盐水(25%)	－40～20
20	吡啶	－50～25	50	乙醇(50%)	20～80
21	癸烷	－80～25	51	氯化钠盐水(25%)	－40～20
22	二苯基甲烷	30～100	52	氨	－70～50
23	苯	10～80	53	水	10～200

附录12　气体比热容共线图

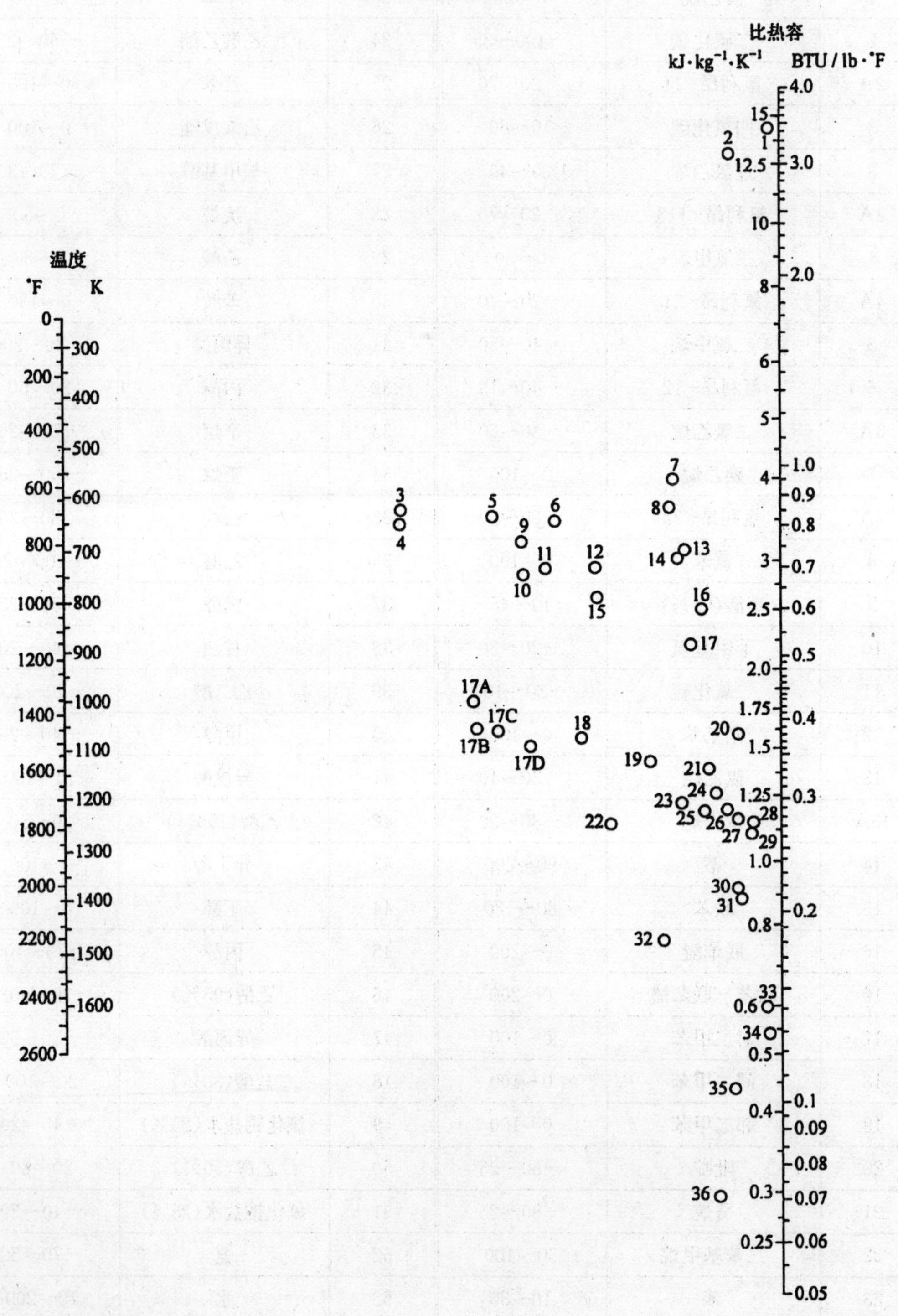

气体比热容共线图中的编号

编号	液体	温度范围/℃	编号	液体	温度范围/℃
1	氢	0～600	17D	氟利昂-113	0～500
2	氢	600～1400	18	二氧化碳	0～400
3	乙烷	0～200	19	硫化氢	0～700
4	乙烯	0～200	20	氟化氢	0～1400
5	甲烷	0～300	21	硫化氢	700～1400
6	甲烷	300～700	22	二氧化硫	0～400
7	甲烷	700～1400	23	氧	0～500
8	乙烷	600～1400	24	二氧化碳	400～1400
9	乙烷	200～600	25	一氧化氮	0～700
10	乙炔	0～200	26	氮	0～1400
11	乙烯	200～600	27	空气	0～1400
12	氨	0～600	28	一氧化氮	700～1400
13	乙烯	600～1400	29	氧	500～1400
14	氨	600～1400	30	氯化氢	0～1400
15	乙炔	200～400	31	二氧化硫	400～1400
16	乙炔	400～1400	32	氯	0～200
17	水蒸气	0～1400	33	硫	300～1400
17A	氟利昂-22	0～500	34	氯	200～1400
17B	氟利昂-11	0～500	35	溴化氢	0～1400
17C	氟利昂-21	0～500	36	碘化氢	0～1400

附录 13 液体汽化潜热共线图

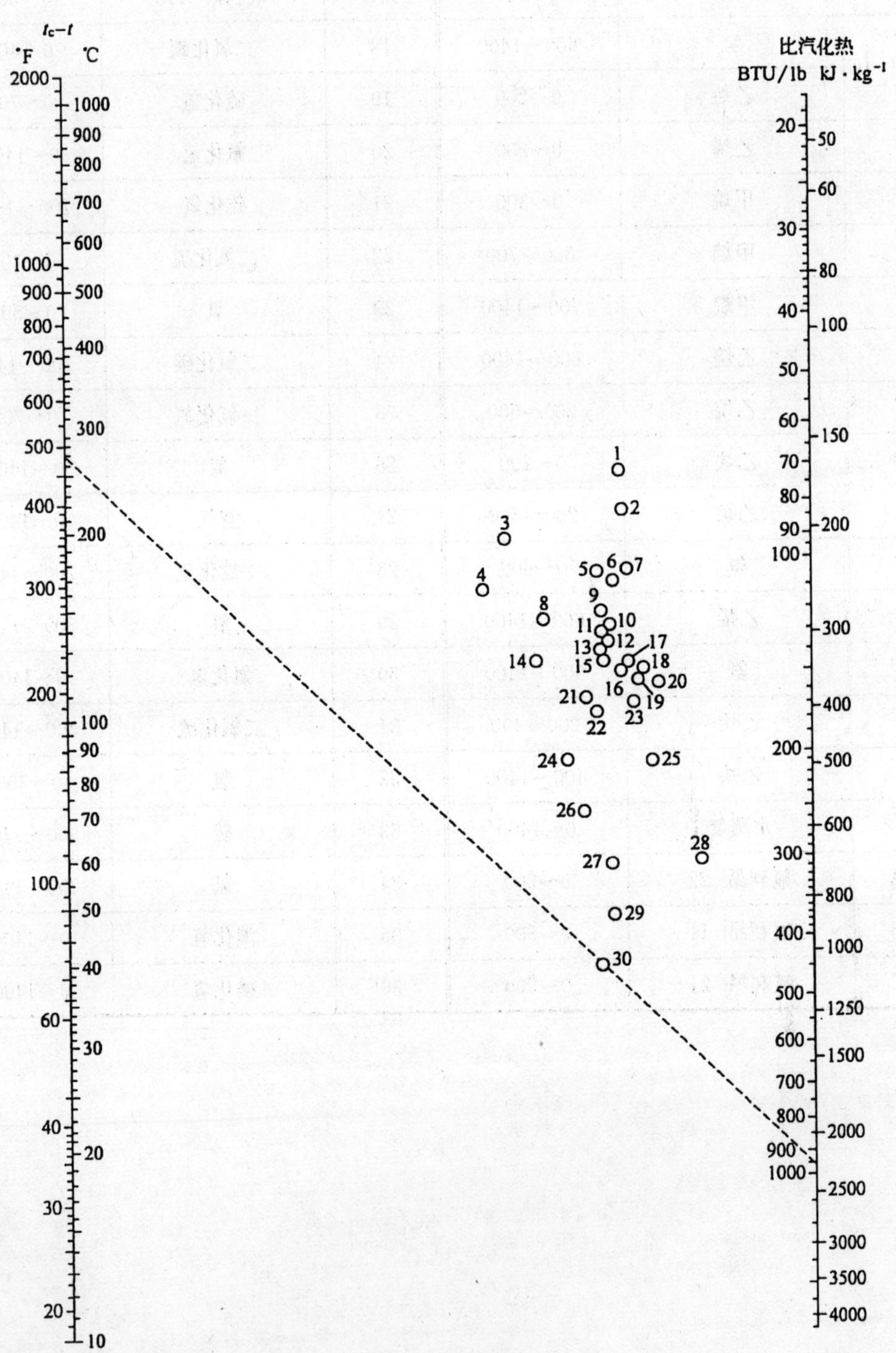

用法举例：求水在 t=100 ℃时的汽化潜热。从下表中查得水的编号为 30，又查得水的 t_c=374 ℃，得到 t_c-t=274 ℃，在前页共线图的(t_c-t)标尺上定出 274 ℃的点，与图中编号为 30 的圆圈中心点连一直线，延长到汽化潜热的标尺上，读出交点读数为 540 kcal·kgf^{-1} 或 2260 kcal·kg^{-1}。

液体汽化潜热共线图中的编号

编号	名称	t_c/℃	t_c-t 范围/℃	编号	名称	t_c/℃	t_c-t 范围/℃
1	氟利昂-113	214	90～250	15	异丁烷	134	80～200
2	四氯化碳	283	30～250	16	丁烷	153	90～200
2	氟利昂-11	198	70～225	17	氯乙烷	187	100～250
2	氟利昂-12	111	40～200	18	乙酸	321	100～225
3	联苯	527	175～400	19	一氧化氮	36	25～150
4	二硫化碳	273	140～275	20	一氯甲烷	143	70～250
5	氟利昂-21	178	70～250	21	二氧化碳	31	10～100
6	氟利昂-22	96	50～170	22	丙酮	235	120～210
7	三氯甲烷	263	140～270	23	丙烷	96	40～200
8	二氯甲烷	216	150～250	24	丙醇	264	20～200
9	辛烷	296	30～300	25	乙烷	32	25～150
10	庚烷	267	20～300	26	乙醇	243	20～140
11	己烷	235	50～225	27	甲醇	240	40～250
12	戊烷	197	20～200	28	乙醇	243	140～300
13	苯	289	10～400	29	氨	133	50～200
13	乙醚	194	10～400	30	水	374	100～500
14	二氧化硫	157	90～160				

附录14 管子规格

冷拔无缝钢管(摘自 *GB* 8163-88)

外径/mm	壁厚/mm		外径/mm	壁厚/mm		外径/mm	壁厚/mm	
	从	到		从	到		从	到
6	0.25	2.0	20	0.25	6.0	40	0.40	9.0
7	0.25	2.5	22	0.40	6.0	42	1.0	9.0
8	0.25	2.5	25	0.40	7.0	44.5	1.0	9.0
9	0.25	2.8	27	0.40	7.0	45	1.0	10.0
10	0.25	3.5	28	0.40	7.0	48	1.0	10.0
11	0.25	3.5	29	0.40	7.5	50	1.0	12
12	0.25	4.0	30	0.40	8.0	51	1.0	12
14	0.25	4.0	32	0.40	8.0	53	1.0	12
16	0.25	5.0	34	0.40	8.0	54	1.0	12
18	0.25	5.0	36	0.40	8.0	56	1.0	12
19	0.25	6.0	38	0.40	9.0			

注：壁厚有0.25,0.30,0.40,0.50,0.60,0.80,1.0,1.2,1.4,1.5,1.6,1.8,2.0,2.2,2.5,2.8,3.0,3.2,3.5,4.0,4.5,5.0,5.5,6.0,6.5,7.0,7.5,8.0,8.5,9.0,9.5,10.0,11.0,12.0 mm。

热轧无缝钢管(摘自 *GB* 8163-87)

外径/mm	壁厚/mm		外径/mm	壁厚/mm		外径/mm	壁厚/mm	
	从	到		从	到		从	到
32	2.5	8.0	63.5	3.0	14	102	3.5	22
38	2.5	8.0	68	3.0	16	108	4.0	28
42	2.5	10	70	3.0	16	114	4.0	28
45	2.5	10	73	3.0	19	121	4.0	28
50	2.5	10	76	3.0	19	127	4.0	30
54	3.0	11	83	3.5	19	133	4.0	32
57	3.0	13	89	3.5	22	140	4.5	36
60	3.0	14	95	3.5	22	146	4.5	36

注：壁厚有2.5, 3, 3.5, 4, 4.5, 5, 5.5, 6, 6.5, 7, 7.5, 8, 8.5, 9, 9.5, 10, 11, 12, 13, 14, 15, 16, 17, 18, 19, 20, 22, 25, 28, 30, 32, 36 mm。

附录15　IS型单级单吸离心泵规格(摘录)

泵型号	流量/ m^3/h	扬程/ m	转速/ r/min	必需汽蚀余量/m	泵效率/ %	功率/kW	
						轴功率	电机功率
IS50-32-125	7.5 12.5 15	22 20 18.5	2900	2.0	47 60 60	0.96 1.13 1.26	2.2
	3.75 6.3 7.5	5.4 5 4.6	1450	2.0	54	0.16	0.55
IS50-32-160	7.5 12.5 15	34.3 32 29.6	2900	2.0	44 54 56	1.59 2.02 2.16	3
	3.75 6.3 7.5	8	1450	2.0	48	0.28	0.55
IS50-32-200	7.5 12.5 15	525 50 48	2900	2.0 2.0 2.5	38 48 51	2.82 3.54 3.84	5.5
	3.75 6.3 7.5	13.1 12.5 12	1450	2.0 2.0 2.5	33 42 44	0.41 0.51 0.56	0.75
IS50-32-250	7.5 12.5 15	82 80 78.5	2900	2.0 2.0 2.5	28.5 38 41	5.67 7.16 7.83	11
	3.75 6.3 7.5	20.5 20 19.5	1450	2.0 2.0 2.5	23 32 35	0.91 1.07 1.14	15
IS65-40-250	15 25 30	80	2900	2.0	63	10.3	15
IS65-40-315	15 25 30	127 125 123	2900	2.5 2.5 3.0	28 40 44	18.5 21.3 22.8	30
IS80-65-125	30 50 60	22.5 20 18	2900	3.0 3.0 3.5	64 75 74	2.87 3.63 3.93	5.5
	15 25 30	5.6 5 4.5	1450	2.5 2.5 3.0	55 71 72	0.42 0.48 0.51	0.75

续表

泵型号	流量/m^3/h	扬程/m	转速/r/min	必需汽蚀余量/m	泵效率/%	功率/kW	
						轴功率	电机功率
IS80-65-160	30 50 60	36 32 29	2900	2.5 2.5 3.0	61 73 72	4.82 5.97 6.59	7.5
	15 25 30	9 8 7.2	1450	2.5 2.5 3.0	55 69 68	0.67 0.79 0.86	1.5
IS100-80-125	60 100 120	24 20 16.5	2900	4.0 4.5 5.0	67 78 74	5.86 7.00 7.28	11
	30 50 60	6 5 4	1450	2.5 2.5 3.0	64 75 71	0.77 0.91 0.92	1
IS100-80-160	60 100 120	36 32 28	2900	3.5 4.0 5.0	70 78 75	8.42 11.2 12.2	15
	30 50 60	9.2 8.0 6.8	1450	2.0 2.5 3.5	67 75 71	1.12 1.45 1.57	2.2

附录 16　列管式换热器

A 管壳式热交换器系列标准(摘自 JB/T 4714、4715-92)

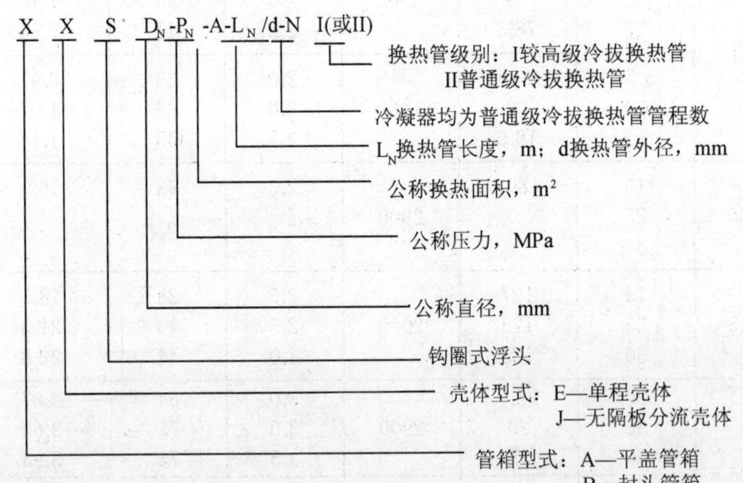

举例如下。

① 平盖管箱　公称直径为 500 mm，管、壳程压力均为 1.6 MPa，公称换热面积为 55 m^2，是较高级的冷拔换热管，外径 25 mm，管长 6 m，4 管程，单壳程的浮头式内导流换热

器，其型号为 AES500－1.6－55－6/25－4 Ⅰ。

② 封头管箱　公称直径为 600 mm，管、壳程压力均为 1.6 MPa，公称换热面积为 55 m²，是普通级的冷拔换热管，外径 19 mm，管长 3 m，2 管程，单壳程的浮头式内导流换热器，其型号为 BES600－1.6－55－3/19－2 Ⅱ。

(1) 固定管板式

换热管为 ϕ19 的换热器基本参数(管心距 25 mm)

公称直径 DN/mm	公称压力 PN/MPa	管程数 N	管子根数 n	中心排管数	管程流通面积/m²	计算换热面积/m²					
						换热管长度 L/mm					
						1500	2000	3000	4500	6000	9000
159	1.60 2.50 4.00 6.40	1	15	5	0.0027	1.3	1.7	2.6	—	—	—
			33	7	0.0058	2.8	3.7	5.7	—	—	—
219		1	65	9	0.0115	5.4	7.4	11.3	17.1	22.9	—
		2	56	8	0.0049	4.7	6.4	9.7	14.7	19.7	—
273		1	99	11	0.0175	8.3.	11.2	17.1	26.0	34.9	—
325		2	88	10	0.0078	7.4	10.0	15.2	23.1	31.0	—
		4	68	11	0.0030	5.7	7.7	11.8	17.9	23.9	—
400	0.60 1.00 1.60 2.50 4.00	1	174	14	0.0307	14.5	19.7	30.1	45.7	61.3	—
		2	164	15	0.0145	13.7	18.6	28.4	43.1	57.8	—
		4	146	14	0.0065	12.2	16.6	25.3	38.3	51.4	—
450		1	237	17	0.0419	19.8	26.9	41.0	62.2	83.5	—
		2	220	16	0.0194	18.4	25.0	38.1	57.8	77.5	—
		4	200	16	0.0088	16.7	22.7	34.6	52.5	70.4	—
500		1	275	19	0.0486	—	31.2	47.6	72.2	96.8	—
		2	256	18	0.0226	—	29.0	44.3	67.2	90.2	—
		4	222	18	0.0098	—	25.2	38.4	58.3	78.2	—
		1	430	22	0.0760	—	48.8	74.4	112.9	151.4	—
		2	416	23	0.0368	—	47.2	72.0	109.3	146.5	—
		4	370	22	0.0163	—	42.0	64.0	97.2	130.3	—
600		6	360	20	0.0106	—	40.8	62.3	94.5	126.8	—
		1	607	27	0.1073	—	—	105.1	159.4	213.8	—
700		2	574	27	0.0507	—	—	99.4	150.8	202.1	—
		4	542	27	0.0239	—	—	93.8	142.3	190.9	—
		6	518	24	0.0153	—	—	89.7	136.0	182.4	—

续表

公称直径 DN/mm	公称压力 PN/MPa	管程数 N	管子根数 n	中心排管数	管程流通面积/m^2	计算换热面积/m^2					
						换热管长度 L/mm					
						1500	2000	3000	4500	6000	9000
800	0.60 1.00 1.60 2.50 4.00	1	797	31	0.1408	—	—	138.0	209.3	280.7	
		2	776	31	0.0686	—	—	134.3	203.8	273.3	
		4	722	31	0.0319	—	—	125.0	189.8	254.3	
		6	710	30	0.0209	—	—	122.9	186.5	250.0	
900	0.60 1.00 1.60 2.50 4.00	1	1009	35	0.1783	—	—	174.7	265.0	355.3	536.0
		2	988	35	0.0873	—	—	171.0	259.5	347.9	524.9
		4	938	35	0.0414	—	—	162.4	246.4	330.3	498.3
1000		6	914	34	0.0269	—	—	158.2	240.0	321.9	485.6
		1	1267	39	0.2239	—	—	219.3	332.8	446.2	673.1
(1100)		2	1234	39	0.1090	—	—	213.6	324.1	434.6	655.6
		4	1186	39	0.0524	—	—	205.3	311.5	417.7	630.1
		6	1148	38	0.0338	—	—	198.7	301.5	404.3	609.9
		1	1501	43	0.2652	—	—	—	394.2	528.6	797.4
		2	1470	43	0.1299	—	—	—	386.1	517.7	780.9
		4	1450	43	0.0641	—	—	—	380.8	510.6	770.3
		6	1380	42	0.0406	—	—	—	362.4	486.0	733.1

注：表中的管程流通面积为各程平均值。括号内公称直径不推荐使用。管子为正三角形排列。

换热管为 ϕ25 的换热器基本参数(管心距 32 mm)

公称直径 DN/mm	公称压力 PN/MPa	管程数 N	管子根数 n	中心排管数	管程流通面积/m^2		计算换热面积/m^2					
							换热管长度 L/mm					
					$\phi25\times2$	$\phi25\times2.5$	1500	2000	3000	4500	6000	9000
159	1.60 2.50	1	11	3	0.0038	0.0035	1.2	1.6	2.5	—	—	—
			25	5	0.0087	0.0079	2.7	3.7	5.7	—	—	—
219		1	38	6	0.0132	0.0119	4.2	5.7	8.7	13.1	17.6	—
		2	32	7	0.0055	0.0050	3.5	4.8	7.3	11.1	14.8	—
273	4.00 6.40	1	57	9	0.0197	0.0179	6.3	8.5	13.0	19.7	26.4	—
		2	56	9	0.0097	0.0088	6.2	8.4	12.7	19.3	25.9	—
325		4	40	9	0.0035	0.0031	4.4	6.0	9.1	13.8	18.5	—

续表

公称直径 DN/mm	公称压力 PN/MPa	管程数 N	管子根数 n	中心排管数	管程流通面积/m^2		计算换热面积/m^2					
							换热管长度 L/mm					
					$\phi 25\times 2$	$\phi 25\times 2.5$	1500	2000	3000	4500	6000	9000
400	0.60 1.00 1.60 2.50 4.00	1	98	12	0.0339	0.0308	10.8	14.6	22.3	33.8	45.4	—
		2	94	11	0.0163	0.0148	10.3	14.0	21.4	32.5	43.5	—
		4	76	11	0.0066	0.0060	8.4	11.3	17.3	26.3	35.2	—
450		1	135	13	0.0468	0.0424	14.8	20.1	30.7	46.6	62.5	—
		2	126	12	0.0218	0.0198	13.9	18.8	28.7	43.5	58.4	—
		4	106	13	0.0092	0.0083	11.7	15.8	24.1	36.6	49.1	—
500	0.60 1.00 1.60 2.50 4.00	1	174	14	0.0603	0.0546	—	26.0	39.6	60.1	80.6	—
		2	164	15	0.0284	0.0259	—	24.5	37.3	56.6	76.0	—
		4	144	15	0.0125	0.0113	—	21.4	32.8	49.7	66.7	—
		1	245	17	0.0849	0.0769	—	36.5	55.8	84.6	113.5	—
		2	232	16	0.0402	0.0364	—	34.6	52.8	80.1	107.5	—
		4	222	17	0.0192	0.0174	—	33.1	50.5	76.7	102.8	—
600	0.60 1.60 2.50	6	216	16	0.0125	0.0113	—	32.2	49.2	74.6	100.0	—
700		1	355	21	0.1230	0.1115	—	—	80.0	122.6	164.4	—
		2	342	21	0.0592	0.0537	—	—	77.9	118.1	158.4	—
		4	322	21	0.0279	00253	—	—	73.3	111.2	149.1	—
		6	304	20	0.0175	0.0159	—	—	69.2	105.0	140.8	—
800		1	467	23	0.1618	0.1466	—	—	106.3	161.3	216.3	—
		2	450	23	0.0779	0.0707	—	—	102.4	155.4	208.5	—
		4	442	23	0.0383	0.0347	—	—	100.6	152.7	204.7	—
		6	430	24	0.0248	0.0225	—	—	97.6	148.5	119.2	—
900		1	605	27	0.2095	0.1900	—	—	137.8	209.0	280.2	422.7
		2	588	27	0.1018	0.0923	—	—	133.9	203.1	272.3	410.8
		4	554	27	0.0480	0.0435	—	—	126.1	191.4	256.6	387.1
		6	538	26	0.0311	0.0282	—	—	122.5	185.8	249.2	375.9

续表

公称直径 DN/mm	公称压力 PN/MPa	管程数 N	管子根数 n	中心排管数	管程流通面积/m²		计算换热面积/m²					
							换热管长度 L/mm					
					ϕ25×2	ϕ25×2.5	1500	2000	3000	4500	6000	9000
1000		1	749	30	0.2594	0.2352	—	—	170.5	258.7	346.9	523.3
		2	742	29	0.1285	0.1165	—	—	168.9	256.3	343.7	518.4
		4	710	29	0.0615	0.0557	—	—	161.6	245.2	328.8	496.0
		6	698	30	0.0403	0.0365	—	—	158.9	241.1	323.3	487.7
(1100)	4	1	931	33	0.3225	0.2923	—	—	—	321.6	431.2	650.4
		2	894	33	0.1548	0.1404	—	—	—	308.8	414.1	624.6
		1	848	33	0.0734	0.0666	—	—	—	292.9	392.8	592.5
		6	830	32	0.0479	0.0434	—	—	—	286.7	384.4	579.9

注：表中的管程流通面积为各程平均值。括号内公称直径不推荐使用。管子为正三角形排列。

附录17 双组分溶液的气液相平衡数据

1. 甲醇—水(101.325 kPa)

温度/℃	液相中甲醇的摩尔分数	气相中甲醇的摩尔分数	温度/℃	液相中甲醇的摩尔分数	气相中甲醇的摩尔分数
100	0.00	0.00	75.3	0.40	0.729
96.4	0.02	0.134	73.1	0.50	0.779
93.5	0.04	0.234	71.2	0.60	0.825
91.2	0.06	0.304	69.3	0.70	0.87
89.3	0.08	0.365	67.6	0.80	0.915
87.7	0.10	0.418	66.0	0.90	0.958
84.4	0.15	0.517	65.0	0.95	0.979
81.7	0.20	0.579	64.5	1.00	1.00
78	0.30	0.665			

2. 丙酮—水(101.325 kPa)

温度/℃	液相中丙酮的摩尔分数(x)	气相中丙酮的摩尔分数(y)	温度/℃	液相中丙酮的摩尔分数(x)	气相中丙酮的摩尔分数(y)
100	0.0	0.0	60.4	0.40	0.839
92.7	0.01	0.253	60.0	0.50	0.849
86.5	0.02	0.425	59.7	0.60	0.859
75.8	0.05	0.624	59.0	0.70	0.874
66.5	0.10	0.755	58.2	0.80	0.898
63.4	0.15	0.793	57.5	0.90	0.935
62.1	0.20	0.815	57.0	0.95	0.963
61.0	0.30	0.83	56.13	1.0	1.0

3. 乙醇—水(101.325 kPa)

乙醇的摩尔分数/%		温度/℃	乙醇的摩尔分数/%		温度/℃
液相	汽相		液相	汽相	
0.00	0.00	100	32.73	58.26	81.5
1.90	17.00	95.5	39.65	61.22	80.7
7.21	38.91	89.0	50.79	65.64	79.8
9.66	43.75	86.7	51.98	65.99	79.7
12.38	47.04	85.3	57.32	68.41	79.3
16.61	50.89	84.1	67.63	73.85	78.74
23.37	54.45	82.7	74.72	78.15	78.41
26.08	55.80	82.3	89.43	89.43	78.15

图书在版编目(CIP)数据

化工原理 / 华平，朱平华主编. —2 版. —南京：南京大学出版社，2020.7

高等院校化学化工教学改革新形态教材 / 姚天扬，孙尔康总主编

ISBN 978-7-305-23352-4

Ⅰ. ①化… Ⅱ. ①华… ②朱… Ⅲ. ①化工原理－高等学校－教材 Ⅳ. ①TQ02

中国版本图书馆 CIP 数据核字(2020)第 100489 号

出版发行　南京大学出版社
社　　址　南京市汉口路 22 号　　　　邮编　210093
出 版 人　金鑫荣

书　　名　化工原理
主　　编　华　平　朱平华
责任编辑　刘　飞　　　　　　　　　编辑热线 025-83592146

照　　排　南京开卷文化传媒有限公司
印　　刷　宜兴市盛世文化印刷有限公司
开　　本　787×1092　1/16　印张 28.25　字数 688 千
版　　次　2020 年 7 月第 2 版　　2020 年 7 月第 1 次印刷
ISBN　978-7-305-23352-4
定　　价　69.50 元

网　　址：http://www.njupco.com
官方微博：http://weibo.com/njupco
官方微信号：njupress
销售咨询热线：(025)83594756